Heinrich Hebgen · Neuer baulicher Wärmeschutz

Heinrich Hebgen

Neuer baulicher Wärmeschutz

» vieweg

CIP-Kurztitelaufnahme der Deutschen Bibliothek

Hebgen, Heinrich
Neuer baulicher Wärmeschutz. – 1. Aufl. –
Braunschweig: Vieweg, 1978.

ISBN-13: 978-3-528-08843-9
e-ISBN-13: 978-3-322-84168-1
DOI: 10.1007/978-3-322-84168-1

Softcover reprint of the hardcover 1st edition 1978

Satz: C. W. Niemeyer, Hameln

Buchbinderei: W. Langelüddecke, Braunschweig

Inhalt

Verzeichnis der nach der Wärmeschutzverordnung durchgerechneten Gebäude

Verzeichnis der Außenbauteile (Beispiele)

Verzeichnis der Innenwände (Beispiele)

Hinweise zur Benutzung des Buches

Die Abbildungen, Tabellen und Diagramme sind auf jeder Seite neu beginnend numeriert. Zu ihrer Bezeichnung wird einheitlich der Ausdruck „Bild" gewählt.
Stehen Bild und Hinweise auf der gleichen Seite, so ist nur die Bildnummer mit einem Hinweispfeil angegeben; stehen sie auf anderen Seiten, so verweist ein Hinweispfeil auf die betreffende Seitenzahl mit Bildnummer, z.B. → 22/1 = Bild 1 auf Seite 22.

Kernsätze oder Aufzählungen, die hervorgehoben werden sollen, sind wie folgt gekennzeichnet:

– = allgemeine *Aufzählung* ohne Prädikatisierung

● = *positive* Bewertung

▷ = *negative* Beurteilung

Vorwort

Die vergangene Energiekrise hat uns mit aller Deutlichkeit gelehrt, daß wir mit Energie in Zukunft besser haushalten müssen als bisher. Wir haben auf diesem Gebiet einfach über die Verhältnisse gelebt, denn Energie ist recht teuer geworden und nicht unbeschränkt verfügbar. Auf eine sparsamere Energieanwendung haben sich deshalb alle Verbraucher einzustellen.

Als besonders wirkungsvoll wird die Senkung des Energieverbrauchs im Bereich der Raumheizung angesehen. Es ist nur zu verständlich, wenn die Bundesregierung ein entsprechendes Gesetz zur Eindämmung des Energiebedarfs im Hochbau erlassen hat.

Das „Gesetz zur Einsparung von Energie in Gebäuden (Energieeinsparungsgesetz – EnEG)" wurde von Bundestag und Bundesrat einstimmig gebilligt und am 22. Juli 1976 verkündet. Der Gesetzgeber übt damit einen entscheidenden Einfluß auf das Baugeschehen aus mit den Anforderungen an:

- einen erhöhten baulichen Wärmeschutz;
- wirkungsvolle Anlagen für Heizung, Klimatisierung und Warmwasserbereitung;
- den wirtschaftlichen Betrieb derartiger Anlagen.

Die Regelung für die Verwirklichung dieser Anforderungen erfolgt durch Rechtsverordnungen. Die Wärmeschutzverordnung ist seit dem 1. November 1977 in Kraft. Die Heizungsanlagen-Verordnung und die Heizungsbetriebs-Verordnung lagen bei Abschluß des Manuskripts noch nicht vor. Zu beiden Verordnungen werden deshalb anhand der letzten Entwürfe kurzgefaßte Ausführungen gebracht.

Beim Studium des neuen Gesetzes wird man sehr rasch feststellen, daß die Energieeinsparung in Gebäuden wesentlich mehr ist als nur die Verbesserung der Wärmedämmung.

Das Gesetz verpflichtet:

- Die planenden und ausführenden Architekten;
- die Projektingenieure für die Bereiche Heizung und Sanitär;
- die Hersteller von heizungs- und raumlufttechnischen Anlagen sowie Brauchwasseranlagen;
- die Bauherren bzw. Hausbesitzer als Betreiber dieser Anlagen.

In der Wärmeschutzverordnung sind für den Wärmeschutz der Gebäude gute Mittelwerte als Mindestforderungen festgelegt worden. Zur Verbesserung der Wirtschaftlichkeit und Anhebung der Wohnbehaglichkeit empfiehlt es sich aber in vielen Fällen, noch bessere Werte auszuführen, um optimale Zustände zu erreichen. Dabei ist zu berücksichtigen, daß auch der künftige Energieverbrauch ein maßgebender Kostenfaktor ist.

Eine Rechtsverordnung bezüglich des Sommerzustandes der Gebäude liegt ebenfalls noch nicht vor. Es ist anzunehmen, daß diese Regelungen lediglich Gebäude betreffen, bei denen auch im Sommer Energie verbraucht wird, wie z. B. für die recht teuere Klimatisierung. Es wird deshalb immer von Vorteil sein, die Gebäude so zu errichten, daß sie zwar wintertauglich sind, wie es die Wärmeschutzverordnung vorschreibt, aber auch im Sommer eine ausreichende Wohnbehaglichkeit gewährleisten.

Eine sparsamere Energieanwendung ist auch wegen des dringend gebotenen Umweltschutzes von Nutzen, bedenkt man nur die immer zahlreicher werdenden Stimmen gegen den Bau weiterer umweltfeindlicher Energieerzeuger.

Das Energieeinsparungsgesetz hat aber auch eine „menschenfreundliche" Seite. Die nach diesen Richtlinien ausgeführten Bauten oder Anlagen sind für deren Besitzer zunächst von wirtschaftlicher Bedeutung, sie erhöhen aber gleichzeitig auch die Behaglichkeit für ihre Bewohner oder Benutzer. Die Wirtschaftlichkeit eines besseren Wärmeschutzes und effektiver arbeitender Anlagen läßt sich mit konkreten Zahlen belegen. Bei der Verbesserung des Raumklimas muß man sich dagegen mit allgemeinen Beurteilungen zufriedengeben, obwohl hier für die Gesundheit und das Wohlbefinden der Menschen viel mehr geleistet wird, als nur Geld zu sparen.
So gesehen hat die Wohnbehaglichkeit – leider – nur einen Wert, aber keinen Preis.

Es genügt aber nicht, nur bei Neubauten einen verbesserten Wärmeschutz auszuführen und die Anlagen für Heizung und Warmwasserbereitung energiesparend auszulegen; bezogen auf den gesamten Gebäudebestand beträgt nämlich der jährliche Zuwachs an Neubauten nur etwa 3 %. Konsequenterweise müßten deshalb auch die bestehenden Gebäude in die Energieeinsparungsmaßnahmen einbezogen werden.

Das vorliegende Buch soll ein Werk für all diejenigen sein, die das Energieeinsparungsgesetz in die Praxis umsetzen müssen.

Die sich bei Ausführung des geforderten erhöhten baulichen Wärmeschutzes automatisch einstellenden weiteren Vorteile werden behandelt.

In den Beispielen, Stoffwerttabellen etc. können hinsichtlich der Werte für die Wärmeleitfähigkeit und den Wärmeübergang geringfügige Abweichungen gegenüber den zu erwartenden Vorschriften enthalten sein.

März 1978 Heinrich Hebgen

Die Energiequellen der Erde

Zur Aufrechterhaltung der Bedingungen, die unser irdisches Leben ermöglichen, braucht die Erde Energie. Der Motor aller Prozesse hierzu ist die Sonne; die Erde ist somit eine gigantische Wärmekraftmaschine. Neben den permanent verfügbaren Energiequellen, die von der Sonnenenergie aufrechterhalten werden, wie z. B. Wind, Wasserkraft, Sonnenstrahlung und Bepflanzungen, gibt es noch vorratsbegrenzte Primärenergien wie z. B. Kohle, Erdöl, Uran, die zum überwiegenden Teil von Energie, die ursprünglich von der Sonne stammt, entstanden sind.

Eine langfristige Energieversorgung muß deshalb im wesentlichen auf erneuerbare oder wiederverwendbare Energieträger abgestellt sein. Mit den uns zur Verfügung stehenden begrenzten Energievorräten sollten nur vorübergehende Engpässe überbrückt werden. Trotz einer langsamer wachsenden Wirtschaft und trotz der Anstrengung zur Energieeinsparung werden die Energiebedürfnisse enorm sein. Mit einem Anstieg des Energieverbrauchs der freien Welt auf 11,3 Milliarden Tonnen Steinkohleeinheiten (SKE) im Jahre 1990 ist zu rechnen, d. h. mit einer Steigerung von 80 % gegenüber 1975.

Kohle

Hier werden die größten Reserven angenommen. Dabei ist allerdings zu berücksichtigen, daß es Vorkommen gibt, die einen sehr teueren Abbau erfordern. Bei der Kohle wird sich der bisherige Abwärtstrend umkehren. Sie dürfte 1990 ungefähr $^1/_5$ des Weltenergiebedarfes dekken. Im Energiehaushalt zeigt sich aber ein deutliches Mißverhältnis; Kohle wird langsamer verbraucht als Erdöl und Erdgas, obwohl die Kohlevorräte bedeutend größer sind, als die Erdöl- und Erdgasvorräte. In Zukunft soll Kohle auch in flüssige und gasförmige Brenn- und Treibstoffe umgewandelt werden.

Erdöl (Ölsande, Ölschiefer)

Diese Energieträger sind zum größten Teil im Verlaufe der letzten 10 Millionen Jahre entstanden. Ihre Vorkommen liegen an verschiedenen Orten, davon etwa $^2/_3$ am Persischen Golf. Die Ölsande und Ölschiefer liegen zum überwiegenden Teil in Nordamerika und Kanada; mit zunehmender Verknappung der Ölreserven werden sie das Interesse immer mehr auf sich lenken. Öl wird bis zum Ende dieses Jahrhunderts der Hauptenergieträger bleiben. Obwohl die Zuwachsraten bei Öl sinken werden, ist damit zu rechnen, daß es auch 1990 noch fast die Hälfte des Energiebedarfs der freien Welt wird decken müssen.

Erdgas

Das Erdgas entsteht unter den gleichen Bedingungen wie das Erdöl, in den Ablagerungsgesteinen. Es ist die weitaus sauberste Energie. Seine Hauptvorkommen liegen in der Sowjetunion, Nordamerika, im Mittleren Osten und in der Nordsee. Die Vorkommen werden aller Voraussicht nach noch vor dem Erdöl erschöpft sein; es wird am Ende des nächsten Jahrzehntes noch ungefähr 15 % zur Energieversorgung beitragen.

Geothermische Energie

Die Erdwärme ist eine Energie, die vor langer Zeit in Form von Thermen (heiße Quellen) für Heizzwecke benutzt wurde. Sie ist wieder in den Blickpunkt der Energieplaner gerückt. Insgesamt gesehen kann aber die Nutzung geothermischer Energie praktisch keinen nennenswerten Beitrag zur Energieversorgung leisten.

Kernenergie

Kernenergie wird als die am schnellsten wachsende Energiequelle angesehen. Viele Energieplaner versprechen sich von der Kernverschmelzung die endgültige Lösung unserer Energieprobleme. Umweltschützer weisen aber immer mehr auf die möglichen Gefahren dieses Vorganges hin. Eine zuverlässige Voraussage läßt sich hier noch nicht machen.

Sonnenenergie

Die Sonne ist das Zentralgestirn in unserem Planetensystem; die Sonnenstrahlung entsteht durch gigantische thermonukleare Vorgänge. Die Strahlung und Wärmewirkung der Sonne ist seit Jahrtausenden nahezu konstant und wird es noch für Jahrtausende bleiben. Schon weniger als 1 Stunde Sonneneinstrahlung führt der Erde mehr Energie zu, als zur Zeit innerhalb eines gesamten Jahres zur Energiebedarfsdeckung benötigt wird.
Leider ist es jedoch technisch außerordentlich schwierig, die großflächig verteilte Einstrahlung wirklich nutzbar zu machen. Die Umwandlung der Sonnenenergie in elektrische Energie ist kaum zu erwarten. Aussichtsreich erscheint jedoch die Erzeugung von Niedertemperaturwärme für bestimmte Anwendungsgebiete.

Windenergie

Etwa $^1/_{20}$ der jährlich die Erde erreichenden Sonnenenergie wird in Wind umgesetzt. Wind ist praktisch überall vorhanden und läßt sich auf einfache Art in mechanische Arbeit umwandeln. Eine Nutzung der Windenergie im großen Stil wird kaum möglich sein. Die wirtschaftliche Anwendung wird sich auf dezentrale Kleinanlagen beschränken.

Wasserkraft

Die Nutzung der Wasserkraft ist eine der ältesten Energiequellen. Sie stand auch am Anfang der Erzeugung von elektrischem Strom und war somit entscheidend an der Einleitung des technischen Zeitalters beteiligt. In Europa sind die meisten großen Wasserkräfte ausgenutzt. Möglichkeiten bestehen aber noch für die Einrichtung hydraulischer Kleinanlagen, ähnlich den altbekannten Mühlen und Sägewerken.

Gezeitenenergie

Die riesigen Wasserflächen der Erde werden durch Flut und Ebbe periodisch leicht deformiert. Aus der dauernden Bewegung entsteht Energie, die aber größtenteils durch Reibung des Wassers unter sich oder in Küstennähe am Meeresboden ungenutzt verloren geht.
Um mit der Gezeitenenergie einen entscheidenden Beitrag zur Energieversorgung leisten zu können, müßten derart große Küstenteile verbaut werden, daß schwerwiegende biologische Gleichgewichtsstörungen nicht ausgeschlossen werden können. Die Nutzung der Gezeitenenergie ist deshalb nur beschränkt möglich.

Wasserstoff

Wasserstoff findet in der Raumfahrt als Raketentreibstoff seit Jahren Verwendung. Es wird durch chemische Verfahren und Elektroanalyse mittels Spaltung von Wasser in Sauerstoff und Wasserstoff gewonnen.
Im Vergleich zu Benzin enthält Wasserstoff etwa dreimal soviel Energie. Er ist damit prädestiniert, in Zukunft das Benzin als Treibstoff abzulösen.

Holz

Lange Zeit war das Holz vorherrschender Brennstoff, es hat inzwischen aber diese Bedeutung weitgehend verloren. Nach Schätzungen wäre der Energieträger Holz in der Lage, jährlich soviel Energie zu liefern, die ausreichen würde, etwa die Hälfte des derzeitigen Weltenergiebedarfs zu decken.

Der Energiehaushalt der Bundesrepublik Deutschland

Energieaufkommen

Sowohl die Bundesrepublik Deutschland als auch England, zwei führende Industrieländer in Europa, besitzen Kohle als Energieträger im eigenen Land. Das war eine wesentliche Voraussetzung für die industrielle Entwicklung.
Inzwischen verfügt England über beachtliche Öl- und Gasvorkommen, die Bundesrepublik hingegen nicht.
Nur etwa 42 % der in der Bundesrepublik benötigten Energie werden im Inland gewonnen (zum Vergleich: in den USA 90 %; in den Niederlanden 62 %).
Im Inland wird in erster Linie Kohle gefördert, die bei weitem nicht so vielseitig anwendbar ist, wie z. B. Erdöl.
Die Bundesrepublik Deutschland ist heute zu etwa 55 % auf Energie-Importe angewiesen; den weitaus größten Teil macht dabei das Erdöl aus. So kamen 1972 90 % aller Rohölimporte aus den Ländern des Nahen Ostens.
Die übrigen Energiearten wie Gas, Kernenergie, Wasserkraft und Stromimporte sind für das Gesamtenergieaufkommen von untergeordneter Bedeutung.

Energieaufbereitung und Umwandlung

Die Rohenergien müssen zum weitaus größten Teil aufbereitet werden, damit sie technisch verwendbar sind. Für diese Aufbereitung ist bereits Energie erforderlich, die als ungenutzt anzusehen ist. Dieser verlorene Anteil beträgt etwa 21 % der gesamten zur Verfügung stehenden Rohenergie.

Endenergieverbrauch

Die nach der Aufbereitung und Umwandlung nutzbar zur Verfügung stehenden Energiemengen werden nicht ausschließlich dem energieverbrauchenden Inland zugeführt. Anteile für Energieexporte, für die Vorratshaltung sowie für den Verbrauch in der chemischen Industrie sind zunächst abzuziehen. Erst die dann verbleibenden Energiemengen stehen letztlich für die Energiebedarfsdeckung zur Verfügung. In der Bundesrepublik waren es 1970 nur knapp 60 % des Energieaufkommens.
Der Energieverbrauch in der Bundesrepublik betrug 1974 rund 244 Millionen Steinkohleneinheiten. Die privaten Haushalte und die Kleinverbraucher haben davon rund 43 % benötigt (ohne Anteil Verkehr) davon
ca. 84 % für Raumheizung;
ca. 10 % für Brauchwasserbereitung;
ca. 6 % für Licht, Haushaltsgeräte, Kochen und Backen.

Demnach ist der Bereich Raumheizung als entscheidender Sektor für den Energieverbrauch und Energiesparmaßnahmen in der Bundesrepublik Deutschland anzusehen.
Der Energieverbrauch ist in der Bundesrepublik im Jahre 1977 gegenüber dem Vorjahr leicht zurückgegangen. Schuld daran soll im wesentlichen die milde Witterung gewesen sein. Zurückgegangen ist vor allem der Verbrauch an Erdöl, Steinkohle und Braunkohle. Der Erdgasverbrauch blieb in etwa stabil. Höhere Versorgungsbeiträge leisteten dagegen Kernenergie und Wasserkraft.
Diese Entwicklung zeigt auch, daß bei Energie-Prognosen die Sättigungstendenz unbedingt zu beachten ist.

Der Jahresbedarf an Primär-Energie für 1977 wurde gedeckt durch
ca. 67 % Erdöl und Gas,
ca. 28 % Kohle,
ca. 5 % Kernenergie, Wasserkraft und sonstige Energieträger.

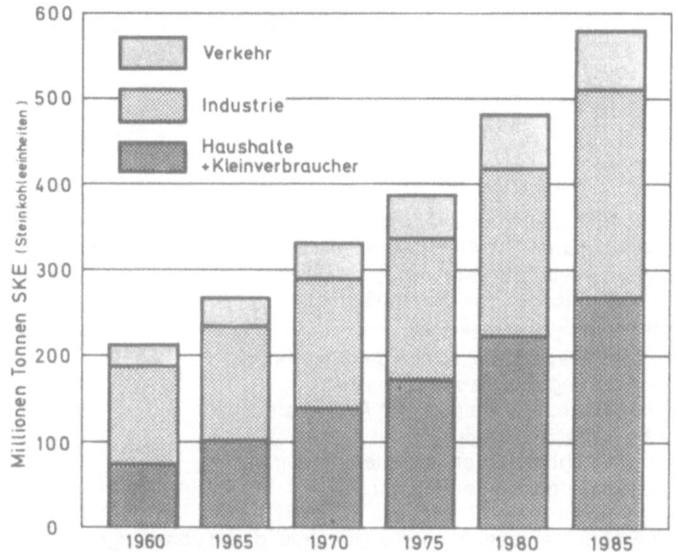

1 Primär-Energieverbrauch in der Bundesrepublik nach Endverbrauchern (B. Frank BASF)

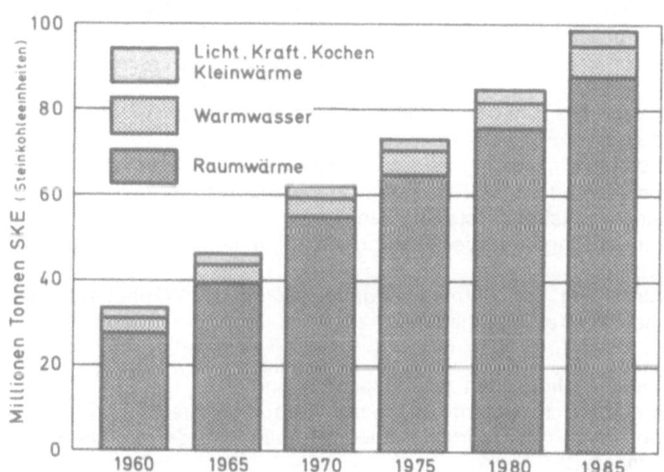

2 Energieverbrauch der privaten Haushalte und die Verbrauchsanteile (ESSO, Schätzungen)

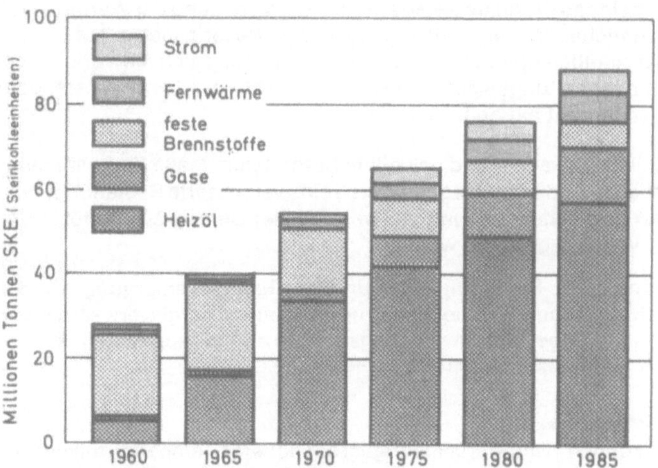

3 Energieverbrauch der privaten Haushalte für Raumheizung und die Anteile der Energiearten (ESSO, Schätzungen)

Möglichkeiten zur Einsparung von Energie

Für die Bemessung der Raumheizung eines Gebäudes wird der Wärmebedarf gemäß DIN 4701 festgestellt. Dieser wird von verschiedenen Faktoren beeinflußt, wie z. B.

- geographische Lage des Gebäudes;
- Gliederung des Baukörpers;
- Gebäudelage in bezug auf die Umgebung;
- Abmessung des Baukörpers → 1;
- Wärmedurchgang durch die Außenbauteile;
- Fensterflächenanteil → 1;
- Fugendichtigkeit der Bauteile untereinander;
- Fugendichtigkeit der Fenster.

Den Architekten obliegt es in erster Linie, durch sorgfältige Planung die wichtigsten Voraussetzungen für einen niedrigen Wärmebedarf der Gebäude zu schaffen. Die darauf abgestimmte Heizungsanlage kann dann mit optimalem Wirkungsgrad ausgelegt werden.

Der Energieverbrauch des Gebäudes wird überwiegend durch Verbrennung von festen Brennstoffen, Heizöl und Heizgasen in zentralen oder dezentralen Wärmeerzeugern gedeckt.

Der Nutzungsgrad bei der Umwandlung der Energie in Wärme kann verbessert werden durch:

- richtige Bemessung der Nennwärmeleistung insbesondere für die Bestimmung der Größe des Wärmeerzeugers;
- einen günstigen Kesselwirkungsgrad;
- Einrichtungen zur Vermeidung von Abkühlungsverlusten über den Kamin;
- Aufteilung der Wärmeerzeugung bei großem Wärmebedarf auf mehrere Kesseleinheiten.

Weitere Möglichkeiten zur Einsparung sind:

- automatische Beeinflussung der Vorlauftemperatur;
- Absenkung der Vorlauftemperatur außerhalb der üblichen Nutzungszeit;
- Feinregulierung der Wärmeabgabe an einzelnen Heizkörpern;
- automatische Regelung der Raumtemperatur;
- separate Warmwasserbereitung außerhalb der Heizperiode in entsprechend dimensionierten Anlagen.

Vermeidbare Verluste treten auch bei der Verteilung der Wärme durch unzureichende Wärmedämmung der Verteilungsnetze auf. Durch wirtschaftlich optimale Wärmedämmung lassen sich die Verluste gedämmter Leitungen auf ca. 1/20 der Werte blanker, eingeputzter oder freiverlegter Leitungen reduzieren.

Schließlich kann – und das gilt in besonderem Maße für bestehende Gebäude und ihre Anlagen – durch eine verbesserte Bedienung, Wartung und Instandhaltung ein wesentlicher Beitrag zur Reduzierung der Verluste geleistet werden.

Beiträge zur Sicherung der künftigen Energieversorgung können auch von neuen Technologien zur rationellen Energieverwendung im Umwandlungs- und Anwendungsbereich erreicht werden. Als besonders aussichtsreich gelten:

Wärmepumpen
Sie können Wärme von niedrigem auf höheres Temperaturniveau anheben, wobei die Leistungsabgabe ein Mehrfaches der Leistungsaufnahme beträgt. Mit ihrer Hilfe kann die im Boden, in der Luft oder im Wasser gespeicherte Wärme nutzbar gemacht werden.

Wärme-Kraft-Koppelung
Durch die gleichzeitige Erzeugung elektrischer Energie und Heizwärme in Kraftwerken sollen die erheblichen Energieverluste (Abwärme) in Verbindung mit Fernwärmenetzen zur Deckung des Raumheizungsbedarfs eingesetzt werden.

Integrierte Energiesysteme
Durch die richtige Auswahl und Kombination von Sekundär-Energieträgern und Anwendungstechniken, wie z. B. der Wärmerückführung, lassen sich, insbesondere bei großen Verbrauchseinheiten, spürbare Einsparungen erzielen.

Eine maximale Energieeinsparung kann demnach nur durch eine kombinierte Anwendung mehrerer Maßnahmen erreicht werden. Neben den genannten technischen Maßnahmen nimmt das Energiebewußtsein bzw. das Sparmotiv des einzelnen Benutzers einer Anlage einen entscheidenden Rang ein. Das zeigt sich eindeutig im Bereich der verbrauchsorientierten Heizungsabrechnung gegenüber einer Pauschalabrechnung.

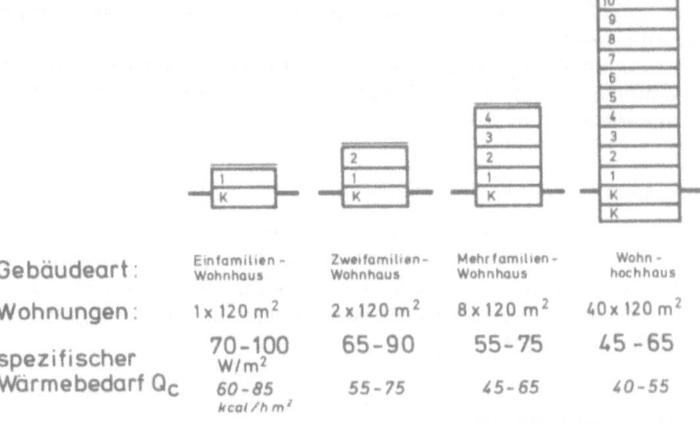

Gebäudeart:	Einfamilien-Wohnhaus	Zweifamilien-Wohnhaus	Mehrfamilien-Wohnhaus	Wohn-hochhaus
Wohnungen:	1 x 120 m²	2 x 120 m²	8 x 120 m²	40 x 120 m²
spezifischer Wärmebedarf Q_c W/m²	70–100	65–90	55–75	45–65
kcal/h m²	60–85	55–75	45–65	40–55

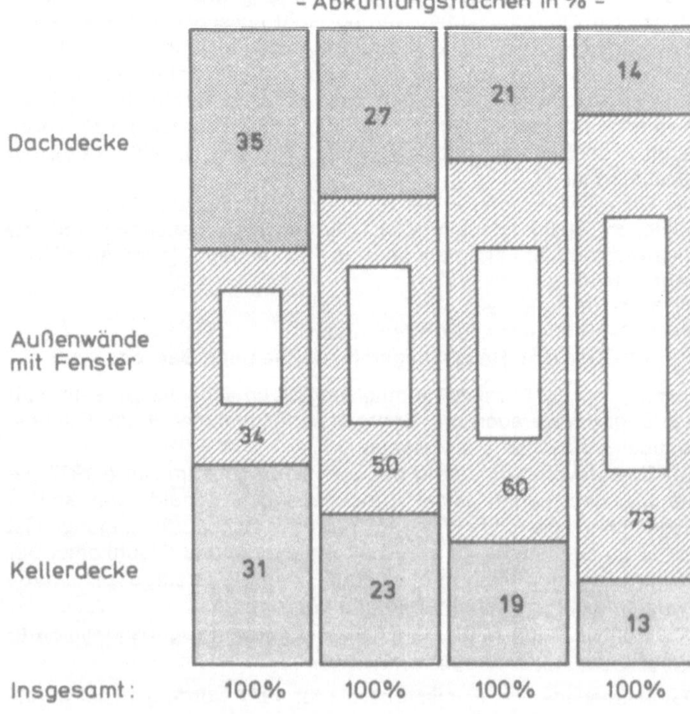

1 Spezifischer Wärmebedarf und Verteilung der Abkühlungsflächen bei verschieden großen Wohngebäuden

Die Vorbereitung des Energieeinsparungsgesetzes

Der Energiebedarf für Raumheizungen hat in der Vergangenheit überproportional zugenommen, ihr Anteil, der noch 1960 bei ca. 30 % des gesamten Endenergiebedarfs lag, ist heute bei mehr als 40 % angekommen. Diese erhebliche Steigerung kann nicht allein durch die Zunahme des Wohnungsbestandes und des Anteils zentralbeheizter Wohnungen erklärt werden. Ein erheblicher Anteil dieser überproportionalen Zunahme muß daher im sorglosen Umgang mit Heizenergie vermutet werden. Es ist deshalb notwendig, dem Sektor Raumheizung größte Aufmerksamkeit zu widmen.

Die Energieversorgung ist mittelfristig nicht bedroht. Maßnahmen zur Einschränkung des Energieverbrauchs, die eine Herabsetzung des Lebensstandards bedeuten würden, sind nicht notwendig. Es ist jedoch angebracht, sparsamer mit der kostbaren Energie umzugehen. So haben die stark gestiegenen Energiepreise bereits ein energiebewußteres Verhalten der Verbraucher bewirkt.

In der ersten Fortschreibung des Energieprogrammes der Bundesregierung vom November 1974 ist u. a. ausgeführt:

„Die Bundesregierung wird durch gezielte Maßnahmen die Entwicklung zu einer rationelleren Energieverwendung unterstützen. Sie wird ein Gesetz einbringen, das insbesondere Rechtsgrundlage für die verbindliche Einführung eines erhöhten Wärmeschutzes in Neubauten schafft. Außerdem wird untersucht, wie bei den bestehenden baulichen Anlagen den Anforderungen nach einem erhöhten Wärmeschutz Rechnung getragen werden kann."

Wegen einer rationellen und sparsamen Energieverwendung wurde im Bundestag eine große Anfrage eingebracht. Sie wurde durch den Bundesminister für Wirtschaft mit Schreiben vom 5. Mai 1975 beantwortet. In dem sehr umfangreichen Schriftsatz wird u. a. ausgeführt:

- Die Energievorräte der Erde müssen langfristig als begrenzt und erschöpfbar angesehen werden. Daneben erfordern Importabhängigkeit der Bundesrepublik und die ständig kräftig gestiegenen Energiepreise einen rationelleren und sparsameren Einsatz von Energie. Dies gilt besonders für den Mineralölbereich, in dem unser Land zu über 90 v.H. von der Einfuhr abhängig ist.

- Die relativ niedrigen Energiepreise der vergangenen Jahre haben zu einem großzügigen Umgang mit Energie verführt. Es bestehen daher beträchtliche Reserven für Einsparungen.

- Geringerer Energieeinsatz bedeutet in der Regel auch geringere Belastung von Wasser und Luft und ist damit gleichzeitig ein Beitrag zu vernünftigerem Umweltschutz.

- Ca. 43 % des Energiebedarfs der Bundesrepublik entfallen auf die Bereiche Haushalt und Kleinverbraucher. Der Nutzungsgrad in diesem Verbrauchssektor liegt noch unter 50 %. Etwa 84 % dieses Verbrauchs werden für die Beheizung und Klimatisierung von Gebäuden aufgewendet.

- Im Mietwohnungsbau ergibt sich eine besondere Situation dadurch, daß die Investitionen vom Bauherrn und Heizungsbetriebskosten vom Mieter getragen werden. Der Mieter hat in der Regel keine wirksamen Mittel, um durch eigene Investitionen seine Heizkosten und den Energieverbrauch für Raumheizung und Brauchwasserbereitung zu beeinflussen. Die technisch möglichen und energiewirtschaftlich notwendigen Einsparungen können in diesem außerordentlich wichtigen Verbrauchssektor ohne gesetzliche Regelung nicht realisiert werden.

  Die Wärmeverluste im Hochbau sind vor allem auf eine geringe Wärmedämmung und auf Mängel bei der Auslegung und beim Betrieb heizungs- und lüftungstechnischer Anlagen zurückzuführen.

- Das energiepolitische Ziel der Einsparung zur Energie in Gebäuden kann nur durch die Einheit von Anforderungen an Wärmeschutz bzw. den Wärmebedarf von Gebäuden, an die Art und Auslegung ihrer Anlagen sowie die Art und Weise der Betriebsdurchführung umfassend und optimal erreicht werden.

Das Energieeinsparungsgesetz stützt sich auf Artikel 74, Nr. 11 des Grundgesetzes. Der dort verwendete Begriff „Recht der Wirtschaft" ist nach allgemeiner Rechtsauffassung sehr weit zu fassen und gilt auch für den Sachbereich „Energiewirtschaft". Auch die Stellungnahme und der Beschluß des Bundesrates zum Gesetzentwurf enthalten keine Zweifel an der Gesetzesgebungskompetenz des Bundes. Im weiteren Sinne der Oberbegriffe „Recht der Wirtschaft" und „Energiewirtschaft" können neben der Erzeugung, Herstellung und Verteilung von Energie auch Maßnahmen verstanden werden, die zum Zwecke der Energieeinsparung für erforderlich gehalten werden, ohne damit Tendenzen der Rationierung zu befolgen.

Der Gesetzentwurf ist von den Bundesministern für Wirtschaft und für Raumordnung, Bauwesen und Städtebau gemeinsam erstellt worden.

Der Deutsche Bundestag hat in seiner 247. Sitzung am 3. Juni 1976 den von der Bundesregierung eingebrachten Entwurf eines Gesetzes zur Einsparung von Energie in Gebäuden (Energieeinsparungsgesetz EnEG) Drucksache 7/4575 angenommen.

Die Verkündung des Gesetzes erfolgte am 22. Juli 1976.

Das Energieeinsparungsgesetz enthält die notwendigen Ermächtigungen, das Nähere in Rechtsverordnungen zu regeln. Der Erlaß dieser Rechtsverordnungen wird an die Zustimmung des Bundesrates gebunden. Die Durchführung der Verordnungen liegt ausschließlich bei den nach Landesrecht zuständigen Behörden (Bauaufsichtsbehörden).

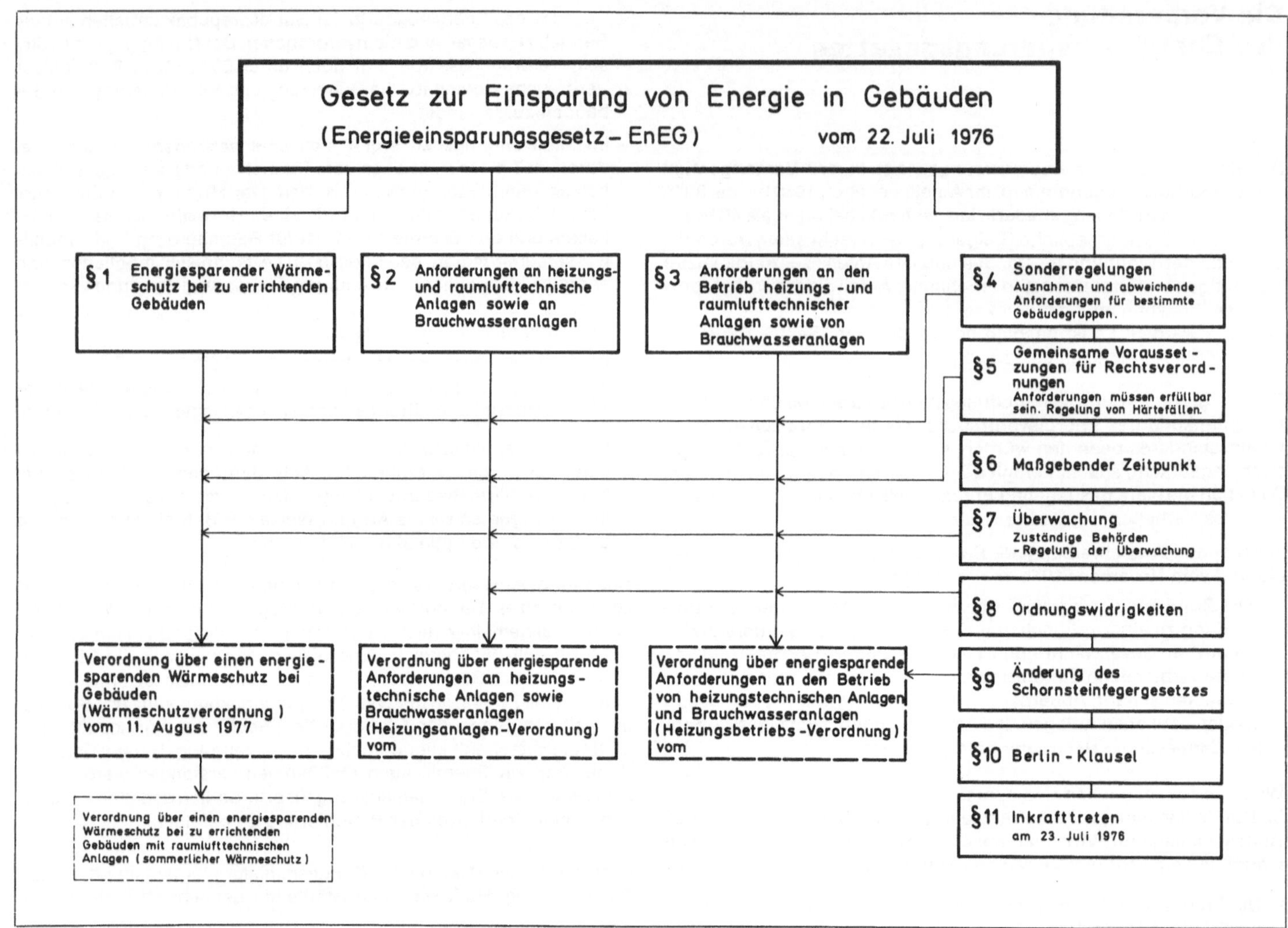

Gesetz zur Einsparung von Energie in Gebäuden (Energieeinsparungsgesetz – EnEG)

vom 22. Juli 1976 [1]

Der Bundestag hat mit Zustimmung des Bundesrates das folgende Gesetz beschlossen:

§ 1
Energiesparender Wärmeschutz bei zu errichtenden Gebäuden

(1) Wer ein Gebäude errichtet, das seiner Zweckbestimmung nach beheizt oder gekühlt werden muß, hat, um Energie zu sparen, den Wärmeschutz nach Maßgabe der nach Absatz 2 zu erlassenden Rechtsverordnung so zu entwerfen und auszuführen, daß beim Heizen und Kühlen vermeidbare Energieverluste unterbleiben.

(2) Die Bundesregierung wird ermächtigt, durch Rechtsverordnung mit Zustimmung des Bundesrates Anforderungen an den Wärmeschutz von Gebäuden und ihren Bauteilen festzusetzen. Die Anforderungen können sich auf die Begrenzung des Wärmedurchgangs sowie der Lüftungswärmeverluste und auf ausreichende raumklimatische Verhältnisse beziehen. Bei der Begrenzung des Wärmedurchgangs ist der gesamte Einfluß der die beheizten oder gekühlten Räume nach außen und zum Erdreich abgrenzenden sowie derjenigen Bauteile zu berücksichtigen, die diese Räume gegen Räume abweichender Temperatur abgrenzen. Bei der Begrenzung von Lüftungswärmeverlusten ist der gesamte Einfluß der Lüftungseinrichtungen, der Dichtheit von Fenstern und Türen sowie der Fugen zwischen einzelnen Bauteilen zu berücksichtigen.

(3) Soweit andere Rechtsvorschriften höhere Anforderungen an den baulichen Wärmeschutz stellen, bleiben sie unberührt.

§ 2
Anforderungen an heizungs- und raumlufttechnische Anlagen sowie an Brauchwasseranlagen

(1) Wer heizungs- oder raumlufttechnische oder der Versorgung mit Brauchwasser dienende Anlagen oder Einrichtungen in Gebäude einbaut oder einbauen läßt oder in Gebäuden aufstellt oder aufstellen läßt, hat bei Entwurf, Auswahl und Ausführung dieser Anlagen und Einrichtungen nach Maßgabe der nach den Absätzen 2 und 3 zu erlassenden Rechtsverordnungen dafür Sorge zu tragen, daß nicht mehr Energie verbraucht wird, als zur bestimmungsgemäßen Nutzung erforderlich ist.

(2) Die Bundesregierung wird ermächtigt, durch Rechtsverordnung mit Zustimmung des Bundesrates vorzuschreiben, welchen Anforderungen die Beschaffenheit und die Ausführung der in Absatz 1 genannten Anlagen und Einrichtungen genügen müssen, damit ver-

meidbare Energieverluste unterbleiben. Für zu errichtende Gebäude können sich die Anforderungen beziehen auf

1. den Wirkungsgrad, die Auslegung und die Leistungsaufteilung der Wärmeerzeuger,
2. die Ausbildung interner Verteilungsnetze,
3. die Begrenzung der Brauchwassertemperatur,
4. die Einrichtungen der Regelung und Steuerung der Wärmeversorgungssysteme,
5. den Einsatz von Wärmerückgewinnungsanlagen,
6. die meßtechnische Ausstattung zur Verbrauchserfassung,
7. weitere Eigenschaften der Anlagen und Einrichtungen, soweit dies im Rahmen der Zielsetzung des Absatzes 1 auf Grund der technischen Entwicklung erforderlich wird.

(3) Die Absätze 1 und 2 gelten entsprechend, soweit in bestehende Gebäude bisher nicht vorhandene Anlagen oder Einrichtungen eingebaut oder vorhandene ersetzt, erweitert oder umgerüstet werden. Bei wesentlichen Erweiterungen oder Umrüstungen können die Anforderungen auf die gesamten Anlagen oder Einrichtungen erstreckt werden. Außerdem können Anforderungen zur Ergänzung der in Absatz 1 genannten Anlagen und Einrichtungen mit dem Ziel einer nachträglichen Verbesserung des Wirkungsgrades und einer Erfassung des Energieverbrauchs gestellt werden.

(4) Soweit andere Rechtsvorschriften höhere Anforderungen an die in Absatz 1 genannten Anlagen und Einrichtungen stellen, bleiben sie unberührt.

§ 3
Anforderungen an den Betrieb heizungs- und raumlufttechnischer Anlagen sowie von Brauchwasseranlagen

(1) Wer heizungs- oder raumlufttechnische oder der Versorgung mit Brauchwasser dienende Anlagen oder Einrichtungen in Gebäuden betreibt oder betreiben läßt, hat dafür Sorge zu tragen, daß sie nach Maßgabe der nach Absatz 2 zu erlassenden Rechtsverordnung so instandgehalten und betrieben werden, daß nicht mehr Energie verbraucht wird, als zu ihrer bestimmungsgemäßen Nutzung erforderlich ist.

(2) Die Bundesregierung wird ermächtigt, durch Rechtsverordnung mit Zustimmung des Bundesrates vorzuschreiben, welchen Anforderungen der Betrieb der in Absatz 1 genannten Anlagen und Einrichtungen genügen muß, damit vermeidbare Energieverluste unterbleiben. Die Anforderungen können sich auf die sachkundige Bedienung, Instandhaltung, regelmäßige Wartung und auf die bestimmungsgemäße Nutzung der Anlagen und Einrichtungen beziehen.

(3) Soweit andere Rechtsvorschriften höhere Anforderungen an den Betrieb der in Absatz 1 genannten Anlagen und Einrichtungen stellen, bleiben sie unberührt.

§ 4
Sonderregelungen

(1) Die Bundesregierung wird ermächtigt, durch Rechtsverordnung mit Zustimmung des Bundesrates von den nach den §§ 1 bis 3 zu erlassenden Rechtsverordnungen Ausnahmen zuzulassen und abweichende Anforderungen für Gebäude und Gebäudeteile vorzuschreiben, die nach ihrem üblichen Verwendungszweck

1. wesentlich unter oder über der gewöhnlichen, durchschnittlichen Heizdauer beheizt werden müssen,
2. eine Innentemperatur unter 15°C erfordern,
3. den Heizenergiebedarf durch die im Innern des Gebäudes anfallende Abwärme überwiegend decken,
4. nur teilweise beheizt werden müssen,
5. eine überwiegende Verglasung der wärmeübertragenden Umfassungsflächen erfordern,
6. nicht zum dauernden Aufenthalt von Menschen bestimmt sind,
7. sportlich, kulturell oder zu Versammlungen genutzt werden,
8. zum Schutze von Personen oder Sachwerten einen erhöhten Luftwechsel erfordern,
9. und nach der Art ihrer Ausführung für eine dauernde Verwendung nicht geeignet sind,

soweit der Zweck des Gesetzes, vermeidbare Energieverluste zu verhindern, dies erfordert oder zuläßt. Satz 1 gilt entsprechend für die in § 2 Abs. 1 genannten Anlagen und Einrichtungen in solchen Gebäuden oder Gebäudeteilen.

(2) Die Bundesregierung wird ermächtigt, durch Rechtsverordnung mit Zustimmung des Bundesrates zu bestimmen, daß die nach den §§ 1 bis 3 und 4 Abs. 1 festzulegenden Anforderungen auch bei wesentlichen Änderungen von Gebäuden einzuhalten sind.

§ 5
Gemeinsame Voraussetzungen für Rechtsverordnungen

(1) Die in den Rechtsverordnungen nach den §§ 1 bis 4 aufgestellten Anforderungen müssen nach dem Stand der Technik erfüllbar und für Gebäude gleicher Art und Nutzung wirtschaftlich vertretbar sein. Anforderungen gelten als wirtschaftlich vertretbar, wenn generell die erforderlichen Aufwendungen innerhalb der üblichen Nutzungsdauer durch die eintretenden Einsparungen erwirtschaftet werden können. Bei bestehenden Gebäuden ist die noch zu erwartende Nutzungsdauer zu berücksichtigen.

(2) In den Rechtsverordnungen ist vorzusehen, daß auf Antrag von den Anforderungen befreit werden kann, soweit diese im Einzelfall wegen besonderer Umstände durch einen unangemessenen Aufwand oder in sonstiger Weise zu einer unbilligen Härte führen.

§ 6
Maßgebender Zeitpunkt

Für die Unterscheidung zwischen zu errichtenden und bestehenden Gebäuden im Sinne dieses Gesetzes ist der Zeitpunkt der Erteilung der Baugenehmigung maßgebend.

§ 7
Überwachung

(1) Die zuständigen Behörden haben darüber zu wachen, daß die in den Rechtsverordnungen nach den §§ 1 bis 4 festgesetzten Anforderungen erfüllt werden, soweit die Erfüllung dieser Anforderungen nicht schon nach anderen Rechtsvorschriften im erforderlichen Umfang überwacht wird.

(2) Die Landesregierungen oder die von ihnen bestimmten Stellen werden ermächtigt, durch Rechtsverordnung die Überwachung hinsichtlich der in den Rechtsverordnungen nach den §§ 1 und 2 festgesetzten Anforderungen ganz oder teilweise auf geeignete Stellen, Fachvereinigungen oder Sachverständige zu übertragen. Soweit sich § 4 auf die §§ 1 und 2 bezieht, gilt Satz 1 entsprechend.

(3) Die Bundesregierung wird ermächtigt, durch Rechtsverordnung mit Zustimmung des Bundesrates die Überwachung hinsichtlich der durch Rechtsverordnung nach § 3 festgesetzten Anforderungen auf geeignete Stellen, Fachvereinigungen oder Sachverständige zu übertragen. Soweit sich § 4 auf § 3 bezieht, gilt Satz 1 entsprechend.

(4) In den Rechtsverordnungen nach den Absätzen 2 und 3 kann die Art und das Verfahren der Überwachung geregelt werden; ferner können Anzeige- und Nachweispflichten vorgeschrieben werden. Es ist vorzusehen, daß in der Regel Anforderungen auf Grund der §§ 1 und 2 nur einmal und Anforderungen auf Grund des § 3 höchstens einmal im Jahr überwacht werden; bei Anlagen in Einfamilienhäusern, kleinen und mittleren Mehrfamilienhäusern und vergleichbaren Nichtwohngebäuden ist eine längere Überwachungsfrist vorzusehen.

(5) In der Rechtsverordnung nach Absatz 3 ist vorzusehen, daß

1. eine Überwachung von Anlagen mit einer geringen Wärmeleistung entfällt,

2. die Überwachung der Erfüllung von Anforderungen sich auf die Kontrolle von Nachweisen beschränkt, soweit die Wartung durch eigenes Fachpersonal oder auf Grund von Wartungsverträgen durch Fachbetriebe sichergestellt ist.

§ 8
Ordnungswidrigkeiten

(1) Ordnungswidrig handelt, wer vorsätzlich oder fahrlässig einer Rechtsverordnung

1. nach § 2 Abs. 2 oder 3 über Anforderungen an heizungs- und raumlufttechnische Anlagen sowie Brauchwasseranlagen oder nach § 3 über Anforderungen an den Betrieb solcher Anlagen,
2. nach § 4 Abs. 1 oder 2 über Sonderregelungen, ausgenommen Anforderungen an den Wärmeschutz (§ 1 Abs. 2), oder
3. nach § 7 Abs. 4 über die Art und das Verfahren der Überwachung und über Anzeige- und Nachweispflichten

zuwiderhandelt, soweit die Rechtsverordnung für einen bestimmten Tatbestand auf diese Bußgeldvorschrift verweist.

(2) Die Ordnungswidrigkeit kann in den Fällen des Absatzes 1 Nr. 1 und 2 mit einer Geldbuße bis zu fünfzigtausend Deutsche Mark, im Falle des Absatzes 1 Nr. 3 mit einer Geldbuße bis zu fünftausend Deutsche Mark geahndet werden.

§ 9
Änderung des Schornsteinfegergesetzes

Das Schornsteinfegergesetz vom 15. September 1969 (Bundesgesetzbl. I S. 1634, 2432), zuletzt geändert durch das Achtzehnte Rentenanpassungsgesetz vom 28. April 1975 (Bundesgesetzbl. I S. 1018), wird wie folgt geändert:

1. § 3 Abs. 2 Satz 2 erhält folgende Fassung:
   „Bei der Feuerstättenschau, bei der Bauabnahme und bei Tätigkeiten auf dem Gebiet des Immissionsschutzes sowie der rationellen Energieverwendung nimmt er öffentliche Aufgaben wahr."
2. § 13 Abs. 1 wird durch folgende Nummer 11 ergänzt:
   „11. Überwachung von Feuerungsanlagen hinsichtlich der Anforderungen an den Betrieb heizungs- oder raumlufttechnischer oder der Versorgung mit Brauchwasser dienender Anlagen oder Einrichtungen, soweit ihm diese nach § 7 Abs. 3 des Energieeinsparungsgesetzes vom 22. Juli 1976 (Bundesgesetzbl. I S. 1873) übertragen worden ist."
3. In § 24 Abs. 1 wird nach der Zahl 9 das Wort „und" durch einen Beistrich ersetzt. Nach der Zahl 10 werden die Worte „und 11" angefügt.

§ 10
Berlin-Klausel

Dieses Gesetz gilt nach Maßgabe des § 13 Abs. 1 des Dritten Überleitungsgesetzes vom 4. Januar 1952 (Bundesgesetzbl. I S. 1) auch im Land Berlin. Rechtsverordnungen, die auf Grund dieses Gesetzes erlassen werden, gelten im Land Berlin nach § 14 des Dritten Überleitungsgesetzes.

§ 11
Inkrafttreten

Dieses Gesetz tritt am Tage nach der Verkündung in Kraft.

Das vorstehende Gesetz wird hiermit verkündet.

Bonn, den 22. Juli 1976

Der Bundespräsident
Scheel
Für den Bundeskanzler
Der Bundesminister
für innerdeutsche Beziehungen
E. Franke
Der Bundesminister für Wirtschaft
Friderichs
Der Bundesminister für Raumordnung,
Bauwesen und Städtebau
Karl Ravens

Erläuterungen zum Energieeinsparungsgesetz [2]

Zu den Paragraphen 1, 2 und 3 ergehen Rechtsverordnungen, die als Ausführungsbestimmungen zu diesen Paragraphen anzusehen sind. Die 3 Rechtsverordnungen werden in eigenen Kapiteln behandelt und dabei auch kommentiert.

Zu § 4, Sonderregelungen

Zu Abs. 1, Ziff. 1
Die in der Bundesrepublik übliche durchschnittliche Heizdauer beträgt je nach der geographischen Lage des Ortes zwischen
203 Tagen und 2800 Gradtagszahlen in Ludwigshafen am Rhein und
308 Tagen und 4840 Gradtagszahlen auf dem Feldberg (Taunus).

In der Wärmeschutzverordnung zum EnEG sind in den Paragraphen 4 und 7 Ausnahmen gegenüber der durchschnittlichen Heizdauer vorgesehen.

§ 4, für Betriebsgebäude, die nach ihrem üblichen Verwendungszweck auf eine Innentemperatur von mehr als 12° C und weniger als 19° C und jährlich mehr als 4 Monate (ursprünglich 1500 Heizgradtage) beheizt werden;

§ 7, für Gebäude, die sportlichen oder Versammlungszwecken dienen und auf eine Innentemperatur von mindestens 15° C und jährlich mehr als 3 Monate (ursprünglich 1250 Heizgradtage) beheizt werden.

Zu Abs. 1, Ziff. 2
Damit sind vor allem Kühlhäuser und Kühllagerhallen gemeint, die das ganze Jahr über Raumtemperaturen von weniger als 15° C erfordern. Sie können grundsätzlich als Sonderfälle angenommen werden, da besondere bauliche Maßnahmen zur wirtschaftlichen Erzeugung der geringen Temperatur eigentlich zwingend sind.

Zu Abs. 1, Ziff. 3
In bestimmten gewerblichen Gebäuden, wie z. B. Gießereien, fällt Prozeßwärme an, die oft nicht nur ausreicht, um den Wärmebedarf dieses Gebäudes zu decken, sondern darüber hinaus noch abgeführt werden muß. Durch einen verbesserten baulichen Wärmeschutz würde eher eine Erhöhung des Gesamtenergieverbrauchs entstehen, weil die Wärmeabfuhr über Entlüftungsanlagen wiederum Antriebsenergie erfordert.

Bei der Ausnutzung der Abwärme von Beleuchtungen ist dagegen ein verbesserter baulicher Wärmeschutz erwünscht, da die hierbei anfallenden Energiemengen in der Regel nicht ausreichen, um in der kalten Jahreszeit allein den Wärmebedarf des Gebäudes zu decken.

Zu Abs. 1, Ziff. 4
Wohngebäude sind immer als insgesamt beheizte Gebäude anzusehen, auch wenn Teile hiervon, wie z. B. Keller oder Nebenräume, nicht beheizt werden. Als teilbeheizt gelten die Gebäude, in denen nur einige Räume beheizt werden, wie z. B. in Werkhallen eingebaute Büros.

Zu Abs. 1, Ziff. 5
Hierunter sind vor allem sog. Unterglasbauten (Gewächshäuser) zu verstehen. Energieeinsparungen lassen sich dort nur durch Maßnahmen in der Heizungstechnik erzielen. Es kann aber angenommen werden, daß die Betreiber derartiger Anlagen ihre Heizungen schon immer wirtschaftlich ausgelegt haben.

Zu Abs. 1, Ziff. 6
Hierzu können Garagen, Lagerhallen, Werkhallen u. dgl. gerechnet werden, aber auch selten benutzte Wohnbauten wie z. B. Wochenendhäuser.

Zu Abs. 1, Ziff. 7
Hierunter fallen Versammlungsstätten, Sportstätten, Kirchen, Ausstellungshallen und ähnliche Gebäude, die aufgrund eingeschränkter Nutzung mit geringen Raumtemperaturen betrieben werden. Häufig liegen Verbindungen mit den Kriterien der Ziffern 1 und 6 dieses Absatzes vor.

Zu Abs. 1, Ziff. 8
Hohe Luftwechselzahlen sind z. B. in chemischen Produktionsstätten, Laboratorien u. dgl. aus betrieblichen Gründen erforderlich. Der Lüftungswärmebedarf ist dort erheblich größer als der Transmissionswärmebedarf. Maßnahmen zur Rückgewinnung von Wärme sind von höherer Wirksamkeit, als Maßnahmen durch Verbesserung des baulichen Wärmeschutzes.
Man sollte aber beachten, daß die Dämmung der Gebäudehülle nicht nur zum Schutze der in den Gebäuden wohnenden und arbeitenden Menschen von Vorteil ist, sondern auch hinsichtlich des Erhalts der Gebäudesubstanz gebraucht wird.

Zu Abs. 1, Ziff. 9
Hierunter fallen alle sog. fliegenden Bauten, ebenso Traglufthallen.

Zu Absatz 2
Die vom Bundesbauministerium im Januar 1960 herausgegebene Musterbauordnung für die Länder des Bundesgebietes einschl. Berlin schlägt in § 113, Abs. 2, nachstehende Regelung vor:

„Sollen bauliche Anlagen wesentlich geändert werden, so kann gefordert werden, daß auch die nicht berührten Teile der baulichen Anlage mit dieser Bauordnung oder den auf Grund dieser Bauordnung erlassenen Vorschriften in Einklang gebracht werden, wenn

1. die Bauteile, die diesen Vorschriften nicht mehr entsprechen, mit den beabsichtigten Arbeiten in einem konstruktiven Zusammenhang stehen und
2. die Durchführung dieser Vorschriften bei den von den Arbeiten nicht berührten Teilen der baulichen Anlage keine unzumutbaren Mehrkosten verursachen."

Zu § 5, Gemeinsame Voraussetzungen für Rechtsverordnungen

Die Ermächtigungen werden dahingehend eingeschränkt, daß die Anforderungen nach dem Stand der Technik erfüllbar und für Gebäude gleicher Art und Nutzung wirtschaftlich vertretbar sein müssen.

Dieser Stand der Technik wird aber durch das vorhandene Regelwerk, wie z. B. die Norm DIN 4108 Wärmeschutz im Hochbau, oder die Normen aus dem Bereich heizungs- und raumlufttechnische Anlagen nicht völlig abgedeckt. Die Lücke bis zum praktisch Machbaren muß deshalb durch ausführliche Beratungen durch Fachverbände und Gutachten von Fachleuten ergänzt werden.
Anforderungen gelten als wirtschaftlich vertretbar, wenn generell die erforderlichen Aufwendungen innerhalb der üblichen Nutzungsdauer durch die eintretenden Einsparungen erwirtschaftet werden können. Längerfristige Belastungen aus den Anforderungen und Verordnungen dürften nicht entstehen.
Obwohl aus energiepolitischen Gründen einschneidendere Maßnahmen vertretenswert wären, wurde ein Anforderungsniveau gewählt, bei dem die Investitionen im Regelfall je nach Energiepreis und Bedingungen des Kapitalmarktes weit innerhalb der Gebäudenutzungsdauer erwirtschaftet werden können.
Für technische Entwicklungen können Befreiungen gewährt werden, wenn das Ziel des Gesetzes in anderer Weise und in gleichem Umfange erreicht wird.
Bau- und Energiekosten werden auch weiterhin ansteigen. Auch aus diesem Grunde werden von Zeit zu Zeit Anpassungen der Anforderungen an die Entwicklung notwendig werden.
Schließlich will diese Vorschrift bewirken, daß zukünftig viel stärker als bisher Zusammenhänge zwischen Investitionen und Betriebskosten untersucht werden.

Zu § 6, Maßgebender Zeitpunkt

Mit der Erteilung der Baugenehmigung wird eine bestimmte Ausführung des Gebäudes und mitunter auch der Anlagen und Einrichtungen behördlich zugelassen. Auf diesen Rechtsakt muß sich der Bauherr verlassen können.

Zu § 7, Überwachung

Einzelheiten der Überwachung werden in den jeweiligen Rechtsverordnungen geregelt. Erst darüber hinaus sind dann die Vorschriften des § 7 anzuwenden.
Die Überwachungspflicht obliegt den nach Landesrecht zuständigen Behörden.

Zu § 8, Ordnungswidrigkeiten

Die Zuwiderhandlungen beziehen sich im wesentlichen auf die Anlage und den Betrieb von heizungs- und raumlufttechnischen Anlagen sowie Brauchwasseranlagen.
Ordnungswidrigkeiten hinsichtlich des baulichen Wärmeschutzes gemäß § 1 EnEG sind in den Landesbauordnungen geregelt. Nach § 10 des Gesetzes über Ordnungswidrigkeiten in der Fassung vom 2. Januar 1975 kann fahrlässiges Handeln nur dann als Ordnungswidrigkeit geahndet werden, wenn das Gesetz es ausdrücklich mit Geldbuße bedroht.

Zu § 9, Änderung des Schornsteinfegergesetzes

Von Interesse dürfte die Kenntnis des § 13 dieses Gesetzes sein, bei dem ein weiteres Tätigkeitsmerkmal bezüglich der Aufgaben des Bezirksschornsteinfegermeisters angefügt wird.

§ 13
Aufgaben

(1) Der Bezirksschornsteinfegermeister hat folgende Aufgaben:

1. Ausführung der durch die Kehr- und Überprüfungsordnung vorgeschriebenen Arbeiten und regelmäßige Überwachung der Arbeit seiner Gesellen und Lehrlinge;
2. Überprüfung sämtlicher Schornsteine, Feuerstätten und Verbindungsstücke auf ihre Feuersicherheit in den Gebäuden, in denen er Arbeiten nach der Kehr- und Überprüfungsordnung auszuführen hat, durch persönliche Besichtigung innerhalb von fünf Jahren, und zwar jährlich in einem Fünftel seines Bezirks (Feuerstättenschau);
3. unverzügliche schriftliche Meldung der bei Schornsteinen, Feuerstätten und Verbindungsstücken vorgefundenen Mängel an den Grundstückseigentümer und, wenn sie nicht innerhalb einer von dem Bezirksschornsteinfegermeister zu setzenden Frist abgestellt worden sind, an die zuständige Behörde;
4. Prüfung und Begutachtung von Schornsteinen, Feuerstätten und Verbindungsstücken auf ihre Feuersicherheit in anderen als den in Nummer 2 genannten Fällen;
5. Beratung in feuertechnischen Fragen;
6. Vornahme der Brandverhütungsschau oder Teilnahme an ihr nach Landesrecht;
7. Hilfeleistung bei der Brandbekämpfung auf Aufforderung durch die zuständige Behörde in seinem Bezirk;
8. Unterstützung der Aufgaben des Zivilschutzes, soweit sie die Brandverhütung betreffen;
9. Ausstellung der Bescheinigung zu Rohbau- und Schlußabnahmen nach Landesrecht;
10. Überprüfung von Schornsteinen, Feuerstätten und Verbindungsstücken oder ähnlichen Einrichtungen nach Maßgabe der öffentlich rechtlichen Vorschriften auf dem Gebiet des Immissionsschutzes.
11. *(neu!)*

Überwachung von Feuerungsanlagen hinsichtlich der Anforderungen an den Betrieb heizungs- oder raumlufttechnischer oder der Versorgung mit Brauchwasser dienender Anlagen oder Einrichtungen, soweit ihm diese nach § 7 Abs. 3 des Energieeinsparungsgesetzes vom 22. Juli 1976 (Bundesgesetzbl. I S. 1873) übertragen worden ist.

(2) Andere als in diesem Gesetz aufgeführte Aufgaben dürfen dem Bezirksschornsteinfegermeister nicht übertragen werden.

Meinungen zum Energieeinsparungsgesetz

Die von einigen Architekten und Fachzeitschriften geäußerten Kritiken sind – zumindest teilweise – unverständlich. Bisher waren sich nämlich die Architekten ziemlich einig, die DIN 4108 in ihrer Fassung von 1969 als völlig ungenügend anzuprangern; sie wurde sogar regelrecht „verteufelt".

Die Gründe hierfür waren damals nicht die mögliche Energieeinsparung am Bau, sondern vielmehr die Anhebung der Wohnbehaglichkeit im Winter wie im Sommer auf ein menschliches Maß. Aus dieser Sicht betrachtet hat uns das Energieeinsparungsgesetz einen beachtlichen Schritt weitergebracht. Die schon seit etlichen Jahren gestellten Forderungen werden dadurch zwar noch nicht optimal, aber doch einigermaßen entsprechend erfüllt.

So kann z.B. die von den Klima- und Heizungsfachleuten schon immer gegebene Empfehlung, daß die Temperatur an den Innenflächen von Außenbauteilen nicht mehr als 2° C, höchstens 3° C von der Raumtemperatur abweichen sollte, bei den Dachdecken mit Sicherheit, bei den Außenwänden leider nur bedingt erfüllt werden.

Es muß anerkannt werden, daß die Heizungs- und Lüftungsbranche in erheblich stärkerem Maße als bisher aktiv geworden ist und energiewirtschaftlich vernünftige Lösungen anbietet.

So wird auch die Berücksichtigung neuer energiesparender Lösungen durch das Energieeinsparungsgesetz keineswegs verhindert. Normen, Rechtsverordnungen und Gesetze sollen vielmehr immer wieder dem neuesten Stand der technischen Entwicklung angepaßt werden. Gemäß § 12 der Wärmeschutzverordnung ist die zuständige Landesbehörde berechtigt, auf Antrag Ausnahmen von dieser Verordnung zuzulassen, sofern die Begrenzung der Energieverluste durch andere bauliche Maßnahmen im gleichen Umfang erreicht wird.

Es ist zu bedauern, daß bei den 22 Millionen Altbauwohnungen in etwa 10 Millionen Wohngebäuden nicht ähnliche Energieeinsparungen zu erreichen sind wie bei Neubauten. Bei der unterschiedlichen Struktur dieser Altbauten können durch gesetzliche Vorschriften keine wirtschaftlich vertretbaren Investitionen vorgeschrieben werden. Hier sind vielmehr Anreize durch Bereitstellung öffentlicher Mittel notwendig.

Was macht das Ausland

Gesetze und Verordnungen zur Einsparung von Energie sind praktisch in all den Ländern vorgesehen, die auf Energieeinfuhren angewiesen sind. Hierzu einige Beispiele:

In **Frankreich** hat man mit amtlichem Dekret vom 10. April 1974 wesentlich erhöhte Anforderungen an den baulichen Wärmeschutz bei allen Neubauten festgesetzt, zugleich auch zeitgemäße Regelungen und Steuerungen für alle neuen Zentralheizungsanlagen vorgeschrieben. Ab 1. Mai 1974 muß jede Öl-Zentralheizungsanlage eine automatische Regelung haben. Mehrfamilienhäuser müssen mit einer witterungsabhängigen Steuerung ausgerüstet werden. Bei Einfamilienhäusern darf man wahlweise eine witterungsabhängige oder eine raumthermostatische Steuerung einsetzen. Bei Mehrfamilienhäusern wurde darüber hinaus ab 1. Juli 1975 für jede einzelne Wohnung eine individuelle automatische Regelung verlangt.

In **USA** wurde auf die Initiative von Präsident Carter ein umfangreiches Energieprogramm im Kongreß vorgelegt. Die Dämmung von Privathäusern und gewerblichen Gebäuden soll zur Pflicht gemacht und steuerlich gefördert werden. Für die bessere Dämmung von öffentlichen Gebäuden sollen Haushaltsmittel bereitgestellt werden. Steuerliche Förderungen sollen auch andere energiesparende Investitionen genießen. Für Gebäude und Anlagen sollen Richtlinien über den Energieverbrauch eingeführt werden.

In **Schweden** sollen im Sommer 1977 und in **Dänemark** im Jahre 1979 neue Bestimmungen hinsichtlich des baulichen Wärmeschutzes in Kraft treten. Darin werden auch Begrenzungen der Fensterflächen enthalten sein, ausgedrückt als maximaler Prozentanteil von der Grundfläche. Umgerechnet auf die Fassadenflächen – zum besseren Vergleich mit der Wärmeschutzverordnung – ergeben sich in etwa folgende Fensterflächenanteile

1-geschossiger Bungalow	15 % Fassadenfläche
1½-geschossiges Einfamilienhaus	16 % Fassadenfläche
2-geschossiges Mehrfamilienhaus	20 % Fassadenfläche
5-geschossiges Mehrfamilienhaus	23 % Fassadenfläche

Im Vergleich hierzu erscheint das deutsche Energieeinsparungsgesetz geradezu großzügig ausgelegt. Eine Beschränkung der Fensterfläche ist darin grundsätzlich nicht vorgesehen. Wer aber große Fenster bauen will, soll dies energiebewußt tun.

Behagliches Raumklima

Behaglichkeit

Die Behaglichkeit ist eine wichtige Voraussetzung für die Erhaltung des Wohlbefindens und der Leistungskraft. Sie wird subjektiv empfunden und läßt sich nicht mit eindeutigen Meßwerten ermitteln und auch nicht in Mark und Pfennig bewerten wie z.B. Einsparung von Energie. Das Behaglichkeitsempfinden ist von Person zu Person je nach körperlicher Tätigkeit, Alter, Geschlecht, Bekleidung und der Tageszeit verschieden.

Der Mensch betrachtet ein behagliches Raumklima als selbstverständlichen Normalzustand. Eine unbehagliche Umgebung nimmt er dagegen um so stärker wahr, je weiter sich diese vom hygienischen und thermisch-behaglichen Zustand entfernt. So führt übermäßige Wärme zur Ermüdung und Abnahme der geistigen und körperlichen Leistungsfähigkeit. Bei starker Abkühlung des Organismus tritt ein erhöhter Bewegungsdrang auf, die Konzentrationsfähigkeit nimmt ab. Allergische, asthmatische und rheumatische Krankheiten können ihre Ursache in feuchten, kalten und zugigen Wohn- und Arbeitsräumen haben, auch wird die Ausbreitung von Infektionskrankheiten begünstigt. Schließlich kann auch Lärm das Behaglichkeitsempfinden eines Menschen beeinflußen.

Die konstruktive Gestaltung eines Gebäudes muß also auch aus der Sicht der Behaglichkeit gesehen werden. Die wichtigsten Behaglichkeitskomponenten lassen sich bereits vom Planer des Gebäudes beeinflussen. Lediglich auf die Komponenten „Kleidung" und „Tätigkeit" hat der Planer keinen Einfluß.

Kleidung

Der Zweck der Kleidung ist die Aufrechterhaltung einer befriedigenden Temperatur zwischen der Haut und der Innenseite der Bekleidung, die am ruhenden Menschen 28 bis 30°C beträgt. Die Kleidung sollte so bemessen sein, daß eine übermäßige Erwärmung verhindert wird, andererseits aber soviel Wärme hindurchgeht, um einen gesundheitsschädigenden Wärmestau zu verhindern.

Der Wärmeentzug an der Außenseite der Bekleidung wird durch hohe Luftfeuchte und erhöhte Luftbewegung verstärkt.

In einem behaglichen Raum sollte man sich im Winter hemdsärmelig aufhalten können ohne zu frieren und im Sommer vollständig angezogen ohne zu schwitzen.

Raumlufttemperatur

Konkrete, auf die jeweiligen Belange abgestimmte Angaben zur Raumlufttemperatur sind kaum möglich.
Für die kalte Jahreszeit werden daher Bereiche für die Raumlufttemperatur zur Gewährleistung der Behaglichkeit angegeben, mit der Maßgabe, daß die Raumtemperatur individuell geregelt werden kann und die übrigen an einen behaglichen Raum zu stellenden Forderungen erfüllt sind:

Wohnraum	19 bis 22°C
Schlafraum	17 bis 20°C
Küche	18 bis 20°C
Bad	20 bis 24°C
Diele, Flur, WC	17 bis 19°C
Treppenhaus	16 bis 18°C

Während der warmen Jahreszeit können die für die Heizperiode angegebenen Raumlufttemperaturen um 2 bis 3°C höher liegen, damit sie noch als behaglich empfunden werden.

Tätigkeit

Der Mensch empfindet ein besonderes Wohlbehagen, wenn seine Wärmeproduktion bzw. -abgabe und die Behaglichkeitskomponenten, insbesondere die Umgebungstemperatur, in einem ausgewogenen Verhältnis zueinander stehen.
Für die verschiedenen Arbeitsbereiche können folgende Raumtemperaturen angenommen werden

bei geistiger Arbeit im Sitzen	20 bis 22°C
bei leichter Arbeit im Sitzen	19 bis 20°C
bei mittlerer Arbeit im Stehen	18 bis 19°C
bei schwerer Arbeit im Stehen	15 bis 16°C

Die notwendige Abgabe von Körperwärme erhöht sich bei zunehmendem Energieeinsatz, also auch bei Arbeitsbelastung. Die Wärmeproduktion bzw. -abgabe und die Umgebungstemperatur lassen sich in gewissen Grenzen kompensieren. Bild 1 zeigt dies am Ablauf eines Arbeitstages bei leichter Tätigkeit.
Die bei den Mahlzeiten aufgenommenen Kalorien werden während der Arbeit langsam wieder abgegeben. Die körperliche Wärmeabgabe wird an einen entsprechenden Anstieg der Raumtemperatur angeglichen. Während der Mittagspause wird die Heizung gedrosselt und die Arbeitsräume gut durchlüftet. Nach der Mittagspause bis zum Feierabend steigt die Raumtemperatur wieder langsam an.
Mit der Anpassung von menschlicher Wärmeabgabe und Raumheizung erfolgt zugleich eine Anpassung an die physiologische Leistungsbereitschaft.

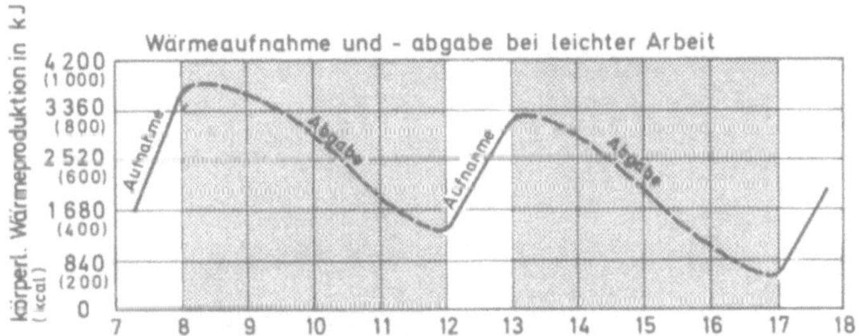

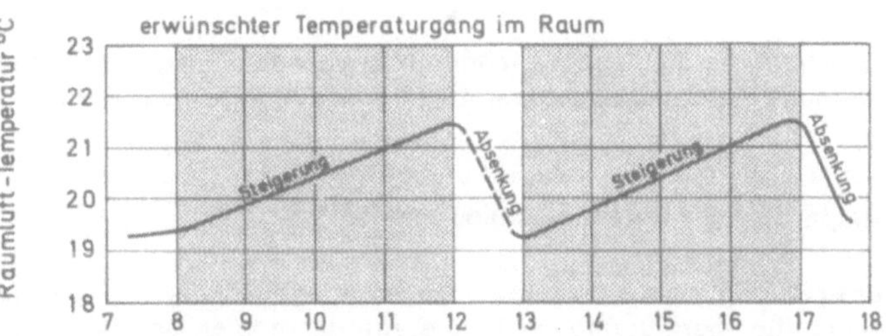

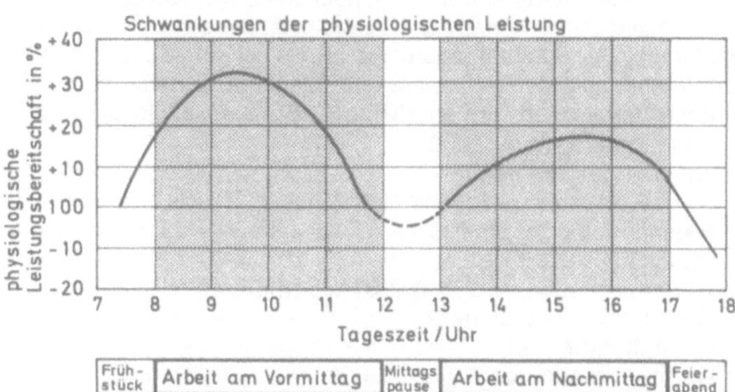

1 Anpassung der Raumtemperatur an die körperliche Wärmeproduktion mit gleichzeitiger Beobachtung der physiologischen Leistung während eines Arbeitstages bei leichter Arbeit (Bürotätigkeit)

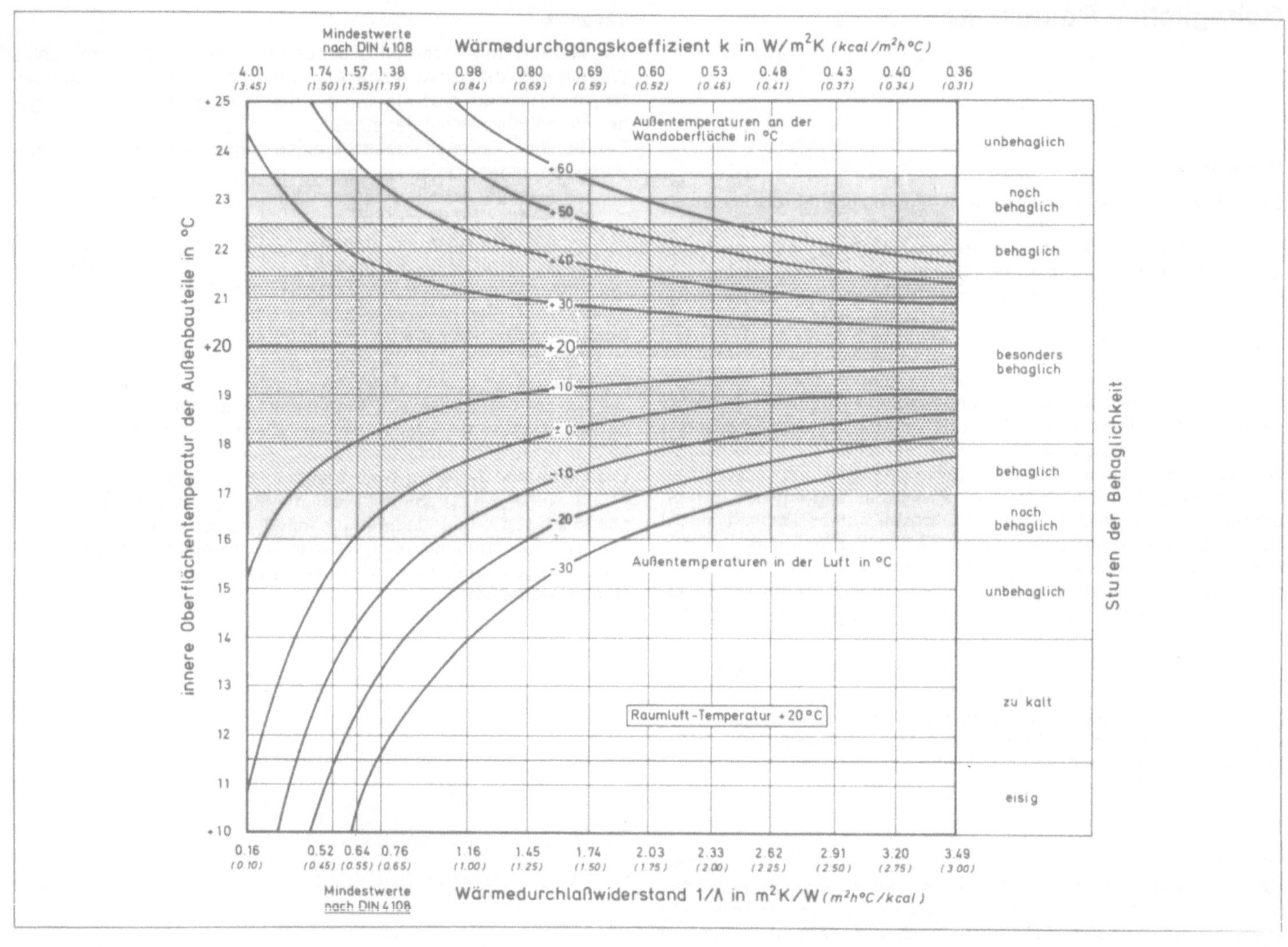

1 Zusammenwirken von Wärmedurchlaßwiderstand bzw. k-Wert der Außenbauteile und den Oberflächentemperaturen auf ihrer Innenseite bei verschiedenen Außentemperaturen sowie Angaben zur Behaglichkeit.

Temperatur der Raumumschließungsflächen

Zur Erzielung eines behaglichen Raumklimas sollte die Differenz der Raumlufttemperatur und der Temperatur der inneren Oberfläche der Außenbauteile nicht mehr als 2°C, höchstens 3°C betragen.
In einem bestimmten Temperaturbereich, der durch die obere und untere Grenze der Empfindungstemperatur t_e gekennzeichnet ist, können Raumtemperatur und innere Oberflächentemperatur der Außenbauteile kompensiert werden. Hierzu 3 Behaglichkeitsfelder → 19/1:

a) Raumlufttemperatur 22°C –
bei geringer Betätigung
Wärmeverbrauch ca. 165 W (140 kcal/h)
b) Raumlufttemperatur 20°C –
bei leichter Arbeit
Wärmeverbrauch ca. 255 W (220 kcal/h)
c) Raumlufttemperatur 18°C –
bei mittlerer Arbeit,
Wärmeverbrauch ca. 410 W (350 kcal/h)

Die in den Behaglichkeitsfeldern angegebenen Temperaturen liegen in einem Bereich, in dem der menschliche Körper seinen Wärmehaushalt noch selbst regeln kann.
Das Zusammenwirken von Wärmedurchlaßwiderstand der Außenbauteile (Ordinate) und der Oberflächentemperaturen auf ihrer Innenseite (Abszisse) ist im Diagramm Bild 1 dargestellt. Im Feld sind die Außentemperaturen von −30°C bis +60°C als Kurven eingetragen. Die Raumtemperatur ist einheitlich mit +20°C angenommen. Weiterhin enthält das Diagramm Angaben zur Behaglichkeit.
Für ein Außenbauteil, von dem der Wärmedurchlaßwiderstand oder der k-Wert bekannt ist, kann die innere Oberflächentemperatur auf der Abszisse abgelesen werden. Dabei erfolgt gleichzeitig die Einordnung in einen Behaglichkeitsbereich. So beträgt z.B. die Differenz zwischen der Raumlufttemperatur und der Temperatur der Innenoberfläche bei Außenwänden nach den bisherigen Mindestvorschriften der DIN 4108 in allen Klimazonen ca. 7°C. Bei einem derartigen Temperaturunterschied läßt sich ein behagliches Raumklima nicht erzielen.
Wenn durch einen verbesserten Wärmeschutz diese Differenz auf 2 bis 3°C reduziert wird, vermindert sich auch gleichzeitig die Raumluft-Konvektion, da das Abfließen kalter Luftströme von der Außenwand in das Rauminnere geringer wird. Das Behaglichkeitsempfinden wird dadurch gesteigert.
Kritisch bleiben nach wie vor die Fenster. Selbst bei Dreifach-Verglasungen beträgt die Innentemperatur des Fensters etwa +12°C bei Außentemperaturen von −10°C. Die Fensterflächentemperaturen liegen also nennenswert unter denen der übrigen Umfassungsflächen und wesentlich unter der Raumlufttemperatur. Fenster haben daher für die Behaglichkeit eine nicht zu unterschätzende Bedeutung.

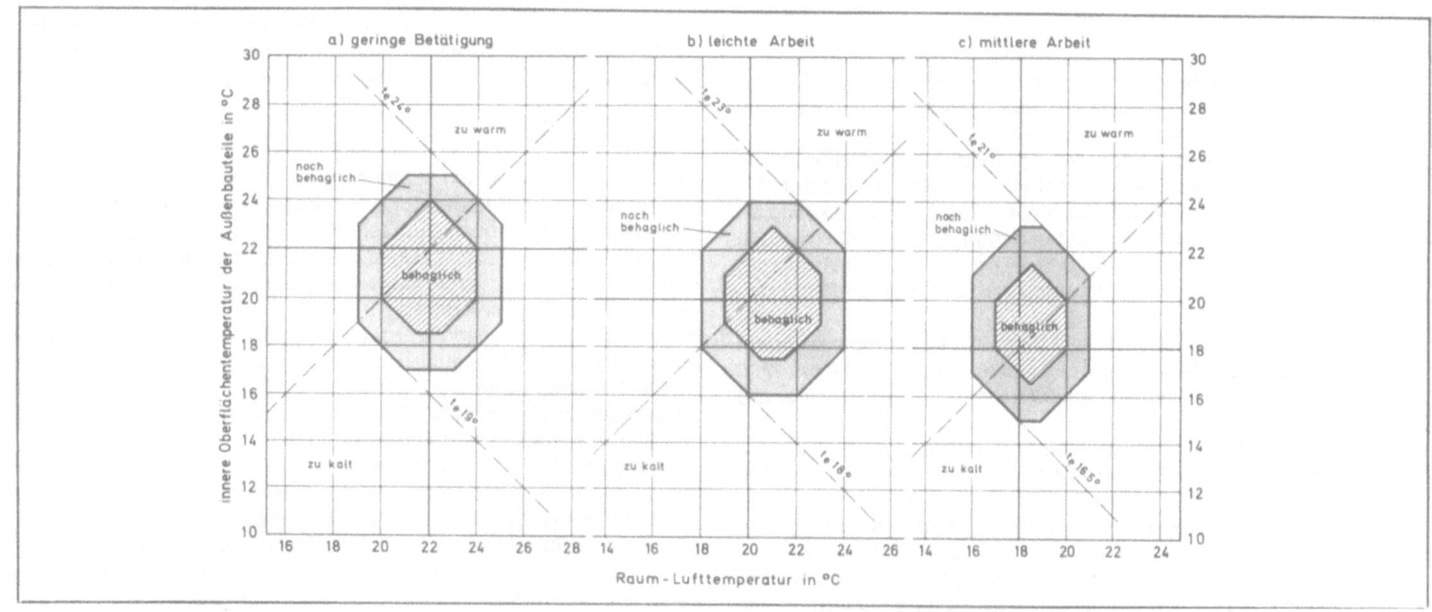

1 Behaglichkeitsfelder: Angleichung der Raumlufttemperaturen 22, 20 und 18 °C an die Oberflächentemperatur auf der Innenseite der Außenbauteile.

Wärmeableitung von Fußböden

Eine wichtige Voraussetzung für angenehmes Wohnen ist die Fußwärme, da kalte Füße als außerordentlich unbehaglich empfunden werden. Fußwärme und Fußkälte sind Empfindungen des Menschen und nicht Eigenschaften des Bodens.

Bei der Beurteilung der Fußböden ist zu unterscheiden, ob der Boden mit nackten Füßen oder bekleideten Füßen begangen wird.

- Beim *nackten* Fuß wird die Wärmeempfindung vornehmlich durch die Fußbodenbeläge, ihre Schichtdicke und die Reihenfolge der Schichten sowie durch die Bodentemperatur bestimmt.
- Beim *bekleideten* Fuß sind in erster Linie die Bodentemperaturen und die Lufttemperatur in Bodennähe, die Art der Fußbekleidung sowie die Einwirkungsdauer für die Fußwärme entscheidend. Die Art des Bodenbelages ist für die Wärmeempfindung des Fußes nicht vordergründig.

Hinsichtlich der Wärmeableitung werden die Fußböden in 4 Gruppen eingeteilt:

I *besonders fußwarm*
(Korkbeläge, Teppichbeläge, PVC-Filzbeläge, Holzparkett, Korklinoleum)

II *ausreichend fußwarm*
(PVC-Beläge oder Linoleum auf Schaumstoff- oder Korkunterlagen sowie auf ausreichend gedämmtem Estrich)

III *nicht mehr ausreichend fußwarm*
(Steinholzböden, PVC- und Linoleumbeläge auf Estrich, Ziegelplatten, Steinzeugfliesen auf gedämmtem Estrich)

IV *fußkalt*
(Steinzeugfliesen, Kunststeinbeläge, Natursteinplatten)

Im Hinblick auf die Fußempfindung lassen sich Bodentemperatur und Raumtemperatur in gewissem Umfang kompensieren. Dabei muß nach Fußbodengruppen unterschieden werden, so wie in den 4 Behaglichkeitsfeldern dargestellt → 2.

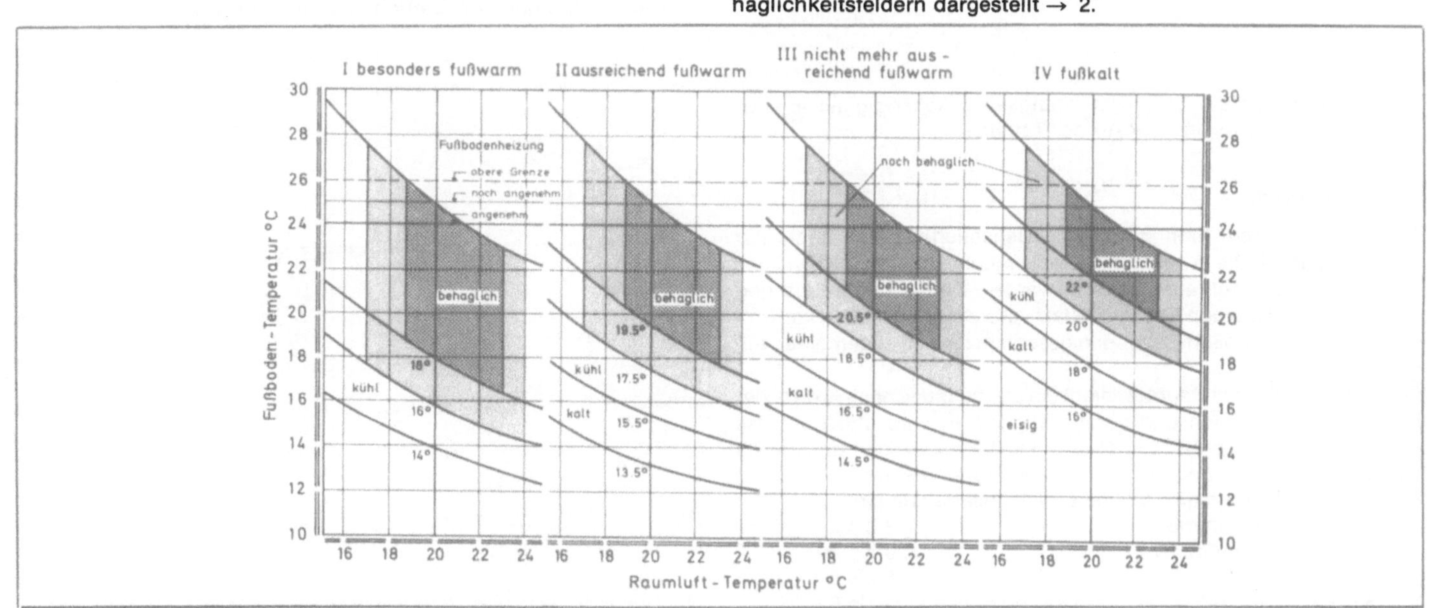

2 Behaglichkeitsfelder: Fußbodentemperatur für den nackten Fuß in Abhängigkeit von der Raumtemperatur und der Art des Fußbodens. Fußböden eingeteilt nach vier Wärmeableitungsstufen.

Luftbewegung

Die Luftbewegung im Raume ist eine weitere Komponente der Behaglichkeit. Der Grad dieser Empfindung hängt von der Raumlufttemperatur und von der Temperatur der zuströmenden Luft ab.
Im geschlossenen Raum ist der Mensch meist empfindlicher gegen Luftbewegungen als bei einem Aufenthalt im Freien; er hat das Gefühl, „es zieht". So wird von der Fensterfläche zuströmende kalte Luft als unangenehme Zugluft empfunden. Kräftige Zugerscheinungen ergeben sich besonders bei offenen Fenstern und Türen (Durchzug) sowie in der Nähe der Ausblasöffnungen von Lüftungs- und Klimaanlagen.
Luftbewegungen im Raum entziehen dem Körper Wärme besonders an den entblößten Stellen; bei einer Raumtemperatur von 20 bis 22°C sollte deshalb die Luftgeschwindigkeit nicht mehr als 0,20 Meter pro Sekunde betragen.
Im Behaglichkeitsfeld → 1 wird die Luftgeschwindigkeit mit 0,20 m/s bei leichter Tätigkeit im Sitzen und einer Raumtemperatur von 22°C als behaglich eingeordnet. Diese Empfehlung gilt für ein Anströmen der Luft von vorn; bei einem Anblasen von hinten sollte die Geschwindigkeit niedriger sein, weil das Temperaturempfinden auf der Rückenpartie größer ist. Voraussetzung ist außerdem, daß die bewegte Luft die gleiche Temperatur aufweist wie die Raumluft. Ist die Temperatur der einströmenden Luft niedriger, oder sehr viel höher, dann sind geringere Luftgeschwindigkeiten anzunehmen.

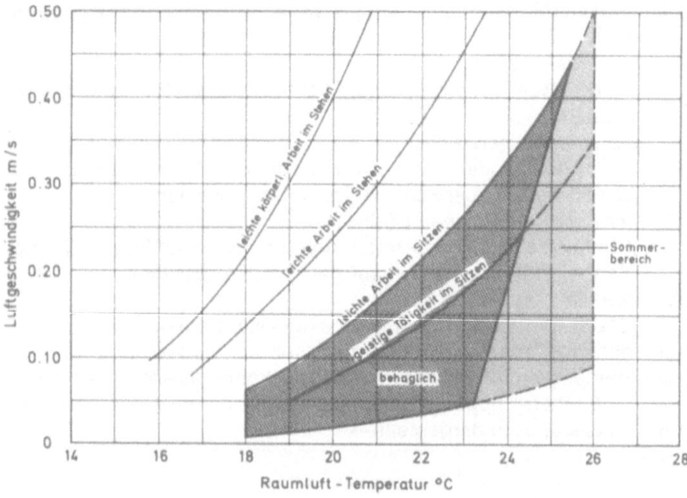

1 Behaglichkeitsfeld: Luftgeschwindigkeit in Abhängigkeit von der Raumtemperatur und der Art der Tätigkeit.

Frischluftbedarf

Einen besonderen Einfluß auf die Behaglichkeit hat auch der Frischluftbedarf. Die in einem Raum verbrauchte oder durch Gerüche verdorbene Luft muß ausgetauscht werden. Da die Lufterneuerung beheizter Räume einen Energiebedarf verursacht, sollte sie kontrolliert erfolgen. In großen Gebäuden geschieht dies im allgemeinen mit Klimaanlagen.
Für einen gegebenen Raum entsteht ein Luftbedarf je nach Anzahl der anwesenden Personen und deren Tätigkeit. Er wird üblicherweise durch die Luftwechselzahl ausgedrückt. Diese Zahl gibt an, wie oft das Volumen dieses gegebenen Raumes während einer Stunde ausgewechselt werden muß. Übliche Luftwechselzahlen sind:

Wohn-, Schlafzimmer	2 bis 3
Küche, je nach Größe	20 bis 30
Bad	5 bis 8
WC	4 bis 6

Die natürliche Lüftung infolge Undichtigkeit an Fenstern und Türen ist heute nicht mehr gegeben. Während damit früher Luftwechselzahlen von 2 und mehr erreicht wurden, kommt man bei wärmetechnisch guten Fenstern und Türen mit Dichtungen heute auf Luftwechselzahlen von lediglich 0,3 bis 0,7, was viel zu wenig ist.

Raumluftfeuchtigkeit

Die Luftfeuchte wird vom Menschen nicht direkt, sondern in Abhängigkeit von der Lufttemperatur empfunden. Die für das Wohlbehagen günstigen Werte können aus dem Behaglichkeitsfeld → 2 entnommen werden. Der gesunde Mensch ist darüber hinaus in der Lage, einen noch etwas größeren, außerhalb des Behaglichkeitsfeldes liegenden Bereich zu tolerieren.
Bei den üblicherweise in Wohnräumen herrschenden Lufttemperaturen werden 40 bis 55 % relative Luftfeuchte als Mittelwerte angestrebt. Ist die Lufttemperatur geringer als +20°C, sind höhere Feuchtigkeitsgehalte zulässig, da bei diesen Temperaturen weniger Feuchtigkeit über die Körperoberfläche verdunstet.
Eine gegebene Lufttemperatur wird stärker empfunden, wenn die relative Feuchtigkeit höher ist. Allerdings wird diese Täuschung nach längerem Aufenthalt in einem solchen Raum wieder aufgehoben. Eine Anhebung der relativen Luftfeuchte ist deshalb auf Dauer kein geeignetes Mittel, um geringe Raumtemperaturen auszugleichen.
Nachteile zu *hoher Raumluftfeuchtigkeit* sind u. a.

- ▷ Die Atmung wird erschwert; sie wird flach und hastig.
- ▷ Die Hautverdunstung wird stark beeinflußt, man beginnt zu schwitzen.
- ▷ Bei krankhafter Veranlagung kann Übelkeit auftreten.
- ▷ Schimmelbildung an den Wänden und in den Schränken wird begünstigt.
- ▷ Auf dichten Oberflächen ohne Wasseraufnahmefähigkeit kann sich ein Wasserfilm bilden, tropfenweise ablaufen und die Oberflächen verschmutzen.
- ▷ Feuchter Staub ist Träger von Krankheitserregern.

Zu *trockene Luft* kann sich ebenfalls nachteilig auf das körperliche Wohlbefinden auswirken und Anlaß für Krankheiten in den Atemwegen sein:

- ▷ Das dauernde Einatmen sehr trockener Luft führt zu Austrocknungserscheinungen der Schleimhäute.
- ▷ Trockene Luft fördert die Bildung von Staub und dessen Verbreitung in der Raumluft.
- ▷ Staub bildet sich besonders auf den Heizkörpern, wo er verschwelt und in die Raumluft emporsteigt.
- ▷ Die Ausbreitung von Gerüchen wird begünstigt.

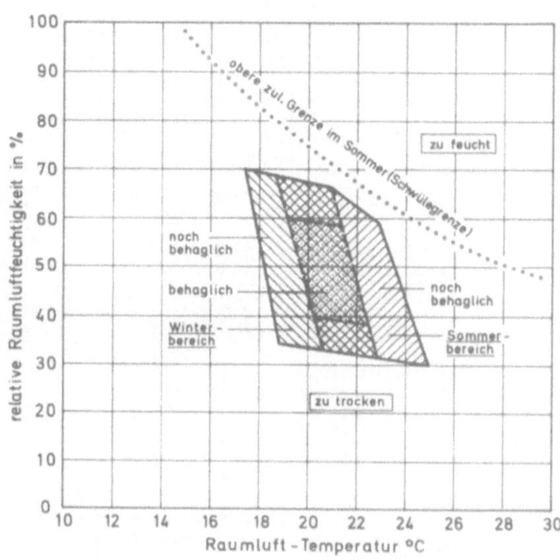

2 Behaglichkeitsfeld: Relative Raumluftfeuchtigkeit bei verschiedenen Raumtemperaturen mit Angabe des Winter- und Sommerbereichs sowie der sommerlichen Schwülgrenze

Heizung und Raumklima

Umfassende Angaben zur Heizung enthalten die Kapitel über die Heizungsanlagen- und -betriebs-Verordnung zum EnEG. Wichtige Behaglichkeitsfaktoren während der kalten Jahreszeit müssen zum großen Teil durch die Raumheizung erzielt werden. Daraus ergeben sich zahlreiche Forderungen an die Heizung, wovon hier einige genannt werden:

- Alle Räume in der Wohnung sollten beheizbar sein. Bei Räumen ohne Heizung sollten die Umschließungsflächen einen erhöhten Wärmeschutz aufweisen.
- Es sind Heizungssysteme zu bevorzugen, deren Wärmeabgabe in jedem Raum gesondert geregelt werden kann.
- Die Temperaturverteilung im Raum soll möglichst gleichmäßig sein. Dabei darf der Temperaturunterschied zwischen Kopf und Fuß nicht mehr als rund 3°C betragen.
- Die Heizung soll automatisch regulierbar sein, um an die wechselnden Außentemperaturen und Erfordernisse in den Räumen angepaßt werden zu können.
- Die Raumtemperatur soll in der Nacht abgesenkt werden können.
- Die „Heizkörper" sollen große Oberflächen aufweisen, damit möglichst niedrige Heizungs-Abgabetemperaturen erzielt werden und nur geringe Staubverschwelungen zu erwarten sind.
- Heizkörper sollen ohne Behinderung gereinigt werden können.

Feuchtigkeitsspeicherung

Wird ein kalter Raum schnell aufgeheizt und gleichzeitig Feuchtigkeit an die Luft abgegeben (Wasserdampf in Küche und Bad, Atemluft, feuchte Kleider), kann sich auf den Raumumschließungsflächen Tauwasser bzw. Schwitzwasser bilden. Durch das schnelle Aufheizen der Raumluft steigt nämlich die Oberflächentemperatur der Außenbauteile im Vergleich zur Lufttemperatur langsamer an.

Sind derartige Einwirkungen zu erwarten, dann empfiehlt es sich, die Oberflächen mit Stoffen zu verkleiden, die in der Lage sind, Feuchtigkeit aufnehmen zu können. Dabei kann angenommen werden, daß die Feuchtigkeitsabgabe praktisch im gleichen Zeitraum erfolgt, wie die Feuchtigkeitsaufnahme.

Es wird deshalb empfohlen:

- Die Wärmedämmung der Außenbauteile, die möglichst auf der Außenseite angeordnet sein soll, so hoch zu bemessen, daß Kondens- oder Schwitzwasser erst gar nicht entstehen kann, auch nicht bei Belastungsspitzen.
- Die Oberflächenschichten der Innenbauteile so zu gestalten, daß sie bei plötzlichem Auftreten von Feuchtigkeit diese speichern und danach wieder an die Raumluft abgeben können. Dabei muß vermieden werden, daß Feuchtigkeit in das Innere des Bauteils gelangt.

In Tabelle 1 sind Angaben zur Feuchtigkeitsabsorption von Verkleidungsstoffen enthalten. Es bedeuten:

schwarze Balken	= Absorption nach 1 Stunde
offene (längere) Balken	= Absorption nach 3 Stunden

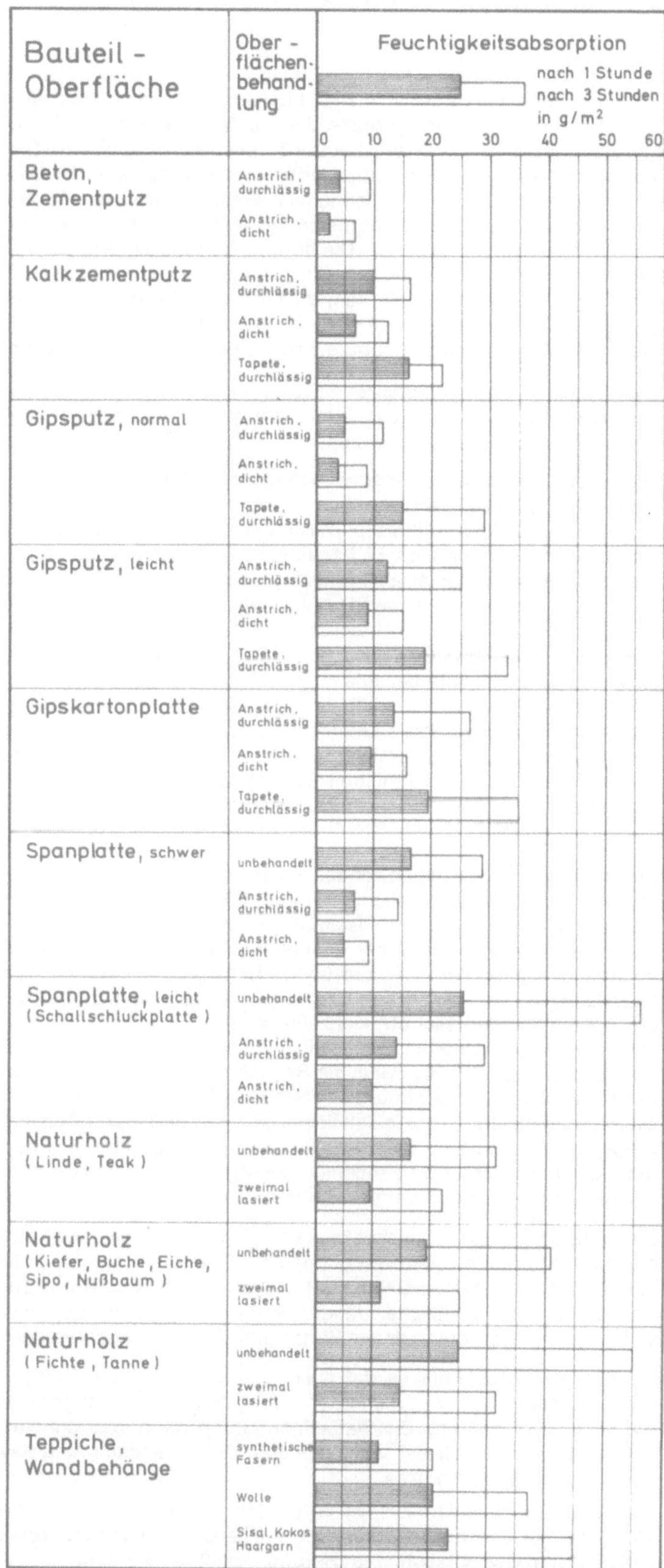

1 Feuchtigkeitsabsorption von verschiedenen Bauteiloberflächen nach 1 Stunde bzw. 3 Stunden Einwirkungsdauer

Wirtschaftlich optimaler Wärmeschutz

Vom Architekten erwartet man eigentlich schon immer, daß er auch wirtschaftlich baut. Bedingt durch die ständigen Baupreiserhöhungen stellt sich diese Forderung heute erst recht. Bei geschicktem Einsatz der zur Verfügung stehenden Mittel kann man für einen verbesserten Wärmeschutz auch wirtschaftlich optimale Lösungen finden. Hierbei ist es notwendig, den optimierten Wärmeschutz von Anfang an in der Planung vorzusehen. Die durch die Verbesserung der Außenbauteile entstehenden Kosten dürfen aber keinesfalls als zusätzliche Ausgaben angesehen werden; sie sind vielmehr den Einsparungen gegenüber zu stellen, die sich z. B. durch dünnere Tragwände, reduzierte Heizungsanlagen und geringere Betriebskosten ergeben.

Bei einem rechtzeitig geplanten optimiertem Wärmeschutz verfügt der Projektingenieur für die Heizung über genaue Daten zur Erstellung der Wärmebedarfsberechnung.

Werner und Gertis haben für ein Einfamilienhaus bezüglich des wirtschaftlich optimalen Wärmeschutzes eine umfassende Optimierungsrechnung durchgeführt [3]. Wegen der großen Zahl der eingehenden Einflußgrößen – ca. 50 Parameter waren zu beachten! – geschah dies mit Hilfe einer elektronischen Rechenanlage. Einleitend wird in diesem Bericht bemerkt, daß energiesparende Maßnahmen Geld kosten. Da in der Bauwirtschaft die Finanzierungslasten ohnedies schon am Rande des Erträglichen liegen, muß mit den Energieeinsparungsmaßnahmen eine möglichst gute Kosten-Nutzen-Relation einhergehen. Dabei stellt sich das Problem, einmalig aufzubringende Baukosten sowie laufend anfallende Unterhaltungs- und Betriebskosten für die gesamte gebaute Substanz in eine Relation zu bringen, die nach wirtschaftlichen Gesichtspunkten ein wahres Maß für die Gesamtaufwendungen im Lauf der Lebensdauer eines Gebäudes widerspiegeln.

Aufgrund der gegenläufigen Tendenzen der Heizungskosten (Anlage- und Betriebskosten der Heizung) und der Kosten für die Außenbauteile ergibt sich ein Gesamtkostenminimum bei einem bestimmten Wärmedurchlaßwiderstand der Außenbauteile → 1. Thermisch unabhängige Kosten (wie z. B. der übrige Rohbau, der Innenausbau, Grundstückskosten, Baunebenkosten usw.) haben keinen Einfluß auf den optimalen Wärmeschutz, wohl aber auf die Höhe der Gesamtkosten. Aus dem Diagramm → 2 kann man ersehen, daß bei einem Energiepreis von DM 40,–/Gcal die Beiblattforderung gerade in der Mitte zwischen dem Standardfall (Mindestwärmeschutz nach DIN 4108) und dem Optimierungsfall liegen. Nur der besseren Übersicht wegen beschränkt sich diese Arbeit auf das Einfamilienhaus und nicht etwa, weil Energiemaßnahmen bei Mehrfamilienhäusern oder anderen Großgebäuden uninteressant wären!

Die Verfasser schlagen abschließend vor, Kalkulationsmethoden und die dazu benötigten Randbedingungen zur Durchführung von Optimierungsrechnungen einheitlich festzulegen, z. B. in einer Norm. Zusätzlich zu den technischen Möglichkeiten, Energie einzusparen, sollte künftig auch die optimale Wirtschaftlichkeit verlangt werden.

Im weiteren Verlauf heißt es, daß die Investitionskosten bei Energiepreisen unter DM 30,–/Gcal im Optimierungsfall sogar niedriger wären als im Standardfall. Das hat seinen Grund darin, daß die Heizungsanlagekosten kleiner werden, wenn die Wärmedämmung des Gebäudes vergrößert würde.

Bei einem in den Jahren 1974/75 gültigen Energiepreis von DM 40,–/Gcal läßt sich durch Optimierung – gegenüber dem Standardfall – eine 6%ige Gesamtkostenreduzierung erreichen, der eine Investitionskostensteigerung von weniger als 0,5 % gegenübersteht.

Die wirtschaftlich optimale Wärmedämmung der Gebäudehüllteile liegt demnach wesentlich über den Forderungen der DIN 4108, die dem Standardfall zugrunde gelegt wurde. Mit steigenden Energiepreisen wird ein noch besserer Wärmeschutz wirtschaftlich optimal sein → 1.

Als zur Zeit wirtschaftlich optimale Dämmwerte werden in diesem Bericht genannt:

- mindestens 3,0 $m^2h°C/kcal$ für Dachdecken, ein Wert der zumindestens im heutigen Einfamilienhausbau nicht mehr unterschritten werden sollte;
- etwa 2,50 $m^2h°C/kcal$ für Kellerdecken;
- mindestens 2,00 $m^2h°C/kcal$ für die Außenwände von Einfamilienhäusern.

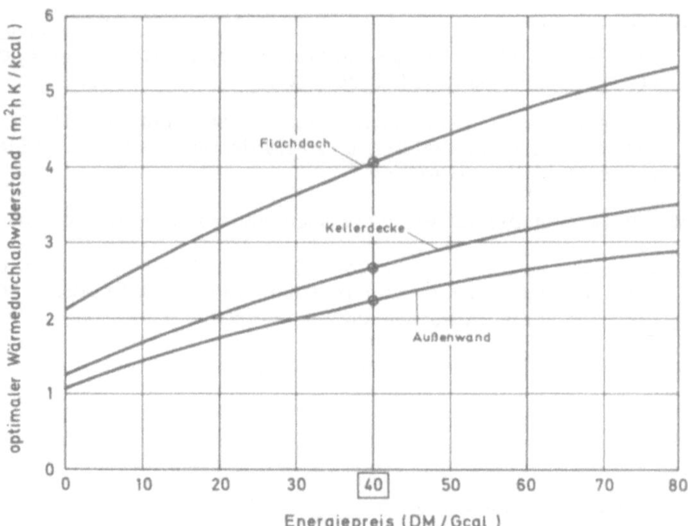

1 Einfluß des Energiepreises auf die optimalen Wärmedurchlaßwiderstände der Transmissionselemente bei einem Einfamilienhaus ($F/V = 1.02\ m^{-1}$)

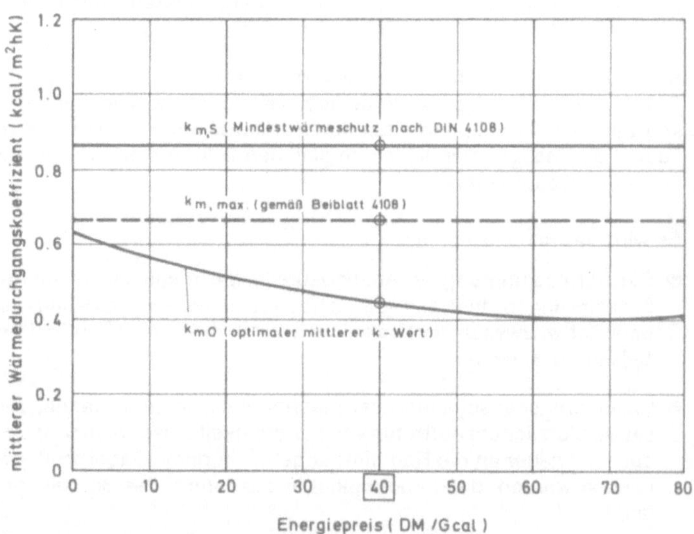

2 Einfluß des Energiepreises auf den mittleren Wärmedurchgangskoeffizienten bei einem Einfamilienhaus ($F/V = 1.02\ m^{-1}$)
S: Standardfall O: Optimumsfall

Die bisherigen Bestimmungen über den Wärmeschutz im Hochbau

DIN 4108 – Wärmeschutz im Hochbau

In der Norm DIN 4108 sind Mindestwerte des Wärmedurchlaßwiderstandes gefordert, die lediglich eine Durchfeuchtung des Baukörpers verhindern sollen, um dessen Bestand zu sichern und den Bewohnern eine hygienisch einwandfreie Lebensweise zu ermöglichen.

Dieses Ziel ist als Grundlage für die Aufstellung dieser Mindestnorm anzusehen. Die bestehenden Rechtsgrundlagen reichen nicht aus, um in der DIN 4108 in verbindlicher Weise einen nennenswert erhöhten Wärmeschutz zu fordern.

Andererseits muß aber festgehalten werden, daß diese Norm einige nützliche Hinweise enthält, die aber in der Praxis kaum beachtet wurden. Hierzu gehören z.B. Angaben über die Wärmespeicherung in den Abschnitten 3.11, 4.3.1 und 4.3.2.

Das Normblatt DIN 4108 – Wärmeschutz im Hochbau – ist seit 1952 von allen Bundesländern als technische Baubestimmung baurechtlich eingeführt und gilt damit als anerkannte Regel der Baukunst. Die nächste Ausgabe dieser Norm erfolgte im Mai 1960. Hierzu gab es einen Ergänzungserlaß zur Tafel 3, in Nordrhein-Westfalen bekannt gemacht als Runderlaß vom 23. 7. 1965. Am bedeutsamsten war dabei die Anhebung des Mindestdämmwertes für Flachdächer von 0,65 auf 1,25 m²h°C/kcal.

In der Einleitung zur darauffolgenden Ausgabe der DIN 4108 vom August 1969 wird u. a. auf die Bedeutung des Wärmeschutzes hingewiesen.

> „Der Wärmeschutz hat bei Bauten, die zum dauernden Aufenthalt von Menschen dienen, Bedeutung für die
> - Gesundheit der Bewohner;
> - Bewirtschaftungskosten der Bauten (Energieersparnis);
> - Herstellungskosten der Bauten.
>
> Ausreichender Wärmeschutz ist Voraussetzung für gesunde und behagliche Räume."

In den Abschnitten 1.2 und 1.3 werden Hinweise für einen erhöhten Wärmeschutz und die hierdurch zu erreichende Heizenergieeinsparung gegeben.

Als erster bedeutender Schritt zu einem behördlich verordneten besseren baulichen Wärmeschutz können die „Ergänzenden Bestimmungen zur DIN 4108" vom Oktober 1974 angesehen werden mit den folgenden wichtigsten Neuerungen:

- Das Dämmgebiet I ist praktisch aufgehoben. Für diese milde Klimazone sind nunmehr die für das Wärmedämmgebiet II vorgeschriebenen Anforderungen einzuhalten.
- Für alle Fenster von Aufenthaltsräumen wird eine doppelte Verglasung mit einem k-Wert von höchstens 3,0 kcal/m²h°C vorgeschrieben. Der Fugendurchlaßkoeffizient a darf den Wert 2,0, bei Gebäuden mit mehr als 2 Vollgeschossen den Wert 1,0 nicht überschreiten.
- Bei den Außenwänden ist für die massiven Wandteile samt der Fenster ein mittlerer k-Wert von höchstens 1,6 kcal/m²h°C einzuhalten.
- Zur Gewährleistung eines ausreichenden Wohn- und Arbeitsklimas im Sommerhalbjahr wird empfehlend auf die Wärmespeicherung hingewiesen (leider aber wieder nicht als konkrete Forderung).

In der Übersicht → 25/1 ist in anschaulicher Weise dargestellt, wie sich die Wärmedurchlaßwiderstände für die verschiedenen Bauteile seit Einführung der Norm im Jahre 1952 fortentwickelt haben.

Die Forderungen an die Außenwände sind seit dieser Zeit praktisch unverändert beibehalten worden; Ende 1974 folgte lediglich die Aufhebung des Dämmgebietes I. Um jedoch wirtschaftlich optimale Werte zu erreichen, sollte man die Empfehlungen beachten, die der Verfasser bereits 1973 gegeben hat. Diese Werte decken sich mit den Angaben von Gertis [3], der nach Durchführung einer umfangreichen Optimierungsrechnung für Außenwände einen Wärmedurchlaßwiderstand von 2,20 m²h°C/kcal als wirtschaftlich optimal festgestellt hat.

Bei den Wohnungstrenndecken in nicht zentral beheizten Gebäuden wurde der bis 1960 vorgeschriebene Dämmwert von 0,55 m²h°C/kcal sogar auf 0,40 m²h°C/kcal zurückgenommen. Dieser reduzierte Wert hat auch weiterhin Gültigkeit, da bezüglich der Wohnungstrenndekken im Energieeinsparungsgesetz keinerlei Vorschriften enthalten sind.

Werden die darüber oder darunterliegenden Räume ständig beheizt, spielt der Wärmedämmwert einer Decke keine sonderliche Rolle. Sobald aber in einem Stockwerk die Heizung für einen Zeitraum abgestellt wird, z. B. beim Leerstehen einer Wohnung, machen sich unangenehme Abkühlungen bemerkbar. Die Mindestwerte von 0,20 m²h°C/kcal für zentral beheizte und 0,40 m²h°C/kcal für nicht zentral beheizte Gebäude reichen unter diesen Gesichtspunkten nicht aus. Der Verfasser empfiehlt deshalb den Wärmedämmwert von Geschoßdecken auf etwa 1,20 m²h°C/kcal anzuheben. Dieser Dämmwert ist auch zum Erzielen ausreichender Fußbodentemperaturen zweckmäßig.

Für Decken unter nicht ausgebauten Dachgeschossen ist eine stetige Erhöhung der Forderungen an den Wärmedurchlaßwiderstand festzustellen. Nach Inkraftreten der Wärmeschutzverordnung zum Energieeinsparungsgesetz werden Dämmwerte verlangt, so wie wir sie bisher eigentlich nur für das Flachdach kennen.

Die Wärmedurchlaßwiderstände für Decken, die Räume nach *unten* gegen die Außenluft abgrenzen, waren schon immer recht hoch angesetzt.

Bei Decken, die Räume nach *oben* gegen die Außenluft abtrennen, mußte erst einiges passieren, bevor man den völlig unzureichenden Wärmedurchlaßwiderstand mit 0,65 m²h°C/kcal auf ein einigermaßen vernünftiges Maß von 1,25 m²h°C/kcal anhob und diesen Wert im Rahmen der Ergänzenden Bestimmungen vom Oktober 1974 weiterhin auf 1,50 verbesserte.

Bei der Anwendung von Festwerten,(wenn man nicht nach dem Verhältnis F/V (Fläche/Volumen) rechnen will, wird ein Mindest-Dämmwert von 2,40 m²h°C/kcal vorgeschrieben; dieser Wert deckt sich übrigens fast mit dem vom Verfasser bereits 1973 gemachten Vorschlag.

Konkrete Forderungen an die Fenster hat es bis Ende 1974 nur für das Wärmedämmgebiet III gegeben, wo stets Doppel- oder Verbundfenster vorzusehen waren. Für die Wärmedämmgebiete I und II wurden derartige Fenster jedoch nur empfohlen.

Weitere Verordnungen und Empfehlungen

In den Landesbauordnungen sind hinsichtlich des baulichen Wärmeschutzes nur allgemein gehaltene Angaben enthalten, wie z.B.

- Gebäude sind so zu errichten und in Stand zu halten, daß ein ihrer Benutzung und den klimatischen Verhältnissen entsprechender Wärmeschutz vorhanden ist.
- Außenwände von Gebäuden mit Aufenthaltsräumen müssen wärmedämmend sein.
- Fußböden in Aufenthaltsräumen sollen einen Schutz gegen Wärmeableitung bieten.
- Dächer, die Aufenthaltsräume abschließen, müssen wärmedämmend sein. Sie müssen eine übermäßige Erwärmung dieser Räume gegen Sonnenstrahlung und die Bildung von Tauwasser verhindern.

Mitte 1958 hat das Bundesministerium für Wohnungsbau die Broschüre „Wärmeschutz, aber richtig" herausgegeben. Für die damalige Zeit waren die darin enthaltenen Hinweise für den planenden Architekten eine wertvolle richtungsweisende Hilfe.

Das vom „Deutschen Normenausschuß" im September 1974 herausgegebene Beiblatt zur DIN 4108 ist mit den ergänzenden Bestimmungen zur DIN 4108 abgestimmt; es enthält Beispiele und Erläuterungen für einen erhöhten Wärmeschutz. Dieses inzwischen allgemein bekannte Beiblatt hat aber nur empfehlenden Charakter; wichtige Teile hiervon sind nunmehr in der Wärmeschutzverordnung zum Energieeinsparungsgesetz als verbindliche Vorschriften enthalten.

Für die staatlichen Bauverwaltungen hat die „Länderarbeitsgemeinschaft Hochbau (LAG)", eine Arbeitsgemeinschaft der Bauverwaltungen der 11 Bundesländer, Richtlinien für ein energiesparendes Bauen erarbeitet. Diese Empfehlungen sind in den Bundesländern Ende 1974/Anfang 1976 verbindlich geworden. Als Maßnahmen bei der Planung von Neubauten sind darin u. a. vorgesehen:

- Der k-Wert für Außenwände darf höchsten 0,6 kcal/m²h°C betragen.
- Für Außenwände einschl. Fenster und Türen darf der mittlere k-Wert höchstens 1,6 kcal/m²h°C betragen – so wie es auch in den ergänzenden Bestimmungen vorgeschrieben ist.
- Bei Decken, die Räume nach oben und nach unten gegen die Außenluft und unbeheizte Räume abgrenzen, darf der k-Wert höchstens 0,4 kcal/m²h°C betragen.
- Der spezifische Wärmebedarf nach DIN 4701 darf 80 kcal/m² Netto-Grundrißfläche pro Stunde nicht überschreiten.

Hingewiesen wird weiterhin auf eine günstige Lage und Ausrichtung der Gebäude, einen wirksamen Sonnenschutz, eine vorteilhafte Wärmespeicherung und auf die Vermeidung von Wärmebrücken. Abschließend folgen Angaben zu den Anlagen für Heizung und Klimatisierung sowie zur Wärmerückgewinnung.

Einteilung des baulichen Wärmeschutzes

In den letzten Jahren, ganz besonders aber nach der Energiekrise 1973/74, forderten immer mehr Fachleute die Verbesserung des baulichen Wärmeschutzes und lieferten fundierte Begründungen hierzu. Zu diesen Forderungen hat nicht nur die Verknappung von Heizenergien beigetragen, sondern auch die Zunahme an Hochbauschäden, die immerhin zu etwa 70 % auf das Konto „unzureichender Wärmeschutz" zu buchen sind.

Vollwärmeschutz

Im Zuge dieser Entwicklung ist auch der Begriff „Vollwärmeschutz" entstanden und in den allgemeinen Sprachgebrauch eingegangen. Der Begriff „Vollwärmeschutz" ist aber weder in einer Norm noch in einer sonstigen Baubestimmung enthalten bzw. definiert. Eine Festlegung dieses Begriffes wird es auch in Zukunft nicht geben, weil eine wirkliche „Volldämmung", d. h. eine totale Unterbindung des Wärmeaustausches eines Körpers mit seiner Umgebung, einfach nicht zu erreichen ist.
Nach der Anhebung des baulichen Wärmeschutzes durch die Ergänzenden Bestimmungen zur DIN 4108 bzw. das Energieeinsparungsgesetz wird ganz automatisch ein verbesserter baulicher Wärmeschutz erreicht, so daß man kaum noch dieses werbeträchtige Schlagwort benötigen wird; nicht zuletzt auch deshalb, weil dieses Modewort immer mehr schon für ganz geringe Verbesserungen des baulichen Wärmeschutzes herhalten muß.

Stufen des baulichen Wärmeschutzes

Zur besseren Kennzeichnung der verschiedenen Grade des baulichen Wärmeschutzes haben einige Autoren nachfolgende Abstufung vorgeschlagen:

- **Ungenügender Wärmeschutz** mit Dämmwerten, die unterhalb der Mindestbedingungen gemäß DIN 4108 vom August 1969 liegen; damit werden praktisch die Bauschäden schon eingeplant bzw. eingebaut.

- **Mindestwärmeschutz** mit Maßnahmen, die in etwa der DIN 4108 vom August 1969 entsprechen. Es ist die unterste Grenze des baulichen Wärmeschutzes, notwendig zur Vermeidung von Durchfeuchtungsschäden, keinesfalls aber ausreichend für die Gewährleistung eines behaglichen Raumklimas. So kann z. B. wegen der unzureichenden Oberflächentemperaturen der raumbegrenzenden Bauteile bei winterlichen Außentemperaturen ein behagliches Wohnklima auch nicht mehr durch eine Erhöhung der Raumlufttemperaturen erreicht werden.

- **Erhöhter Wärmeschutz,** der in etwa den ergänzenden Bestimmungen zur DIN 4108 bzw. der Wärmeschutzverordnung zum Energieeinsparungsgesetz entspricht. Bei Berücksichtigung der Bau- und Betriebskosten für die Heizung werden annehmbare Lösungen erreicht und die Wohnbehaglichkeit etwas angehoben.

- **Optimaler Wärmeschutz,** besser gesagt wirtschaftlich optimaler Wärmeschutz, bei dem die zu seiner Verwirklichung aufgewandten Kosten in absehbarer Zeit hereingeholt werden, insbesondere durch Einsparungen bei den Anlage- und Betriebskosten für die Heizung. Dabei wird auch ein hohes Maß an Behaglichkeit erzielt und bei bauphysikalisch und bautechnisch richtiger Anwendung Bauschäden infolge Wärmebewegungen und Tauwasserausscheidungen mit Sicherheit vermieden. Zur Erzielung eines wirtschaftlich optimalen Wärmeschutzes kann es erforderlich sein, die Dämmwerte des erhöhten Wärmeschutzes in einzelnen Bereichen zu überschreiten.

- **Höchstwärmeschutz.** Hierunter sollen wärmedämmende Maßnahmen verstanden werden, die bei einer weiteren Energieverknappung oder bei höheren Forderungen an die Reinhaltung der Luft (Umweltschutz) erforderlich werden können. Wegen eines größeren Anstieges der Baukosten führen sie trotz weiterer Einsparungen bei den Heizungskosten im allgemeinen nicht zu einem Kostenminimum. Ein Höchstwärmeschutz kann aber bei der Anwendung von Sonnenenergie und beim Einsatz von Wärmerückgewinnungsanlagen recht sinnvoll sein.

Bauteile	Vorschrift Empfehlung		k-Wert W/m²K	k-Wert kcal/m²h°C	Wärmedurchlaßwiderstand (Wärmedämmwert) 1/Λ in m²h°C/kcal
Außenwände Dämmgebiet I	DIN 4108	1952			0,45
		1960	1,81	*1,56*	0,45
		1969			0,45
		1974	1,57	*1,35*	Werte nach Dämmgebiet II
	EnEG	1977	1,17	*1,01*	0,80 [1]
[1] Bei 80 % Wandanteil und 20 % Fenster k 3.00 (*2.6*) wenn $k_{m, W+F} \leq 1.55$ (*1.34*)	Verf.	1973	0,58	*0,50*	1,80
Außenwände Dämmgebiet II	DIN 4108	1952			0,55
		1960	1,57	*1,35*	0,55
		1969			0,55
		1974			0,55
	EnEG	1977	0,94	*0,81*	1,05 [2]
[2] Bei 70 % Wandanteil und 30 % Fenster k 3.00 (*2.6*) wenn $k_{m, W+F} \leq 1.55$ (*1.34*)	Verf.	1973	0,53	*0,46*	2,00
Außenwände Dämmgebiet III	DIN 4108	1952			0,65
		1960	1,38	*1,19*	0,65
		1969			0,65
		1974			0,65
	EnEG	1977	0,59	*0,51*	1,80 [3]
[3] Bei 60 % Wandanteil und 40 % Fenster k 3.00 (*2.6*) wenn $k_{m, W+F} \leq 1.55$ (*1.34*)	Verf.	1973	0,45	*0,39*	2,40
Wohnungstrenndecken in nicht zentralbeheizten Gebäuden	DIN 4108	1952	1,40	*1,20*	0,55
		1960			0,55
		1969	1,71	*1,47*	0,40
		1974			0,40
	EnEG	1977	1,71	*1,47*	0,40 [4]
[4] Weiterhin gemäß DIN 4108	Verf.	1973	0,79	*0,68*	1,20
Fußböden und Wände die an das Erdreich grenzen	DIN 4108	1952			
		1960	1,55	*1,33*	0,55
		1969	1,16	*0,83*	1,00
		1974			1,00
	EnEG	1977	0,90	*0,78*	1,10 Böden, 1,15 Wände [5]
[5] k-Werte <u>ohne</u> die äußeren Übergangswiderstände	Verf.	1973	0,66	*0,57*	1,55
Decken unter <u>nicht</u> ausgebautem Dachgeschoß	DIN 4108	1952	1,48	*1,27*	0,55
		1960			0,55
		1969	1,17	*1,01*	0,75
		1974	0,94	*0,81*	1,00
	EnEG	1977	0,45	*0,39*	2,30
	Verf.	1973	0,66	*0,57*	1,50
Kellerdecken	DIN 4108	1952			0,75
		1960	1,01	*0,87*	0,75
		1969			0,75
		1974	0,83	*0,71*	1,00
	EnEG	1977	0,80	*0,69*	1,05
	Verf.	1973	0,63	*0,54*	1,45
Decken, die Räume nach <u>unten</u> gegen die Außenluft abgrenzen	DIN 4108	1952			1,75
		1960	0,58	*0,50*	1,75
		1969			1,75
		1974	0,51	*0,44*	2,00
	EnEG	1977	0,45	*0,39*	2,30
	Verf.	1973	0,42	*0,36*	2,50
Decken, die Räume nach <u>oben</u> gegen die Außenluft abgrenzen	DIN 4108	1952	1,38	*1,19*	0,65
		1960			0,65
		1969	0,80	*0,69*	1,25
		1974	0,69	*0,59*	1,50
	EnEG	1977	0,45	*0,39*	2,40
	Verf.	1973	0,44	*0,38*	2,45
Fenster und Fenstertüren	DIN 4108	1952	I+II 5,2	*I+II 4,5*	Im Dämmgebiet I+II Einfachfenster möglich, Doppel- oder Verbundfenster werden empfohlen.
		1960	III 2,6	*III 2,2*	Im Dämmgebiet III sind Doppel- oder Verbundfenster vorgeschrieben
		1969			
		1974	3,5	*3,0*	nur noch Fenster mit doppelter Verglasung k ≤ 3.0 kcal/m²h°C
	EnEG	1977	3,5	*3,0*	wie vor, k-Wert ≤ 3.5 W/m²K (3.0 kcal/m²h°C)
	Verf.	1973	3,0	*2,6*	k-Werte von 2.6 bis 1.6 kcal/m²h°C vorgeschlagen

1 Übersicht: Entwicklung des baulichen Wärmeschutzes in der Bundesrepublik Deutschland von 1952 bis 1977

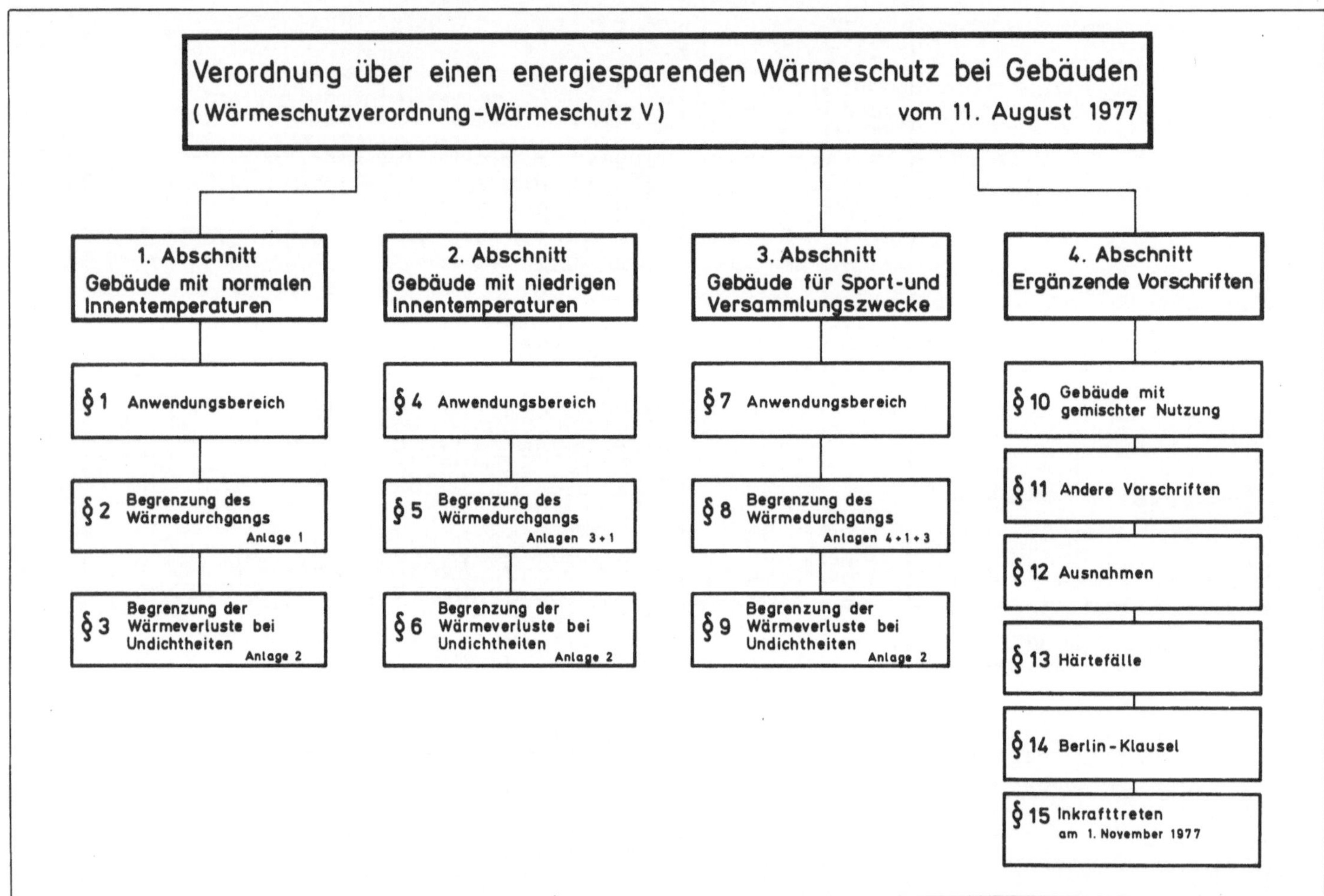

Verordnung über einen energiesparenden Wärmeschutz bei Gebäuden (Wärmeschutzverordnung – WärmeschutzV) vom 11. August 1977 [4]

Aufgrund des § 1 Abs. 2, des § 4 Abs. 1 und des § 5 des Energieeinsparungsgesetzes vom 22. Juli 1976 (BGBl. I S. 1873) verordnet die Bundesregierung mit Zustimmung des Bundesrates:

1. Abschnitt
Gebäude mit normalen Innentemperaturen

§ 1
Anwendungsbereich

Bei der Errichtung der nachstehend genannten Gebäude ist zum Zwecke der Energieeinsparung ein baulicher Wärmeschutz nach den Vorschriften dieses Abschnittes auszuführen:

1. Wohngebäude,
2. Büro- und Verwaltungsgebäude,
3. Schulen, Bibliotheken,
4. Krankenhäuser, Pflegeheime, Entbindungs- und Säuglingsheime und Aufenthaltsgebäude in Justizvollzugsanstalten,
5. Gebäude des Gaststättengewerbes,
6. Waren- und sonstige Geschäftshäuser,
7. Betriebsgebäude, die nach ihrem üblichen Verwendungszweck auf Innentemperaturen von mindestens 19 °C beheizt werden; ausgenommen sind
   a) Betriebsgebäude, die nach ihrem üblichen Verwendungszweck ihren Heizenergiebedarf überwiegend durch die im Innern des Gebäudes anfallende Abwärme decken,
   b) Unterglasanlagen und Kulturräume im Gartenbau,
8. Gebäude, die eine nach den Nummern 1 bis 7 gemischte oder eine ähnliche Nutzung aufweisen.

Satz 1 gilt nicht für Gebäude, die geeignet und bestimmt sind, wiederholt aufgestellt und zerlegt zu werden, wie Traglufthallen und Zelte, sowie für unterirdische Bauten.

§ 2
Begrenzung des Wärmedurchgangs

(1) Der Wärmedurchgang durch die gegen die Außenluft, das Erdreich oder Gebäudeteile mit wesentlich niedrigeren Innentemperaturen abgrenzenden Bauteile beheizter Räume ist in der Weise zu begrenzen, daß die in Anlage 1 genannten Wärmedurchgangskoeffizienten nicht überschritten werden.

(2) Außenliegende Fenster und Fenstertüren von beheizten Räumen sind mindestens mit Isolier- oder Doppelverglasungen auszuführen. Der Wärmedurchgangskoeffizient dieser Fenster und Fenstertüren darf 3,5 W/m² · K (3,0 kcal/m² · h · K) nicht überschreiten. Bei großflächigen Verglasungen darf von den Sätzen 1 und 2 nach Maßgabe der Anlage 1 Nr. 6 abgewichen werden.

(3) Der Wärmedurchgangskoeffizient für Außenwände im Bereich von Heizkörpern darf den Wert der nichttransparenten Außenwände des Gebäudes nicht überschreiten. Werden Heizkörper vor außenliegenden Fensterflächen angeordnet, sind zur Verringerung der Wärmeverluste geeignete Abdeckungen an der Heizkörperrückseite vorzusehen.

§ 3

Begrenzung der Wärmeverluste bei Undichtheiten

(1) Die Fugendurchlaßkoeffizienten der außenliegenden Fenster und Fenstertüren von beheizten Räumen dürfen die in Anlage 2 genannten Werte nicht überschreiten.

(2) Die sonstigen Fugen in der wärmeübertragenden Umfassungsfläche müssen dauerhaft und entsprechend dem Stand der Technik luftundurchlässig abgedichtet sein.

2. Abschnitt
Gebäude mit niedrigen Innentemperaturen

§ 4

Anwendungsbereich

(1) Bei der Errichtung von Betriebsgebäuden, die nach ihrem üblichen Verwendungszweck auf eine Innentemperatur von mehr als 12 °C und weniger als 19 °C und jährlich mehr als 4 Monate beheizt werden, ist zum Zwecke der Energieeinsparung ein baulicher Wärmeschutz nach den Vorschriften dieses Abschnittes auszuführen.

(2) Dies gilt nicht für

1. Betriebsgebäude, die nach ihrem üblichen Verwendungszweck den Heizenergiebedarf überwiegend durch die im Innern des Gebäudes anfallende Abwärme decken.
2. Werkstätten, Werkhallen und Lagerhallen, die nach ihrem üblichen Verwendungszweck großflächig und langandauernd offengehalten werden müssen,
3. Gebäude, die geeignet und bestimmt sind, wiederholt aufgestellt und zerlegt zu werden, wie Traglufthallen und Zelte, sowie für unterirdische Bauten,
4. Unterglasungen und Kulturräume im Gartenbau.

§ 5

Begrenzung des Wärmedurchgangs

(1) Der Wärmedurchgang durch die gegen die Außenluft, das Erdreich oder Gebäudeteile mit wesentlich niedrigeren Innentemperaturen abgrenzenden Bauteile beheizter Räume ist in der Weise zu begrenzen, daß die in Anlage 3 genannten Wärmedurchgangskoeffizienten nicht überschritten werden.

(2) Wird für außenliegende Fenster und Fenstertüren in beheizten Räumen Einfachverglasung vorgesehen, so ist der Wärmedurchgangskoeffizient für diese Bauteile mit mindestens 5,2 $W/m^2 \cdot K$ (4,5 $kcal/m^2 \cdot h \cdot K$) anzunehmen. Im übrigen gelten die Wärmedurchgangskoeffizienten der Anlage 1 Nr. 5.

(3) Soweit die Gebäude mit einer raumlufttechnischen Anlage ausgestattet werden, bei der die Luft selbsttätig auf bestimmte Werte erwärmt und gekühlt oder befeuchtet wird, ist mindestens eine Isolier- oder Doppelverglasung nach § 2 Abs. 2 vorzusehen.

(4) Für den Wärmedurchgangskoeffizienten für Außenwände im Bereich von Heizkörpern gilt § 2 Abs. 3 entsprechend.

§ 6

Begrenzung der Wärmeverluste bei Undichtheiten

(1) Die Fugendurchlaßkoeffizienten der außenliegenden Fenster und Fenstertüren von geheizten Räumen dürfen den Wert

$$2{,}0 \cdot 100^n \cdot \frac{m^3}{h \cdot m \cdot \left(\frac{kN}{m^2}\right)^n}$$

(vgl. Anlage 2 Tabelle 1) nicht überschreiten.

(2) Die sonstigen Fugen in der wärmeübertragenden Umfassungsfläche müssen dauerhaft und entsprechend dem Stand der Technik luftundurchlässig abgedichtet sein.

3. Abschnitt
Gebäude für Sport- und Versammlungszwecke

§ 7

Anwendungsbereich

Bei der Errichtung von Gebäuden, die sportlichen oder Versammlungszwecken dienen und auf eine Innentemperatur von mindestens 15 °C und jährlich mehr als 3 Monate beheizt werden, ist ein baulicher Wärmeschutz nach den Vorschriften dieses Abschnittes auszuführen. Dies gilt nicht für Kirchen sowie für Gebäude, die geeignet und bestimmt sind, wiederholt aufgestellt und zerlegt zu werden, wie Traglufthallen und Zelte.

§ 8

Begrenzung des Wärmedurchgangs

(1) Der Wärmedurchgang durch die gegen die Außenluft, das Erdreich oder Gebäudeteile mit wesentlich niedrigeren Innentemperaturen abgrenzenden Bauteile beheizter Räume ist in der Weise zu begrenzen, daß die in Anlage 1 (mit Ausnahme der Anforderung an das einzelne Geschoß nach Nr. 1), für Hallenbäder die in Anlage 4 genannten Wärmedurchgangskoeffizienten nicht überschritten werden.

(2) Die Wärmedurchgangskoeffizienten der außenliegenden Fenster und Fenstertüren dürfen die in § 5 Abs. 2, bei Hallenbädern die in § 2 Abs. 2, genannten Werte nicht überschreiten.

(3) Soweit die Gebäude mit einer raumlufttechnischen Anlage ausgestattet werden, bei der Luft selbsttätig auf bestimmte Werte erwärmt und gekühlt oder befeuchtet wird, ist mindestens Isolier- oder Doppelverglasung nach § 2 Abs. 2 vorzusehen.

(4) Für den Wärmedurchgangskoeffizienten für Außenwände im Bereich von Heizkörpern gilt § 2 Abs. 3 entsprechend.

(5) Für die an das Erdreich grenzenden Bauteile ohne zusätzliche Dämmung gelten die Wärmedurchgangskoeffizienten nach Anlage 3 Nr. 3.

§ 9

Begrenzung der Wärmeverluste bei Undichtheiten

(1) Die Fugendurchlaßkoeffizienten der außenliegenden Fenster und Fenstertüren von beheizten Räumen dürfen den Wert

$$2{,}0 \cdot 100^n \cdot \frac{m^3}{h \cdot m \cdot \left(\frac{kN}{m^2}\right)^n}$$

, bei Hallenbädern, $1{,}0 \cdot 100^n \cdot \frac{m^3}{h \cdot m \cdot \left(\frac{kN}{m^2}\right)^n}$

(vgl. Anlage 2 Tabelle 1) nicht überschreiten.

(2) Die sonstigen Fugen in der wärmeübertragenden Umfassungsfläche müssen dauerhaft und entsprechend dem Stand der Technik luftundurchlässig abgedichtet sein.

4. Abschnitt
Ergänzende Vorschriften

§ 10

Gebäude mit gemischter Nutzung

Bei Gebäuden, die nach der Art ihrer Nutzung nur zu einem Teil den Vorschriften des 1., 2. oder 3. Abschnitts unterliegen, gelten die Vorschriften des jeweiligen Abschnitts nur für die entsprechenden Gebäudeteile.

§ 11

Andere Vorschriften

(1) Soweit andere Rechtsvorschriften über den baulichen Wärmeschutz höhere Anforderungen stellen, bleiben sie unberührt.

(2) Für Gebäude nach dieser Verordnung, für die nach Landesrecht keine Mindestanforderungen an den Wärmeschutz gelten, sind für die gegen die Außenluft oder Gebäudeteile mit wesentlich niedrigeren Innentemperaturen abgrenzenden Bauteile die Anforderungen der Ergänzenden Bestimmungen zu DIN 4108 – Wärmeschutz im Hochbau –, Fassung Oktober 1974 (bekanntgemacht in der Beilage zum Bundesanzeiger Nr. 85 vom 5. Mai 1977), Tabelle 1 außer Fußnote 1, soweit sich nach dieser Verordnung geringere Anforderungen ergeben.

§ 12

Ausnahmen

Die Landesregierung oder die von ihr bestimmte Stelle läßt auf Antrag Ausnahmen von dieser Verordnung zu, soweit die Begrenzung der Energieverluste durch andere bauliche Maßnahmen im gleichen Umfang erreicht wird wie nach dieser Verordnung.

§ 13

Härtefälle

(1) Von den Anforderungen dieser Verordnung kann auf Antrag befreit werden, soweit sie im Einzelfall wegen besonderer Umstände durch einen unangemessenen Aufwand oder in sonstiger Weise zu einer unbilligen Härte führen.

(2) Gebäude, für die der Bauantrag vor dem Inkrafttreten dieser Verordnung gestellt worden ist, sind von den Anforderungen dieser Verordnung befreit.

§ 14

Berlin-Klausel

Diese Verordnung gilt nach § 14 des Dritten Überleitungsgesetzes in Verbindung mit § 10 des Energieeinsparungsgesetzes auch im Land Berlin.

§ 15

Inkrafttreten

Diese Verordnung tritt am 1. November 1977 in Kraft.

Bonn, den 11. August 1977

Der Bundeskanzler
Schmidt

Der Bundesminister für Wirtschaft
Friderichs

Der Bundesminister
für Raumordnung, Bauwesen und Städtebau
Karl Ravens

Anlage 1 zu § 2

Anforderungen zur Begrenzung der Transmissionswärmeverluste bei Gebäuden mit normalen Innentemperaturen

Die Begrenzung der Transmissionswärmeverluste ist entweder nach Nr. 1 oder Nr. 2 nachzuweisen.

1 **Anforderungen an den Wärmedurchgangskoeffizienten in Abhängigkeit von F/V**

Die in Tabelle 1 in Abhängigkeit vom Wert F/V (Nr. 1.1 und 1.2) angegebenen maximalen mittleren Wärmedurchgangskoeffizienten $k_{m, max}$ dürfen nicht überschritten werden. Zusätzlich darf der mittlere Wärmedurchgangskoeffizient $k_{m, W+F}$ für Außenwände (einschließlich Fenster und Fenstertüren) geschoßweise den Wert 1,85 W/m² · K (1,59 kcal/m² · h · K) nicht überschreiten (Nr. 1.4).

1.1. Berechnung der wärmeübertragenden Umfassungsfläche F

Die wärmeübertragende Umfassungsfläche F eines Gebäudes wird wie folgt ermittelt:

$$F = F_W + F_F + F_D + F_G + F_{DL}$$

Dabei bedeuten

F_W die Fläche der an die Außenluft grenzenden Außenwände. Es gelten die Gebäudeaußenmaße. Gerechnet wird von Oberkante Gelände oder, falls die unterste Decke über Oberkante Gelände liegt, von Oberkante dieser Decke bis Oberkante der obersten Decke oder der Oberkante der wirksamen Dämmschicht.

F_F die Fensterfläche (Fenster, Fenstertüren); sie wird aus den lichten Rohbaumaßen ermittelt.

F_D die wärmegedämmte Dach- oder Dachdeckenfläche.

F_G die Grundfläche des Gebäudes, sofern sie nicht an die Außenluft grenzt; sie wird aus den Gebäudeaußenmaßen bestimmt. Gerechnet wird die Bodenfläche auf Erdreich oder bei unbeheizten Kellern die Kellerdecke. Werden Keller beheizt, sind in der Gebäudegrundfläche F_G neben der Kellergrundfläche auch die erdberührten Wandflächenanteile zu berücksichtigen.

F_{DL} die Deckenfläche, die das Gebäude nach unten gegen die Außenluft abgrenzt.

Tabelle 1 – maximale mittlere Wärmedurchgangskoeffizienten $k_{m, max}$ in Abhängigkeit vom Verhältnis F/V

F/V[1]) in m⁻¹	$k_{m, max}$[1]) in W/m² · K	(in kcal/m² · h · K)
≦ 0,24	1,40	(1,21)
0,30	1,24	(1,07)
0,40	1,09	(0,94)
0,50	0,99	(0,85)
0,60	0,93	(0,80)
0,70	0,88	(0,76)
0,80	0,85	(0,73)
0,90	0,82	(0,71)
1,00	0,80	(0,69)
1,10	0,78	(0,67)
≧ 1,20	0,77	(0,66)

[1]) Zwischenwerte sind nach folgender Gleichung zu ermitteln

$$k_{m, max} = 0{,}61 + 0{,}19 \cdot \frac{1}{F/V} \text{ in W/m}^2 \cdot \text{K}$$

1.2 Berechnung der F/V-Werte

Der Quotient F/V wird ermittelt, indem man die nach Nr. 1.1 errechnete wärmeübertragende Umfassungsfläche F eines Gebäudes durch das von dieser Umfassungsfläche eingeschlossene Bauwerksvolumen V teilt.

1.3 Berechnung des mittleren Wärmedurchgangskoeffizienten k_m

Der mittlere Wärmedurchgangskoeffizient

$$k_m = \frac{Q_T}{F \cdot \Delta\vartheta}$$

gibt die Transmissionswärmeverluste in Watt an, die je m² wärmeübertragender Umfassungsfläche F des Gebäudes und je Kelvin Temperaturdifferenz $\Delta\vartheta$ zwischen Innen- und Außenluft aus dem Gebäudeinnern abfließen.

Für den mittleren Wärmedurchgangskoeffizient k_m gilt:

$$k_m = \frac{k_W \cdot F_W + k_F \cdot F_F + 0{,}8 \cdot k_D \cdot F_D + 0{,}5 \cdot k_G \cdot F_G \cdot k_{DL} + F_{DL}}{F}$$

wobei k_W k_F, k_D, k_G und k_{DL} die zu wählenden Wärmedurchgangskoeffizienten der zugehörigen unter Nr. 1.1 erläuterten Flächenanteile bedeuten.

Bei angrenzenden Gebäudeteilen mit wesentlich niedrigerer Raumtemperatur (z. B. außenliegende Treppenräume, Lagerräume) dürfen die abgrenzenden Flächen durch ein besonderes Glied $0{,}5\ k_{AB} \cdot F_{AB}$ im Zähler und ein solches F_{AB} im Nenner erfaßt werden. Hierbei werden diese besonderen Gebäudeteile bei der Ermittlung des Quotienten F/V nicht berücksichtigt.

1.4 Berechnung des mittleren Wärmedurchgangskoeffizienten für Außenwände

Der mittlere Wärmedurchgangskoeffizient $k_{m, W+F}$ der Außenwände ergibt sich aus folgender Gleichung:

$$k_{m,W+F} = \frac{k_W \cdot F_W + k_F \cdot F_F}{F_W + F_F}$$

Die Flächen F_W und F_F sowie die Wärmedurchgangskoeffizienten k_W und k_F sind nach Nr. 1.1 und 1.3 zu ermitteln.

2 **Anforderungen an den Wärmedurchgangskoeffizienten für einzelne Außenbauteile**

Die Anforderungen zur Begrenzung der Transmissionswärmeverluste gelten als erfüllt, wenn für die wärmeübertragenden Außenbauteile von beheizten Räumen die in Tabelle 2 aufgeführten maximalen Wärmedurchgangskoeffizienten nicht überschritten werden.

3 **Berechnung der Wärmedurchgangskoeffizienten**

Die Berechnung des Wärmedurchgangskoeffizienten k erfolgt nach DIN 4108, Ausgabe August 1969, Abschnitt 8 (Beilage zum Bundesanzeiger Nr. 230 vom 11. Dezember 1974) unter Verwendung der in DIN 4108 festgelegten Rechenwerte der Wärmeleitfähigkeit und der Wärmedurchgangswiderstände für Luftschichten.

Tabelle 3 – Wärmedurchgangskoeffizient k_F für Fenster und Fenstertüren in Abhängigkeit von der Verglasung und dem Rahmenmaterial

Zeile	Verglasung	Wärmedurchgangskoeffizienten k_F in W/m² · K (kcal/m² · h · K) Rahmenmaterial-Gruppe 1 (z. B. Holzfenster, Kunststoffenster [PVC], Holzkombinationen) $\lambda < 0{,}35$ $\frac{W}{m \cdot K}$	 2 (z. B. wärmegedämmte Aluminiumverbund- und Stahlprofile) $\lambda \approx 0{,}35$ bis 1,16 $\frac{W}{m \cdot K}$	 3 (z. B. Aluminium, Stahl, Beton) $\lambda > 1{,}16$ $\frac{W}{m \cdot K}$
1	Isolierverglasung 6 mm Luftzwischenraum	3,3 (2,8)	3,5 (3,0)	
2	Isolierverglasung¹) 12 mm Luftzwischenraum	3,0 (2,6)	3,3 (2,8)	3,5 (3,0)
3	3fach-Verglasung¹) mit 2 x 12 mm Luftzwischenraum	1,9 (1,6)	2,1 (1,8)	2,3 (2,0)
4	Doppelverglasung mit Luftzwischenraum 2 cm < s < 4 cm	2,6 (2,2)	2,8 (2,4)	3,0 (2,6)
5	Doppelverglasung mit Luftzwischenraum 4 cm < s < 7 cm	2,3 (2,0)	2,6 (2,2)	2,8 (2,4)
6	Doppelfenster Luftzwischenraum ≧ 7 cm	2,6 (2,2)		
7	Glasbausteinwand nach DIN 4242²) mit Hohlglasbausteinen nach DIN 18175²), 80 mm dick			3,5 (3,0)

¹) Bei Anwendung von Isolierverglasungen (z. B. Sonnenschutzglas) und besonders hohen Rahmenanteilen (> 25 %) ist für den Fall, daß kleinere Werte k_F angewendet werden sollen, der Nachweis nach Nr. 5 zu führen.

²) Die Normblätter DIN 4242, Ausgabe Januar 1967, und DIN 18 175, Ausgabe Dezember 1960, sind bekanntgemacht in der Beilage zum Bundesanzeiger Nr. 85 vom 5. Mai 1977.

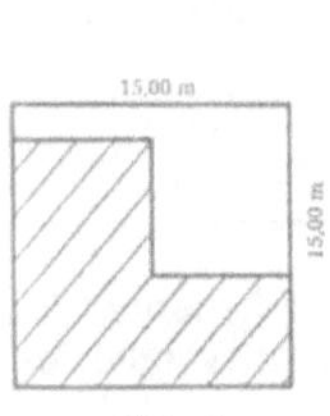

Abb. 1

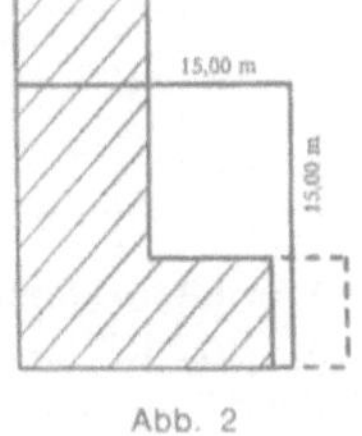

Abb. 2

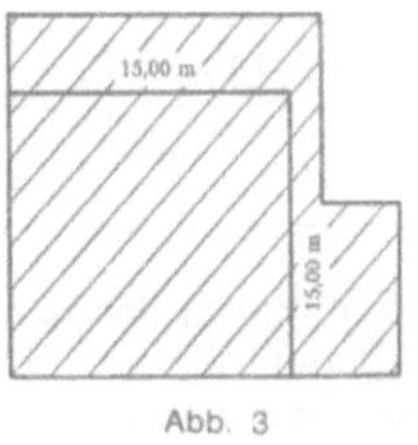

Abb. 3

Stoffwerte, die in DIN 4108, Ausgabe August 1969, nicht enthalten sind, dürfen für die Berechnung der k-Werte verwendet werden, wenn sie im Bundesanzeiger bekanntgegeben worden sind.

Bei der Ermittlung von k_G ist bei den an das Erdreich grenzenden Wänden und Fußböden nur der innere Wärmeübergangswiderstand zu berücksichtigen. Bei der Berechnung des Wärmedurchlaßwiderstandes werden bei Fußböden nur die Schichten oberhalb, bei Wänden die Schichten innenseits der Feuchtigkeitssperre berücksichtigt.

4 **Ermittlung des K_G-Wertes bei großen Gebäudegrundflächen**

Bei Decken und Wänden, die an das Erdreich grenzen, dürfen für Gebäudegrundflächen von mehr als 500 m² die Werte k_G nach Anlage 3 Tabelle 2 angewendet werden.

5 **Wärmedurchgangskoeffizienten für Fenster und Fenstertüren**

Für die Berechnung von k_m nach Nr. 1.3 und von $k_{m,W+F}$ nach Nr. 1.4 sind die für Fenster und Fenstertüren in Tabelle 3 angegebenen Wärmedurchgangskoeffizienten anzuwenden. Bei anderen Fenstern sind für die Berechnung von k_m die k_F-Werte zu verwenden, die im Bundesanzeiger bekanntgegeben worden sind. Die Werte sind von Prüfanstalten zu ermitteln, die im Bundesanzeiger bekanntgemacht worden sind.

6 **Großflächige Verglasungen**

Bei großflächigen Verglasungen kann in begründeten Fällen, insbesondere bei einer durch die Art des Gebäudes vorgegebenen besonderen Nutzung (z. B. große Schaufenster) und bei herstellungstechnischen Erfordernissen, von den Anforderungen nach Nr. 5 und § 2 Absatz 2 Satz 1 und § 5 Absatz 2 abgewichen werden. Für die Berechnung nach Nr. 1 oder 2 darf für diese Flächen ein Rechenwert für den Wärmedurchgangskoeffizienten von mindestens 1,75 W/m² · K (1,51 kcal/m² · h · K) angenommen werden.

Tabelle 2 – Wärmedurchgangskoeffizienten für einzelne Außenbauteile

Zeile		Bauteile		max. Wärmedurchgangskoeffizient in W/m² · K (kcal/m² · h · K)
1	1.1	Außenwände einschl. Fenster und Fenstertüren	Gebäude, deren Grundriß¹) von einem Quadrat mit einer Seitenlänge von 15 m umschrieben werden kann. (Abb. 1)	$k_{m,W+F} \leqq 1{,}45$²) (1,25)²)
	1.2		Gebäude, deren Grundriß¹) nicht vollständig von einem Quadrat mit 15 m Seitenlänge umschrieben werden kann. (Abb. 2)	$k_{m,W+F} \leqq 1{,}55$ (1,34)
	1.3		Gebäude, deren Grundriß¹) ein Quadrat mit einer Seitenlänge von 15 m umschreibt. (Abb. 3)	$k_{m,W+F} \leqq 1{,}75$ (1,51)
2		Decken unter nicht ausgebauten Dachräumen und Decken, die Räume nach oben und unten gegen die Außenluft abgrenzen		$k_D \leqq 0{,}45$ (0,39)
3		Kellerdecken sowie Wände und Decken gegen unbeheizte Räume		$k_G \leqq 0{,}80$ (0,69)
4		Decken und Wände, die an das Erdreich grenzen³)		$k_G \leqq 0{,}90$ (0,78)

¹) Für die Einordnung in die Zeilen 1.1 bis 1.3 ist das Vollgeschoß zugrunde zu legen, das den kleinsten Wert k_{W+F} ergibt. Bei geschoßweise unterschiedlichen äußeren Grundrißabmessungen darf geschoßweise verfahren werden.

²) Wird für Gebäude nach Zeile 1.1 bis zu 3 Vollgeschossen in Zeile 2 $k_D \leqq 0{,}38$ W/m² · K (0,33 kcal/m² · h · K) und in Zeile 3 oder 4 $k_G \leqq 0{,}70$ W/m² · K (0,60 kcal/m² · h · K) gewählt, darf in Zeile 1.1 $k_{m,W+F} \leqq 1{,}55$ W/m² · K (1,34 kcal/m² · h · K) gesetzt werden.

³) Nr. 4 ist zu beachten.

7 **Berechnung bei aneinandergereihten Gebäuden**

7.1 Bei aneinandergereihten Gebäuden (Reihenhäuser, Doppelhäuser) ist der Nachweis der Begrenzung der Transmissionswärmeverluste für jedes Gebäude zu führen.

7.2 Bei einem Nachweis nach Nr. 1 werden die Gebäudetrennwände als nicht wärmedurchlässig angenommen und bei der Ermittlung der Werte F und F/V nicht berücksichtigt. Werden beheizte Teile eines Gebäudes (z. B. Anbauten) getrennt berechnet, gilt Satz 1 sinngemäß für die Trennfläche der Gebäudeteile.

7.3 Bei einem Nachweis nach Nr. 2 bleiben die Gebäudetrennwände unberücksichtigt. Gebäude mit zwei Trennwänden dürfen in Zeile 1.3 Tabelle 2 eingeordnet werden. Bei gegeneinander versetzten Gebäuden ist der zulässige Wert $k_{m,W+F}$ entsprechend dem geringeren Anteil der Gebäudetrennwände zwischen den Werten der Zeile 1.3 Tabelle 2 und der Zeile 1.1 oder 1.2 Tabelle 2 einzuschalten.
Für Gebäude nach Zeile 1.1 Tabelle 2 mit einer Gebäudetrennwand ist Fußnote 2 nicht anzuwenden.

7.4 Ist die Nachbarbebauung nicht gesichert, müssen die Trennwände unbeschadet der Berechnung nach Nr. 7.2 und Nr. 7.3 mindestens den Mindestwärmeschutz für Außenwände aufweisen.

Anlage 2 zu den §§ 3, 6 und 9

Anforderungen zur Begrenzung der Wärmeverluste infolge Undichtheiten

1. Die Fugendurchlaßkoeffizienten der Fenster und Fenstertüren dürfen die Werte der Tabelle 1 nicht überschreiten.
2. Der Nachweis der Fugendurchlaßkoeffizienten der Fenster und Fenstertüren nach Nr. 1 erfolgt durch Prüfzeugnis einer im Bundesanzeiger bekanntgemachten Prüfanstalt.
3. Auf einen Nachweis nach Nr. 2 und Tabelle 1 Zeile 1 kann verzichtet werden für Holzfenster mit Profilen nach DIN 68 121 – Holzfenster – Profile –, Ausgabe März 1973 (Beilage zum Bundesanzeiger Nr. 144 vom 5. August 1977).
4. Auf einen Nachweis nach Nr. 2 und Tabelle 1 Zeile 1 und 2 kann nur bei Beanspruchungsgruppen A und B (d. h. bis Gebäudehöhen von 20 m) verzichtet werden für alle Fensterkonstruktionen mit umlaufender, alterungsbeständiger, weichfedernder und leicht auswechselbarer Dichtung.
5. Fenster ohne Öffnungsmöglichkeiten und feste Verglasungen sind dauerhaft und praktisch luftundurchlässig einzudichten.
6. Zur Gewährleistung einer aus Gründen der Hygiene und Beheizung erforderlichen Lufterneuerung sind stufenlos einstellbare und leicht regulierbare Lüftungseinrichtungen zulässig. Diese Lüftungseinrichtungen müssen im geschlossenen Zustand der Tabelle 1 genügen. Soweit in anderen Rechtsvorschriften, insbesondere dem Bauordnungsrecht der Länder, Anforderungen an die Lüftung gestellt werden, bleiben diese Vorschriften unberührt.

Tabelle 1 – Fugendurchlaßkoeffizient a für Fenster und Fenstertüren

Zeile	Gebäudehöhe	Fugendurchlaßkoeffizient a Beanspruchungsgruppe nach DIN 18055 Teil 2[1][3] A		B und C	
		$\frac{m^3}{h \cdot m \cdot \left(\frac{kN}{m^2}\right)^n}$ [2]	$\left(\frac{m^2}{h \cdot m \cdot \left(\frac{kp}{m^2}\right)^n}\right)$ [2]	$\frac{m^3}{h \cdot m \cdot \left(\frac{kN}{m^2}\right)^n}$ [2]	$\left(\frac{m^3}{h \cdot m \cdot \left(\frac{kp}{m^2}\right)^n}\right)$ [2]
1	Gebäude bis zu 2 Vollgeschossen	2,0 · 100n	(2,0)	–	–
2	Gebäude mit mehr als 2 Vollgeschossen	–	–	1,0 · 100n	(1,0)

[1] Beanspruchungsgruppe A: Gebäudehöhe bis 8 m
B: Gebäudehöhe bis 20 m
C: Gebäudehöhe bis 100 m

[2] Siehe DIN 18055 Teil 2: n darf mit ²/₃ angenommen werden.

[3] Das Normblatt DIN 18055 Teil 2, Ausgabe August 1973, ist bekanntgemacht in der Beilage zum Bundesanzeiger Nr. 85 vom 5. Mai 1977.

Anlage 3 zu § 5

Anforderungen zur Begrenzung der Transmissionswärmeverluste bei Gebäuden mit niedrigen Innentemperaturen

1. Die in Tabelle 1 in Abhängigkeit vom Wert F/V (Anlage 1, Nr. 1.1 und Nr. 1.2) angegebenen maximalen mittleren Wärmedurchgangskoeffizienten $k_{m,\,max}$ dürfen nicht überschritten werden.

Tabelle 1 – Maximale mittlere Wärmedurchgangskoeffizienten $k_{m,max}$ in Abhängigkeit vom Verhältnis F/V

FV[1] in m^{-1}	$k_{m,\,max}$[1] in W/m² · K	(in kcal/m² · h · K)
≦ 0,24	1,40	(1,21)
0,30	1,27	(1,09)
0,40	1,14	(0,98)
0,50	1,06	(0,91)
0,60	1,01	(0,87)
0,70	0,97	(0,84)
0,80	0,94	(0,81)
0,90	0,92	(0,79)
≧ 1,00	0,91	(0,78)

[1] Zwischenwerte sind nach folgender Gleichung zu ermitteln

$$k_{m,\,max} = 0{,}75 + 0{,}155 \cdot \frac{1}{F/V} \text{ in W/m}^2 \cdot \text{K}$$

2. Der mittlere Wärmedurchgangskoeffizient k_m wird unter Anwendung der Berechnungsgrundlagen nach Anlage 1 ermittelt.
3. Bei der Berechnung von k_m sind für nicht unterkellerte Gebäude oder Gebäudeteile ohne Wärmedämmung des Fußbodens die in Tabelle 2 in Abhängigkeit von der Gebäudegrundfläche angegebenen Wärmedurchgangskoeffizienten k_G anzunehmen.

Tabelle 2 – Wärmedurchgangskoeffizient k_G für unteren Gebäudeabschluß gegen Erdreich

Gebäudegrundfläche F_G in m²	k_G[1] in W/m² · K	(in kcal/m² · h · K)
≦ 100	2,20	(1,90)
100 < F_G ≦ 200	1,70	(1,47)
200 < F_G ≦ 500	1,40	(1,21)
500 < F_G ≦ 1 000	1,20	(1,03)
1 000 < F_G ≦ 2 000	0,90	(0,78)
> 2 000	0,60	(0,52)

[1] Zwischen den Grenzwerten k_G der einzelnen Bereiche darf gradlinig interpoliert werden.

Anlage 4 zu § 8

Anforderungen zur Begrenzung der Transmissionswärmeverluste bei Hallenbädern

1. Die Wärmedurchgangskoeffizienten nach Tabelle 1 dürfen nicht überschritten werden.

Tabelle 1

Bauteil		max. Wärmedurchgangskoeffizienten in W/m² · K	(in kcal/m² · h · K)
Umfassungsfläche des Gebäudes	k_m	0,85	(0,73)
Wand	k_W	0,70	(0,60)
Dach	k_D	0,45	(0,40)

2. Die Ermittlung des mittleren Wärmedurchgangskoeffizienten k_m erfolgt nach Anlage 1 Nr. 1.1, 1.2 und 1.3. Bei nicht unterkellerten Hallen oder Hallenbereichen gilt Anlage 3 Nr. 3.

Begründung
zur Verordnung über einen energiesparenden Wärmeschutz bei zu errichtenden Gebäuden (Wärmeschutzverordnung) [2]

I. Allgemeines

Diese Verordnung betrifft ausschließlich den Wärmeschutz; Beschaffenheit und Betrieb der Heizungs- und sonstigen Anlagen werden in getrennten Verordnungen geregelt. Das Schwergewicht der Energieeinsparung liegt bei der baulichen Wärmedämmung, weil hiermit generell das Niveau des Heizwärmeverbrauchs festgelegt wird. Je nach dem Grad der baulichen Wärmedämmung ist es möglich, dementsprechend geringer dimensionierte heizungstechnische Anlagen einzubauen.

Die Verordnung beschränkt sich entsprechend der Ermächtigung des Energieeinsparungsgesetzes auf Neubauten. Nur bei wesentlichen Änderungen können sich nach § 4, Abs. 2 des EnEG die Anforderungen der Verordnungen auf bestehende Gebäude beziehen. Von dieser Ermächtigung wird zunächst kein Gebrauch gemacht.

Hierbei ist zu berücksichtigen, daß bereits bisher bei einem mehrschaligen Aufbau der Außenwände oder bei Wahl besonders wärmedämmender Baustoffe in vielen Fällen die geplanten Anforderungen bereits erfüllt oder überschritten werden und demzufolge keine Kostenerhöhungen auftreten. Andererseits sind bauliche wärmeschutztechnische Verbesserungsmaßnahmen denkbar, die besonders kostenungünstig im Verhältnis zum Nutzen sind. In allen Fällen muß daher vorausgesetzt werden, daß die Maßnahmen für einen energiesparenden baulichen Wärmeschutz unter Abwägung aller planerischen, bautechnischen und wirtschaftlichen Gesichtspunkte getroffen werden.

Der Erhöhung der Einzelpreise für Gebäude und der Kaltmieten stehen Einsparungen an Heizenergiekosten gegenüber. Diese Einsparungen betragen bei der aufzuwendenden Heizenergie in Wohn- und ähnlich genutzten Gebäuden, bezogen auf das bisherige Anforderungsniveau der DIN 4108, Ausgabe August 1969, rd. 25 % bis 35 %. Hierbei sind die Lage des Gebäudes bezüglich der Klimazone und die Gebäudegeometrie von Einfluß. Da die Anforderungen so bemessen werden, daß der zusätzliche Investitionsaufwand erwirtschaftet werden kann, werden die Mieten zwar geringfügig höher liegen; die Gesamtbelastungen aus Mieten und Energieaufwendungen (Wohnkosten) aber in der Regel nicht steigen, sondern sogar gesenkt werden können.

Von erheblicher Bedeutung ist, daß die gestellten Anforderungen und die anzuwendende Methode für den Nachweis dieser Anforderungen die Gestaltungsfreiheit und die Auswahl der Baustoffe und der Bauarten möglichst wenig beeinflussen sollen. Gestaltungsfreiheit und möglichst freie Wahl von Baustoffen hängen damit zusammen, daß die baulichen Wärmeschutzmaßnahmen in einem gewissen Umfang austauschbar sein müssen. Durch die vorgesehene Methode für den Nachweis zur Begrenzung der Transmissionswärmeverluste (Ermittlung eines mittleren k-Wertes für die Gebäudehüllfläche als Alternative zu einem Nachweis mittels fester k-Werte) ist dies weitestgehend sichergestellt.

Die Bauwirtschaft erfährt durch diese Methode des Nachweises die geringstmögliche Beeinträchtigung in ihrem gesamten Baustoffangebot; die Wirtschaftsverbände und Fachkreise haben daher auch zum Ausdruck gebracht, daß sie die Nachweis-Methode unterstützen und das Anforderungsniveau erfüllen können.

II. Zu den einzelnen Bestimmungen

Zu § 1, Anwendungsbereich

In § 1 wird der Geltungsbereich des ersten Abschnitts abgegrenzt. Im Gegensatz zur Systematik des Gesetzes, das grundsätzlich alle Gebäude erfaßt und die Bundesregierung ermächtigt, Ausnahmen und abweichende Regelungen vorzusehen, wird in § 1, wie in den §§ 4 und 7, ein Positivkatalog der erfaßten Gebäude aufgestellt. Dieser Weg wurde aus Gründen der Rechtssicherheit und der Vereinfachung beim Verwaltungsvollzug eingeschlagen. Es wird hierbei bewußt in Kauf genommen, daß einige Gebäudearten mit einem, bezogen auf das gesamte Hochbauvolumen, relativ unbedeutenden Anteil zunächst nicht erfaßt werden. Hier können ggf. spätere Regelungen getroffen werden.
Nach § 1 Nr. 7 gehören in den ersten Abschnitt nur solche Betriebsgebäude, die nach ihrem üblichen Verwendungszweck auf Temperaturen von mindestens 19°C beheizt werden. Hier sind vor allem Fertigungsstätten erfaßt, in denen eine sitzende Tätigkeit ausgeübt wird. Ausgenommen sind solche Betriebsgebäude, die ihren Heizenergieaufwand durch die im Innern des Gebäudes anfallende Abwärme überwiegend decken. Dies entspricht dem Wirtschaftlichkeitsgrundsatz des Gesetzes, der in § 4 Abs. 1 Nr. 3 berücksichtigt worden ist. Ausgenommen sind auch Unterglasanlagen und Kulturräume im Gartenbau. Des weiteren werden Traglufthallen, Zelte und unterirdische Bauten ausgenommen.

Zu § 2, Begrenzung des Wärmedurchgangs

§ 2 Abs. 1 enthält die grundlegende Anforderung für die Begrenzung des Wärmedurchgangs durch die Festlegung von maximalen Wärmedurchgangskoeffizienten, die in Anlage 1 im einzelnen genannt werden.
Die Wärmedurchgangskoeffizienten werden einmal in Abhängigkeit vom Verhältnis der gesamten wärmeübertragenden Umfassungsfläche des Gebäudes zum Gebäudevolumen (F/V) angegeben (Anlage 1, Abs. 1). Hiermit wird vor allem der Notwendigkeit Rechnung getragen, daß die Wärmeschutzmaßnahmen in einem gewissen Umfang austauschbar sein müssen.
Der Einfluß der Wärmeströme durch Keller- und Dachflächen ist in der Gleichung (Anlage 1, Ziff. 1.3) mit den Faktoren 0,5 bzw. 0,8 gewichtet worden, weil wegen der in Keller- bzw. Speicherräumen vorhandenen – gegenüber der Außenluft – höheren Lufttemperaturen dorthin geringere Wärmemengen fließen. Bei nicht mit Speicherräumen ausgestatteten Flachdächern wirkt sich die ganztägige Besonnung energieverbrauchsenkend aus, so daß hierbei der Faktor 0,8 gerechtfertigt erscheint.
Zum anderen werden für einen vereinfachten Nachweis feste Wärmedurchgangskoeffizienten für einzelne Außenbauteile angegeben (Anlage 1, Abs. 2). Hierdurch soll vor allem die Berechnung und Prüfung des Wärmeschutzes für bestimmte Standardfälle, bei denen die Einhaltung der Einzelanforderungen ohne weiteres möglich ist, erleichtert werden.
Die in die Verordnung aufgenommene Methode nach dem Beiblatt DIN 4108 besteht im wesentlichen darin, mittels eines mittleren Wärmedurchgangskoeffizienten den spezifischen, auf das Volumen bezogenen Transmissionswärmeverbrauch des Gebäudes zu begrenzen. Hierbei wird der gesamte Einfluß der das beheizte Gebäude nach außen oder zum Erdreich abgrenzenden Bauteile erfaßt. Diese Methode weist u.a. folgende Vorteile auf:

- Mit Übernahme der Methode des Beiblattes zu DIN 4108 wird eine von allen an der Normung beteiligten Kreisen aus Wissenschaft, Bauwirtschaft und Behörden getragene Lösung gewählt.
- Die Lösung erlaubt eine Austauschbarkeit der Wärmeschutzmaßnahmen nach wirtschaftlichen, konstruktiven und gestalterischen Gesichtspunkten und engt damit die Auswahl der Baustoffe und Bauarten sowie die architektonische Gestaltungsfreiheit so wenig wie möglich ein.

– Die Methode des Beiblattes ist eng mit den eingeführten Ergänzenden Bestimmungen zu DIN 4108 abgestimmt. Sie erlaubt daher einen nahtlosen Übergang und trägt wesentlich dazu bei, nennenswerte Mehrbelastungen bei der Nachprüfung im Baugenehmigungsverfahren zu vermeiden.

Um allen Gesichtspunkten Rechnung zu tragen, wurde in der Anlage 1 Ziffer 2 der vereinfachte Nachweis mittels Einzelanforderungen vorgesehen.

Die im Beiblatt definierte „Berechnungsgrenze" für den erhöhten Wärmeschutz wurde in der Verordnung als Anforderung gewählt. Hiermit hat der Verordnungsgeber einen mittleren, mit der Bauwirtschaft abgestimmten Weg unter Berücksichtigung des Standes der Technik und der wirtschaftlichen Möglichkeiten beschritten.

In § 2, Abs. 2 werden Anforderungen an außenliegende Fenster und Fenstertüren gestellt und Rechenwerte angegeben, deren Einzelheiten in Anlage 1, Tabelle 3 enthalten sind. Dies entspricht den landesrechtlichen Regelungen.

Gemäß § 2, Abs. 3 wird auch für Außenwände und Außenfenster im Bereich von Heizkörpern eine zusätzliche Anforderung gestellt, weil hier infolge höherer Temperaturdifferenzen zwischen Außen- und Innenoberflächen wesentlich höhere Verluste auftreten.

Zu § 3, Begrenzung der Wärmeverluste infolge Undichtheiten

Erhebliche Wärmeverluste entstehen auch durch Undichtheiten in der Gebäudehülle, insbesondere bei Fensterfugen und Fugen zwischen sonstigen Bauteilen in der wärmeübertragenden Umfassungsfläche. Die in der Anlage 2 genannten Werte für die Fugendurchlaßkoeffizienten entsprechen dem Stand der Technik.

Obgleich noch keine zahlenmäßige Festlegung erfolgt ist, ist der erforderliche Luftwechsel insbesondere aus hygienischen und ggf. heizungstechnischen Gründen in den Räumen eines Gebäudes zu gewährleisten. Je genauer dosiert die Außenluft in die Räume eingeführt werden kann, desto geringer sind in der Regel die Wärmeverluste.

Bei besonders dichten Fenstern oder einem kleinen Fensterflächenanteil im Verhältnis zum Gebäudevolumen, bei denen die Gefahr eines unzureichenden Mindestluftwechsels auftreten können, sind in Abweichung zu § 3 stufenlos einstellbare und leicht regulierbare Lüftungseinrichtungen zulässig. Diese Lüftungseinrichtungen können als integraler Bestandteil der Fenster vorgesehen werden.

Zu § 4, Anwendungsbereich

In § 4 wird der Geltungsbereich des Zweiten Abschnittes abgegrenzt. Es handelt sich um Werkstätten, Werkhallen, Lagerhallen (-räume) und andere Betriebsgebäude, die wegen der Art ihrer Nutzung auf niedrigere Temperaturen als Gebäude nach dem 1. Abschnitt beheizt werden.

Betriebsgebäude, die nur partiell insbesondere mit Hochtemperaturstrahlungsheizungen beheizt werden, fallen nicht unter diese Regelung, weil nicht das gesamte Raumluftvolumen auf die vorgeschriebenen Temperaturen beheizt wird und der Heizenergiebedarf daher wesentlich geringer ist.

Zu § 5, Begrenzung des Wärmedurchgangs

Entsprechend dem geringeren Heizenergiebedarf der unter diesen Abschnitt fallenden Gebäude werden in Anlage 3 abweichende Anforderungen gegenüber Wohn- und vergleichbaren Gebäuden gestellt. Aus Gründen der Nutzung und nach dem Stand der Technik kann eine Doppelverglasung nicht verbindlich vorgeschrieben werden.

Unter Fenstern im Sinne des Absatzes 2 sind auch feste Verglasungen zu verstehen.

Werden raumlufttechnische Anlagen eingesetzt, bei denen die Luft selbsttätig auf bestimmte Werte erwärmt, gekühlt oder befeuchtet wird, ist eine Doppelverglasung insbesondere wegen des stationären Betriebes vorzusehen.

Zu § 6, Begrenzung der Wärmeverluste bei Undichtheiten

Diese Bestimmung entspricht § 3. Die Anforderungen an die Fugendurchlaßkoeffizienten sind wegen der bau- und nutzungstechnischen Erfordernisse weniger scharf. Eine Begrenzung der Wärmeverluste infolge undichter Fugen hat für Betriebsgebäude besondere Bedeutung, weil hier mit geringem Aufwand wesentliche Wärmeverluste vermieden werden können.

Zu § 7, Anwendungsbereich

§ 7 grenzt den Geltungsbereich des dritten Abschnittes ab. Für Gebäude, die sportlichen oder Versammlungszwecken dienen, sind abweichende Regelungen gegenüber den Gebäuden nach dem Ersten Abschnitt erforderlich, weil sie in der Regel auf niedrigere Temperaturen und für kürzere Dauer beheizt werden, andererseits aber vielfach eine wärmeschutztechnisch günstigere Ausführung aufweisen. Traglufthallen und Zelte werden ausgenommen.

Zu § 8, Begrenzung des Wärmedurchgangs

Die Anforderungen an diese Gebäude richten sich, mit Ausnahme von Hallenbädern, nach dem ersten Abschnitt. Für Hallenbäder wird in Anlage 4 wegen höherer Innentemperaturen und abweichender Nutzung eine besondere Vorschrift aufgenommen. Außer bei Hallenbädern sind Einfachverglasungen zulässig.

Zu § 9, Begrenzung der Wärmeverluste durch Fugen

§ 9 entspricht § 6; abweichend hiervon wird bei Hallenbädern wegen höheren Innentemperaturen und der anspruchsvolleren raumlufttechnischen Versorgung eine höhere Anforderung an die Dichtheit der Fugen gestellt.

Zu § 10, Gebäude mit gemischter Nutzung

§ 10 stellt klar, daß für Gebäude mit gemischter, unter verschiedene Abschnitte dieser Verordnung fallender Nutzung die Vorschriften des jeweiligen Abschnitts nur für die entsprechenden Gebäudeteile gelten.

Zu § 11, Andere Vorschriften

Werden durch andere öffentlich-rechtliche Vorschriften höhere Anforderungen an den baulichen Wärmeschutz, die zu einer größeren Energieeinsparung führen, als nach dieser Verordnung gestellt, so bleiben diese unberührt.

Durch § 11 soll insbesondere klargestellt werden, daß im Einzelfall, insbesondere für einzelne Bauteile, die bauaufsichtlichen Vorschriften für den Wärmeschutz zu beachten sind.

Die bauaufsichtlichen Mindestanforderungen dürfen nicht unterschritten werden.

Soweit für Gebäude (nach dieser Verordnung) keine Wärmeschutzanforderungen nach Landesrecht gelten, wird die Beachtung des Wärmeschutzes nach den Ergänzenden Bestimmungen zu DIN 4108 – Wärmeschutz im Hochbau – vorgeschrieben.

Zu § 12, Ausnahmen

Diese Vorschrift ermöglicht es einem Antragsteller, neue oder abweichende bauliche Lösungen, die nicht durch die Anforderungen oder die Methoden des Nachweises dieser Verordnung erfaßt werden und zu einer Begrenzung des Energieverlustes in gleichem Umfang führen, anzuwenden, wenn die nach Landesrecht zuständige Behörde eine Ausnahme erteilt.

Zu § 13, Härtefälle

Diese Bestimmung ist durch § 5, Abs. 2 des Gesetzes vorgegeben. Mit ihr wird die Eigentumsgarantie des Grundgesetzes konkretisiert.

Zu § 15, Inkrafttreten

Die Wärmeschutzverordnung tritt am 1. November 1977 in Kraft. Sie wird alle am Bau Beteiligten vor eine Reihe neuer Aufgaben stellen. Sie stellt lediglich Mindestanforderungen für einen energiesparenden Wärmeschutz dar und entbindet nicht von der Notwendigkeit, wirtschaftlich günstige und bauphysikalisch richtige Lösungen auszuführen. Es wird oft vorteilhaft sein, über die Anforderungen der Verordnung hinaus wirksamere Wärmeschutzmaßnahmen zu treffen.

Gebäudefugen

In § 3 Absatz 1, § 6 Absatz 2 und § 9 Absatz 2 der Wärmeschutzverordnung heißt es:
„Die sonstigen Fugen in der wärmeübertragenden Umfassungsfläche müssen dauerhaft und entsprechend dem Stand der Technik luftundurchlässig abgedichtet sein."

Größere Bauwerke müssen nach vorheriger rechnerischer Ermittlung durch *Gebäude-Dehnungsfugen* unterteilt werden. Sie sind konsequent durch alle Bauteile zu führen. Es genügt nicht, nur die Außenwand aufzutrennen und ggf. noch das Dach; auch die Zwischenwände und die Decken sind in den durchgehenden Fugenbereich einzubeziehen, ebenso evtl. vorhandene Dämmschichten und sonstige Bekleidungen.
Baukörper verschiedener Höhe, Größe und Belastung sollte man wegen der unterschiedlichen Gewichtsbelastungen immer voneinander trennen, auch wenn es infolge der zu erwartenden Temperaturspannungen nicht unbedingt notwendig wäre.
Auf der Außenseite sind die Dehnungsfugen ausreichend vor dem Eintritt von Feuchtigkeit zu schützen.

Für das gesamte Gebäude sind für die verschiedensten Bauteile und Verkleidungen örtlich begrenzte Dehnungsfugen erforderlich wegen:
- materialspezifischer Volumenänderungen infolge wechselnder Temperaturspannungen;
- statisch bedingter wechselseitiger Beanspruchungen;
- unterschiedlicher Setzungen infolge verschiedener Gewichte;
- Feuchtigkeitseinwirkungen und Trocknungsvorgängen;
- Bewegungen, die durch Wind, Sog und Erschütterungen hervorgerufen werden.

Die Fuge übt zugleich eine „trennende" und „verbindende" Funktion aus. Einerseits soll sie die kraftübertragende Verbindung von Bauteilen verhindern; andererseits soll sie die in ihrer Dehnung behinderten Bauteile so untereinander verbinden, daß Außeneinflüsse, insbesondere Feuchtigkeit, nicht in das Gebäudeinnere gelangen können.

Die Voraussetzungen für eine funktionsgerechte Abdichtung der Fugen sind:
- Dimensionierung der Fugen nach Berechnung oder sorgfältiger Abschätzung der auftretenden Bewegungen.
- Richtige Auswahl des Abdichtungssystems unter Berücksichtigung der Dauerbelastbarkeit des Dichtungsmaterials.
- Die Hilfsmittel der Verfugung, wie Voranstriche, Wassersperren, Kleber, Elastikschnüre etc. müssen auf das Dichtungsmaterial abgestimmt und dauerbeständig sein.
- Die Ausführung der Abdichtungsarbeiten muß fachlich einwandfrei sein.

Mit dem „Auskitten" jeder am Bau vorkommenden Fugen unter Verwendung einer x-beliebigen Fugendichtungsmasse, und dies im Außeneinsatz auch noch bei jedem Wetter, ist es also nicht getan.

Als Grundlage für die Planung, Ausführung und Prüfung von Fugendichtungsmassen gilt DIN 18540, Blatt 1 bis 3, vom Oktober 1971.

Zum Ausschäumen von umlaufenden Fugen bei Einbauteilen, Verfüllen von Rohrleitungsschlitzen, Ausspritzen von allen möglichen Durchbrechungen in den Außenbauteilen sowie zum Schließen von Fehlstellen in der Wärmedämmung → 1 (6) gibt es seit einigen Jahren Einkomponenten-Polyurethan-Schaum in Dosen oder Flaschen. Der nach Mixen und Schütteln entstehende Schaum paßt sich praktisch jedem Hohlraum an, expandiert dort um 25 bis 100 % und härtet in Verbindung mit der Luftfeuchtigkeit aus. Der gemischtzellige Polyurethan-Schaum erreicht nach seinem Einbau ein Raumgewicht von etwa 33 kg/m³. Der Schaum ist unverrottbar und dauerbeständig gegen Temperaturen von −50°C bis +110°C.

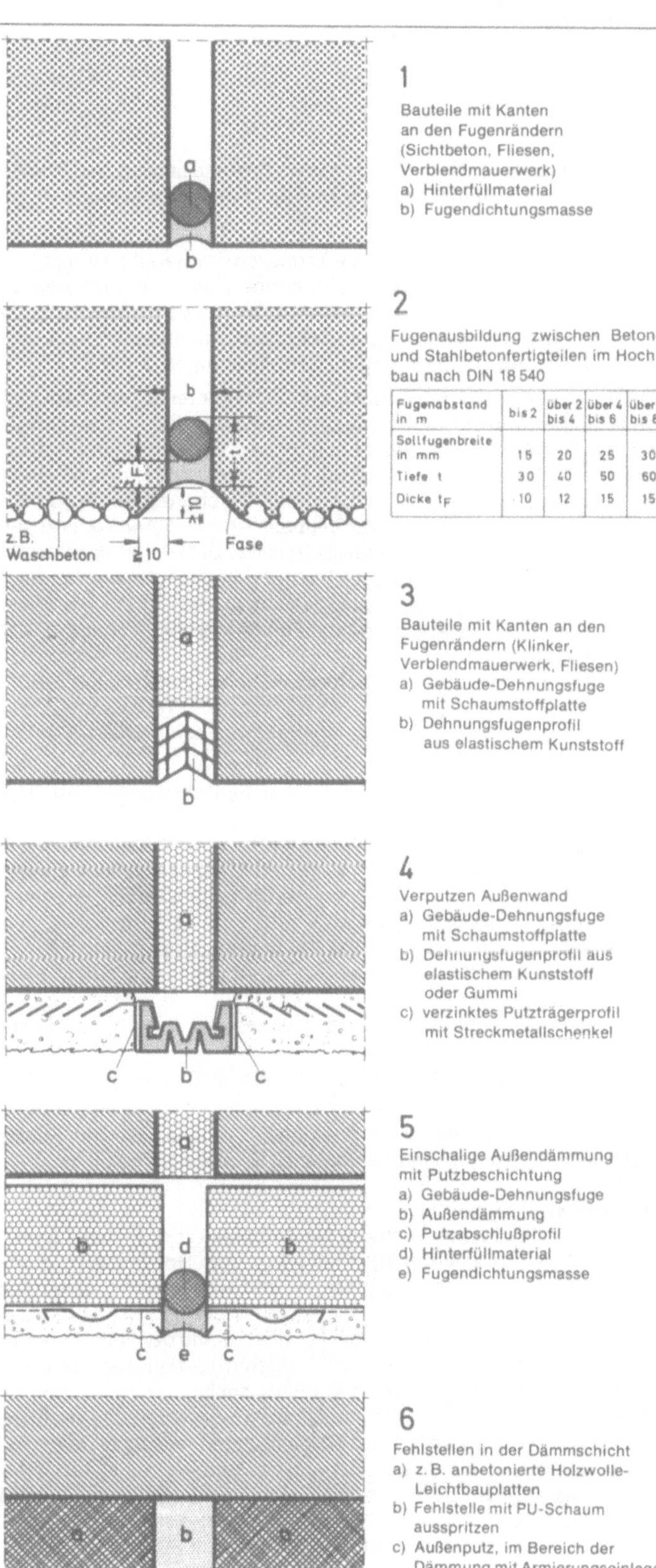

Fugenabstand in m	bis 2	über 2 bis 4	über 4 bis 6	über 6 bis 8
Sollfugenbreite in mm	15	20	25	30
Tiefe t	30	40	50	60
Dicke t_F	10	12	15	15

1 Ausbildung von Fugen am Bau

Fenster

Das Aussehen eines Bauwerkes, das Raumklima und die Bewirtschaftungskosten der Bauten werden entscheidend von den Fenstern mitbestimmt.

Fenster haben für ausreichendes Tageslicht im Raum zu sorgen; sie sind zugleich die Verbindung des Innenraumes mit der Umwelt. Zur eigenen Sicherheit und als Unfallschutz sollen sie einfach zu bedienen sein. Bei der Anschaffung sind bereits die zu erwartenden Kosten für Wartung und Unterhaltung zu berücksichtigen.

Fenster können bei Sonneneinstrahlung im Winter in gewissem Maße zur Raumheizung beitragen. Die primäre Energielieferung ergibt sich aus der Durchlässigkeit des Fensterglases für kurzwellige Sonnenstrahlung. Die sekundäre Wärmeabgabe rührt davon her, daß ein Teil der kurzwelligen Sonnenstrahlung beim Durchgang durch das Glas dort absorbiert wird und als Wärmequelle – praktisch wie eine zusätzliche „Heizfläche" – Wärmeenergie freisetzt. Die winterliche Sonneneinstrahlung kann als Wärmegewinn nur dann genutzt werden, wenn die Gebäudeheizung entsprechend rasch auf den Sonnenwärmeeinfall reagiert. Für die Beurteilung der Fenster während der kalten Jahreszeit gilt deshalb:
- Große Fensterflächen ergeben relativ hohe Transmissionswärmeverluste.
- Fenster können bei Sonneneinstrahlung auch Energiegewinne bringen.

Ein funktionsfähiges Fenster hat zahlreiche Forderungen auf Dauer zu erfüllen:
- Gute Dichtigkeit der Flügel zwischen Glas und Flügelrahmen, Flügel- und Blendrahmen sowie zwischen Blendrahmen und Baukörper. Nur dadurch ist ein Schutz gegen Wind und Regen, besonders Schlagregen, gewährleistet.
- Verhinderung des Wasserdurchdruckes zur Raumseite;
- Ausreichender Wärmeschutz in Verbindung mit Mehrscheiben-Verglasungen;
- Verbesserter Schallschutz, wenn notwendig durch Lärmschutzfenster;
- Ermöglichung der thermischen Dehnungen ohne Spannungen oder offene Fugen.

In der Wärmeschutzverordnung, Anlage 1, Tabelle 3 werden Fenster und Fenstertüren in 3 Rahmenmaterial-Gruppen eingeteilt.

Holzfenster (Gruppe 1)
Holz ist zur Zeit immer noch der bekannteste Werkstoff im Fensterbau. Als Sünden der Vergangenheit hängt dem Holzfenster mitunter der Ruf eines undichten, kurzlebigen und wartungsintensiven Fensters an.
Hochwertige Holzfenster, die dem heutigen Stand der Fenstertechnik entsprechen, stehen Fenstern aus anderen Werkstoffen bezüglich Dichtigkeit und Dauerhaftigkeit in nichts nach.
Fachgerechte Konstruktionen, ausgereifte Beschläge und praktisch dauerbeständige Oberflächenbeschichtungen ergeben technisch einwandfreie und wirtschaftliche Holzfenster. Hölzer mit größerer Dauerbeständigkeit, zumeist ausländischer Herkunft, werden immer mehr eingesetzt.
(Hierzu die Fensterquerschnitte → 36/1.2, 1.4, 1.6)

Holz-Aluminiumfenster (Gruppe 1)
Diese Fensterkonstruktion vereinigt die positiven Eigenschaften der beiden Werkstoffe Holz und Aluminium und eliminiert die negativen. Die wärmedämmenden Eigenschaften und der wohnliche Charakter des Holzfensters bleiben erhalten, die äußere Aluminiumverkleidung übernimmt den Wetterschutz.
(Hierzu der Fensterquerschnitt → 36/1.5)

Kunststoff-Fenster (Gruppe 1)
Hinsichtlich ihres Dämm- bzw. k-Wertes sind die Kunststoff-Fenster den Holzfenstern gleichzusetzen. Als besonderer Vorteil wird die Wartungsfreiheit angegeben, da derartige Fenster keinerlei Anstrich oder sonstige Pflege erfordern. Zu ihrer Herstellung wird farbechtes und gegen Witterungseinflüsse und tierische Schädlinge beständiges schlagfestes PVC verwendet. Normalgroße Fenster können mit sog. Voll-Kunststoffrahmen ohne tragenden Kern ausgebildet werden; größere Fenster dagegen sollten eine Kerneinlage aus Stahl oder Aluminium erhalten. Bei den Kunststoff-Fenstern ist unbedingt zu beachten, daß die Ausdehnung des PVC-Materials ein Mehrfaches der Ausdehnung von Leichtmetall, Stahl oder Glas beträgt.
(Hierzu die Fensterquerschnitte → 36/1.1, 1.3)

Wärmegedämmte Aluminiumfenster (Gruppe 2)
Zur Vermeidung von Schwitzwasserbildung werden immer mehr Aluminiumfenster als wärmegedämmte Verbundfenster eingesetzt. Bei diesen Konstruktionen bestehen die Flügel- und Rahmenprofile jeweils aus getrennten inneren und äußeren Einzelprofilen, die durch isolierende Stege miteinander verbunden sind.
(Hierzu die Fensterquerschnitte → 36/2.1, 2.2, 2.3, 2.4, 2.5)

Aluminiumfenster (Gruppe 3)
Die Verwendung immer größer werdender Fenster hat die Entwicklung der Leichtmetallkonstruktion sehr gefördert. Man spricht den Aluminiumfenstern eine lange Lebensdauer zu, da sie weder quellen noch sich verziehen. In bauphysikalischer Hinsicht sind die einfachen Rahmen aus Aluminium ausgesprochene Wärmebrücken.
(Hierzu die Fensterquerschnitte → 36/3.2; 37/3.3, 3.4, 3.5)

Glasbausteinwand (Gruppe 3)
Glasbaustein-Wände sind nichttragende Wände aus Glasbausteinen mit bewehrten oder unbewehrten Mörtelfugen.
Hohl-Glasbausteine sind im Presseverfahren erzeugte Glaskörper, die aus mehreren durch Verschmelzen festverbundenen Teilen entstehen; sie müssen der DIN 18175 entsprechen. Glasbaustein-Wände sind nach DIN 4242 herzustellen. Sie müssen so eingebaut werden, daß sie außer ihrem Eigengewicht keine weiteren lotrechten Belastungen erhalten. Zur Vermeidung von Zwängungen und als Fugenverschluß im Sinne der Energieeinsparung sind seitlich und oben Dehn- und Gleitfugen anzuordnen und mit dauerelastischen nicht verwitternden Stoffen auszufüllen.
(Hierzu der Querschnitt → 37/3.7)

Großflächige Verglasungen

In der Wärmeschutzverordnung Anlage 1 Ziffer 6 ist vorgesehen, daß in begründeten Fällen von den an die Fenster gestellten Anforderungen abgewichen werden kann, insbesondere bei einer durch die Art des Gebäudes vorgegebenen Besonderheit wie z. B. großes Schaufenster und bei herstellungstechnischen Erfordernissen.
Sofern es sich nicht um Betriebsräume mit sehr hohen Raumtemperaturen handelt, empfehlen sich bei derartigen großflächigen Einfachfenstern zusätzliche Maßnahmen zur Verhinderung von Schwitzwasser wie z. B.:
- Konvektoren (elektrische oder über die Warmwasserheizung betriebene) zur Bildung von Luftschleiern auf der Innenseite der Scheiben;
- Deckenheizungen in Schaufensternähe – die aber weniger wirksam sind;
- Ausnützen der Beleuchtungswärme bei stark ausgeleuchteten Schaufenstern;
- Ausreichend gedämmte Trennwände oder schwere Vorhänge zum größeren Raum hin. Der Wärmeentzug durch das großflächige Fenster wird dabei zwar herabgesetzt, eine gewisse zusätzliche Temperierung des Schaufensters dürfte aber immer noch erforderlich sein.

Rolläden

Über viele Jahrhunderte hinweg waren Klappläden und noch früher Schiebeläden der äußere Schutz der Fenster. Im heutigen Baugeschehen sind die Klappläden fast vollständig verschwunden, den Fensterschutz übernimmt nunmehr der Rolladen. Seine Funktionen sind:

- Abdunkelung des dahinterliegenden Raumes;
- Schutz gegen Kälte, Wind und Wetter;
- Sicht- und Sonnenschutz;
- Verbesserung des Schutzes gegen Außenlärm;
- bedingter Schutz gegen Gewalteinwirkungen.

Der Rolladen kann zwar diese zahlreichen Teilbereiche nicht alle optimal erfüllen, aber die vielseitige Verwendbarkeit ist als Stärke des Rolladens anzusehen.

Wärmedämmung

Durch Rolläden vor Fenstern oder Außentüren kann der Wärmeverlust erheblich eingeschränkt werden. Voraussetzung ist, daß der Rolladen einwandfrei eingebaut worden ist und in herabgelassenem Zustand auch dicht schließt. Bei der Abschätzung der Wärmedämmung für das Fenster mit geschlossenem Rolladen ist zu berücksichtigen, daß der Wärmeübergangswiderstand von der Verglasung zur Außenluft infolge ruhender Luft beträchtlich zunimmt. Rolläden sind während der kalten Winternächte 12 Stunden und mehr geschlossen; ihr Vorteil als Verbesserung des Wärmeschutz der Fenster dürfte daher unbestritten sein.

Schallschutz

Einen wirkungsvollen Schallschutz benötigen Wohnräume abends und die Schlafräume nachts – und dann sind vorteilhaft die Rolläden geschlossen –.
Mit Rolläden lassen sich Verbesserungen des Schalldämm-Maßes bis zu 10 dB erzielen. Voraussetzung ist ein Abstand von etwa 15 cm zwischen Fenster und herabgelassenem Rolladen.

Rolladenkasten

Der Hohlraum für den Rolladen ist zur Außenluft zu rechnen. Angenäherte Außentemperaturen werden sich aber nur bei kalten und länger andauernden Wintertagen einstellen. Bei Nichtbeachtung dieses Hinweises können Wärmebrücken größten Ausmaßes entstehen, bei Blechkästen kann es zu Kondenswasserbildung kommen.

Rolladenkästen, ganz gleich, ob am Bau hergestellt oder als vorgefertigtes Teil eingesetzt, müssen hinsichtlich des Wärmeschutzes folgende Bedingungen erfüllen:

- Die *Kastenoberseite* ist mit einer mindestens 20 mm dicken Schaumstoffplatte zu verkleiden.
- Die *innere senkrechte Blende* (Kasten-Innenschürze) ist als leichtes Bauteil anzusehen und mindestens 30 mm dick zu dämmen. Bei höheren Anforderungen an den Dämmwert kann raumseitig eine zusätzliche Dämmplatte an die Innenschürze angebracht werden.
- Der *abnehmbare Deckel* sollte eine Dämmstoffauflage von mindestens 20 mm Dicke erhalten.
- Die *äußere senkrechte Blende* (Kasten-Außenschürze) kann praktisch ohne Dämmung ausgeführt werden. Dabei ist zu beachten, daß es sich hier um eine dreiseitig eingespannte Platte handelt, die genügend auszusteifen und gegen Verwindungen zu sichern ist.

Die Größe des Rolladenkastens ist ausschlaggebend für die Wahl des Rolladenprofils. Es ist schon ein Unterschied, ob ein Normalprofil mit 14 bis 15 mm Dicke eingebaut werden kann oder nur ein mittleres Profil mit 10 bis 11 mm Dicke oder gar ein Dünnprofil mit etwa 7,5 mm Dicke.

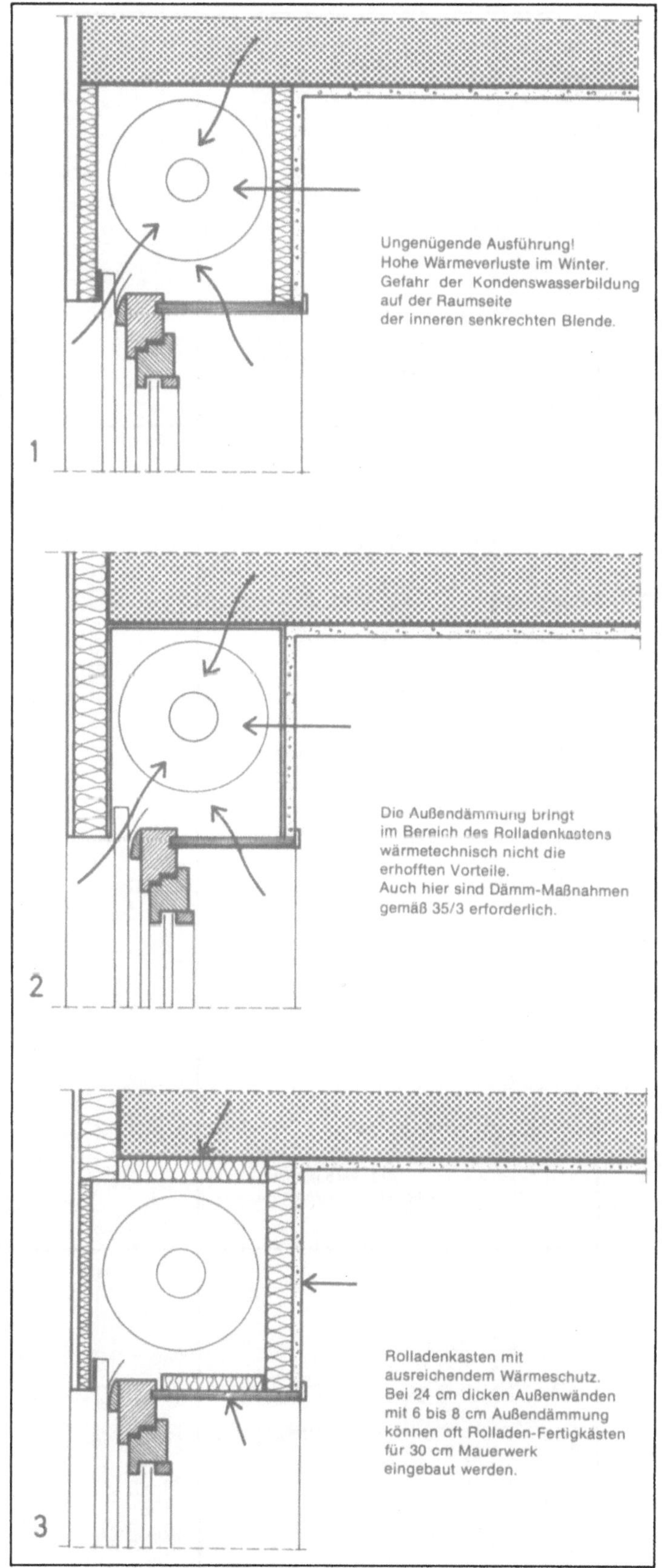

1 Schemaquerschnitte durch zwei ungenügende sowie einen ausreichend gedämmten Rolladenkasten

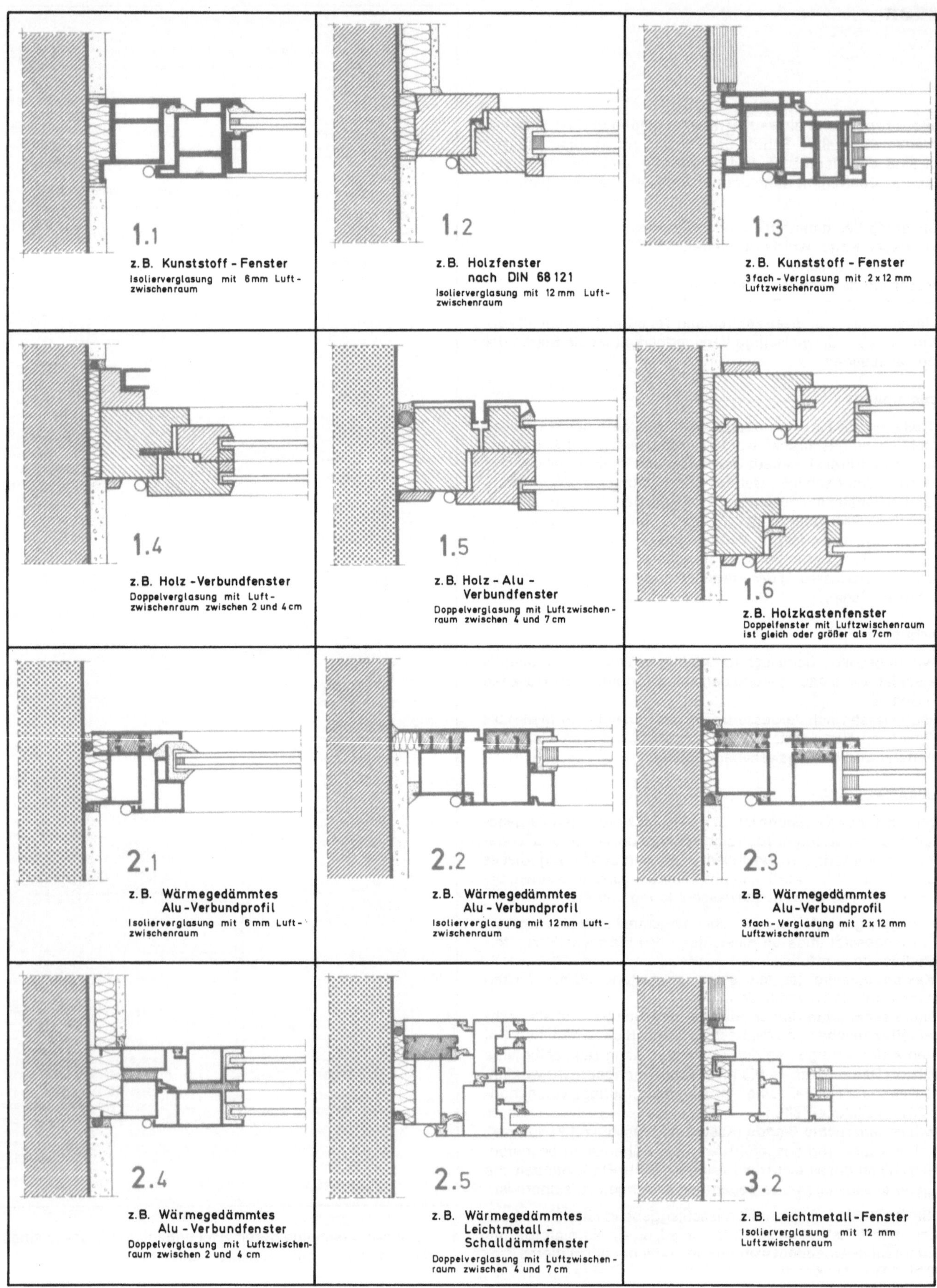
1.1
z.B. Kunststoff-Fenster
Isolierverglasung mit 6mm Luftzwischenraum
1.2
z.B. Holzfenster nach DIN 68121
Isolierverglasung mit 12mm Luftzwischenraum
1.3
z.B. Kunststoff-Fenster
3fach-Verglasung mit 2x12 mm Luftzwischenraum
1.4
z.B. Holz-Verbundfenster
Doppelverglasung mit Luftzwischenraum zwischen 2 und 4cm
1.5
z.B. Holz-Alu-Verbundfenster
Doppelverglasung mit Luftzwischenraum zwischen 4 und 7cm
1.6
z.B. Holzkastenfenster
Doppelfenster mit Luftzwischenraum ist gleich oder größer als 7cm
2.1
z.B. Wärmegedämmtes Alu-Verbundprofil
Isolierverglasung mit 6mm Luftzwischenraum
2.2
z.B. Wärmegedämmtes Alu-Verbundprofil
Isolierverglasung mit 12mm Luftzwischenraum
2.3
z.B. Wärmegedämmtes Alu-Verbundprofil
3fach-Verglasung mit 2x12 mm Luftzwischenraum
2.4
z.B. Wärmegedämmtes Alu-Verbundfenster
Doppelverglasung mit Luftzwischenraum zwischen 2 und 4 cm
2.5
z.B. Wärmegedämmtes Leichtmetall-Schalldämmfenster
Doppelverglasung mit Luftzwischenraum zwischen 4 und 7cm
3.2
z.B. Leichtmetall-Fenster
Isolierverglasung mit 12 mm Luftzwischenraum

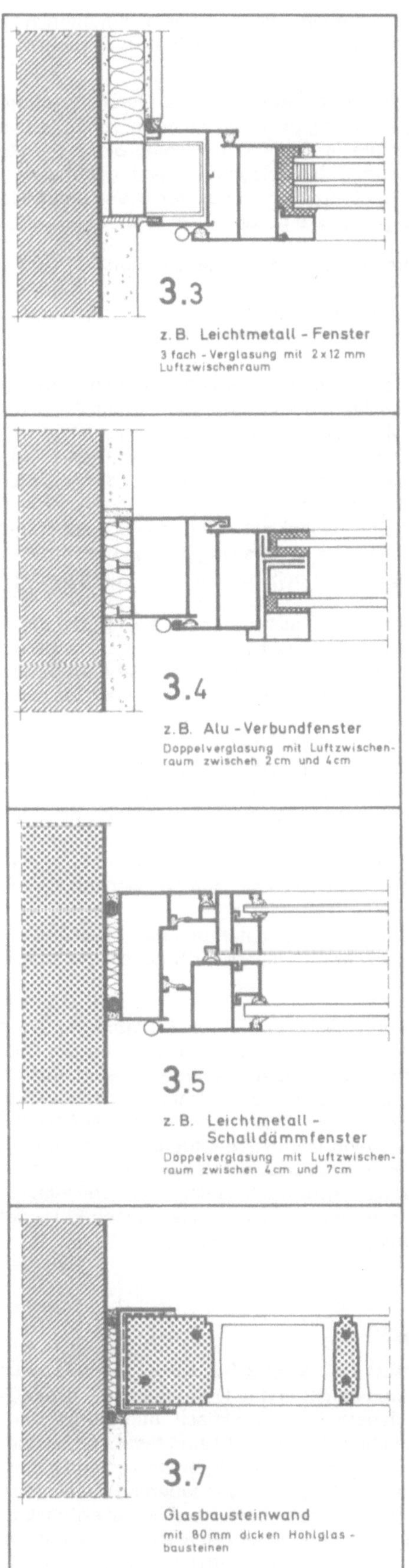

Kurzbezeichnung[1]	**Fenster und Fenstertüren** Rahmenmaterial-Gruppen Verglasung	Wärmedurchgangskoeffizient k_F $\frac{W}{m^2K}$	$\frac{kcal}{m^2h\,°C}$	gleicher k-Wert
	Rahmenmaterial-Gruppe 1 (z.B. Holzfenster, Kunststoff-Fenster [PVC], Holzkombinationen)			
1.1	Isolierverglasung 6mm Luftzwischenraum	3.3	2.8	2.2
1.2	Isolierverglasung 12mm Luftzwischenraum	3.0	2.6	3.4
1.3	3fach-Verglasung mit 2x12mm Luftzwischenraum	1.9	1.6	—
1.4	Doppelverglasung mit Luftzwischenraum 2cm<s<4cm	2.6	2.2	1.6 2.5
1.5	Doppelverglasung mit Luftzwischenraum 4cm<s<7cm	2.3	2.0	3.3
1.6	Doppelfenster Luftzwischenraum ≧ 7cm	2.6	2.2	1.4 2.5
	Rahmenmaterial-Gruppe 2 (z.B. wärmegedämmte Aluminium-verbund – und Stahlprofile)			
2.1	Isolierverglasung 6mm Luftzwischenraum	3.5	3.0	3.2 3.7
2.2	Isolierverglasung 12 mm Luftzwischenraum	3.3	2.8	1.1
2.3	3 fach-Verglasung mit 2x12mm Luftzwischenraum	2.1	1.8	—
2.4	Doppelverglasung mit Luftzwischenraum 2cm 4cm	2.8	2.4	3.5
2.5	Doppelverglasung mit Luftzwischenraum 4cm 7cm	2.6	2.2	1.4 1.6
	Rahmenmaterial-Gruppe 3 (z.B. Aluminium, Stahl, Beton)			
3.2	Isolierverglasung 12 mm Luftzwischenraum	3.5	3.0	2.1 3.7
3.3	3 fach-Verglasung mit 2x12mm Luftzwischenraum	2.3	2.0	1.5
3.4	Doppelverglasung mit Luftzwischenraum 2cm<s<4cm	3.0	2.6	1.2
3.5	Doppelverglasung mit Luftzwischenraum 4cm<s<7cm	2.8	2.4	2.4
3.7	Glasbausteinwand nach DIN 4242 mit Hohlglasbausteinen nach DIN 18175 80mm dick	3.5	3.0	2.1 3.2

1) Kurzbezeichnung in Anlehnung an Tabelle 3, Anlage 1 der Wärmeschutzverordnung: 1. Zahl = Rahmenmaterial-Gruppe, 2. Zahl = Zeile in Tabelle 3

1 Übersicht: Fenster und Fenstertüren entsprechend Tabelle 3, Anlage 1 zur Wärmeschutzverordnung mit Angabe der Wärmedurchgangskoeffizienten k_F in Abhängigkeit von der Verglasung und dem Rahmenmaterial

Fensterdichtungen

Gemäß der Anlage 2 zu den §§ 3, 6 und 9 der Wärmeschutzverordnung werden Anforderungen zur Begrenzung der Wärmeverluste infolge Undichtheiten bei Fenstern und Fenstertüren gestellt. Der Nachweis der Fugendurchlaßkoeffizienten a der Fenster und Fenstertüren hat durch Prüfzeugnis einer hierfür anerkannten Prüfanstalt zu erfolgen. Gemäß Absatz 4 der Anlage 2 kann auf einen derartigen Nachweis nur bei den Beanspruchungsgruppen A und B (d.h. bis Gebäudehöhen von 20 m) verzichtet werden für alle Fensterkonstruktionen mit umlaufender, alterungsbeständiger, weichfedernder und leicht auswechselbarer Dichtung. Diese Forderungen bestehen zu Recht, denn eine ungenügende Fugenausbildung der Fenster kann unter Umständen die gesamte Wärmebedarfsberechnung in Frage stellen.
Die Ausbildung der Fensterfugen hat entsprechend DIN 18055, Blatt 2 vom August 1973 „Fenster, Fugendurchlässigkeit und Schlagregensicherheit, Anforderungen und Prüfung" zu erfolgen. Hieraus einige Auszüge:

1. Diese Norm gilt für Fenster unabhängig vom Werkstoff, von der Konstruktion und vom Einbau.

2.1 Die *Fugendurchlässigkeit* V_n in m^3/h kennzeichnet den über die Fugen zwischen Flügel und Blendrahmen je Zeit stattfindenden Luftaustausch, der durch eine am Fenster vorhandene Luftdruckdifferenz verursacht wird.

2.2 Der *Fugendurchlaßkoeffizient* a_n kennzeichnet die über die Fugen zwischen Flügel und Blendrahmen eines Fensters je Zeit, Länge und Druck ausgetauschte Luft.

2.4 *Schlagregensicherheit* ist der Schutz, den ein Fenster bei gegebener Windstärke, Regenmenge und Beanspruchungsdauer gegen das Eindringen von Wasser in das Innere des Gebäudes bietet.

3.3 Unter gleichzeitiger Beanspruchung durch Wind und Regen (Schlagregen) darf kein Wasser durch das Fenster in den Raum eindringen. In die Rahmenkonstruktion eingedrungenes Wasser muß so abgeführt werden, daß keine Schäden am Fenster auftreten können und daß an keiner Stelle Wasser aus der Rahmenkonstruktion in den Baukörper eindringt.

3.1 *Festlegung der Beanspruchungsgruppen*
Die Anforderungen an die Fugendurchlässigkeit und die Schlagregensicherheit werden in vier Beanspruchungsgruppen gegliedert (siehe Tabelle 1).

Wegen der oft unterschiedlichen Beanspruchung durch Wind und Regen, selbst an gleichartigen Gebäuden unterschiedlichen Standortes, ist die Festlegung der tatsächlichen Anforderungen – nur aufgrund der Kenntnis der Gebäudehöhe oder Gebäudeform – nicht möglich.

Tabelle 1. **Beanspruchungsgruppen**

Beanspruchungs-gruppen[1])	A	B	C	D[3])
Staudruck in kp/m^2	bis 18	bis 37	bis 66	
Staudruck in kN/m^2	bis 0,18	bis 0,37	bis 0,66	Sonder-
Windstärke[2])	bis 7	bis 9	bis 11	regelung
Gebäudehöhe in m	bis 8	bis 20	bis 100	

[1]) Die Beanspruchungsgruppe ist im Leistungsverzeichnis anzugeben.
[2]) Nach der Beaufort-Skala.
[3]) In die Beanspruchungsgruppe D sind Fenster einzustufen, bei denen mit außergewöhnlicher Beanspruchung zu rechnen ist. Die Anforderungen sind im Einzelfall anzugeben.

Die Zuordnung der Gebäudehöhe zu einer bestimmten Beanspruchungsgruppe nach Tabelle 1 kann deshalb nur als Richtwert gesehen werden.

Die Beanspruchungsgruppen werden unter anderem bestimmt durch die Windbelastung in Abhängigkeit von der geographischen Lage der Gegend (gegebenenfalls aufgrund eines meteorologischen Gutachtens) der Gebäudeform, Gebäudelage und Gebäudehöhe, der Fassadenausbildung und der Einbauart der Fenster. Die so ermittelte Beanspruchungsgruppe gilt für die gesamte Fassade.

Beim Fenster unterscheidet man 3 Fugenbereiche:
a) zwischen Glas und Flügel;
b) zwischen Flügel und Blendrahmen;
c) zwischen Blendrahmen und Baukörper.

zu a) Hinsichtlich der Eindichtung der Verglasungen kennt man 3 Systeme. Dabei sind bestimmte Anforderungen an die Ausbildung des Glasfalzes gemäß DIN 18545 zu berücksichtigen.
- Die *Naßverglasung* mit Ein- oder Zweikomponenten-Dichtstoffen;
- Die *Trockenverglasung* mit beidseitig umlaufenden und hierfür geeigneten Kunststoffprofilen;
- Die *Druckverglasung*, wobei mit Hilfe von im Falz eingebauten Stahlfedern eine ständige Anpressung der Dichtprofile stattfindet. Diese Ausführung ist für höchste Beanspruchungen vorgesehen.

zu b) Mit Ausnahme der Kunststoff-Fenster sollten bei den übrigen Fensterbauarten in den Falz zwischen Flügel und Blendrahmen zusätzliche Dichtungsprofile eingesetzt werden. Dabei sind zwei hintereinander angeordnete Dichtungsprofile mit einem dazwischenliegenden Luftpolster die beste Ausführung. Die Flügeldichtungen müssen so beschaffen sein, daß sich bereits bei geringem Schließdruck des Fensters die elastische Dichtlippe gegen die Falzwandungen legt und bei auftretendem Winddruck verstärkt angedrückt wird. Je geringer die Fugendurchlässigkeit ist, desto besser wird die Schall- und Wärmedämmung des Fensters. Die Falzdichtungen werden in entsprechenden Nuten oder sonstigen Halterungsvorrichtungen trocken eingesetzt, bei gestrichenen Fensterrahmen zweckmäßig nach dem Anstrich.
Wegen der dicht schließenden Fensterkonstruktion ist darauf zu achten, daß ein hygienisch erforderlicher Luftwechsel auf andere Weise gewährleistet wird.

zu c) Das eingebaute Fenster wird durch Schlagregen, Winddruck, thermische Ausdehnung, Erschütterungen sowie bei der Bedienung der Flügel insgesamt beansprucht. Also müssen auch die konstruktionsbedingten Fugen zwischen Blendrahmen und Baukörper entsprechend behandelt werden. Eine Vermörtelung der Anschlußfugen ist keinesfalls ausreichend. Durch geringfügige Bewegungen können Risse entstehen, die zu einer Durchfeuchtung im Fugenbereich führen. Die Ränder der ggf. zuvor mit Glaswolle oder dgl. ausgestopften Baufugen sind vielmehr mit spritzbaren elastischen Ein- oder Zweikomponenten-Dichtstoffen zu verschließen.

Feste Verglasungen

Wie in Anlage 2 Absatz 5 zu den §§ 3, 6 und 9 der Wärmeschutzverordnung ausgeführt, sind Fenster ohne Öffnungsmöglichkeiten und feste Verglasungen dauerhaft und praktisch luftundurchlässig einzudichten. In wärmetechnischer Hinsicht sind feste Verglasungen sehr vorteilhaft. Diese Fensterbauart ist mit weitem Abstand die preisgünstigste, da der komplette Flügel mit den teueren Beschlägen entfällt. Ist ein festverglastes Fenster von beiden Seiten gut erreichbar, läßt es sich auch recht einfach und sicher reinigen. Bei Räumen mit ausschließlich fester Verglasung ist die Luftversorgung auf andere Weise sicherzustellen.

Beaufort-Skala und Windgeschwindigkeit

Beaufortgrad	Bezeichnung	Auswirkungen des Windes im Binnenlande	Auswirkungen des Windes auf der See	Staudruck in N/m² (kp/m²)	Windgeschwindigkeit m/s	Windgeschwindigkeit km/h
0	still	Windstille, Rauch steigt gerade empor	spiegelglatte See	0	0 –0,2	bis 1
1	leiser Zug	Windrichtung angezeigt nur durch Zug des Rauches, aber nicht durch Windfahne	Kleine schuppenförmig aussehende Kräuselwellen ohne Schaumköpfe	0 –1,0 (0 –0,1)	0,3–1,5	1–5
2	leichte Brise	Wind am Gesicht fühlbar, Blätter säuseln, Windfahne bewegt sich	Kleine Wellen, noch kurz, aber ausgeprägter. Kämme sehen glasig aus und brechen sich nicht.	2,0–6,0 (0,2–0,6)	1,6–3,3	6–11
3	schwache Brise	Blätter und dünne Zweige bewegen sich, Wind streckt einen Wimpel	Kämme beginnen sich zu brechen. Schaum überwiegend glasig, ganz vereinzelt können kleine weiße Schaumköpfe auftreten.	7,0–18 (0,7–1,8)	3,4–5,4	12–19
4	mäßige Brise	Hebt Staub und loses Papier, bewegt Zweige und dünnere Äste	Wellen noch klein, werden aber länger; weiße Schaumköpfe treten schon ziemlich verbreitet auf	19–59 (1,9–5,9)	5,5–7,9	20–28
5	frische Brise	Kleine Laubbäume beginnen zu schwanken. Schaumköpfe bilden sich auf Seen	Mäßige Wellen, die eine ausgeprägte Form annehmen. Überall weiße Schaumkämme. Ganz vereinzelt kann schon Gischt kommen.	60–72 (6,0–7,2)	8,0–10,7	29–38
6	starker Wind	Starke Äste in Bewegung, Pfeifen in Telegraphenleitungen, Regenschirme schwierig zu benutzen.	Bildung großer Wellen beginnt. Kämme brechen sich und hinterlassen größere weiße Schaumflächen. Etwas Gischt.	73–119 (7,3–11,9)	10,8–13,8	39–49
7	steifer Wind	Ganze Bäume in Bewegung, fühlbare Hemmung beim Gehen gegen den Wind.	See türmt sich. Der beim Brechen entstehende weiße Schaum beginnt sich in Streifen gegen die Windrichtung zu legen.	120–183 (12,0–18,3)	13,9–17,1	50–61
8	stürmischer Wind	Bricht Zweige von den Bäumen, erschwert erheblich das Gehen im Freien.	Mäßig hohe Wellenberge mit Kämmen von beträchtlicher Länge. Von den Kanten der Kämme beginnt Gischt abzuwehen. Schaum legt sich in gut ausgeprägten Streifen in die Windrichtung.	184–268 (18,4–26,8)	17,2–20,7	62–74
9	Sturm	Kleinere Schäden an Häusern (Rauchhauben und Dachziegel werden abworfen)	Hohe Wellenberge, dichte Schaumstreifen in Windrichtung. „Rollen" der See beginnt. Gischt kann die Sicht beeinträchtigen.	269–373 (26,9–37,3)	20,8–24,4	75–88
10	schwerer Sturm	Entwurzelt Bäume, bedeutende Schäden an Häusern	Sehr hohe Wellenberge mit langen überbrechenden Kämmen. See weiß durch Schaum. Schweres, stoßartiges „Rollen" der See. Sichtbeeinträchtigung durch Gischt.	374–505 (37,4–50,5)	24,5–28,4	89–102
11	orkanartiger Sturm	Verbreitete Sturmschäden (sehr selten im Binnenland)	Außergewöhnlich hohe Wellenberge. Durch Gischt herabgesetzte Sicht.	506–665 (50,6–66,5)	28,5–32,6	103–117
12	Orkan	Schwerste Verwüstungen	Luft mit Schaum und Gischt angefüllt. See vollständig weiß. Sicht sehr stark herabgesetzt. Jede Fernsicht hört auf.	666–853 (66,6–85,3)	32,7–36,9	118–133

In Tabelle 1 der DIN 18055 Blatt 2 wird die Windstärke nach der Beaufort-Skala angegeben →38/Tab. 1.

Diese Tabelle der Windgeschwindigkeiten mit ihren Merkmalen ist seit dem 1. Januar 1949 international eingeführt.

Die vergleichenden Angaben über Geschwindigkeit und Stärke des Windes beziehen sich auf die international festgelegte Meßhöhe von 10 m über Grund im freien Gelände.

Bei gleichen Beaufortgraden kann man entsprechend der durchschnittlichen Änderung der Windgeschwindigkeit mit der Höhe z. B. in 4 m Höhe über Grund mit einer um 20 % kleineren, in 30 m Höhe über Grund mit einer um etwa 20 % größeren Geschwindigkeit als den in 10 m gemessenen Werten rechnen. Bei Geschwindigkeitsangaben für einzelne Windstöße sind die tatsächlich gemessenen Werte maßgeblich; eine Umrechnung auf eine andere Bezugshöhe ist dabei nicht statthaft.

Sonstige Lichtöffnungen in Außenbauteilen

Neben den in Tabelle 3 der Anlage 1 zur Wärmeschutzverordnung aufgeführten Fenstern, Fenstertüren und Glasbausteinwänden gibt es im Bauwesen noch weitere Lichtelemente, die in Außenbauteilen eingebaut werden und die im Gesetz geforderten Mindestbedingungen ebenfalls erfüllen müssen. Nachstehend werden einige dieser Lichtelemente kurz beschrieben; ihre technischen Werte sind in der Übersicht auf Seite 41 aufgeführt.

1. Profilglas

Profilglas ist ein U-förmig ausgebildetes Gußglas. Auf Grund seines Querschnittes ist es stark belastbar und besonders für die sprossenlose Verglasung geeignet. Die abgewinkelten Flansche der Glasschalen wirken als Versteifungsrippen und erhöhen seine Belastbarkeit bis auf das Fünffache einer entsprechend dimensionierten Gußglastafel.
Bei zweischaliger Verlegung ergibt sich eine recht gute Schall- und Wärmedämmung. Die Fugen zwischen den U-Schalen werden dauerelastisch gedichtet.

2. Lichtsteine aus Hart-PVC

Ihr geringes Gewicht erlaubt die Montage auf weniger tragenden Unterkonstruktionen und ihren Einsatz als Türfüllungen. Die Lichtsteine werden in ein Netz aus Stahlbändern eingesetzt; die Fugen kraftschlüssig mit Reaktionsharzen vergossen. Die Stärke der Wandungen aus PVC beträgt 1,5 bis 2 mm, der Hohlraum ist luftgefüllt. Die Lichtsteine gibt es glasklar, farbig transparent oder opak; sie sind schlagfest, witterungs- und lichtbeständig, weitgehend säurefest sowie schwer entflammbar nach DIN 4102.

3. Lichtwände aus Polyesterharzplatten

Die transparenten Lichtwände bestehen aus einer selbsttragenden Aluminium-Gitterkonstruktion, beiderseitig mit glasfaserverstärkten Polyesterharz-Scheiben verkleidet.
Eine sparsame Dimensionierung der tragenden Konstruktion wird durch das geringe Gewicht der einzelnen Elemente ermöglicht. Derartige Lichtwände werden für Außen- und Innenwände vorgeschlagen, ebenso als Brüstungsfelder und Trennwände.

4. Lichtelemente aus PVC-Schalen

Zwischen zwei PVC-Platten ist eine Luftschicht eingeschlossen. Der Rahmen besteht aus Alu oder verzinktem Blech, mit Dichtungs- und Befestigungsmittel. Die senkrechten Fugen brauchen nicht besonders abgedichtet zu werden. Die Lichtelemente sind anwendbar als senkrechte oder waagerechte Außenelemente.

5. Stabrasterplatten aus Polyesterharz

Stabrasterplatten sind doppelwandige Lichtelemente aus Polyesterharz. In einem Arbeitsgang werden die äußeren Tafeln durch Polyesterharzstäbe so miteinander verbunden, daß sie eine homogene Einheit bilden. Als umlaufenden Abschluß erhält jede Platte einen Randverguß aus Epoxidharz.

6. Stegdoppelplatten aus Plexiglas

Die Stegdoppelplatte wird aus Plexiglas-Formmassen extrudiert; sie besteht aus zwei Außenschalen von etwa 1,5 mm Dicke, die durch etwa 1 mm dicke Stege im Abstand von 15 mm ausgesteift sind. Bei ungleichmäßiger Wasseraufnahme oder ungleichmäßiger Erwärmung können sich Krümmungen der Oberflächen ergeben. Vom Material her ist die Stegdoppelplatte brennbar. Die Gefahr einer Entzündung wird jedoch wesentlich gemindert, wenn die Kanten mit den offenen Zellen entsprechend geschützt werden.

7. Lichtelemente aus Polystyrol-Kapillarplatten mit beidseitiger Glasbeschichtung

Diese Elemente bestehen aus zwei Deckschichten, zumeist Glastafeln und einer dazwischenliegenden Kapillarplatte mit einer Randversiegelung. Die Kapillarplatte wird aus einer Vielzahl feiner wabenartig angeordneter glasklarer Kunststoff-Röhrchen gebildet, die durch die Deckschichten stirnseitig geschlossen sind. Die Kapillarplatten haben ein sehr niedriges Raumgewicht wegen des Luftanteils von etwa 90 %. Durch die kleinen Lufteinschlüsse in den Kapillaren entsteht ein absolut ruhendes Luftpolster. Aufgrund ihrer Struktur ist die Lichtdurchlässigkeit von der Dicke der Kapillarplatten weitgehend unabhängig. Auf diese Weise läßt sich bei einer dickeren Kapillarplatte ein besserer Wärmeschutz ohne zusätzliche Lichtverluste erreichen.

8. Lichtkuppeln

Beim Flachdach ist es möglich, natürliches Licht von oben in die Gebäude und Räume zu bringen. Dies geschieht zumeist über Lichtkuppeln, die einen dauernden direkten Lichteinfall gewähren bei einem geringen Lichtverlust, weil die Strahlung weitgehend unabhängig vom Sonnenstand ist.
Lichtkuppeln sind praktisch wartungsfrei; die Reinigung erfolgt durch Regen weitgehend von selbst. Einfache Lichtkuppeln werden mit ihren Rändern direkt in die Dachhaut eingebaut. Am bekanntesten sind jedoch Lichtkuppeln mit vorgefertigten, gemauerten oder betonierten Aufsatzkränzen. Lichtkuppeln werden ein-, doppel- oder dreischalig in eckiger und runder Form geliefert, und zwar wahlweise für festen Einbau oder lüftbar.
Als Material für die Herstellung der Lichtkuppeln finden vornehmlich Acrylglas, zum Teil auch Polyesterharz Verwendung. Acrylglas ist licht-, witterungs- und alterungsbeständig. Die Opaleinfärbung absorbiert die UV-Strahlung fast vollständig und die Wärmestrahlung aus dem Infrarotbereich zu einem großen Teil. Dagegen ist die Durchlässigkeit für sichtbares Licht, das blendungsfrei in den Raum gelangt, besonders hoch.

9. Lichtdielen aus Polyesterharz mit Wabenkern

Die beiden Deckschichten und der tragende Wabenkern werden aus glasfaserverstärktem Polyesterharz in einem Arbeitsgang hergestellt. Sie werden vornehmlich in flachen und flachgeneigten Dächern eingebaut und liegen mit ihrer Oberkante mit der Dachhaut bündig.

10. Gewellte Doppelplatten aus Polyesterharz

Die Doppelplatten bestehen aus zwei glasfaserverstärkten Polyesterharz-Wellplatten, die durch eine Schaumstoff-Randabdichtung im Abstand von 7 mm miteinander verbunden sind. Ihre Wellprofile stimmen mit denen der gebräuchlichsten Wellasbestplatten überein. Sie können deshalb nahtlos in Wellasbestzementdächer eingebaut werden.

11. Flachdach-Oberlichtplatten aus Polyesterharz

Hinsichtlich des Wärmeschutzes ist die doppelschalige Ausführung von Interesse. Sie besteht aus einem gewellten Oberteil und einer glatten Unterschale. Dazwischen liegt eine Isoliereinlage. Die großflächigen Oberlichtplatten, die mit entsprechenden Klebeflanschen versehen sind, werden fest in das Dach eingebaut.

lfd. Nr.	Lichtöffnung	Dicke mm	Sinnbild	Wärmedurchgangskoeffizient k W/m^2K ($kcal/m^2h°C$)	Gewicht kg/m^2	Schalldämm-Maß R dB	licht-durchlässig %	Formbeständigkeit °C
1	**Profilglas**	~ 50	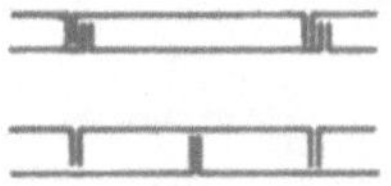	2.78 (2.39)	40	37	81	- 200 bis + 180
		~ 60		2.43 (2.09)	52	41		
2	**Lichtsteine** aus Hart-PVC	40	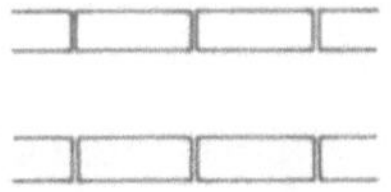	2.91 (2.50)	~ 12	31	65 - 90	- 35 bis + 78
		60		2.36 (2.03)	~ 10	33	bis 90	
3	**Lichtwände** aus Polyesterharzplatten	40	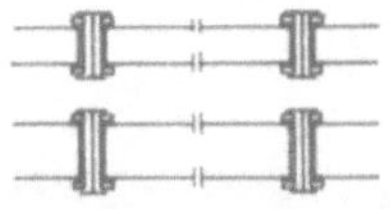	2.56 (2.20)	~ 7	28	bis 65	- 30 bis + 130
		70		2.33 (2.00)	~ 8	30		
4	**Lichtelemente** aus PVC-Schalen	20	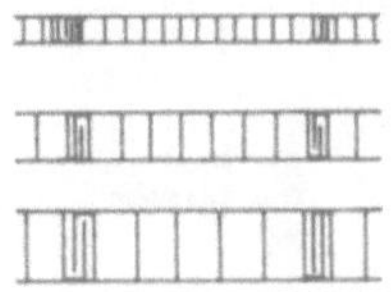	2.80 (2.40)	~ 5	ca. 30	91	- 30 bis + 60
		40		2.56 (2.20)	~ 7		89	
		60		2.33 (2.00)	~ 10		86	
5	**Stabrasterplatten** aus Polyesterharz	20		2.56 (2.20)	~ 6	20	65 - 70	- 40 bis + 140
6	**Stegdoppelplatten** aus Plexiglas	16		3.14 (2.70)	~ 5	25	83	bis + 90
7	**Lichtelemente** aus Polystyrol-Kapillarplatten mit beidseitiger 5 mm-Glasbeschichtung	12	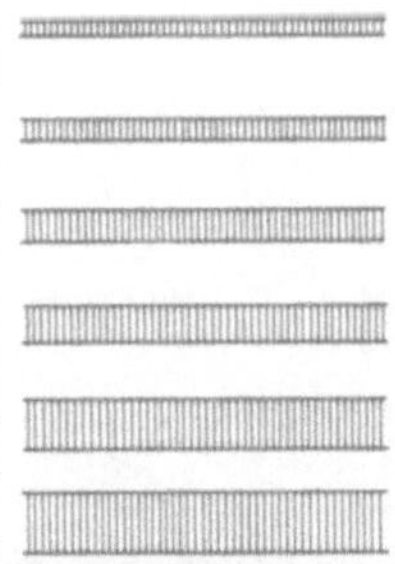	2.56 (2.20)	~ 27	30	ca. 76	- 200 bis + 150
		18		2.12 (1.82)	~ 29	31		
		24		1.66 (1.43)	~ 30	32		
		30		1.48 (1.27)	31	33		
		39		1.20 (1.03)	~ 33	35		
		48		1.01 (0.87)	~ 35	37		
8	**Lichtkuppeln** (zwei- und dreischalig)		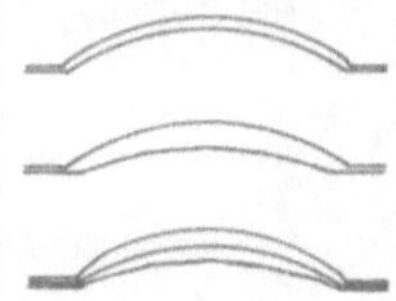	2.80 (2.40)	~ 10	23	77	- 40 bis + 140
				1.98 (1.70)	~ 11	24	83	
				1.51 (1.30)	~ 15	27	75	
9	**Lichtdielen** aus Polyesterharz mit Wabenkern	20	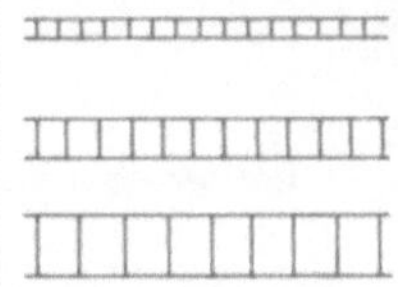	2.80 (2.40)	~ 5	21	70 - 75	- 40 bis + 140
		60		2.33 (2.00)	~ 10	23		
		100		2.21 (1.90)	~ 15	25		
10	**Doppelplatten**, gewellt aus Polyesterharz	12		3.14 (2.70)	~ 5	20	~ 80	- 40 bis + 140
11	**Oberlichtplatten** aus Polyesterharz	~ 50		2.21 (1.90)	~ 8	23	bis 80	- 40 bis + 140

1 Übersicht: Sonstige Lichtöffnungen in Außenbauteilen

Lüftung

Der Mensch braucht zur Aufrechterhaltung seiner normalen Körperfunktion Energie. Ihre laufende Produktion wird in der Hauptsache durch die eingenommene Nahrung sichergestellt. Die Nährstoffe werden im Körper mit Hilfe des eingeatmeten Luft-Sauerstoffes unter Wärmeentwicklung verbrannt bzw. zerlegt.
Der menschliche Körper braucht also zur Durchführung dieses Verbrennungsprozesses Sauerstoff, den er der Umgebungsluft durch Atmung entnimmt. Als Richtwerte für den stündlichen Luftbedarf sind anzunehmen:

- Im Ruhezustand 0,8 m³
- bei leichter Arbeit 1,5 bis 2,5 m³
- bei Schwerarbeit 4,5 bis 6,0 m³

Beschaffenheit und Strömungsgeschwindigkeit der Luft üben einen maßgebenden Einfluß auf die Behaglichkeit aus.

Die Wirkung der Lüftung ist bei Tag und Nacht unterschiedlich. Während der Nachtzeit ist die Außenluft kühler als bei Tage; gegenüber der Tageslüftung kann deshalb während der Nacht mehr Wärme aus dem Raum abgeführt werden. Die Lüftung bei Nacht ist besonders nach heißen Sommertagen von Bedeutung. Sie sorgt nämlich für die Abfuhr der in den raumumschließenden Bauteilen gespeicherten Wärme. Der tagsüber gefüllte Wärmespeicher wird nachts entleert und steht am nächsten Morgen erneut für die Wärmespeicherung zur Verfügung.
Für alle Arten der Wohnungslüftung gilt, daß bei Luftströmen von den Wohnräumen zu den Sanitärräumen die Übertragung von Gerüchen und Wasserdampf in den Wohnbereich zu verhindern ist.

Bei offenen Kaminen muß daran gedacht werden, daß diese durch Absperrschieber zum Schornstein hin geschlossen sind in der Zeit, in der sie nicht benutzt werden; anderenfalls ergibt sich nämlich eine ungewollte natürliche Lüftung, bei der in der kalten Jahreszeit sehr viel Raumwärme abgeführt wird.

Natürliche Lüftung

Die natürliche Lüftung wird durch Temperaturunterschiede und Wind bewirkt. Ihr Vorteil ist, daß sie keinen mechanischen Antrieb benötigt. Dem stehen jedoch große Nachteile gegenüber, da ihre Wirkung sehr unterschiedlich, rechnerisch kaum festzustellen und nur bedingt regelbar ist. Bei steigenden Außentemperaturen nimmt die Wirkung ab; bei Temperaturgleichheit zwischen innen und außen kann sie sogar ganz aussetzen.
Bei vielgeschossigen Mehrfamilienhäusern kann ganz besonders während der kalten Jahreszeit bei hohen Temperaturdifferenzen zwischen Innen- und Außentemperatur über eine derartige Schachtlüftung sehr viel Wärme entzogen werden.
Durch den Wind wird die Lüftung erheblich gesteigert, da die Wirkung des Windes stärker ist, als die des Temperaturunterschiedes. Der Wind ist in Richtung und Stärke sehr unregelmäßig. Auf der windzugekehrten Seite (Luv) entsteht ein Staudruck und auf der windabgewandten Seite (Lee) ergibt sich ein Sog mit etwa 1/3 des Staudruckes.
Früher erfolgte ständig eine natürliche Lüftung durch die Undichtigkeiten an Fenstern und Türen, wobei Luftwechselzahlen von 2 und mehr erreicht wurden; für viele Ansprüche war das ausreichend. Bei den heutigen wärmetechnisch gut gebauten Fenstern und Türen ergeben sich Luftwechselzahlen von etwa 0,3 bis 0,7, was zu wenig ist. Eine zusätzliche und möglichst kontrollierte Lüftung ist deshalb erforderlich.

Für die Entlüftung innenliegender Sanitärräume durch natürlichen Auftrieb wurden die sogenannte *Berliner-Lüftung* und *Kölner-Lüftung* entwickelt. Sie sind in DIN 1807, Blatt 1, vom März 1960 geregelt. *Berliner Lüftung* → 42/1. Für jeden zu lüftenden Raum ist ein eigener

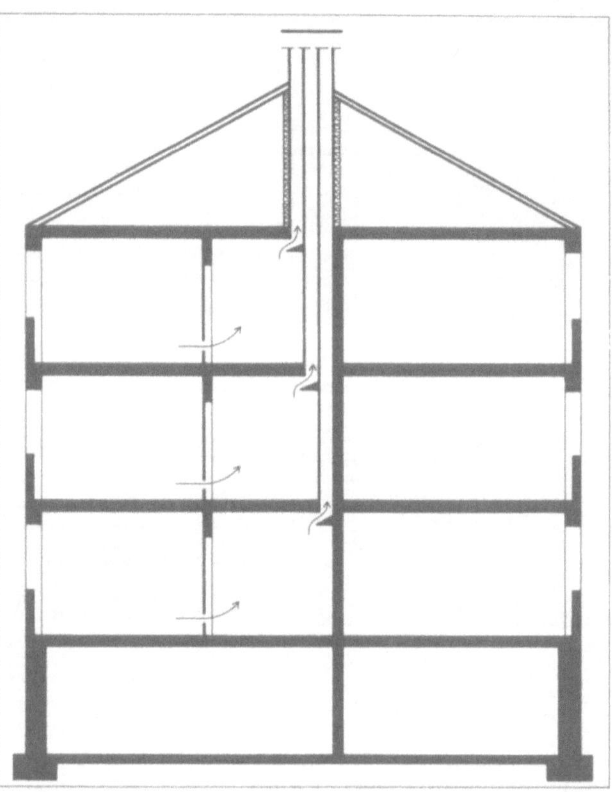

1 Schachtlüftung nach DIN 18017, Blatt 1, Bild 1; sog. Berliner Lüftung.

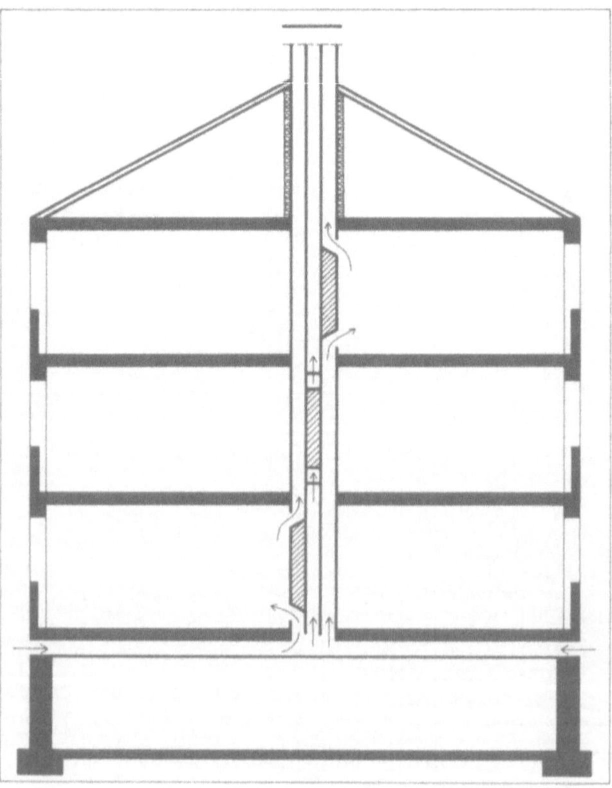

2 Schachtlüftung nach DIN 18017, Blatt 1, Bild 5, sog. Kölner Lüftung

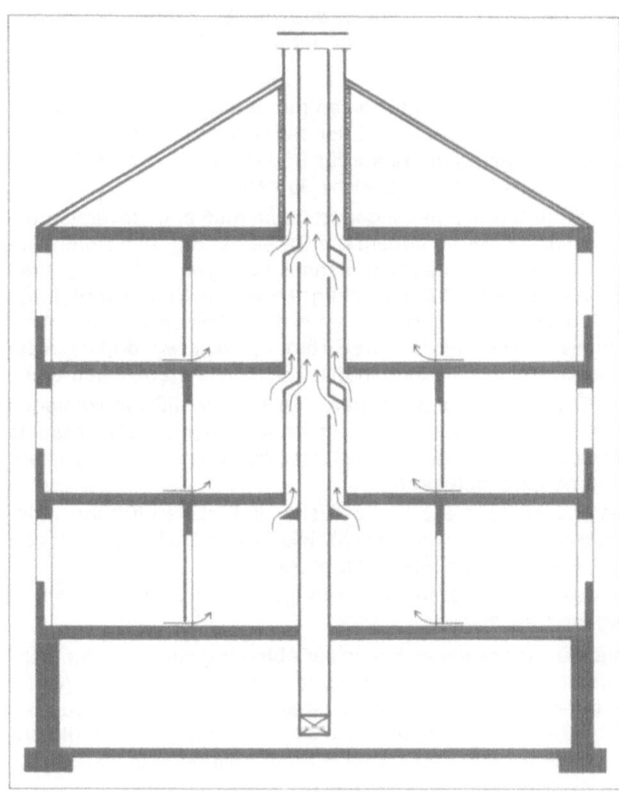

1 Sammelschachtanlagen nach DIN 18017, Blatt 2, Bild 1.

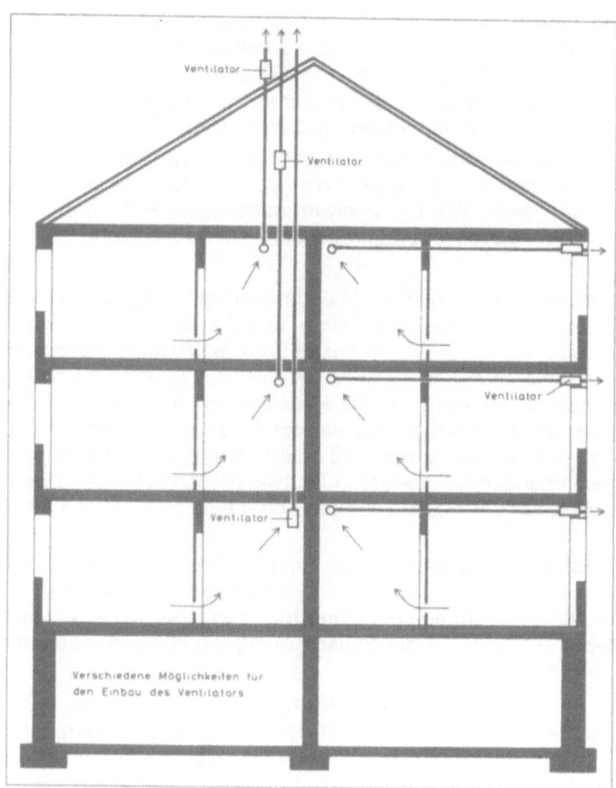

2 Einzellüftungsanlagen nach DIN 18017, Blatt 3
- Bild 1 mit Führung der Abluft über Dach (links)
- Bild 2 mit seitlicher Abführung der Abluft (rechts)

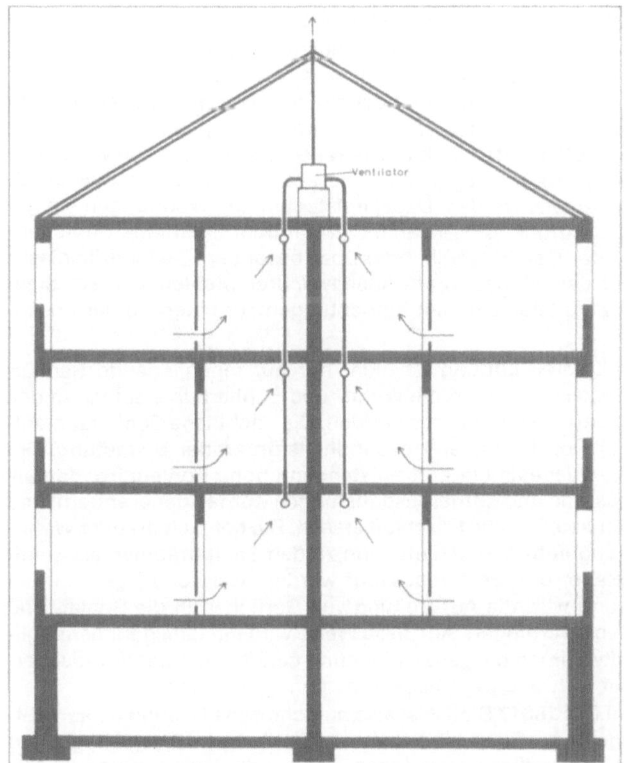

3 Zentralentlüftungsanlage mit mehreren Hauptleitungen ohne Nebenleitungen nach DIN 18017, Blatt 3, Bild 3.

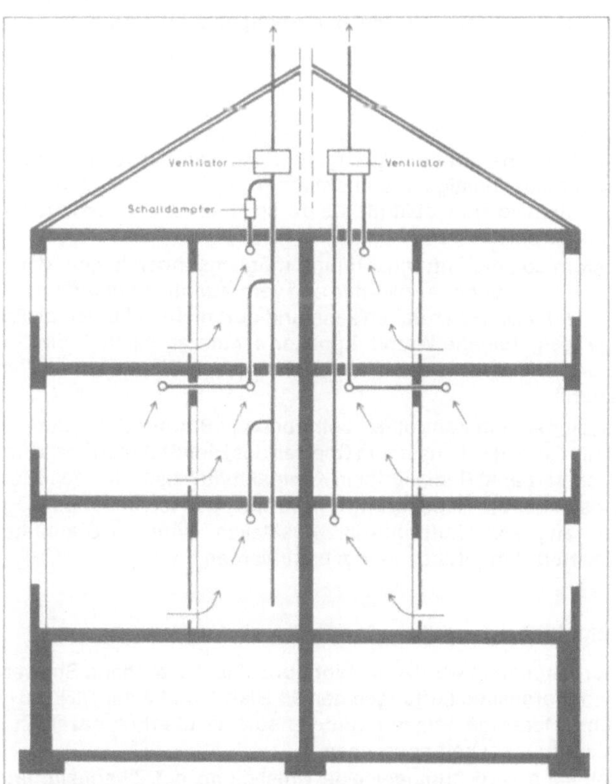

4 Zentralentlüftungsanlage nach DIN 18017, Blatt 3,
- Bild 4 mit einer Hauptleitung und Nebenleitungen (links)
- Bild 5 mit getrennten Hauptleitungen (rechts)

über Dach führender Schacht einzubauen, dessen obere Ausmündung im freien Windstrom liegen muß. Soweit jedoch Bad und Spülabort derselben Wohnung nebeneinanderliegen, können sie einen gemeinsamen Schacht haben. Bei Schächten mit glatten Wandungen ist ein Querschnitt von mindestens 140 cm² erforderlich.

Die Schächte müssen über Dach, in Dachböden und an Stellen, wo sie ähnlicher Kälteeinwirkung ausgesetzt sind, mit einem Wärmeschutz versehen sein, dessen Wärmedämmwert mindestens dem entspricht, der in DIN 4108 – Wärmeschutz im Hochbau – für Außenwände festgelegt ist.

Kölner-Lüftung → 42/2. Während bei der Berliner-Lüftung die über Dach führenden Schächte erst in dem zu entlüftenden Stockwerk beginnen müssen, ist für diese Lüftungsart für jeden zu lüftenden Raum ein eigener Schacht mit mindestens 140 cm² Querschnitt vom Keller bis über Dach auszuführen. Die Schächte sind mit ihren unteren Enden an einen waagrechten, meist unter der Kellerdecke liegenden Zuluftkanal angeschlossen. Dieser muß Außenöffnungen an zwei entgegengesetzt liegenden Gebäudeseiten aufweisen. An Stelle des Querkanals kann ein offener Querdurchgang oder eine offene Durchfahrt treten.

Die senkrechten Einzelschächte erhalten in dem zu versorgenden Raum eine untere Zuluft- und eine obere Abluftöffnung. Die Strecke zwischen unterer und oberer Schachtöffnung ist so abzusperren, daß der Schieber zum Zwecke der Schachtreinigung herausgenommen werden kann.

In Blatt 2 der bereits erwähnten DIN 18017 werden sog. *Sammelschachtanlagen* beschrieben → 43/1. Sie sind dazu bestimmt, eine größere Anzahl von Räumen durch einen über Dach geführten Schacht (Sammelschacht) zu entlüften. Die Räume werden jeweils durch einen eigenen Schacht (Nebenschacht) angeschlossen.

Die Ausmündung über Dach muß im freien Windstrom liegen, wobei als Schutz gegen Fallwind und Regen eine Überdeckung nach dem Prinzip der Meidinger Scheibe empfohlen wird. Der Sammelschacht muß wie ein Schornstein von oben her gereinigt werden können; außerdem muß er an seiner Sohle eine Reinigungsöffnung haben.

Fensterlüftung

Die Fensterlüftung durch Öffnen des Fensters sollte nur als Stoßlüftung, d. h. kurz aber kräftig, durchgeführt werden. Sie ist dann wärmewirtschaftlich günstiger als eine ständige geringe Lüftung, da sich der Raum nicht so stark abkühlt wie durch einen ununterbrochenen kühlen Luftstrom.

Bei Fenstern soll die Lüftungsöffnung möglichst hoch liegen, damit die nach oben gestiegene erwärmte und verbrauchte Raumluft unmittelbar unter der Decke abziehen kann und dort nicht gefangen bleibt. Derartige festgehaltene Warmluftpolster erwärmen nämlich die Unterseite der Decke, die dann die aufgenommene Wärme zum Raum hin abstrahlt.

An zusätzlichen und kontrolliert betriebenen Lüftungseinrichtungen gibt es zum Einbau in Fenster (im Oberteil des Blendrahmens oder unter der Fensterbank) Radiallüfter in Kompaktbauweise mit steckerfertigem Anschluß. Die Regulierung der Luftmengen ist stufenlos möglich bei zugfreier Luftführung. Zusätzlich können Staubfilter und/oder Heizeinrichtungen eingebaut werden.

Künstliche Lüftung

In der Vergangenheit wurden im Wohnungsbau vorwiegend Schwerkraft- und thermische Lüftungen gemäß Blatt 1 und 2 der DIN 18017 ausgeführt. Derartige Anlagen werden heute als überholt bezeichnet bzw. als Lüftungsbehelf angesehen.

Vorgeschlagen wird nunmehr eine Umstellung auf Zwangslüftung mittels Ventilatoren. Motorisch angetriebene Lüftungsanlagen lassen sich in ihrer Wirkung berechnen, mehrstufig regeln und sind vor allem unabhängig von den klimatischen Einflüssen (Temperatur, Wind).

In DIN 18017, Blatt 3 – Lüftung von Bädern und Spülaborten ohne Außenfenster – mit Ventilatoren – vom August 1970 ist u. a. folgendes enthalten:

- Die Lüftungsanlagen sind für einen mindestens 4-fachen stündlichen Luftwechsel in den zu entlüftenden Räumen zu bemessen. Als Volumenstrom genügen jedoch für Bäder – auch mit Abortsitz – 60 m³/h und für Aborte je Abortsitz 30 m³/h.
- Jeder zu entlüftende innenliegende Raum muß eine unverschließbare Nachströmöffnung haben. Die Größe der durchströmten Fläche muß 10 cm² je m³ des Rauminhalts betragen. Die Undichtheit der Tür darf mit 25 cm² berücksichtigt werden. In Bädern darf durch die Luftführung die in DIN 4701 geforderte Temperatur von 22° C nicht unterschritten werden. Die Strömungsgeschwindigkeit in der Aufenthaltszone des Badenden darf höchstens 0,2 m/s betragen.
- Die Abluft ist ins Freie zu führen. Bei Einzelentlüftungsanlagen kann die Abluft in dauernd gut durchlüftete unbenutzte Dachräume geleitet werden, wenn gewährleistet ist, daß sie nicht wieder in andere Räume gelangen kann.
- Werden andere Räume, z. B. die Küche, an Einzelentlüftungsanlagen angeschlossen, so muß gewährleistet sein, daß keine Luft von den sanitären Räumen überströmen kann.
- Jede Einzelentlüftungsanlage benötigt zur Ableitung der Abluft eine eigene Hauptleitung → 43/2.
- Zentralentlüftungsanlagen haben zur Ableitung der Abluft für mehrere Aufenthaltsbereiche gemeinsame Hauptleitungen (→ 43/3 und 4 links) oder für jeden Aufenthaltsbereich eine getrennte Hauptleitung (→ 43/4 rechts). In gemeinsame Hauptleitungen kann die Abluft unmittelbar oder über Nebenleitungen eingeleitet werden.
- Lüftungsleitungen müssen so beschaffen oder isoliert sein, daß Kondensatbildung verhindert wird. Der Wärmedämmwert ihrer Wandungen muß über Dach, in Dachböden und an Stellen mit ähnlicher Kälteeinwirkung mindestens dem Wert entsprechen, der in DIN 4108 für Außenwände festgelegt ist. Über Dach kann der Wärmedämmwert geringer sein, wenn die Länge der Leitung oberhalb der Dachhaut weniger als 1 m beträgt.

DIN 18017, Blatt 4, vom Juli 1974 enthält Angaben für den rechnerischen Nachweis der ausreichenden Volumenströme. Ventilatoren können am Schachteintritt eingebaut werden und drücken die Luft nach oben. Vorteilhafter ist jedoch ihre Montage am Schachtende, wobei die Luft aus dem Schacht herausgezogen wird. Bei ventilatorbetriebenen Abluftanlagen muß die abgesaugte Luftmenge durch Außenluft ersetzt werden. Dabei entsteht in den Wohnungen ein gewisser Unterdruck. Die Außenluft strömt über natürliche Undichtigkeiten in der Gebäudehülle oder über besondere Außenlufteinlässe nach. Für den Einbau in die Außenwand empfehlen sich schallgedämmte Zuluftelemente mit Einrichtungen zur Filterung der Frischluft.

Die Ventilatoren-Lüftung ist nicht nur auf innenliegende Sanitärräume beschränkt, auch die Wohn- und Schlafräume sollten in den Lüftungsbereich einbezogen werden. Die nächtliche Schlafraumentlüftung ist von besonderer gesundheitsfördernder Bedeutung. Der durch die ausgeatmete Luft entstehende hohe Kohlendioxydanteil, die Riechstoffe und Körperausdunstungen werden dabei entfernt und durch sauerstoffreiche Frischluft ersetzt. Die den Schlaf- oder Wohnräumen zugeführte Frischluft kann zu den Sanitärräumen als Zuluft weitergeleitet und dort abgesaugt werden. Bei der so gesteuerten Luftführung wird die Ausbreitung von Gerüchen in die Schlaf- und Wohnräume verhindert. Auf diese Weise wird mit dem geringstmöglichen Luftvolumen die ganze Wohnung gelüftet und der Wärmeenergieverlust während der Heizperiode gering gehalten.

Die Norm DIN 18017 Blatt 3 ist als bautechnische Richtlinie baurechtlich eingeführt; damit sind dem Architekten und Projektingenieur erstmals verbindliche Unterlagen zur Ventilatoren-Lüftung an die Hand gegeben.

Die VDE-Richtlinien 2088 „Wohnungslüftung" (Entwurf 1975) kann als Ergänzung zu Blatt 3 der DIN 18017 angesehen werden.

Wärmespeicherung

Wird einem Raum Wärme zugeführt, tritt nicht nur eine Erwärmung der Raumluft ein, sondern auch der raumumschließenden Bauteile. Wärmespeicherung ist die Eigenschaft von Stoffen, zugeführte Wärme aufzunehmen, zu speichern, und bei Abkühlung der Umgebung wieder abgeben zu können. Die Wärmespeicherung ist eine wichtige Eigenschaft sowohl für den Sommer, wie auch für den Winterzustand. Eine gute Speicherfähigkeit wirkt zu jeder Jahreszeit ausgleichend auf das Raumklima.

In der DIN 4108 vom August 1969 sind auch Angaben zur Wärmespeicherung enthalten. Darin heißt es u.a.:

- Wärmespeichernde Wände und Decken sind erforderlich, um im Winter eine zu schnelle Auskühlung der Räume nach Nachlassen der Heizung und im Sommer eine zu rasche Erwärmung zu verhindern.
- Wenn Außenwände oder -decken als temperaturausgleichende Speicher wirken sollen, so ist auf der Außenseite eine Dämmschicht mit möglichst hohem Wärmedurchlaßwiderstand anzubringen.
- Die gespeicherte Wärmemenge ist um so größer, je größer der Unterschied zwischen der Temperatur des Bauteils und der Temperatur der umgebenden Luft und je größer die spezifische Wärmekapazität und die Masse (das Gewicht) des Bauteils sind.

Wie aus den zahlreichen Konstruktionsbeispielen aus diesem Buch hervorgeht, können Außenbauteile, bei denen die Dämmschicht auf der Außenseite angeordnet ist, am besten Wärme speichern.

Bei der Beurteilung der Speicherkapazität für ganze Räume sollte man deshalb auch die Lage des jeweiligen Raumes zur Außenfront berücksichtigen. So kommt es z.B. bei freistehenden Gebäuden sowie Eck- und Giebelräumen, bei denen es im Verhältnis zu den Innenwänden relativ große Außenwandflächen ohne Fenster gibt, vielmehr auf die Wärmespeicherfähigkeit der Außenwand gegenüber den Innenwänden an.

Die Vorteile von gut speicherfähigen Raumumschließungsflächen können aber mehr oder minder bei der Ausgestaltung des Raumes verloren gehen. Großflächige Abdeckungen durch Einrichtungsgegenstände, Teppichbeläge, Schallschluckdecken und sonstige wärmedämmende Raumauskleidungen bewirken, daß nur wenig Wärme in das dahinterliegende schwere Bauteil eindringen kann, so daß die Speichermöglichkeiten nicht genutzt werden können.

Bei Innenbauteilen ist bezüglich der Wärmespeicherung davon auszugehen, daß Trennwände oder -decken zwischen Räumen gleicher Temperatur auch von beiden Seiten her beansprucht werden. Bei der Beurteilung eines derartigen Raumes kann deshalb auch nur die halbe Wand oder Decke als speicherfähige Schicht angenommen werden. Unter Berücksichtigung der begrenzten Eindringtiefe für den Großteil der Speicherkapazität sind bereits 11,5 cm dicke Wände aus mittelschweren oder schweren Baustoffen als brauchbare Wärmespeicher anzusehen.

Vom beheizten Raum aus gesehen besitzen Trennwände zu Räumen mit geringerer Temperatur, z.B. gegen unbeheizte Treppenhäuser, ein besseres Wärmespeichervermögen als Trennwände zwischen Räumen gleicher Temperatur.

Die Verhältnisse hinsichtlich der sommerlichen Raumerwärmung sind um so günstiger, je größer die Fläche der innenliegenden Raumbegrenzungen im Vergleich zur Fensterfläche ist. Bei gleicher Gestaltung der Außenfassade ist daher in kleinen Räumen im Sommer die Temperaturzunahme geringer als in großen Räumen, wie z.B. Schulzimmern oder Großraumbüros.

Das Wärmespeichervermögen erhöht sich mit zunehmender Bauteildicke; von einer gewissen Dicke ab tritt jedoch keine nennenswerte Speicherung mehr ein. Je nach Rohdichte werden von der raumseitigen Oberfläche her ca. 10 cm Eindringtiefe beansprucht, um etwa 90 % der möglichen Speicherwärme aufzunehmen. Von da ab nimmt die Speicherfähigkeit nur noch geringfügig und unbedeutend zu → 1.

Für Holzwerkstoffe, Asbestzementplatten, Gipskartonplatten u. dgl. Verkleidungen wurde als Grenze für die Wärmespeicherung eine Eindringtiefe von 6 bis 8 cm festgestellt. Hieraus läßt sich ableiten, daß dünne Plattenverkleidungen mit 6 bis 20 mm Dicke nur etwa 10 bis 25 % der bei einer massiven Ausführung möglichen Wärmespeicherung leisten können. Dieser Umstand kann unberücksichtigt bleiben, wenn die Verkleidungsplatten dicht auf der massiven Wand oder Decke aufliegen, das dahinterliegende schwere Bauteil kann dann mitherangezogen werden. Großformatige Plattenverkleidungen werden zumeist mit entsprechenden Abständen zur Trag- oder Trennwand angebracht. Ist der Hohlraum durchlüftet, so daß sich dahinter praktisch Raumtemperatur einstellt, ist die massive Wand für die Wärmespeicherung wieder voll einsatzfähig.

Für die noch ausstehende Rechtsverordnung bezüglich des sommerlichen Wärmeschutzes bestehen Vorschläge, daß bei Innenwänden, Decken und Verkleidungen aus Holz- und Holzwerkstoffen ihre Gewichtsanteile wegen der höheren spezifischen Wärme mit dem 2,25-fachen Wert in Ansatz gebracht werden dürfen. Diese vorgesehene Regelung ist in der Stoffwerttabelle auf Seite 183 bereits berücksichtigt.

Bei allen gezeigten Außen- und Innenbauteilen in diesem Buch ist auch die Wärmespeicherungszahl W in kJ/m²K bzw. in kcal/m²°C angegeben. Diese Wärmespeicherungszahl ist Bestandteil der österreichischen Norm B 8110 „Wärmeschutz im Hochbau". Sie gibt die Wärmemengen in kJ (Kilo-Joule) bzw. kcal (Kilokalorie) an, welche von 1 m² Außenbauteil im Beharrungszustand gespeichert wird, wenn zwischen innen und außen ein Temperaturunterschied von 1 K vorhanden ist. Die Wärmespeicherungszahl W ist ein besonders aussagekräftiger Kennwert für die Wärmespeicherung, weil die im Bauteil von innen nach außen dem Wärmedämmwert entsprechend absinkende Temperatur Berücksichtigung findet.

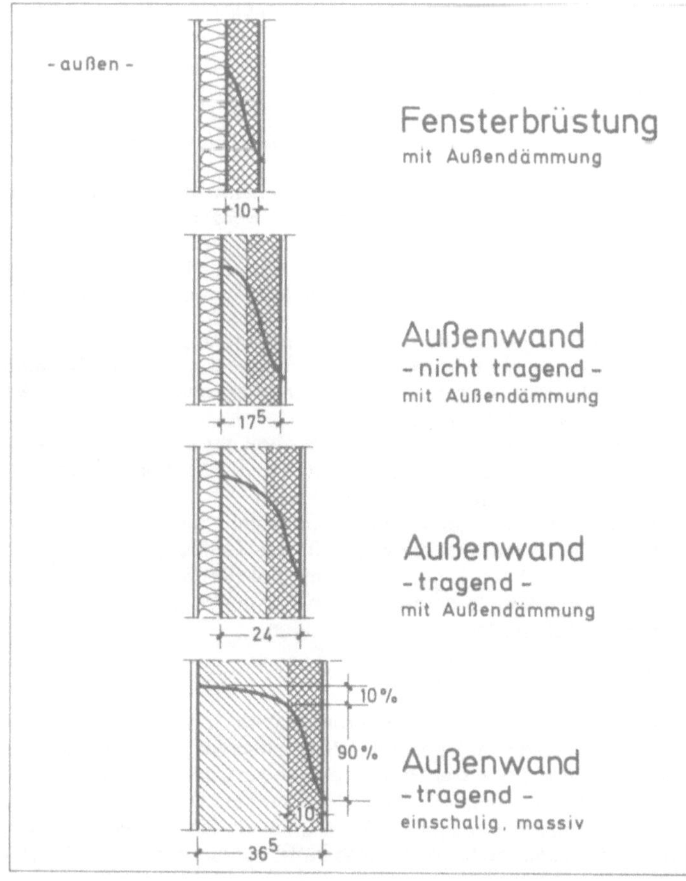

1 Eindringtiefe für die Wärmespeicherung bei verschiedenen Außenwänden

Sommerlicher Wärmeschutz

Der hohe Energieverbrauch raumlufttechnischer Anlagen kann durch bauliche Maßnahmen wesentlich reduziert werden. Deshalb sind Anforderungen an die Begrenzung des Energiestromes von außen zum Gebäudeinnern zu erwarten. Als Kenngrößen werden voraussichtlich für die nichttransparenten Teile der Außenwände und Dächer das Temperatur-Amplituden-Verhältnis und für die transparenten Teile das Produkt aus der Sonnendurchlaßzahl der Fenster und dem Fensterflächenanteil eingeführt.

Maßnahmen des sommerlichen Wärmeschutzes sollen nur vorgeschrieben werden, soweit raumlufttechnische Anlagen zum Zwecke der Kühlung eingebaut oder aufgestellt werden. Diese Einschränkung legt der Wirtschaftlichkeitsgrundsatz des § 5, Absatz 1, EnEG nahe; wenn keine raumlufttechnischen Anlagen eingebaut oder aufgestellt werden, steht den zusätzlichen baulichen Investitionen keine Energieeinsparung gegenüber.

Die für den sommerlichen Wärmeschutz vorgesehenen baulichen Maßnahmen können jedoch bei allen Gebäuden, die zum Aufenthalt von Menschen bestimmt sind, zu einer Verbesserung des Raumklimas im Sommer führen. In vielen Fällen können sie sogar den Einbau raumlufttechnischer Anlagen überflüssig machen.

Durch die baulichen Anforderungen soll die äußere Kühllast (Energieströme durch Wände, Fenster und Dächer) unter Berücksichtigung ausreichender raumklimatischer Bedingungen im Sommer begrenzt werden. Sie bestimmt im Falle normaler Nutzung und üblicher Gebäudegeometrie wesentlich die raumklimatischen Verhältnisse.

Die innere Kühllast beeinflußt darüber hinaus in den Fällen, in denen
- ▷ eine große Personenzahl sich auf relativ engem Raum für längere Zeit aufhalten muß,
- ▷ Großraumbüros vorgesehen werden,
- ▷ eine erhebliche Beleuchtungswärme anfällt,
- ▷ Arbeits- bzw. Produktionsvorgänge große Wärmemengen freisetzen,
- ▷ Fenster wegen Einwirkung von Außenlärm oder Geruchs- und Schmutzbelästigungen nicht geöffnet werden können und
- ▷ die Gebäudetiefe mehr als rund 20 Meter beträgt,

erheblich die raumklimatischen Verhältnisse und damit die Entscheidung über Art und Umfang einer raumlufttechnischen Versorgung.

Das Berechnungsschema für das Temperatur-Amplituden-Verhältnis dient dessen eindeutiger Definition; eine Berechnung ist im Regelfall nicht erforderlich, da typische Wand- und Deckenkonstruktionen katalogisiert werden können.
In diesem Buch sind in der Beispielsammlung über Außenbauteile sowie den dazugehörenden Übersichten Angaben über das Temperatur-Amplituden-Verhältnis (TAV) enthalten.
Bei Außenverkleidungen mit einer Luftschicht zur Tragkonstruktion hin ist zu erwarten, daß die Werte für das Temperatur-Amplituden-Verhältnis (TAV) mit dem Faktor 0,8 multipliziert werden dürfen, also günstiger werden. Zu derartigen Konstruktionen gehören
- hinterlüftete Außenwandverkleidungen,
- nicht ausgebaute Dachgeschosse,
- zweischalige Flachdächer.

Die für die Fenster zunächst vorgesehenen Sonnendurchlaßzahlen von Klarscheiben mit und ohne Sonnenschutz basieren auf einer neuen Prüfmethode. Denkbar wäre auch die Übernahme der Tafel 12 der VDI-Richtlinien 2078; darin ist der mittlere Durchlaßfaktor B der Sonnenstrahlung angegeben. Die Wahl der in die Rechtsverordnung über den sommerlichen Wärmeschutz aufzunehmenden Beurteilungskriterien ist bei den zuständigen Ausschüssen Gegenstand weiterer Klärungen.

Das vorliegende Buch enthält auch Ausführungen und tabellarische Übersichten über Innenwände sowie Stoffwerttabellen über Innenverkleidungen; bei der Beurteilung des sommerlichen Wärmeschutzes sind bekanntlich die Innenbauteile besonders zu berücksichtigen.

VDI-Kühllastregeln

Als Grundlage für die Bestimmung von Klimaanlagen dient die Richtlinie VDI 2078 – Berechnung der Kühllast klimatisierter Räume (VDI-Kühllastregeln) – vom Februar 1972.
Obwohl diese Richtlinien in erster Linie für den Fachingenieur bestimmt sind, sollen hieraus einige Hinweise entnommen werden, die auch den planenden Architekten interessieren.
Als „Kühllast" bezeichnet man die Wärmeleistung in Kalorien, die zu einem bestimmten Zeitpunkt aus einem Raum abgeführt werden muß, um vorgegebene Luftzustandswerte einzuhalten. Sie erfaßt denjenigen Anteil der zu einem Raum benötigten Kühlleistung, der durch Außenklima, Baukörper, innere Wärmequellen und Nutzanforderungen bedingt ist, unter weitgehender Ausschaltung systemspezifischer Einflüsse.
Man unterscheidet zwischen innerer und äußerer Kühllast:

Innere Kühllast

Die innere Kühllast setzt sich zusammen aus der Wärmeabgabe des Menschen, der Wärmeabgabe der Einrichtungen und sonstiger Wärmequellen sowie der über die Innenwände, Decken und Fußböden dem Raum zuströmenden Wärme.
Bei den Einrichtungen wird unterschieden zwischen Beleuchtungswärme, Maschinen- und Gerätewärme und Wärmeaufnahme beim Stoffdurchsatz durch den Raum (wärmebehandelte Teile, Kühlwasser, Abgase).
Beim Speicherfaktor für Beleuchtungswärme werden 2 Gebäudetypen unterschieden, und zwar:
- Bauart I (wenig speichernd)
- Bauart II (stärker speichernd)

Bauart I liegt vor, wenn die Speichermassen durch Isolierschichten abgedeckt sind sowie bei Leichtbauten. Bauart II gilt für schwerere Bauweisen mit zumindest teilweise nicht abgedeckten Speichermassen.

Äußere Kühllast

Die äußere Kühllast umfaßt die über die Raumumschließungsflächen von außen eintretende Energie, soweit sie aus dem Raum abgeführt werden muß. Der Energiestrom durch Wände und Fenster ist dabei gesondert zu berechnen. Bei dem Energiestrom durch die Fenster wird unterschieden zwischen Transmissionswärme und Strahlungswärme. Der Einfluß eines möglichen unbeabsichtigten Luftaustausches zwischen innen und außen wird dabei zur Zeit des Kühllastmaximums als vernachlässigbar klein angenommen.
Es werden Speicherfaktoren für Strahlungsenergie durch Fenster angegeben. Auch hier erfolgt eine Unterscheidung zwischen Bauart I und II. Bauart I (wenig speichernd) liegt vor, wenn die spezifische Baumasse zwischen 100 und 350 kg je m² Fußbodenfläche liegt, oder wenn – bei größerer spezifischer Baumasse – die beiden für die Speicherung wesentlichen Bauteile (Decke und Fußboden) durch Isolierschichten (z. B. schwimmender Estrich, Teppich, untergehängte Dekke) abgedeckt sind. Unter Bauart II (stärker speichernd) fallen Konstruktionen mit spezifischen Massen größer als 350 kg je m² Fußbodenfläche, wenn Fußboden und/oder Decke unisoliert sind. Ist der Fußboden mit Teppichen belegt, so wird nur die halbe Fußbodenmasse berücksichtigt.

Gesamtkühllast

Die Gesamtkühllast ergibt sich aus Summe der inneren und äußeren Kühllast.

Sonnenschutz

Die Temperaturschwankungen im Raum durch Sonneneinstrahlung können wesentlich größer sein als die, die durch Wärmeverluste im Winter entstehen.

Bekanntlich ist die Beseitigung von Wärmekalorien durch Kühlanlagen wesentlich teurer als ihre Erzeugung durch Heizungsanlagen. Dem Sonnenschutz ist deshalb bei der Senkung der Kühllast sowie bei der Verbesserung der klimatischen Verhältnisse in Wohn- und Arbeitsräumen besondere Beachtung zu schenken.

Die durch Sonnenstrahlung bedingte instationäre Wärmelieferung an das Gebäudeinnere ist bei schweren d. h. günstig konstruierten Außenwand- und Dachkonstruktionen verhältnismäßig gering. Ebenso fördern speicherfähige Innenbauteile eine Wärmeabfuhr aus dem Raum.

Die sommerliche Raumtemperatur wird am stärksten von der Einstrahlungsintensität der Sonne beeinflußt. Daran beteiligt ist vor allem die direkte Einstrahlung, weniger die schwächere diffuse Strahlung. Durch Glas gelangt der kurzwellige Anteil der Sonnenstrahlung ohne Verzögerung in das Gebäude, wo er von den raumumschließenden Flächen absorbiert wird. Je nach Absorption und Wärmespeichervermögen können sich diese Flächen entsprechend erwärmen. Die aufgenommene Wärme wird dann in Form langwelliger Strahlen und Konvektion wieder an den Raum abgegeben. Langwellige Wärmestrahlung wird vom Glas nicht hindurchgelassen – weder herein noch hinaus.
Die Erwärmung der Raumluft kann mehr oder minder auch durch innere Heizquellen wie z. B. Geräte, Maschinen, Beleuchtungen und Bewohner erfolgen.

Eingestrahlte oder im Raum erzeugte Wärme kann nur durch natürliche oder künstliche Belüftung bzw. Klimatisierung abgeführt werden.

Der Umfang der Raumerwärmung durch Sonnenstrahlung ist abhängig von:

- Der Intensität der Sonnenstrahlung unter Berücksichtigung von Einfallwinkel, geographischer Lage, Tages- und Jahreszeit sowie atmosphärischer Trübung.
- Der Dauer der Sonnenstrahlung.
- Der Orientierung der Fensterflächen zur Sonne.
- Der Größe der Fensterflächen unter Berücksichtigung der Größe des Raumes.
- Der Durchlässigkeit des Fensters und evtl. Sonnenschutzeinrichtungen für Sonnenenergie.
- Der Größe und Speicherfähigkeit aller Raumumschließungsflächen.
- Der vorgesehenen Wärmeabfuhr aus dem Raume.

Wegen dieser zahlreichen Kriterien wird ein wirksamer Sonnenschutz immer aus einer Kombination von baulichen und technischen Maßnahmen bestehen müssen.

Sonnenschutz und Himmelsrichtung

Bei der Planung von Sonnenschutzanlagen ist vor allem die Himmelsrichtung zu berücksichtigen.
Die *Nordseite* erhält nur ganz geringe Sonneneinstrahlung und erfordert keinen Sonnenschutz.
Auf die *Nordostseite* wirkt die aufgehende Sonne relativ kurz ein bei ständig kleiner werdendem Einfallswinkel. Die Spitzenwerte der Sonnenstrahlung liegen in den Monaten Juni und Juli. Sofern überhaupt erforderlich, genügen hier weniger wirksame Sonnenschutzeinrichtungen.
An der *Ostseite* beginnt die Sonneneinwirkung sehr frühzeitig. Die warme Morgensonne wird in der Wohnung nach der Abkühlung während der Nacht eher als angenehm empfunden, so daß man dort ggf. auf Sonnenschutzeinrichtungen verzichten kann.

Werden aber solche gefordert, sind bewegliche Systeme zu bevorzugen.

Für die *Südostseite* sind wirksame Sonnenschutzmaßnahmen erforderlich, am günstigsten außenliegende bewegliche Systeme. Die Spitzenwerte treten in den Monaten März, April, Mai sowie August, September und Oktober auf.

Auf der *Südseite* bilden im Sommer starre horizontale Sonnenblenden einen wirksamen Schutz gegen die ziemlich steile Strahlung. Im Winter dagegen werden die flach einfallenden Sonnenstrahlen durchgelassen. Der sommerliche Wärmeschutz sowie die winterliche Wärmeeinstrahlung ergänzen sich so recht günstig. Die Südwand erhält in den Monaten Februar, März, April sowie im September und Oktober mehr direkte Sonnenstrahlung als in den ausgesprochenen Sommermonaten.

Bei der *Südwestseite* sind wegen des immer tiefer werdenden Sonnenstandes äußere bewegliche Systeme zu installieren.
Für die *Westseite* sind bewegliche Sonnenschutzsysteme günstig. Zur Anpassung an die örtlichen Erfordernisse sollten ihre Glieder nachreguliert werden können.

Bei der *Nordwestseite* kann die Einstrahlung der fast waagerecht auftreffenden Strahlen der untergehenden Sonne sehr unangenehme Wirkungen haben, wenn auch nur für relativ kurze Zeit. Die Wahl geeigneter Sonnenschutzeinrichtungen hängt weitgehend von örtlichen Gegebenheiten ab, wie z. B. von der Bebauung oder Bepflanzung.

Natürlicher Sonnenschutz

Oft sind Bepflanzungen vor dem Fenster besser als manche technische Sonnenschutzmaßnahme. Im Sommer sorgt das Laub für einen guten Sonnenschutz, im Winter sind die Bäume zum Einlaß der Wintersonne laubfrei. Unter Beachtung des jeweiligen Sonneneinfallswinkels können auch in etwas größerer Entfernung vom Fenster Baumkulissen als Sonnenschutz angepflanzt werden.

In Baugebieten sollte man vor der Planung des Sonnenschutzes feststellen, wie weit eine vorhandene oder geplante Nachbarbebauung oder -bepflanzung sowie Geländeerhebung Maßnahmen für den Sonnenschutz beeinflussen oder gar überflüssig machen.

Forderungen an Sonnenschutzanlagen:

- Abschirmung vor unerwünschten Licht- und Wärmestrahlungen; die absorbierte Strahlungsenergie darf nicht in den Raum übertragen werden.
- Umlenkung des direkten Sonnenlichtes in diffuses Licht zur gleichmäßigen Raumausleuchtung.
- Mit Sonnenschutz darf der Raum nicht verdunkelt werden. Es darf auch nicht dazu führen, daß die Menschen im geschützten Raum unter vollständig veränderten visuellen Eindrücken arbeiten müssen.
- Leichte Bedienbarkeit und individuelle Regelbarkeit zur Anpassung an die jeweiligen Außenbedingungen.
- Das Öffnen der Fenster für eine ausreichende natürliche Lüftung darf nicht behindert werden.
- Bei höheren Gebäuden ist das Problem der Fassadenaufluft zu berücksichtigen.
- Innen angebrachter Sonnenschutz darf keinen Wärmestau verursachen; ausreichende Lüftungsmöglichkeiten sind vozusehen.
- Außen angebrachte Sonnenschutzanlagen müssen allwetterbeständig und auch bei Einwirkungen von Regen und Wind betriebssicher sein.
- Der Zugang zu Sonnenschutzanlagen für Wartung, Reinigung, Instandsetzung und Erneuerungen sollte ohne größeren Aufwand möglich sein.

Sonnenschutzanlagen – Beispiele

In der Übersicht → 49 sind gebräuchliche Sonnenschutzanlagen dargestellt, sie werden nachstehend kurz beschrieben.

1. Massive Vordächer

Die hochstehende Sommersonne wird abgeschirmt, die tiefstehende Wintersonne dagegen kann in den Raum eintreten. Sie sind gut geeignet für die Südseite von Gebäuden mit Abweichung von etwa 15 Grad nach Osten oder Westen. Die gleiche Wirkung wie Vordächer haben auch auskragende Balkone und weitüberstehende Gesimse. Bei einer zu geringen Ausladung kann die Abschirmung durch zusätzlich angebrachte senkrechte Blenden am vorderen Rand des Vordaches oder Balkones verbessert werden. Die Blenden bestehen zweckmäßig aus lichtstreuenden oder wärmeabsorbierenden Gläsern. Sie können starr oder beweglich sein, letztere zum Hochklappen unter das Vordach während der Winterzeit.

2. Horizontale starre Lamellenblenden

Horizontale starre Lamellenblenden bieten einige Vorteile:
- die freie Aussicht aus dem Fenster ist gewährleistet;
- bei den Fenstern sind alle Flügelarten möglich;
- keine Behinderung der Fensterlüftung;
- geringe Verschattung während der sonnenarmen Zeit;
- Fassadenaufluft kann ungehindert durch das Lamellengitter streichen;
- eine Bedienung ist nicht erforderlich.

Die Lamellen sollten in wetterbeständig geschütztem Leichtmetall, klapperfest gelagert ausgeführt sein. Um die Erwärmung gering zu halten, sollen die Lamellen möglichst dünnwandig sein; die aufgenommene Wärmeenergie wird dann wieder rasch an die Umgebungsluft abgegeben.
Die vorstehenden Ausführungen gelten im Prinzip auch für umlaufende Flucht- bzw. Reinigungsbalkone, die mit Gitterrosten ausgelegt sind und somit wie starre Lamellenblenden auf die dahinterliegenden Räume wirken.

3. Außenjalousien vor dem Fenster

Vertikal bewegliche Außenjalousien eignen sich für alle Himmelsrichtungen, insbesondere für Ost- und Westseiten. Sie werden als der anpassungsfähigste äußere Sonnenschutz bezeichnet. Ausführung der Lamellen in einbrennlackiertem Leichtmetall oder schlagfestem PVC, durchgehend eingefärbt. Die Lamellenbreite sollte mindestens 80 mm betragen.

4. Außenjalousien mit großem Abstand vom Fenster

Die an der Außenseite von Gitterrost-Laufstegen angeordneten Jalousien erbringen einen besonders wirksamen Sonnenschutz bei bestmöglicher Durchlüftung. Für eine dauerhafte Befestigung und ständige Betriebsbereitschaft ist allerdings einiger technischer Aufwand erforderlich. Bedienung mit elektrischem Antrieb; besonders breite Lamellen sind möglich.

5. Innenjalousien

An der Innenseite des Fensters angebrachte Jalousien dienen in erster Linie der Regulierung des Lichteinfalles. Bei einer darauf abgestimmten Fenster-Öffnungsart ist auch eine gewisse Fensterlüftung möglich.
Bei Besonnung erwärmen sich die waagrechten Lamellen und wirken wie eine Art Strahlungsheizung. In noch stärkerem Maße tritt dieser Effekt bei Zwischen-Jalousetten in Verbundfenstern auf.

6. Bewegliche Vertikalblenden

Drehbare Vertikalblenden sind für alle Himmelsrichtungen geeignet. Die 30 bis 60 cm breiten und bis zu 8 m hohen Hohlkasten-Lamellen wirken auf die Fassadengestaltung außerordentlich bestimmend.

7. Schleierwände (Screen)

Mit Hilfe dieser fest eingebauten Waben gelingt es, unschöne und rein zweckbedingte Kaufhausfassaden mit einem „Schleier" zu überziehen.
Die Schleierwand ist luft- und lichtdurchlässig, verwehrt den Einblick und bietet einen gewissen Sonnenschutz sowie Lichtdiffusität. Für die starren Fassadenelemente sind keinerlei Bedienung und Wartung notwendig.

8. Senkrecht verschiebbare Tafelblenden

Die Blenden, jeweils in der Größe des abzudeckenden Fensters, sind für alle Himmelsrichtungen geeignet. Derartige Anlagen sind hinsichtlich der Konstruktion und der Bedienungseinrichtungen recht aufwendig. Die Betätigung der Gesamtanlage einer Fassade erfolgt automatisch durch Außensteuerung. Dabei ergeben sich gleichmäßige Fassadenbilder.

9. Markisoletten

Für die ziemlich dicht am Fenster anliegende Kleinmarkise wird ein geringer Platz benötigt. Durch geschickte Wahl des Markisenstoffes kann die Fassade zusätzlich farbig belebt werden. Wegen der vorteilhaften Querlüftung sind schmale Markisen günstiger als breite.
Völlig herabgelassene Markisoletten machen die Fensterlüftung wirkungslos. Im ausgestellten Zustand kann bei geöffnetem Fensterflügel Fassadenaufluft durch das offene Fenster in den Raum gedrückt werden. Bei Korbmarkisen ist ein seitlicher Schutz gegen Sonne gegeben. Im „Korb" kann aber ein erheblicher Wärmestau entstehen.

10. Markisen

Markisen bieten einen guten Schutz gegen Sonneneinstrahlung, behindern aber je nach Auskragung den Lüftungseinfall. Damit die Fassadenaufluft sowie die Raumluft aus der Fensterlüftung gut nach oben abziehen kann, ist es vorteilhaft, einen Luftspalt zwischen Außenwand und Markisenoberteil anzuordnen. Bei normalbreiten Fenstern ist auch eine ausreichende Querlüftung gegeben.
Für größere Anlagen z.B. auf Dachterrassen empfehlen sich sog. Windwächter, die dafür sorgen, daß bei auftretendem starkem Wind die geöffneten Markisen automatisch in ihre Ruhestellung zurückgehen.

11. Vorhänge

Vorhänge sind wohl der bekannteste Sonnenschutz im Raum. Dieser Schutz ist oft auch ausreichend, wenn die Fensterfläche im Verhältnis zum Raumvolumen maßvoll ist und/oder der Raum insgesamt ein großes Wärmespeichervermögen besitzt.
Vorhänge sollten hell sein, damit sie einen möglichst hohen Strahlungsanteil direkt nach außen reflektieren können. Die Sonnenschutz-Wirksamkeit von Textilien hängt in hohem Maße von der Gewebeart ab. So haben sich z.B. helle Nesselvorhänge als Sonnenschutz besser bewährt als Innenjalousetten, weil sie keine so hohe Eigentemperatur annehmen.

12. Rollos

Als innenliegender Sonnenschutz werden mitunter auch Rollos eingesetzt, besonders wenn sie noch als Verdunkelungen gebraucht werden. In wärmeschutztechnischer Hinsicht sind Rollos jedoch ungünstig, da sie zumindest auf einer Seite schwarz eingefärbt sind und den geringen Raum zwischen Fenster und herabgelassenem Rollo ziemlich dicht absperren. In diesem Hohlraum kann ein großer Wärmestau entstehen.

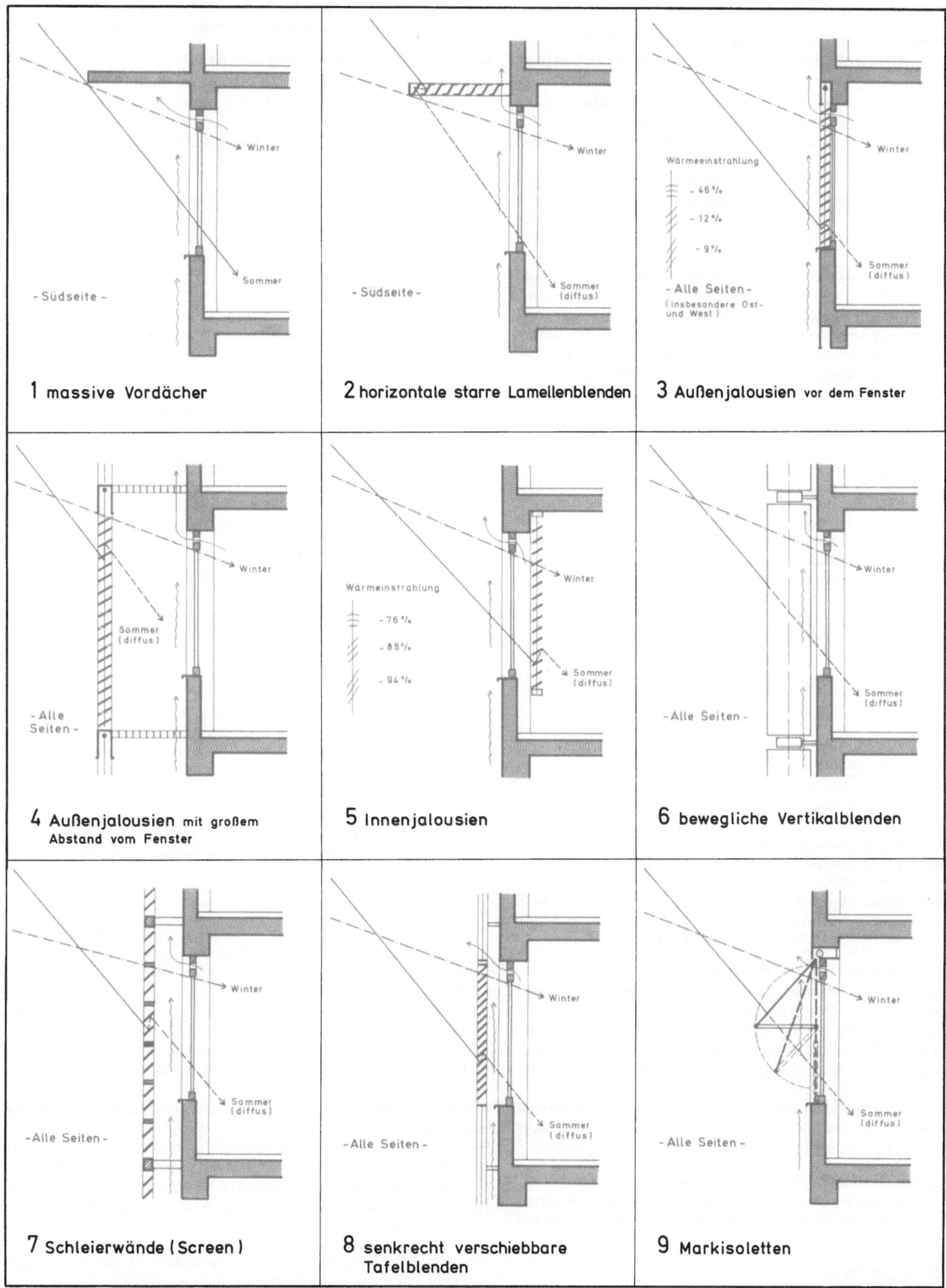
Winter
Sommer
- Südseite -
1 massive Vordächer
Winter
Sommer (diffus)
- Südseite -
2 horizontale starre Lamellenblenden
Wärmeeinstrahlung
- 46 %
- 12 %
- 9 %
- Alle Seiten -
(insbesondere Ost- und West)
Winter
Sommer (diffus)
3 Außenjalousien vor dem Fenster
Winter
Sommer (diffus)
- Alle Seiten -
4 Außenjalousien mit großem Abstand vom Fenster
Wärmeinstrahlung
- 76 %
- 85 %
- 94 %
Winter
Sommer (diffus)
5 Innenjalousien
Winter
Sommer (diffus)
- Alle Seiten -
6 bewegliche Vertikalblenden
Winter
Sommer (diffus)
- Alle Seiten -
7 Schleierwände (Screen)
Winter
Sommer (diffus)
- Alle Seiten -
8 senkrecht verschiebbare Tafelblenden
Winter
Sommer (diffus)
- Alle Seiten -
9 Markisoletten

Heizungsanlagen-Verordnung

Energiesparende Anforderungen an heizungstechnische Anlagen sowie an Brauchwasseranlagen

Die zu erwartende Rechtsverordnung wird sich auf § 2 Abs. 2 und 3 und § 5 Abs. 1 und 2 des Energieeinsparungsgesetzes vom 22. Juli 1976 stützen. Hierzu einige Angaben aus den vorliegenden Entwürfen zu dieser Verordnung.

Der Energiebedarf eines Gebäudes wird weitgehend durch seine bauliche Ausführung bestimmt. Durch unterschiedliche Wahl der Anlagenkomponenten (Wärmeerzeuger, Wärmeverteilungsanlage, regelungstechnische Ausstattung usw.) kann der Energieverbrauch eingeschränkt werden.

Es wird vorerst darauf verzichtet, Vorschriften für Wärmerückgewinnungsanlagen darin aufzunehmen, weil diese im engen Zusammenhang mit raumlufttechnischen (Klima-)Anlagen stehen.

Raumlufttechnische Anlagen unterliegen aber jetzt schon den Anforderungen an Wärmeerzeuger, soweit sie damit ausgestattet sind. Anforderungen an die meßtechnische Ausstattung zur Verbrauchserfassung (Verbrauchsabrechnung, Umlageschlüssel, Anforderungen an Meßgeräte) können wegen zahlreicher mietrechtlicher und technischer Konsequenzen ebenfalls erst zu einem späteren Zeitpunkt gestellt werden.

Anwendungsbereich

Die Verordnung soll für heizungstechnische sowie der Versorgung mit Brauchwasser dienende Anlagen und Einrichtungen mit einer Nennwärmeleistung von mehr als 4 kW (344 kcal/h) gelten, wenn sie

1. in zu errichtende Gebäude eingebaut werden oder
2. in bestehenden Gebäuden eingebaut, ersetzt, erweitert oder umgerüstet werden.

Ausgenommen werden Anlagen und Einrichtungen in Heizkraftwerken einschl. Spitzenheizkraftwerken sowie in Müllheizwerken. Neue Technologien (z.B. Sonnenenergie, Erdwärme, Wärmepumpen) werden von den Anforderungen dieser Verordnung ebenfalls ausgenommen.

Aus wirtschaftlichen Gründen wird eine Bagatellgrenze von 4 kW vorgesehen.

Begrenzung der Abgasverluste von Wärmeerzeugern

Die Vorschriften über die zulässigen Abgasverluste sollen nicht für Wärmeerzeuger gelten, die ausschließlich mit festen Brennstoffen betrieben werden bzw. eine Nennwärmeleistung von höchstens 28 kW (24000 kcal/h) aufweisen, wenn sie ausschließlich der Brauchwasserbereitung oder der Beheizung eines Einzelraumes dienen.

Umstell- und Wechselbrandkessel, die üblicherweise nur bei Versorgungsschwierigkeiten mit festen Brennstoffen betrieben werden, sind als Spezialkessel für flüssige und/oder gasförmige Brennstoffe anzusehen mit den dafür geltenden Anforderungen.

Einbau und Aufstellung von Wärmeerzeugern

Es wird vorgeschrieben werden, daß die Größe der Wärmeerzeuger aufgrund des nach DIN 4701 zu ermittelnden Wärmebedarfs zu bemessen sind. Durch die bisher übliche Überdimensionierung der Wärmeerzeuger, insbesondere durch zu hoch eingestellte Feuerungsleistungen am Brenner, entstehen vermeidbare Stillstands- oder Betriebsbereitschaftsverluste.

Für große Wärmeerzeugungsanlagen (Hochhaus, Verwaltungsgebäude) können durch Unterteilung der Wärmeerzeugereinheiten oder Regelung der Feuerungsleistung weitere Verluste vermieden werden.

Begrenzung von Betriebsbereitschaftsverlusten

Anlagen mit mehreren Wärmeerzeugern werden Einrichtungen erhalten müssen, die Verluste an nicht in Betriebsbereitschaft befindliche Wärmeerzeuger verhindern.

Wärmeverteilungsanlagen

Für Rohrleitungen bis zu einer Nennweite von 100 mm werden Mindestdicken der Dämmschicht (Rohrisolierung) angegeben.

Diese Vorschrift gilt nicht für Rohrleitungen, die nach ihrer Zweckbestimmung Wärme an dauernd zu beheizende Räume abgeben.

Einrichtungen zur Steuerung und Regelung

Hinsichtlich ihres Effekts steht die regeltechnische Ausstattung von Anlagen im Mittelpunkt der Heizungsanlagen-Verordnung. Zentrale heizungstechnische Anlagen mit Wasser als Wärmeträger müssen mit Einrichtungen zur zentralen Beeinflussung der Innentemperatur ausgestattet werden und zwar für Anlagen, die mehr als 2 Wohnungen oder Nichtwohngebäude versorgen, in Abhängigkeit von der Witterung und einem Zeitprogramm. Bei Wohngebäuden mit bis zu 2 Wohnungen werden Einrichtungen zugelassen, die von einer anderen Führungsgröße als der Witterung gesteuert werden.

Zentrale Heizungsanlagen und Einzelheizgeräte sind außerdem mit Einrichtungen zur thermostatischen Einzelraumregelung auszustatten (gilt nicht für Fußbodenheizungen).

Für kleinere Anlagen (Einfamilienhäuser) können Einzelraumregelungen gewählt werden, wie z.B. Thermostat- oder elektronische Zonenventile. Damit können auch Abweichungen der Raumtemperatur berücksichtigt werden, wie z.B.

- Absenkung der Temperaturen in Schlafräumen,
- „Mitnahme" von Wärmegewinnen bei Sonneneinstrahlung oder innere Wärme durch Personen und Geräte.

Der Wärmebedarf ist nach DIN 4701 *raumweise* zu ermitteln als Grundlage für die Bemessung der Heizflächen.

Brauchwasserbereitung und -verteilung

Die Brauchwassertemperatur im Rohrnetz ist auf höchstens 60° C zu begrenzen, niedrigere Temperaturen von ca. 50° C sind anzustreben.

Anforderungen an vorhandene Anlagen

Beim Austausch der Wärmeerzeuger sowie bei der Erweiterung oder Umrüstung von Mehrkesselanlagen, die mehr als die Hälfte der installierten Nennwärmeleistung umfaßt, sind die Neubauanforderungen zu erfüllen. Dies gilt auch bei einem Austausch von mehr als der Hälfte des Rohrnetzes oder der Heizflächen.

Ausnahmen

Die nach Landesrecht zuständige Behörde kann auf Antrag Ausnahmen zulassen, soweit die vorgesehene Begrenzung der Energieverluste durch andere technische Maßnahmen im gleichen Umfang erreicht wird.

Härtefälle

Von den Anforderungen dieser Verordnung kann auf Antrag befreit werden. Diese Regelung stützt sich auf § 5 Abs. 2 des Energieeinsparungsgesetzes und soll in erster Linie sozialen Aspekten Rechnung tragen.

Bußgeldvorschriften

Ordnungswidrig handelt, wer vorsätzlich oder fahrlässig

1. Wärmeerzeuger nicht so errichtet oder erstmalig einstellt, daß die Abgasverluste die dort genannten Maximalwerte nicht überschreiten;
2. Wärmeerzeuger aufstellt, deren Wärmeleistung den nach DIN 4701 errechneten Wärmebedarf überschreitet;
3. Rohrleitungen nicht in der vorgeschriebenen Dicke dämmt;
4. Heizungstechnische Anlagen nicht mit Einrichtungen zur Steuerung und Regelung ausstattet.

Die Vorschriften Nr. 1 bis 3 gelten auch für Anlagen zur Brauchwasserbereitung und -verteilung.

Es ist anzunehmen, daß diese Verpflichtungen auch für die Architekten gelten, die dann im Auftrage ihres Bauherrn handeln.

Von den als Projektanten eingesetzten Fachingenieuren für diese Bereiche sollte man zwar erwarten, daß sie die neuen Richtlinien kennen und einhalten; der Architekt tut aber gut daran, wenn er zu seiner eigenen Sicherheit die Sonderfachleute auf diesen Umstand eindeutig hinweist. Die Hersteller von Teilen einer Anlage sind im Grunde genommen von der gesetzlichen Neuregelung nicht unmittelbar betroffen. Gefordert wird vielmehr, daß die komplette Anlage den gestellten Anforderungen entspricht.

Heizungsanlagen

Eine Heizungsanlage hat die Aufgabe, die für die Behaglichkeit innerhalb von Räumen und Gebäuden notwendige Raumlufttemperatur einzustellen und konstant zu halten. Hierzu stehen verschiedene Ausführungsarten zur Verfügung. Sie werden im wesentlichen unterschieden

- nach dem *Heizungssystem,* das durch den Aufstellungsort des Wärmeerzeugers, die eingesetzte Heizenergie sowie den Versorgungsbereich gekennzeichnet ist;
- nach der Methode der *Wärmeabgabe,* wobei nach dem Heizmedium, z. B. Wasser oder Warmluft, sowie der Art des Wärmeaustausches, z. B. Radiatoren, Konvektoren, unterschieden wird.

Heizungssysteme

Einzelheizung

Der Wärmeerzeuger steht im beheizten Raum.

Zentrale Heizung

- Stockwerkheizung, wobei der Wärmeerzeuger in der Wohnung steht;
- Zentralheizung mit einem einzigen Wärmeerzeuger für das Gebäude;
- Blockheizung mit einem Wärmeerzeuger in einer Heizzentrale für mehrere Gebäude.

Fernwärmeversorgung

Die Wärmeerzeuger stehen in einem Heizwerk, wobei über ein Fernwärmenetz viele Gebäude versorgt werden.

Einzelheizungen

Als Einzelheizung bezeichnet man Heizungsanlagen, bei denen die Wärme nur dem Raum zugute kommt, in dem sie erzeugt wird. Dabei kommt es zu einer direkten Wärmeabgabe durch Strahlung oder Konvektion.

Die meisten Einzelöfen können nur dort aufgestellt werden, wo sich ein Schornstein befindet. Steht dieser richtig, nämlich im Gebäudeinneren, dann stehen die Öfen meist falsch, weil die Räume an der Innenwand wärmer sind als an der Außenwand.

Die in der Heizungsanlagenverordnung vorgesehene Bagatellgrenze ist als Vergünstigung für Einzelheizungen anzusehen, weil an den Betrieb von Anlagen mit größeren Nennwärmeleistungen, die sich automatisch bei Addition der Einzelgeräte ergeben würde, zum Teil wesentlich höhere Anforderungen gestellt werden.

Dauerbrandöfen

Die Wärme wird in der Hauptsache durch Strahlung abgegeben. Der Wirkungsgrad für den Brennstoff beträgt 50 bis 80 %. Moderne Dauerbrandöfen sind so eingerichtet, daß keine Asche mehr herausfallen kann und eine völlig stubenreine Entaschung möglich ist. Weiterhin kann eine Automatik darin enthalten sein, bei der man lediglich noch die gewünschte Raumtemperatur einzustellen hat. Auch das Einfüllen des Brennstoffes ist heute einfacher und vor allem sauberer. Der Kohlenhandel liefert gebrauchsfertig verpackte Festbrennstoffe in Kunststoff- oder Papierbeuteln.

Kachelöfen

Der Einsatz der früher im Wohnungsbau so beliebten Kachelöfen ist wesentlich zurückgegangen. In guter Erinnerung sind aber noch die milde Wärmestrahlung der großen Heizfläche und besonders schön gestaltete Kachelöfen als Raumschmuck.

Die Kachelofen-Mehrraumheizung war praktisch der Anfang der Zentralheizung im einfachen Wohnungsbau. Der Kachelofen selbst stand im Wohnraum mit der Feuerung im Flur. Über Luftkanäle waren noch weitere Räume angeschlossen. Als störender Nachteil ist bei dieser Bauart die Schallübertragung von Raum zu Raum anzusehen.

Offene Kamine

Hierfür ist ein gut ziehender Schornstein erforderlich. Der Wirkungsgrad des Brennstoffes beträgt höchstens 20 %. Die Wärmeverteilung im Raum ist sehr ungleichmäßig. Als einzige Raumheizung sind offene Kamine nicht geeignet; bezüglich der Wärmeversorgung des betreffenden Raumes können sie sogar ungünstig wirken, wenn sie nämlich außer Betrieb sind und warme Raumluft durch den Kamin-Schornstein entweicht. Deshalb sollten offene Kamine grundsätzlich mit regulierbaren und gut schließenden Absperrklappen ausgestattet sein.

Ölöfen

Der Ölofen gibt seine Wärme vorwiegend durch Konvektion ab. Die von unten eintretende Luft wird zwischen dem Einsatz und dem Außenmantel erwärmt und tritt oben aus dem Ofen wieder aus. Ölöfen erfordern einen besonders guten Schornsteinzug. Die Zündung erfolgt elektrisch, wobei der Brenntopf vorab aufgeheizt wird. Die Ölzufuhr, zweckmäßig als zentrale Ölversorgung anstelle der Einzeltanks am Ofen, kann durch Raumthermostate gesteuert werden. Dadurch ergibt sich eine recht einfache Bedienung. Durch die Möglichkeit der Einstellung mehrerer Leistungsbereiche wird die Brennstoffausnutzung als günstig bezeichnet.

Gasöfen

Gasöfen erlauben einen sauberen und einfachen Heizbetrieb. Der Brennstoff fließt durch die Gasleitung direkt in den Brenner. Die Wärmeabgabe erfolgt vorwiegend durch Konvektion. Über einen Thermostaten kann die gewünschte Zimmertemperatur eingestellt werden.

Es gibt Einzelöfen für den Kaminanschluß und für den Außenwandanschluß. Sie unterscheiden sich durch die Luft- und Abgasführung. Der Gasofen für den Kaminanschluß entnimmt die zur Verbrennung erforderliche Luft dem Raum, die Abgase werden durch den Kamin abgeführt. Das Außenwandgerät arbeitet unabhängig von der Raumluft; Verbrennungsluft und Abgase werden durch einen im Mauerwerk eingebauten Kasten angesaugt und abgeführt.

Elektro-Heizgeräte

Elektro-Speicheröfen werden mit verbilligtem Nachtstrom aufgeheizt, um am Tage die Wärme wieder abzugeben. Ein hochhitzebeständiger Speicherkern, der von einer dicken Isolierschicht umgeben ist, nimmt die Wärme auf. Sie gelangt durch natürliche Konvektion oder Gebläse in den Raum.

Transportable Heizgeräte für den Tagstrombetrieb werden im allgemeinen nur für die Übergangszeit und als Zusatzheizung verwendet. Damit sie an jeder normalen Steckdose angeschlossen werden können, soll ihre Anschlußleistung nicht mehr als 2000 W betragen. Das zuständige Elektrizitäts-Versorgungsunternehmen kann die Anzahl dieser Geräte beschränken. Hierzu gehören *Heizlüfter,* die die erzeugte Wärme rasch und recht gut verteilt an den Raum abgeben. Gute Geräte besitzen vibrationsfreie Gehäuse, geräuscharme Gebläse und eine eingebaute thermostatische Regelung. Sogenannte *Strahlkamine* sind zwar billiger in der Anschaffung, aber auch weniger wirkungsvoll als Heizlüfter; es kann aber vorteilhaft sein, von keinerlei Lüftergeräuschen belästigt zu werden.

Elektrisch beheizte Radiatoren sind mit Wasser oder mit Öl gefüllt. Die Geräte sind meist mit Laufrollen versehen, so daß sie beliebig verschoben werden können. Die Oberflächentemperaturen liegen zwischen 85 und 100°C und damit für eine angenehme Wärmeabgabe entschieden zu hoch.

Infrarotstrahler haben den Vorteil, daß sofort nach dem Einschalten die Wärme spürbar wird bei niedrig bleibender Raumtemperatur. Die Strahlung wird von der Luft nur wenig absorbiert und erwärmt daher fast ausschließlich den Körper, auf den sie auftrifft. Infrarotstrahler sind günstig für die Beheizung einzelner Arbeitsplätze in sonst kühlen Räumen sowie für den Einsatz im Freien.

Zentrale Heizungen

Als Zentralheizungen gelten solche Anlagen, bei denen die Wärme für Raumheizzwecke und ggf. auch für die Brauchwassererzeugung zentral an einer Stelle erzeugt wird. Der Wärmeerzeuger steht meist im Keller, neuerdings auch im Dachgeschoß. Zentralheizungen waren früher ein ausgesprochener Luxus, sie sind inzwischen zu einer selbstverständlichen Ausstattung auch für das kleine Wohnhaus geworden. Heute werden ca. 98 % aller Wohnungs-Neubauten mit Zentralheizungen ausgestattet. Die Zentralheizungsanlage gehört zu den wichtigsten betriebstechnischen Einrichtungen im Hochbau. Ihr Entwurf ist eine Ingenieurarbeit, die umfassende technisch-wissenschaftliche Kenntnisse voraussetzt.

Stockwerksheizungen

Als Stockwerksheizungen – auch Etagenheizungen genannt – gelten solche Anlagen, bei denen Wärme innerhalb der Wohnung erzeugt wird.
Der Wärmeerzeuger ist meist eine kompakte Baueinheit, die sich z. B. in der Besenkammer, im Bad oder in der Diele unterbringen läßt. Möglich sind auch Heizkessel in normaler Tischhöhe, die sich nahtlos in Küchen-Unterschrank-Kombinationen einbauen lassen. Als Zuleitungen zu den Heizkörpern können sehr geringe Rohrquerschnitte verwendet werden; die Leitungen lassen sich unterhalb des schwimmenden Estrichs verlegen. Ein vollautomatischer Betrieb ist möglich, eine Koppelung von Heizung und Warmwasserbereitung ist üblich. Gas-Warmwasserheizer gibt es für einen Schornsteinanschluß und als Außenwandgeräte. Sie sind stets betriebsbereit, die Wärmebelieferung beginnt sofort. Im Einsatz befinden sich auch elektrische Speicherheizungen.
Der Energieverbrauch kann für jede Wohnung durch Zähler festgestellt und mit den Versorgungsunternehmen oder dem Hausbesitzer abgerechnet werden.

Warmwasser-Zentralheizungen

Der Heizkessel steht im Keller, ebenerdig in einem Nebenraum oder auch im Dachgeschoß.
Die ganze Anlage ist mit Wasser gefüllt. Im Heizkessel wird Wärme erzeugt und dabei das Wasser erwärmt. Es beginnt zu zirkulieren und wird durch das Rohrnetz auf die Heizkörper verteilt. Durch den Rücklauf fließt ständig abgekühltes Wasser in den Kessel, wird aufgewärmt und durch den Vorlauf wieder den Heizkörpern zugeführt, die dann die Wärme an den Raum abgeben.

Bei der früher üblichen *Schwerkraft-Warmwasserheizung* wurde infolge des Naturgesetzes, nachdem warmes Wasser leichter ist als kaltes Wasser, der Kreislauf in der Anlage in Gang gesetzt, wenn auch sehr träge; erforderlich waren hierzu große Rohrquerschnitte.

Wesentliche Vorteile bietet dagegen die *Pumpen-Warmwasserheizung.* Es genügen geringere Rohrquerschnitte; auch kann die Verlegung der Leitungen wesentlich freizügiger erfolgen, z. B. unter waagerechtem Estrich oder heruntergezogen bei Kellerräumen. Für eine laufende Warmwasserumwälzung, die mit Sicherheit auch den Heizkörper im hintersten Raum erreicht, sorgt eine in das Rohrnetz eingebaute Pumpe. Die Heizkörper können sehr bald Wärme abgeben.

Bei der *Einrohrheizung* wird das abgekühlte Wasser aus dem Heizrohr wieder in den Vorlauf zurückgeführt. Dadurch erhält der nächste Radiator Mischwasser, muß also eine größere Heizfläche erhalten. Eine Einrohrheizung ist etwas billiger als das übliche Zweirohrsystem, jedoch von schlechter Regelbarkeit. Wird ein Heizkörper abgestellt, werden die nächsten zu warm. Besser arbeiten Einrohranlagen mit Abzweigungen zu den Heizkörpern im Injektorprinzip.
Einrohrheizungen sind deshalb auch nur für einzelne Wohnungen oder kleine Einfamilienhäuser zu empfehlen. Gut geeignet sind sie dagegen für Hallen und Großräume.
Die Einrohrheizung setzt immer eine genaue Berechnung sowie eine saubere und exakte Montage voraus, da selbst kleine Ungenauigkeiten bei der Auslegung und Ausführung sich viel stärker bemerkbar machen als bei der herkömmlichen Zweirohrheizung.

Blockheizungen

Als Blockheizungen gelten Wärmeversorgungs-Anlagen, die mehrere, meist zu einer wirtschaftlichen Einheit gehörende Gebäude, mit Wärme für Raumheizung und ggf. auch für Brauchwasserbereitung versorgen. Sie werden in der Regel vom Bauträger der Wirtschaftseinheit erstellt. Die Investitionen für die Wärmeversorgungsanlage (Heizzentrale, Wärmeverteilungsnetz, Hausstationen und Hausheizungssysteme) sind voll in den Kosten der Gebäude enthalten. Die Heizzentrale ist üblicherweise in einem der zu versorgenden Gebäude untergebracht.

Niedertemperatur-Systeme

Der Einsatz von Wärmepumpen, Sonnenenergie sowie die Ausnutzung der Wärmerückgewinnung sind um so wirtschaftlicher nutzbar zu machen, je niedriger das Temperaturniveau des daran angeschlossenen Heizsystems liegt. Niedertemperatur-Heizsysteme werden mit Vorlauftemperaturen von maximal 50° C betrieben. Die Wärmeverluste werden geringer und die Regelfähigkeit und Anpassungsfähigkeit verbessert; ein niedriges Temperaturniveau ist zugleich auch raumklimatisch günstig.
Wegen der niedrigen Heizungs-Abgabetemperaturen sind Heizkörper mit großen Oberflächen erforderlich; so beträgt z. B. bei der Fußbodenheizung die Abgabetemperatur im günstigen Bereich etwa 25° C. Damit erfüllt sich automatisch auch die Forderung nach Heizkörpern, bei denen eine möglichst geringe Staubverschwelung möglich ist.
Beim Einsatz von niedrig temperierten Flächenheizungen ist ein verbesserter baulicher Wärmeschutz vorteilhaft mit Werten, die teilweise über den Forderungen der Wärmeschutzverordnung zum Energieeinsparungsgesetz liegen.

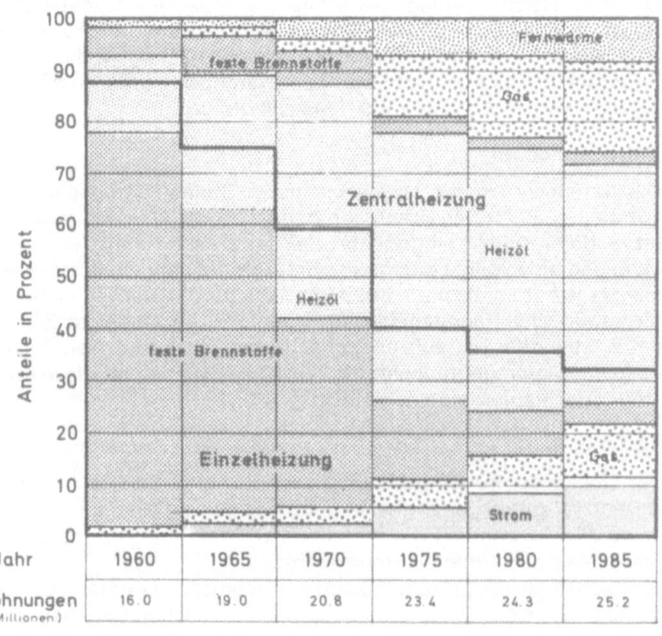

1 Beheizungsstruktur der Wohnungen in der Bundesrepublik Deutschland (Quelle: ESSO).

Elektro-Heizungen

Bei der Gebäudeheizung wird der Verbrauch an elektrischem Strom zunehmen → 52/1. Für die vollelektrische Beheizung von Neubauten ist die Zustimmung des zuständigen Elektrizitäts-Versorgungsunternehmens erforderlich. Die zur Zeit noch wirtschaftlichste Heizart mit Strom ist die Speicherheizung – Speicherheizgeräte oder Fußbodenheizung – mit den Vorzügen.

- Ein besonderer Heizraum ist nicht erforderlich;
- kein Abzugskamin und keine räumliche Bindung an einen Kamin;
- der Aufwand für Lagerung und Transport der Brennstoffe entfällt und damit auch die Vorauszahlung für Heizenergie;
- keine aufwendigen Rohrsysteme mit Schlitzen, Isolierungen etc.;
- keine Wartung und Reinigung bei relativ geringem Bedienungsaufwand;
- keine Geruchsbelästigung und kein Sauerstoffentzug;
- sehr hoher Wirkungsgrad mit 97 %.

Elektrische Fußbodenheizung

Für Fußbodenheizungen lassen sich grundsätzlich folgende Vorteile aufführen:

- Gleichmäßige Wärmeabgabe über großen Flächen bei niedrigen Temperaturen – möglichst nicht über 25°C.
- Die Fußbodenheizung kommt der Idealform einer Heizungsanlage am nächsten → 1.
- Es werden keine Stellflächen für Heizkörper benötigt.
- Es entsteht von der Heizung her keine Luftbewegung und somit auch keine Staubaufwirbelung.

Die elektrischen Fußbodenheizungen lassen sich nach folgenden Systemen unterscheiden.

Vollspeicherheizung. Dabei wird der Gesamtwärmebedarf der Räume ohne Zusatzheizkörper nur durch Aufladung während der Nachtstunden und ggf. bestimmter Nachladezeiten am Tage gedeckt. Die Wärmeabgabe ist nicht regelbar.

Teilspeicherheizung. Am Gesamtwärmebedarf der Räume wird zur Nachtzeit und in den Nachladezeiten am Tage nur ein Grundbedarf bis zu etwa 75 % gedeckt; die restliche Wärme liefern die Direktheizgeräte.

Direktheizung. Hier sind keinerlei Speichermassen notwendig. Die gesamte elektrische Leistung muß ständig zur Verfügung stehen. Nachdem hier nicht auf den sehr preisgünstigen Nachtstrom zurückgegriffen werden kann, sind die Heizenergiekosten relativ hoch.

Elektrische Flächenheizung

Großflächige Wand- oder Deckenstrahlungsheizungen sind als Direktheizung nur im Tagstrombetrieb möglich und deshalb recht aufwendig. In der Entwicklung befinden sich leicht einzubauende Flächen-Direktheizungen – auch Tapetenheizungen genannt –, die sich an Wänden und Decken leicht und ohne viel Nebenarbeiten anbringen lassen. Wandheizflächen sind meist nur als Zusatzheizung auszulegen, und zwar in erster Linie als Brüstungsheizung unterhalb der Fenster. Da die Empfindlichkeit des Menschen gegen seitliche Wärmestrahlung geringer ist als gegen Wärmestrahlung von oben, kann die Wandheizung mit höheren Temperaturen betrieben werden als die Deckenheizung.

Raumlufttechnische Anlagen

Raumlufttechnische Anlagen lassen sich im wesentlichen in Lüftungsanlagen und in Klimaanlagen unterscheiden.

Lüftungsanlagen dienen in erster Linie der erforderlichen Lufterneuerung. Eine Raumbeheizung oder -kühlung kann mit derartigen Anlagen nicht oder nur bedingt durchgeführt werden.

Klimaanlagen sind lüftungstechnische Anlagen, die alle wichtigen raumklimatischen Faktoren unabhängig vom Außenklima beeinflussen können.

Vollklimaanlagen stehen als zentrale Geräte für große Leistungen in vielfältigen Kombinationsmöglichkeiten zur Verfügung. Im Operationsbereich von Krankenhäusern werden an derartige Anlagen außerordentlich hohe Forderungen bezüglich der Reinheit und Keimfreiheit der Luft gestellt.

Klimageräte werden zur Teilklimatisierung bestimmter Räume als Fenster- und Wandklimageräte eingebaut. Sie ergänzen die vorhandene Raumheizungsanlage.

Klimatruhen sind Klimageräte in Truhenform, die im Prinzip die gleichen Funktionen erfüllen wie Klimageräte.

Klimaschränke werden für größere Räume benötigt, für die die Leistung von Klimatruhen nicht mehr ausreicht.

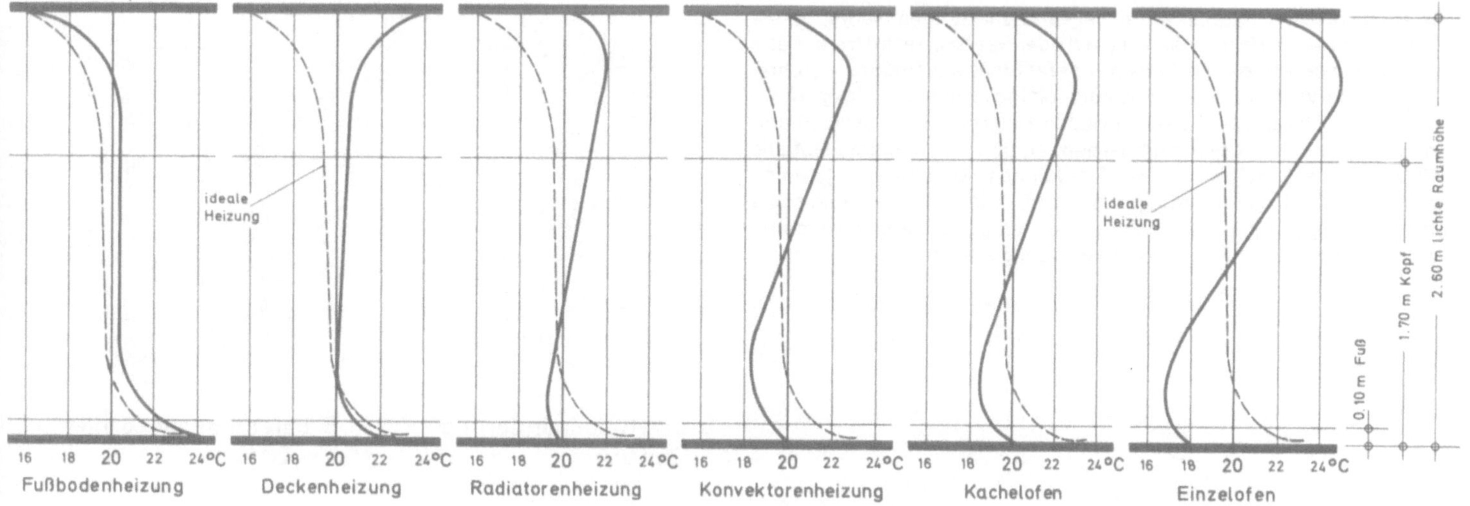

1 Charakteristische Lufttemperatur-Profile in Raummitte im Beharrungszustand bei verschiedenen Heizungen und bei mittleren Außentemperaturen (nach Recknagel/Sprenger und anderen Autoren).

Heizkörperverkleidungen

Heizkörperverkleidungen tragen zwar zum besseren Aussehen des Raumes bei, behindern jedoch die Wärmeabgabe. Die Leistungsminderung ist abhängig von der Art der Heizkörperverkleidung → 1 bis 6. Wer auf diesen Raumschmuck nicht verzichten will, benötigt größere Heizkörper, was dem projektierenden Fachingenieur bereits im Entwurfsstadium bekannt sein muß. Die Vergrößerung der jeweiligen Heizkörper erfolgt entsprechend dem Grad der Leistungsminderung. Heizkörperverkleidungen können demnach neben ihrem einmaligen Anschaffungspreis alljährlich wiederkehrende Unkosten mit sich bringen.

Fernwärmeversorgung

Fernwärmeversorgungsanlagen beliefern von einem Heizwerk über ein Fernwärmenetz Abnehmer für Raumheizung, Brauchwassererwärmung und ggf. auch für gewerbliche Zwecke.
Bei der Fernwärmeversorgung ergeben sich anstelle der bei einer zentralen Heizung notwendigen eigenen Heizzentrale anteilige Anlagenkosten für das Heizwerk, das Fernwärmenetz und ggf. die Übergabestationen. Die Investitionen für Hauszentrale und das Hausheizungssystem sollen bei der Fernheizung als Kosten für die Gebäude erfaßt werden. Dagegen sind das Heizwerk und das Fernwärmeverteilungsnetz kein wirtschaftlicher Bestandteil der mit Fernwärme versorgten Einheiten.

Die Versorgung mit Fernwärme hat einige Vorteile:

- Die Luftverschmutzung ist wegen der hohen Schornsteine wesentlich geringer als bei einer Vielzahl von niedrigen Einzelkaminen.
- In den Gebäuden werden eigene Heizräume und Heizöllagerräume nicht benötigt. Der Platzbedarf für die Übergabestation ist gering.
- Infolge technisch guter Ausrüstung und fachkundiger Betriebsführung wird ein höherer Betriebs-Wirkungsgrad erzielt als bei einer Vielzahl von Klein-Zentralheizungsanlagen.

Krisenfeste Heizungen

Die Energiekrise 1973/74 hat uns aufgeschreckt. Wir haben inzwischen erkannt, daß sich derartige Vorgänge einer wirklichen Ölverknappung oder eines sonstigen größeren Energieausfalles ohne Vorwarnung jederzeit wiederholen kann. Darauf müssen wir uns einrichten.
In einer solchen Situation wären bei Zentralheizungen Mehrstoffkessel von Vorteil, in denen wahlweise Öl oder Gas bzw. feste Brennstoffe verfeuert werden können. Wie an anderer Stelle ausgeführt → 55, stehen diesen Vorteilen allerdings auch einige Nachteile entgegen.
Sicherer dürfte es deshalb sein, in jedem Haus bzw. in jeder Wohnung mindestens einen Kamin vorzusehen, an den im äußersten Notfalle Einzelöfen angeschlossen werden können. Derartige Notkamine können normal als Entlüftungsschächte benutzt werden. Auch sollte man leistungsfähige und intakte Einzelöfen gut aufbewahren, damit sie in einem solchen Notfall zur Verfügung stehen.

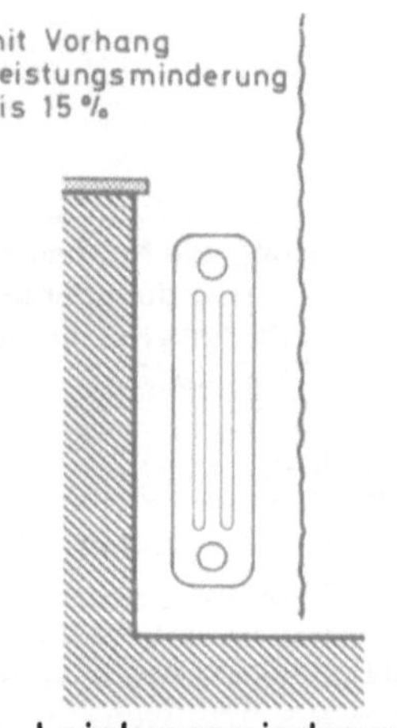

1 Leistungsminderung
0% (wenn ohne Vorhang)

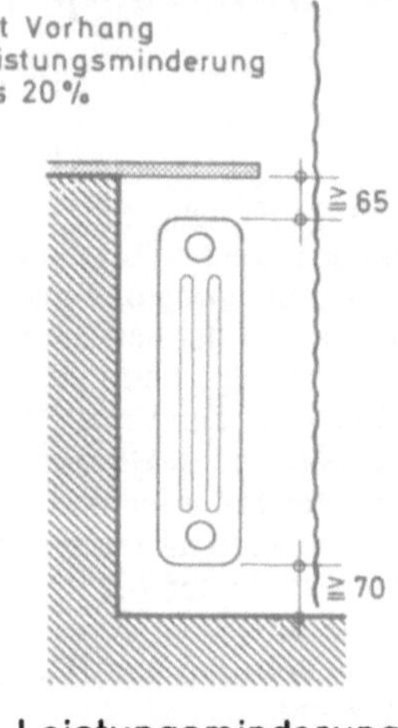

2 Leistungsminderung
3 - 5 %

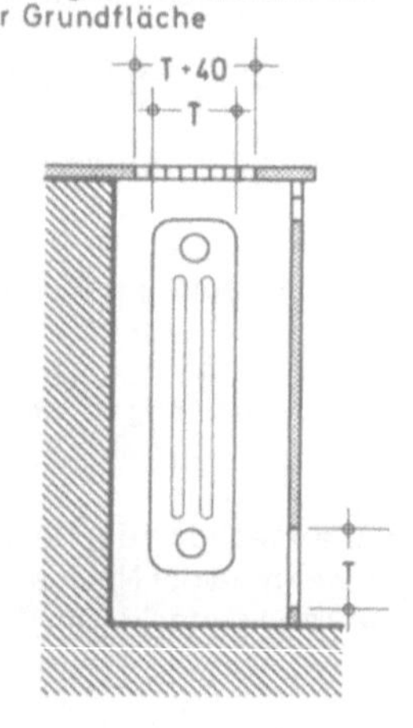
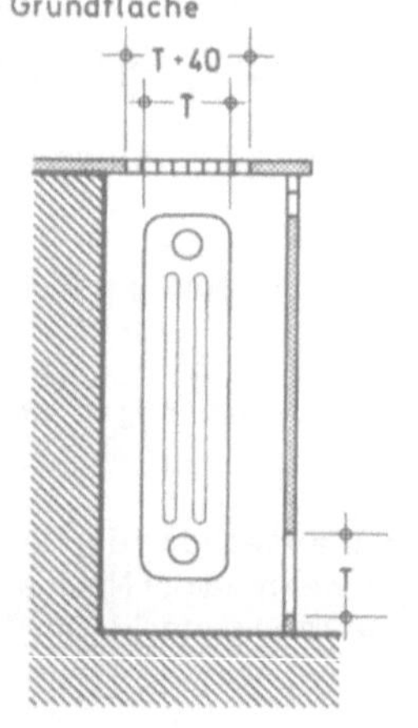

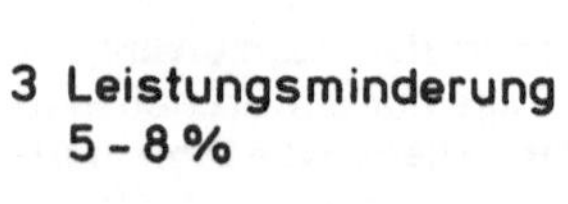

3 Leistungsminderung
5 - 8 %

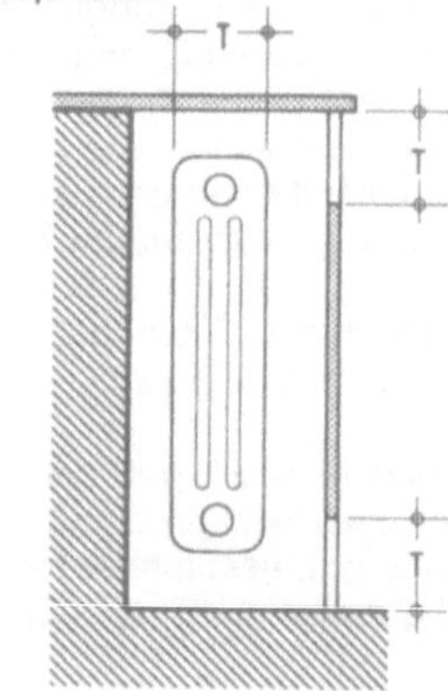

4 Leistungsminderung
~ 10 %

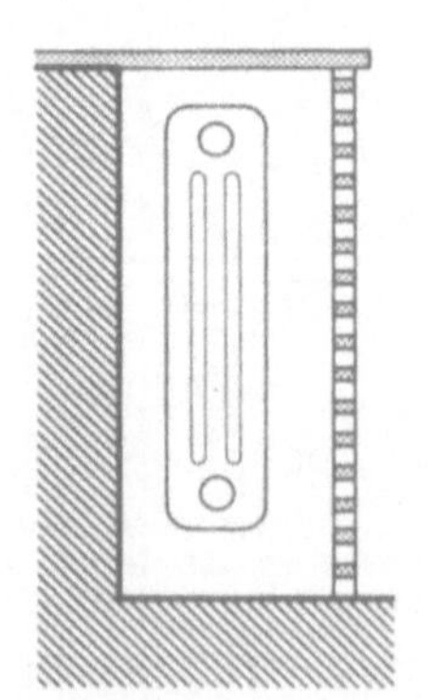

5 Leistungsminderung
≧ 15 %

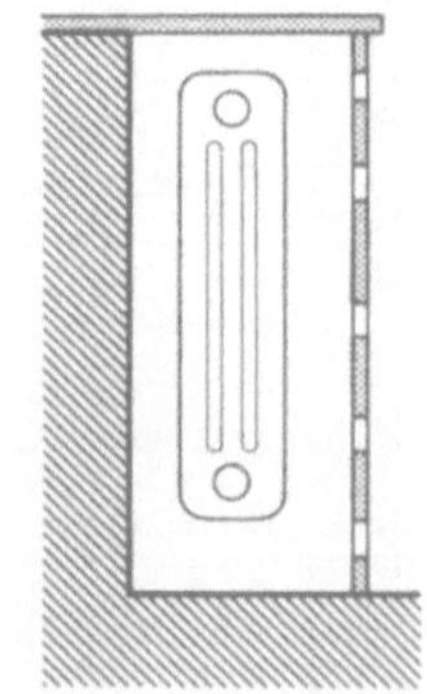

6 Leistungsminderung
~ 20 %

1 Verringerte Wärmeleistung eingebauter und verkleideter Heizkörper (aus Buderus-Handbuch u. a.).

Wärmeerzeuger

Die bisher übliche Überdimensionierung der Heizleistung des Wärmeerzeugers muß in Zukunft unterbleiben. Dies fällt um so leichter, je zuverlässiger die nach DIN 4701 aufzustellende Wärmebedarfsberechnung ist. Zu große Heizungsanlagen sind in der Anschaffung nicht nur teuer, sie verursachen auch zwangsläufig hohe Betriebsverluste. Eine Heizung, die auf den kältesten Tag des Jahres abgestimmt ist, kann zu anderer Zeit nicht wirtschaftlich optimal gefahren werden. Bei einer Öl-Zentralheizung sollte es so sein, daß sie sich am kältesten Tag des Jahres ununterbrochen in Betrieb befindet.

Die Wärmeerzeuger werden also kleiner als bisher, die Aufwendungen hierfür verringern sich; für das Einfamilienhaus werden nunmehr Kessel für einen Leistungsbereich um 12 kW (10300 kcal/h) gebraucht.

Die Aufteilung der Gesamtleistung auf mehrere Kessel bei Anlagen ab etwa 100 kW Gesamt-Nennwärmeleistung (86000 kcal/h) ist vorteilhaft. Für eine solche Mehrkesselanlage spricht, daß jeweils nur so viele Kessel in Betrieb sind, die zur Deckung des jeweiligen Wärmebedarfs benötigt werden. Voraussetzung ist eine wasserseitige Trennung der nicht in Betrieb befindlichen Kessel von der Heizanlage durch selbständig arbeitende Stellglieder.

Wechselbrandkessel, in denen Öl bzw. Gas und feste Brennstoffe in beliebigem Wechsel geheizt werden können, werden aus Bequemlichkeit oft auch zur Beseitigung von brennbaren Abfällen benutzt und nach der Verfeuerung solcher Festbrennstoffe praktisch nie so gründlich gereinigt, daß anschließend die Öl- oder Gasfeuerung wieder mit dem bestmöglichen Wirkungsgrad arbeitet. Besser sind, wenn schon der Wunsch nach einer solchen wechselweisen Verfeuerung besteht, zwei nebeneinanderstehende spezielle Kessel für jede Brennstoffart. Vorteilhaft sind auch sogenannte Zweistoffkessel, die zwei Feuerräume besitzen und für die Verbrennung von Abfällen verwendet werden können, ohne die Funktionsfähigkeit des mit Gas oder Öl befeuerten „Hauptkessels" zu beeinträchtigen.

Zu den Wärmeerzeugern gehören auch elektrische Zentralspeicher, die bei einer Zentralheizungsanlage an Stelle des Heizkessels treten können. Es ist vorteilhaft, einen solchen Zentralspeicher in einem Raum aufzustellen, bei dem die unvermeidbare Abwärme ausgenutzt werden kann, wie z. B. in der Diele oder im Hobbyraum.

Der Standort des Wärmeerzeugers ist möglichst so zu wählen, daß er wirklich zentral, das heißt mit geringstmöglichen Entfernungen zu den beheizbaren Räumen liegt; dadurch werden Wärmeverluste bei der Verteilung der Heizwärme verringert. Der häufigste Standort des Heizkessels in Ein- und Mehrfamilienhäusern ist nach wie vor der Keller. Bei der Bauplanung sind entsprechende Räume dafür zu berücksichtigen, ebenso für die Lagerung von Heizöl oder anderen Brennstoffen.

Bei Verwendung von flüssigen oder gasförmigen Brennstoffen ist auch eine Aufstellung im Dachgeschoß möglich. Vorteile ergeben sich dabei aus dem Fortfall des Schornsteines und der besseren Nutzung des Kellers, in dem es auch weniger Heizungsleitungen unter der Decke gibt. Vorraussetzung ist eine gute Schallisolation in die darunterliegenden Räume. Bei Heizöl sind eine zusätzliche Heizölpumpe sowie Sicherheitseinrichtungen gegen Ölleitungsschäden notwendig.

Wirkungsgrad

In der Heizungstechnik wird mit verschiedenen Arten von Wirkungsgraden gerechnet. Allen ist gemeinsam, daß sie das Verhältnis der zugeführten zur abgeführten Energie bzw. Wärme darstellen. Die vollständige Verwertung, d. h. ein Wirkungsgrad von 100% ist technisch und physikalisch nicht möglich, da sich unvermeidlich eine Reihe von Verlusten einstellt → 56/1.

Umwandlungsverluste entstehen bei der Verbrennung, wobei sich chemische Energie in Wärmeenergie verwandelt. Diese Umwandlung ist optimal, wenn der Brennstoff vollständig verbraucht wird. Vollkommen verbrannt wird aber nur, wenn Brenner, Heizkessel und Schornstein richtig aufeinander abgestimmt sind. So kann z. B. ein Rußansatz von 1 mm Stärke im Kessel die Abgastemperatur um etwa 55 Grad erhöhen, was eine Verschlechterung des Wirkungsgrades von mindestens 3% bedeutet. Bei 2 mm Rußansatz erhöht sich die Abgastemperatur um ca. 110 Grad, der Wirkungsgrad verschlechtert sich um etwa 7%.

Im Verlaufe eines Tages wird der Öl- und/oder Gasbrenner am Kessel mehrfach an- oder abgeschaltet. Der Kessel selbst bleibt aber im Vorlauf mit warmem Heizungswasser gefüllt, so daß er ständig bereit ist, Wärme abzugeben. Dafür müssen *Stillstands- und Bereitschaftsverluste* in Kauf genommen werden. Mit zunehmender Außentemperatur nimmt auch die Stillstandszeit zu; je länger sie andauert, desto mehr kühlt die Anlage aus. Dabei sinkt nicht nur die Wassertemperatur im Kessel, sondern auch die Temperatur im Feuerraum und im Schornstein, so daß es beim Wiederanlaufen des Brenners zu Verlusten bei der Energieumwandlung und damit zu einer Verminderung des Wirkungsgrades kommt.

Eine Möglichkeit zur Verringerung des Stillstandsverlustes sind niedrige Kesseltemperaturen oder die Verwendung von Kesseln mit geringem Wasserinhalt. Ebenso ist es vorteilhaft, bei einer zentralen Warmwasserversorgung die Warmwasserbereitung von der Heizungsanlage zu trennen, denn diese steht den ganzen Sommer über still.

Bei Zentralheizungen wird für den Wärmetransport im allgemeinen Wasser verwendet. Die so transportierte Wärmeenergie wird aber nicht allein am Heizkörper abgegeben, sondern geht auf dem Weg dorthin teilweise verloren, es entstehen *Verteilungsverluste*.

Die *Abgasverluste* sind die entscheidende Verlustquelle, die den Wirkungsgrad beeinflussen, denn mit den heißen Abgasen steigt auch Wärme aus dem Schornstein. Sie haben ein geringeres Gewicht als die kalte Außenluft. Aufgrund dieses Gewichtsunterschiedes erhalten sie einen „Auftrieb" und verlassen den Schornstein nach oben; kalte Außenluft strömt durch die Feuerung von unten her nach. Der Heizraum ist deshalb ausreichend mit Frischluft zu versorgen. Jeder Liter verbranntes Heizöl benötigt etwa 15 m³ Frischluft.

Als Rauch bezeichnet man eine Verteilung kleiner, fester Teilchen in einem gasförmigen Medium als Folge eines Verbrennungsvorganges. Was die Abgase färbt und zu Rauch macht, sind unvollständig oder gar nicht verbrannte Brennstoffteilchen. Sie enthalten Energie, die noch nicht in Wärme verwandelt worden ist. Die Rauchfahne am Schornsteinkopf zeigt, ob die Verbrennung gut oder schlecht ist. Ein stark rauchender und rußender Schornstein ist immer ein Beweis dafür, daß im Heizkessel eine unvollkommene Verbrennung stattfindet.

	Rauch stärke	Brennstoff-verlust ca.
hellgrauer Rauch	1	5%
grauer Rauch	2	10%
dunkelgrauer Rauch	3	15%
dunkler Rauch	4	20%
schwarzer Rauch	5	25%

Der Schornstein

Der Schornstein hat die Aufgabe, die Verbrennungsprodukte aus der Feuerungsanlage abzuführen und durch den dabei entstehenden Unterdruck für die erforderliche Frischluftzufuhr zur Feuerung zu sorgen. Diese Aufgaben kann der Schornstein nur erfüllen, wenn er richtig dimensioniert und fachgerecht gebaut ist. Er sollte deshalb grundsätzlich nur so groß sein, daß er die anfallenden Rauchgase gut abführen kann.

▷ Ein zu kleiner Schornstein staut die Rauchgase und behindert damit den Schornsteinzug.

▷ Ein zu großer Schornstein führt dagegen die Rauchgase zu stark ab. Auch tritt eine häufigere und länger andauernde Kondensation ein, die eine Durchfeuchtung und Versottung der Schornsteinwände verursacht. Es ist nicht möglich, eine zu geringe Höhe des Schornsteines durch Vergrößerung des Querschnittes auszugleichen.

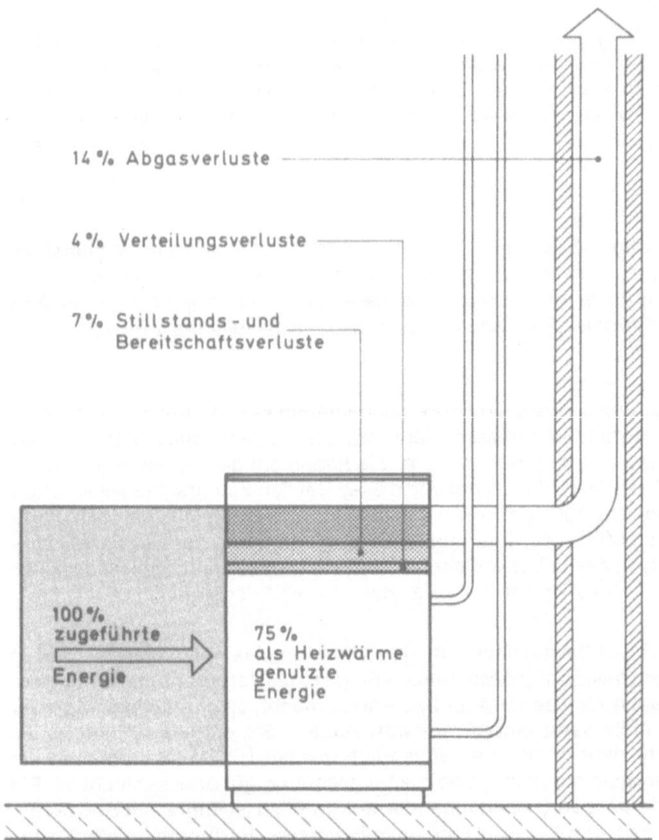

1 Wärme-Energieflußbild einer ölbefeuerten Warmwasser-Zentralheizung (Quelle: ESSO).

Kessel und Schornstein müssen eine Einheit bilden. Ein noch so gut konstruierter Kessel kann seinen anerkannt hohen Wirkungsgrad nicht erreichen, wenn der Schornstein versagt.

Bei regelmäßig betriebenen Feuerungsanlagen sollen die Schornsteinwandungen neben einem ausreichenden Wärmeschutz auch eine angemessene Wärmespeicherfähigkeit besitzen. Die Schornsteinwandungen kühlen dann bis zur nächsten Inbetriebnahme der Heizung nicht vollständig aus; es bleibt ein kleiner Unterdruck im Schornstein bestehen, der das erneute Anheizen erleichtert. Bei nur selten benutzten oder nur kurzzeitig betriebenen Feuerungen sollen die Schornsteine dagegen nur schwach Wärme speichern, dafür aber um so besser wärmegedämmt sein. Eine stark wärmespeichernde Wandung würde in diesen Fällen für ihre eigene Aufheizung den Abgasen zuviel Wärme entziehen, ohne die Vorteile der Wärmespeicherung ausnutzen zu können.

Allgemein üblich sind heute doppelschalige Schornsteine in schwerer Bauweise. Sie enthalten ein Innenrohr aus Schamotte sowie einen äußeren Schornsteinmantel aus üblichen Wandbaustoffen. Der Hohlraum zwischen Innenrohr und Mantel wird mit nichtbrennbaren Isolierstoffen gefüllt. Dabei können sich die Innenrohre beim Erhitzen ausdehnen beziehungsweise nach dem Abkühlen zusammenziehen, ohne daß der zum Raum hin sichtbare Mantel in Mitleidenschaft gezogen wird. Wegen der glatten Innenfläche dieser Schamotterohre kommt man mit relativ kleinen Querschnitten aus.

Es ist vorteilhaft, mehrere Schornsteine zu einer Gruppe zu vereinigen, wobei auch Gas- und Entlüftungsrohre enthalten sein können. Die zweischalige Bauweise verhindert auch, daß Schwingungen der Rauchgassäule, die von automatischen Ölbrennern ausgehen können, in das Gebäude abgestrahlt werden.

Zusatzeinrichtungen für den Schornstein sind unter anderem:

Abgasdrosselklappen werden in das Abgasrohr des Heizkessels eingebaut. Sie verhindern bei Brennerstillstand das Durchströmen von Luft durch den Heizkessel, da dort die Luft erwärmt und somit Wärmeverluste entstehen würden.

Selbsttätig arbeitende *Zugbegrenzer* halten den Unterdruck in der Feuerung in einem gewünschten Bereich konstant. Sie stellen aber keine Abhilfe für zu geringen Schornsteinzug dar.

Kaminventilatoren dienen der Beseitigung von Zugstörungen, indem Rauchgase angesaugt und mit hoher Geschwindigkeit aus dem Schornstein getrieben werden. Der Einbau erfolgt in der Schornsteinwange, also im Nebenanschluß, so daß der Schornsteinquerschnitt nicht verringert und gute Reinigung des Schornsteines gewährleistet ist.

Schornsteinkopfventilatoren als Zentrifugallüfter werden dort eingesetzt, wo der Einbau eines Kaminventilators im sogenannten Nebenanschluß nicht möglich ist.

Schornsteinaufsätze sollen die Windeinflüsse aufheben oder den Wind zur Erhöhung des Zuges ausnutzen.

Steuerung und Regelung

Ein *Steuerungsvorgang* unterscheidet sich prinzipiell in seinem Wirkungsablauf von einem Regelungsvorgang. Bei einer Steuerung geht die Signalübertragung nur in einer Richtung vor sich. Die gesteuerte Größe kann z.B. die Raumtemperatur und die steuernde Größe die Außentemperatur sein, die von einem Temperaturfühler gemessen wird. Eine *Regelung* dagegen hat die Aufgabe, die Raumtemperatur entweder konstant zu halten oder nach einem vorgeschriebenen Programm zu ändern, unabhängig von irgendwelchen Störgrößen wie z.B. der Außentemperatur. Besonders wirtschaftlich kann die Kombination mehrerer Regeleinrichtungen sein.

Bei größeren Gebäuden, bei denen mehrere Wohnungen oder Raumgruppen unter verschiedenen Temperatureinflüssen stehen, kann die Aufteilung in mehrere Heizkreise zweckmäßig sein → 1. Dabei wird jeder Heizkreis über einen eigenen Außentemperaturfühler geregelt. Die Vorlauftemperatur auf der besonnten Gebäudeseite wird also niedriger sein als die auf der Schattenseite.

Bei der witterungsgesteuerten *Vorlauftemperatur-Regelung* wird die Heizwassertemperatur nach der jeweiligen Witterung ermittelt und eingestellt → 58/1. Ein an der Außenwand des Hauses angebrachter Fühler erfaßt die Außentemperatur, die durch Wind und Sonne beeinflußt wird. In Abhängigkeit von den Außeneinflüssen wird durch das zentrale Regelgerät die Vorlauftemperatur bestimmt. Zum Warmwasser in der Vorlaufleitung wird mehr oder weniger heißes Wasser aus dem Heizkessel beigemischt. Eine Kontrollfunktion übernimmt hierbei der Vorlauffühler, der auch die kleinsten Temperaturschwankungen des Warmwassers im System messen kann. Die Anpassung an veränderte Witterungsverhältnisse ist um so schneller möglich, je geringer der Wasserinhalt des Heizsystems ist. Der wesentliche Vorzug dieses Regelsystems ist ein rationeller Betrieb der Anlage. Über eine Schaltuhr im Regelgerät kann auch eine automatisch einsetzende Nachtabsenkung eingestellt werden.

Die *Raumtemperatur-Regelung* erfolgt über einen Raumthermostaten, zweckmäßig mit eingebauter Schaltuhr, wodurch eine automatische Absenkung der Raumtemperatur während der Nachtstunden möglich ist → 58/2. Bei der Raumtemperatur-Regelng wird direkt die Temperatur des Raumes geregelt, in denen der Thermostat angebracht ist. Diese Regeleinrichtung ist aber nur dann sinnvoll, wenn eindeutig feststeht, daß damit auch die Temperaturen in den anderen, zum gleichen Heizsystem gehörenden Räumen auf dem gewünschten Niveau gehalten werden können.

Im Testraum – das ist der Raum, in dem der Thermostat angebracht ist – können sich schwankende Raumtemperaturen ergeben, die nicht von den Heizkörpern herrühren. Hierzu gehören z.B. Fremdwärmegewinne von Fernsehgeräten, Beleuchtungskörpern, Personen oder Abkühlung durch geöffnete Fenster und Türen. Für die Fremdwärmequellen können folgende Wärmeabgaben angenommen werden

- Sonneneinstrahlung je 1 m² Fensterfläche — ca. 250 kcal/h
- ein Fernsehgerät — ca. 150 kcal/h
- eine Person — ca. 80 kcal/h
- eine 60-W-Glühbirne — ca. 50 kcal/h

Die Raumtemperaturregelung ist keine ideale Lösung. In Wohnungen mit gut gedämmten Außenwänden und relativ kleinen Fenstern mag der Einsatz dieser Regeleinrichtung vertretbar sein.

Bei Verwendung von *Thermostatventilen* wird jedem Raum nur so viel Wärme zugeführt, wie er entsprechend der Gradeinstellung am Ventil benötigt → 58/3. Die Funktion der Thermostatventile wird allein von der Raumtemperatur bestimmt. Sonneneinstrahlung und andere Fremdwärmequellen tragen nicht mehr zu einer Überheizung bei, sie werden vielmehr als Nutzwärme rationell verwertet. Unterschiedliche Raumtemperaturen zu verschiedenen Zeiten sind ohne Schwierigkeiten einzuhalten. Die Temperaturabhängigkeit von einem Testraum wird vermieden. Bei Verwendung von Thermostatventilen sollten sämtliche Heizkörper im gleichen Heizsystem damit ausgestattet sein.

Die ausschließliche Regelung einer Heizungsanlage mit thermostatischen Heizkörperventilen ist bei kleineren Objekten möglich. Thermostatventile in Verbindung mit einer von der Außentemperatur abhängigen Vorlaufregelung sind als Idealfall anzusehen → 58/4. Die Wirkung der unterschiedlichen Witterungseinflüsse auf die Innentemperaturen werden ausgeglichen.

Eine wichtige Voraussetzung für die einwandfreie Funktion des Thermostatventils ist, daß die Raumluft ständig an den Thermostaten vorbeiströmen kann. Die Wärmefühler dürfen also nicht durch Gardinen, Vorhänge, Möbelstücke oder eine Heizkörperverkleidung verdeckt werden. Sie sollten auch nicht direktem Sonnenlicht oder Zugluft ausgesetzt werden. Sind derartige Fälle unvermeidlich, dann soll man nur solche Thermostatventile verwenden, die mit Fernfühlern oder einer Fernübertragung ausgestattet sind.

Thermostatventile arbeiten ohne Hilfskraft. Ihre Wirkungsweise beruht auf der temperaturbedingten Ausdehnung einer Flüssigkeit oder von Dampf. Dabei betätigt der Regler das Stellglied durch die Kräfte, die bei der Volumenänderung der Flüssigkeit oder des Dampfes auftreten. So vergrößert sich das Volumen im Fühlerelement bei steigender Raumtemperatur, im Regelsystem entsteht ein erhöhter Druck. Der Ventilhub verändert sich und drosselt den Durchfluß des Vorlaufwassers; die Wärmeabgabe des Heizkörpers sinkt.

	Thermostatventil-Regelung	Raumthermostat-Regelung	Vorlauftemperatur-Regelung	autom. Nachtabsenkung	Aufteilung in Nord/Süd-Regelkreise
Einzelraumheizung		●			
Etagenheizung	●	●			
Heizung Einfamilienhaus	●		●	●	
Heizung Größere Gebäude	●		●	●	●
Warmwasser-Fußbodenheizung			●	●	●

1 Zweckmäßig regeltechnische Ausstattung verschiedener Heizungssysteme (Quelle: Erdgas-Information 3/76)

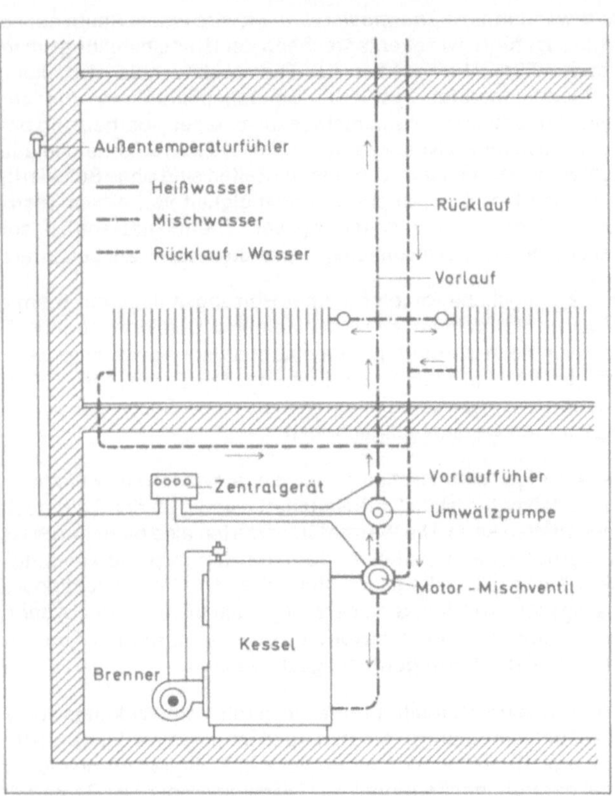

1 Pumpen-Warmwasserheizung mit Vorlauftemperatur-Regelung und Außentemperaturfühler

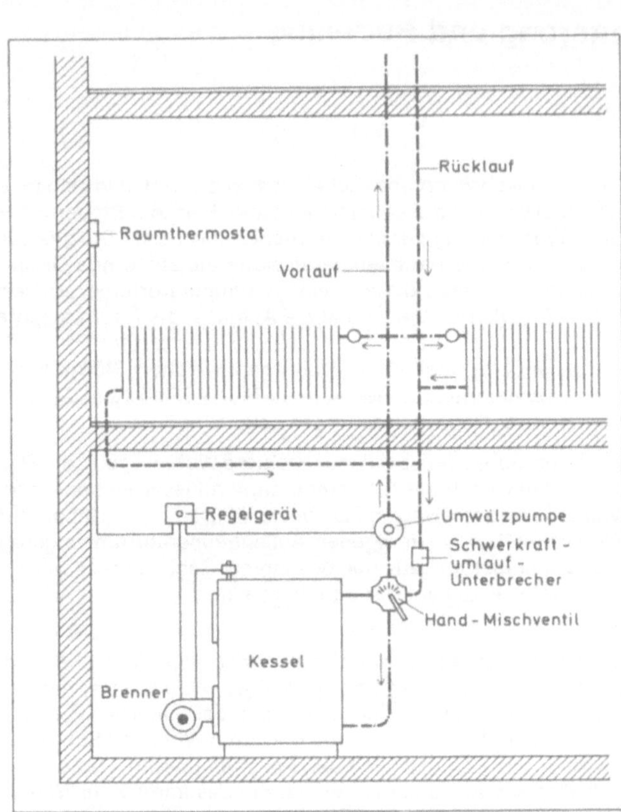

2 Pumpen-Warmwasserheizung mit Raumthermostat-Pumpenschaltung und handbetätigtem Heizwasser-Mischventil

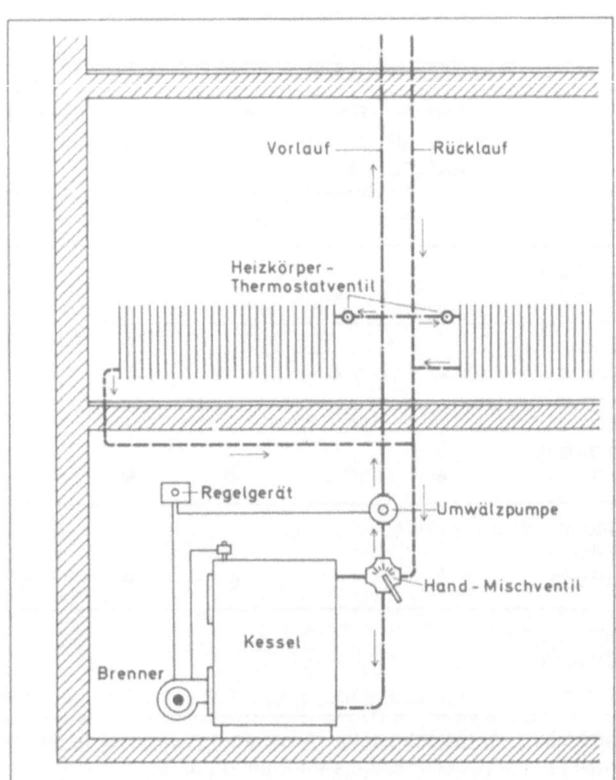

3 Pumpen-Warmwasserheizung mit handbetriebenem Heizwasser-Mischventil und Heizkörper-Thermostatventilen

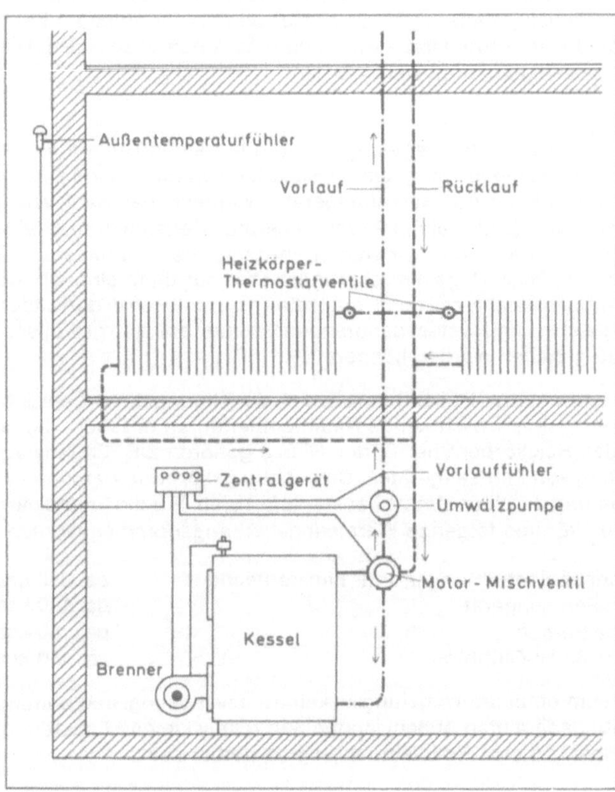

4 Pumpen-Warmwasserheizung mit Vorlaufregelung durch Außentemperaturfühler und Heizkörper-Thermostatventilen

Instationäres Heizen

Eine Heizungsanlage sollte dem Benutzungsrhythmus der Wohnung oder der sonstigen Aufenthaltsräume angepaßt sein. Man spricht dann von einem „instationären Heizen".
Hierbei dürfte die Nachtabsenkung am bekanntesten sein. Sie wird angewendet, um die Beheizung von Räumen während der Nachtstunden einzuschränken. Für Gebäude wie Büros und Schulen ist auch eine Wochenendabsenkung von Vorteil. Keinesfalls sollte aber die Heizung ganz abgestellt werden.
Die Nacht- oder Wochenendabsenkung soll in der Regel 4 bis 5° C unter der gewünschten Tages-Mitteltemperatur liegen. Es empfiehlt sich, die niedrigere Temperatur schon etwa eine Stunde vor Beginn der Nachtruhe einzustellen, denn die Temperatur sinkt langsam.
Um ein instationäres Heizen wirkungsvoll betreiben zu können, sind Heizungsanlagen und Reguliersysteme erforderlich, die sehr rasch auf die geänderten Einstellungen reagieren. Es muß sichergestellt sein, daß die volle Leistung der Heizungsanlage zum Aufheizen nach erfolgter Nacht- bzw. Wochenendabsenkung ausgenutzt werden kann. Nach dem Anstellen der Heizung erfolgt der Temperaturanstieg zunächst langsam, da ja zunächst das Wasser im Heizungsnetz auf die erforderliche Temperatur gebracht werden muß, bevor es Wärme an den Raum abgeben kann.
Zur Vermeidung von starken Schwankungen beim Übergang der einzelnen Betriebs- und Ruhepausen sind gut wärmespeichernde Raumumfassungen vorteilhaft → 1.
Für ein automatisch geregeltes instationäres Heizen empfiehlt es sich, die durch die Außentemperatur gesteuerte Vorlauftemperatur durch eine Zeitschaltuhr mit Tagesprogramm zu ergänzen → 2. Darauf können z. B. eingestellt werden:
- Nachtabsenkung,
- die morgendliche Aufheizung,
- Zwischenabsenkungen während des Tages,
- eine nochmalige Aufheizungsphase,
- die Nachtabsenkung.

Für größere Gebäude, wie z. B. Bürobauten und Schulen, lohnt sich eine Verfeinerung des Verfahrens der Temperaturabsenkung. Hierfür gibt es Regelgeräte, die aufgrund der Benutzungsfrequenz des Gebäudes die Heizungsanlage ein- bzw. ausschalten. Der Aufheizvorgang am nächsten Morgen erfolgt in Abhängigkeit von der im Gebäude nach Feierabend verbliebenen Restwärme. Es sind Einstellungen sowohl für die tägliche Nachtabsenkung wie auch für den Wochenendbetrieb möglich.

Außenwand beidseitig verputzt	Wandoberflächentemperatur 22 Uhr °C	Wandoberflächentemperatur 6 Uhr °C	Nachtabsenkung °C
60 cm Kalksand-Lochsteine	17.3	13.2	4.1
24 cm Kalksand-Lochsteine 6 cm Innendämmung	19.0	10.6	8.4
11,5 cm Kalksand-Lochsteine 6 cm Kerndämmung 11,5 cm Kalksand-Lochsteine	18.8	16.6	2.2
6 cm Außendämmung 24 cm Kalksand-Lochsteine	18.7	16.5	2.2
8 cm Außendämmung 8 cm Ziegelsplittbeton	18.5	17.1	1.4

1 Temperatur an der Innenoberfläche von 5 verschiedenen Außenwänden bei 20 °C Raumtemperatur nach Unterbrechung der Heizung von 22 Uhr bis 6 Uhr (8 Stunden) [9]

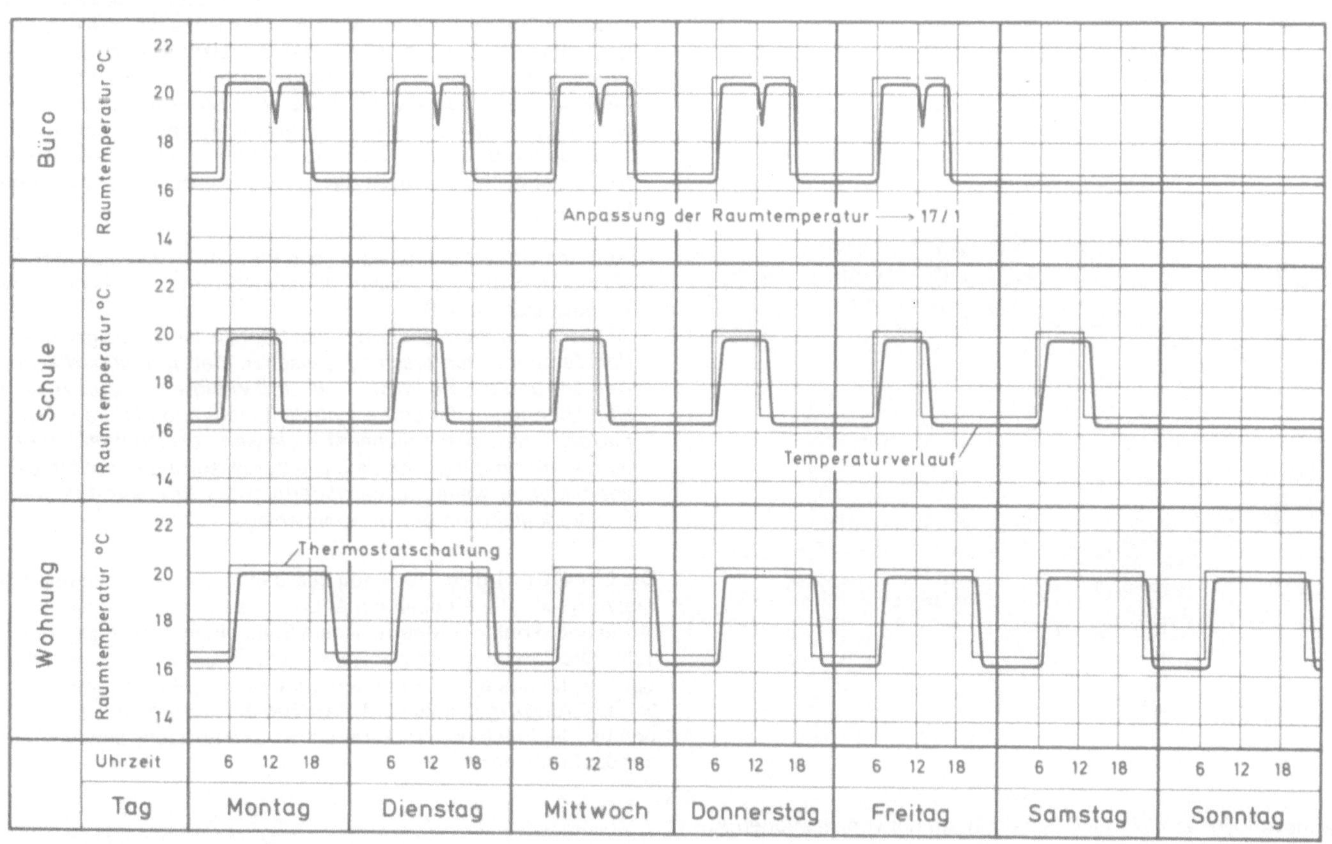

2 Beispiel der Wochen-Zeitschaltung in Wohnung, Schule und Büro.

Rohrleitungen

In der Heizungsanlagenverordnung zum EnEG ist vorgesehen, daß Wärmeverteilungsleitungen, deren Verlustwärme nicht in vollem Umfang genutzten Räume zugute kommt, gegen Wärmeverluste gedämmt werden müssen.

Eigentlich galt schon immer der Grundsatz, interne Verteilungsnetze so auszubilden, daß sie möglichst wenig Wärme abgeben. Die Wärmeverluste entstehen dabei durch Wärmeabstrahlung und Wärmeübertragung an Gebäudeteile, die von ihrer Zweckbestimmung her keiner Beheizung bedürfen.

Das Wärmeverteilungsnetz soll nicht nur gedämmt sondern auch sorgfältig berechnet werden, damit in die einzelnen Versorgungsabschnitte richtig bemessene Wärmeströme fließen können. Dies ist eine wichtige Voraussetzung für eine gute Regelfähigkeit der Gesamtanlage und für eine wirtschaftliche Betriebsweise.

Bei Leitungsschlitzen wird eine die Rohre umschließende Dämmung anstelle einer einfachen Ausstopfung der Schlitze empfohlen, dazu eine Flächendämmung der Schlitz-Rückseiten, sofern nicht eine durchgehende Außendämmung vorgesehen ist → 1.

Bei unter Putz verlegten Leitungen muß die Wärmedämmung auch die Wärmedehnung der Rohrleitungen aufnehmen können. Weiterhin empfiehlt es sich, Rohrleitungen körperschallisoliert einzubauen, um das lästige „Leitungsknacken" zu vermeiden.

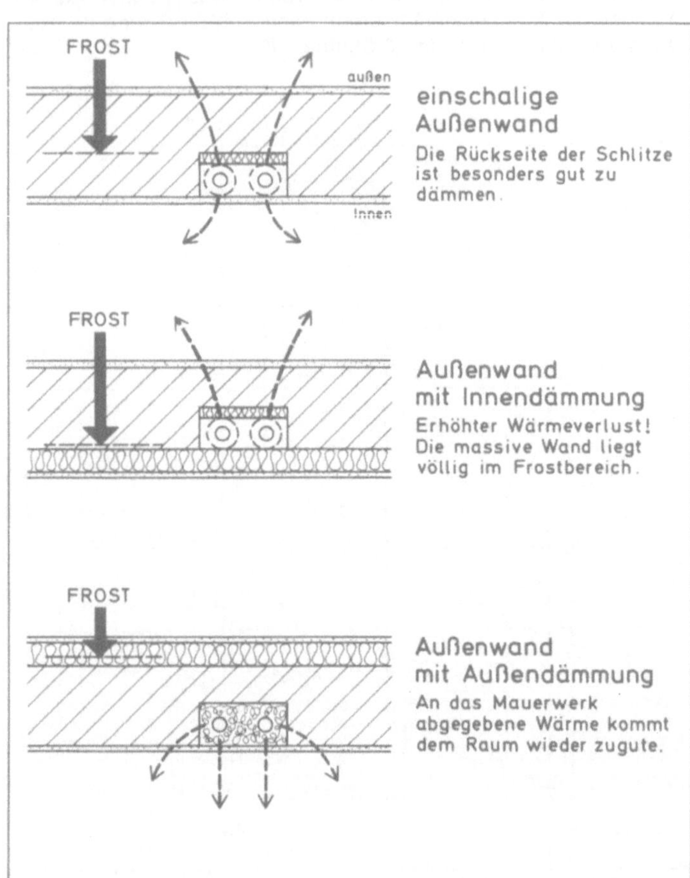

1 Wärmeverluste von Warmwasserleitungen bei verschiedenen Außenwänden.

DIN 4701 – Regeln für die Berechnung des Wärmebedarfs von Gebäuden

Gemäß der Heizungsanlagenverordnung zum EnEG sind Wärmeerzeuger so auszuwählen, daß die Wärmeleistung den nach der DIN 4701 zu ermittelnden Wärmebedarf nicht überschreitet. Soweit es den Architekten interessieren dürfte, wird in der zur Zeit noch gültigen Norm, Ausgabe Januar 1959 u. a. Folgendes ausgeührt:

- Die vorliegenden Regeln gelten in der Hauptsache für zentral-beheizte Gebäude, können jedoch sinngemäß auch für Gebäude mit anderen Heizungsarten angewendet werden. Sie schaffen einheitliche Unterlagen für die Bemessung von Heizungseinrichtungen.

- Der *Wärmebedarf* eines Gebäudes ist eine Gebäudeeigenschaft, die aus den Plänen des Gebäudes entsprechend den verwendeten Baustoffen errechnet wird. Der Wärmebedarf des Gebäudes ist die Grundlage für die Bemessung der Heizungsanlage. Er setzt sich zusammen aus dem *Transmissionswärmebedarf* und dem *Lüftungswärmebedarf*. Bei der Berechnung des Transmissionswärmebedarfes sind Zuschläge für Unterbrechung der Heizung, Ausgleich der kalten Außenflächen und der Himmelsrichtungen vorgesehen. Der Transmissionswärmeverlust eines Raumes ergibt sich aus den Wärmeverlusten von Fenstern und Türen, Außenwänden, Innenwänden, Fußboden und Decke. Der Lüftungswärmebedarf berücksichtigt die Aufheizung der durch die Fugen der Fenster und Türen einströmenden Kaltluft von der Außentemperatur auf die Raumtemperatur. Dabei sind Zuschläge bezüglich der *Raumkenngröße* und der *Hauskenngröße* vorgesehen. Der *Eckfensterzuschlagsfaktor* soll bei einer Neubearbeitung der DIN 4701 entfallen.

- Der *Wärmeverbrauch* eines Gebäudes ist nicht identisch mit dem Wärmebedarf; bei ihm zeigen sich die Unterschiede zwischen den tatsächlichen Stoffwerten der einzelnen Bauelemente und den angenommenen Rechenwerten. Der Wärmeverbrauch ist diejenige Energiemenge, die in der Benutzungszeit, z. B. in einem Jahr, für die Heizung abgegeben wird. Der Wärmeverbrauch ist weiterhin abhängig von den wechselnden Verbrauchsgewohnheiten und den im Beobachtungszeitraum herrschenden klimatischen Bedingungen. Schließlich hat auch die Betriebsweise der Heizungsanlage einen Einfluß.

- Auf eine sinnvolle heiztechnische Planung durch den Architekten und eine ordnungsgemäße Bauausführung wird in dieser Norm hingewiesen, so z. B.:
  Je besser der Wärmeschutz eines Bauteils ist, um so geringer wird der Temperaturunterschied zwischen der Innenoberfläche des Bauteils und der Raumluft. Luft- und Wandtemperatur zusammen sind aber neben der Luftfeuchtigkeit maßgebend für das Raumklima, das um so ausgeglichener ist, je weniger sich Wand- und Lufttemperaturen unterscheiden. Die Verbesserung des Wärmeschutzes bedeutet weiterhin Verringerung des Brennstoffverbrauches und Verkleinerung der Heizungsanlage.

Die DIN 4701 wird seit 1969 neu bearbeitet. Den wesentlichen Anstoß hierzu gaben die erheblichen Änderungen auf dem Gebiet der Baustoffe und -konstruktionen seit dem Erscheinen der Ausgabe im Jahre 1959. Die Fortschritte in der Regel- und Steuerungstechnik erlauben darüber hinaus eine Vereinfachung des Zuschlagverfahrens.
In den Grundzügen aber wird diese bewährte Norm unverändert bleiben und lediglich den Veränderungen und Fortschritten der Technik angepaßt werden.

Brauchwasserbereitung

Brauchwasser-Versorgungsanlagen dienen der Erwärmung und Verteilung des aus dem Leitungsnetz entnommenen relativ kalten Trinkwassers. Man unterscheidet → 1:

- *Zentrale Versorgung*, wobei alle Zapfstellen aus einem Warmwasserbereiter gespeist werden.
- *Teilzentrale Versorgung* (Gruppenversorgung); dabei werden örtlich nahe beieinanderliegende Zapfstellen von einem Warmwasserbereiter gemeinsam gespeist, während entfernt liegende Zapfstellen ihren eigenen Warmwasserbereiter erhalten.
- *Dezentrale Versorgung*. Jede Zapfstelle wird mit einem auf ihren speziellen Bedarf zugeschnittenen Warmwasserbereiter ausgestattet. Mit dieser Lösung ergeben sich zwar höhere Anschaffungskosten, der Vorteil ist eine optimale Anpassung an jeden Bedarfsfall bei geringen Wärmeverlusten, sparsamster Betriebsweise und einer einfachen Installation.

Die Wahl der Versorgungsart hängt von der Größe der Anlage, von der Grundrißgestaltung des Gebäudes und von der beabsichtigten Betriebsweise ab. Die Entscheidung hierüber sollte man dem Fachingenieur überlassen.

Als Verbrauch an Brauchwasser kann pro Tag und Person in etwa angenommen werden:
- 40 Liter bei einfachen Ansprüchen,
- 60 Liter bei mittleren Ansprüchen und
- 80 Liter bei hohen Ansprüchen.

Dies entspricht bei einer zentralen Versorgung einem Energieverbrauch von 100 bis 200 Liter Heizöl je Person und Jahr. Bei einem dreiköpfigen Haushalt kann der jährliche Heizölbedarf für die Brauchwasserbereitung 10 bis 20 % des Ölverbrauchs für die Wohnungsheizung ausmachen.

Wer für Badezwecke das warme Wasser wirtschaftlich nutzen will, wird dem Duschbad den Vorzug geben; der Wasserverbrauch und damit der Energiebedarf hierfür beträgt nur etwa 25 % gegenüber einem Vollbad.

Bei Duschbädern sollte man stets thermostatische Mischbatterien vorsehen. Es sind Armaturen, die Warm- und Kaltwasser temperaturabhängig mischen. Die gewünschte Temperatur wird eingestellt und die thermostatische Mischbatterie hält sie innerhalb gewisser Grenzen konstant.

Gemäß der Heizungsanlagenverordnung zum EnEG ist die Brauchwassertemperatur im Rohrnetz zu begrenzen. Außer der Energieeinsparung hat dies einen weiteren Vorteil: Es wird weniger Kalk aus dem Wasser ausgeschieden; Kalkablagerungen verringern den Wirkungsgrad der Wärmeübertragung, ein höherer Energieverbrauch ist die Folge.

Bei der Brauchwasser-Versorgung sollten die immer zahlreicher werdenden Schwimmbäder nicht übergangen werden. Etwa 80 % der Wärmeverluste eines Schwimmbeckens treten durch die Verdunstung an der Wasseroberfläche auf. Beheizte Schwimmbecken sollten daher in möglichst geschützter Lage gebaut werden. Außerhalb der Badezeit empfiehlt sich eine wärmedämmende Abdeckung.

Eine zentrale Brauchwassererwärmung hat den Vorteil, daß immer warmes Wasser in ausreichender Menge und Temperatur ohne Wartezeit zur Verfügung steht. Das warme Wasser wird über Zirkulationsleitungen bis zur Entnahmestelle praktisch laufend bereitgehalten. Dabei muß man allerdings mit relativ langen „Standzeiten" und verhältnismäßig geringen „Betriebszeiten" rechnen. Aufgrund der langen Standzeiten ist es erforderlich, die Zirkulationsleitungen des Warmwassernetzes besonders gut zu dämmen.

Mit der Zentralheizung gekoppelte Brauchwasser-Erwärmer werden vorzugsweise dort eingesetzt, wo ein ziemlich enges Netz von Entnahmestellen anfällt, wie z. B. im Wohnungsbau, im Krankenhaus, in Heimen und dergleichen mehr. Während der Sommerwochen ohne Heizungsbetrieb entstehen jedoch hohe Bereitschaftsverluste.
Ein getrenntes Betreiben von Heizkesseln und Brauchwassererwärmern ist dagegen effektiver. Dabei ist es möglich, im Winter mit dem Heizkessel den Brauchwassererwärmer zu koppeln und im Sommer den Direktbetrieb für die Bereitung von Brauchwasser zu wählen.

Bei Speicher-Brauchwasser-Erwärmern wird das Brauchwasser in einem Behälter direkt oder indirekt erwärmt und so lange gespeichert, bis es an den Verbrauchsstellen entnommen wird. Ist dem Speicher Brauchwasser entnommen worden, benötigt er eine bestimmte Aufheizzeit, bis wieder genügend erwärmtes Wasser zur Verfügung steht. Speicher-Brauchwassererwärmer können in den Heizkessel integriert sein. Für Speicher mit größerem Inhalt wird ein vom Heizkessel getrennter Aufstellungsort des Speichers gewählt, er kann sogar in einem anderen Raum untergebracht sein. Durch Leitungen ist er ähnlich wie ein Raumheizkörper mit dem Kessel verbunden.
Elektrisch beheizte Nachtstromboiler sollten besonders gut wärmegedämmt sein. Gegenüber Heizkesseln mit eingebauten Boilern sind die Stillstandsverluste relativ gering.
Erwärmtes Wasser in Boilern kann durch längeres Speichern an Qualität verlieren. Dadurch werden vor allem Sauerstoff und Kohlensäure im Wasser frei, die dann die Wandungen der Behälter angreifen.
Bei Durchlauferhitzern wird das kalte Wasser erst dann erwärmt, wenn durch Öffnen des Entnahmeventils Brauchwasser abfließt. Zur Erwärmung strömt das Kaltwasser durch eine Rohrschleife, die von außen beheizt wird.

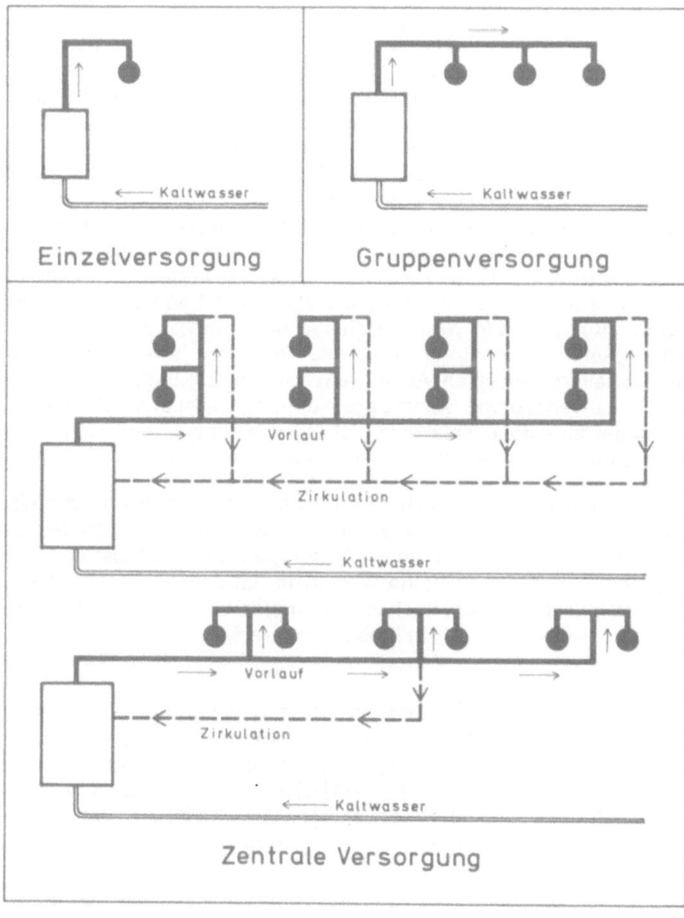

1 Die verschiedenen Brauchwasser-Versorgungssysteme.

Heizkostenerfassung

Grundsätzlich gilt, daß jede Art der Heizkostenerfassung bei den Verbrauchern, z. B. den Mietern, zu sparsamem Verhalten führt. Wer weiß, daß gemessen wird, der spart auch.

Nach neuesten Verlautbarungen soll zukünftig nur noch nach gemessenem Wärmeverbrauch – und nicht mehr nach der Wohnfläche – abgerechnet werden dürfen. Damit der Mieter aber in der Lage ist, seine Räume den jeweiligen Bedürfnissen anzupassen, sollten Thermostatventile an den Heizkörpern eingebaut werden → 57. Damit wärmetechnisch ungünstig gelegene Wohnungen nicht benachteiligt werden, wäre jedoch eine Berücksichtigung der Wohnfläche in solchen Fällen sehr sinnvoll.

Anders ist es bei Stockwerksheizungen. Hier ergeben sich keine Probleme, da für jede Wohnung ein eigener Energiezähler vorgesehen ist.

Bei der Heizkostenabrechnung sollte gerechterweise auch berücksichtigt werden, wie ein Mieter auf Kosten seiner Nachbarn die eigene Wohnung erwärmt. Bei einem derartigen „Wärmediebstahl" fließt dann Wärme von den beheizten nachbarlichen Wohnungen in seine eigenen Räume, ohne daß er hierfür zur Zahlung herangezogen wird. Dies geschieht jedoch meist unabsichtlich, z. B. bei Wohnungen von Berufstätigen, die tagsüber nicht benutzt werden. Derartige Mißstände können durch bauliche Maßnahmen zwar nicht verhindert, aber doch stark abgemindert werden, wie z. B. durch einen besseren Wärmeschutz der Wände, Decken und Fußböden zwischen den Wohnungen.

Für eine Abrechnung der Heizkosten mittels *Heizkostenverteiler* wird an jedem Heizkörper ein derartiges Gerät angebracht → 1. Es besteht aus einem Ganzmetallgehäuse mit guter Wärmeleitfähigkeit und hat Kennziffern, die Verwechslungen ausschließen; gegen unbefugten Einfluß ist das Gerät verplombt. Im Heizkostenverteiler befindet sich ein Röhrchen (Ampulle), das mit einer speziellen Flüssigkeit gefüllt ist. Sobald der Heizkörper Wärme abgibt, wird die jeweilige Temperatur der Heizkörperoberfläche auf die Meßflüssigkeit übertragen, die dann entsprechend der Wärmeeinwirkung verdunstet, und zwar so lange, wie der Heizkörper in Betrieb ist; wird er abgedreht und erkaltet, hört auch die Registrierung auf. Nach dem Ende der Heiz- bzw. Abrechnungsperiode wird die Menge der insgesamt verdunsteten Flüssigkeit in Stricheinheiten von der Skala des jeweiligen Heizkostenverteilers abgelesen. Auf diese Weise erhält man für die Heizkörper Strichwerte, deren Summe pro Wohnung Maßstab für die Berechnung der anteiligen Heizkosten ist. Für die kommende Heizperiode wird dann eine neue Ampulle eingesetzt.

Heizkostenverteiler zählen also keine Kalorien oder sonstigen physikalischen Einheiten, sie registrieren Relativwerte, sog. Striche. Danach wird üblicherweise die Hälfte der gesamten Heizkosten umgelegt; die verbleibende Hälfte wird dann nach einem festen Verteilungsschlüssel, zumeist nach Quadratmeter Wohnfläche, zur Abdekkung der anfallenden Grundkosten abgerechnet.

Beim *elektronischen Zentralwärmezähler* wird auf einer zentralen Tafel fortlaufend der Wärmeverbrauch pro Wohnung angezeigt; es sind beliebig viele Anschlüsse möglich → 63/2. Jeder Mieter kann sich sofort und jederzeit vom Stand seines Heizungswärmeverbrauchs überzeugen. Anstelle der sonst notwendigen vielen Meßpunkte in den einzelnen Wohnungen ist nur noch eine zentrale Ablesung erforderlich.

Als Meßbasis wird von der gemessenen mittleren Wohnungstemperatur ausgegangen. Hierzu wird innerhalb der einzelnen Wohnungen ein Fühler angebracht, der die Werte zum elektrischen Rechenwerk weitergibt.

Die zentrale Brauchwasserversorgung in einem Mehrfamilienhaus ist für die Mieter ein Energieliefersystem mit ziemlich erheblichen Betriebskosten. Diese dürfen nach den Bestimmungen der Neubaumietenverordnung von 1975 nach dem Verhältnis der Wohnfläche, der Einzelmiete oder nach dem Verbrauch umgelegt werden. Bei der Kostenabrechnung nach Einzelverbrauch werden entsprechende Meß- oder Registriereinrichtungen in die Brauchwasser-Zuleitungen zu den einzelnen Wohnungen eingebaut.

Bis heute haben sich zwei Arten der Verbrauchserfassung bewährt:
- Die Volumenmessung über Warmwasserzähler → 63/1;
- die Registrierung des Verbrauchs mittels Brauchwasserkostenverteilern (ähnlich der Heizkostenverteilung) → 2.

Um die sog. Vorhaltekosten abzudecken, ist eine Aufrechnung der Hälfte der Betriebskosten nach einem festen Maßstab üblich, wie z. B. bei der Heizung.

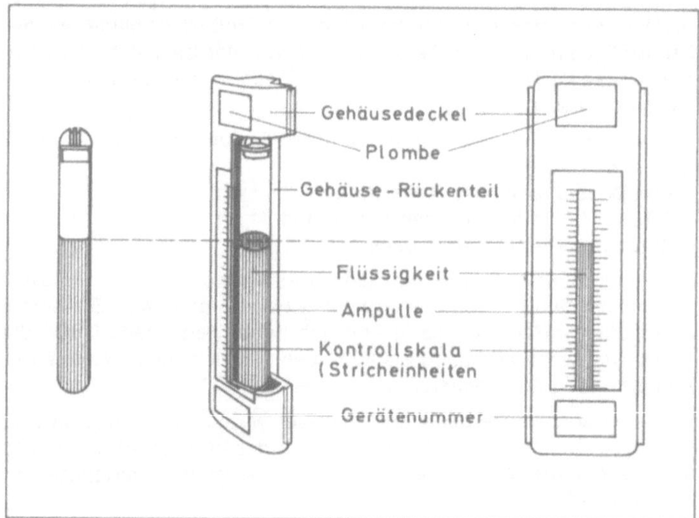

1 Heizkostenverteiler für Gliederradiatoren

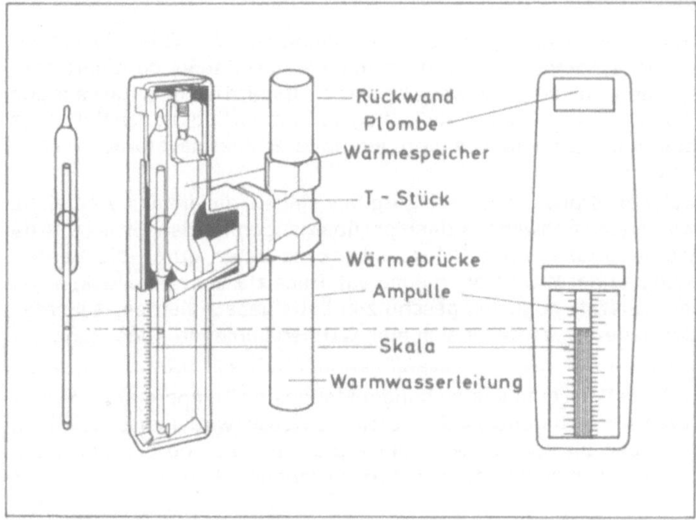

2 Warmwasserkostenverteiler für Leitungen unter Putz

Miete und Heizung

Mit der steigenden Zahl zentral beheizter Wohnungen steigen auch die Probleme und Streitigkeiten um diese moderne Beheizungsart. Aus diesem Grund hat sich der Deutsche Mieterbund veranlaßt gesehen, die Broschüre „Streitobjekt Heizung" herauszugeben, die in der 9. Auflage Ende 1976 erschienen ist. Darin wird u.a. ausgeführt:

Welche Vorschriften gelten?

Die Vorschriften des Bürgerlichen Gesetzbuches über die Miete enthalten keine Regelungen über die Rechtsbeziehung der Mietparteien bei der Wohnbeheizung. Deshalb mußten sich Gerichte in zunehmendem Maße der ungelösten Frage bei der Wohnungsbeheizung annehmen. Häufigste Streitpunkte sind die Dauer der Heizperiode und die durchschnittliche Mindesttemperatur der Wohnung. Es kann deshalb nur empfohlen werden, die wichtigsten Punkte über die Wohnungsbeheizung in den Mietvertrag aufzunehmen.

Dauer der Heizperiode

Gesetzliche Regelungen über die Dauer der Heizperiode bestehen nicht, es kommt vielmehr auf die vertraglichen Vereinbarungen an. In den Mietverträgen wird vielfach als Heizperiode die Zeit vom 1. Oktober bis 30. April bestimmt. In zunehmendem Maße wird jedoch als Heizperiode die Zeit vom 15. September bis 15 Mai angenommen.

Wie lange muß täglich geheizt werden?

Als Zeitraum, für den in der Heizperiode die Mindesttemperatur vom Vermieter täglich zur Verfügung zu stellen ist, wird häufig die Zeit von 7 bis 21 Uhr festgelegt. Unter Berücksichtigung der veränderten Lebensgewohnheiten (frühes Aufstehen, abends langes Fernsehprogramm) wird man davon ausgehen müssen, daß in der Wohnung für die Zeit von 6 Uhr morgens bis 24 Uhr abends über die vertragsmäßige Temperatur verfügt werden kann.

Welche Zimmertemperatur kann verlangt werden?

Auch hierüber gibt es keine gesetzlichen Bestimmungen. Nach § 536 BGB ist der Vermieter lediglich verpflichtet, dem Mieter den Gebrauch der Wohnung während der Mietzeit zu gewähren. Bei Vorhandensein einer zentralen Heizung gehört hierzu auch die Pflicht des Vermieters, für eine Beheizung der Wohnung zu sorgen. Als niedrigste Temperatur findet man in älteren Mietverträgen 18°C, in neueren Mietvertragsformularen wird mitunter eine Zimmertemperatur von 22°C vereinbart.

– Anmerkung des Verfassers –

Die zu vereinbarende Mindesttemperatur sollte auch den Gebäudezustand berücksichtigen, sofern ein behagliches Raumklima erzielt werden soll.

- Bei Gebäuden mit Mindest-Wärmeschutz ist hierfür sicherlich eine Raumtemperatur von mind. 22°C erforderlich.
- Bei Gebäuden mit erhöhtem oder gar optimalem Wärmeschutz wird man dagegen immer mit 20°C auskommen.

Die Heizkosten

Nach den derzeitigen Regelungen gehören zu den umlagefähigen Heizungskosten:

- Die Kosten für Brennstoff und dessen Beschaffung;
- die Kosten für den elektrischen Strom zum Betrieb einer Umwälzpumpe;
- bei Ölheizung die Kosten für den Betrieb des Brenners und ggf. der Ölpumpe;
- die Bedienungskosten.

Wenn es im Mietvertrag vereinbart ist, dürfen auf die Mieter außerdem abgewälzt werden:

- die Kosten der Kessel- und Tankreinigung sowie des Störungsdienstes;
- die Kosten der Schornsteinreinigung;
- die Wartungskosten;
- die Kosten des Wärmemeßdienstes.

Folgende Kosten für die Zentralheizungsanlage können nicht auf die Mieter abgewälzt werden:

- Reparaturen und Ersatzbeschaffungen;
- die Kosten für das Trockenheizen von Neubauten.

Die Heizkostenabrechnung

Der Vermieter ist dem Mieter gegenüber verpflichtet, über die Heizkosten abzurechnen. Hierzu hat der Vermieter dem Mieter eine nachprüfbare Abrechnung vorzulegen, in der die gesamten Heizkosten enthalten sind und auch angegeben ist, wie sich der Anteil des Mieters aufschlüsselt.

Das Umlegeverfahren für die Heizkosten ergibt sich aus dem Mietvertrag. Dabei wird auf folgende Möglichkeiten hingewiesen:

- Umlegung nach Wohnfläche der beheizten Räume;
- Umlegung nach Heizkörperfläche;
- Umlegung nach der Wohnfläche aller, also auch der nicht beheizten Räume;
- Umlegung durch Wärmemesser oder Heizkostenverteiler.

Warmwasser

Erhält der Mieter warmes Wasser aus einer zentralen Warmwasserversorgungsanlage, so gelten für Mieter und Vermieter die gleichen Rechte und Pflichten wie bei der Zentralheizung. Als ausreichende Wassertemperatur sind etwa 50°C anzusehen.

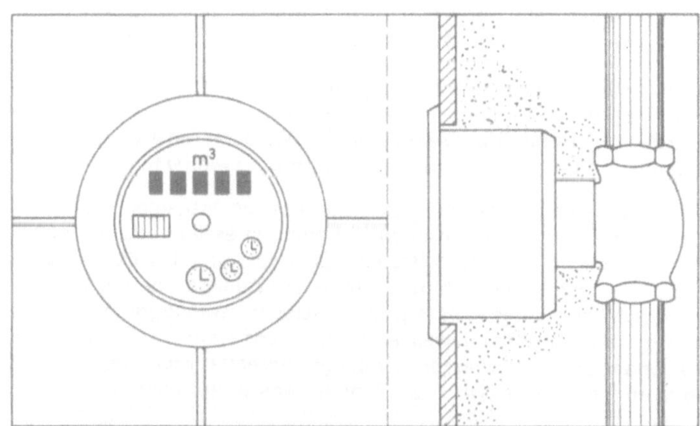

1 Unterputz-Wasserzähler für Kalt- und Warmwasser.

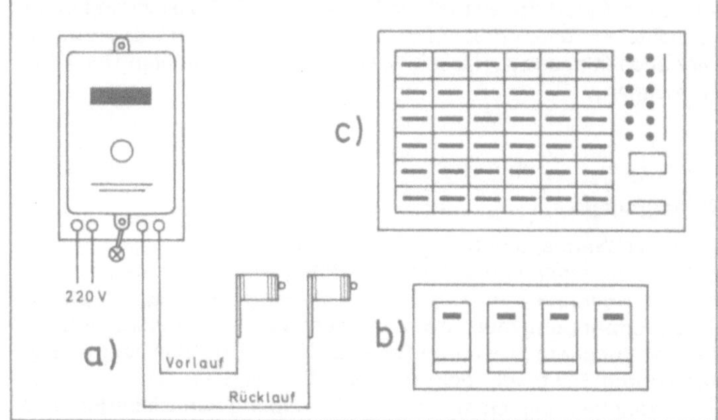

2 Elektronische Wärmezähler: a) ein Zähler für jede Wohnung; b) Zählergruppe z.B. für 4 Wohnungen; c) Zentral-Wärmezähler z.B. für 36 Wohnungen.

Energieeinsparung durch Wärmerückgewinnung

Die Energiekrise 1973/74 war auch der Anlaß für besondere Bemühungen zur Schaffung von Einrichtungen, mit denen ein Teil der einem Gebäude zugeführten Energie zurückgewonnen werden kann. Der sich dabei ergebende Energiekreislauf wird nach dem Prinzip betrieben, Abwärme weitgehend zu nutzen und sie nicht an die Umgebung abzugeben, so wie es bisher überwiegend geschieht. Grundsätzlich können zwei Kreisläufe gebildet werden:
- Für Heizung und Klimatisierung,
- zur Deckung des Warmwasserbedarfs.

Die für diesen Prozeß notwendigen Geräte stehen in Form von Wärmepumpen und wärmeaustauschenden Apparaten zur Verfügung (sog. Rekuperatoren und Regeneratoren).

Die *rekuperative Energie-Rückgewinnung* basiert auf dem direkten Wärmeaustausch zwischen einem Luftstrom mit höherem und einem solchen mit niedrigem Energieniveau.

Die *regenerativen Energie-Rückgewinnungssysteme* verwenden dagegen Speichermassen, die abwechselnd mit dem wärmegebenden und dem wärmeaufnehmenden Medium in Berührung gebracht werden. Bei den bekannten Systemen wird die Speichermasse kontinuierlich gedreht und dadurch abwechselnd in Kontakt mit dem An- und dem Abluftstrom gebracht. Bei raumlufttechnischen Anlagen ist die Wärmerückgewinnung schon länger bekannt, denn bei Betrieb derartiger Anlagen kann der Wärmebedarf kaum durch bauliche Maßnahmen, wie z. B. besseren Wärmeschutz, verringert werden.

Um die Wärmeentwicklung der *Beleuchtungseinrichtungen* für Heizzwecke nutzbar zu machen, verwendet man sog. Klimaleuchten. Sie werden von Kühlluft umblasen, die die Wärme in die Kanäle der Klimaanlage einführt und so für die Raumheizung wieder nutzbar macht.

Bei der zweiten Art des Energiekreislaufes in der Haustechnik, bei der Deckung des Warmwasserbedarfs, kommt in erster Linie die Rückführung der Abwärme von Brauchwasser aus Bad, Dusche, Waschmaschine und Spülmaschine in Frage. Zur Rückgewinnung von Abwasserwärme eignen sich Doppelrohr-Gegenstromaggregate, wobei z. B. das warme Schmutzwasser im Innenrohr strömt und kaltes, vorzuwärmendes Frischwasser in entgegengesetzter Richtung im Mantelraum fließt. Dabei wird das Schmutzwasser auf eine Temperatur abgekühlt, die 3 bis 5° C über der Temperatur des kalten Wassers liegt.

In der Rechtsverordnung zu § 2 des Energieeinsparungsgesetzes (EnEG) – der Heizungsanlagenverordnung – werden die Möglichkeiten dieses Paragraphen nicht voll ausgeschöpft. So ist vorerst darauf verzichtet worden, Vorschriften über den Einsatz von Wärmerückgewinnungsanlagen zu erlassen. Mit einer späteren Regelung ist jedoch zu rechnen.

Wärmepumpe

Mit einer Wärmepumpe kann die niedrige, an sich nicht nutzbare Temperatur einer vorhandenen Wärmequelle (Grundwasser, Erdreich, Umgebungsluft, Flußwasser, Oberflächenwasser, Abwasser) durch Aufbringung mechanischer Energie auf eine höhere, nutzbare Temperatur gebracht werden. Die erforderliche mechanische Energie kann durch Elektrizität oder Brennstoff erzeugt werden.
Wärmepumpen eignen sich für die Betreibung von Niedertemperatur-Heizungen bis zu etwa 50°C. Es werden deshalb entsprechend große Heizflächen gebraucht, wie z. B. Warmwasser-Fußbodenheizungen.

In der Wärmepumpe wird ein Arbeitsmittel – eine schon bei sehr niedriger Temperatur siedende Flüssigkeit, auch als Kältemittel bezeichnet – in einen Kreislauf geführt → 65/1.

Im *Verdampfer* wird das flüssige Arbeitsmittel verdampft, wozu Verdampfungswärme erforderlich ist. Die Wärme, die das Kältemittel verdampfen läßt, kann einem Luftstrom entzogen werden, der über den Verdampfer geleitet wird. Der Arbeitsmittel-Dampf wird laufend von dem *Verdichter* angesaugt und unter hohem Druck verdichtet, wodurch sich die Temperatur des Dampfes erhöht. Die mechanische Verdichtungsarbeit wird in Wärme umgewandelt, und mit der Druckerhöhung wird auch die Siedetemperatur des Arbeitsmittels erhöht. Unter nunmehr erhöhtem Druck gelangt der Arbeitsmitteldampf in den *Verflüssiger*, der z. B. von einem Wasserstrom umspült wird. Die Temperatur des Wasserstromes ist geringer als die durch Druck erhöhte Kondensationstemperatur des Arbeitsmittels (Kältemittel). Der Dampf wird wieder flüssig, er kondensiert. Die im Verdampfer aufgenommene Wärme (vermehrt um die durch Verdichten zugeführte Wärme) wird im Verflüssiger durch Kondensieren wieder frei und an den Wasserstrom abgegeben. Um den Kreislauf zu schließen, wird das Arbeitsmittel in den Verdampfer zurückgeführt. In die Leitung ist ein *Expansionsventil* eingebaut, in dem das Arbeitsmittel vom hohen Druck des Verflüssigers auf den niedrigen Druck des Verdampfers entspannt wird. Durch die plötzliche Druckverringerung wird die Siedetemperatur wieder unterschritten. Ein kleiner Teil der Flüssigkeit verdampft und entzieht die erforderliche Verdampfungswärme dem noch flüssigen Anteil. Das Arbeitsmittel kühlt deutlich ab. Beim Eintritt in den Verdampfer sind der Anfangsdruck und die Anfangstemperaturen wieder gleich. Der Kreislauf ist geschlossen.

Die Wirtschaftlichkeit einer Wärmepumpe beurteilt man nach der *Leistungsziffer* ε; sie ist das Verhältnis von Nutzen zu Aufwand. Die Leistungsziffer, und damit die Wirtschaftlichkeit, werden maßgebend von der Wärmequelle bestimmt, aus der die niedrige Temperatur entnommen werden soll.

In vereinfachter Form läßt sich die Leistungsziffer an einem Beispiel darstellen:

3 Teile (75 %)	kostenlose Energie werden vom Verdampfer aus der Umwelt aufgenommen.
1 Teil (25 %)	kostenpflichtige Energie wird zum Betrieb des Kompressors benötigt.
4 Teile (100%)	Energie in Form von Nutzwärme gibt der Kondensator ab.

Die Leistungsziffer ε beträgt in diesem Fall $4/1 = 4{,}0$.

Als verwendbare Wärmequellen für die Heizung unter Einsatz einer Wärmepumpe kommen in Frage:
- Sonnenenergie und die damit gefüllten Energiespeicher: Erdreich, Luft, Grundwasser, Fluß-, See- und Meerwasser.
- Rückgewinnbare Wärmemengen aus Abluft, Abwässern, Beleuchtungsanlagen, Maschinenwärme.
- Prozeß-Abwärme aus Industrie und Kraftwerken.

Erdwärme

Das Erdreich mit seiner großen Masse hält die im Sommer eingestrahlte Wärme auch im Winter fest; es bildet gewissermaßen einen Langzeit-Wärmespeicher für die Sonnenenergie.

Soll das Erdreich als Wärmequelle dienen, ist Voraussetzung das Vorhandensein
- einer unbebauten Bodenfläche von mindestens der zwei- bis dreifachen Größe der zu beheizenden Wohnfläche, in der das notwendige Kunststoffrohrnetz in 1,4 bis 1,8 m Tiefe unter Erdreichniveau verlegt werden kann, und
- eines wärmeleitenden wasserführenden Bodens (trockener Sand, Kies oder Felsböden sind ungeeignet).

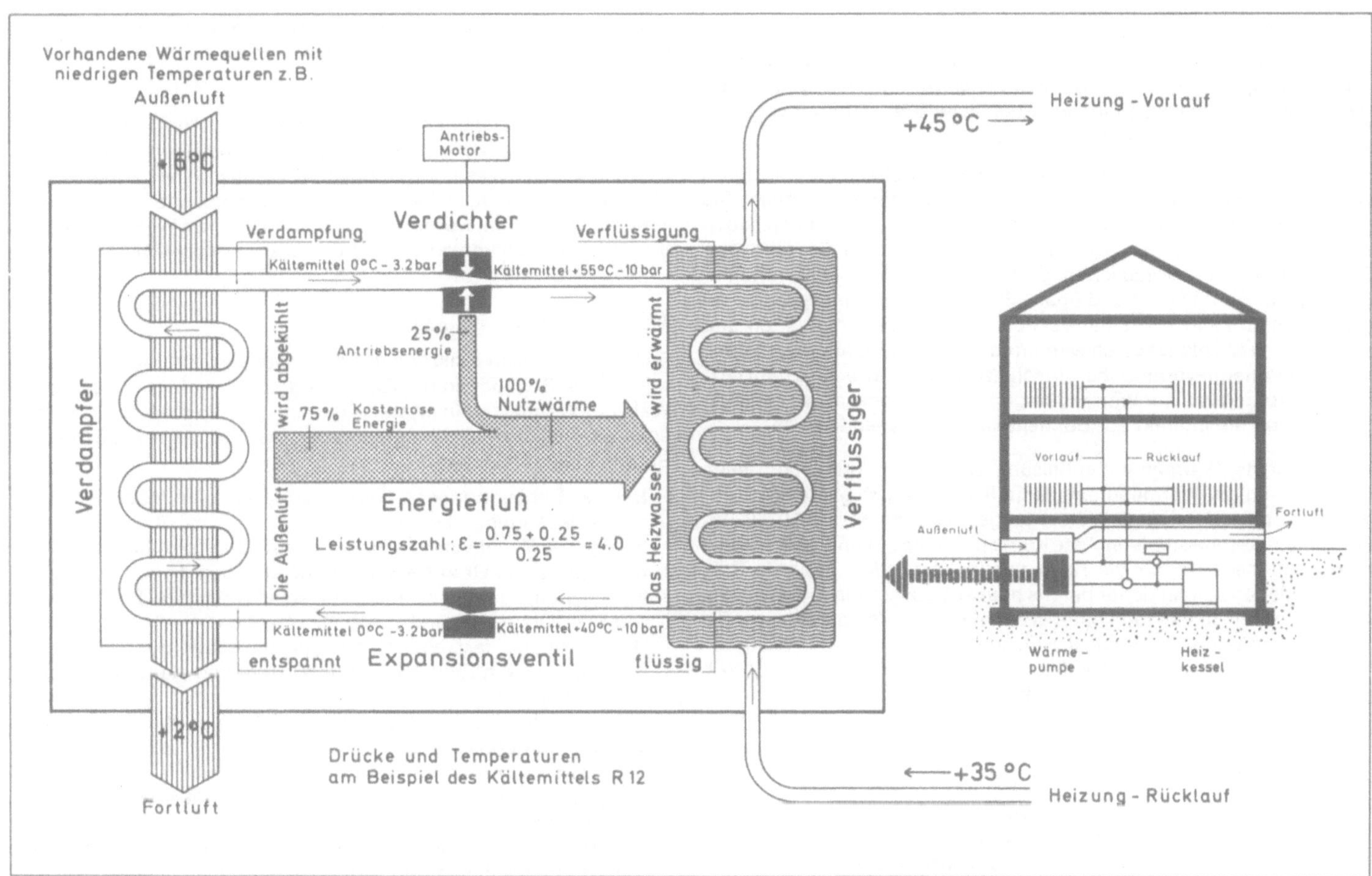

1 Funktionsschema der nach dem Kompressionsprinzip arbeitenden Umgebungsluft-Heizwasser-Wärmepumpe, nach Stoy [8].

Das in das Erdreich verlegte und an die Hauswärmepumpe angeschlossene Rohrschlangensystem wird mit Sole gefüllt und nimmt die Erdtemperatur an. Soll das Haus beheizt werden, so wird die Sole durch eine Umwälzpumpe in Umlauf gebracht. In der Hauswärmepumpe wird dann ihre Wärme „hochgepumpt" und an das Heizungswasser abgegeben. Die dann abgekühlte Sole erwärmt sich im Rohrschlangensystem des Erdreichs erneut für den nächsten Einsatz.

Bei dem Einsatz von Erdwärme hat die Wärmepumpe mindestens die Leistungsziffer 3,0. Das bedeutet, daß die Heizenergiemenge zu $^2/_3$ aus dem Energieinhalt des Erdreichs und zu $^1/_3$ aus elektrischer oder sonstiger Hilfsenergie erzeugt wird.

Grundwasser

Grundwasser bietet die günstigste Möglichkeit der Wärmeversorgung aus der Umwelt. Seine Temperatur ist im Sommer und im Winter relativ konstant bei +8 bis +12°C.
Für die Entnahme von Grundwasser wird ein Brunnen gebraucht. Sein Standort richtet sich nach örtlichen Gegebenheiten.

Soll das Haus beheizt werden, so schaltet die Hauswärmepumpe die Brunnenpumpe ein und entnimmt dem geförderten Grundwasser Wärme. Diese Wärme wird „hochgepumpt", an das Heizungswasser abgegeben und durch eine im Gerät befindliche Umwälzpumpe in die Heizfläche befördert. Das abgekühlte Grundwasser wird in einen Sikkerbrunnen, der im Abstand von mindestens 15 Metern vom Entnahmebrunnen zu erstellen ist, abgeleitet.

Bei diesem Vorgang werden die Wasserverhältnisse des Bodens nicht verändert und die Wasserqualität nicht beeinträchtigt. Es erfolgt lediglich eine Temperaturabsenkung des Wassers von max. 4°C. Im Gegensatz zur Energiequelle Erdboden werden praktisch keine Flächen benötigt. Die Leistungsziffer der Grundwasser-Wärmepumpe beträgt etwa 3,5.

Umgebungsluft

Die Energiequelle Umgebungsluft steht als Wärmequelle überall ausreichend zur Verfügung. Bei kalten Außentemperaturen steigt der für die Nutzbarmachung des Wärmeinhalts der Umgebungsluft erforderliche Antriebs-Energiebedarf jedoch stark an. Es wird deshalb empfohlen, die Wärmepumpe an den wenigen sehr kalten Tagen außer Betrieb zu setzen und die Wärmebedarfsdeckung durch einen konventionellen Brennstoff-Heizkessel zu sichern. Bei Umgebungsluft-Wärmepumpen liegt die über die Heizperiode ermittelte Leistungsziffer etwas unter 3,0 und beträgt an sehr kalten Wintertagen nur noch wenig über 1,5.

Vorgeschlagen wird auch die Verwendung von vorgewärmter Umgebungsluft. Die geringfügige Vorwärmung kann an kalten Wintertagen durch Wärmeverluste der Hausfassade an den Hohlraum hinterlüfteter Fassadenverkleidungen erfolgen: möglich ist auch eine Vorwärmung bei Sonnenstrahlung durch das Dach mit dunkelfarbiger Eindeckung.

Die bivalente Heizung

Um das Spitzenproblem an den wenigen kalten Wintertagen zu lösen, hat Stoy [8] seit 1973 eine bivalente (zweiwertige) Heizung vorgeschlagen. Dabei werden eine herkömmliche Brennstoffheizung und eine Wärmepumpenanlage gekoppelt.

Bei Unterschreiten einer mittleren täglichen Außentemperatur von etwa +3°C ist ausschließlich die Brennstoffheizung in Betrieb. Sie muß demnach für den höchsten Wärmebedarf des zu beheizenden Gebäudes ausgelegt sein. Die Wärmepumpe ist nur für die Hälfte dieses Wärmebedarfs vorzusehen, da sie unterhalb von +3°C automatisch außer Betrieb geht und über +3°C die Wärmeversorgung allein übernehmen kann. Trotz der Verwendung zweier Energiearten und damit höherer Anlagekosten werden solche Heizsysteme wegen ihres geringen Energieverbrauchs wirtschaftlich sein. Etwa 70% der Heizwärme werden von der Wärmepumpe geliefert, wobei etwa die Hälfte der Heizwärme indirekt auf Sonnenenergie entfallen können.

Die bivalente Wärmepumpenheizung dürfte bei fortgeschrittener Entwicklung der Wärmepumpentechnik und bei geeigneter Tarifgestaltung der Elektrizitäts-Versorgungsunternehmen (EVU) wahrscheinlich das aussichtsreichste Konzept für die zukünftige Nutzung von Sonnenenergie für die Raumheizung darstellen. Zentrale Heizungsanlagen sollten daher bereits heute so ausgeführt werden, daß die zusätzliche Installation einer Wärmepumpe jederzeit ohne große Änderungsarbeiten möglich ist. Nützliche Hinweise hierzu sind in einem von der Rheinisch-Westfälischen-Elektrizitätswerk AG (RWE) herausgegebenen Merkblatt enthalten.

Sonnenenergie

Sonnenenergie kann über Sonnenzellen in elektrischen Strom umgewandelt oder über Sonnenkollektoren als Nutzwärme aufgefangen werden. Für die Raumheizung mit Sonnenstrahlungsenergie während der Hauptheizperiode sind die geographischen und klimatischen Bedingungen der Bundesrepublik nicht günstig. Von November bis Februar ist die Sonneneinstrahlung so gering, daß selbst bei Ausschöpfung aller derzeitig bekannten technischen Möglichkeiten nur geringe Energiegewinne erzielt werden können. Im ungünstigsten Monat Dezember beträgt die Einstrahlung nur 1/8 der Sommermonate → 1,2. Bei der Sommer-Brauchwasserbereitung mit Sonnenkollektoren lassen sich bessere Ergebnisse als bei der Raumheizung erzielen.

Das Prinzip der *Sonnenkollektoren* (Sammler) beruht auf der Wärmeabsorption schwarzer Körper. Die gewonnene Energie wird durch Konvektion an Wasser abgegeben. Wird das so erwärmte Wasser nicht sofort benötigt, sollte es in einem gut gedämmten Warmwasserspeicher gesammelt werden. Bei anhaltend trübem Wetter ist auch im Sommer eine Nacherwärmung des Wasser erforderlich.

Bauliche Voraussetzungen

Für den sinnvollen Einsatz von Sonnenkollektoren und Wärmepumpen ist das Gebäude in der Gestaltung, im Wärmeschutz und in der Wahl des Wärmeverteilersystems darauf abzustimmen. Von der Deutschen Gesellschaft für Sonnenenergie (DGS) werden hierzu folgende Empfehlungen gegeben:

- Bei der Bebauung eines Grundstücks auf eine möglichst ungestörte Besonnung des Hauses achten.
- Eine große Dachfläche nach Süden ausrichten, wobei Steildächer mit mehr als 40 Grad Neigung zu bevorzugen sind.
- Im Heizraum genügend Platz für solartechnische Einrichtungen wie Wärmetauscher und Speicher vorsehen.
- Dachraum und Heizkeller durch einen Installationsschacht verbinden, damit nachträgliche Rohrleitungen und Kabel eingezogen werden können.
- Heizsysteme anwenden, die mit Vorlauf-Temperaturen von weniger als 50°C betrieben werden können.
- Die Warmwasserbereitung getrennt vom Heizkessel vornehmen, damit sie wahlweise von der konventionellen Heizung oder von der Solaranlage versorgt werden kann.
- Bei der Warmwasserversorgung Direktanschlüsse für Verbraucher wie Waschmaschinen und Geschirrspüler installieren.
- Platz für den Einbau eines Langzeitspeichers von mehreren Kubikmetern Fassungsvermögen einplanen.

Der Wärmeschutz eines so beheizten Hauses sollte mindestens die Stufe „wirtschaftlich optimaler Wärmeschutz" erreichen, eher aber darüber liegen.

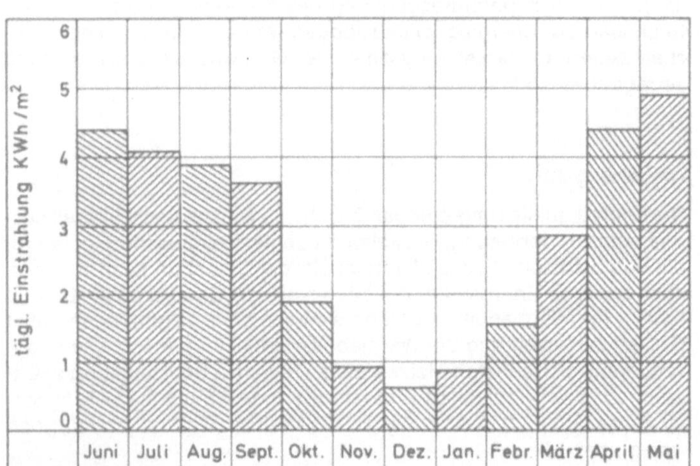

1 Mittelwerte der täglichen Einstrahlung auf eine 45 Grad nach Süden geneigte Fläche in Hamburg 1952 bis 1954 (Quelle: W. Collmann, Deutscher Wetterdienst) [10].

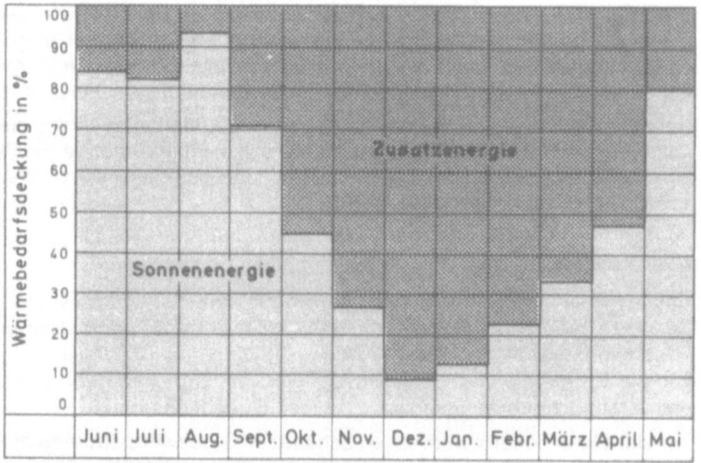

2 Solare Brauchwassererwärmung – Energiegewinnung und Zusatzenergiebedarf, ermittelt im Jahre 1975 [10].

Heizgradtage

In der Wärmeschutzverordnung werden für die Anwendungsbereiche gemäß den Paragraphen 4 und 7 jährliche Heizperioden von mehr als 4 bzw. 3 Monaten genannt. In den Entwürfen zu dieser Verordnung war jedoch eine Einstufung nach Mindest-Heizgradtagen vorgesehen:

- § 4 für Betriebsgebäude, die mehr als 1500 Heizgradtage und
- § 7 für Sport- und Versammlungsgebäude, die mehr als 1250 Heizgradtage beheizt werden.

Um den Wärmeverbrauch einer Heizperiode zu ermitteln, zu kontrollieren und zu vergleichen, hat man in der Heiztechnik den Begriff der *Gradtage* eingeführt. In den VDI-Richtlinien 2067 sind klimatische Daten deutscher Orte als Mittelwert von 1881 bis 1930 aufgeführt. Das Zentralamt des Deutschen Wetterdienstes in Offenbach hat für den 20jährigen Beobachtungszeitraum 1951 bis 1971 das meteorologische Datenmaterial von 134 Stationen in der Bundesrepublik Deutschland einschließlich Berlin (West) aufbereitet und ausgewertet, um für die Heizzeit (1. September bis 31. Mai) → 1 folgende Werte zu bestimmen → 68:

- die mittlere Zahl der Heiztage z
- die mittlere Lufttemperatur aller Heiztage t_z
- die mittlere Gradtagzahl Gt
- das tiefste übergreifende Zweitagesmittel der Lufttemperatur 20mal in 20 Jahren t_{n20}
- das tiefste übergreifende Zweitagesmittel der Lufttemperatur 10mal in 20 Jahren t_{n10}

Voraussetzung für die tabellarische Erfassung der Mittelwerte aus 20 Jahren Beobachtung sind eine Heizgrenztemperatur von 15 °C – diese ist identisch mit einem Tagesmittel der Lufttemperatur – und eine mittlere Raumtemperatur von 20 °C.

Das Tagesmittel der Lufttemperatur wird nach folgender Formel bestimmt:

$$t = \frac{t_7 + t_{14} + 2 \times \cdot t_{21}}{4} \text{ in °C,}$$

dabei bedeuten:

t_7 Lufttemperatur, gemessen um 7 Uhr in °C
t_{14} Lufttemperatur, gemessen um 14 Uhr in °C
t_{21} Lufttemperatur, gemessen um 21 Uhr in °C

Ein Heiztag ist ein Tag, an dem das Tagesmittel der Lufttemperatur unter 15 °C liegt.

Die Gradtagzahl ist die Summe der Differenzen zwischen der mittleren Raumtemperatur und dem Tagesmittel der Lufttemperatur während der Heiztage. Die Formel lautet:

$$Gt = z \sum (t_i - t_{mk})$$

dabei bedeuten:

Gt Gradtagzahl
t_i mittlere Raumtemperatur von 20 °C (als Konstante)
t_m Tagesmittel der Lufttemperatur in °C
z Zahl der Heiz- bzw. Kalendertage

Das tiefste übergreifende Zweitagesmittel der Lufttemperatur t_{n20} gibt die Temperatur an, die in einem zwanzigjährigen Zeitraum nur 20mal unterschritten oder höchstens erreicht wurde. Das tiefste übergreifende Zweitagesmittel der Lufttemperatur t_{n10} gibt die Temperatur an, die in einem zwanzigjährigen Zeitraum nur 10mal unterschritten oder höchstens erreicht wurde. Die Ergebnisse der Untersuchung werden in die Neufassung der Richtlinie VDI 2067 Bl. 1 „Wirtschaftlichkeitsberechnung von Wärmeverbrauchsanlagen, betriebstechnische und wirtschaftliche Grundlagen" aufgenommen.

Als tiefste mittlere Außentemperaturen bei Höhenlagen über 1500 Meter sollten folgende Bemessungstemperaturen angewendet werden, so wie sie in der Ö-Norm B 8110 festgelegt sind:

1500 bis 2000 Meter Höhe: −21 °C
2000 bis 2500 Meter Höhe: −24 °C
über 2500 Meter Höhe: −27 °C

Mit Hilfe dieser neueren Daten → 68 ist es dem Projektingenieur möglich, die Heizungen präziser zu planen als bisher, wo lediglich nach 3 Wärmedämmgebieten unterschieden wurde.

Der jährliche Verlauf der mittleren Außentemperaturen sowie der anteilige Wärmebedarf je Monat vom Jahreswärmebedarf sind in anschaulicher Form in der untenstehenden Übersicht dargestellt → 1.

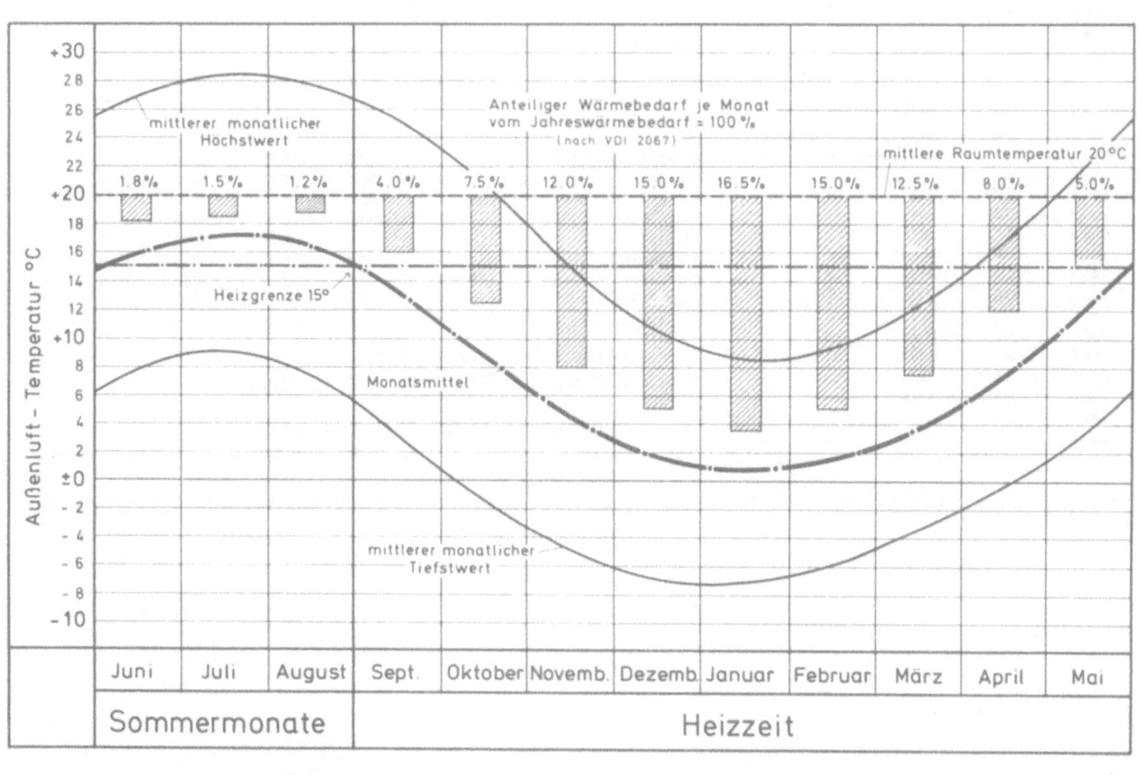

1 Jährlicher Verlauf der mittleren Außentemperatur sowie anteiliger Wärmebedarf je Monat vom Jahreswärmebedarf

Stationen	Seehöhe mNN	z	t_z	Gt	t_{n20}	t_{n10}
Baden- Württemberg						
Baden-Baden	211	247.4	6.0	3478	−10	−11
Badenweiler	412	244.8	5.6	3533	−12	−13
Buchen	350	259.4	4.4	4040	−13	−14
Donaueschingen	710	266.0	3.5	4387	−15	−16
Freiburg i. Brsg.	269	236.8	6.1	3306	−11	−12
Freudenstadt	797	264.3	3.5	4350	−14	−15
Friedrichshafen	401	249.5	5.1	3717	−11	−12
Heidelberg	112	235.7	6.3	3226	− 9	−10
Heidenheim	515	261.5	4.0	4195	−14	−16
Herrenalb. Bad	351	260.3	4.8	3962	−13	−14
Karlsruhe	114	241.9	5.9	3409	−10	−11
Kirchheim/Teck	289	254.3	5.0	3807	−14	−15
Mannheim	97	242.1	6.0	3394	−10	−11
Öhringen	276	251.4	5.3	3691	−12	−13
Pforzheim	245	258.1	5.3	3787	−12	−12
Ravensburg	504	254.1	4.7	3887	−13	−13
St. Blasien	785	269.1	3.1	4560	−14	−16
Stuttgart (Stadt)	286	244.2	6.0	3434	−11	−12
Trochtelfingen	700	269.9	3.0	4597	−17	−18
Tübingen	370	253.2	5.0	3802	−13	−15
Ulm	522	256.8	4.2	4065	−13	−14
Villingen	710	266.3	3.5	4399	−15	−16
Wertheim	153	252.2	5.3	3701	−11	−13
Bayern						
Augsburg	477	254.7	4.4	3985	−14	−14
Amberg	239	254.8	4.6	3928	−14	−16
Bayreuth	330	259.1	4.2	4100	−14	−16
Berchtesgaden	542	262.0	3.6	4292	−14	−15
Coburg	337	255.3	4.3	4008	−13	−14
Erlangen	270	255.0	4.7	3905	−13	−15
Garm.-Partenkirchen	719	260.0	3.7	4233	−15	−17
Hof–Hohens.	567	266.7	3.0	4532	−15	−17
Karlshuld	374	258.9	4.0	4145	−15	−16
Kissingen, Bad	224	255.7	4.8	3879	−12	−13
Kohlgrub, Bad	904	262.4	3.5	4321	−15	−16
Mittenwald	914	266.5	3.7	4351	−14	−16
Mühldorf	401	256.0	4.0	4090	−14	−15
München-Riem	527	255.1	4.1	4046	−15	−16
Nördlingen	425	257.2	4.3	4044	−14	−15
Nürnberg-Buchenb.	335	254.3	4.6	3916	−12	−13
Oberstdorf	810	267.7	2.9	4584	−17	−19
Passau	409	254.7	4.0	4075	−13	−14
Regensburg	376	255.6	4.1	4071	−13	−15
Rosenheim	446	254.5	4.2	4024	−15	−16
Rothenburg o. T.	421	256.7	4.4	4016	−13	−14
Weiden	438	260.9	3.8	4234	−14	−15
Würzburg	259	248.9	5.0	3727	−11	−13
Berlin-West						
Berlin-Dahlem	51	252.4	4.9	3809	−12	−13
Berlin-Tempelhof	48	246.1	5.0	3694	−12	−13
Hessen						
Bensheim-Auerbach	130	241.5	6.0	3384	−10	−10
Darmstadt	169	250.7	5.5	3648	−11	−12
Dillenburg	220	259.6	5.1	3873	−11	−12
Frankfurt (Stadt)	125	242.4	6.0	3387	− 9	−10
Geisenheim	109	246.2	6.0	3459	− 9	−10
Gelnhausen	155	248.2	5.6	3564	−11	−12
Gießen	186	252.0	5.3	3707	−12	−12
Hersfeld, Bad	212	259.1	4.9	3915	−12	−13
Kassel	158	252.6	5.4	3692	−10	−12
Nauheim, Bad	144	251.6	5.4	3675	−12	−13
Weilburg	183	255.9	5.3	3774	−11	−12
Wiesbaden	142	247.5	5.8	3517	− 9	−10
Witzenhausen	148	258.7	5.2	3820	−13	−14
Niedersachsen und Bremen						
Borkum	5	258.0	6.1	3583	− 6	− 7
Braunlage	607	268.0	3.0	4565	−14	−15
Braunschweig	81	254.7	5.2	3771	−11	−13
Bremen-Flughafen	4	256.3	5.6	3703	−10	−11
Clausthal	563	266.6	3.2	4469	−13	−14
Cuxhaven	5	259.2	5.7	3697	− 8	− 8
Emden	0	261.7	5.7	3738	− 9	−10
Göttingen	176	258.2	5.2	3832	−13	−15
Hameln	64	254.4	5.6	3672	−11	−12
Hannover-Flughafen	53	256.8	5.3	3782	−11	−13
Lingen	21	255.2	5.9	3597	− 9	−10
Norderney	13	259.8	6.0	3637	− 6	− 7
Oldenburg	5	257.4	5.6	3707	− 9	−10
Nordrhein-Westfalen						
Aachen	202	250.5	6.3	3445	− 9	−11
Brilon	455	263.3	4.3	4137	−12	−14
Bonn-Friesdorf	61	246.8	6.6	3316	− 9	−10
Dortmund	113	249.6	6.1	3476	− 9	−11
Düsseldorf	37	244.7	6.5	3300	− 8	− 9
Duisburg	26	239.5	6.8	3169	− 7	− 8
Essen	154	248.8	6.1	3470	− 9	−10
Gütersloh	72	251.6	5.8	3577	−10	−11
Herford	77	252.4	5.7	3609	−11	−12
Iserlohn	230	256.1	5.7	3674	−11	−12
Kleve	45	250.4	6.4	3418	− 8	−10
Köln	45	242.0	6.7	3223	− 9	−10
Lüdenscheid	444	259.8	4.8	3966	−11	−12
Münster	63	252.6	5.9	3564	− 9	−11
Salzuflen,Bad	98	252.9	5.7	3625	−11	−12
Wuppertal	128	256.7	6.0	3586	− 9	−11
Rheinland-Pfalz						
Alzey	166	250.6	5.6	3621	−11	−12
Bergzabern	185	244.9	5.8	3583	−10	−11
Bernkastel	120	246.7	6.3	3393	− 9	−10
Birkenfeld	395	264.7	4.5	4088	−11	−13
Ems, Bad	77	249.4	6.0	3487	−10	−12
Kreuznach, Bad	132	249.4	5.7	3556	−10	−11
Neustadt-Weinstraße	163	243.3	6.0	3400	− 9	−10
Neuwied-Oberbiber	108	253.7	5.7	3630	−11	−12
Nürburg	626	265.1	3.7	4312	−12	−13
Pirmasens	398	251.4	5.2	3730	−11	−11
Trier (Stadt)	144	249.2	6.2	3437	− 9	−10
Worms	91	241.6	6.1	3358	−10	−11
Saarland						
Saarbrücken-St. Arnual	191	248.5	6.0	3471	− 9	−11
Saarbrücken-Ensheim	323	251.6	5.4	3680	−10	−11
Schleswig-Holstein und Hamburg						
Hamburg-Wandsbek	21	257.0	5.5	3724	− 9	−11
Husum	3	265.1	5.2	3919	− 9	−10
Kiel	7	262.3	5.5	3813	− 8	− 8
List auf Sylt	26	263.1	5.5	3823	− 7	− 9
Lübeck	13	259.0	5.3	3812	−10	−10
Neumünster	25	261.4	5.1	3886	− 9	−10
Schleswig	43	265.5	5.0	3978	− 9	−10
Travemünde	3	262.5	5.1	3903	−10	−11

1 Mittlere Zahl der Heiztage und mittlere Gradtagzahl für die Heizzeit 1. September bis 31. Mai

z mittlere Zahl der Heiztage

t_z mittlere Lufttemperatur aller Heiztage

Gt mittlere Gradtagzahl für die Heizzeit

t_{n20} tiefstes übergreifendes Zweitagesmittel der Lufttemperatur 20mal in 20 Jahren

t_{n10} tiefstes übergreifendes Zweitagesmittel der Lufttemperatur 10mal in 20 Jahren

Heizungsbetriebs-Verordnung

Energiesparende Anforderungen an den Betrieb von heizungstechnischen Anlagen und Brauchwasseranlagen

Die noch ausstehende Rechtsverordnung wird sich auf § 2 Abs. 2 und 3, § 3 Abs. 2, § 5 Abs. 1 und § 7 Abs. 3 bis 5 des Energieeinsparungsgesetzes vom 22. Juli 1976 stützen. Hierzu einige Angaben aus den vorliegenden Entwürfen zu dieser Verordnung.
Der Energiebedarf heizungstechnischer Anlagen sowie von Brauchwasseranlagen wird entscheidend durch die Art und Weise, in der diese betrieben werden, bestimmt. Durch unsachkundige Betriebsweise, insbesondere durch falsche Einstellung der zentralen Regelungsanlagen und durch unterlassene Wartung der Wärmeerzeuger können vermeidbare Verluste in einer Höhe von 20 % des Jahresenergieverbrauchs auftreten. Wegen dieses beträchtlichen energiepolitischen Stellenwertes wird die Heizungsbetriebs-Verordnung sowohl für alle neuen wie auch für alle alten Anlagen gelten. Allein im Bereich des Wohnungsbaus existieren mehr als 10 Millionen zentralbeheizte Wohnungen, deren Heizungsanlagen zu einem großen Teil in den Geltungsbereich dieser Verordnung fallen werden.

Anwendungsbereich

Die Verordnung wird für den Betrieb von heizungstechnischen sowie der Versorgung mit Brauchwasser dienenden Anlagen und Einrichtungen mit einer Nennwärmeleistung von mehr als 11 kW (9500 kcal/h) gelten.
Der Anwendungsbereich entspricht dem der Heizungsanlagen-Verordnung, lediglich die dort auf 4 kW (344 kcal/h) festgesetzte Bagatellgrenze wird aus Wirtschaftlichkeitsgründen (§ 5 Abs. 1 EnEG) in Verbindung mit § 7 Abs. 5 Nr. 1 auf 11 kW (9500 kcal/h) angehoben.
Die Verordnung gilt sowohl für zentrale sowie auch für dezentrale Anlagen. Unter dem Begriff Anlage ist jeweils die Summe aller Einrichtungen zu verstehen, die zur Beheizung eines Gebäudes oder zur Brauchwasserbereitung dienen. Insbesondere darf unter diesem Begriff nicht ein Teil, beispielsweise der Wärmeerzeuger, verstanden werden. Besteht die heizungstechnische Anlage dagegen z.B. nur aus einem Einzelofen, so ist in diesem Fall die Anlage identisch mit dem Wärmeerzeuger. Ebenso ist jeder Einzelofen als separate heizungstechnische Anlage aufzufassen und nicht die Summe aller Einzelöfen einer Wohnung. In gleicher Weise sind Geräte zur Brauchwasserbereitung zu betrachten, die unabhängig voneinander arbeiten, beispielsweise Heißwasserspeicher oder Kochendwassergeräte, die üblicherweise in unmittelbarer Nähe der Verbrauchsstellen installiert werden; jedes einzelne Gerät gilt als Brauchwasseranlage.
In der Regel werden Einzelöfen unter die Bagatellgrenze von 11 kW (9500 kcal/h) fallen und unterliegen deshalb keinen Anforderungen. Weitergehende Ausnahmen für Brauchwasserbereiter und Einzelraumheizer mit 28 kW (24000 kcal/h) werden bei den Bestimmungen über Abgasverluste von Wärmeerzeugern geregelt.

Begrenzung der Abgasverluste von Wärmeerzeugern

Die Abgasverluste sind ein wichtiges und genügend repräsentatives Mittel zur Beurteilung des Wirkungsgrades von Wärmeerzeugern. Gestaffelt nach der Größe der Nennwärmeleistung sowie gegliedert nach dem Zeitpunkt der Errichtung oder Aufstellung des Wärmeerzeugers, werden die zulässigen Abgasverluste in Prozent angegeben. Die Methode zur Ermittlung der Abgasverluste wird in einer Anlage erläutert. Die Berechnung erfolgt nach der Siegertschen Formel; sie ist mit wenigen, einfach zu handhabenden Meßgeräten in kurzer Zeit durchzuführen. Weitgehend identische Messungen werden jetzt schon im Rahmen der Überwachung von Feuerungsanlagen nach der Ersten Durchführungsverordnung zum Bundes-Immissionsschutzgesetz (1. BImSchV) vom 28. August 1974 mit Erfolg vorgenommenen. Dabei sind die Grundsätze der Allgemeinen Verwaltungsvorschriften zur Ersten Verordnung zur Durchführung des Bundes-Immissionsschutzgesetzes vom 3. Juni 1975 anzuwenden.
Es ist darauf hinzuweisen, daß die Anforderungen für Abgasverluste nicht für Wärmeerzeuger gelten, die mit festen Brennstoffen betrieben werden. Mit festen Brennstoffen beheizte Wärmeerzeuger haben wegen der weitgehend diskontinuierlichen Brennstoffzuführung keinen einheitlichen Betriebszustand und demzufolge zeitlich stark schwankende Abgasverluste, deren Messung keine sinnvollen Ergebnisse erbringen würden, so daß hierfür eine Ausnahme erforderlich wird. Ein bestimmter Qualitätsstandard ist dadurch gewährleistet, daß diese Wärmeerzeuger üblicherweise die ausreichenden Anforderungen einer Typprüfung nach DIN 4702 erfüllen.

Bedienung, Wartung, Instandsetzung

Der Betreiber einer Anlage wird verpflichtet:

1. Die Anlagen während der Betriebszeit mindestens monatlich zu bedienen.
2. Wartung und Instandsetzung von Anlagen nur durch fachkundige Personen durchführen zu lassen.

Die Bedienung umfaßt die Funktionskontrolle und die Vornahme von Schalt- und Stellvorgängen (insbesondere An- und Abstellen, Überprüfung und gegebenenfalls Anpassung der Sollwerteinstellungen von Temperaturen, Einstellen von Zeitprogrammen) an den zentralen reglungstechnischen Einrichtungen der Anlagen sowie die stichprobenweise Überprüfung und Korrektur der Raumtemperaturen. Anlagen von mehr als 50 kW (43000 kcal/h) in Mehrfamilienhäusern oder Nichtwohngebäuden dürfen nur von fachkundigen oder besonders eingewiesenen Personen bedient werden. Der heute übliche Automatisierungsgrad erleichtert die Bedienungstätigkeiten.
Für Anlagen, die einen Anschlußwert von 50 kW nicht überschreiten, wird auf eine Vorschrift zur Bedienung, Wartung und Instandsetzung verzichtet.
Die im Gesetz genannten unbestimmten Rechtsbegriffe „kleine und mittlere Mehrfamilienhäuser und vergleichbare Nichtwohngebäude" werden durch die Obergrenze des Anschlußwertes in Höhe von 50 kW präzisiert und lassen sich somit eindeutig abgrenzen.

Überwachung

Der Bezirksschornsteinfegermeister wird die Überwachung der Anforderungen bei Anlagen bis zu einer Nennwärmeleistung von 1 MW – Megawatt (860000 kcal/h) durchführen, und zwar für Wärmeerzeuger bis zu 50 kW (43000 kcal/h) Nennwärmeleistung in jedem zweiten Jahr und für Wärmeerzeuger mit einer Wärmeleistung von mehr als 50 kW in jedem Kalenderjahr. Wie weit noch andere Personen die Berechtigung erhalten, die geforderten Messungen durchzuführen, wird in der Verordnung geregelt werden.

Härtefälle

Diese Regelung wird auf § 5 Abs. 2 EnEG basieren.

Bußgeldvorschriften

Ordnungswidrig handelt, wer vorsätzlich oder fahrlässig

1. Wärmeerzeuger nicht so betreibt, daß die Abgasverluste die angegebenen Vom-Hundert-Sätze nicht überschreiten;
2. die Voreinstellung nicht oder nicht rechtzeitig überprüfen oder anpassen läßt;
3. die Überwachung oder Wiederholungsmessung nicht oder nicht rechtzeitig durchführen läßt.

Betroffen von dieser Vorschrift sind ausschließlich die *Betreiber* von heizungs- und raumlufttechnischen Anlagen sowie Brauchwasseranlagen. Die Geldbuße beträgt

- gemäß § 8 Abs. 1 Nr. 1 EnEG bis zu DM 50000,– und
- gemäß § 8 Abs. 1 Nr. 3 EnEG bis zu DM 5000,–.

Bedienung, Wartung, Instandsetzung

Jedem Wärmeerzeuger wird eine auf den gelieferten Typ abgestimmte Bedienungsanweisung beigegeben. Bedienung und Wartung des Wärmeerzeugers dürfen nur nach diesen Richtlinien durchgeführt werden.

Bedienung von heizungstechnischen Anlagen

Die Bedienung von Heizungsanlagen kann u. a. folgende Tätigkeiten umfassen:
- Die Funktionskontrolle der steuer- und regelungstechnischen Einrichtungen;
- Die probeweise Durchführung von Schaltvorgängen, d. h. An- und Abstellen;
- Das Einstellen von Zeitprogrammen für die Nacht- und Wochenendabsenkung.

Diese Tätigkeiten sind grundsätzlich vor der Inbetriebnahme des Wärmeerzeugers durchzuführen, insbesondere nach längerer Stillstandszeit.

Warmwasserheizungen müssen stets mit genügend Wasser gefüllt sein. Fehlendes Wasser ist erst nach Abkühlung des Wärmeerzeugers auf etwa 50°C nachzuspeisen. Ein häufig erforderliches Nachfüllen von Frischwasser läßt auf undichte Stellen in der Anlage schließen, die unter allen Umständen festgestellt und behoben werden müssen. Durch laufendes Nachspeisen von Frischwasser werden Kesselsteinablagerungen und Korrosionsschäden beschleunigt. Ohne zwingenden Grund sollte deshalb die Heizungsanlage auch nicht entleert werden. Größere Mengen Nachspeisewasser sind aufzubereiten.

Die Umstellung von öl- oder gasbefeuerten *Umstellbrandkesseln* auf die Verfeuerung fester Brennstoffe – oder auch umgekehrt – erfolgt durch An- oder Abbau bestimmter Teile. Nach der Umstellung gilt die für den neuen Brennstoff maßgebliche Bedienungsanweisung.

Bei *Wechselbrandkesseln* ist ein gleichzeitiges Verbrennen fester und flüssiger oder gasförmiger Brennstoffe aus Sicherheitsgründen verboten. Nach erfolgter Umstellung von festen Brennstoffen auf Öl- und Gasfeuerung ist der Brennerraum von allen Verbrennungsrückständen gründlich zu säubern sowie der dichte Verschluß von Türen und Klappen zu überprüfen.

Wartung und Instandsetzung

Einer sachgerechten Wartung und Instandsetzung sollte eine Inspektion durch einen Fachkundigen mit den nachfolgenden Tätigkeiten vorausgehen:
- Prüfen des Zustandes und der Funktion der Anlage;
- Durchführung notwendiger Messungen und deren Vergleich mit vorgegebenen Sollwerten;
- Beurteilung der Wirtschaftlichkeit und Leistungsfähigkeit im Hinblick auf die durchzuführenden Wartungsarbeiten;
- Feststellung von notwendigen Reparaturen.

Der Zeitraum der Wartungsdienste hängt von verschiedenen Faktoren ab, wie z. B. Intensität der Nutzung, Bauart und Alter der Anlage. Auch bei kleinen Anlagen sollte die Wartung mindestens einmal im Jahr durchgeführt werden. Bei mittelgroßen Anlagen dürfte ein halbjähriger Turnus und bei großen Anlagen ein vierteljährlicher oder gar monatlicher Turnus zweckmäßig sein.

Die regelmäßige Wartung von Heizungsanlagen, vor allem die Einstellung der Feuerungseinrichtung und die Reinigung der Kesselheizflächen, sind im Hinblick auf die Vermeidung von Energieverlusten von besonderer Bedeutung. So ist bei einem Rußbelag auf den Kesselheizflächen von nur 2 mm mit einer Verringerung des Wirkungsgrades um mehr als 7 % zu rechnen. Der Grund hierfür kann sein:
- Ein zu hoher Luftüberschuß bei der Verbrennung: Es wird zuviel Luft bei der Verbrennung erwärmt. Dies kann von einer falschen Einstellung des Brenners, einem zu großen Zug im Schornstein oder von Undichtigkeiten, durch die Luft eindringen kann, herrühren. Es ist deshalb darauf zu achten, daß alle Türen und Klappen stets dicht schließen und sich keine Fremdkörper wie z. B. Ruß oder Ascheteilchen auf den Dichtflächen festsetzen. Weiterhin muß mit erheblichen Stillstandsverlusten infolge Wärmeabstrahlung und Konvektion gerechnet werden.
- Eine zu geringe Luftzufuhr bei der Verbrennung, was bei der Ölheizung zu Rußbildung führt.

Schamotteauskleidungen im Brennerraum des Wärmeerzeugers müssen sich stets in einwandfreiem Zustand befinden. Nach jeder Heizperiode muß der Brennerraum des Heizkessels gründlich gereinigt werden.

Auch die Sauberkeit des Heizraumes hat Einfluß auf die einwandfreie Verbrennung. Saugt nämlich der Brenner mit der Verbrennungsluft Staub an, so kann sich dieser im Brenner festsetzen und den Luftdurchsatz verringern bzw. verhindern. Während der Heizraumreinigung ist deshalb der Brenner auszuschalten.

Brauchwasser-Anlagen

Bei Brauchwasser-Anlagen müssen auch die Speicher gewartet werden. Während des Betriebes kann sich Schlamm bilden, der das Wasser trübt und seine Güte beeinträchtigt. Bei hartem Wasser ist ein beachtlicher Kalkausfall vorhanden. Die Entkalkung der Speicher darf deshalb nicht vergessen werden, worauf bei Wartungsverträgen zu achten ist.

Die Durchfluß-Wassererwärmer als Einzelgeräte sind ebenfalls in regelmäßigen Abständen, insbesondere bei nachlassender Warmwasserleistung, chemisch zu reinigen. Entsprechende Spülanschlüsse sind am Gerät vorhanden.

Raumlufttechnische Anlagen

Bei raumlufttechnischen Anlagen sollten neben den laufenden, mehrmals im Jahr stattfindenden Wartungen im Abstand von 2 bis 3 Jahren eine gründlichere Inspektion nach vorgegebenem Plan durchgeführt werden. Die Führung eines Betriebshandbuches ist zu empfehlen. Darin sind laufend Eintragungen über die Betriebsweise, die Zeit des Vollast- und Teillastbetriebes, Mittelwerte der Raumtemperatur und der Raumluftfeuchte sowie besondere Vorkommnisse, wie z. B. Störungen und Maßnahmen für deren Behebungen einzutragen.

Bedienungs- und Wartungskosten

Zu den Bedienungs- und Wartungskosten gehören die Kosten für:
- Bedienung,
- Überwachung,
- Wartung und Reinigung der Anlagen,
- Prüfung ihrer Betriebsbereitschaft und Betriebssicherheit,
- Reinigung von Heizöllagerbehältern,
- Rauchgasmessung.

Angaben über die Höhe der für Bedienung und Wartung anfallenden Kosten sind in der VDI-Richtlinie 2067, Blatt 1 (Entwurf) vom Januar 1974 enthalten.

Überwachung

Erste Verordnung zur Durchführung des Bundes-Imissionsschutzgesetzes (Verordnung über Feuerungsanlagen – 1. BlmSchV) vom 28. August 1974

§ 4 dieser Verordnung regelt die Auswurfbegrenzung bei Feuerungsanlagen mit Zerstäubungsbrennern und größeren Verdampfungsbrennern. Derartige Anlagen sind so zu betreiben, daß

1. der nach der Methode der Anlage II zu bestimmende Schwärzungsgrad der Staub- und Rußemission den durch die Rußzahl 3 der Rußzahl-Vergleichsskala bestimmten Wert nicht überschreitet → 1,
2. der Volumengehalt an Kohlendioxid im Rauchgas bei Feuerungsanlagen, die
   a) vor Inkrafttreten dieser Verordnung errichtet worden sind, mindestens 7 von Hundert,
   b) nach Inkrafttreten dieser Verordnung errichtet oder wesentlich geändert werden, mindestens 10 von Hundert beträgt und
3. die Rauchgase so weit frei von Ölderivaten sind, daß das nach der Anlage II verwendete Filterpapier keine sichtbaren Spuren von Ölderivaten aufweist.

Anlage II: Methode zur Bestimmung der Rußzahl

1. **Definition**
   Rußzahl ist die Kennzeichnung des Schwärzungsgrades nach der Rußzahl-Vergleichsskala, den im Rauchgas enthaltene staubförmigen Verunreinigungen auf dem vorgeschriebenen Filterpapier hervorrufen.
2. **Meßvorgang**
   Aus dem unverdünnten Rauchgas wird aus dem Kern des Rauchgases eine definierte Probemenge mittels eines Absaugegerätes entnommen, das auf der Saugseite mit einem Filterpapier (Nr. 3) ausgerüstet ist; durch je 1 cm² wirksamer Filterpapierfläche sind 5,75 l ± 0,25 l Rauchgas zu saugen. Der auf dem Filterpapier hervorgerufene Schwärzungsgrad wird mit den Schwärzungsfeldern der Vergleichsskala (Nr. 4) verglichen und mit einer Rußzahl bewertet.
3. **Filterpapier**
   Es ist ein weißes Baumwollfilterpapier mit einem Reflexionsvermögen von 85 % ± 2,5 % zu verwenden, das bei einer Druckdifferenz von 20 bis 80 mbar eine Luftdurchlässigkeit im Normalzustand von 3 l/cm² in der Minute hat.
4. **Rußzahl-Vergleichsskala**
   Es ist eine Vergleichsskala zu verwenden, die aus weißem Material mit einem Reflexionsvermögen von 85 % ± 2,5 % besteht, auf der 10 Felder von abgestuftem Schwärzungsgrad aufgedruckt sind. Feld Null hat das volle Reflexionsvermögen des Untergrundes, die Felder 1 bis 9 haben eine Abnahme der Reflexion in Stufen um jeweils 10 % → 1.
5. Zur Feststellung des Betriebszustandes der Feuerung werden der Volumengehalt an Kohlendioxid und die Temperatur der Rauchgase sowie die Druckdifferenz im Kern des Rauchgasstromes gemessen.

Allgemeine Verwaltungsvorschrift zur Ersten Verordnung zur Durchführung des Bundes-Immissionsschutzgesetzes
(Verwaltungsvorschrift zur Verordnung über Feuerungsanlagen – VwV zur 1. BlmSchV) vom 3. Juni 1975

Zu § 1 (Anwendungsbereich)

- Die Verordnung gilt nicht für Feuerungsanlagen, die einer besonderen Genehmigung nach dem Bundes-Imissionsschutzgesetz bedürfen, also nicht für Anlagen mit einer maximalen Feuerungs-Wärmeleistung von mehr als 4 Gigajoule (etwa 955000 Kilokalorien) pro Stunde.
- Die Anwendung der Verordnung hängt nicht davon ab, ob die Anlagen im gewerblichen, landwirtschaftlichen, privaten oder hoheitlichen Bereichen betrieben werden.
- Bilden mehrere Einzelfeuerungen eine gemeinsame Anlage oder führen mehrere Einzelfeuerungen zu einem gemeinsamen Schornstein mit einem oder mehreren Zügen, so ist die Summe der Feuerungswärmeleistungen der Einzelfeuerungen maßgebend.

Zu § 4 (Ölfeuerung)

- Die Feststellung der Rußzahl und der Nachweis der Ölderivate bezieht sich auf unverdünntes Rauchgas. Eine Verdünnung liegt u. a. vor, wenn dem Rauchgas durch eine fehlerhafte Undichtigkeit oder absichtlich Falschluft beigemischt wird.
- Die Messungen sind im Verbindungsstück zwischen Feuerstätte und Schornstein hinter dem Wärmeaustauscher im Kern des Rauchgasstromes durchzuführen. An der Probeentnahmestelle dürfen keine Staub- und Rußablagerungen vorhanden sein, die die Meßergebnisse beeinflussen können. Während der Messungen darf keine nennenswerte Falschluftmenge vor der Probeentnahmestelle ins Rauchgas eindringen. Nach Beendigung der Messungen ist die Kontrollöffnung lösbar (z.B. mit einem Niet) zu verschließen. Hat eine Feuerungsanlage mehrere Verbindungsstücke, so sind die Messungen in jedem Verbindungsstück zu wiederholen.
- Die Messungen sind in der Reihenfolge vorzunehmen:
  1. Bestimmung der Temperatur der Rauchgase
  2. Bestimmung des Schornsteinzuges
  3. Bestimmung des Kohlendioxidgehaltes
  4. Bestimmung der Rußzahl.
- Die Ermittlung der Rußzahl und damit gleichzeitig die Feststellung, ob sich Ölderivate im Rauchgas befinden, ist insgesamt dreimal vorzunehmen.
- Aus drei Rußzahlen ist der arithmetrische Mittelwert zu bilden und auf die nächste ganze Zahl auf- bzw. abzurunden. Dieser gerundete Mittelwert stellt die Rußzahl der Anlage dar.
- Die Messung der Druckdifferenz der Rauchgase gegenüber dem Atmosphärendruck im Aufstellungsraum (Schornsteinzug) dient ebenfalls der Beurteilung des Betriebszustandes der Anlage.

Zu § 9 (Überwachung)

- Ergibt die Messung, daß die Anforderungen nicht eingehalten werden, ist eine Wiederholungsmessung innerhalb von 6 Wochen erforderlich. In der Zwischenzeit ist dafür zu sorgen, daß notwendige Verbesserungsmaßnahmen an der Anlage durchgeführt werden.
- Falls ein Betreiber sich weigert, die Messungen fristgerecht durchführen zu lassen, und der Bezirksschornsteinfegermeister dies der zuständigen Behörde mitteilt, soll die Behörde die notwendigen Maßnahmen zur Durchführung der Messung treffen, notfalls im Weg des Verwaltungszwanges.
- Eine wesentliche Änderung in der Anlage liegt insbesondere vor, wenn sie erheblichen Einfluß auf die Art oder Höhe der Emissionen haben kann. Die Umstellung einer Feuerungsanlage auf einen anderen Brennstoff stellt immer eine wesentliche Änderung dar. Der Austausch eines Ölbrenners durch ein neues Aggregat mit etwa gleicher Leistung wie auch der Ersatz eines Einzelteiles (z.B. Stauscheibe oder Düse) kann als unwesentliche Änderung angesehen werden.

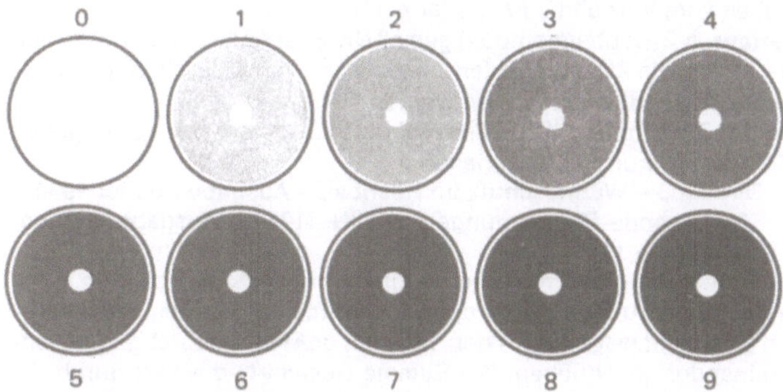

1 Rußzahl-Vergleichsskala

Der praktische Gebrauch der Wärmeschutzverordnung

17 durchgerechnete Gebäude

Für jedes Gebäude sind vorgesehen:
1Seite mit Übersichtszeichnungen und Vorberechnungen;
1 bis 2 Seiten Berechnungen in Tabellenform einschl. ergänzendem Text.
In der Übersicht auf Seite 77 werden die 17 durchgerechneten Gebäude zusammenfassend beurteilt.

Zeichnungen und Vorberechnungen

In den Zeichnungen sind nur die Maße enthalten, die für die Vorberechnungen gebraucht werden; in der Praxis stehen sie in den Eingabeplänen. Zur Vereinfachung der Nachprüfung empfiehlt sich eine gewisse Kennzeichnung dieser Maße (z. B. im Kasten, im Kreis, im Oval, dick unterstrichen usw.). Wenn notwendig, sind zusätzliche Maße einzutragen, auch wenn sie sonst bei Eingabeplänen nicht üblich sind (z. B. Höhenmaße bis OK Erdreich, Schrägmaße bei Dachflächen, Maße für abgrenzende Flächen usw.).
Die Durchführung der Vorberechnungen erfolgt zweckmäßig ohne besonderes Formblatt, zumal der Platzbedarf je nach Gebäudegröße und -gliederung sehr unterschiedlich sein kann.

Tabellen mit Berechnungen

Die zum Nachweis des Wärmeschutzes geforderten Angaben nach der Wärmeschutzverordnung stehen im stark umrandeten Teil. Zur Ergänzung sind noch angefügt:
- Die Ermittlung des an und für sich nicht geforderten Wärmedurchgangs Q beim Verfahren 2.
- Empfehlungen für einen optimalen Wärmeschutz, praktisch als 3. Verfahren.
- Angabe des Wärmedurchgangskoeffizienten k_m auch für das Verfahren 2 und den optimalen Wärmeschutz (Zeile 10).
- Die Einordnung des Gebäudes in den zutreffenden Abschnitt der Wärmeschutzverordnung sowie Angaben über den Anteil der Fensterflächen in der Außenwand (Zeilen 11 und 12).
- Der über die wärmeübertragende Umfassungsfläche ermittelte Wärmebedarf (Zeilen 14 bis 16).

Es wird ausdrücklich darauf hingewiesen, daß diese Schätzung des Wärmebedarfs nur für Vorplanungen ausreichend ist und keinesfalls die präzise Berechnung gemäß DIN 4107 ersetzt. Der spezifische Wärmebedarf pro m^3 umbauten Raumes ist jedoch eine Größe, die sich zum Vergleich eignet (Zeile 17).
Der Wärmeschutz für Gebäude mit normalen Innentemperaturen sowie für Gebäude für Sport- und Versammlungszwecke (mit Ausnahme der Hallenbäder) ist gemäß Anlage 1 der Wärmeschutzverordnung nachzuweisen, entweder nach
Verfahren 1 (Nachweisverfahren) gemäß Nr. 1 der Anlage 1 in Abhängigkeit vom Verhältnis F/V, oder nach
Verfahren 2 (Bauteilmethode) gemäß Nr. 2 der Anlage 1; dabei dürfen die in Tabelle 2 aufgeführten maximalen Wärmedurchgangskoeffizienten k nicht überschritten werden.
Bei der Berechnung des Wärmeschutzes sind nach wie vor folgende Mindestforderungen einzuhalten
- ▶ DIN 4108 – Wärmeschutz im Hochbau – Ausgabe August 1969;
- ▶ „Ergänzende Bestimmungen zu DIN 4108" – Ausgabe Oktober 1974 (Zeile 13).

Die Berechnung des mittleren Wärmedurchgangskoeffizienten k_m ist in Nr. 1.3 der Anlage 1 über den Bruchstrich vorgesehen. Der besseren Übersicht wegen ist in den Tabellen der Wärmedurchgang Q untereinander geschrieben. Die Summe Gesamt-Q dividiert durch die wärmeübertragende Umfassungsfläche F ergibt dann ebenfalls k_m.

Bei den Empfehlungen für einen optimalen Wärmeschutz wird davon ausgegangen, daß der Unterschied zwischen Raumtemperatur und Oberflächentemperatur an der Innenseite der Außenbauteile nicht mehr als 3 K beträgt.
Die Ermittlung des Transmissionswärmebedarfs Q_T über die wärmeübertragende Umfassungsfläche (Zeile 14) erfolgt beim Verfahren 1 ohne Berücksichtigung der Abminderungsfaktoren 0,8 bzw. 0,5. Diese Methode ist in der vorliegenden DIN 4107 nicht vorgesehen; es ist vielmehr der k-Wert für jedes Außenbauteil **voll** anzusetzen. Die für die Durchführung dieser Berechnung auf den Faktor 1 gebrachten Werte sind beim Verfahren 1 in spitzer Klammer angefügt.
Das Verfahren nach der Wärmeschutzverordnung, bei dem die geringsten Anforderungen hinsichtlich k_m gestellt werden, ist mit 100 % gekennzeichnet (Zeile 10); das andere Verfahren wird dann darauf bezogen, entsprechend niedriger eingestuft.
Der sich nach einem der beiden Verfahren ergebende geringste Gesamtwärmebedarf Q_h wird wiederum mit [100 %] bezeichnet (Zeile 17). Der Gesamtwärmebedarf beim anderen Verfahren liegt dann entsprechend höher, beim optimalen Wärmeschutz [ ] meist deutlich niedriger.

Zusammenfassung

Die Forderungen an einen erhöhten Wärmeschutz lassen sich wie folgt nachweisen bzw. erfüllen.
1. Sofern die Wärmeschutzverordnung nur nach den geringsten Anforderungen erfüllt werden soll, ist das in Zeile 10 mit 100 % gekennzeichnete Verfahren ausreichend.
2. Soll die Wärmeschutzverordnung erfüllt und dabei gleichzeitig aber auch der spätere Energiebedarf berücksichtigt werden, ist dem Verfahren, das in Zeile 17 mit 100 % im Kasten steht, der Vorzug zu geben.
3. Wer eine besonders angenehme Behaglichkeit und optimale Wirtschaftlichkeit anstrebt, wird das Verfahren mit dem geringsten Gesamt-Wärmebedarf wählen. Hier handelt es sich durchweg um einen optimalen Wärmeschutz; der sich dabei ergebende Wärmebedarf steht in Zeile 17 im dick umrandeten Kasten [ ]

Bei Auswertung der zusammenfassenden Übersicht auf Seite 77 lassen sich weitere Merkmale für bestimmte Gebäudetypen feststellen.
- Freistehende Einfamilienhäuser (Gebäude 1, 2, 3 und 4) sowie Gebäude mit großen Grund- und Dachflächen bei mäßigen Höhen (Gebäude 12 – Turnhalle, 13, 14, 16 und 17) werden vorteilhaft nach Verfahren 2 berechnet.
- Hohe Gebäude (Gebäude 10), aneinandergereihte Gebäude (Gebäude 5, 6 und 7) sowie Kompaktbauten (Gebäude 8 und 9) lassen sich zwar nach Verfahren 2 mit den geringsten Anforderungen erledigen, hinsichtlich des späteren Gesamtwärmebedarfs erbringt jedoch das Verfahren 1 einen gewissen Vorteil.
- Bei Gebäuden mit mehr als etwa 50 % Außenwand einschließlich Fenster ist das Verfahren 1 günstiger (Gebäude 5 und 6 – Endhaus, 8, 9, 10 und 12 – Schule).
- Bei Gebäuden mit großen Bauwerksvolumen kann oft der beim Verfahren 1 vorgegebene Wert k_m nicht ausgeschöpft werden, da die Mindestforderungen nach den „Ergänzenden Bestimmungen zu DIN 4108" eingehalten werden müssen (Gebäude 13, 14, 15, 16 und 17).

Weitere Arbeitshilfen zur Wärmeschutzverordnung

Schematischer Gebäude-Querschnitt mit ergänzender Tabelle, praktisch die Wärmeschutzverordnung auf einen Blick (Seite 73).
Schema-Baudetails mit Angabe der am Wärmeschutz beteiligten Schichten und der Ansatzpunkte für Berechnungsmaße (Seite 74 und 75).
Ausgerechnete Zwischenwerte zu Tabelle 1 der Anlage 1; Tabelle 1 der Anlage 3 und Tabelle 2 der Anlage 3 (Seite 76).
7 Übersichten: Außenwände einschl. Fenster und Fenstertüren $k_{m,W+F}$ (Seite 118 bis 124).
Zahlreiche durchgerechnete Außenbauteile (Seite 125 bis 168); hierzu auch die beiden Bücher [5] und [6].

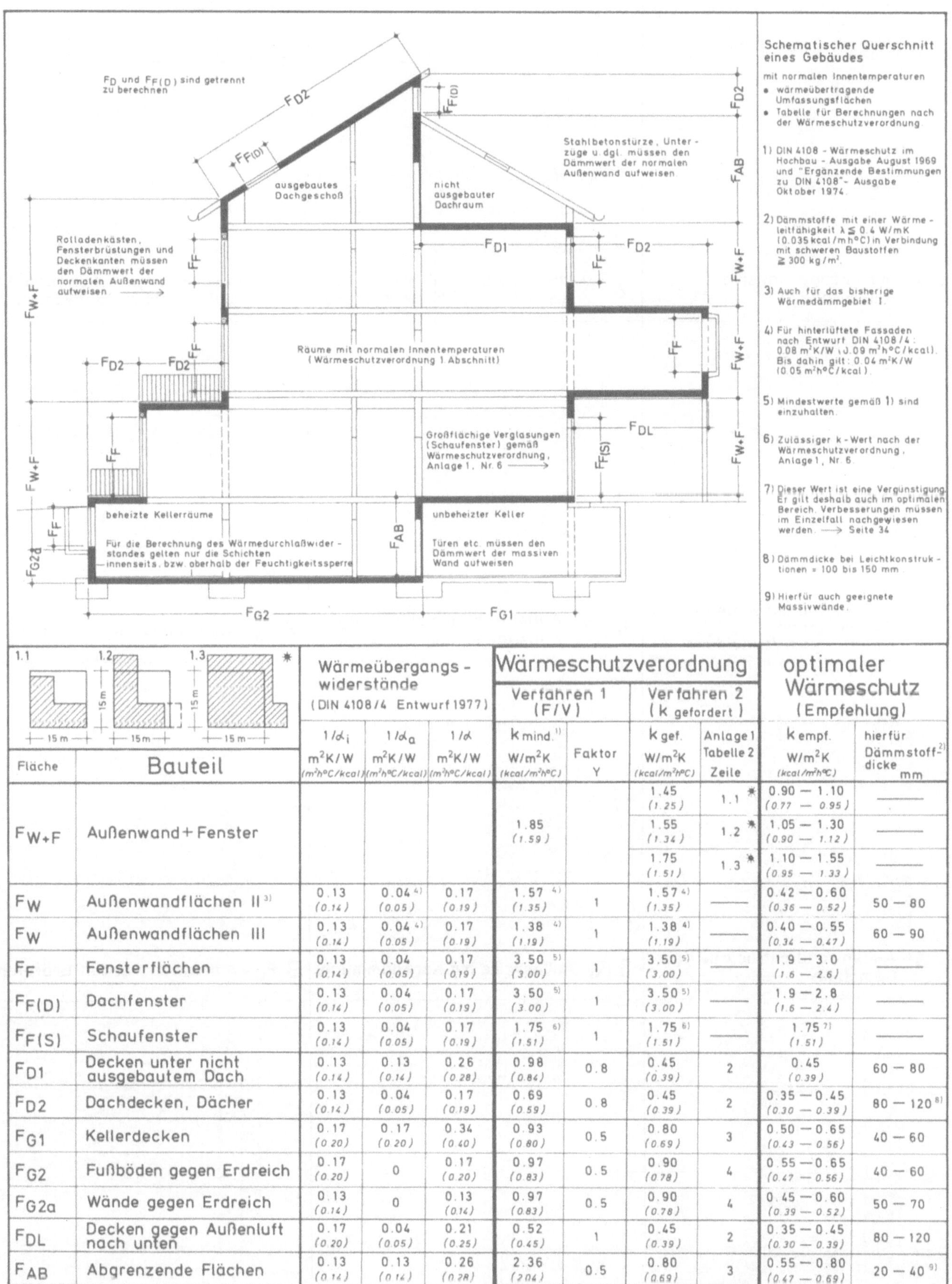

Schematischer Querschnitt eines Gebäudes

mit normalen Innentemperaturen

- wärmeübertragende Umfassungsflächen
- Tabelle für Berechnungen nach der Wärmeschutzverordnung.

1) DIN 4108 - Wärmeschutz im Hochbau - Ausgabe August 1969 und "Ergänzende Bestimmungen zu DIN 4108"- Ausgabe Oktober 1974.

2) Dämmstoffe mit einer Wärmeleitfähigkeit $\lambda \leq 0.4$ W/mK (0.035 kcal/m h°C) in Verbindung mit schweren Baustoffen ≥ 300 kg/m².

3) Auch für das bisherige Wärmedämmgebiet I.

4) Für hinterlüftete Fassaden nach Entwurf DIN 4108/4: 0.08 m²K/W (0.09 m²h°C/kcal). Bis dahin gilt: 0.04 m²K/W (0.05 m²h°C/kcal).

5) Mindestwerte gemäß 1) sind einzuhalten.

6) Zulässiger k-Wert nach der Wärmeschutzverordnung, Anlage 1, Nr. 6.

7) Dieser Wert ist eine Vergünstigung. Er gilt deshalb auch im optimalen Bereich. Verbesserungen müssen im Einzelfall nachgewiesen werden. → Seite 34

8) Dämmdicke bei Leichtkonstruktionen = 100 bis 150 mm.

9) Hierfür auch geeignete Massivwände.

Fläche	Bauteil	Wärmeübergangswiderstände (DIN 4108/4 Entwurf 1977) $1/\alpha_i$ m²K/W (m²h°C/kcal)	$1/\alpha_a$ m²K/W (m²h°C/kcal)	$1/\alpha$ m²K/W (m²h°C/kcal)	Wärmeschutzverordnung Verfahren 1 (F/V) k mind.[1] W/m²K (kcal/m²h°C)	Faktor Y	Verfahren 2 (k gefordert) k gef. W/m²K (kcal/m²h°C)	Anlage 1 Tabelle 2 Zeile	optimaler Wärmeschutz (Empfehlung) k empf. W/m²K (kcal/m²h°C)	hierfür Dämmstoffdicke[2] mm
F_{W+F}	Außenwand + Fenster				1.85 (1.59)		1.45 (1.25)	1.1 *	0.90 — 1.10 (0.77 — 0.95)	——
							1.55 (1.34)	1.2 *	1.05 — 1.30 (0.90 — 1.12)	——
							1.75 (1.51)	1.3 *	1.10 — 1.55 (0.95 — 1.33)	——
F_W	Außenwandflächen II[3]	0.13 (0.14)	0.04[4] (0.05)	0.17 (0.19)	1.57[4] (1.35)	1	1.57[4] (1.35)	——	0.42 — 0.60 (0.36 — 0.52)	50 — 80
F_W	Außenwandflächen III	0.13 (0.14)	0.04[4] (0.05)	0.17 (0.19)	1.38[4] (1.19)	1	1.38[4] (1.19)	——	0.40 — 0.55 (0.34 — 0.47)	60 — 90
F_F	Fensterflächen	0.13 (0.14)	0.04 (0.05)	0.17 (0.19)	3.50[5] (3.00)	1	3.50[5] (3.00)	——	1.9 — 3.0 (1.6 — 2.6)	——
$F_{F(D)}$	Dachfenster	0.13 (0.14)	0.04 (0.05)	0.17 (0.19)	3.50[5] (3.00)	1	3.50[5] (3.00)	——	1.9 — 2.8 (1.6 — 2.4)	——
$F_{F(S)}$	Schaufenster	0.13 (0.14)	0.04 (0.05)	0.17 (0.19)	1.75[6] (1.51)	1	1.75[6] (1.51)	——	1.75[7] (1.51)	——
F_{D1}	Decken unter nicht ausgebautem Dach	0.13 (0.14)	0.13 (0.14)	0.26 (0.28)	0.98 (0.84)	0.8	0.45 (0.39)	2	0.45 (0.39)	60 — 80
F_{D2}	Dachdecken, Dächer	0.13 (0.14)	0.04 (0.05)	0.17 (0.19)	0.69 (0.59)	0.8	0.45 (0.39)	2	0.35 — 0.45 (0.30 — 0.39)	80 — 120[8]
F_{G1}	Kellerdecken	0.17 (0.20)	0.17 (0.20)	0.34 (0.40)	0.93 (0.80)	0.5	0.80 (0.69)	3	0.50 — 0.65 (0.43 — 0.56)	40 — 60
F_{G2}	Fußböden gegen Erdreich	0.17 (0.20)	0	0.17 (0.20)	0.97 (0.83)	0.5	0.90 (0.78)	4	0.55 — 0.65 (0.47 — 0.56)	40 — 60
F_{G2a}	Wände gegen Erdreich	0.13 (0.14)	0	0.13 (0.14)	0.97 (0.83)	0.5	0.90 (0.78)	4	0.45 — 0.60 (0.39 — 0.52)	50 — 70
F_{DL}	Decken gegen Außenluft nach unten	0.17 (0.20)	0.04 (0.05)	0.21 (0.25)	0.52 (0.45)	1	0.45 (0.39)	2	0.35 — 0.45 (0.30 — 0.39)	80 — 120
F_{AB}	Abgrenzende Flächen	0.13 (0.14)	0.13 (0.14)	0.26 (0.28)	2.36 (2.04)	0.5	0.80 (0.69)	3	0.55 — 0.80 (0.47 — 0.69)	20 — 40[9]

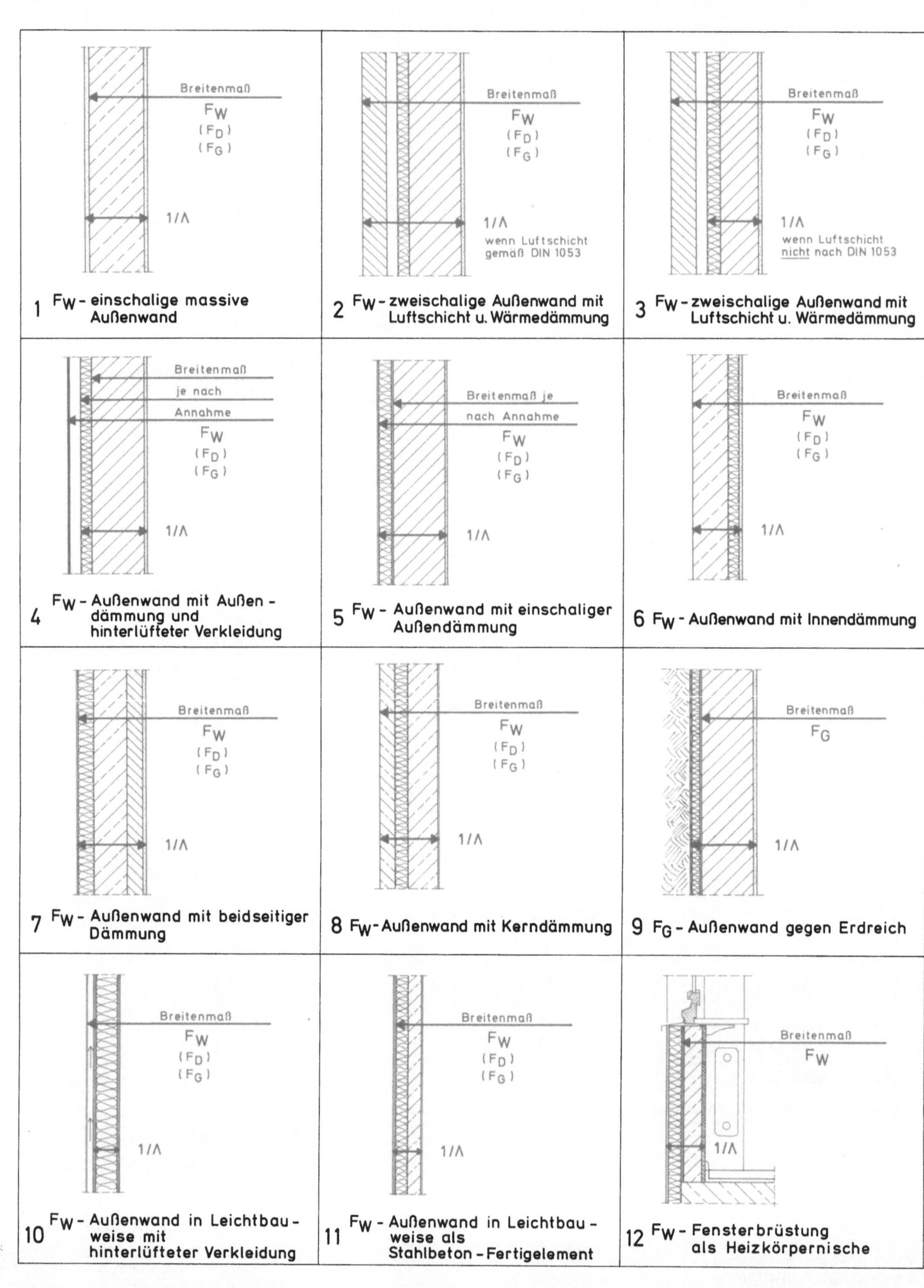
Breitenmaß
F_W
(F_D)
(F_G)
$1/\Lambda$
1 F_W - einschalige massive Außenwand
Breitenmaß
F_W
(F_D)
(F_G)
$1/\Lambda$
wenn Luftschicht gemäß DIN 1053
2 F_W - zweischalige Außenwand mit Luftschicht u. Wärmedämmung
Breitenmaß
F_W
(F_D)
(F_G)
$1/\Lambda$
wenn Luftschicht nicht nach DIN 1053
3 F_W - zweischalige Außenwand mit Luftschicht u. Wärmedämmung
Breitenmaß
je nach
Annahme
F_W
(F_D)
(F_G)
$1/\Lambda$
4 F_W - Außenwand mit Außen-dämmung und hinterlüfteter Verkleidung
Breitenmaß je
nach Annahme
F_W
(F_D)
(F_G)
$1/\Lambda$
5 F_W - Außenwand mit einschaliger Außendämmung
Breitenmaß
F_W
(F_D)
(F_G)
$1/\Lambda$
6 F_W - Außenwand mit Innendämmung
Breitenmaß
F_W
(F_D)
(F_G)
$1/\Lambda$
7 F_W - Außenwand mit beidseitiger Dämmung
Breitenmaß
F_W
(F_D)
(F_G)
$1/\Lambda$
8 F_W - Außenwand mit Kerndämmung
Breitenmaß
F_G
$1/\Lambda$
9 F_G - Außenwand gegen Erdreich
Breitenmaß
F_W
(F_D)
(F_G)
$1/\Lambda$
10 F_W - Außenwand in Leichtbau-weise mit hinterlüfteter Verkleidung
Breitenmaß
F_W
(F_D)
(F_G)
$1/\Lambda$
11 F_W - Außenwand in Leichtbau-weise als Stahlbeton-Fertigelement
Breitenmaß
F_W
$1/\Lambda$
12 F_W - Fensterbrüstung als Heizkörpernische

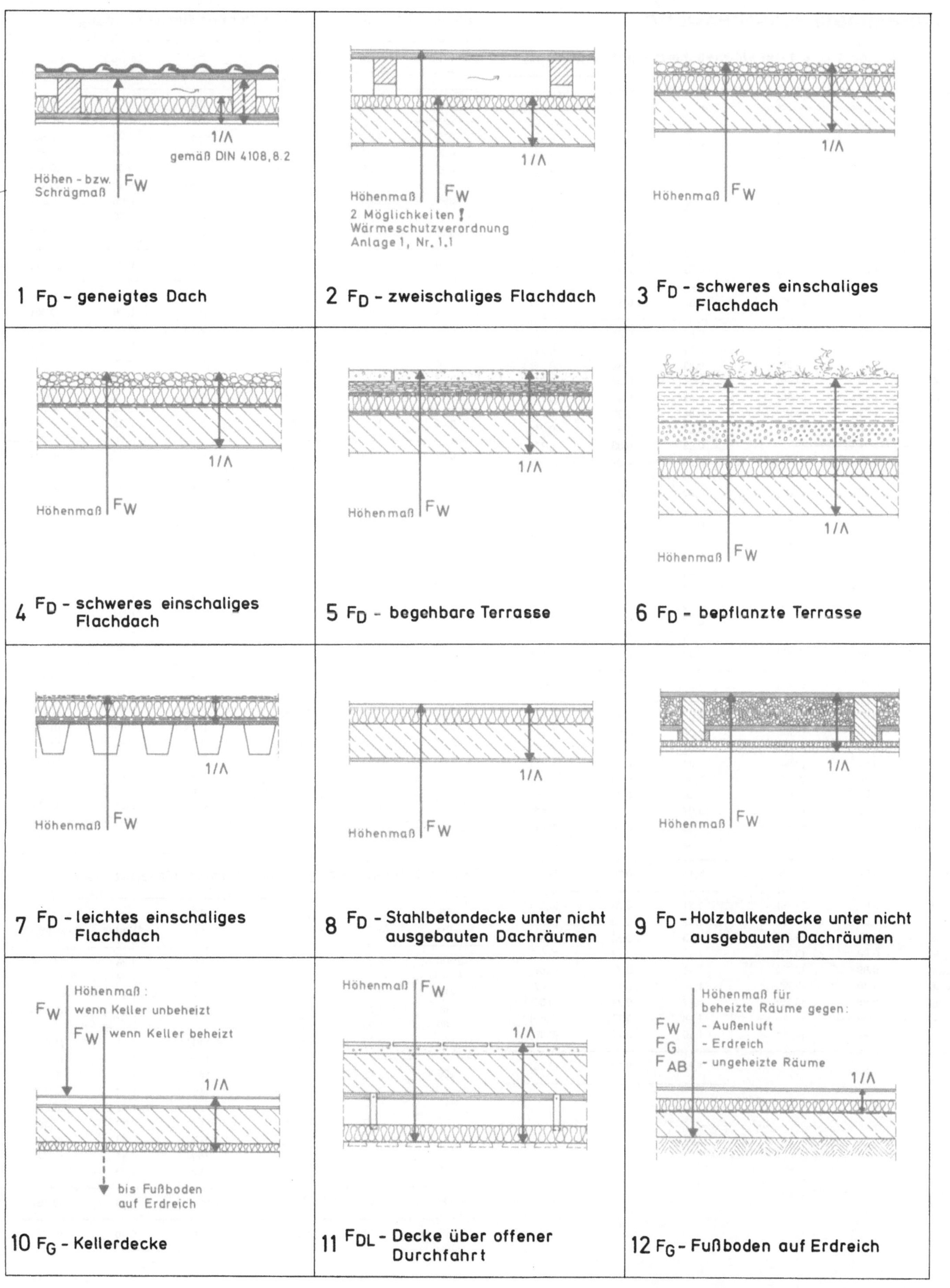
1/Λ
gemäß DIN 4108, 8.2
Höhen - bzw. Schrägmaß
FW
1 FD - geneigtes Dach
1/Λ
Höhenmaß
FW
2 Möglichkeiten !
Wärmeschutzverordnung
Anlage 1, Nr. 1.1
2 FD - zweischaliges Flachdach
1/Λ
Höhenmaß
FW
3 FD - schweres einschaliges Flachdach
1/Λ
Höhenmaß
FW
4 FD - schweres einschaliges Flachdach
1/Λ
Höhenmaß
FW
5 FD - begehbare Terrasse
1/Λ
Höhenmaß
FW
6 FD - bepflanzte Terrasse
1/Λ
Höhenmaß
FW
7 FD - leichtes einschaliges Flachdach
1/Λ
Höhenmaß
FW
8 FD - Stahlbetondecke unter nicht ausgebauten Dachräumen
1/Λ
Höhenmaß
FW
9 FD - Holzbalkendecke unter nicht ausgebauten Dachräumen
Höhenmaß:
FW
wenn Keller unbeheizt
FW
wenn Keller beheizt
1/Λ
bis Fußboden auf Erdreich
10 FG - Kellerdecke
Höhenmaß
FW
1/Λ
11 FDL - Decke über offener Durchfahrt
Höhenmaß für beheizte Räume gegen:
FW
- Außenluft
FG
- Erdreich
FAB
- ungeheizte Räume
1/Λ
12 FG - Fußboden auf Erdreich

Ausgerechnete Zwischenwerte

Tabelle 1, Anlage 1 zu § 2 der Wärmeschutzverordnung

F/V m^{-1}	$k_{m,max}$ W/m²K	$k_{m,max}$ (kcal/m²h° C)
≦ 0,24	1,40	(1,21)
0,25	1,37	(1,18)
0,26	1,34	(1,15)
0,27	1,31	(1,13)
0,28	1,29	(1,11)
0,29	1,27	(1,09)
0,30	1,24	(1,07)
0,31	1,22	(1,05)
0,32	1,20	(1,03)
0,33	1,19	(1,02)
0,34	1,17	(1,01)
0,35	1,15	(0,99)
0,36	1,14	(0,98)
0,37	1,12	(0,96)
0,38	1,11	(0,95)
0,39	1,10	(0,95)
0,40	1,09	(0,94)
0,41	1,07	(0,92)
0,42	1,06	(0,91)
0,43	1,05	(0,90)
0,44	1,04	(0,89)
0,45	1,03	(0,89)
0,46	1,02	(0,88)
0,47	1,01	(0,87)
0,48	1,00	(0,86)
0,49	0,99	(0,85)
0,50	0,99	(0,85)
0,51	0,98	(0,84)
0,52	0,98	(0,84)
0,53	0,97	(0,83)
0,54	0,96	(0,83)
0,55	0,96	(0,82)
0,56	0,95	(0,82)
0,57	0,94	(0,81)
0,58	0,94	(0,81)
0,59	0,93	(0,80)
0,60	0,93	(0,80)
0,61	0,92	(0,79
0,62	0,92	(0,79)
0,63	0,91	(0,78)
0,64	0,91	(0,78)
0,65	0,90	(0,78)
0,66	0,90	(0,77)
0,67	0,89	(0,77)
0,68	0,89	(0,77)
0,69	0,89	(0,76)
≦ 0,70	0,88	(0,76)
0,71	0,88	(0,76)
0,72	0,87	(0,75)
0,73	0,87	(0,75)
0,74	0,87	(0,75)
0,75	0,86	(0,74)
0,76	0,86	(0,74)
0,77	0,86	(0,74)
0,78	0,85	(0,73)
0,79	0,85	(0,73)
0,80	0,85	(0,73)
0,81	0,84	(0,73)
0,82	0,84	(0,72)
0,83	0,84	(0,72)
0,84	0,84	(0,72)
0,85	0,83	(0,72)
0,86	0,83	(0,71)
0,87	0,83	(0,71)
0,88	0,83	(0,71)
0,89	0,82	(0,71)
0,90	0,82	(0,71)
0,91	0,82	(0,71)
0,92	0,82	(0,70)
0,93	0,81	(0,70)
0,94	0,81	(0,70)
0,95	0,81	(0,70)
0,96	0,81	(0,70)
0,97	0,81	(0,69)
0,98	0,80	(0,69)
0,99	0,80	(0,69)
1,00	0,80	(0,69)
1,01	0,80	(0,69)
1,02	0,80	(0,68)
1,03	0,79	(0,68)
1,04	0,79	(0,68)
1,05	0,79	(0,68)
1,06	0,79	(0,68)
1,07	0,79	(0,68)
1,08	0,78	(0,67)
1,09	0,78	(0,67)
1,10	0,78	(0,67)
1,11	0,78	(0,67)
1,12	0,78	(0,67)
1,13	0,78	(0,67)
1,14	0,78	(0,67)
1,15	0,78	(0,67)
1,16	0,77	(0,67)
1,17	0,77	(0,66)
1,18	0,77	(0,66)
1,19	0,77	(0,66)
≧ 1,20	0,77	(0,66)

Tabelle 1, Anlage 3 zu § 5 der Wärmeschutzverordnung

F/V m^{-1}	$k_{m,max}$ W/m²K	$k_{m,max}$ (kcal/m²h°C)
≦ 0,24	1,40	(1,21)
0,25	1,37	(1,18)
0,26	1,34	(1,15)
0,27	1,32	(1,13)
0,28	1,30	(1,12)
0,29	1,28	(1,10)
0,30	1,27	(1,09)
0,31	1,25	(1,07)
0,32	1,23	(1,06)
0,33	1,22	(1,05)
0,34	1,21	(1,04)
0,35	1,19	(1,02)
0,36	1,18	(1,01)
0,37	1,17	(1,00)
0,38	1,16	(1,00)
0,39	1,15	(0,99)
0,40	1,14	(0,98)
0,41	1,13	(0,97)
0,42	1,12	(0,96)
0,43	1,11	(0,95)
0,44	1,10	(0,95)
0,45	1,09	(0,94)
0,46	1,09	(0,94)
0,47	1,08	(0,93)
0,48	1,07	(0,92)
0,49	1,07	(0,92)
0,50	1,06	(0,91)
0,51	1,05	(0,90)
0,52	1,05	(0,90)
0,53	1,04	(0,89)
0,54	1,04	(0,89)
0,55	1,03	(0,89)
0,56	1,03	(0,88)
0,57	1,02	(0,88)
0,58	1,02	(0,88)
0,59	1,01	(0,87)
≦ 0,60	1,01	(0,87)
0,61	1,00	(0,86)
0,62	1,00	(0,86)
0,63	1,00	(0,86)
0,64	0,99	(0,85)
0,65	0,99	(0,85)
0,66	0,98	(0,84)
0,67	0,98	(0,84)
0,68	0,98	(0,84)
0,69	0,97	(0,84)
0,70	0,97	(0,84)
0,71	0,97	(0,83)
0,72	0,96	(0,83)
0,73	0,96	(0,83)
0,74	0,96	(0,83)
0,75	0,96	(0,83)
0,76	0,95	(0,82)
0,77	0,95	(0,82)
0,78	0,95	(0,82)
0,79	0,95	(0,82)
0,80	0,94	(0,81)
0,81	0,94	(0,81)
0,82	0,94	(0,81)
0,83	0,94	(0,81)
0,84	0,93	(0,80)
0,85	0,93	(0,80)
0,86	0,93	(0,80)
0,87	0,93	(0,80)
0,88	0,93	(0,80)
0,89	0,92	(0,79)
0,90	0,92	(0,79)
0,91	0,92	(0,79)
0,92	0,92	(0,79)
0,93	0,92	(0,79)
0,94	0,91	(0,78)
0,95	0,91	(0,78)
0,96	0,91	(0,78)
0,97	0,91	(0,78)
0,98	0,91	(0,78)
0,99	0,91	(0,78)
≧ 1,00	0,91	(0,78)

Tabelle 2, Anlage 3 zu § 5 der Wärmeschutzverordnung

FG m²	k_G W/m²K	k_G (kcal/m²h°C)
≦ 100	2,20	(1,90)
120	2,10	(1,81)
140	2,00	(1,72)
160	1,90	(1,63)
180	1,80	(1,55)
200	1,70	(1,47)
250	1,65	(1,42)
300	1,60	(1,38)
350	1,55	(1,33)
400	1,50	(1,29)
450	1,45	(1,25)
500	1,40	(1,21)
600	1,36	(1,17)
700	1,32	(1,14)
800	1,28	(1,10)
900	1,24	(1,07)
1000	1,20	(1,03)
1100	1,17	(1,00)
1200	1,14	(0,98)
1300	1,11	(0,96)
1400	1,08	(0,93)
1500	1,05	(0,90)
1600	1,02	(0,88)
1700	0,99	(0,85)
1800	0,96	(0,83)
1900	0,93	(0,80)
2000	0,90	(0,78)
> 2000	0,60	(0,52)

Gebäude					Wärmeschutzverordnung								optimaler Wärmeschutz			
					Verfahren 1				Verfahren 2							
Nr.	Beschreibung	F_{W+F} %	Fläche m^2 / Volumen m^3	$F/V = m^{-1}$ (k_m)	k_m	%	W/m³	%	k_m	%	W/m³	%	k_m	%	W/m³	%
1	Kleines Einfamilien-Wohnhaus	36.5	390 / 367	1.06 (0.79)	0.79	82	37.4	101	0.96	100	37.1	100	0.71	74	28.7	77
2	Einfamilien-Wohnhaus mit ausgebautem Dachgeschoß	39.8	350 / 403	0.87 (0.86)	0.86	84	37.3	100	1.02	100	37.3	100	0.76	74	30.2	81
3	Einfamilien-Wohnhaus mit Schwimmhalle	30.5	1 230 / 1 457	0.84 (0.84)	0.84	88	33.3	110	0.95	100	30.4	100	0.68	72	23.8	78
4	Einfamilien-Wohnhaus mit Einliegerwohnung	32.1	857 / 927	0.92 (0.82)	0.82	86	33.9	106	0.96	100	32.0	100	0.73	76	26.1	82
5	Reihenhäuser Endhaus	53.0	330 / 430	0.77 (0.86)	0.86	81	28.7	100	1.06	100	31.2	109	0.85	80	25.8	90
	Reihenhäuser Mittelhaus	45.4	281 / 425	0.66 (0.90)	0.90	86	26.2	100	1.05	100	26.6	102	0.90	86	23.7	90
6	Reihenhäuser Endhaus	50.2	345 / 519	0.66 (0.90)	0.90	84	26.2	100	1.07	100	27.0	103	0.77	72	20.6	79
	Reihenhäuser Mittelhaus	35.0	238 / 507	0.47 (1.01)	1.01	97	21.8	113	1.04	100	19.3	100	0.86	83	0.86	83
7	Atriumhaus	36.4	220 / 295	0.75 (0.86)	0.86	83	29.7	100	1.03	100	30.5	103	0.72	70	23.2	78
8	Mehrfamilien-Wohnhaus 3 Geschoße	55.2	729 / 1 366	0.53 (0.97)	0.97	86	21.8	100	1.13	100	22.9	105	0.83	73	17.6	81
9	Mehrfamilien-Wohnhaus 4 Geschoße	60.8	902 / 1 950	0.46 (1.02)	1.02	86	20.1	100	1.19	100	21.4	106	0.86	73	16.4	82
10	Wohnhochhaus, 13 Geschoße	79.0	4 847 / 18 924	0.26 (1.34)	1.34	89	14.9	100	1.51	100	16.1	108	1.02	67	11.5	77
11	Terrassenhäuser Mittelhäuser 2, 3+4	39.5	320 / 523	0.61 (0.92)	0.92	87	23.4	106	1.06	100	22.0	100	0.79	75	17.6	80
	Terrassenhäuser oberes Haus 5	42.7	432 / 541	0.80 (0.85)	0.85	86	29.2	100	0.99	100	30.2	103	0.72	73	22.9	78
12	Schule, 3 Geschoße	51.7	3 355 / 8 096	0.42 (1.06)	1.06	88	18.8	100	1.21	100	19.5	104	0.78	65	13.4	71
	+Turnhalle, angebaut	33.4	1 045 / 2 120	0.49 (0.99)	0.99	100	19.2	122	0.98	99	15.8	100	0.88	89	15.1	96
13	Altenwohn- und Plegeheim 3 Geschoße	40.2	5 044 / 13 122	0.38 (1.11)	1.05	100	16.5	120	1.04	99	13.8	100	0.82	78	11.4	83
14	Verwaltungsgebäude 6 Geschoße	46.3	11 131 / 67 628	0.16 (1.40)	1.13	98	8.0	111	1.15	100	7.2	100	0.81	71	5.4	74
15	Hallenbad	31.5	4 853 / 16 011	0.30 (0.85)	0.78	100	9.7	100	—		—		0.84	108	8.0	82
16	Großdruckerei Hallen 20 °C	17.3	4 212 / 6 960	0.61 (0.92)	0.79	91	18.8	120	0.87	100	15.7	100	0.69	79	13.3	85
	Großdruckerei Hallen 15 °C	23.4	6 670 / 15 698	0.42 (1.12)	0.89	100	13.0	100	—		—		0.90	101	10.9	84
17	Betriebsgebäude 20 °C	19.3	2 978 / 8 031	0.37 (1.12)	0.83	91	12.1	120	0.91	100	10.1	100	0.71	78	8.5	84
	+Lagerhalle 13 °C	16.0	9 283 / 25 317	0.37 (1.17)	0.72	100	8.1	100	—		—		0.72	100	6.0	74

1 Übersicht: Zusammenfassende Beurteilung der 17 durchgerechneten Gebäude

(1) Kleines Einfamilien-Wohnhaus, 1 Geschoß + teilweise beheizter Keller

$F/V = 1.06\ m^{-1}$

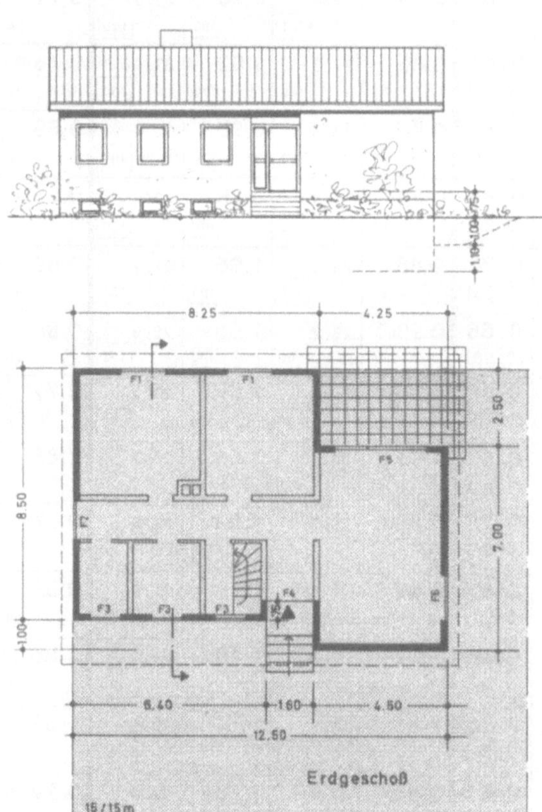

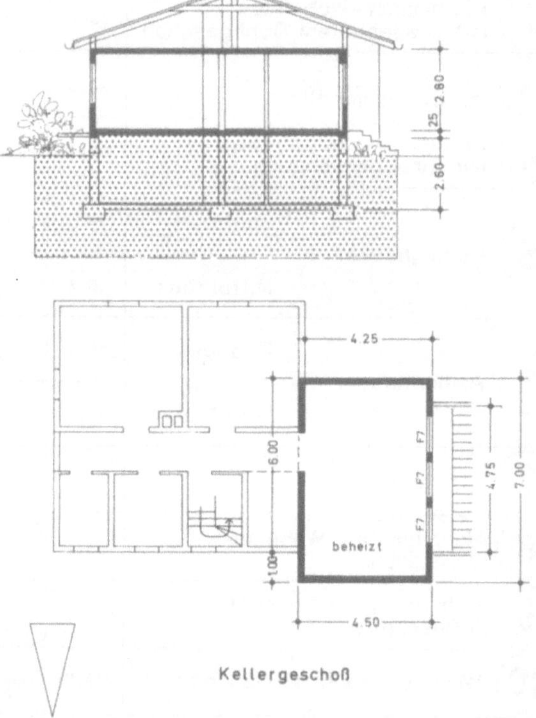

F_{W+F} **Außenwandflächen mit Fenster**

(12.50 + 9.50 + 0.75) x 2.80 x 2	=	127.40 m^2
(1.00 + 4.50 + 7.00) x 0.75	=	9.38 m^2
4.75 x 1.00 + 4.25 x 0.25	=	5.81 m^2
		142.59 m^2

F_F **Fensterflächen** (k 3.0 W/m^2K)

F1	1.50 x 1.45 x 2	= 4.35 m^2	
F2	1.25 x 1.75	= 2.19 m^2	
F3	1.00 x 1.35 x 3	= 4.05 m^2	
F4	1.60 x 2.25	= 3.60 m^2	
F5	1.10 x 2.25 + 2.00 x 1.75	= 5.98 m^2	
F6	1.50 x 1.75	= 2.63 m^2	
F7	1.25 x 1.35 x 3	= 5.06 m^2	27.86 m^2

F_W **Außenwandflächen** 114.73 m^2

F **Wärmeübertragende Umfassungsfläche**

F_W	= 114.73 m^2
F_F	= 27.86 m^2
F_D	= 98.92 m^2
F_{G1}	= 67.43 m^2
F_{G2}	= 64.05 m^2
F_{AB}	= 17.10 m^2
	390.09 m^2

F_D **Deckenflächen nach oben**

12.50 x 9.50 − (8.00 x 1.00 + 1.60 x 0.75 + 4.25 x 2.50) = 98.92 m^2

F_{G1} **Kellerdecke**

(8.00 x 8.50 + 0.25 x 2.50) − 1.60 x 0.75 = 67.43 m^2

F_{G2} **Wände + Fußböden gegen Erdreich**

4.25 x 2.60	=	11.05 m^2
7.00 x 2.10 − 4.75 x 1.00	=	9.95 m^2
(4.50 + 1.00) x 2.10	=	11.55 m^2
4.50 x 7.00	=	31.50 m^2
		64.05 m^2

F_{AB} **Abgrenzende Flächen**

6.00 x 2.85 = 17.10 m^2

V **Bauwerksvolumen**

F_D = 98.92 x 2.80	=	276.98 m^3
4.50 x 7.00 x 2.85	=	89.78 m^3
		366.76 m^3

$$F/V = \frac{390.09}{366.76} = 1.06\ m^{-1}$$

Zeile	① Bauteil	Fläche F aus Vorberechnung m²	%	Wärmeschutzverordnung Verfahren 1 (F/V) k vorh. W/m²K (kcal/m²h°C)	Faktor Y	Wärmedurchgang Q = k x F x Y W/K	Verfahren 2 (k gefordert) k gef. W/m²K (kcal/m²h°C)	Wärmedurchgang Q = k x F W/K	optimaler Wärmeschutz (Empfehlung) k empf. W/m²K (kcal/m²h°C)	Wärmedurchgang Q = k x F W/K
1	Außenwandflächen	F_W = 114.73	29.4	1.02 (0.88)	1	117.02	1.07 (0.91)	122.76	0.45 (0.39)	51.63
2	Fensterflächen	F_F = 27.86	7.1	3.0 (2.6)	1	83.58	3.0 (2.6)	83.58	3.0 (2.6)	83.58
3	Außenwand + Fenster	F_{W+F} = 142.59	36.5	1.40 (1.20)	—	200.60	1.45 (1.25)	206.34	0.95 (0.82)	135.21
4	Decke unter nicht ausgebautem Dach	F_D = 98.92	25.4	0.55 (0.47)	0.8	43.52 ⟨54.41⟩	0.45 (0.39)	44.51	0.45 (0.39)	44.51
5	Kellerdecke	F_{G1} = 67.43	17.3	0.80 (0.69)	0.5	26.97 ⟨53.94⟩	0.80 (0.69)	53.94	0.60 (0.52)	40.46
6	Wände + Fußböden gegen Erdreich	F_{G2} = 64.05	16.4	0.90 (0.78)	0.5	28.82 ⟨57.56⟩	0.90 (0.78)	57.65	0.65 (0.56)	41.63
7	Abgrenzende Flächen	F_{AB} = 17.10	4.4	0.95 (0.82)	0.5	8.12 ⟨16.25⟩	0.80 (0.69)	13.68	0.80 (0.69)	13.68
8										
9	wärmeübertragende Umfassungsfläche	F = 390.09	100			Q = 308.03 ⟨382.85⟩		Q = 376.12		Q = 275.49
10	Wärmedurchgangskoeffizient k_m = Q : F =			0.79 (0.68) ⟨0.98⟩		82 %	0.96 (0.83)	100 %	0.71 (0.61)	74 %
11	F/V = 1.06 m^{-1} • k_m nach Verfahren 1 ≦ 0.79 W/m²K (0.68 kcal/m²h°C)						Wärmeschutzverordnung: 1. Abschnitt – Gebäude mit normalen Innentemperaturen –			
12	Fugendurchlaßkoeffizient für die Fenster : a = 2.0									
13	Ergänzende Bestimmungen zu DIN 4108: Die Mindestforderungen sind erfüllt						Anteil der Fensterflächen in der Außenwand			= 20 %
14	Transmissionswärmebedarf Q_T	W (kcal/h)		10.942		(9.410)	10.842	(9.324)	7.736	(6.653)
15	Lüftungswärmebedarf Q_L	W (kcal/h)		2.773		(2.385)	2.773	(2.385)	2.773	(2.385)
16	Gesamtwärmebedarf Q_h	W (kcal/h)		13.715		(11.795)	13.615	(11.709)	10.509	(9.038)
17	Wärmebedarf je m³ umb. Raum	W (kcal/hm³)		37.4 (32.2)		101 %	37.1 (31.9)	100 %	28.7 (24.7)	77 %

Entsprechend dem durch die wärmeübertragende Umfassungsfläche F eingeschlossenen Bauwerksvolumen V kann dieses Kleinhaus als *kleiner kompakter Flachbau* bezeichnet werden.

Zur Erfüllung der Wärmeschutzverordnung ist die Anwendung des Verfahrens 2 ausreichend; gegenüber Verfahren 1 ergibt sich ein etwas geringerer Gesamtwärmebedarf Q_h.

Um eine befriedigende Wohnbehaglichkeit und günstige Wirtschaftlichkeit zu erzielen, wird jedoch die Ausführung eines optimalen Wärmeschutzes empfohlen. Bei der Empfehlung ist insbesondere die Verbesserung bei der Außenwand zu beachten. Die sich dabei einstellende geringe Temperaturdifferenz zwischen ihrer Innenoberfläche und der Raumtemperatur mit etwa 2,5 K ist eine wichtige Voraussetzung für die Wohnbehaglichkeit.

Bei dem empfohlenen k-Wert für die Außenwände mit 0,45 W/m²K sind bei einer äußeren durchgehenden Dämmschicht die Fensterbrüstungen als dünnwandige massive Heizkörpernischen ohne Schwierigkeiten auszuführen.

Die Befensterung mit 20 % der Außenwandflächen ist als mäßig zu bezeichnen. Auch bei einem optimalen Wärmeschutz genügen deshalb Fenster mit zweifacher Isolierverglasung.

Die Brüstung beim Fenster-/Türelement F 5 wird meist als leichtes Bauteil ausgeführt; die Mindestdämmwerte gemäß Tabelle 2 der „Ergänzende Bestimmungen zu DIN 4108" sind dann einzuhalten.

Berechnung des mittleren Wärmedurchgangskoeffizienten k_m zum Verfahren 1 gemäß Nr. 1.3 der Anlage 1, zur Wärmeschutzverordnung als Beispiel.

$$k_m = \frac{k_W \times F_W + k_F \times F_F + 0{,}8 \times k_D \times F_D + 0{,}5 \times k_{G1} \times F_{G1} + 0{,}5 \times k_{G2} \times F_{G2} + 0{,}5 \times k_{AB} \times F_{AB}}{F}$$

$$= \frac{1{,}02 \times 114{,}73 + 3{,}0 \times 27{,}86 + 0{,}8 \times 0{,}55 \times 98{,}92 + 0{,}5 \times 0{,}8 \times 67{,}43 + 0{,}5 \times 0{,}90 \times 64{,}05 + 0{,}5 \times 0{,}95 \times 17{,}10}{390{,}09}$$

$$= \frac{117{,}02 + 83{,}58 + 43{,}52 + 26{,}97 + 28{,}82 + 8{,}12}{390{,}09} = \frac{308{,}03}{390{,}09} = 0{,}79\ \mathrm{W/m^2K}\ (0{,}68\ \mathrm{kcal/m^2h\,°C})$$

(2) Einfamilien-Wohnhaus, Erdgeschoß + ausgebautes Dachgeschoß nicht unterkellert

F / V = 0.87 m⁻¹

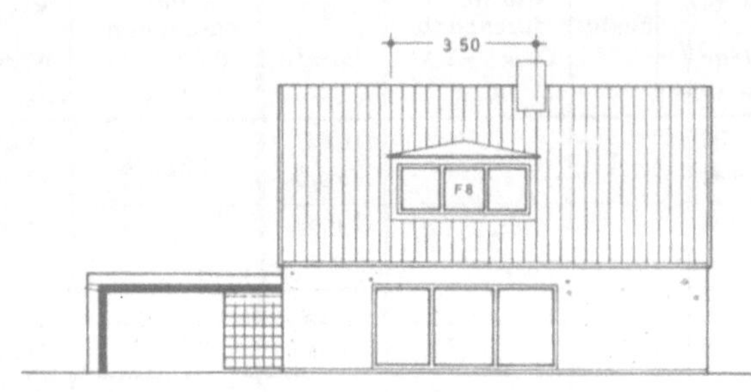

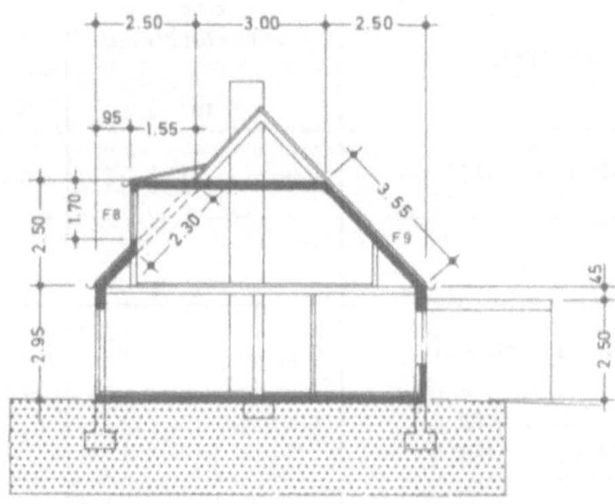

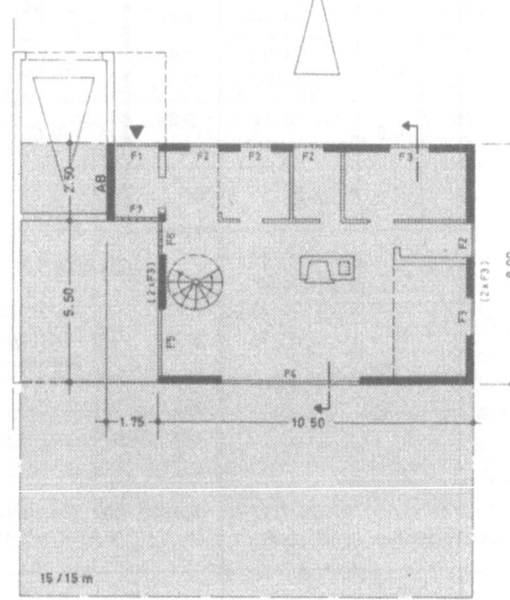

$F_{D+F(D)}$ **Dachflächen mit Fenster**

Eingang 1.75 x 2.50	= 4.38 m²
(3.55 x 2 + 3.00) x 10.50	= 106.05 m²
(1.70 + 1.55) x 3.50	= 11.38 m²
$\frac{1.55 \times 1.70}{2} \times 2$	= 2.64 m²
	124.45 m²
abzüglich : 2.30 x 3.50	= 8.05 m²
	116.40 m²

$F_{F(D)}$ **Dachfensterflächen** (k 3.3 W/m²K)

F8	Gaubenfenster 3.10 x 1.35	= 4.18 m²	
F9	Dachflächenfenster 0.90 x 1.40 x 2	= 2.52 m²	= 6.70 m²

F_D **Dachflächen** = 109.70 m²

F_G **Grundflächen**
10.50 x 8.00 + 1.75 x 2.50 = 88.38 m²

F_{AB} **Abgrenzende Flächen**
2.50 x 2.50 = 6.25 m²

F **Wärmeübertragende Umfassungsfläche**

F_W	102.13 m²
F_{FI}	31.78 m²
F_{FII}	5.25 m²
F_D	109.70 m²
$F_{F(D)}$	6.70 m²
F_G	88.38 m²
F_{AB}	6.25 m²
	350.19 m²

V **Bauwerksvolumen**

10.50 x 8.00 x 2.95	= 247.80 m³
$10.50 \times \frac{8.00 + 3.00}{2} \times 2.50$	= 144.38 m³
1.75 x 2.50 x 2.50	= 10.94 m³
	403.12 m³

$$F/V = \frac{350.19}{403.12} = 0.87 \text{ m}^{-1}$$

F_{W+F} **Außenwandflächen mit Fenster**

(10.50 x 2 + 5.50 + 8.00) x 2.95	= 101.78 m²
2.50 x 0.45	= 1.13 m²
$\frac{8.00 + 3.00}{2} \times 2.50 \times 2$	= 27.50 m²
1.75 x 2.50 x 2	= 8.75 m²
	139.16 m²

F_{FI} **Fensterflächen** (k 3.0 W/m²K)

F1	1.50 x 2.10	= 3.15 m²	
F2	1.00 x 1.25 x 4	= 5.00 m²	
F3	1.25 x 1.40 x 6	= 10.50 m²	
F4	4.50 x 2.10	= 9.45 m²	
F5	2.30 x 1.60	= 3.68 m²	= 31.78 m²

F_{FII} **Fensterflächen** (k 3.5 W/m²K)

F6	1.00 x 2.10	= 2.10 m²		
F7	1.50 x 2.10	= 3.15 m²	= 5.25 m²	= 37.03 m²

F_W **Außenwandflächen** 102.13 m²

Zeile	② Bauteil	Fläche F aus Vorberechnung m^2	%	Wärmeschutzverordnung Verfahren 1 (F/V) k vorh. W/m^2K *(kcal/m²h°C)*	Faktor Y	Wärmedurchgang Q = k x F x Y W/K	Verfahren 2 (k gefordert) k gef. W/m^2K *(kcal/m²h°C)*	Wärmedurchgang Q = k x F W/K	optimaler Wärmeschutz (Empfehlung) k empf. W/m^2K *(kcal/m²h°C)*	Wärmedurchgang Q = k x F W/K
1	Außenwandflächen	F_W = 102.13	29.2	0.80 (0.69)	1	81.70	0.86 (0.74)	87.83	0.42 (0.36)	42.89
2	Fensterflächen	F_{FI} = 31.78	10.6	3.0 (2.6)	1	95.34	3.0 (2.6)	95.34	2.3 (2.0)	73.09
3	Fensterflächen	F_{FII} = 5.25		3.5 (3.0)	1	18.38	3.5 (3.0)	18.38	3.5 (3.0)	18.38
4	Außenwand + Fenster	F_{W+F} = 139.16	39.8	1.41 (1.21)	—	195.42	1.45 (1.25)	201.55	0.97 (0.83)	134.36
5	Dachflächen	F_D = 109.70	33.2	0.45 (0.39)	0.8	39.49 ⟨49.37⟩	0.45 (0.39)	49.37	0.42 (0.36)	46.07
6	Dachfensterflächen	$F_{F(D)}$ = 6.70		3.3 (2.8)	1	22.11	3.3 (2.8)	22.11	3.3 (2.8)	22.11
7	Fußboden gegen Erdreich	F_G = 88.38	25.2	0.90 (0.78)	0.5	39.77 ⟨79.54⟩	0.90 (0.78)	79.54	0.65 (0.56)	57.45
8	Abgrenzende Flächen	F_{AB} = 6.25	1.8	0.95 (0.82)	0.5	2.97 ⟨5.94⟩	0.80 (0.69)	5.00	0.80 (0.69)	5.00
9	wärmeübertragende Umfassungsfläche	F = 350.19	100	Q = 299.76 ⟨352.38⟩			Q = 357.57		Q = 264.99	
10	Wärmedurchgangskoeffizient k_m = Q : F =			0.86 (0.74) ⟨1.01⟩		84 %	1.02 (0.88)	100 %	0.76 (0.65)	74 %
11	F/V = 0.87 m^{-1} • k_m nach Verfahren 1 ≦ 0.86 W/m^2K (0.74 kcal/m²h°C)						Wärmeschutzverordnung: 1. Abschnitt - Gebäude mit normalen Innentemperaturen -			
12	Fugendurchlaßkoeffizient für die Fenster : a = 2.0									
13	Ergänzende Bestimmungen zu DIN 4108: Die Mindestforderungen sind erfüllt						Anteil der Fensterflächen in der Außenwand = 27 %			

Zeile			Einheit	Verfahren 1	Verfahren 2	optimaler Wärmeschutz
14	Transmissionswärmebedarf	Q_T	W (kcal/h)	11.453 (9.850)	11.456 (9.852)	8.584 (7.382)
15	Lüftungswärmebedarf	Q_L	W (kcal/h)	3.596 (3.093)	3.596 (3.093)	3.596 (3.093)
16	Gesamtwärmebedarf	Q_h	W (kcal/h)	15.049 (12.943)	15.052 (12.945)	12.180 (10.475)
17	Wärmebedarf je m³ umb. Raum		W (kcal/hm³)	37.3 (32.1) 100 %	37.3 (32.1) 100 %	30.2 (26.0) 81 %

Es handelt sich um das einzige Gebäude in dieser Serie mit ausgebautem Dachgeschoß; seinem Querschnitt nach ist es ein *kleiner Kompaktbau.*

Bezüglich der Behandlung von Dachfenstern, Dachgauben etc. sind in der vorliegenden Wärmeschutzverordnung keinerlei Angaben enthalten. Es wird deshalb gemäß der nachstehend beschriebenen Methode verfahren.

Die nichttransparenten Flächen der Dachaufbauten werden zur allgemeinen Dachfläche gerechnet. Kleinere Dachdurchbrüche wie z. B. Kamine bleiben unberücksichtigt. Stehende oder liegende Fenster werden ohne den bei Dachflächen üblichen Abminderungsfaktor 0,8 (Verfahren 1) mit ihrem vollen Wert angesetzt.

Wegen der relativ hohen Anforderungen an den Wärmeschutz der Dächer dürfte es keinen Sinn haben, die Dachflächen mit den Fensterflächen zu mitteln, so wie z. B. bei der Außenwand einschließlich Fenster beim Verfahren 2 vorgesehen.

Der Nachweis des Wärmeschutzes kann nach Verfahren 1 oder Verfahren 2 geführt werden. Hinsichtlich des Gesamtwärmebedarfs Q_h ergeben sich praktisch die gleichen Ergebnisse.

Zur Erzielung eines behaglichen Wohnklimas sind die Außenwände mit einem k-Wert 0,80 bzw. 0,86 W/m²K nicht ausreichend. Erforderlich sind vielmehr optimale Werte, so wie in der Empfehlung angegeben.

Zur Angleichung an den erhöhten Dämmwert der Außenwand sind Fenster mit dreifachem Isolierglas vorteilhaft; zumindest jedoch für die Fenstertür F 4.

Beim ausgebauten Dachgeschoß ist ganz besonders auf den sommerlichen Wärmeschutz zu achten. Ausreichende Wärmespeicherung und günstige Temperatur-Amplituden-Verhältnisse bei den Außenbauteilen sind unabdingbare Voraussetzungen für ein angenehmes Raumklima im Sommer. Lediglich die Erfüllung der vorliegenden Wärmeschutzverordnung, die bekanntlich nur für den Winterzustand gilt, ist für den Sommerzustand keinesfalls ausreichend.

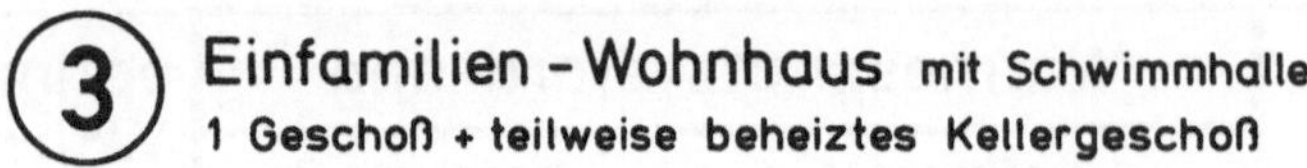

③ Einfamilien-Wohnhaus mit Schwimmhalle

1 Geschoß + teilweise beheiztes Kellergeschoß

$F/V = 0.84\ m^{-1}$

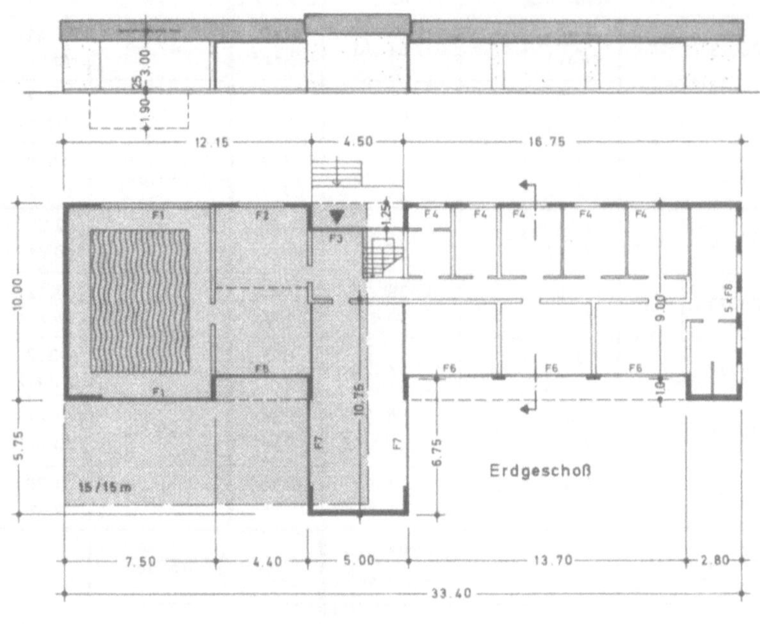

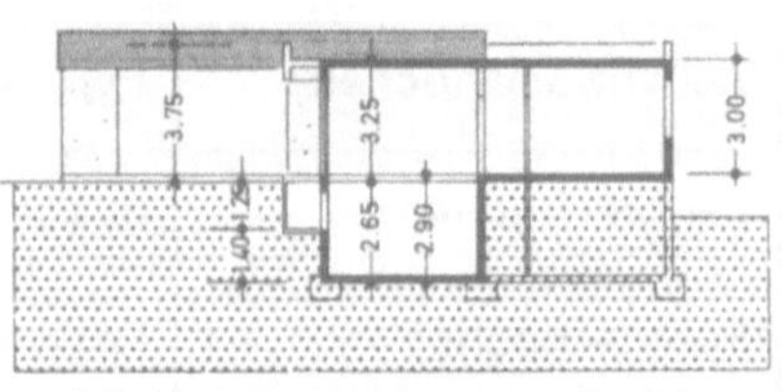

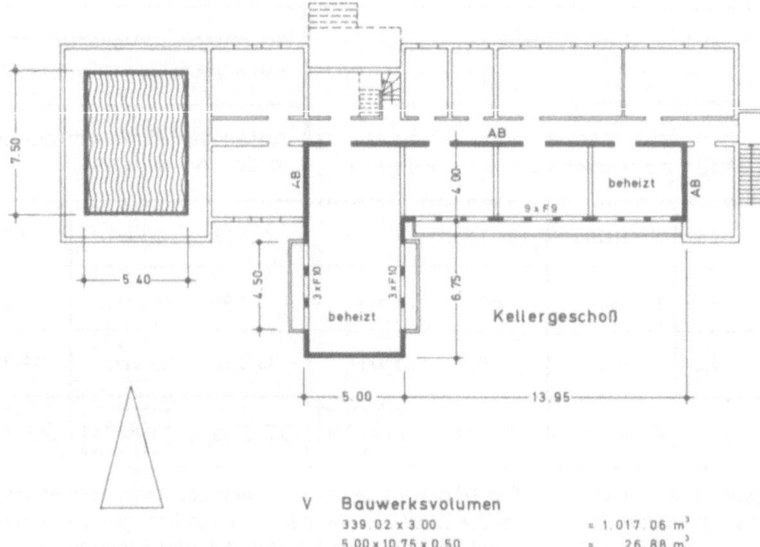

F_{W+F} Außenwandflächen mit Fenster

(33.40 + 1.25 x 2 + 11.90 + 2.80 + 10.00 x 2 + 1.00 x 2) x 3.00	= 217.80 m²
(5.00 + 13.70 + 6.75 x 2) x 3.25	= 104.65 m²
(5.00 + 10.75) x 2 x 0.50	= 15.75 m²
(13.70 + 4.50 x 2) x 1.25	= 28.37 m²
(10.00 + 7.50) x 0.25 x 2	= 8.75 m²
	375.32 m²

F_F Fensterflächen (k 3.0 W/m²K)

F1	4.50 x 2.30 x 2	= 20.70 m²	
F2	2.50 x 1.45	= 3.63 m²	
F3	4.50 x 2.30	= 10.35 m²	
F4	1.50 x 1.55 x 5	= 11.62 m²	
F5	1.10 x 2.40 + 3.30 x 1.80	= 8.58 m²	
F6	(1.10 x 2.40 + 3.10 x 1.80) x 3	= 24.66 m²	
F7	4.50 x 2.90 x 2	= 26.10 m²	
F8	1.00 x 1.05 x 5	= 5.25 m²	
F9	1.25 x 1.05 x 9	= 11.81 m²	
F10	1.25 x 1.05 x 6	= 7.88 m²	= 130.58 m²

F_W Außenwandflächen 244.74 m²

F_D Dachflächen

33.40 x 10.00 + 5.00 x 5.75	= 362.75 m²
abzüglich: 4.50 x 1.25 + (4.40 + 13.70) x 1.00	= 23.73 m²
	339.02 m²

F_{G1} Kellerdecke

33.40 x 10.00 - (4.50 x 1.25 + 4.40 x 1.00 + 18.95 x 5.00)	= 229.22 m²

F_{G2} Wände + Fußböden gegen Erdreich

5.00 x 10.75 + 13.95 x 4.00	= 109.55 m²
13.70 x 1.40	= 19.18 m²
(5.00 + 6.75 x 2) x 2.65 - 4.50 x 1.25 x 2	= 37.77 m²
(5.40 + 7.50) x 1.90 x 2	= 49.02 m²
	215.52 m²

F_{AB} Abgrenzende Flächen

(4.00 x 2 + 18.95) x 2.65	= 71.42 m²

V Bauwerksvolumen

339.02 x 3.00	= 1.017.06 m³
5.00 x 10.75 x 0.50	= 26.88 m³
7.50 x 10.00 x 0.25	= 18.75 m³
5.40 x 7.50 x 1.90	= 76.95 m³
(5.00 x 10.75 + 13.95 x 4.00) x 2.90	= 317.70 m³
	1.457.34 m³

F Wärmeübertragende Umfassungsfläche

F_W	244.74 m²
F_F	130.58 m²
F_D	339.02 m²
F_{G1}	229.22 m²
F_{G2}	215.52 m²
F_{AB}	71.42 m²
	1 230.50 m²

$$F/V = \frac{1.230.50}{1.457.34} = 0.84\ m^{-1}$$

Zeile	Bauteil	Fläche F aus Vorberechnung m^2	%	Wärmeschutzverordnung Verfahren 1 (F/V) k vorh. W/m^2K ($kcal/m^2h°C$)	Faktor Y	Wärmedurchgang $Q = k \times F \times Y$ W/K	Verfahren 2 (k gefordert) k gef. W/m^2K ($kcal/m^2h°C$)	Wärmedurchgang $Q = k \times F$ W/K	optimaler Wärmeschutz (Empfehlung) k empf. W/m^2K ($kcal/m^2h°C$)	Wärmedurchgang $Q = k \times F$ W/K
1	Außenwandflächen	F_W = 244.74	19.9	0.94 (0.81)	1	230.06	0.77 (0.66)	190.01	0.45 (0.39)	110.13
2	Fensterflächen	F_F = 130.58	10.6	3.3 (2.8)	1	430.91	3.0 (2.6)	319.74	3.0 (2.6) 1.9 (1.6)	148.92 153.79
3	Außenwand + Fenster	F_{W+F} = 375.32	30.5	1.76 (1.51)	—	660.97	1.55 (1.34)	581.75	1.10 (0.95)	412.84
4	Dachdecken	F_D = 339.02	27.6	0.51 (0.44)	0.8	138.31 ⟨172.90⟩	0.45 (0.39)	152.56	0.35 (0.30)	118.66
5	Kellerdecke	F_{G1} = 229.22	18.6	0.83 (0.71)	0.5	95.12 ⟨190.25⟩	0.80 (0.69)	183.38	0.51 (0.44)	116.90
6	Wände + Fußböden gegen Erdreich	F_{G2} = 215.52	17.5	0.97 (0.83)	0.5	104.52 ⟨209.05⟩	0.90 (0.78)	193.97	0.60 (0.52)	129.31
7	Abgrenzende Flächen	F_{AB} = 71.42	5.8	0.95 (0.82)	0.5	33.92 ⟨67.85⟩	0.80 (0.69)	57.14	0.80 (0.69)	57.14
8										
9	wärmeübertragende Umfassungsfläche	F = 1 230.50	100	Q = 1 032.84 ⟨1 301.02⟩			Q = 1 168.80		Q = 834.85	
10	Wärmedurchgangskoeffizient $k_m = Q : F =$			0.84 (0.72) ⟨1.06⟩		88 %	0.95 (0.82)	100 %	0.68 (0.58)	72 %
11	$F/V = 0.84\ m^{-1}$ • k_m nach Verfahren 1 ≦ $0.84\ W/m^2K$ ($0.72\ kcal/m^2h°C$)						Wärmeschutzverordnung: 1. Abschnitt - Gebäude mit normalen Innentemperaturen -			
12	Fugendurchlaßkoeffizient für die Fenster : a = 2.0									
13	Ergänzende Bestimmungen zu DIN 4108: Die Mindestforderungen sind erfüllt						Anteil der Fensterflächen in der Außenwand = 35 %			
14	Transmissionswärmebedarf Q_T	W (kcal/h)		38.228 (32.876)			34.009 (29.248)		24.450 (21.027)	
15	Lüftungswärmebedarf Q_L	W (kcal/h)		10.286 (8.846)			10.286 (8.846)		10.286 (8.846)	
16	Gesamtwärmebedarf Q_h	W (kcal/h)		48.514 (41.722)			44.295 (38.094)		34.736 (29.873)	
17	Wärmebedarf je m^3 umb. Raum	W ($kcal/hm^3$)		33.3 (28.6)		110 %	30.4 (26.1)	100 %	23.8 (20.5)	78 %

Bei diesem Gebäude handelt es sich um einen *mittelgroßen Flachbau.* Zur Erfüllung der Wärmeschutzverordnung wird die Anwendung des Verfahrens 2 vorgeschlagen. Bei der Ermittlung des Gesamtwärmebedarfs Q_h erweist sich dies als ausgesprochener Vorteil.
Die nach der Wärmeschutzverordnung möglichen Außenwände sind für eine optimale Wohnbehaglichkeit nicht ausreichend.
Ebenso sollten die großen Fensterelemente (F 1, F 5, F 6 und F 7) mit 80,94 m² Fensterfläche dreifaches Isolierglas erhalten. Für die normalgroßen Fenster mit zweifachem Isolierglas verbleiben dann noch 69,64 m². Die Empfehlung für dreifaches Isolierglas sollte man zumindest bei den Glasflächen an der Schwimmhalle verwirklichen, da dort die Raumlufttemperatur bis zu 30° C betragen kann.
Bei Ausführung des vorgeschlagenen optimalen Wärmeschutzes ergibt sich eine Verminderung des jährlichen Wärmebedarfs um etwa 42 GJ – Giga-Joule (10 Gcal – Gigakalorie), wenn man von dem mit 100 % festgestellten günstigsten Wert nach der Wärmeschutzverordnung ausgeht.

Bei den durchgehenden Lichtschächten vor den Fenstern des Kellergeschosses beginnt die normale Außenwand ab Oberkante Lichtschachtboden.
Die großen Fensterelemente an der Rückseite des Gebäudes erfordern einen wirksamen Sonnenschutz. Für den sommerlichen Wärmeschutz sind außerdem Außen- und Innenwände mit gutem Wärmespeichervermögen von Vorteil.

Das Schwimmbecken sollte einen Wärmeschutz gegen Erdreich mit Dämmplatten von mindestens 50 mm – besser sogar 80 mm – Dicke erhalten.

Einfamilien-Wohnhaus mit Einliegerwohnung

1 Geschoß, teilweise unterkellert, Dach nicht ausgebaut

$F/V = 0.92\ m^{-1}$

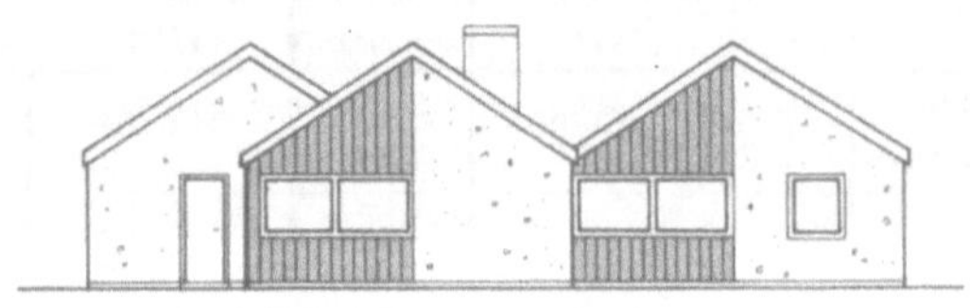

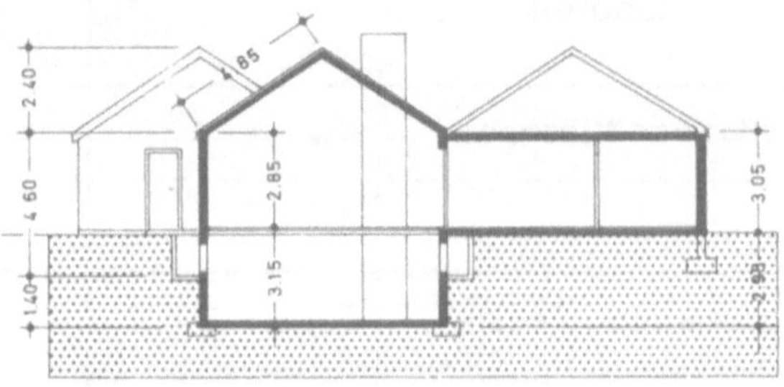

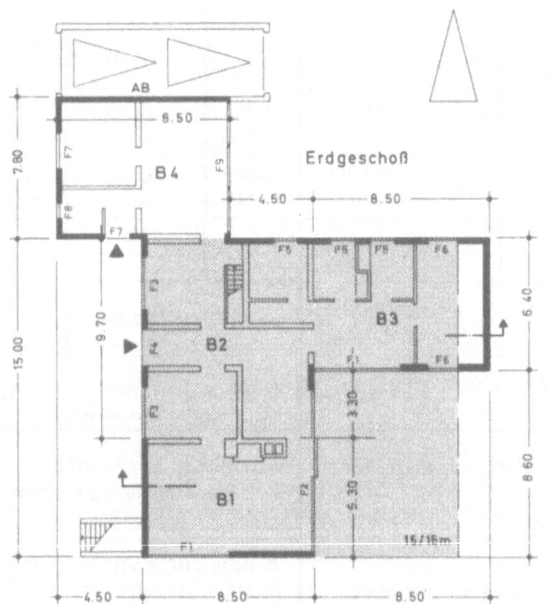

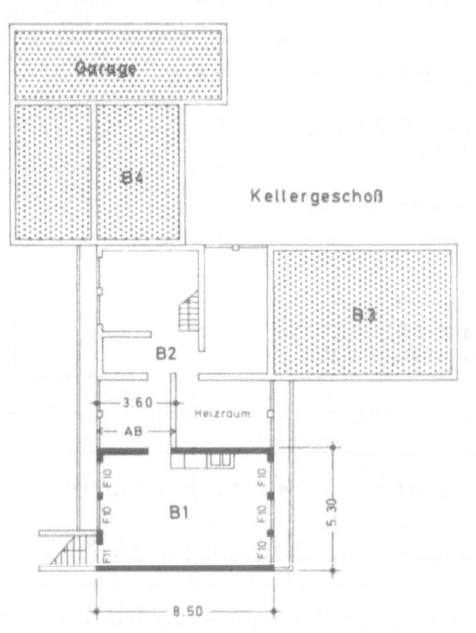

F_{W+F} Außenwandflächen mit Fenster

B4, B3	$(7.80 \times 2 + 4.50 + 8.50 \times 2 + 6.40) \times 3.05$	= 132.68 m²
B4	8.50 x 0.70 (über Garage)	= 5.95 m²
B2	$(9.70 + 4.50 + 3.30) \times 2.85$	= 49.88 m²
B1	$5.30 \times 4.60 \times 2 + 1.10 \times 1.20$	= 50.08 m²
B1	$8.50 \times 3.05 + \frac{8.50 \times 2.40}{2}$	= 36.13 m²
		274.72 m²

F_F Fensterflächen (k 3.0 W/m²K)

F1	4.00 x 1.50 x 2	= 12.00 m²	
F2	7.40 x 2.25	= 16.65 m²	
F3	2.50 x 1.25 x 2	= 6.25 m²	
F4	1.75 x 2.25	= 3.94 m²	
F5	1.10 x 1.40 x 3	= 4.62 m²	
F6	1.40 x 1.50 x 3	= 6.30 m²	
F7	1.15 x 2.25	= 2.59 m²	
F8	0.65 x 1.10	= 0.72 m²	
F9	7.30 x 1.70	= 12.41 m²	
F10	1.25 x 1.10 x 5	= 6.88 m²	
F11	1.10 x 2.25	= 2.48 m²	= 74.84 m²

F_W Außenwandflächen 199.88 m²

F_D Dachflächen, Deckenflächen

B4	8.50 x 7.80	= 66.30 m²
B3	8.50 x 6.40	= 54.40 m²
B2	8.50 x 9.70	= 82.45 m²
B1	4.85 x 5.30 x 2	= 51.41 m²
		254.56 m²

F_{G1} Kellerdecke

B2	8.50 x 9.70	= 82.45 m²

F_{G2} Wände + Fußböden gegen Erdreich

B1	8.50 x 5.30	= 45.05 m²
	(5.30 + 4.20) x 1.40	= 13.30 m²
	8.50 x 2.95	= 25.08 m²
B3	8.50 x 6.40	= 54.40 m²
B4	8.50 x 7.80	= 66.30 m²
		204.13 m²

F_{AB} Abgrenzende Flächen

B4	8.50 x 2.35	= 19.98 m²
B1	3.60 x 3.15	= 11.34 m²
	$\frac{8.50 \times 2.40}{2}$	= 10.20 m²
		41.52 m²

F Wärmeübertragende Umfassungsfläche

F_W	199.88 m²
F_F	74.84 m²
F_D	254.56 m²
F_{G1}	82.45 m²
F_{G2}	204.13 m²
F_{AB}	41.52 m²
	857.38 m

V Bauwerksvolumen

B4	8.50 x 7.80 x 3.05	= 202.22 m³
B3	8.50 x 6.40 x 3.05	= 165.92 m³
B2	8.50 x 9.70 x 2.85	= 234.98 m³
B1	$8.50 \times 5.30 \times (6.00 + \frac{2.40}{2})$	= 324.36 m³
		927.48 m³

$$F/V = \frac{857.38}{927.48} = 0.92\ m^{-1}$$

Zeile	④ Bauteil	Fläche F aus Vorberechnung m^2	%	Wärmeschutzverordnung Verfahren 1 (F/V) k vorh. W/m^2K (kcal/m h°C)	Faktor Y	Wärmedurchgang $Q = k \times F \times Y$ W/K	Wärmeschutzverordnung Verfahren 2 (k gefordert) k gef. W/m^2K (kcal/m²h°C)	Wärmedurchgang $Q = k \times F$ W/K	optimaler Wärmeschutz (Empfehlung) k empf. W/m^2K (kcal/m²h°C)	Wärmedurchgang $Q = k \times F$ W/K
1	Außenwandflächen	F_W = 199.88	23.3	1.04 (0.89)	1	207.87	1.01 (0.87)	201.30	0.48 (0.41)	95.95
2	Fensterflächen	F_F = 74.84	8.8	3.0 (2.6)	1	224.52	3.0 (2.6)	224.52	3.0 (2.6)	224.52
3	Außenwand + Fenster	F_{W+F} = 274.72	32.1	1.58 (1.36)	—	432.39	1.55 (1.34)	425.82	1.30 (1.19)	320.47
4	Dach-und Deckenflächen	F_D = 254.56	29.7	0.55 (0.47)	0.8	112.02 ⟨140.01⟩	0.45 (0.39)	114.55	0.40 (0.34)	101.82
5	Kellerdecke	F_{G1} = 82.45	9.6	0.83 (0.71)	0.5	34.22 ⟨68.43⟩	0.80 (0.69)	65.96	0.60 (0.52)	49.47
6	Wände + Fußböden gegen Erdreich	F_{G2} = 204.13	23.8	0.97 (0.83)	0.5	99.00 ⟨198.01⟩	0.90 (0.78)	183.72	0.60 (0.52)	122.48
7	Abgrenzende Flächen	F_{AB} = 41.52	4.8	1.25 (1.07)	0.5	25.95 ⟨51.90⟩	0.80 (0.69)	33.22	0.80 (0.69)	33.22
8										
9	wärmeübertragende Umfassungsfläche	F = 857.38	100			Q = 703.58 ⟨892.74⟩		Q = 823.27		Q = 627.46
10	Wärmedurchgangskoeffizient k_m = Q : F =			0.82 (0.70) ⟨1.04⟩		86 %	0.96 (0.83)	100 %	0.73 (0.62)	76 %
11	F/V = 0.92 m^{-1} • k_m nach Verfahren 1 ≤ 0.82 W/m^2K (0.70 kcal/m²h°C)						Wärmeschutzverordnung: 1. Abschnitt - Gebäude mit normalen Innentemperaturen -			
12	Fugendurchlaßkoeffizient für die Fenster : a = 2.0									
13	Ergänzende Bestimmungen zu DIN 4108: Die Mindestforderungen sind erfüllt						Anteil der Fensterflächen in der Außenwand = 27 %			
14	Transmissionswärmebedarf Q_T	W (kcal/h)		25.343 (21.795)			23.595 (20.292)		18.107 (15.572)	
15	Lüftungswärmebedarf Q_L	W (kcal/h)		6.069 (5.219)			6.069 (5.219)		6.069 (5.219)	
16	Gesamtwärmebedarf Q_h	W (kcal/h)		31.412 (27.014)			29.664 (25.511)		24.176 (20.791)	
17	Wärmebedarf je m^3 umb. Raum	W (kcal/hm³)		33.9 (29.2)		106 %	32.0 (27.5)	100 %	26.1 (22.4)	82 %

Das Wohnhaus ist ein im Grundriß stark gegliederter *kleiner bis mittlerer Flachbau.*

Zum vereinfachten Nachweis des Wärmeschutzes wird Verfahren 2 vorgeschlagen; bei der Errechnung des Gesamtwärmebedarfs Q_h ergibt sich ein Vorteil gegenüber einer Berechnung nach Verfahren 1.

Der k-Wert der Außenwände sollte auf mindestens 0,50 W/m^2K angehoben werden.

Bei Ausführung des empfohlenen optimalen Wärmeschutzes ergibt sich gegenüber dem beim Verfahren 2 ermittelten Wärmebedarf mit 100 % eine jährliche Einsparung an Heizenergie von etwa 25 GJ (6 Gcal).

Um das Berechnungsverfahren übersichtlicher zu gestalten, ist das stark gegliederte Gebäude in einzelne Baukörper eingeteilt (B 1 bis B 4).

Für das Schrägdach über dem großen Wohnraum (B 1) empfiehlt sich eine gute wärmespeichernde Konstruktion. Vorteilhaft sind Dachdecken aus Stahlbeton oder Spannbeton-Hohldielen mit 80 mm Außendämmung zwischen den Sparrenhölzern.

Der Heizraum im Untergeschoß kann als „warmer Raum" mit etwa 20° C Raumtemperatur angenommen werden.

Das Dach über der unbeheizten Garage ist ebenfalls ausreichend zu dämmen, um vor allem die temperaturbedingten Bewegungen zu mindern.

Berechnung des mittleren Wärmedurchgangskoeffizienten k_m zum Verfahren 1 gemäß Nr. 1.3 der Anlage 1 zur Wärmeschutzverordnung.

$$k_m = \frac{k_W \times F_W + k_F \times F_F + 0{,}8 \times k_D \times F_D + 0{,}5 \times k_{G1} \times F_{G1} + 0{,}5 \times k_{G2} \times F_{G2} + 0{,}5 \times k_{AB} \times F_{AB}}{F}$$

$$= \frac{1{,}04 \times 199{,}88 + 3{,}0 \times 74{,}84 + 0{,}8 \times 0{,}55 \times 254{,}56 + 0{,}5 \times 0{,}83 \times 82{,}45 + 0{,}5 \times 0{,}97 \times 204{,}13 + 0{,}5 \times 1{,}25 \times 41{,}52}{857{,}38}$$

$$= \frac{207{,}87 + 224{,}52 + 112{,}02 + 34{,}22 + 99{,}00 + 25{,}95}{857{,}38}$$

$$= \frac{705{,}58}{857{,}38} = 0{,}82\ W/m^2K\ (0{,}70\ kcal/m^2h\ ^\circ C)$$

Reihenhäuser, 2 Geschoße + unbeheiztes Kellergeschoß

Endhaus $F/V = 0.77\ m^{-1}$
Mittelhaus $F/V = 0.66\ m^{-1}$

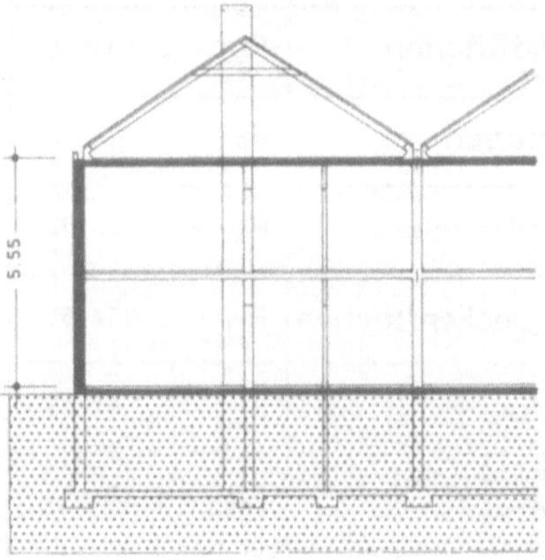

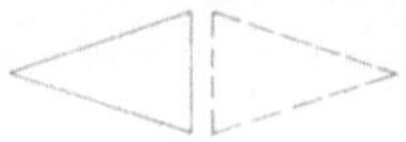

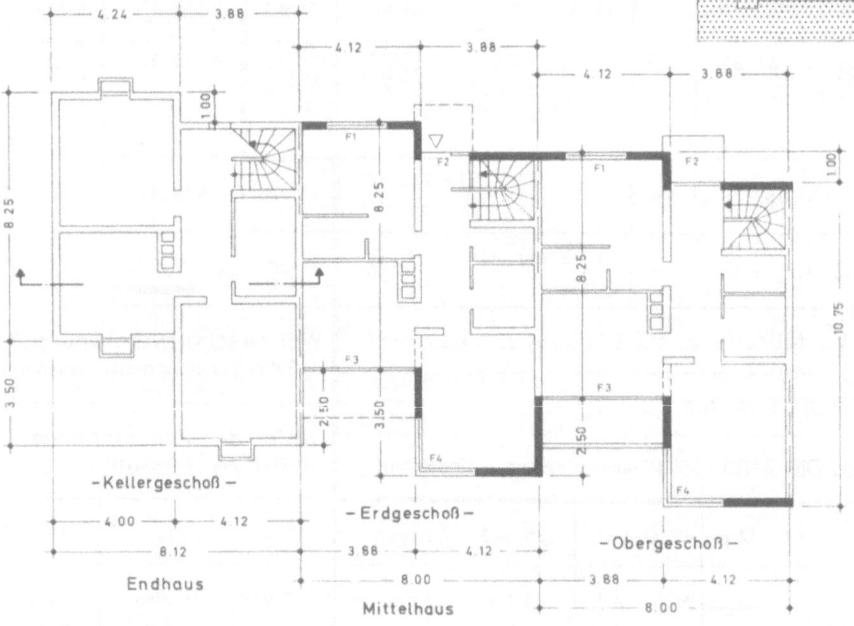

-Kellergeschoß- -Erdgeschoß- -Obergeschoß-

Endhaus Mittelhaus

Mittelhaus

F_{W+F} Außenwandflächen mit Fenster
8.00 x 5.55 x 2 = 88.80 m²
(1.00 + 3.50 + 2.50) x 5.55 = 38.85 m²
127.65 m²

F_F Fensterflächen (k 3.0 W/m²K)
F1 2.00 x 1.45 x 2 = 5.80 m²
F2 1.50 x 2.25 x 2 = 6.75 m²
F3 3.75 x 2.25 x 2 = 16.88 m²
F4 (1.90 + 1.90) x 1.45 x 2 = 11.02 m² = 40.45 m²

F_W Außenwandflächen 87.20 m²

F_D Deckenflächen nach oben
4.12 x 8.25 + 3.88 x 7.25
+ 4.12 x 3.50 = 76.54 m²

F_G Grundflächen wie F_D (Kellerdecke) = 76.54 m²

F Wärmeübertragende Umfassungsfläche
F_W 87.20 m²
F_F 40.45 m²
F_D 76.54 m²
F_G 76.54 m²
280.73 m²

V Bauwerksvolumen
F_G = 76.54 x 5.55 = 424.80 m³

$$F/V = \frac{280.73}{424.80} = 0.66\ m^{-1}$$

Endhaus (Giebel ohne Fenster)

F_{W+F} Außenwandflächen mit Fenster
(8.12 x 2 + 11.75
+ 1.00 + 2.50) x 5.55 = 174.77 m²

F_F Fensterflächen
wie Mittelhaus = 40.45 m²

F_W Außenwandflächen
= 134.32 m²

F_D Deckenflächen nach oben
4.24 x 8.25
+ 3.88 x 7.25
+ 4.12 x 3.50 = 77.53 m²

F_G Grundflächen
wie F_D = 77.53 m²

F Wärmeübertragende Umfassungsfläche
F_W 134.32 m²
F_F 40.45 m²
F_D 77.53 m²
F_G 77.53 m²
329.83 m²

V Bauwerksvolumen
F_G = 77.53 x 5.55 = 430.29 m³

$$F/V = \frac{329.83}{430.29} = 0.77\ m^{-1}$$

Zeile	(5) Endhaus Bauteil	Fläche F aus Vorberechnung m²	%	Wärmeschutzverordnung Verfahren 1 (F/V) k vorh. W/m^2K (kcal/m²h°C)	Faktor Y	Wärmedurchgang Q = k x F x Y W/K	Verfahren 2 (k gefordert) k gef. W/m^2K (kcal/m²h°C)	Wärmedurchgang Q = k x F W/K	optimaler Wärmeschutz (Empfehlung) k empf. W/m^2K (kcal/m²h°C)	Wärmedurchgang Q = k x F W/K
1	Außenwandflächen	F_W = 134.32	40.7	0.82 (0.71)	1	110.14	0.99 (0.85)	132.07	0.57 (0.49)	76.56
2	Fensterflächen	F_F = 40.45	12.3	3.0 (2.6)	1	121.35	3.0 (2.6)	121.35	3.0 (2.6)	121.35
3	Außenwand + Fenster	F_{W+F} = 174.77	53.0	1.32 (1.14)	—	231.49	1.45 (1.25)	253.42	1.13 (0.97)	197.91
4	Decke unter nicht ausgebautem Dach	F_D = 77.53	23.5	0.44 (0.38)	0.8	27.29 ⟨34.11⟩	0.45 (0.39)	34.89	0.45 (0.39)	34.89
5	Kellerdecke	F_G = 77.53	23.5	0.60 (0.52)	0.5	23.26 ⟨46.52⟩	0.80 (0.69)	62.02	0.60 (0.52)	46.52
6										
7										
8										
9	wärmeübertragende Umfassungsfläche	F = 329.83	100			Q = 282.04 ⟨312.12⟩		Q = 350.33		Q = 279.32
10	Wärmedurchgangskoeffizient k_m = Q : F =			0.86 (0.74) ⟨0.95⟩		81 %	1.06 (0.91)	100 %	0.85 (0.73)	80 %
11	F/V = 0.77 m⁻¹ • k_m nach Verfahren 1 ≤ 0.86 W/m²K (0.74 kcal/m h°C)						Wärmeschutzverordnung: 1. Abschnitt - Gebäude mit normalen Innentemperaturen -			
12	Fugendurchlaßkoeffizient für die Fenster: a = 2.0									
13	Ergänzende Bestimmungen zu DIN 4108: Die Mindestforderungen sind erfüllt						Anteil der Fensterflächen in der Außenwand = 23 %			
14	Transmissionswärmebedarf Q_T	W (kcal/h)		10.315		(8.871)	11.389	(9.795)	9.079	(7.808)
15	Lüftungswärmebedarf Q_L	W (kcal/h)		2.022		(1.739)	2.022	(1.739)	2.022	(1.739)
16	Gesamtwärmebedarf Q_h	W (kcal/h)		12.337		(10.610)	13.411	(11.534)	11.101	(9.547)
17	Wärmebedarf je m³ umb. Raum	W (kcal/hm³)		28.7 (24.7)		100 %	31.2 (26.8)	109 %	25.8 (22.2)	90 %

Diese Reihenhausanlage ist im Grundriß stark gegliedert. Für die Mittelhäuser ist deshalb beim Verfahren 2 Zeile 1.2 in Tabelle 2 der Anlage 1.3 einzuhalten.

Zur Erfüllung der Wärmeschutzverordnung wäre ein Nachweis nach Verfahren 2 ausreichend. Bei Anwendung von Verfahren 1 ergibt sich bei der Berechnung des Gesamtwärmebedarfs Q_h gegenüber dem Verfahren 2 ein etwas geringerer Wärmebedarf.
Für die Ausführung wird jedoch ein optimaler Wärmeschutz empfohlen. Bei seiner Verwirklichung können die Außenbauteile aller Häuser mit dem gleichen günstigen k-Wert ausgeführt werden.

Wird die Reihenhausanlage nicht gleichzeitig hochgezogen und kann die Restbebauung als nicht gesichert angenommen werden, ist Nr. 7.4 der Anlage 1 zur Wärmeschutzverordnung zu beachten. Die Gebäude-Trennwände müssen dann den Mindestwärmeschutz für Außenwände aufweisen.
Bei der Ermittlung der Dachflächen werden kleinere Durchbrüche wie z. B. Kamine übermessen.
In der Berechnung für den Transmissionswärmebedarf über die wärmeübertragende Umfassungsfläche, so wie für das Mittelhaus auf Seite 88 aufgeführt, fehlen Ansätze für die Wohnungstrennwände. Nach DIN 4701 Tabelle 1c ist für zentralbeheizte Nachbarwohnungen eine Raumtemperatur von 15° C anzunehmen.

Zeile	(5) Mittelhaus Bauteil	Fläche F aus Vorberechnung m^2	%	Wärmeschutzverordnung Verfahren 1 (F/V) k vorh. W/m^2K ($kcal/m^2h°C$)	Faktor Y	Wärmedurchgang $Q = k \times F \times Y$ W/K	Verfahren 2 (k gefordert) k gef. W/m^2K ($kcal/m^2h°C$)	Wärmedurchgang $Q = k \times F$ W/K	optimaler Wärmeschutz (Empfehlung) k empf. W/m^2K ($kcal/m^2h°C$)	Wärmedurchgang $Q = k \times F$ W/K
1	Außenwandflächen	F_W = 87.20	31.0	0.82 (0.71)	1	71.50	0.87 (0.75)	76.51	0.57 (0.49)	49.70
2	Fensterflächen	F_F = 40.45	14.4	3.0 (2.6)	1	121.35	3.0 (2.6)	121.35	3.0 (2.6)	121.35
3	Außenwand + Fenster	F_{W+F} = 127.65	45.4	1.52 (1.31)	——	192.85	1.55 (1.34)	197.86	1.34 (1.15)	171.05
4	Decke unter nicht ausgebautem Dach	F_D = 76.54	27.3	0.45 (0.39)	0.8	27.55 ⟨34.44⟩	0.45 (0.39)	34.44	0.45 (0.39)	34.44
5	Kellerdecke	F_G = 76.54	27.3	0.80 (0.69)	0.5	30.62 ⟨61.23⟩	0.80 (0.69)	61.23	0.60 (0.52)	45.92
6										
7										
8										
9	wärmeübertragende Umfassungsfläche	F = 280.73	100			Q = 251.02 ⟨288.52⟩		Q = 293.53		Q = 251.41
10	Wärmedurchgangskoeffizient $k_m = Q : F =$			0.90 (0.77) ⟨1.03⟩		86 %	1.05 (0.90)	100 %	0.90 (0.77)	86 %

Zeile		
11	F/V = 0.66 m^{-1} • k_m nach Verfahren 1 ≤ 0.90 W/m^2K (0.77 $kcal/m^2h°C$)	Wärmeschutzverordnung: 1. Abschnitt - Gebäude mit normalen Innentemperaturen -
12	Fugendurchlaßkoeffizient für die Fenster : a = 2.0	
13	Ergänzende Bestimmungen zu DIN 4108: Die Mindestforderungen sind erfüllt	Anteil der Fensterflächen in der Außenwand = 32 %

Zeile	Bauteil		Einheit	Verfahren 1	Verfahren 2	optimaler Wärmeschutz
14	Transmissionswärmebedarf	Q_T	W (kcal/h)	9.097 (7.823)	9.284 (7.984)	8.052 (6.925)
15	Lüftungswärmebedarf	Q_L	W (kcal/h)	2.022 (1.739)	2.022 (1.739)	2.022 (1.739)
16	Gesamtwärmebedarf	Q_h	W (kcal/h)	11.119 (9.562)	11.306 (9.723)	10.074 (8.664)
17	Wärmebedarf je m^3 umb. Raum		W ($kcal/hm^3$)	26.2 (22.5) 100 %	26.6 (22.9) 102 %	23.7 (20.4) 90 %

Zeile	Bauteil	Temperatur unterschied Δt K	Verfahren 1 Q (k x F) W/K	Verfahren 1 Q_O W	Verfahren 2 Q (k x F) W/K	Verfahren 2 Q_O W	optim. Wärmeschutz Q (k x F) W/K	optim. Wärmeschutz Q_O W
1	Außenwandflächen	35	71.50	2.503	76.51	2.678	49.70	1.740
2	Fensterflächen	35	121.35	4.247	121.35	4.247	121.35	4.247
4	Decke unter nicht ausgebautem Dach	26	34.44	895	34.44	895	34.44	895
5	Kellerdecke	14	61.23	857	61.23	857	45.92	643
——	Transmissionswärmeverlust Q_O	W	——	8.502	——	8.677	——	7.525
14	Transmissionswärmebedarf Q_T	W	x 1.07	9.097	x 1.07	9.284	x 1.07	8.052

6 Reihenhäuser, 2 Geschoße + teilweise beheiztes Untergeschoß

Endhaus F/V = 0.66 m^{-1}
Mittelhaus F/V = 0.47 m^{-1}

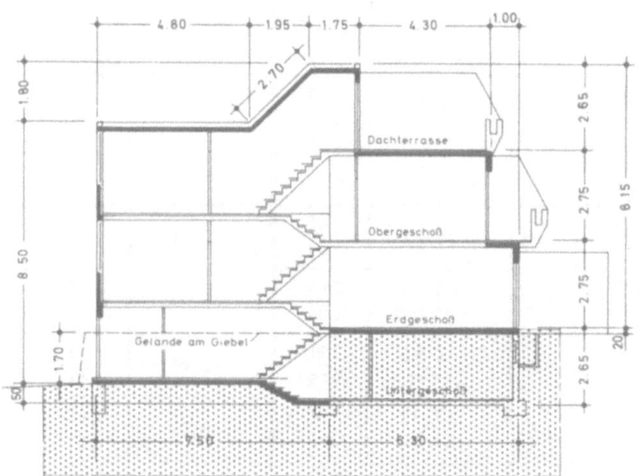

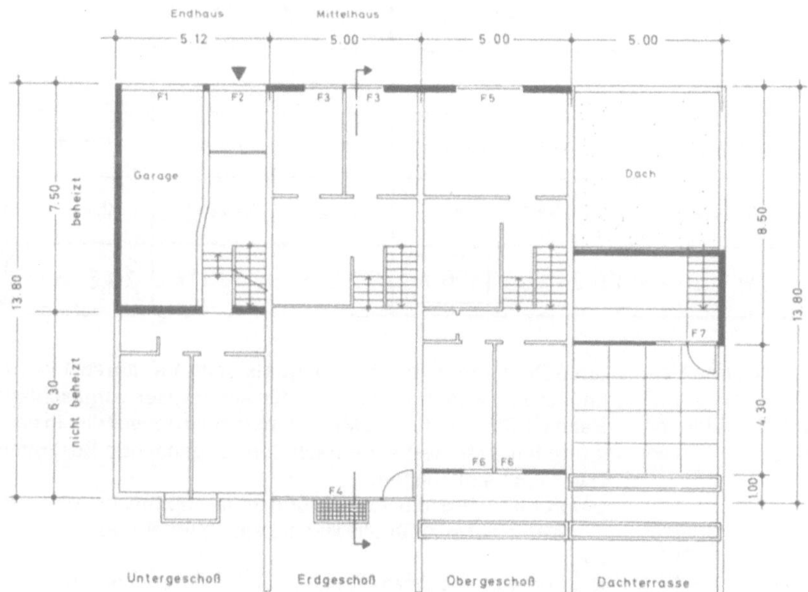

$$F/V = \frac{344.75}{519.11} = 0.66\ m^{-1}$$

Mittelhaus

F_{W+F} Außenwandflächen mit Fenster
5.00 x (8.15 + 8.50) = 83.25 m^2

F_F Fensterflächen (3.5 W/m^2K)

F1	2.50 x 2.10	= 5.25 m^2	
F2	2.00 x 2.10	= 4.20 m^2	
F3	1.25 x 1.45 x 2	= 3.63 m^2	
F4	1.25 x 2.35 + 3.50 x 1.70	= 8.89 m^2	
F5	2.00 x 1.45	= 2.90 m^2	
F6	1.00 x 2.35 x 2	= 4.70 m^2	
F7	2.00 x 2.00	= 4.00 m^2	= 33.57 m^2

F_W Außenwandflächen 49.68 m^2

F_D Dachflächen
(4.80 + 2.70 + 1.75 + 4.30 + 1.00) x 5.00 = 72.75 m^2

F_{G1} Kellerdecke
6.30 x 5.00 = 31.50 m^2

F_{G2} Fußboden gegen Erdreich
7.50 x 5.00 = 37.50 m^2

F_{AB} Angrenzende Flächen
5.00 x 2.65 = 13.25 m^2

F Wärmeübertragende Umfassungsfläche

F_W	49.68 m^2
F_F	33.57 m^2
F_D	72.75 m^2
F_{G1}	31.50 m^2
F_{G2}	37.50 m^2
F_{AB}	13.25 m^2
	238.25 m^2

V Bauwerksvolumen
13.80 x 5.00 x 10.80 = 745.20 m^3

abzügl.
4.80 x 1.80 = 8.64 m^2
6.30 x 2.65 = 16.70 m^2
7.50 x 0.50 = 3.75 m^2
$\frac{1.95 \times 1.80}{2}$ = 1.76 m^2
5.30 x 2.05 = 14.05 m^2
1.00 x 2.75 = 2.75 m^2
47.65 m^2 x 5.00 = 238.25 m^3
506.95 m^3

$$F/V = \frac{238.25}{506.95} = 0.47\ m^{-1}$$

Endhaus (Giebel ohne Fenster)

F_{W+F} Außenwandflächen mit Fenster
5.12 x (8.50 + 8.15) = 85.24 m^2
13.80 x 8.35 = 115.23 m^2

abzügl.
4.80 x 1.80 = 8.64 m^2
(1.95 x 1.80) : 2 = 1.76 m^2
5.30 x 2.65 = 14.05 m^2
1.00 x 2.75 = 2.75 m^2 = 27.20 m^2
173.27 m^2

F_F Fensterflächen (3.0 W/m^2K)
wie Mittelhaus = 33.57 m^2

F_W Außenwandflächen = 139.70 m^2

F_D Dachflächen
(4.80 + 2.70 + 1.75 + 4.30 + 1.00) x 5.12 = 74.50 m^2

F_{G1} Kellerdecke
6.30 x 5.12 = 32.26 m^2

F_{G2} Fußböden + Wände gegen Erdreich
7.50 x (5.12 + 1.70) = 51.15 m^2

F_{AB} Angrenzende Flächen
5.12 x 2.65 = 13.57 m^2

F Wärmeübertragende Umfassungsfläche
$F_W + F_F + F_D + F_{G1} + F_{G2} + F_{AB}$ = 344.75 m^2

V Bauwerksvolumen
13.80 x 5.12 x 10.80 = 763.08 m^3
abzüglich: wie Mittelhaus
47.65 m^2 x 5.12 = 243.97 m^3
519.11 m^3

Zeile	6 Endhaus	Fläche F		Wärmeschutzverordnung Verfahren 1 (F/V)			Wärmeschutzverordnung Verfahren 2 (k gefordert)		optimaler Wärmeschutz (Empfehlung)	
	Bauteil	aus Vorberechnung m²	%	k vorh. W/m²K (kcal/m²h°C)	Faktor Y	Wärme-durchgang Q = k x F x Y W/K	k gef. W/m²K (kcal/m²h°C)	Wärme-durchgang Q = k x F W/K	k empf. W/m²K (kcal/m²h°C)	Wärme-durchgang Q = k x F W/K
1	Außenwandflächen	F_W = 139.70	40.5	0.97 (0.83)	1	135.51	1.09 (0.93)	152.27	0.58 (0.50)	81.03
2	Fensterflächen	F_F = 33.57	9.7	3.0 (2.6)	1	100.71	3.0 (2.6)	100.71	3.0 (2.6)	100.71
3	Außenwand + Fenster	F_{W+F} = 173.27	50.2	1.36 (1.17)	—	236.22	1.45 (1.25)	252.98	1.05 (0.90)	181.74
4	Dachdecken	F_D = 74.50	21.6	0.50 (0.43)	0.8	29.80 ⟨37.25⟩	0.45 (0.39)	33.53	0.35 (0.30)	26.08
5	Kellerdecke	F_{G1} = 32.26	9.4	0.80 (0.69)	0.5	12.90 ⟨25.81⟩	0.80 (0.69)	25.81	0.52 (0.45)	16.78
6	Wände + Fußböden gegen Erdreich	F_{G2} = 51.15	14.8	0.90 (0.78)	0.5	23.02 ⟨46.04⟩	0.90 (0.78)	46.04	0.60 (0.52)	30.69
7	Abgrenzende Flächen	F_{AB} = 13.57	4.0	1.10 (0.95)	0.5	7.46 ⟨14.93⟩	0.80 (0.69)	10.86	0.80 (0.69)	10.86
8										
9	wärmeübertragende Umfassungsfläche	F = 344.75	100			Q = 309.40 ⟨360.25⟩		Q = 369.22		Q = 266.15
10	Wärmedurchgangskoeffizient k_m = Q : F =			0.90 (0.77) ⟨1.05⟩		84 %	1.07 (0.92)	100 %	0.77 (0.66)	72 %
11	F/V = 0.66 m⁻¹ • k_m nach Verfahren 1 ≦ 0.90 W/m²K (0.77 kcal/m²h°C)						Wärmeschutzverordnung: 1. Abschnitt - Gebäude mit normalen Innentemperaturen -			
12	Fugendurchlaßkoeffizient für die Fenster : a = 2.0									
13	Ergänzende Bestimmungen zu DIN 4108: Die Mindestforderungen sind erfüllt						Anteil der Fensterflächen in der Außenwand = 19 %			
14	Transmissionswärmebedarf Q_T	W (kcal/h)		11.542 (9.926)			11.969 (10.293)		8.657 (7.445)	
15	Lüftungswärmebedarf Q_L	W (kcal/h)		2.057 (1.769)			2.057 (1.769)		2.057 (1.769)	
16	Gesamtwärmebedarf Q_h	W (kcal/h)		13.599 (11.695)			14.026 (12.062)		10.714 (9.214)	
17	Wärmebedarf je m³ umb. Raum	W (kcal/hm³)		26.2 (22.5)		100 %	27.0 (23.2)	103 %	20.6 (17.7)	79 %

Bei dieser Reihenhaus-Anlage sind die einzelnen Häuser ohne Versatz aneinandergebaut. Für die Mittelhäuser gilt dann die beim Verfahren 2 vorgesehene Vergünstigung. Demnach dürfen Gebäude mit 2 Trennwänden in Zeile 1.3, Tabelle 2 der Anlage 1 eingeordnet werden mit $k_{m,W+F}$ = 1,75 W/m²K (1,51 kcal/m²h°C).

Um den Forderungen der Wärmeschutzverordnung nachzukommen, wäre Verfahren 2 für beide Häuser ausreichend. Für die Berechnung des *Endhauses* ist jedoch Verfahren 1 vorteilhafter, sofern man den Gesamtwärmebedarf und damit die jährlich wiederkehrenden Energiekosten betrachtet. Bei den *Mittelhäusern* bringt dagegen das Verfahren 2 die günstigeren Werte, nämlich die geringsten Anforderungen an k_m, zugleich aber auch den niedrigsten Gesamtwärmebedarf Q_h. Nachdem beim Endhaus der Wärmebedarf beim Verfahren 2 nur um 3 Prozentpunkte höher liegt als beim Verfahren 1, wird der Einheitlichkeit wegen Verfahren 2 für alle Häuser vorgeschlagen.

Beim Verfahren 1 für das Mittelhaus war es notwendig, in den Zeilen 3, 4 und 6 die Mindestwerte nach den „Ergänzende Bestimmungen zu DIN 4108" einzuhalten.

Empfohlen wird die Ausführung eines optimalen Wärmeschutzes. Erst dann läßt sich für alle Häuser ein angenehmes Wohnklima erzielen.

Bei den Mittelhäusern fällt auf, daß bei allen 3 Verfahren auf die Außenwände einschließlich Fenster etwa 60 % des Wärmedurchgangs entfallen. Vorteilhaft wären deshalb Fenster mit dreifachem Isolierglas.

Die Ermittlung des Lüftungswärmebedarfs Q_L für ein Mittelhaus sowie die Berechnung der Fensterfugen ist auf Seite 91 angefügt.

Zeile	⑥ Mittelhaus	Fläche F		Wärmeschutzverordnung					optimaler Wärmeschutz (Empfehlung)	
				Verfahren 1 (F/V)			Verfahren 2 (k gefordert)			
	Bauteil	aus Vorberechnung m^2	%	k vorh. W/m^2K $(kcal/m^2h°C)$	Faktor Y	Wärme-durchgang $Q = k \times F \times Y$ W/K	k gef. W/m^2K $(kcal/m^2h°C)$	Wärme-durchgang $Q = k \times F$ W/K	k empf. W/m^2K $(kcal/m^2h°C)$	Wärme-durchgang $Q = k \times F$ W/K
1	Außenwandflächen	F_W = 49.68	20.9	0.74 (0.64)	1	36.52	0.91 (0.78)	45.21	0.58 (0.50)	28.81
2	Fensterflächen	F_F = 33.57	14.1	3.5 (3.0)	1	117.49	3.0 (2.6)	100.71	3.0 (2.6)	100.71
3	Außenwand + Fenster	F_{W+F} = 83.25	35.0	1.85 (1.59)	—	154.01	1.75 (1.51)	145.92	1.55 (1.34)	129.52
4	Dachdecke	F_D = 72.75	30.5	0.69 (0.59)	0.8	40.16 ⟨50.20⟩	0.45 (0.39)	32.74	0.35 (0.30)	25.46
5	Kellerdecke	F_{G1} = 31.50	13.2	0.83 (0.71)	0.5	13.07 ⟨26.15⟩	0.80 (0.69)	25.20	0.52 (0.45)	16.38
6	Wände + Fußböden gegen Erdreich	F_{G2} = 37.50	15.7	0.97 (0.83)	0.5	18.19 ⟨36.38⟩	0.90 (0.78)	33.75	0.60 (0.52)	22.50
7	Abgrenzende Flächen	F_{AB} = 13.25	5.6	2.15 (1.85)	0.5	14.24 ⟨28.49⟩	0.80 (0.69)	10.60	0.80 (0.69)	10.60
8										
9	wärmeübertragende Umfassungsfläche	F = 238.25	100			Q = 239.67 ⟨295.23⟩		Q = 248.21		Q = 204.46
10	Wärmedurchgangskoeffizient $k_m = Q : F$ =			1.01 (0.87) ⟨1.24⟩		97 %	1.04 (0.90)	100 %	0.86 (0.74)	83 %
11	$F/V = 0.47\ m^{-1}$ • k_m nach Verfahren 1 ≦ 1.01 W/m^2K (0.87 $kcal/m^2h°C$)						Wärmeschutzverordnung: 1. Abschnitt - Gebäude mit normalen Innentemperaturen -			
12	Fugendurchlaßkoeffizient für die Fenster : a = 2.0									
13	Ergänzende Bestimmungen zu DIN 4108 : Die Mindestforderungen sind erfüllt						Anteil der Fensterflächen in der Außenwand = 40 %			
14	Transmissionswärmebedarf	Q_T	W (kcal/h)	9.010		(7.749)	7.733	(6.650)	6.544	(5.628)
15	Lüftungswärmebedarf	Q_L	W (kcal/h)	2.057		(1.769)	2.057	(1.769)	2.057	(1.769)
16	Gesamtwärmebedarf	Q_h	W (kcal/h)	11.067		(9.518)	9.790	(8.419)	8.601	(7.397)
17	Wärmebedarf je m^3 umb. Raum		W ($kcal/hm^3$)	21.8 (18.7)		113 %	19.3 (16.6)	100 %	17.0 (14.6)	88 %

Berechnung des Lüftungswärmebedarfs Q_L (Zeile 15)

Fugenlänge l	Fugen-durchlaß-koeffizient	l x a	Haus-kenngröße	Raum-kenngröße	Temperatur-unterschied Δt	Lüftungswärme-bedarf Q_L
m	a		H	R	K	W
79.65	2	159.30	0.41	0.9	35	2.057

Berechnung der Fugenlänge l

F 1	(2.50 + 2.10) x 2	= 9.20 m	F 5	(2.00 + 1.45) x 2 + 1.15	= 8.35 m
F 2	(2.00 + 2.10) x 2 + 2.10	= 10.30 m	F 6	(1.00 + 2.35) x 2 x 2	= 13.40 m
F 3	(1.25 + 1.45) x 2 x 2	= 10.80 m	F 7	(2.00 + 2.00) x 2 + 2.00	= 10.00 m
F 4	(1.25 + 2.35) x 2	= 7.20 m		Fugenlänge l	= 79.65 m
	(3.50 + 1.70) x 2	= 10.40 m			

Atriumhaus, 2 Geschoße. Keller nicht beheizt

F/V = 0.75 m^{-1}

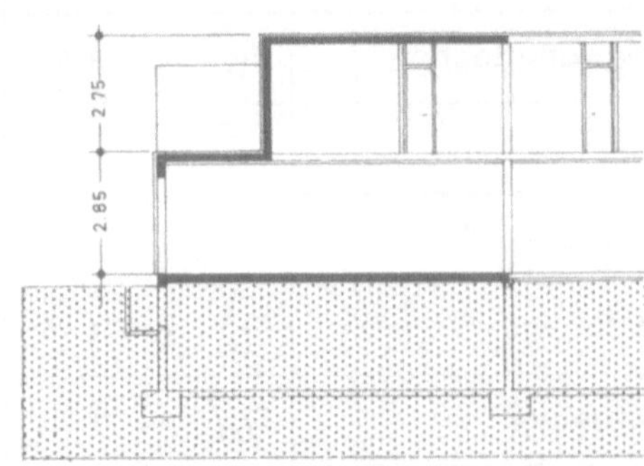

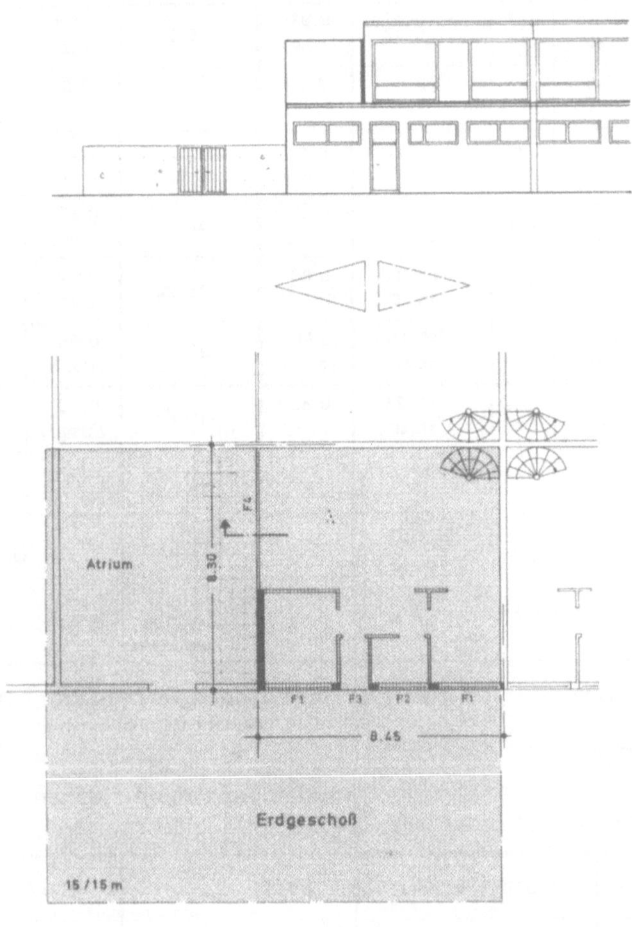

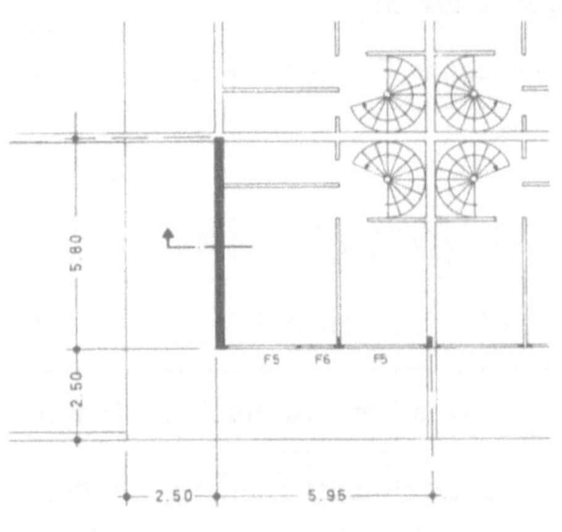

Obergeschoß

F_{W+F}	Außenwandflächen mit Fenster		
	(8.45 + 8.30) x 2.85		= 47.74 m²
	(5.95 + 5.80) x 2.75		= 32.31 m²
			80.05 m²
F_F	Fensterflächen		
F1	2.25 x 0.75 x 2	= 3.38 m²	
F2	1.80 x 0.75	= 1.35 m²	
F3	1.00 x 2.35	= 2.35 m²	
F4	4.85 x 2.35	= 11.40 m²	
F5	2.25 x 1.50 x 2	= 6.75 m²	
F6	0.90 x 2.25	= 2.03 m²	= 27.26 m²
F_W	Außenwandflächen		52.79 m²
F_D	Dachflächen		
	8.45 x 8.30		= 70.14 m²
F_G	Grundflächen wie F_D		= 70.14 m²

F	Wärmeübertragende Umfassungsfläche	
F_W	52.79 m²	
F_F	27.26 m²	
F_D	70.14 m²	
F_G	70.14 m²	
	220.33 m²	
V	Bauwerksvolumen	
	8.45 x 8.30 x 2.85	= 199.88 m³
	5.95 x 5.80 x 2.75	= 94.90 m³
		294.78 m³

$$F/V = \frac{220.33}{294.78} = 0.75\ m^{-1}$$

Zeile	(7)	Fläche F		Wärmeschutzverordnung Verfahren 1 (F/V)			Verfahren 2 (k gefordert)		optimaler Wärmeschutz (Empfehlung)	
	Bauteil	aus Vorberechnung m^2	%	k vorh. W/m^2K (kcal/m h°C)	Faktor Y	Wärmedurchgang $Q = k \times F \times Y$ W/K	k gef. W/m^2K (kcal/m h°C)	Wärmedurchgang $Q = k \times F$ W/K	k empf. W/m^2K (kcal/m h°C)	Wärmedurchgang $Q = k \times F$ W/K
1	Außenwandflächen	F_W = 52.79	24.0	1.02 (0.88)	1	53.85	1.10 (0.95)	58.07	0.55 (0.48)	29.03
2	Fensterflächen	F_F = 27.26	12.4	3.0 (2.6)	1	81.78	3.0 (2.6)	81.78	2.6 (2.2)	70.88
3	Außenwand + Fenster	F_{W+F} = 80.05	36.4	1.70 (1.47)	—	135.63	1.75 (1.51)	139.85	1.25 (1.075)	99.91
4	Dachdecken	F_D = 70.14	31.8	0.45 (0.39)	0.8	25.25 ⟨31.56⟩	0.45 (0.39)	31.56	0.35 (0.30)	24.55
5	Kellerdecke	F_G = 70.14	31.8	0.80 (0.69)	0.5	28.06 ⟨56.11⟩	0.80 (0.69)	56.11	0.50 (0.43)	35.07
6										
7										
8										
9	wärmeübertragende Umfassungsfläche	F = 220.33	100	Q = 188.94 ⟨223.30⟩			Q = 227.52		Q = 159.53	
10	Wärmedurchgangskoeffizient $k_m = Q : F =$			0.86 (0.74) ⟨1.01⟩		83 %	1.03 (0.89)	100 %	0.72 (0.62)	70 %
11	$F/V = 0.75\ m^{-1}$ • k_m nach Verfahren 1 $\leq$ 0.86 W/m^2K (0.74 kcal/m²h°C)						Wärmeschutzverordnung: 1. Abschnitt -Gebäude mit normalen Innentemperaturen-			
12	Fugendurchlaßkoeffizient für die Fenster : a = 2.0									
13	Ergänzende Bestimmungen zu DIN 4108: Die Mindestforderungen sind erfüllt						Anteil der Fensterflächen in der Außenwand = 34 %			
14	Transmissionswärmebedarf Q_T		W (kcal/h)	7.103 (6.109)			7.347 (6.318)		5.186 (4.460)	
15	Lüftungswärmebedarf Q_L		W (kcal/h)	1.656 (1.424)			1.656 (1.424)		1.656 (1.424)	
16	Gesamtwärmebedarf Q_h		W (kcal/h)	8.759 (7.533)			9.003 (7.742)		6.842 (5.884)	
17	Wärmebedarf je m^3 umb. Raum		W (kcal/hm³)	29.7 (25.5)		100 %	30.5 (26.2)	103 %	23.2 (20.4)	78 %

Das Atriumhaus ist Teil einer Vierergruppe, die insgesamt gesehen einen *kompakten Flachbau* darstellt.

Für den Nachweis nach der Wärmeschutzverordnung wäre Verfahren 2 ausreichend. Betrachtet man jedoch den Gesamtwärmebedarf Q_h, bringt die Anwendung des Verfahrens 1 einen geringen Vorteil. Es ist anzunehmen, daß die vier Atriumhäuser gleichzeitig hochgezogen werden. Aus diesem Grunde kann die Vergünstigung Nr. 7.3 der Anlage 1 zur Wärmeschutzverordnung in Anspruch genommen werden, die besagt, daß Gebäude mit 2 Trennwänden in Zeile 1.3 von Tabelle 2 der Anlage 1 eingeordnet werden dürfen.

Für die Ausführung wird ein optimaler Wärmeschutz empfohlen. Dabei werden insbesondere die Außenwand und die Fenster verbessert.

Bei der Ermittlung des Gesamtwärmebedarfs Q_h über die wärmeübertragende Umfassungsfläche fehlen Ansätze für die Trennwände zu den Nachbargebäuden. Zentralbeheizte Nachbarwohnungen sind nach DIN 4707 mit +15°C Raumtemperatur anzunehmen.

Berechnung des mittleren Wärmedurchgangskoeffizienten k_m zum Verfahren 1 gemäß Nr. 1.3 der Anlage 1 zur Wärmeschutzverordnung als Beispiel.

$$k_m = \frac{k_W \times F_W + k_F \times F_F + 0{,}8 \times k_D \times F_D + 0{,}5 \times k_G \times F_G}{F}$$

$$= \frac{1{,}02 \times 52{,}79 + 3{,}0 \times 27{,}26 + 0{,}8 \times 0{,}45 \times 70{,}14 + 0{,}5 \times 0{,}80 \times 70{,}14}{220{,}33}$$

$$= \frac{53{,}85 + 81{,}78 + 25{,}25 + 28{,}06}{220{,}33}$$

$$= \frac{188{,}94}{220{,}34} = 0{,}86\ W/m^2K\ (0{,}74\ kcal/m^2h\ °C)$$

Mehrfamilien-Wohnhaus, 3 Geschoße, Keller nicht beheizt

$F/V = 0.53\ m^{-1}$

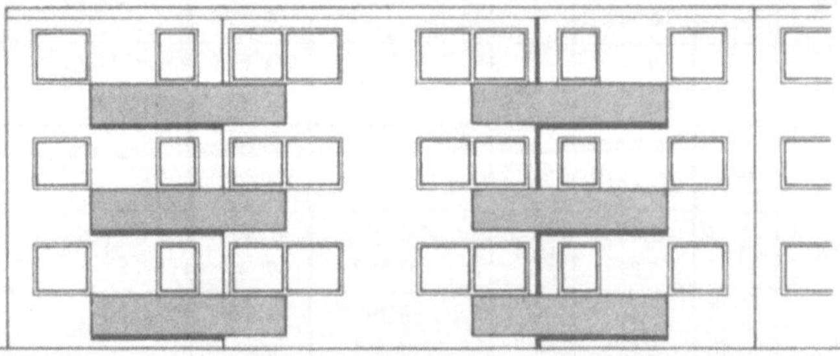

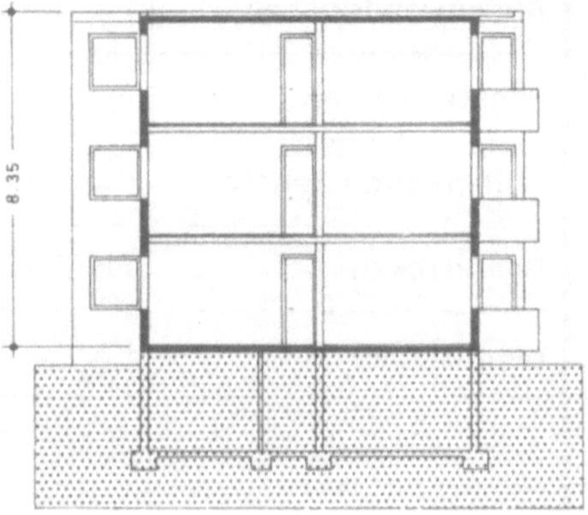

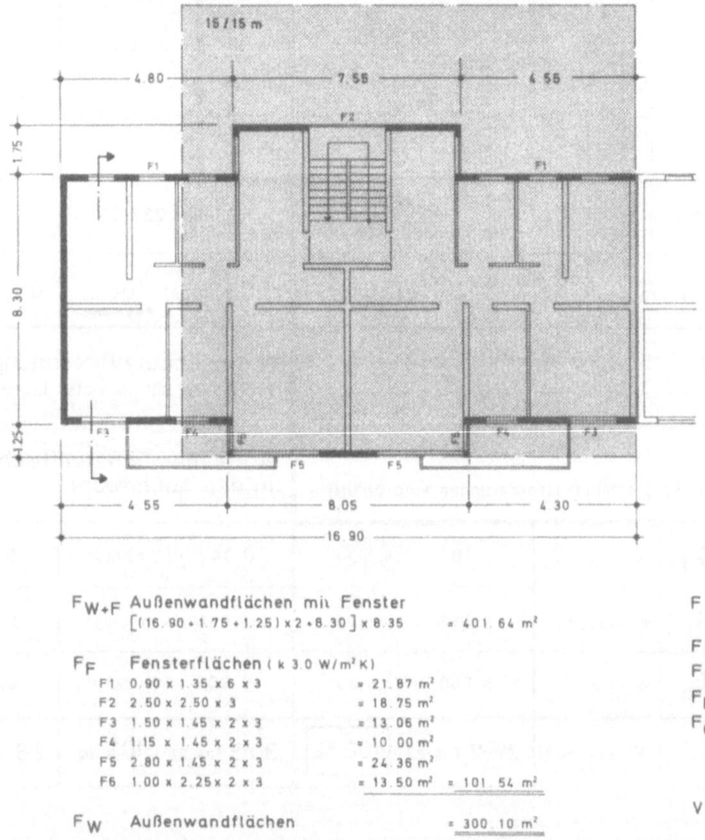

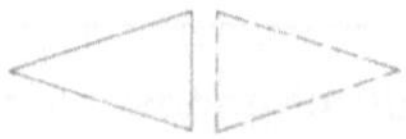

F_{W+F} **Außenwandflächen mit Fenster**

$[(16.90 + 1.75 + 1.25) \times 2 + 8.30] \times 8.35 = 401.64\ m^2$

F_F **Fensterflächen** (k 3.0 W/m²K)

F1	0.90 x 1.35 x 6 x 3	= 21.87 m²
F2	2.50 x 2.50 x 3	= 18.75 m²
F3	1.50 x 1.45 x 2 x 3	= 13.06 m²
F4	1.15 x 1.45 x 2 x 3	= 10.00 m²
F5	2.80 x 1.45 x 2 x 3	= 24.36 m²
F6	1.00 x 2.25 x 2 x 3	= 13.50 m² = 101.54 m²

F_W **Außenwandflächen** = 300.10 m²

F_D **Dachflächen**

$16.90 \times 8.30 + 7.55 \times 1.75 + 8.05 \times 1.25 = 163.54\ m^2$

F_G **Grundflächen** wie F_D = 163.54 m²

F **Wärmeübertragende Umfassungsfläche**

F_W	300.10 m²
F_F	101.54 m²
F_D	163.54 m²
F_G	163.54 m²
	728.72 m²

V **Bauwerksvolumen**

$F_G = 163.54 \times 8.35 = 1\,365.56\ m^3$

$$F/V = \frac{728.72}{1\,365.56} = 0.53\ m^{-1}$$

Zeile	⑧ Bauteil	Fläche F aus Vorberechnung m^2	%	Wärmeschutzverordnung Verfahren 1 (F/V): k vorh. W/m^2K (kcal/m²h°C)	Faktor Y	Wärmedurchgang $Q = k \times F \times Y$ W/K	Wärmeschutzverordnung Verfahren 2 (k gefordert): k gef. W/m^2K (kcal/m²h°C)	Wärmedurchgang $Q = k \times F$ W/K	optimaler Wärmeschutz (Empfehlung): k empf. W/m^2K (kcal/m²h°C)	Wärmedurchgang $Q = k \times F$ W/K
1	Außenwandflächen	F_W = 300.10	41.3	0.93 (0.80)	1	279.09	1.06 (0.91)	317.90	0.53 (0.45)	159.05
2	Fensterflächen	F_F = 101.54	13.9	3.0 (2.6)	1	304.64	3.0 (2.6)	304.64	3.0 (2.6)	304.64
3	Außenwand+Fenster	F_{W+F} = 401.64	55.2	1.45 (1.25)	—	583.73	1.55 (1.34)	622.54	1.15 (0.90)	463.69
4	Dachdecke	F_D = 163.64	22.4	0.45 (0.39)	0.8	58.87 ⟨73.59⟩	0.45 (0.39)	73.59	0.35 (0.30)	57.24
5	Kellerdecke	F_G = 163.54	22.4	0.80 (0.69)	0.5	65.42 ⟨130.83⟩	0.80 (0.69)	130.83	0.50 (0.43)	81.77
6										
7										
8										
9	wärmeübertragende Umfassungsfläche	F = 728.72	100			Q = 708.02 ⟨788.15⟩	Q = 826.96		Q = 602.70	
10	Wärmedurchgangskoeffizient $k_m = Q : F =$			0.97 (0.83) ⟨1.08⟩		86 %	1.13 (0.90)	100 %	0.83 (0.71)	73 %
11	$F/V = 0.53\ m^{-1}$ • k_m nach Verfahren 1 ≦ 0.97 W/m^2K (0.83 kcal/m²h°C)						Wärmeschutzverordnung: 1. Abschnitt -Gebäude mit normalen Innentemperaturen-			
12	Fugendurchlaßkoeffizient für die Fenster: a = 1.0									
13	Ergänzende Bestimmungen zu DIN 4108: Die Mindestforderungen sind erfüllt						Anteil der Fensterflächen in der Außenwand = 25 %			
14	Transmissionswärmebedarf Q_T	W (kcal/h)		26.577 (22.856)			28.031 (24.107)		20.734 (17.831)	
15	Lüftungswärmebedarf Q_L	W (kcal/h)		3.258 (2.802)			3.258 (2.802)		3.258 (2.802)	
16	Gesamtwärmebedarf Q_h	W (kcal/h)		29.835 (25.658)			31.289 (26.909)		23.992 (20.633)	
17	Wärmebedarf je m^3 umb. Raum	W (kcal/hm³)		21.8 (18.7)		100 %	22.9 (19.7)	105 %	17.6 (15.1)	81 %

Die beiden Mehrfamilien-Wohnhäuser mit 3 bzw. 4 Geschossen und nicht beheizten Kellergeschossen sind *halbhohe quaderförmige Gebäude.*

Zur Erfüllung der Wärmeschutzverordnung wäre Verfahren 2 ausreichend. Vorgeschlagen wird jedoch Verfahren 1, weil sich bei dieser Berechnungsart bei der Ermittlung des Gesamtwärmebedarfs Q_h über die wärmeübertragende Umfassungsfläche ein geringerer Energiebedarf gegenüber Verfahren 2 ergibt.

Empfohlen wird die Ausführung eines optimalen Wärmeschutzes. Zur Gewährleistung eines behaglichen Raumklimas sind insbesondere die massiven Außenwände, die 41 % bzw. 45 % der äußeren Abkühlungsflächen ausmachen, zu verbessern.

Dabei ergibt sich auch eine beachtliche Einsparung an Heizenergiekosten gegenüber dem nach Verfahren 1 oder 2 der Wärmeschutzverordnung festgestellten Wärmebedarf.

Zu beachten sind die zweischaligen Brandmauern mit den Vorteilen:

- Die bei einer nicht gesicherten Nachbarbebauung notwendige Giebelwand mit einem Mindestwärmeschutz nach DIN 4108 ist immer vorhanden. Diese Vorschrift ist in Nr. 7.4 der Anlage 1 zur Wärmeschutzverordnung enthalten.
- Die zweischalige Wand mit einer mittleren 2 cm dicken Dämmschicht verhindert einen merklichen Wärmeverlust zum Nachbarhaus, auch wenn dieses unbeheizt ist.
- Zur Abwehr von Luftschall beträgt das Schallschutz-Maß R etwa 55 dB.
- Bei der Ausführung der Doppelwand ohne Schallbrücken wird auch die Übertragung von Körperschall verhindert.

Die Berechnung des Transmissionswärmebedarfs Q_T für das Mehrfamilien-Wohnhaus mit 5 Geschossen ist auf Seite 97 enthalten.

9 Mehrfamilien-Wohnhaus, 4 Geschoße, Keller nicht beheizt $F/V = 0.46\ m^{-1}$

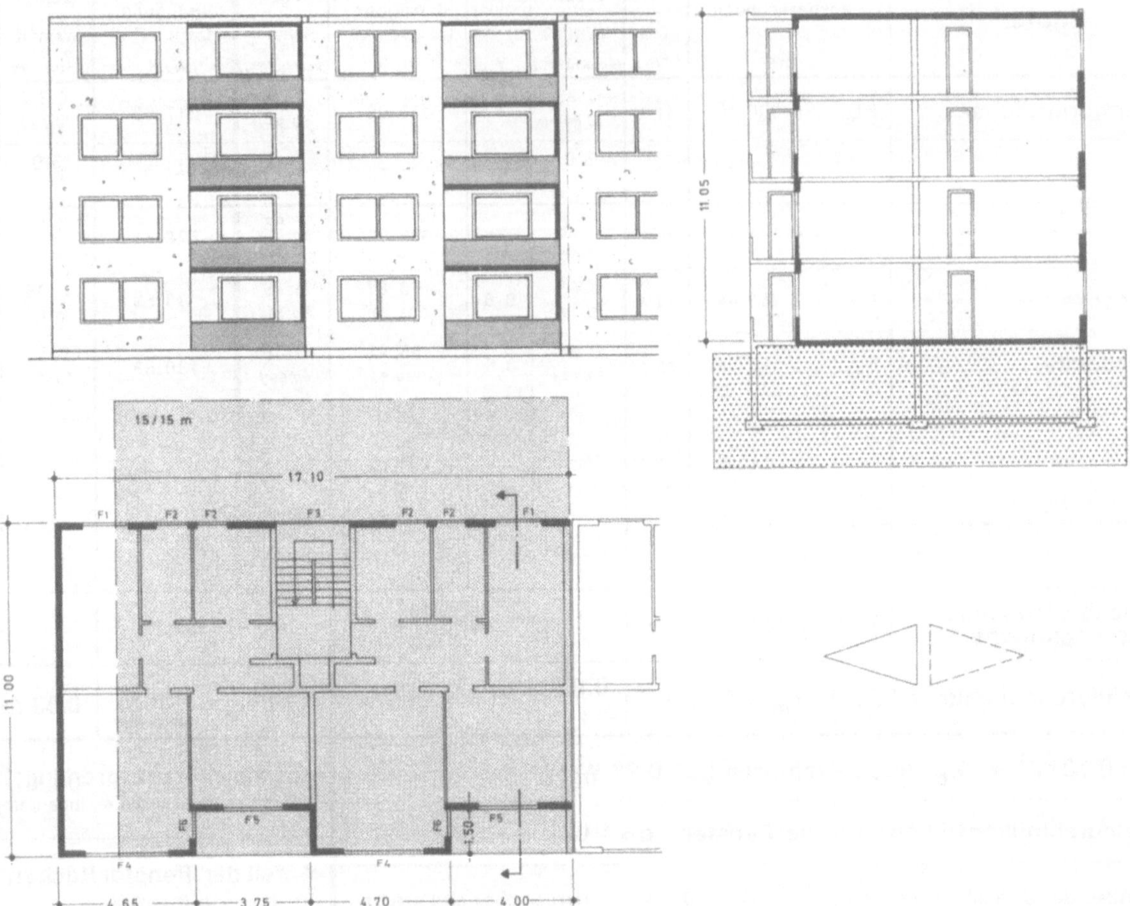

F_{W+F} Außenwandflächen mit Fenster
(17.10 x 2 + 11.00 + 1.50 x 3) x 11.05 = 549.19 m^2

F_F Fensterflächen (k 3.0 W/m^2K)

F1	1.50 x 1.50 x 2 x 4	= 18.00 m^2	
F2	1.00 x 1.50 x 4 x 4	= 24.00 m^2	
F3	2.50 x 2.50 x 4	= 25.00 m^2	
F4	2.75 x 1.50 x 2 x 4	= 33.00 m^2	
F5	2.00 x 1.50 x 2 x 4	= 24.00 m^2	
F6	1.00 x 2.25 x 2 x 4	= 18.00 m^2	= 142.00 m^2

F_W Außenwandflächen = 407.19 m^2

F_D Dachflächen
17.10 x 11.00 − (3.75 + 4.00) x 1.50 = 176.47 m^2

F_G Grundflächen = F_D = 176.47 m^2

F Wärmeübertragende Umfassungsflächen

F_W	407.19 m^2
F_F	142.00 m^2
F_D	176.47 m^2
F_G	176.47 m^2
	902.13 m^2

V Bauwerksvolumen
F_G = 176.47 x 11.05 = 1 950.00 m^3

$$F/V = \frac{902.13}{1\,950.00} = 0.46\ m^{-1}$$

Zeile	9 Bauteil	Fläche F aus Vorberechnung m²	%	Wärmeschutzverordnung Verfahren 1 (F/V): k vorh. W/m²K (kcal/m²h°C)	Faktor Y	Wärmedurchgang Q = k x F x Y W/K	Verfahren 2 (k gefordert): k gef. W/m²K (kcal/m²h°C)	Wärmedurchgang Q = k x F W/K	optimaler Wärmeschutz (Empfehlung): k empf. W/m²K (kcal/m²h°C)	Wärmedurchgang Q = k x F W/K
1	Außenwandflächen	F_W = 407.19	45.1	0.88 (0.76)	1	358.32	1.04 (0.90)	425.24	0.50 (0.43)	203.60
2	Fensterflächen	F_F = 142.00	15.7	3.0 (2.6)	1	426.00	3.0 (2.6)	426.00	3.0 (2.6)	426.00
3	Außenwand+Fenster	F_{W+F} = 549.19	60.8	1.43 (1.23)	——	784.32	1.55 (1.34)	851.24	1.15 (0.99)	629.60
4	Dachdecke	F_D = 176.47	19.6	0.45 (0.39)	0.8	63.53 ⟨79.41⟩	0.45 (0.39)	79.41	0.35 (0.30)	61.76
5	Kellerdecke	F_G = 176.47	19.6	0.80 (0.69)	0.5	70.59 ⟨141.18⟩	0.80 (0.69)	141.18	0.50 (0.43)	88.24
6										
7										
8										
9	wärmeübertragende Umfassungsfläche	F = 902.13	100	Q = 918.44 ⟨1004.91⟩			Q = 1071.83		Q = 779.60	
10	Wärmedurchgangskoeffizient k_m = Q : F =			1.02 (0.88) ⟨1.11⟩ 86 %			1.19 (1.02) 100 %		0.86 (0.74) 73 %	
11	F/V = 0.46 m⁻¹ • k_m nach Verfahren 1 ≤ 1.02 W/m²K (0.88 kcal/m²h°C)						Wärmeschutzverordnung: 1. Abschnitt -Gebäude mit normalen Innentemperaturen-			
12	Fugendurchlaßkoeffizient für die Fenster: a = 1.0									
13	Ergänzende Bestimmungen zu DIN 4108: Die Mindestforderungen sind erfüllt						Anteil der Fensterflächen in der Außenwand = 26 %			
14	Transmissionswärmebedarf Q_T	W (kcal/h)		34.461 (29.636)			36.967 (31.792)		27.213 (23.403)	
15	Lüftungswärmebedarf Q_L	W (kcal/h)		4.701 (4.043)			4.701 (4.043)		4.701 (4.043)	
16	Gesamtwärmebedarf Q_h	W (kcal/h)		39.162 (33.679)			41.668 (35.835)		31.914 (27.446)	
17	Wärmebedarf je m³ umb. Raum	W (kcal/hm³)		20.1 (17.3) 100 %			21.4 (18.4) 106 %		16.4 (14.1) 82 %	

Zeile	Bauteil	Temperaturunterschied Δt K	Verfahren 1 Q (k x F) W/K	Verfahren 1 Q_0 W	Verfahren 2 Q (k x F) W/K	Verfahren 2 Q_0 W	optim. Wärmeschutz Q (k x F) W/K	optim. Wärmeschutz Q_0 W
1	Außenwandflächen	35	358.32	12.541	425.24	14.883	203.60	7.126
2	Fensterflächen	35	426.00	14.910	426.00	14.910	426.00	14.910
4	Dachdecke	35	79.41	2.779	79.41	2.779	61.76	2.162
5	Kellerdecke	14	141.18	1.977	141.18	1.977	88.24	1.235
——	Transmissionswärmeverlust Q_0	W	——	32.207	——	34.549	——	25.433
14	Transmissionswärmebedarf Q_T	W	x 1.07	34.461	x 1.07	36.967	x 1.07	27.213

Wohnhochhaus, 13 Geschoße, Keller nicht beheizt

F/V = 0.26 m^{-1}

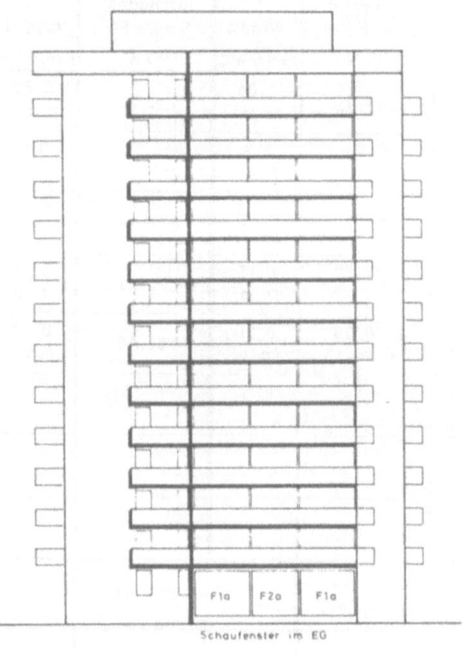

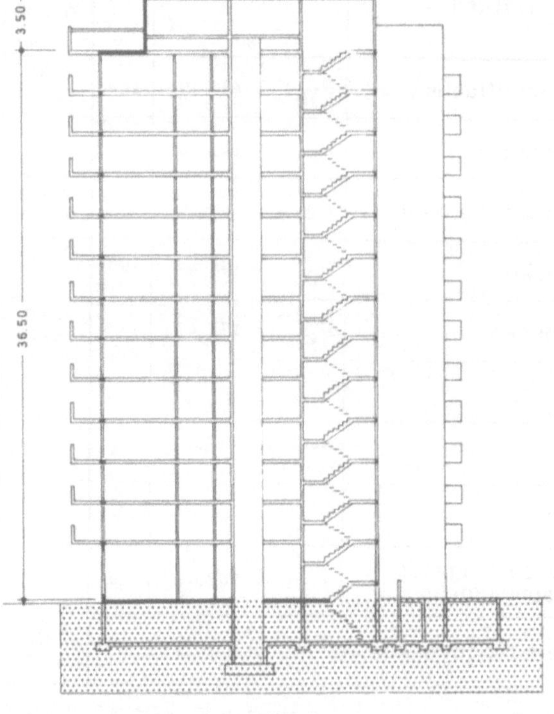

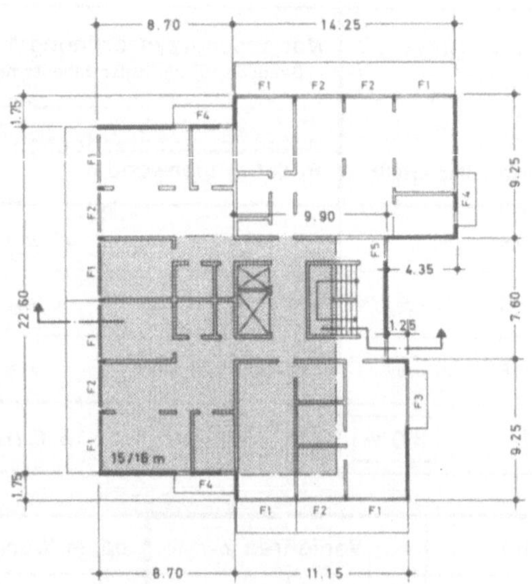

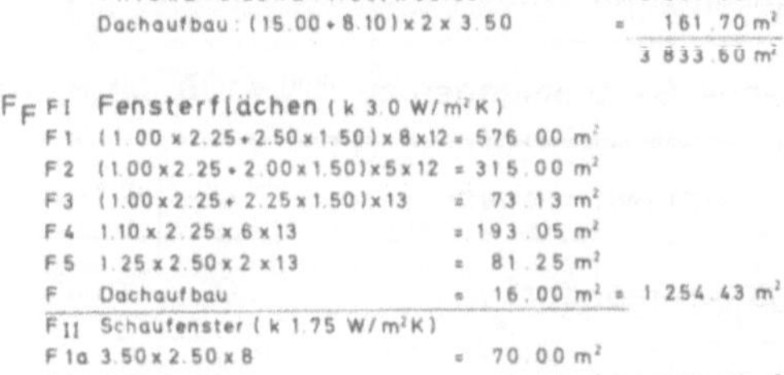

F_{W+F} **Außenwandflächen mit Fenster**

(8.70 x 2 + 14.25 + 4.35 + 1.25 + 11.15 + 22.60 + 1.75 x 2 + 9.25 x 2 + 7.60) x 36.50	= 3 671.90 m^2
Dachaufbau: (15.00 + 8.10) x 2 x 3.50	= 161.70 m^2
	3 833.60 m^2

F_F FI **Fensterflächen** (k 3.0 W/m^2K)

F1	(1.00 x 2.25 + 2.50 x 1.50) x 8 x 12	= 576.00 m^2	
F2	(1.00 x 2.25 + 2.00 x 1.50) x 5 x 12	= 315.00 m^2	
F3	(1.00 x 2.25 + 2.25 x 1.50) x 13	= 73.13 m^2	
F4	1.10 x 2.25 x 6 x 13	= 193.05 m^2	
F5	1.25 x 2.50 x 2 x 13	= 81.25 m^2	
F	Dachaufbau	= 16.00 m^2	= 1 254.43 m^2
F_{II}	Schaufenster (k 1.75 W/m^2K)		
F1a	3.50 x 2.50 x 8	= 70.00 m^2	
F2a	3.00 x 2.50 x 5	= 37.50 m^2	= 107.50 m^2

F_W **Außenwandflächen** = 2 471.67 m^2

F_D **Dachflächen**
8.70 x 22.60 + 14.25 x 9.25 + 9.90 x 7.60 + 11.15 x 9.25 = 506.81 m^2

F_G **Grundflächen** = F_D = 506.81 m^2

F **Wärmeübertragende Umfassungsflächen**

F_W	2 471.67 m^2
F_F	1 361.93 m^2
F_D	506.81 m^2
F_G	506.81 m^2
	4 847.22 m^2

V **Bauwerksvolumen**

F_G = 506.81 x 36.50	= 18 498.57 m^3
15.00 x 8.10 x 3.50	= 425.25 m^3
	18 923.82 m^3

$$F/V = \frac{4\,847.22}{18\,923.82} = 0.26\ m^{-1}$$

Zeile	(10) Bauteil	Fläche F aus Vorberechnung m²	%	Wärmeschutzverordnung Verfahren 1 (F/V) k vorh. W/m²K (kcal/m²h°C)	Faktor Y	Wärmedurchgang Q = k x F x Y W/K	Verfahren 2 (k gefordert) k gef. W/m²K (kcal/m²h°C)	Wärmedurchgang Q = k x F W/K	optimaler Wärmeschutz (Empfehlung) k empf. W/m²K (kcal/m²h°C)	Wärmedurchgang Q = k x F W/K
1	Außenwandflächen	F_W = 2 471.67	51.0	0.87 (0.75)	1	2 150.38	1.12 (0.96)	2 757.49	0.64 (0.55)	1 581.87
2	Fensterflächen	F_{FI} = 1 254.43	28.0	3.0 (2.6)	1	3 763.29	3.0 (2.6)	3 763.29	2.1 (1.8)	2 634.30
3	Fensterflächen	F_{FII} = 107.50		1.75 (1.51)	1	188.13	1.75 (1.51)	188.13	1.75 (1.51)	188.13
4	Außenwand + Fenster	F_{W+F} = 3 833.60	79.0	1.59 (1.37)	—	6 101.80	1.75 (1.51)	6 708.91	1.15 (0.99)	4 404.30
5	Dachdecken	F_D = 506.81	10.5	0.45 (0.39)	0.8	182.45 ⟨228.06⟩	0.45 (0.39)	228.06	0.45 (0.39)	228.06
6	Kellerdecke	F_G = 506.81	10.5	0.80 (0.69)	0.5	202.72 ⟨405.45⟩	0.80 (0.69)	405.45	0.60 (0.52)	304.09
7										
8										
9	wärmeübertragende Umfassungsfläche	F = 4 847.22	100			Q = 6 486.97 ⟨6 735.31⟩		Q = 7 342.42		Q = 4 936.45
10	Wärmedurchgangskoeffizient k_m = Q : F =			1.34 (1.15) ⟨1.39⟩		89 %	1.51 (1.30)	100 %	1.02 (0.88)	67 %

Zeile		
11	F/V = 0.26 m⁻¹ • k_m nach Verfahren 1 ≦ 1.34 W/m²K (1.15 kcal/m²h°C)	Wärmeschutzverordnung: 1. Abschnitt -Gebäude mit normalen Innentemperaturen-
12	Fugendurchlaßkoeffizient für die Fenster: a = 1.0	
13	Ergänzende Bestimmungen zu DIN 4108: Die Mindestforderungen sind erfüllt	Anteil der Fensterflächen in der Außenwand = 35 %

Zeile			Einheit	Verfahren 1	Verfahren 2	optimaler Wärmeschutz
14	Transmissionswärmebedarf	Q_T	W (kcal/h)	243.126 (209.088)	265.863 (228.642)	178.037 (153.112)
15	Lüftungswärmebedarf	Q_L	W (kcal/h)	39.708 (34.149)	39.708 (34.149)	39.708 (34.149)
16	Gesamtwärmebedarf	Q_h	W (kcal/h)	282.834 (243.237)	305.571 (262.791)	217.745 (187.261)
17	Wärmebedarf je m³ umb. Raum		W (kcal/hm³)	14.9 (12.8) 100 %	16.1 (13.8) 108 %	11.5 (9.9) 77 %

Bei diesem Wohnhaus handelt es sich um ein *hohes kompaktes Gebäude.* Wegen der Grundrißausdehnung mit 26/23 m würde die Bezeichnung „turmartiges Gebäude" nicht zutreffen.

Zur Erfüllung der Wärmeschutzverordnung wird die Anwendung des Verfahrens 1 empfohlen, selbst wenn das Verfahren 2 bei k_m geringere Werte ergibt. Bei der Gegenüberstellung des Gesamtwärmebedarfs Q_h ist jedoch der Vorteil des Verfahrens 1 eindeutig.

Der Anteil der Außenwandflächen einschließlich Fenster mit 79 % der gesamten äußeren Abkühlungsflächen ist enorm. Es empfiehlt sich deshalb, gerade für die Außenwände und die Fenster einen optimalen Wärmeschutz auszuführen.

Die Einsparungen beim jährlichen Energiebedarf gegenüber dem nach Verfahren 1 ermittelten Gesamtwärmebedarf Q_h betragen dann etwa 310 GJ (74 Gcal.).

Die Heizkörperbrüstungen müssen einen k-Wert aufweisen, der mindestens dem der nichttransparenten Außenwand entspricht.
Die geschlossenen Unterteile der Fensterelemente sind leichte Bauteile; Tabelle 2 der „Ergänzende Bestimmungen zu DIN 4108" ist zu beachten.
Für die Berechnung des Wärmedurchgangs durch die Schaufenster gilt Nr. 6 der Anlage 1 zur Wärmeschutzverordnung. Demnach dürfen großflächige Verglasungen mit einem k-Wert von mindestens 1,75 W/m²K (1,51 kcal/m²h°C) angenommen werden.
Der Anteil der Dachdecke und der Kellerdecke mit jeweils 10 % ist so gering, daß sich noch weitergehende Wärmedämmaßnahmen nicht rentieren.
Der Dachaufbau mit dem Maschinenraum für die beiden Aufzüge sollte voll in den Wärmeschutz einbezogen werden.
Die durchgehenden Balkone an der Südseite sind ein vorzüglicher Sonnenschutz.

5 Terrassenhäuser, einzeln berechnet

Haus 1	F/V = 0.80 m^{-1}
Häuser 2,3,4	F/V = 0.61 m^{-1}
Haus 5	F/V = 0.80 m^{-1}

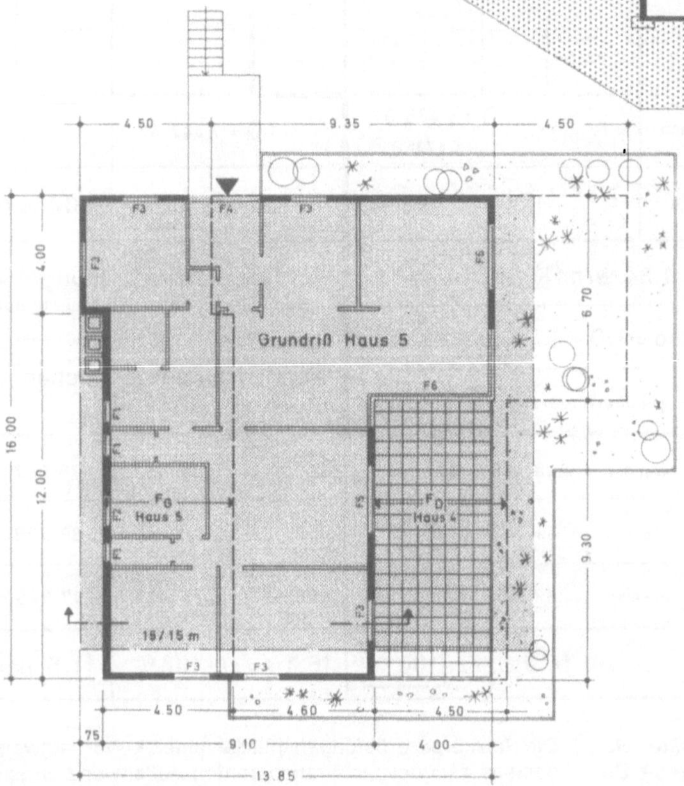

Haus 5 · Haus 4 · Haus 3 · Haus 2 · Haus 1

Grundriß Haus 5

Häuser 2, 3+4

F_{W+F} Außenwandflächen mit Fenster

(4.50 x 2) x 3.10		= 27.90 m^2
(9.35 + 16.00 + 8.60) x 2.90		= 98.46 m^2
		126.36 m^2

F_F Fensterflächen (k 3.0 W/m^2K)

F3	1.25 x 1.45 x 5	= 9.06 m^2	
F4	2.40 x 2.30	= 5.52 m^2	
F5	2.25 x 1.70 x 2	= 7.65 m^2	
F6	(1.00 + 4.00 + 2.30) x 1.70	= 12.41 m^2	= 34.64 m^2

F_W Außenwandflächen = 91.72 m^2

F_D Dachflächen
4.50 x 16.00 = 72.00 m^2

F_G Grundflächen
(4.50 + 3.10) x 16.00 = 121.60 m^2

F Wärmeübertragende Umfassungsfläche

F_W	91.72 m^2
F_F	34.64 m^2
F_D	72.00 m^2
F_G	121.60 m^2
	319.96 m^2

V Bauwerksvolumen

4.50 x 16.00 x 3.10	= 223.20 m^3
(9.35 x 16.00 − 0.75 x 12.00 − 4.00 x 9.30) x 2.90	= 299.86 m^3
	523.06 m^3

$$F/V = \frac{319.96}{523.06} = 0.61\,m^{-1}$$

Die Vorberechnungen für die Häuser 1 und 5 fehlen wegen Platzmangel!

Zeile	(11) Häuser 2,3+4	Fläche F		Wärmeschutzverordnung Verfahren 1 (F/V)			Wärmeschutzverordnung Verfahren 2 (k gefordert)		optimaler Wärmeschutz (Empfehlung)	
	Bauteil	aus Vorberechnung m²	%	k vorh. W/m²K (kcal/m²h°C)	Faktor Y	Wärmedurchgang Q = k x F x Y W/K	k gef. W/m²K (kcal/m²h°C)	Wärmedurchgang Q = k x F W/K	k empf. W/m²K (kcal/m²h°C)	Wärmedurchgang Q = k x F W/K
1	Außenwandflächen	F_W = 91.72	28.7	1.21 (1.04)	1	110.98	1.00 (0.86)	91.94	0.53 (0.46)	48.61
2	Fensterflächen	F_F = 34.64	10.8	3.0 (2.6)	1	103.92	3.0 (2.6)	103.92	3.0 (2.6)	103.92
3	Außenwand+Fenster	F_{W+F} = 126.36	39.5	1.70 (1.46)	——	214.90	1.55 (1.34)	195.86	1.20 (1.03)	152.53
4	Dachdecke	F_D = 72.00	22.5	0.45 (0.39)	0.8	25.92 ⟨32.40⟩	0.45 (0.39)	32.40	0.40 (0.34)	28.80
5	Wände+Fußböden gegen Erdreich	F_G = 121.60	38.0	0.90 (0.78)	0.5	54.72 ⟨109.44⟩	0.90 (0.78)	109.44	0.60 (0.52)	72.96
6										
7										
8										
9	wärmeübertragende Umfassungsfläche	F = 319.96	100			Q = 295.54 ⟨356.74⟩		Q = 337.70		Q = 254.29
10	Wärmedurchgangskoeffizient k_m = Q : F =			0.92 (0.79) ⟨1.11⟩		87 %	1.06 (0.91)	100 %	0.79 (0.68)	75 %
11	F/V = 0.61 m⁻¹ • k_m nach Verfahren 1 ≤ 0.92 W/m²K (0.79 kcal/m²h°C)						Wärmeschutzverordnung: 1. Abschnitt -Gebäude mit normalen Innentemperaturen-			
12	Fugendurchlaßkoeffizient für die Fenster: a = 1.0									
13	Ergänzende Bestimmungen zu DIN 4108: Die Mindestforderungen sind erfüllt						Anteil der Fensterflächen in der Außenwand = 27 %			
14	Transmissionswärmebedarf Q_T	W (kcal/h)		10.900 (9.374)			10.187 (8.761)		7.883 (6.779)	
15	Lüftungswärmebedarf Q_L	W (kcal/h)		1.325 (1.140)			1.325 (1.140)		1.325 (1.140)	
16	Gesamtwärmebedarf Q_h	W (kcal/h)		12.225 (10.514)			11.512 (9.901)		9.208 (7.919)	
17	Wärmebedarf je m³ umb. Raum	W (kcal/hm³)		23.4 (20.1)		106 %	22.0 (18.9)	100 %	17.6 (15.1)	80 %

Die Wohngebäude dieser Terrassenhaus-Anlage sind mit Versatz *übereinandergeschichtete kleine Flachbauten.*
Die einzelnen Häuser werden geschoßweise berechnet. Zur Erfüllung der Wärmeschutzverordnung ist die Anwendung des Verfahrens 2 ausreichend. Diese vereinfachte Methode erweist sich bei der Ermittlung des Gesamtwärmebedarfs für die innenliegenden Häuser 2, 3 und 4 als Vorteil. Der geringfügige Mehrbedarf gegenüber dem Verfahren 1 von lediglich 3 Prozentpunkten beim oberen Haus 5 ist unbedeutend.
Empfohlen wird die Ausführung eines optimalen Wärmeschutzes. Dabei gilt es, insbesondere den Dämmwert der massiven Außenwände zu verbessern. Es entsteht dann eine Terrassenhaus-Anlage, bei der alle Außenbauteile einen günstigen k-Wert aufweisen.
Bei der Berechnung des Wärmeschutzes werden die senkrecht zum Hang stehenden Außenwände voll gegen Außenluft angenommen, auch wenn sie teilweise mit Erde angefüllt sind.
Die Berechnung des Transmissionswärmebedarfs Q_T für das obere Haus Nr. 5 ist auf Seite 102 angefügt.
Die Tabelle für das untere Haus 1 fehlt aus Platzgründen. Dafür wird nachstehend die Berechnung des mittleren Wärmedurchgangskoeffizienten k_m zum Verfahren 1, gemäß Nr. 1.3 der Anlage 1 zur Wärmeschutzverordnung für dieses Haus gebracht.

$$k_m = \frac{k_W \times F_W + k_F \times F_F + 0{,}8 \times k_D \times F_D + 0{,}5 \times k_G \times F_G}{F}$$

$$= \frac{1{,}36 \times 100{,}83 + 3{,}0 \times 34{,}64 + 0{,}8 \times 0{,}45 \times 72{,}00 + 0{,}5 \times 0{,}90 \times 225{,}00}{432{,}47}$$

$$= \frac{137{,}13 + 103{,}92 + 25{,}92 + 101{,}25}{432{,}47}$$

$$= \frac{308{,}22}{432{,}47} = 0{,}85\ \text{W/m}^2\text{K}\ (0{,}73\ \text{kcal/m}^2\text{h}\ ^\circ\text{C})\ \text{für}\ F/V = 0{,}80\ \text{m}^{-1}$$

Zeile	(11) Haus 5	Fläche F			Wärmeschutzverordnung Verfahren 1 (F/V)			Wärmeschutzverordnung Verfahren 2 (k gefordert)		optimaler Wärmeschutz (Empfehlung)	
	Bauteil	aus Vorberechnung m^2		%	k vorh. W/m^2K ($kcal/m^2h°C$)	Faktor Y	Wärmedurchgang $Q = k \times F \times Y$ W/K	k gef. W/m^2K ($kcal/m^2h°C$)	Wärmedurchgang $Q = k \times F$ W/K	k empf. W/m^2K ($kcal/m^2h°C$)	Wärmedurchgang $Q = k \times F$ W/K
1	Außenwandflächen	F_W	= 143.78	33.3	1.04 (0.89)	1	149.53	1.14 (0.98)	164.18	0.53 (0.46)	76.20
2	Fensterflächen	F_F	= 40.47	9.4	3.0 (2.6)	1	121.41	3.0 (2.6)	121.41	3.0 (2.6)	121.41
3	Außenwand+Fenster	F_{W+F}	= 184.25	42.7	1.47 (1.26)	——	270.94	1.55 (1.34)	285.59	1.07 (0.92)	197.61
4	Dachdecke	F_D	= 175.40	40.6	0.45 (0.39)	0.8	63.14 ⟨78.93⟩	0.45 (0.39)	78.93	0.40 (0.34)	70.16
5	Fußboden gegen Erdreich	F_G	= 72.00	16.7	0.90 (0.78)	0.5	32.40 ⟨64.80⟩	0.90 (0.78)	64.80	0.60 (0.52)	43.20
6											
7											
8											
9	wärmeübertragende Umfassungsfläche	F	= 431.65	100			Q = 366.48 ⟨414.67⟩		Q = 429.32		Q = 310.97
10	Wärmedurchgangskoeffizient $k_m = Q : F =$				0.85 (0.73) ⟨0.96⟩		86 %	0.99 (0.86)	100 %	0.72 (0.62)	73 %

Zeile		
11	$F/V = 0.80\ m^{-1}$ • k_m nach Verfahren 1 ≤ 0.85 W/m^2K (0.73 $kcal/m^2h°C$)	Wärmeschutzverordnung: 1. Abschnitt -Gebäude mit normalen Innentemperaturen-
12	Fugendurchlaßkoeffizient für die Fenster: a = 1.0	
13	Ergänzende Bestimmungen zu DIN 4108: Die Mindestforderungen sind erfüllt	Anteil der Fensterflächen in der Außenwand = 22 %

Zeile				Verfahren 1		Verfahren 2		optimaler Wärmeschutz	
14	Transmissionswärmebedarf	Q_T	W (kcal/h)	14.074 (12.104)		14.622 (12.575)		10.675 (9.181)	
15	Lüftungswärmebedarf	Q_L	W (kcal/h)	1.723 (1.482)		1.723 (1.482)		1.723 (1.482)	
16	Gesamtwärmebedarf	Q_h	W (kcal/h)	15.797 (13.586)		16.345 (14.057)		12.398 (10.663)	
17	Wärmebedarf je m^3 umb. Raum		W ($kcal/hm^3$)	29.2 (25.1)	100 %	30.2 (26.0)	103 %	22.9 (19.7)	78 %

Zeile	Bauteil	Temperatur unterschied Δt K	Verfahren 1 Q (k x F) W/K	Verfahren 1 Q_O W	Verfahren 2 Q (k x F) W/K	Verfahren 2 Q_O W	optim. Wärmeschutz Q (k x F) W/K	optim. Wärmeschutz Q_O W
1	Außenwandflächen	35	149.53	5.234	164.18	5.746	76.20	2.667
2	Fensterflächen	35	121.41	4.249	121.41	4.249	121.41	4.249
4	Dachdecke	35	78.93	2.763	78.93	2.763	70.16	2.456
5	Fußboden gegen Erdreich	14	64.80	907	64.80	907	43.20	605
——	Transmissionswärmeverlust Q_O	W	——	13.153	——	13.665	——	9.977
14	Transmissionswärmebedarf Q_T	W	x 1.07	14.074	x 1.07	14.622	x 1.07	10.675

(12) Schule, 3 Geschoße + teilweise beheiztes Untergeschoß F/V = 0.42 m^{-1}
+ Turnhalle, angebaut F/V = 0.49 m^{-1}

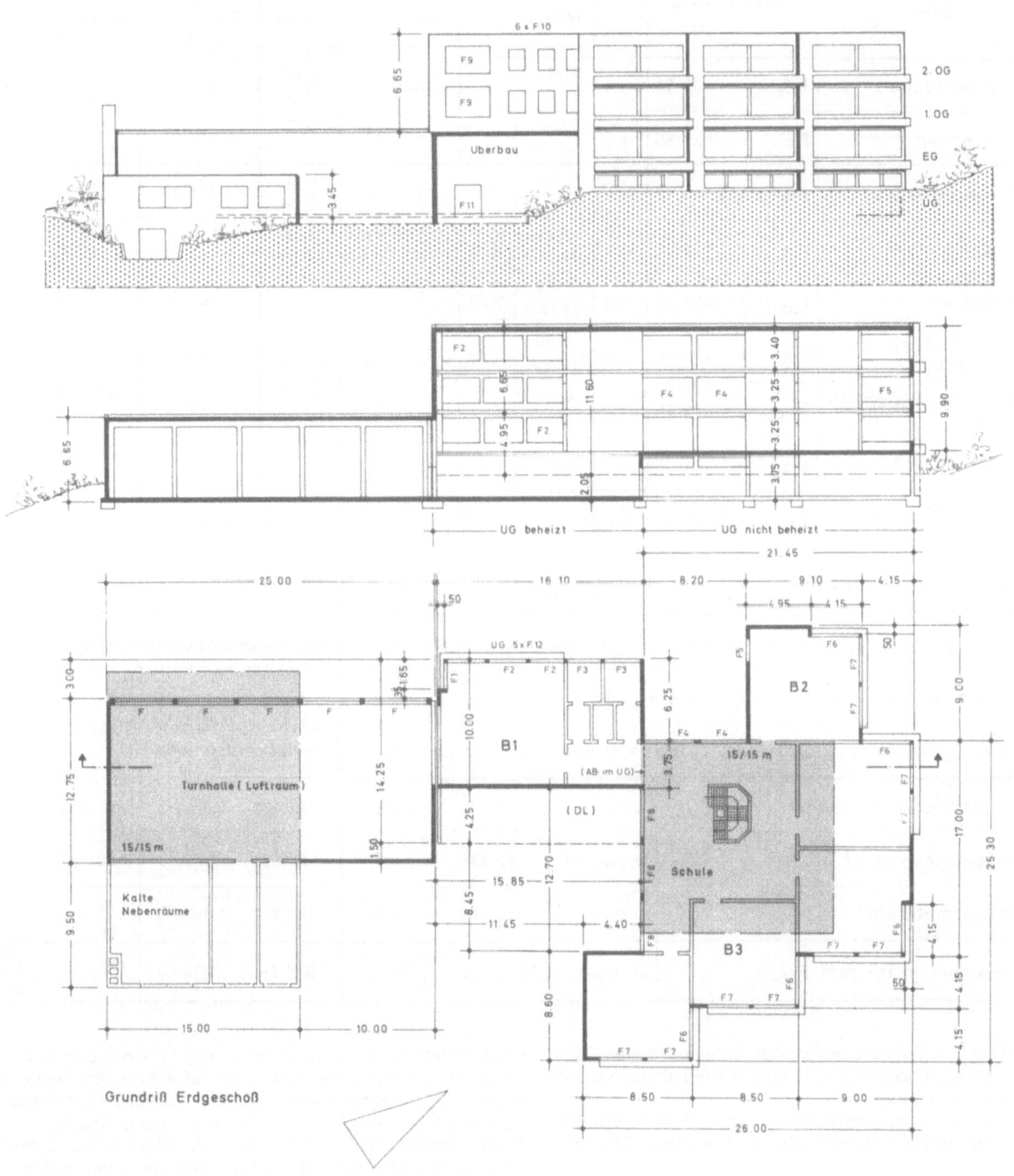

Vorberechnungen fehlen wegen Platzmangel !

Zeile	(12) Schule Bauteil	Fläche F aus Vorberechnung m²	%	Wärmeschutzverordnung Verfahren 1 (F/V) k vorh. W/m²K (kcal/m²h°C)	Faktor Y	Wärmedurchgang Q = k x F x Y W/K	Verfahren 2 (k gefordert) k gef. W/m²K (kcal/m²h°C)	Wärmedurchgang Q = k x F W/K	optimaler Wärmeschutz (Empfehlung) k empf. W/m²K (kcal/m²h°C)	Wärmedurchgang Q = k x F W/K
1	Außenwandflächen	F_W = 1 105.58	33.0	0.77 (0.66)	1	851.30	0.86 (0.74)	950.80	0.46 (0.40)	508.57
2	Fensterflächen	F_F = 627.55	18.7	3.3 (2.8)	1	2 070.92	3.3 (2.8)	2 070.92	2.1 (1.8)	1 317.86
3	Außenwand+Fenster	F_{W+F} = 1 733.13	51.7	1.69 (1.45)	—	2 922.22	1.75 (1.51)	3 021.72	1.05 (0.90)	1 826.43
4	Dachdecken	F_D = 779.00	23.2	0.45 (0.39)	0.8	280.44 ⟨350.55⟩	0.45 (0.39)	350.55	0.40 (0.34)	311.60
5	Kellerdecken	F_{G1} = 551.47	16.4	0.80 (0.69)	0.5	220.59 ⟨441.18⟩	0.80 (0.69)	441.18	0.58 (0.50)	319.85
6	Wände+Fußböden gegen Erdreich	F_{G2} = 210.09	6.3	0.90 (0.78)	0.5	94.54 ⟨189.08⟩	0.90 (0.78)	189.08	0.60 (0.52)	126.05
7	Decke gegen Außenluft nach unten	F_{DL} = 67.36	2.0	0.45 (0.39)	1	30.31	0.45 (0.39)	30.31	0.38 (0.33)	25.60
8	Abgrenzende Flächen	F_{AB} = 14.06	0.4	0.80 (0.69)	0.5	5.62 ⟨11.24⟩	0.80 (0.69)	11.24	0.60 (0.52)	8.44
9	wärmeübertragende Umfassungsfläche	F = 3 355.11	100	Q = 3 553.72 ⟨3 944.58⟩			Q = 4 044.08		Q = 2617.97	
10	Wärmedurchgangskoeffizient k_m = Q : F =			1.06 (0.91) ⟨1.18⟩		88 %	1.21 (1.04)	100 %	0.78 (0.67)	65 %

Zeile		
11	F/V = 0.42 m^{-1} • k_m nach Verfahren 1 ≤ 1.06 W/m²K (0.91 kcal/m²h°C)	Wärmeschutzverordnung: 1. Abschnitt -Gebäude mit normalen Innentemperaturen-
12	Fugendurchlaßkoeffizient für die Fenster: a = 1.0	
13	Ergänzende Bestimmungen zu DIN 4108: Die Mindestforderungen sind erfüllt	Anteil der Fensterflächen in der Außenwand = 36 %

Zeile			Einheit	Verfahren 1	Verfahren 2	optimaler Wärmeschutz
14	Transmissionswärmebedarf	Q_T	W (kcal/h)	131.170 (112.806)	137.036 (117.851)	87.834 (75.537)
15	Lüftungswärmebedarf	Q_L	W (kcal/h)	20.736 (17.833)	20.736 (17.833)	20.736 (17.833)
16	Gesamtwärmebedarf	Q_h	W (kcal/h)	151.906 (130.639)	157.772 (135.684)	108.570 (93.370)
17	Wärmebedarf je m³ umb. Raum		W (kcal/hm)	18.8 (16.2) 100 %	19.5 (16.8) 104 %	13.4 (11.5) 71 %

Die Schule besteht aus mehreren *halbhohen quaderförmigen Baukörpern* über einem stark gegliederten Grundriß. Die Trunhalle ist ein *einfacher kompakter Flachbau.*

Um die Vorausberechnungen übersichtlicher zu gestalten, erfolgte bei der Schule eine Aufteilung in verschiedene Baukörper (B 1, B 2, B 3).

Die Berechnungen zur Wärmeschutzverordnung können entweder nach Verfahren 1 oder nach Verfahren 2 durchgeführt werden. Bei der Schule wäre Verfahren 1 und bei der Turnhalle Verfahren 2 von Vorteil, wenn man den Gesamtwärmebedarf Q_h als Endergebnis betrachtet.

Für das stark gegliederte Schulgebäude wird ein optimaler Wärmeschutz empfohlen. Dabei sollen insbesondere die mehr als die Hälfte einnehmenden äußeren Abkühlungsflächen Außenwand + Fenster verbessert werden.

Bei der Turnhalle bringen die Vorschläge für einen optimalen Wärmeschutz nur geringfügige Vorteile, so daß man es hier bei der Berechnung nach Verfahren 2 belassen kann. Lediglich der Fußboden der Turnhalle sollte eine bessere Wärmedämmung erhalten.

Für die Fenster der Turnhalle wären gemäß § 8 Absatz 2 der Wärmeschutzverordnung Einfachverglasungen mit einem k-Wert von 5,2 W/m²K zulässig. Bei den 3 Berechnungsverfahren werden jedoch Glasbausteine mit einem k-Wert von 3,5 W/m²K vorgeschlagen. Wird die Turnhalle mit einer raumlufttechnischen Anlage ausgestattet, sind Glasbausteine oder Isolier- bzw. Doppelverglasungen gemäß § 8 Absatz 3 zwingend vorgeschrieben.

Bei einer anderen Orientierung des Schulgebäudes nach der Himmelsrichtung (z. B. die Fensterfronten nach Süden bis Westen) sind entsprechende Sonnenschutzanlagen vorzusehen.

Die Berechnung des Transmissionswärmebedarfs Q_T für die Turnhalle steht auf Seite 105.

Zeile	⑫ Turnhalle	Fläche F		Wärmeschutzverordnung Verfahren 1 (F/V)			Verfahren 2 (k gefordert)		optimaler Wärmeschutz (Empfehlung)	
	Bauteil	aus Vorberechnung m²	%	k vorh. W/m²K (kcal/m²h°C)	Faktor Y	Wärme-durchgang Q = k x F x Y W/K	k gef. W/m²K (kcal/m²h°C)	Wärme-durchgang Q = k x F W/K	k empf. W/m²K (kcal/m²h°C)	Wärme-durchgang Q = k x F W/K
1	Außenwandflächen	F_W = 238.78	22.1	1.04 (0.89)	1	248.33	0.60 (0.52)	143.27	0.60 (0.52)	143.27
2	Fensterflächen	F_F = 117.00	11.3	3.5 (3.0)	1	409.50	3.5 (3.0)	409.50	3.5 (3.0)	409.50
3	Außenwand+Fenster	F_{W+F} = 355.78	33.4	1.85 (1.59)	—	657.83	1.55 (1.34)	552.77	1.55 (1.34)	552.77
4	Dachdecke	F_D = 318.75	30.8	0.52 (0.45)	0.8	132.60 ⟨165.75⟩	0.45 (0.39)	143.44	0.45 (0.39)	143.44
5	Fußboden gegen Erdreich	F_G = 318.75	30.8	1.40 (1.21)	0.5	223.13 ⟨446.25⟩	0.90 (0.78)	286.88	0.60 (0.52)	191.25
6	Abgrenzende Flächen	F_{AB} = 51.75	5.0	0.80 (0.69)	0.5	20.70 ⟨41.40⟩	0.80 (0.69)	41.40	0.70 (0.60)	36.23
7										
8										
9	wärmeübertragende Umfassungsfläche	F = 1 045.03	100			Q = 1 034.26 ⟨1 311.23⟩		Q = 1 024.49		Q = 923.69
10	Wärmedurchgangskoeffizient k_m = Q : F =			0.99 (0.85) ⟨1.25⟩		100%	0.98 (0.84)	99%	0.88 (0.76)	89%
11	F/V = 0.49 m⁻¹ • k_m nach Verfahren 1 ≤ 0.99 W/m²K (0.85 kcal/m²h°C)						Wärmeschutzverordnung: 3. Abschnitt - Gebäude für Sport- und Versammlungszwecke -			
12	Fugendurchlaßkoeffizient für die Fenster: a = 2.0									
13	Erg. Best. zu DIN 4108: Fußboden gegen Erdreich (Zeile 5) gem. Tab. 2, Anlage 3. Ansonsten sind die Mindestbedingungen eingehalten.						Anteil der Fensterflächen in der Außenwand = 33 %			
14	Transmissionswärmebedarf Q_T	W (kcal/h)		38.681 (33.266)			31.521 (27.108)		29.946 (25.754)	
15	Lüftungswärmebedarf Q_L	W (kcal/h)		2.010 (1.729)			2.010 (1.729)		2.010 (1.729)	
16	Gesamtwärmebedarf Q_h	W (kcal/h)		40.691 (34.995)			33.531 (28.837)		31.956 (27.483)	
17	Wärmebedarf je m³ umb. Raum	W (kcal/hm³)		19.2 (16.5)		122%	15.8 (13.6)	100%	15.1 (13.0)	96%

Zeile	Bauteil	Temperatur unterschied Δt K	Verfahren 1 Q (k x F) W/K	Q_O W	Verfahren 2 Q (k x F) W/K	Q_O W	optim. Wärmeschutz Q (k x F) W/K	Q_O W
3	Außenwand+Fenster	35	657.83	23.025	552.77	19.347	552.77	19.347
4	Dachdecke	35	165.75	5.801	143.44	5.020	143.44	5.020
5	Fußboden gegen Erdreich	14	446.25	6.248	286.88	4.016	191.25	2.678
6	Abgrenzende Flächen	26	41.40	1.076	41.40	1.076	36.23	942
—	Transmissionswärmeverlust Q_O	W	—	36.150	—	29.459	—	27.987
14	Transmissionswärmebedarf Q_T	W	x 1.07	38.681	x 1.07	31.521	x 1.07	29.946

Altenwohn- und Pflegeheim, 3 Geschoße, Keller teilweise beheizt $F/V = 0.38\ m^{-1}$

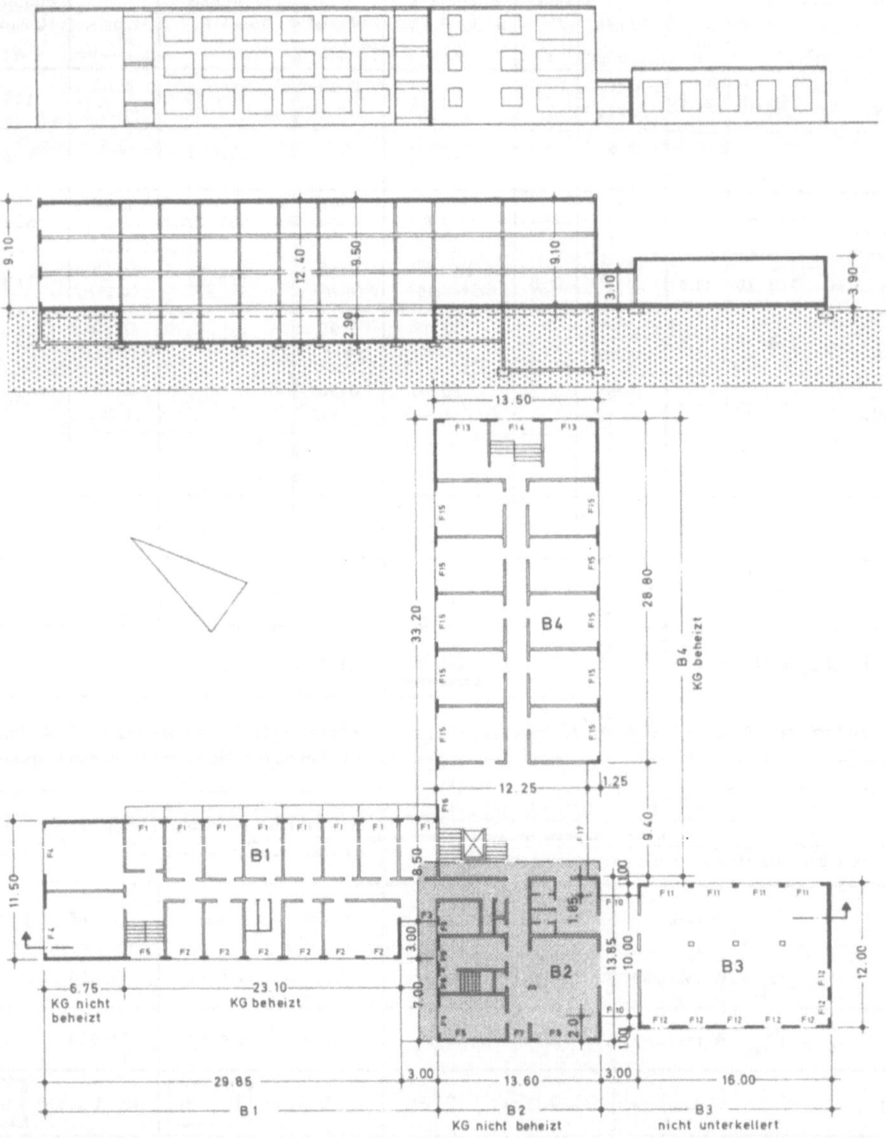

F_{W+F} **Außenwandflächen mit Fenster**

B1	(6.75 x 2 + 11.50) x 9.10 + (26.10 x 2 + 3.00) x 9.50	= 751.90 m^2
B2	(10.00 + 13.60 + 2.00 + 1.85 + 1.25) x 9.10	= 261.17 m^2
B3	3.00 x 2 x 3.10 + (16.00 x 2 + 1.00 x 2 + 12.00) x 3.90	= 198.00 m^2
B4	(33.20 + 13.50 + 38.20 + 1.25) x 9.50	= 818.43 m^2
		2 029.50 m^2

F_F **Fensterflächen** (k 3.0 W/m^2K)

F1	2.50 x 2.40 x 8 x 3	= 144.00 m^2
F2	2.50 x 1.80 x 6 x 3	= 81.00 m^2
F3	3.00 x 2.60 x 3	= 23.40 m^2
F4	3.25 x 1.80 x 2 x 3	= 35.10 m^2
F5	2.50 x 8.20	= 20.50 m^2
F6	1.10 x 1.55 x 3	= 5.12 m^2
F7	1.65 x 1.55 x 2 x 3	= 15.34 m^2
F8	4.00 x 1.80 x 3	= 21.60 m^2
F9	0.90 x 1.40 x 3 x 3	= 11.34 m^2
F10	3.00 x 1.80 x 2	= 10.80 m^2
F11	3.00 x 3.05 x 4	= 36.60 m^2
F12	1.50 x 2.40 x 7	= 25.20 m^2
F13	2.50 x 1.80 x 2 x 3	= 27.00 m^2
F14	2.50 x 8.20	= 20.50 m^2
F15	3.00 x 1.80 x 10 x 3	= 162.00 m^2
F16	3.00 x 2.60 x 3	= 23.40 m^2
F17	9.40 x 2.60 x 3	= 73.32 m^2
		736.22 m^2

F_W **Außenwandflächen**

$F_{W+F} - F_F$ = 1 293.28 m^2

F_D **Dachflächen**

B1	29.85 x 11.50 + 3.00 x 8.50	= 368.78 m^2
B2	13.60 x 13.85	= 188.36 m^2
B3	3.00 x 10.00 + 16.00 x 12.00	= 222.00 m^2
B4	13.50 x 28.80 + 12.25 x 9.40	= 503.95 m^2
		1 283.09 m^2

B1 KG nicht beheizt / KG beheizt; B2 KG nicht beheizt; B3 nicht unterkellert; B4 KG beheizt

F_{G1} **Kellerdecke**

B1	6.75 x 11.50	= 77.63 m^2
B2	13.60 x 13.85	= 188.36 m^2
		265.99 m^2

F_{G2} **Wände + Fußboden gegen Erdreich**

B1	(26.10 x 2 + 3.00) x 2.90	= 160.08 m^2	
	11.50 x 3.30	= 37.95 m^2	
	23.10 x 11.50 + 3.00 x 8.50	= 291.15 m^2	= 489.18 m^2
B3	3.00 x 10.00 + 16.00 x 12.00		= 222.00 m^2
B4	(33.20 + 13.50 + 38.20 + 1.25) x 2.90	= 249.84 m^2	
	13.50 x 28.20 + 12.25 x 9.40	= 503.95 m^2	= 753.79 m^2
			1 464.97 m^2

F **Wärmeübertragende Umfassungsfläche**

F_W	1 293.28 m^2
F_F	736.22 m^2
F_D	1 283.09 m^2
F_{G1}	265.99 m^2
F_{G2}	1 464.97 m^2
	5 043.55 m^2

V **Bauwerksvolumen**

B1	6.75 x 11.50 x 9.10	= 706.39 m^3	
	23.10 x 11.50 x 12.40	= 3 294.06 m^3	
	3.00 x 8.50 x 12.40	= 316.20 m^3	= 4 316.65 m^3
B2	13.60 x 13.85 x 9.10		= 1 714.06 m^3
B3	3.00 x 10.00 x 3.10	= 93.00 m^3	
	16.00 x 12.00 x 3.90	= 748.80 m^3	= 841.80 m^3
B4	13.50 x 28.80 x 12.40	= 4 821.12 m^3	
	12.25 x 9.40 x 12.40	= 1 427.86 m^3	= 6 248.98 m^3
			13 121.51 m

$$F/V = \frac{5\,043.55}{13\,121.51} = 0.38\ m^{-1}$$

Zeile	⑬ Bauteil	Fläche F aus Vorberechnung m²	%	Wärmeschutzverordnung Verfahren 1 (F/V) k vorh. W/m²K (kcal/m²h°C)	Faktor Y	Wärmedurchgang Q = k x F x Y W/K	Verfahren 2 (k gefordert) k gef. W/m²K (kcal/m²h°C)	Wärmedurchgang Q = k x F W/K	optimaler Wärmeschutz (Empfehlung) k empf. W/m²K (kcal/m²h°C)	Wärmedurchgang Q = k x F W/K
1	Außenwandflächen	F_W = 1 293.28	25.6	0.91 (0.78)	1	1 176.88	0.73 (0.63)	944.09	0.65 (0.56)	840.63
2	Fensterflächen	F_F = 736.22	14.6	3.5 (3.0)	1	2 576.77	3.0 (2.6)	2 208.66	2.3 (2.0)	1 693.31
3	Außenwand+Fenster	F_{W+F} = 2 029.50	40.2	1.85 (1.59)	—	3 753.65	1.55 (1.34)	3 152.75	1.25 (1.075)	2 533.94
4	Dachdecken	F_D = 1 283.09	25.4	0.69 (0.59)	0.8	708.26 ⟨885.33⟩	0.45 (0.39)	577.39	0.40 (0.34)	513.24
5	Kellerdecken	F_{G1} = 265.99	5.3	0.93 (0.80)	0.5	123.69 ⟨247.37⟩	0.80 (0.69)	212.79	0.60 (0.52)	159.59
6	Wände + Fußböden gegen Erdreich	F_{G2} = 1 464.97	29.1	0.97 (0.83)	0.5	710.51 ⟨1 421.02⟩	0.90 (0.78)	1 318.47	0.65 (0.56)	952.23
7										
8										
9	wärmeübertragende Umfassungsfläche	F = 5 043.55	100			Q = 5 296.11 ⟨6.307.37⟩		Q = 5 261.40		Q = 4 159.00
10	Wärmedurchgangskoeffizient k_m = Q : F =			1.05 (0.90) ⟨1.25⟩		100 %	1.04 (0.90)	99 %	0.82 (0.71)	78 %
11	F/V = 0.38 m^{-1} • k_m nach Verfahren 1 ≤ 1.11 W/m²K (0.95 kcal/m²h°C)						Wärmeschutzverordnung: 1. Abschnitt - Gebäude mit normalen Innentemperaturen -			
12	Fugendurchlaßkoeffizient für die Fenster: a = 1.0									
13	Ergänzende Bestimmungen zu DIN 4108: Im Verfahren 1 alle Bauteile mit Mindestwerten						Anteil der Fensterflächen in der Außenwand = 36 %			
14	Transmissionswärmebedarf	Q_T	W (kcal/h)	198.723 (170.902)			162.633 (139.864)		130.771 (112.463)	
15	Lüftungswärmebedarf	Q_L	W (kcal/h)	18.167 (15.624)			18.167 (15.624)		18.167 (15.624)	
16	Gesamtwärmebedarf	Q_h	W (kcal/h)	216.890 (186.526)			180.800 (155.488)		148.938 (128.087)	
17	Wärmebedarf je m³ umb. Raum		W (kcal/hm³)	16.5 (14.2)		120 %	13.8 (11.9)	100 %	11.4 (9.8)	83 %

Berechnung der Fugenlänge l

F 1	[(2.50 + 2.40) x 2 + 2.40] x 8 x 3	=	292.80 m
F 2	[(2.50 + 1.80) x 2 + 1.80] x 6 x 3	=	187.20 m
F 3	[(3.00 + 2.60) x 2 + 2.60] x 3	=	41.40 m
F 4	[(3.25 + 1.80) x 2 + 1.80] x 2 x 3	=	71.40 m
F 5	(2.00 + 2.50) x 2 (Tür)	=	9.00 m
F 6	(1.10 + 1.55) x 2 x 3	=	15.90 m
F 7	(1.65 + 1.55) x 2 x 2 x 3	=	38.40 m
F 8	[(4.00 + 1.80) x 2 + 1.80] x 3	=	40.20 m
F 9	(0.90 + 1.40) x 2 x 3 x 3	=	41.40 m
F 10	(3.00 + 1.80) x 2 x 2	=	19.20 m
F 11	[(3.00 + 3.05) x 2 + 3.05] x 4	=	60.60 m
F 12	(1.50 + 2.40) x 2 x 7	=	54.60 m
F 13	[(2.50 + 1.80) x 2 + 1.80] x 2 x 3	=	62.40 m
F 14	(2.00 + 2.50) x 2 (Tür)	=	9.00 m
F 15	[(3.00 + 1.80) x 2 + 1.80] x 10 x 3	=	342.00 m
F 16	(3.00 + 2.60) x 2 x 3	=	33.60 m
F 17	[(9.40 + 2.60) x 2 + 2 x 2.60] x 3	=	87.60 m
	Fugenlänge l	=	1 406.70 m

Die übersichtlich gegliederte Gebäudegruppe besteht aus einem zentralen *würfelförmigen Baukörper* (B 2), an den sich zwei *halbhohe quaderförmige Flügel* (B 1 + B 4) sowie ein *kleiner kompakter Flachbau* (B 3) anschließen.

Für die Berechnung nach der Wärmeschutzverordnung wird Verfahren 2 vorgeschlagen, das sich bei der Ermittlung des Gesamtwärmebedarfs Q_h als die eindeutig bessere Lösung erweist. Beim Verfahren 1 kann der vorgegebene Wert k_m = 1,11 W/m²K nicht ausgeschöpft werden.

In einem Altenheim kommt es ganz besonders darauf an, behagliche Wohn- und Aufenthaltsräume zu schaffen. Relative Luftfeuchten bis zu 85 % sind keine Seltenheit. Empfohlen wird deshalb ein optimaler Wärmeschutz mit einer spürbaren Verbesserung der Außenwände und der Fenster.

Es kann angenommen werden, daß im Kellergeschoß die Gebäudegruppe B 2 wegen des großen Heizraumes ausreichend temperiert ist.

Verwaltungsgebäude, 6 Geschoße, beheiztes Untergeschoß

$F/V = 0.16\ m^{-1}$

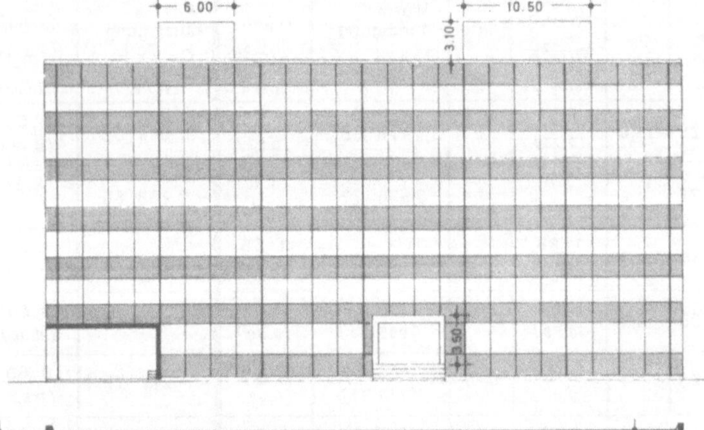

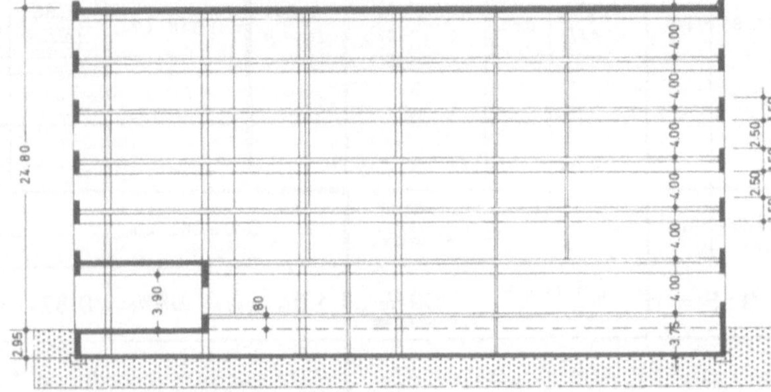

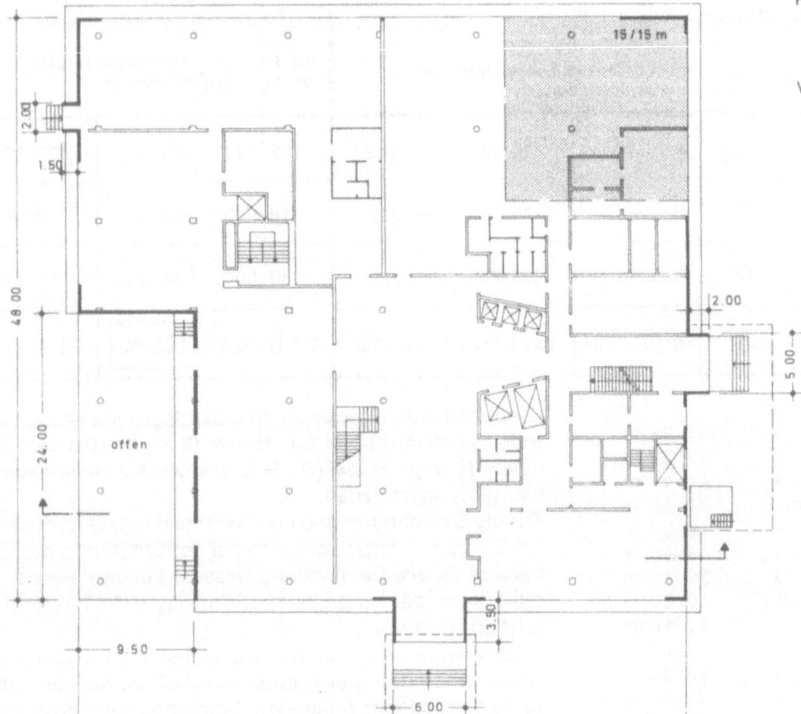

F_{W+F}	**Außenwandflächen mit Fenster**	
	(51.00 + 48.00) x 24.80 x 2	= 4 910.40 m²
	Eingänge: (3.50 + 2.00 + 1.50) x 3.50 x 2	= 49.00 m²
	Dachaufbauten (6.00 + 4.00 + 10.50 + 12.00) x 3.10 x 2	= 201.50 m²
		5 160.90 m²

F_F	**Fensterflächen** (3.5 W/m²K)		
EG	104.50 lfdm x 2.50	= 261.25 m²	
	Tore 2.00 x 2.50 x 3	= 15.00 m²	
OG	156.00 lfdm x 2.50 x 5	= 1 950.00 m²	
	Dachaufbauten	= 36.00 m²	= 2 262.25 m²

F_W	**Außenwandflächen**	= 2 898.65 m²

F_D	**Dachflächen**	
	51.00 x 48.00	= 2 448.00 m²
	9.50 x 24.00	= 228.00 m²
	6.00 x 3.50 + 2.00 x 5.00 + 1.50 x 2.30	= 34.45 m²
		2 710.45 m²

F_G	**Grundflächen gegen Erdreich**	
	51.00 x 48.00	= 2 448.00 m²
	(51.00 + 48.00) x 2.95 x 2	= 584.10 m²
		3 032.10 m²

F_{DL}	**Deckenflächen nach unten**	
	9.50 x 24.00	= 228.00 m²

F	**Wärmeübertragende Umfassungsflächen**
F_W	2 898.65 m²
F_F	2 262.25 m²
F_D	2 710.45 m²
F_G	3 032.10 m²
F_{DL}	228.00 m²
	11 131.45 m²

V	**Bauwerksvolumen**	
	51.00 x 48.00 x (24.80 + 2.95)	= 67 932.00 m³
	(6.00 x 3.50 + 2.00 x 5.00 + 1.50 x 2.30) x 3.50	= 120.58 m³
	(6.00 x 4.00 + 10.50 x 12.00) x 3.10	= 465.00 m³
		68 517.58 m³
	abzüglich: 9.50 x 24.00 x 3.90	= 889.20 m³
		67 628.38 m³

$$F/V = \frac{11\,131.45}{67\,628.38} = 0.16\ m^{-1}$$

Zeile	(14) Bauteil	Fläche F aus Vorberechnung m^2	%	Wärmeschutzverordnung – Verfahren 1 (F/V): k vorh. W/m²K (kcal/m²h°C)	Faktor Y	Wärmedurchgang Q = k x F x Y W/K	Wärmeschutzverordnung – Verfahren 2 (k gefordert): k gef. W/m²K (kcal/m²h°C)	Wärmedurchgang Q = k x F W/K	optimaler Wärmeschutz (Empfehlung): k empf. W/m²K (kcal/m²h°C)	Wärmedurchgang Q = k x F W/K
1	Außenwandflächen	F_W = 2 898.65	26.0	0.56 (0.48)	1	1 623.24	0.54 (0.46)	1 565.27	0.45 (0.39)	1 304.39
2	Fensterflächen	F_F = 2 262.25	20.3	3.5 (3.0)	1	7 917.88	3.3 (2.8)	7 465.42	2.1 (1.8)	4 750.73
3	Außenwand+Fenster	F_{W+F} = 5 160.90	46.3	1.85 (1.59)	—	9 541.12	1.75 (1.51)	9 030.69	1.17 (1.01)	6 055.12
4	Dachdecken	F_D = 2 710.45	24.4	0.69 (0.59)	0.8	1 496.17 ⟨1 870.21⟩	0.45 (0.39)	1 219.70	0.40 (0.34)	1 084.18
5	Wände+Fußböden gegen Erdreich	F_G = 3 032.10	27.3	0.97 (0.83)	0.5	1 470.57 ⟨2 941.14⟩	0.80 (0.69)	2 425.68	0.60 (0.52)	1 819.26
6	Decken gegen Außenluft nach unten	F_{DL} = 228.00	2.0	0.52 (0.45)	1	118.56	0.45 (0.39)	102.60	0.38 (0.33)	86.64
7										
8										
9	wärmeübertragende Umfassungsfläche	F = 11 131.45	100	Q = 12 626.42 ⟨14 471.03⟩			Q = 12 778.67		Q = 9 045.20	
10	Wärmedurchgangskoeffizient k_m = Q : F =			1.13 (0.97) ⟨1.30⟩		98 %	1.15 (0.99)	100 %	0.81 (0.81)	71 %
11	F/V = 0.16 m^{-1} • k_m nach Verfahren 1 ≤ 1.40 W/m²K (1.21 kcal/m²h°C)						Wärmeschutzverordnung: 1. Abschnitt -Gebäude mit normalen Innentemperaturen-			
12	Fugendurchlaßkoeffizient für die Fenster: a = 1.0									
13	Ergänzende Bestimmungen zu DIN 4108: Im Verfahren 1 alle Bauteile mit Mindestwerten						Anteil der Fensterflächen in der Außenwand = 44 %			
14	Transmissionswärmebedarf Q_T	W (kcal/h)		475.853 (409.234)			424.057 (364.689)		297.864 (256.163)	
15	Lüftungswärmebedarf Q_L	W (kcal/h)		64.330 (55.324)			64.330 (55.324)		64.330 (55.324)	
16	Gesamtwärmebedarf Q_h	W (kcal/h)		540.183 (464.558)			488.387 (420.013)		362.194 (311.487)	
17	Wärmebedarf je m^3 umb. Raum	W (kcal/hm³)		8.0 (6.9)		111 %	7.2 (6.2)	100 %	5.4 (4.6)	74 %

Es handelt sich um ein *großes halbhohes kompaktes Gebäude* mit günstigen Abmessungen hinsichtlich des baulichen Wärmeschutzes.

Zur Erfüllung der Wärmeschutzverordnung wird Verfahren 2 vorgeschlagen, zumal sich gegenüber Verfahren 1 ein geringerer Gesamtwärmebedarf Q_h ergibt.

Beim Verfahren 1 kann der vorgegebene Wert k_m mit 1,40 W/m²K nicht ausgeschöpft werden, da die Mindestbedingungen zu den „Ergänzende Bestimmungen zu DIN 4108" nicht unterschritten werden dürfen.

Für die Ausführung wird ein optimaler Wärmeschutz empfohlen. Dabei werden insbesondere die fast die Hälfte der wärmeübertragenden Umfassungsfläche einnehmenden Außenwände einschließlich Fenster verbessert.

Ausreichend zu dämmen sind auch die Dachaufbauten mit den Maschinenräumen für die Aufzüge.

Außenwände und Fensterbrüstungen in Leichtkonstruktion müssen nicht nur den vorgegebenen Wert $k_{m,W+F}$ erfüllen, sondern Werte aufweisen, die Tabelle 2 der „Ergänzende Bestimmungen zu DIN 4108" entsprechen.

Bei einem derart umfangreichen Verwaltungsgebäude wird man immer eine Klimaanlage benötigen. Die Bauregeln für den sommerlichen Wärmeschutz sind deshalb besonders zu beachten.

Berechnung des mittleren Wärmedurchgangskoeffizienten k_m zum Verfahren 1 gemäß 1.3 der Anlage 1 zur Wärmeschutzverordnung als Beispiel.

$$k_m = \frac{k_W \times F_W + k_F \times F_F + 0{,}8 \times k_D \times F_D + 0{,}5 \times k_G \times F_G + k_{DL} \times F_{DL}}{F}$$

$$= \frac{0{,}56 \times 2898{,}65 + 3{,}5 \times 2262{,}25 + 0{,}8 \times 0{,}69 \times 2710{,}45 + 0{,}5 \times 0{,}97 \times 3032{,}10 + 0{,}52 \times 228{,}00}{11\,131{,}45}$$

$$= \frac{1623{,}24 + 7917{,}88 + 1496{,}17 + 1470{,}57 + 118{,}56}{11\,131{,}45}$$

$$= \frac{12\,626{,}42}{11\,131{,}45} = 1{,}13\ \mathrm{W/m^2K}\ (0{,}97\ \mathrm{kcal/m^2h\,^\circ C})$$

Hallenbad, mit Schwimmbecken 16.60/25.00 m

F/V = 0.30 m^{-1}

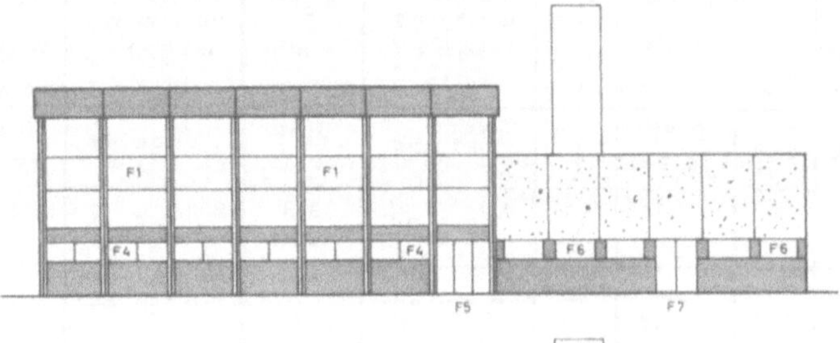

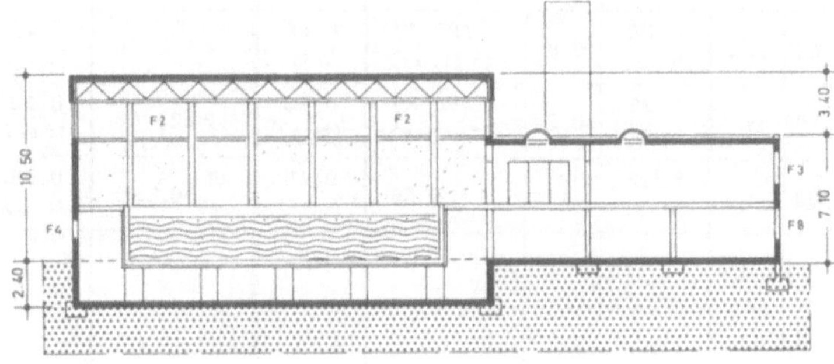

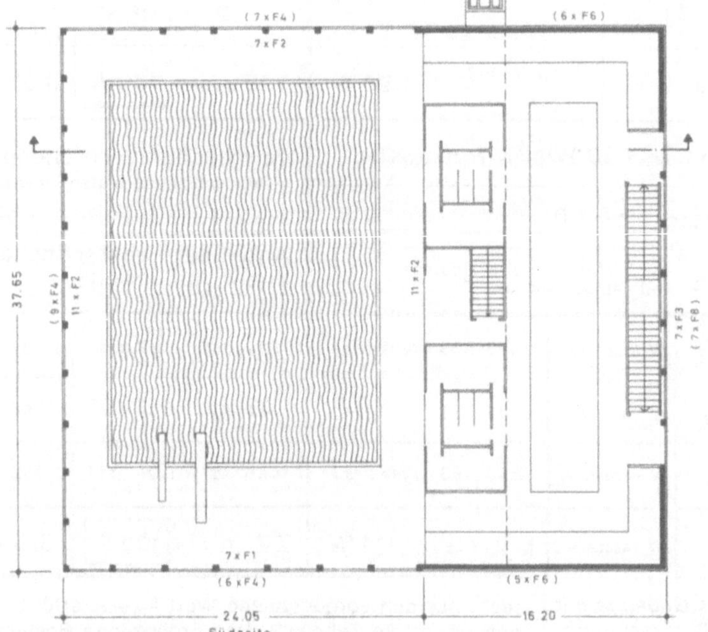

F_{W+F} Außenwandflächen mit Fenster

(24.05 x 2 + 37.65) x 10.50	= 900.38 m^2
37.65 x 3.40	= 128.01 m^2
(16.20 x 2 + 37.65) x 7.10	= 497.36 m^2
	1525.75 m^2

F_{FI} Fensterflächen (k 1.5 W/m²K)

F1	3.15 x 5.90 x 7	= 130.10 m^2

F_{FII} Fensterflächen (k 3.5 W/m²K)

F2	3.15 x 2.10 x 29	= 191.84 m^2	
F3	2.75 x 2.05 x 7	= 39.46 m^2	
F4	3.15 x 1.00 x 22	= 69.30 m^2	
F5	3.15 x 2.60	= 8.19 m^2	
F6	2.10 x 1.00 x 11	= 23.10 m^2	
F7	2.10 x 2.60	= 5.46 m^2	
F8	2.75 x 1.85 x 7	= 35.61 m^2	= 372.96 m^2

F_W Außenwandflächen = 1 022.69 m^2

$F_{D+F(D)}$ Dachflächen mit Fenster

(24.05 + 16.20) x 37.65 = 1 515.41 m^2

$F_{F(D)}$ Dachfensterflächen

Lichtkuppeln 1.50/1.50 x 18 = 40.50 m^2

F_D Dachflächen = 1 474.91 m^2

Grundflächen gegen Erdreich

F_{G1}	(24.05 + 16.20) x 37.65	= 1 515.41 m^2
F_{G2}	(24.05 + 37.65) x 2 x 2.40	= 296.16 m^2

F Wärmeübertragende Umfassungsfläche

F_W	1 022.69 m^2
F_{FI}	130.10 m^2
F_{FII}	372.96 m^2
F_D	1 474.91 m^2
$F_{F(D)}$	40.50 m^2
F_{G1}	1 515.41 m^2
F_{G2}	296.16 m^2
	4 852.73 m^2

V Bauwerksvolumen

24.05 x 37.65 x 12.90	= 11 680.72 m^2
16.20 x 37.65 x 7.10	= 4 330.50 m^2
	16 011.22 m^2

$$F/V = \frac{4\,852.73}{16\,011.22} = 0.30\ m^{-1}$$

Zeile	(15) Bauteil	Fläche F aus Vorberechnung m²	%	Wärmeschutz-Verordnung, Verfahren F/V: k vorh. W/m²K (kcal/m²h°C)	Faktor Y	Wärmedurchgang $Q = k \times F \times Y$ W/K		optimaler Wärmeschutz (Empfehlung): k empf. W/m²K (kcal/m²h°C)	Wärmedurchgang $Q = k \times F$ W/K
1	Außenwandflächen	F_W = 1 022.69	21.1	0.70 [1] (0.60)	1	715.89		0.50 (0.43)	511.35
2	Fensterflächen	F_{FI} = 130.10	10.4	1.5 [2] (1.3)	1	195.15		1.5 [2] (1.3)	195.15
3	Fensterflächen	F_{FII} = 372.96		3.3 (2.8)	1	1 230.77		2.1 (1.8) [5] 3.3 (2.8) [6]	402.86 597.70
4	Außenwand + Fenster	F_{W+F} = 1 525.75	31.5	1.40 (1.20)	—	2 141.81		1.12 (0.96)	1 707.06
5	Dachdecken	F_D = 1 474.91	31.2	0.45 [1] (0.39)	0.8	530.97 ⟨663.71⟩		0.33 (0.28)	486.72
6	Dachfensterflächen	$F_{F(D)}$ = 40.50		1.98 (1.70)	1	80.19		1.98 (1.70)	80.19
7	Fußboden gegen Erdreich	F_{G1} = 1 515.41	37.3	1.05 [3] (0.90)	0.5	795.59 ⟨1 591.18⟩		1.05 (0.90) [7] 0.60 (0.52) [8]	950.75 365.96
8	Wände gegen Erdreich	F_{G2} = 296.16		1.57 [4] (1.35)	0.5	232.49 ⟨464.97⟩		1.57 [4] (1.35)	464.97
9	wärmeübertragende Umfassungsfläche	F = 4 852.73	100			Q = 3 781.05 ⟨4 941.86⟩			Q = 4 055.65
10	Wärmedurchgangskoeffizient $k_m = Q : F =$			0.78 (0.67) ⟨1.02⟩		100 %		0.84 (0.72)	108 %

Zeile		
11	F/V = 0.30 m^{-1} • k_m nach Tabelle 1, Anlage 4 zu § 8 ≤ 0.85 W/m²K (0.73 kcal/m²h°C)	Wärmeschutzverordnung: 3. Abschnitt -Gebäude für Sport- und Versammlungszwecke-
12	Fugendurchlaßkoeffizient für die Fenster: a = 1.0	
13	Erg. Best. zu DIN 4108: Für die Schwimmhalle samt Nebenräumen werden höhere Anforderungen gestellt.	Anteil der Fensterflächen in der Außenwand = 33 %

Zeile				Wärmeschutz-Verordnung		optimaler Wärmeschutz
14	Transmissionswärmebedarf	Q_T	W (kcal/h)	138.872 (119.430)		111.850 (96.191)
15	Lüftungswärmebedarf	Q_L	W (kcal/h)	16.348 (14.059)		16.348 (14.059)
16	Gesamtwärmebedarf	Q_h	W (kcal/h)	155.220 (133.489)		128.198 (110.250)
17	Wärmebedarf je m³ umb. Raum		W (kcal/hm³)	9.7 (8.3) 100 %		8.0 (6.9) 82 %

Fußnoten

1) Mindestwerte nach Tabelle 1 der Anlage 4 zu § 8 der Wärmeschutzverordnung.
2) Fenster an der Südseite mit Sonnenschutz-Isolierglas. Der Nachweis des k-Wertes ist nach Nr. 5 der Anlage 1 zur Wärmeschutzverordnung zu führen.
3) Mittelwert k_G gemäß Tabelle 2 der Anlage 3 zur Wärmeschutzverordnung.
4) Wegen der Wärmeabgabe von Geräten und Leitungen genügt für die Außenwand ein Mindestwärmeschutz nach DIN 4108 für Außenwände im Dämmgebiet II.
5) Hochliegende Fenster F 2 für die Schwimmhalle k = 2,1 W/m²K — 191,84 m²
6) alle übrigen Fenster, k = 3,3 W/m²K — 181,12 m²
   Sämtliche Fensterflächen F_{FII} = 372,96 m²
7) Fußböden im Untergeschoß der Schwimmhalle, k = 1,05 W/m²K — 905,48 m²
8) Fußböden im Anbau, k = 0,60 W/m²K — 609,93 m²
   Fußböden F_{G1} — 1515,41 m²

Die Schwimmhalle und der Anbau mit den Nebenräumen sind *kompakte halbhohe Flachbauten.*

Der bauliche Wärmeschutz ist gemäß Tabelle 1 der Anlage 4 zu § 8 der Wärmeschutzverordnung auszuführen. Der vorgegebene Mindestwert beim Verhältnis F/V mit k_m = 0,85 W/m²K wird bei Einhaltung der geforderten Mindestwerte für Wand und Dach nicht erreicht.

Für die Ausführung wird ein optimaler Wärmeschutz empfohlen. Die jährliche Einsparung an Heizenergie gegenüber dem Gesamtwärmebedarf Q_h der beim vorgeschriebenen Verfahren mit 100 % angenommen wird, beträgt etwa 125 GJ (30 Gcal).

Das Schwimmbecken ist zur Vermeidung von übermäßigen Wärmeverlusten beim Warmwasser ausreichend zu dämmen.

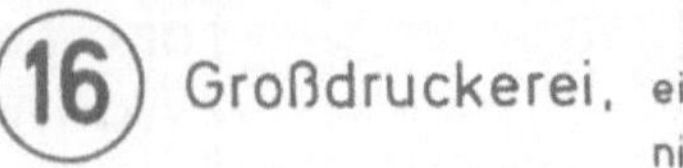

16 Großdruckerei, eingeschoßige Hallen, nicht unterkellert

Hallen mit 20°C — $F/V = 0.61\ m^{-1}$

Hallen mit 15°C — $F/V = 0.42\ m^{-1}$

Vorberechnungen fehlen wegen Platzmangel !

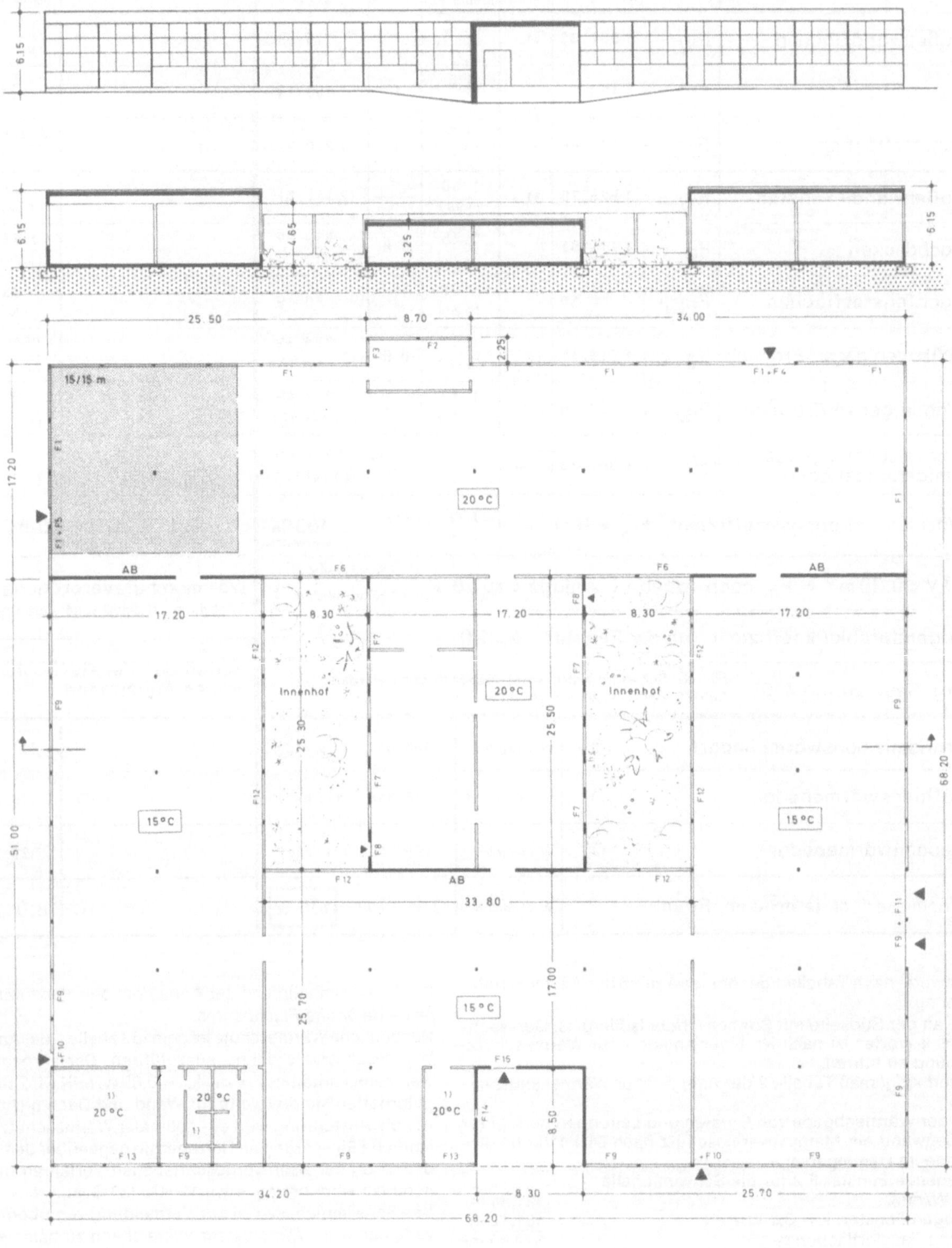

Zeile	16 Hallen mit 20°C — Bauteil	Fläche F aus Vorberechnung m^2	%	Wärmeschutzverordnung Verfahren 1 (F/V): k vorh. W/m^2K (kcal/m²h°C)	Faktor Y	Wärmedurchgang $Q = k \times F \times Y$ W/K	Wärmeschutzverordnung Verfahren 2 (k gefordert): k gef. W/m^2K (kcal/m²h°C)	Wärmedurchgang $Q = k \times F$ W/K	optimaler Wärmeschutz (Empfehlung): k empf. W/m^2K (kcal/m²h°C)	Wärmedurchgang $Q = k \times F$ W/K
1	Außenwandflächen	F_W = 283.05	6.6	1.12 (0.96)	1	317.02	0.86 (0.74)	243.42	0.60 (0.52)	169.83
2	Fensterflächen	F_F = 457.90	10.7	2.3 (2.0)	1	1 053.17	2.3 (2.0)	1 053.17	2.1 (1.8)	961.59
3	Außenwand+Fenster	F_{W+F} = 740.95	17.3	1.85 (1.59)	—	1 370.19	1.75 (1.51)	1 296.59	1.53 (1.32)	1 131.42
4	Dachdecken	F_D = 1 627.78	38.2	0.69 (0.59)	0.8	898.53 ⟨1 123.17⟩	0.45 (0.39)	732.50	0.40 (0.34)	651.11
5	Fußboden gegen Erdreich	F_G = 1 627.78	38.2	1.01 [2)] (0.94)	0.5	822.03 ⟨1 644.06⟩	0.90 (0.78)	1 465.00	0.60 (0.52)	976.67
6	Abgrenzende Flächen	F_{AB} = 215.86	6.3	2.36 (2.04)	0.5	254.71 ⟨509.42⟩	0.80 (0.69)	172.69	0.60 (0.52)	129.52
7										
8										
9	wärmeübertragende Umfassungsfläche	F = 4 212.37	100	Q = 3 345.46 ⟨4 646.84⟩			Q = 3 666.78		Q = 2 888.72	
10	Wärmedurchgangskoeffizient $k_m = Q : F =$			0.79 (0.68) ⟨1.10⟩ 91 %			0.87 (0.75) 100 %		0.69 (0.59) 79 %	
11	F/V = 0.61 m^{-1} • k_m nach Verfahren 1 ≦ 0.92 W/m^2K (0.79 kcal/m²h°C)						Wärmeschutzverordnung: 1. Abschnitt - Gebäude mit normalen Innentemperaturen -			
12	Fugendurchlaßkoeffizient für die Fenster : a = 2.0									
13	Ergänzende Bestimmungen zu DIN 4108: Im Verfahren 1 alle Bauteile mit Mindestwerten						Anteil der Fensterflächen in der Außenwand = 62 %			
14	Transmissionswärmebedarf Q_T	W (kcal/h)		120.730 (103.828)			98.859 (85.019)		82.080 (70.589)	
15	Lüftungswärmebedarf Q_L	W (kcal/h)		10.435 (8.974)			10.435 (8.974)		10.435 (8.974)	
16	Gesamtwärmebedarf Q_h	W (kcal/h)		131.165 (112.802)			109.294 (93.993)		92.515 (79.563)	
17	Wärmebedarf je m^3 umb. Raum	W (kcal/hm³)		18.8 (16.2) 120 %			15.7 (13.5) 100 %		13.3 (11.4) 85 %	

Zeile	Bauteil	Temperaturunterschied Δt K	Verfahren 1 Q(kxF) W/K	Verfahren 1 Q_O W	Verfahren 2 Q(kxF) W/K	Verfahren 2 Q_O W	optim. Wärmeschutz Q(kxF) W/K	optim. Wärmeschutz Q_O W
3	Außenwand+Fenster	35	1 370.19	47.957	1 296.59	45.381	1 131.42	39.600
4	Dachdecken	35	1 123.17	39.311	732.50	25.638	651.11	22.789
5	Fußboden gegen Erdreich	14	1 644.06	23.017	1 465.00	20.510	976.67	13.673
6	Abgrenzende Flächen	5	509.42	2.547	172.69	863	129.52	648
—	Transmissionswärmeverlust Q_O	W	—	112.832	—	92.392	—	76.710
14	Transmissionswärmebedarf Q_T	W	x 1.07	120.730	x 1.07	98.859	x 1.07	82.080

Zeile	(16) Hallen mit 15°C Bauteil	Fläche F aus Vorberechnung m^2	%	Wärmeschutz-Verordnung Verfahren F/V k vorh. W/m^2K $(kcal/m^2h°C)$	Faktor Y	Wärmedurchgang $Q = k \times F \times Y$ W/K		optimaler Wärmeschutz (Empfehlung) k empf. W/m^2K $(kcal/m^2h°C)$	Wärmedurchgang $Q = k \times F$ W/K
1	Außenwandflächen	F_W = 794.56	11.9	1.30 [2)] (1.12)	1	1 032.93		1.00 (0.86)	794.56
2	Fensterflächen	F_F = 770.00	11.5	3.5 [3)] (3.0)	1	2 695.00		3.3 (2.8)	2 541.00
3	Außenwand+Fenster	F_{W+F} = 1 564.56	23.4	2.38 (2.05)	—	3 727.93		2.13 (1.83)	3 335.56
4	Dachdecken	F_D = 2 552.51	38.3	0.70 [2)] (0.60)	0.8	1 429.41 ⟨1 786.76⟩		0.45 (0.39)	1 148.63
5	Fußboden gegen Erdreich	F_G = 2 552.51	38.3	0.60 [4)] (0.52)	0.5	765.75 ⟨1 531.51⟩		0.60 [5)] (0.52)	1 531.51
6									
7									
8									
9	wärmeübertragende Umfassungsfläche	F = 6 669.58	100	Q = 5 923.09 ⟨7 046.20⟩				Q = 6 015.70	
10	Wärmedurchgangskoeffizient $k_m = Q : F =$			0.89 (0.76) ⟨1.06⟩		100 %		0.90 (0.78)	101 %
11	$F/V = 0.42\ m^{-1}$ • k_m nach Tabelle 1, Anlage 3 zu §5 ≤ 1.12 W/m^2K (0.96 $kcal/m^2h°C$)						Wärmeschutzverordnung: 2. Abschnitt -Gebäude mit niedrigen Innentemperaturen-		
12	Fugendurchlaßkoeffizient für die Fenster: a = 2.0								
13	Ergänzende Bestimmungen zu DIN 4108: Für diese Gebäudeart nicht vorgesehen						Anteil der Fensterflächen in der Außenwand = 49 %		
14	Transmissionswärmebedarf	Q_T	W (kcal/h)	191.771 (164.923)				158.692 (136.475)	
15	Lüftungswärmebedarf	Q_L	W (kcal/h)	12.159 (10.457)				12.159 (10.457)	
16	Gesamtwärmebedarf	Q_h	W (kcal/h)	203.930 (175.380)				170.851 (146.932)	
17	Wärmebedarf je m^3 umb. Raum		W ($kcal/hm^3$)	13.0 (11.2)		100 %		10.9 (9.4)	84 %

Die Großdruckerei mit Papierlager ist ein *großer eingeschossiger Flachbau.*
Für die Berechnungen zu den Druckereihallen ist Verfahren 2 von Vorteil; dabei ergibt sich der geringste Wärmebedarf.

Der beim Verfahren 1 vorgegebene Wert k_m mit 0,92 W/m^2K kann nicht ausgeschöpft werden, da die Mindestforderungen gemäß den „Ergänzende Bestimmungen zu DIN 4108“ nicht unterschritten werden dürfen.

Nachdem in Druckereien „Feinarbeit“ geleistet wird, empfiehlt sich ein optimaler baulicher Wärmeschutz.
Für die Papierlagerhallen kann der vorgegebene Wert $k_m = 1{,}12$ W/m^2K wegen der Größe der Gebäude ebenfalls nicht erreicht werden.
Bei den Lagerhallen empfiehlt sich eine gute Dachdämmung, um die Bewegungen infolge thermischer Beanspruchungen möglichst gering zu halten.
Die großen Verglasungen erfordern einen ausreichenden Sonnenschutz.

Fußnoten

1) In Gebäuden mit niedrigen Temperaturen eingebaute Büros und Sozialräume sind nur als teilweise beheizte Räume anzusehen. Hierfür ist die in § 4 Absatz 1 Nr. 4 des Energieeinsparungsgesetzes vorgesehene Sonderregelung anzuwenden. Ein besserer Wärmeschutz für diese Einbauten gegenüber den Hallen mit niedriger Temperatur ist jedoch zu empfehlen.
2) Diese Werte sollten in der Praxis nicht unterschritten werden.
3) Vorausgesetzt wird der Einsatz von raumlufttechnischen Anlagen.
4) Der k-Wert für den Fußboden ist Tabelle 2 der Anlage 3 zu § 5 der Wärmeschutzverordnung entnommen.
5) Es sollte eine Dämmschicht von mindestens 40 mm Dicke eingebaut werden.

(17) Betriebsgebäude mit normaler Innentemperatur $F/V = 0.37\ m^{-1}$
Lagerhalle mit niedriger Innentemperatur $F/V = 0.37\ m^{-1}$

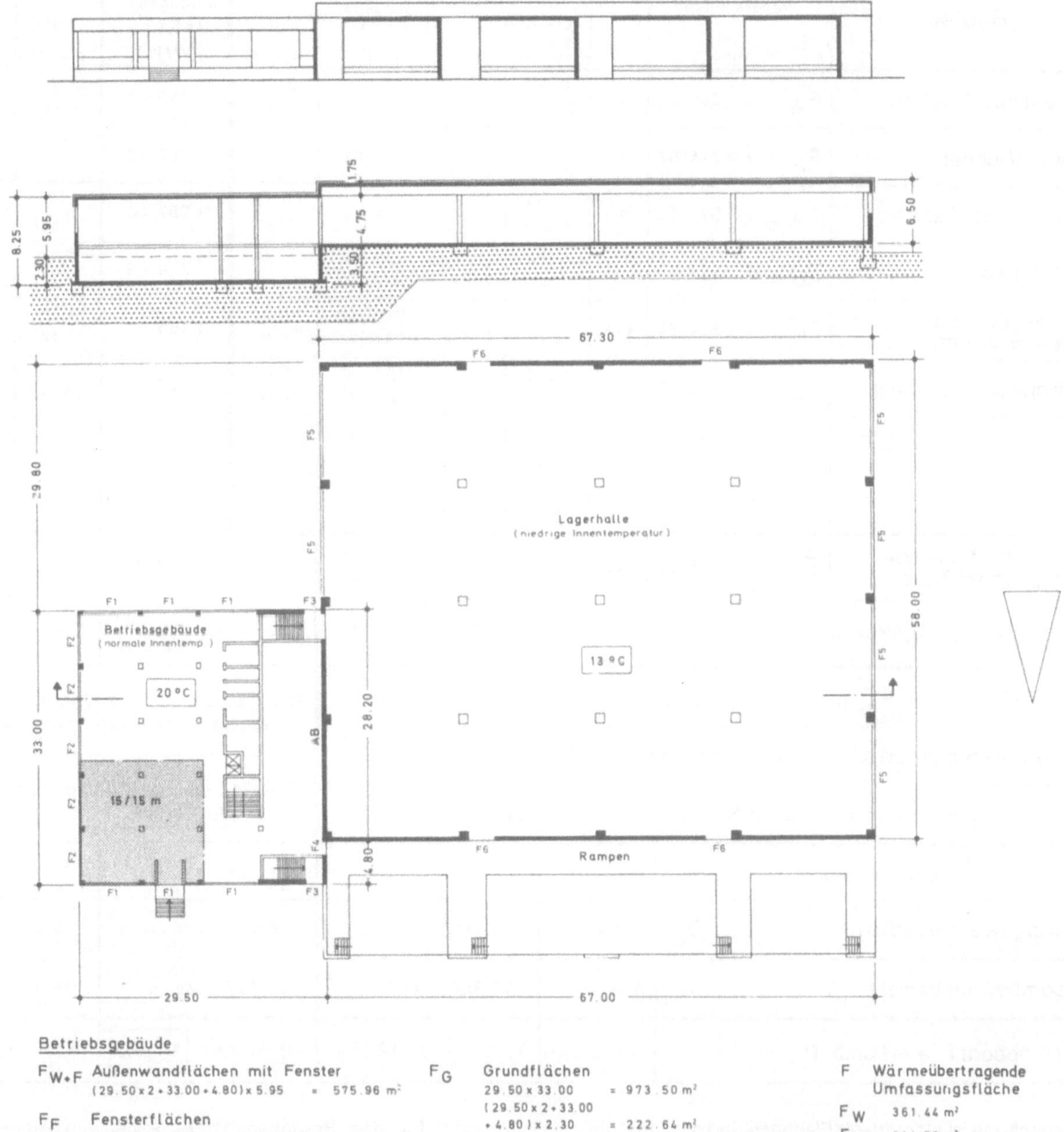

Betriebsgebäude

F_{W+F} Außenwandflächen mit Fenster
(29.50 x 2 + 33.00 + 4.80) x 5.95 = 575.96 m²

F_F Fensterflächen
F1 6.50 x 2.90 x 6 = 113.10 m²
F2 6.00 x 2.90 x 5 = 87.00 m²
F3 1.85 x 3.20 x 2 = 11.84 m²
F4 1.20 x 2.15 = 2.58 m² = 214.52 m²

F_W Außenwandflächen = 361.44 m²

F_D Dachflächen
29.50 x 33.00 = 973.50 m²

F_G Grundflächen
29.50 x 33.00 = 973.50 m²
(29.50 x 2 + 33.00 + 4.80) x 2.30 = 222.64 m²
28.20 x 3.50 = 98.70 m² = 1 294.84 m²

F_{AB} Abgrenzende Fläche
28.20 x 4.75 = 133.95 m²

V Bauwerksvolumen
29.50 x 33.00 x 8.25 = 8 031.38 m³

F Wärmeübertragende Umfassungsfläche
F_W 361.44 m²
F_F 214.52 m²
F_D 973.50 m²
F_G 1 294.84 m²
F_{AB} 133.95 m²
2 978.25 m²

$$F/V = \frac{2\,978.25\ m}{8\,031.38\ m} = 0.37\ m^{-1}$$

Die Vorberechnungen für die Lagerhalle fehlen wegen Platzmangel!

Zeile	(17) Betriebs-gebäude 20°C	Fläche F		Wärmeschutzverordnung Verfahren 1 (F/V)			Wärmeschutzverordnung Verfahren 2 (k gefordert)		optimaler Wärmeschutz (Empfehlung)	
	Bauteil	aus Vorberechnung m^2	%	k vorh. W/m^2K $(kcal/m^2h°C)$	Faktor Y	Wärme-durchgang $Q = k \times F \times Y$ W/K	k gef. W/m^2K $(kcal/m^2h°C)$	Wärme-durchgang $Q = k \times F$ W/K	k empf. W/m^2K $(kcal/m^2h°C)$	Wärme-durchgang $Q = k \times F$ W/K
1	Außenwandflächen	F_W = 361.44	12.1	0.87 (0.75)	1	314.45	0.71 (0.61)	256.62	0.48 (0.41)	173.49
2	Fensterflächen	F_F = 214.52	7.2	3.5 (3.0)	1	750.82	3.5 (3.0)	750.82	3.3 (2.8)	707.92
3	Außenwand+Fenster	F_{W+F} = 575.96	19.3	1.85 (1.59)	—	1 065.27	1.75 (1.51)	1 007.44	1.53 (1.32)	881.41
4	Dachdecken	F_D = 973.50	32.7	0.69 (0.59)	0.8	537.37 ⟨671.72⟩	0.45 (0.39)	438.08	0.40 (0.34)	389.40
5	Wände+Fußböden gegen Erdreich	F_G = 1 294.84	43.5	1.11[1] 0.95	0.5	718.64 ⟨1 437.27⟩	0.90 0.78	1 165.36	0.60 0.52	776.90
6	Abgrenzende Flächen	F_{AB} = 133.95	4.5	2.36 (2.04)	0.5	158.06 ⟨316.12⟩	0.80 (0.69)	107.16	0.56 (0.48)	75.01
7										
8										
9	wärmeübertragende Umfassungsfläche	F = 2 978.25	100			Q = 2 479.34 ⟨3 490.38⟩		Q = 2 718.04		Q = 2 122.72
10	Wärmedurchgangskoeffizient $k_m = Q : F =$			0.83 (0.71) ⟨1.17⟩		91 %	0.91 (0.78)	100%	0.71 (0.61)	78 %

Zeile		
11	$F/V = 0.37\ m^{-1}$ • k_m nach Verfahren 1 ≤ 1.12 W/m^2K (0.96 $kcal/m^2h°C$)	Wärmeschutzverordnung: 1. Abschnitt -Gebäude mit normalen Innentemperaturen-
12	Fugendurchlaßkoeffizient für die Fenster: a = 2.0	
13	Ergänzende Bestimmungen zu DIN 4108: Im Verfahren 1 alle Bauteile mit Mindestwerten.	Anteil der Fensterflächen in der Außenwand = 37 %

Zeile			Einheit	Verfahren 1	Verfahren 2	optimaler Wärmeschutz
14	Transmissionswärmebedarf	Q_T	W (kcal/h)	88.949 (76.496)	72.395 (62.260)	59.792 (51.421)
15	Lüftungswärmebedarf	Q_L	W (kcal/h)	8.357 (7.187)	8.357 (7.187)	8.357 (7.187)
16	Gesamtwärmebedarf	Q_h	W (kcal/h)	97.306 (83.683)	80.752 (69.447)	68.149 (58.608)
17	Wärmebedarf je m^3 umb. Raum		W $(kcal/hm^3)$	12.1 (10.4) 120%	10.1 (8.7) 100%	8.5 (7.3) 84%

Das Betriebsgebäude ist als *mittlerer Flachbau* und die Lagerhalle als *großer Flachbau* zu bezeichnen.

Gemäß § 10 der Wärmeschutzverordnung handelt es sich um Gebäude mit gemischter Nutzung.

Für die Berechnung des Betriebsgebäudes empfiehlt sich eindeutig das Verfahren 2. Es erbringt sowohl beim Nachweis des Wärmeschutzes wie auch bei der Ermittlung des Gesamtwärmebedarfs Q_h gegenüber einer Berechnung nach Verfahren 1, die günstigeren Ergebnisse.

Beim Verfahren 1 kann der vorgegebene Wert k_m = 1,12 W/m²K nicht ausgeschöpft werden, was auch für die Lagerhalle mit k_m = 1,17 W/m²K zutrifft.

Für das Betriebsgebäude wird die Ausführung eines optimalen Wärmeschutzes empfohlen. Dabei erhalten insbesondere die Außenwand sowie die Wände und Fußböden gegen Erdreich einen besseren Wärmeschutz.

Werden für das Betriebsgebäude Außenwandverkleidungen als Leichtbauteile vorgesehen, ist auch Tabelle 2 der „Ergänzende Bestimmungen zu DIN 4108" zu beachten.

Die Berechnung des Transmissionswärmebedarfs Q_T für die Lagerhalle ist auf Seite 117 angefügt.

Fußnoten

1) Aus Tabelle 2 der Anlage 3 zu § 5 der Wärmeschutzverordnung.
2) k-Werte, die in der Praxis nicht unterschritten werden sollten.
3) Gemäß § 5 Absatz 2 der Wärmeschutzverordnung sind einfache Verglasungen zugelassen.
4) Empfohlen wird doppeltes Profilglas mit 50 mm Abstand.
5) Ein einfacher Betonboden ohne zusätzliche Wärmedämmung ist ausreichend.

Zeile	(17) Lagerhalle 13 °C	Fläche F		Wärmeschutz-Verordnung — Verfahren F/V				optimaler Wärmeschutz (Empfehlung)	
	Bauteil	aus Vorberechnung m²	%	k vorh. W/m²K (kcal/m²h°C)	Faktor Y	Wärmedurchgang Q = k x F x Y W/K		k empf. W/m²K (kcal/m²h°C)	Wärmedurchgang Q = k x F W/K
1	Außenwandflächen	F_W = 1 278.66	13.7	1.60 [2)] (1.38)	1	2 045.87		1.20 (1.03)	1 534.44
2	Fensterflächen	F_F = 214.34	2.3	5.2 [3)] (4.5)	1	1 114.57		2.78 [4)] (2.39)	595.87
3	Außenwand+Fenster	F_{W+F} = 1 493.00	16.0	2.12 (1.82)	——	3 160.44		1.43 (1.23)	2 130.31
4	Dachdecken	F_D = 3 894.94	42.0	0.75 [2)] (0.65)	0.8	2 336.96 ⟨2 921.21⟩		0.56 (0.48)	2 181.17
5	Fußboden gegen Erdreich	F_G = 3 894.94	42.0	0.60 [1)] (0.52)	0.5	1 168.48 ⟨2 336.96⟩		0.60 [5)] (0.52)	2 336.96
6									
7									
8									
9	wärmeübertragende Umfassungsfläche	F = 9 282.88	100	Q = 6 665.88 ⟨8 418.61⟩				Q = 6 648.44	
10	Wärmedurchgangskoeffizient k_m = Q : F =			0.72 (0.62) ⟨0.91⟩		100%		0.72 (0.62)	100%
11	F/V = 0.37 m^{-1} • k_m nach Tabelle 1, Anlage 3 zu §5 ≤ 1.17 W/m²K (1.01 kcal/m²h°C)							Wärmeschutzverordnung: 2. Abschnitt - Gebäude mit niedrigen Innentemperaturen -	
12	Fugendurchlaßkoeffizient für die Fenster: a = 2.0								
13	Ergänzende Bestimmungen zu DIN 4108: Für diese Gebäudeart nicht vorgesehen.							Anteil der Fensterflächen in der Außenwand	= 14 %
14	Transmissionswärmebedarf Q_T	W (kcal/h)		199.714 (171.754)				146.676 (126.141)	
15	Lüftungswärmebedarf Q_L	W (kcal/h)		4.513 (3.881)				4.513 (3.881)	
16	Gesamtwärmebedarf Q_h	W (kcal/h)		204.227 (204.227)				151.189 (130.022)	
17	Wärmebedarf je m³ umb. Raum	W (kcal/hm³)		8.1 (7.0)		100%		6.0 (5.2)	74 %

Zeile	Bauteil	Temperaturunterschied Δt K	Verfahren 1 Q(kxF) W/K	Verfahren 1 Q_0 W	opt. Wärmeschutz Q(kxF) W/K	opt. Wärmeschutz Q_0 W
1	Außenwandflächen	28	2 045.87	57.288	1 534.44	42.964
2	Fensterflächen	28	1 114.57	31.208	595.87	16.684
4	Dachdecken	28	2 921.21	81.794	2 181.17	61.073
5	Fußboden gegen Erdreich	7	2 336.96	16.359	2 336.96	16.359
——	Transmissionswärmeverlust Q_0	W	——	186.649	——	137.080
14	Transmissionswärmebedarf Q_T	W	x 1.07	199.714	x 1.07	146.676

Fugenlänge l für 4 Türen und 2x6 Lüftungsflügel	
Fugenlänge l	154.40
Fugendurchlaßkoeffezient a	2
l x a	308.80
Hauskenngröße H	0.58
Raumkenngröße R	0.9
Temperaturunterschied Δt	28
Lüftungswärmebedarf Q_L	4.513

Außenwände einschl. Fenster und Fenstertüren $k_{m,W+F}$ 1.85 W/m²K 2) (1.59 kcal/m²h°C)

Fenster 1) Kurzbezeichnung	k_F W/m²K	k_F kcal/m²h°C	k_W Anteile in Tabelle	Anteil der Fensterflächen in %: 10	12	14	15	16	17	18	19	20	21	22	23	24	25
1.3	1.9	1.6	W/m²K	1.84	1.84	1.84	1.84	1.84	1.84	1.84	1.84	1.84	1.84	1.84	1.83	1.83	1.83
			kcal/m²h°C	1.59	1.59	1.59	1.59	1.59	1.59	1.59	1.59	1.59	1.59	1.59	1.59	1.59	1.59
2.3	2.1	1.8	W/m²K	1.82	1.82	1.81	1.81	1.80	1.80	1.79	1.79	1.79	1.78	1.78	1.78	1.77	1.77
			kcal/m²h°C	1.57	1.56	1.56	1.55	1.55	1.55	1.54	1.54	1.54	1.53	1.53	1.53	1.52	1.52
1.5 3.3	2.3	2.0	W/m²K	1.80	1.79	1.78	1.77	1.76	1.75	1.75	1.74	1.74	1.73	1.72	1.71	1.71	1.70
			kcal/m²h°C	1.54	1.53	1.52	1.52	1.51	1.51	1.50	1.49	1.49	1.48	1.47	1.47	1.46	1.45
1.4 1.6 2.5	2.6	2.2	W/m²K	1.77	1.75	1.73	1.72	1.71	1.70	1.68	1.67	1.66	1.65	1.64	1.63	1.61	1.60
			kcal/m²h°C	1.52	1.51	1.49	1.48	1.47	1.47	1.46	1.45	1.44	1.43	1.42	1.41	1.40	1.39
2.4 3.5	2.8	2.4	W/m²K	1.74	1.72	1.70	1.68	1.67	1.66	1.64	1.63	1.61	1.60	1.58	1.57	1.55	1.53
			kcal/m²h°C	1.50	1.48	1.46	1.45	1.44	1.42	1.41	1.40	1.39	1.37	1.36	1.35	1.33	1.32
1.2 3.4	3.0	2.6	W/m²K	1.72	1.69	1.66	1.65	1.63	1.61	1.60	1.58	1.56	1.54	1.53	1.51	1.49	1.47
			kcal/m²h°C	1.48	1.45	1.43	1.41	1.40	1.38	1.37	1.35	1.34	1.32	1.31	1.29	1.27	1.25
1.1 3.2	3.3	2.8	W/m²K	1.69	1.65	1.61	1.59	1.57	1.55	1.53	1.51	1.49	1.46	1.44	1.42	1.39	1.37
			kcal/m²h°C	1.46	1.43	1.39	1.38	1.36	1.34	1.32	1.31	1.29	1.27	1.25	1.23	1.21	1.19
2.1 3.2 3.7	3.5	3.0	W/m²K	1.67	1.63	1.58	1.56	1.54	1.51	1.49	1.46	1.44	1.41	1.38	1.36	1.33	1.30
			kcal/m²h°C	1.43	1.40	1.36	1.34	1.32	1.30	1.28	1.26	1.24	1.22	1.19	1.17	1.14	1.12

Fenster 1) Kurzbezeichnung	k_F W/m²K	k_F kcal/m²h°C	k_W Anteile in Tabelle	Anteil der Fensterflächen in %: 26	27	28	29	30	31	32	33	34	35	37^5	40	45	50
1.3	1.9	1.6	W/m²K	1.83	1.83	1.83	1.83	1.83	1.83	1.83	1.83	1.82	1.82	1.82	1.82	1.81	1.80
			kcal/m²h°C	1.59	1.59	1.59	1.59	1.59	1.59	1.59	1.59	1.58	1.58	1.58	1.58	1.58	1.58
2.3	2.1	1.8	W/m²K	1.76	1.76	1.75	1.75	1.74	1.74	1.73	1.73	1.72	1.71	1.70	1.68	1.64	1.60
			kcal/m²h°C	1.52	1.51	1.51	1.50	1.50	1.50	1.49	1.49	1.48	1.48	1.46	1.45	1.42	1.38
1.5 3.3	2.3	2.0	W/m²K	1.69	1.68	1.67	1.67	1.66	1.65	1.64	1.63	1.62	1.61	1.58	1.55	1.48	1.40
			kcal/m²h°C	1.45	1.44	1.43	1.42	1.41	1.41	1.40	1.39	1.38	1.37	1.34	1.32	1.25	1.18
1.4 1.6 2.5	2.6	2.2	W/m²K	1.59	1.57	1.56	1.54	1.53	1.51	1.50	1.48	1.46	1.45	1.40	1.35	1.24	1.10
			kcal/m²h°C	1.38	1.36	1.35	1.34	1.33	1.32	1.30	1.29	1.28	1.26	1.22	1.18	1.09	0.98
2.4 3.5	2.8	2.4	W/m²K	1.52	1.50	1.48	1.46	1.44	1.42	1.40	1.38	1.36	1.34	1.28	1.22	1.07	0.90
			kcal/m²h°C	1.31	1.29	1.28	1.26	1.24	1.23	1.21	1.19	1.17	1.15	1.10	1.05	0.93	0.78
1.2 3.4	3.0	2.6	W/m²K	1.45	1.42	1.40	1.38	1.36	1.33	1.31	1.28	1.26	1.23	1.16	1.08	0.91	0.70
			kcal/m²h°C	1.24	1.22	1.20	1.18	1.16	1.14	1.11	1.09	1.07	1.05	0.98	0.92	0.76	0.58
1.1 3.2	3.3	2.8	W/m²K	1.34	1.31	1.29	1.26	1.23	1.20	1.17	1.14	1.10	1.07	0.98	0.88	0.66	0.40
			kcal/m²h°C	1.16	1.14	1.12	1.10	1.07	1.05	1.02	0.99	0.97	0.94	0.86	0.78	0.60	0.38
2.1 3.2 3.7	3.5	3.0	W/m²K	1.27	1.24	1.21	1.18	1.14	1.11	1.07	1.04	1.00	0.96	0.86	0.75	0.50	—
			kcal/m²h°C	1.09	1.07	1.04	1.01	0.99	0.97	0.93	0.90	0.86	0.83	0.74	0.65	0.44	—

1) Erläuterung der Fenster ⟶ Übersicht Seite 34

2) Mindestwert gemäß Anlage 1 zu § 2 der Wärmeschutzverordnung, der nicht überschritten werden darf.

Mindestwerte nach DIN 4108 einhalten!

Außenwände einschl. Fenster und Fenstertüren $k_{m,W+F}$ 1.75 W/m²K [2] (1.51 kcal/m²h°C)

Fenster [1] Kurzbezeichnung	k_F W/m²K	k_F kcal/m²h°C	k_W Anteile in Tabelle	10	12	14	15	16	17	18	19	20	21	22	23	24	25
				Anteil der Fensterflächen in %													
1.3	1.9	1.6	W/m²K	1.73	1.73	1.73	1.72	1.72	1.72	1.72	1.71	1.71	1.71	1.71	1.71	1.70	1.70
			kcal/m²h°C	1.50	1.50	1.50	1.49	1.49	1.49	1.49	1.49	1.49	1.49	1.48	1.48	1.48	1.48
2.3	2.1	1.8	W/m²K	1.71	1.70	1.69	1.69	1.68	1.68	1.67	1.67	1.66	1.66	1.65	1.65	1.64	1.63
			kcal/m²h°C	1.48	1.47	1.46	1.46	1.45	1.45	1.45	1.44	1.44	1.43	1.43	1.42	1.42	1.41
1.5 3.3	2.3	2.0	W/m²K	1.69	1.68	1.66	1.65	1.65	1.64	1.63	1.62	1.61	1.60	1.59	1.59	1.58	1.57
			kcal/m²h°C	1.46	1.44	1.43	1.42	1.42	1.41	1.40	1.40	1.39	1.38	1.37	1.36	1.36	1.35
1.4 1.6 2.5	2.6	2.2	W/m²K	1.66	1.63	1.61	1.60	1.59	1.58	1.56	1.55	1.54	1.52	1.51	1.50	1.48	1.47
			kcal/m²h°C	1.43	1.42	1.40	1.39	1.38	1.37	1.36	1.35	1.34	1.33	1.32	1.30	1.29	1.28
2.4 3.5	2.8	2.4	W/m²K	1.63	1.61	1.58	1.56	1.55	1.53	1.52	1.50	1.49	1.47	1.45	1.44	1.42	1.40
			kcal/m²h°C	1.41	1.39	1.37	1.35	1.34	1.33	1.31	1.30	1.29	1.27	1.26	1.24	1.23	1.21
1.2 3.4	3.0	2.6	W/m²K	1.61	1.58	1.55	1.53	1.51	1.49	1.48	1.46	1.44	1.42	1.40	1.38	1.36	1.33
			kcal/m²h°C	1.39	1.36	1.33	1.32	1.30	1.29	1.27	1.25	1.24	1.22	1.20	1.18	1.17	1.15
1.1 3.2	3.3	2.8	W/m²K	1.58	1.54	1.50	1.48	1.45	1.43	1.41	1.39	1.36	1.34	1.31	1.29	1.26	1.23
			kcal/m²h°C	1.37	1.33	1.30	1.28	1.26	1.25	1.23	1.21	1.19	1.17	1.15	1.12	1.10	1.07
2.1 3.2 3.7	3.5	3.0	W/m²K	1.56	1.51	1.47	1.44	1.42	1.39	1.37	1.34	1.31	1.28	1.26	1.23	1.20	1.17
			kcal/m²h°C	1.34	1.31	1.27	1.25	1.23	1.20	1.18	1.16	1.14	1.11	1.09	1.06	1.04	1.01

Fenster [1] Kurzbezeichnung	k_F W/m²K	k_F kcal/m²h°C	k_W Anteile in Tabelle	26	27	28	29	30	31	32	33	34	35	37[5]	40	45	50
				Anteil der Fensterflächen in %													
1.3	1.9	1.6	W/m²K	1.70	1.69	1.69	1.69	1.69	1.68	1.68	1.68	1.67	1.67	1.66	1.65	1.63	1.60
			kcal/m²h°C	1.48	1.48	1.48	1.47	1.47	1.47	1.47	1.47	1.46	1.46	1.46	1.45	1.44	1.42
2.3	2.1	1.8	W/m²K	1.63	1.62	1.61	1.61	1.60	1.59	1.59	1.58	1.57	1.56	1.54	1.52	1.46	1.40
			kcal/m²h°C	1.41	1.40	1.40	1.39	1.39	1.38	1.37	1.37	1.36	1.35	1.34	1.32	1.27	1.22
1.5 3.3	2.3	2.0	W/m²K	1.56	1.55	1.54	1.53	1.51	1.50	1.49	1.48	1.47	1.45	1.42	1.38	1.30	1.20
			kcal/m²h°C	1.34	1.33	1.32	1.31	1.30	1.29	1.28	1.27	1.26	1.25	1.22	1.18	1.11	1.02
1.4 1.6 2.5	2.6	2.2	W/m²K	1.45	1.44	1.42	1.40	1.39	1.37	1.35	1.33	1.31	1.29	1.24	1.18	1.05	0.90
			kcal/m²h°C	1.27	1.25	1.24	1.23	1.21	1.20	1.19	1.17	1.15	1.14	1.10	1.05	0.95	0.82
2.4 3.5	2.8	2.4	W/m²K	1.38	1.36	1.34	1.32	1.30	1.28	1.26	1.23	1.21	1.18	1.12	1.05	0.89	0.70
			kcal/m²h°C	1.20	1.18	1.16	1.15	1.13	1.11	1.09	1.07	1.05	1.03	0.98	0.92	0.78	0.62
1.2 3.4	3.0	2.6	W/m²K	1.31	1.29	1.26	1.24	1.21	1.19	1.16	1.13	1.11	1.08	1.00	0.92	0.73	0.50
			kcal/m²h°C	1.13	1.11	1.09	1.06	1.04	1.02	1.00	0.97	0.95	0.92	0.86	0.78	0.62	0.42
1.1 3.2	3.3	2.8	W/m²K	1.21	1.18	1.15	1.12	1.09	1.05	1.02	0.99	0.95	0.92	0.82	0.72	0.48	—
			kcal/m²h°C	1.06	1.03	1.01	0.98	0.96	0.93	0.90	0.87	0.85	0.82	0.74	0.65	0.45	—
2.1 3.2 3.7	3.5	3.0	W/m²K	1.14	1.10	1.07	1.04	1.00	0.96	0.93	0.89	0.85	0.81	0.70	0.58	—	—
			kcal/m²h°C	0.99	0.96	0.93	0.90	0.87	0.84	0.81	0.78	0.74	0.71	0.62	0.52	—	—

1) Erläuterung der Fenster ⟶ Übersicht Seite 34

2) Max. Wärmedurchgangskoeffizient gemäß Tabelle 2 der Anlage 1 zu § 2 der Wärmeschutzverordnung für Gebäude, deren Grundriss ein Quadrat mit einer Seitenlänge von 15 m umschreibt.

(grau unterlegt:) **Mindestwerte nach DIN 4108 einhalten!**

Außenwände einschl. Fenster und Fenstertüren $k_{m,W+F}$ 1.55 W/m²K [2] *(1.34 kcal/m²h°C)*

Fenster [1] Kurzbezeichnung	k_F W/m²K	k_F *kcal/m²h°C*	k_W Anteile in Tabelle	Anteil der Fensterflächen in %: 10	12	14	15	16	17	18	19	20	21	22	23	24	25
1.3	1.9	*1.6*	W/m²K	1.51	1.50	1.49	1.49	1.48	1.48	1.47	1.47	1.46	1.46	1.45	1.45	1.44	1.43
			kcal/m²h°C	*1.31*	*1.30*	*1.30*	*1.29*	*1.29*	*1.29*	*1.28*	*1.28*	*1.28*	*1.27*	*1.27*	*1.26*	*1.26*	*1.25*
2.3	2.1	*1.8*	W/m²K	1.49	1.48	1.46	1.45	1.45	1.44	1.43	1.42	1.41	1.40	1.39	1.39	1.38	1.37
			kcal/m²h°C	*1.29*	*1.28*	*1.27*	*1.26*	*1.25*	*1.25*	*1.24*	*1.23*	*1.23*	*1.22*	*1.21*	*1.20*	*1.19*	*1.19*
1.5 3.3	2.3	*2.0*	W/m²K	1.47	1.45	1.43	1.42	1.41	1.40	1.39	1.37	1.36	1.35	1.34	1.33	1.31	1.30
			kcal/m²h°C	*1.27*	*1.25*	*1.23*	*1.22*	*1.21*	*1.20*	*1.20*	*1.19*	*1.18*	*1.16*	*1.15*	*1.14*	*1.13*	*1.12*
1.4 1.6 2.5	2.6	*2.2*	W/m²K	1.43	1.41	1.38	1.36	1.35	1.33	1.32	1.30	1.29	1.27	1.25	1.24	1.22	1.20
			kcal/m²h°C	*1.24*	*1.22*	*1.20*	*1.19*	*1.18*	*1.16*	*1.15*	*1.14*	*1.13*	*1.11*	*1.10*	*1.08*	*1.07*	*1.05*
2.4 3.5	2.8	*2.4*	W/m²K	1.41	1.38	1.35	1.33	1.31	1.29	1.28	1.27	1.24	1.22	1.20	1.18	1.15	1.13
			kcal/m²h°C	*1.22*	*1.20*	*1.17*	*1.15*	*1.14*	*1.12*	*1.11*	*1.09*	*1.08*	*1.06*	*1.04*	*1.02*	*1.01*	*0.99*
1.2 3.4	3.0	*2.6*	W/m²K	1.39	1.35	1.31	1.29	1.27	1.25	1.23	1.21	1.19	1.16	1.14	1.12	1.09	1.07
			kcal/m²h°C	*1.20*	*1.17*	*1.13*	*1.12*	*1.10*	*1.08*	*1.06*	*1.04*	*1.03*	*1.01*	*0.98*	*0.96*	*0.94*	*0.92*
1.1 3.2	3.3	*2.8*	W/m²K	1.36	1.31	1.27	1.24	1.22	1.19	1.17	1.14	1.11	1.08	1.06	1.03	1.00	0.97
			kcal/m²h°C	*1.18*	*1.14*	*1.10*	*1.08*	*1.06*	*1.04*	*1.02*	*1.00*	*0.98*	*0.95*	*0.93*	*0.90*	*0.88*	*0.85*
2.1 3.2 3.7	3.5	*3.0*	W/m²K	1.33	1.28	1.23	1.21	1.18	1.15	1.12	1.09	1.06	1.03	1.00	0.98	0.93	0.90
			kcal/m²h°C	*1.16*	*1.11*	*1.07*	*1.05*	*1.02*	*1.00*	*0.98*	*0.95*	*0.93*	*0.90*	*0.87*	*0.84*	*0.82*	*0.79*

Fenster [1] Kurzbezeichnung	k_F W/m²K	k_F *kcal/m²h°C*	k_W Anteile in Tabelle	Anteil der Fensterflächen in %: 26	27	28	29	30	31	32	33	34	35	37^5	40	45	50
1.3	1.9	*1.6*	W/m²K	1.43	1.42	1.41	1.41	1.40	1.39	1.39	1.38	1.37	1.36	1.34	1.32	1.26	1.20
			kcal/m²h°C	*1.25*	*1.24*	*1.24*	*1.23*	*1.23*	*1.22*	*1.22*	*1.21*	*1.21*	*1.20*	*1.18*	*1.17*	*1.13*	*1.08*
2.3	2.1	*1.8*	W/m²K	1.36	1.35	1.34	1.33	1.31	1.30	1.29	1.28	1.27	1.25	1.22	1.18	1.10	1.00
			kcal/m²h°C	*1.18*	*1.17*	*1.16*	*1.15*	*1.14*	*1.13*	*1.12*	*1.11*	*1.10*	*1.09*	*1.06*	*1.03*	*0.96*	*0.88*
1.5 3.3	2.3	*2.0*	W/m²K	1.29	1.27	1.26	1.24	1.23	1.21	1.20	1.18	1.16	1.15	1.10	1.05	0.94	0.80
			kcal/m²h°C	*1.11*	*1.10*	*1.08*	*1.07*	*1.06*	*1.04*	*1.03*	*1.01*	*1.00*	*0.98*	*0.94*	*0.90*	*0.80*	*0.68*
1.4 1.6 2.5	2.6	*2.2*	W/m²K	1.18	1.16	1.14	1.12	1.10	1.08	1.06	1.03	1.01	0.98	0.92	0.85	0.69	0.50
			kcal/m²h°C	*1.04*	*1.02*	*1.01*	*0.99*	*0.97*	*0.95*	*0.94*	*0.92*	*0.90*	*0.88*	*0.82*	*0.77*	*0.64*	*0.48*
2.4 3.5	2.8	*2.4*	W/m²K	1.11	1.09	1.06	1.04	1.01	0.99	0.96	0.93	0.91	0.88	0.80	0.72	0.53	0.30
			kcal/m²h°C	*0.98*	*0.95*	*0.94*	*0.91*	*0.89*	*0.86*	*0.84*	*0.82*	*0.79*	*0.77*	*0.70*	*0.63*	*0.47*	*0.28*
1.2 3.4	3.0	*2.6*	W/m²K	1.04	1.01	0.99	0.96	0.93	0.89	0.87	0.84	0.80	0.77	0.68	0.58	0.36	—
			kcal/m²h°C	*0.90*	*0.87*	*0.85*	*0.83*	*0.80*	*0.77*	*0.75*	*0.72*	*0.69*	*0.66*	*0.58*	*0.50*	*0.31*	—
1.1 3.2	3.3	*2.8*	W/m²K	0.94	0.90	0.87	0.84	0.80	0.76	0.73	0.69	0.65	0.61	0.50	0.38	—	—
			kcal/m²h°C	*0.83*	*0.80*	*0.77*	*0.74*	*0.71*	*0.68*	*0.65*	*0.62*	*0.59*	*0.55*	*0.46*	*0.37*	—	—
2.1 3.2 3.7	3.5	*3.0*	W/m²K	0.86	0.83	0.79	0.75	0.71	0.67	0.63	0.59	0.55	0.50	0.38	—	—	—
			kcal/m²h°C	*0.76*	*0.72*	*0.69*	*0.66*	*0.63*	*0.59*	*0.56*	*0.52*	*0.48*	*0.45*	*0.34*	—	—	—

1) Erläuterung der Fenster ⟶ Übersicht Seite 34

2) Max. Wärmedurchgangskoeffizient gemäß Tabelle 2 der Anlage 1 zu § 2 der Wärmeschutzverordnung für Gebäude deren Grundriss nicht vollständig von einem Quadrat mit 15m Seitenlänge umschrieben werden kann.

Außenwände einschl. Fenster und Fenstertüren $k_{m,W+F}$ 1.45 W/m²K [2] (1.25 kcal/m²h°C)

Fenster [1] Kurzbezeichnung	k_F $\frac{W}{m^2K}$	k_F $\frac{kcal}{m^2h°C}$	k_W Anteile in Tabelle	Anteil der Fensterflächen in % 10	12	14	15	16	17	18	19	20	21	22	23	24	25
1.3	1.9	1.6	W/m²K	1.40	1.39	1.38	1.37	1.36	1.36	1.35	1.34	1.34	1.33	1.32	1.32	1.31	1.30
			kcal/m²h°C	1.21	1.20	1.19	1.19	1.18	1.18	1.17	1.17	1.16	1.16	1.15	1.15	1.14	1.13
2.3	2.1	1.8	W/m²K	1.38	1.36	1.34	1.34	1.33	1.32	1.31	1.30	1.29	1.28	1.27	1.26	1.24	1.23
			kcal/m²h°C	1.19	1.18	1.16	1.15	1.15	1.14	1.13	1.12	1.11	1.10	1.09	1.09	1.08	1.07
1.5 3.3	2.3	2.0	W/m²K	1.36	1.33	1.31	1.30	1.29	1.28	1.26	1.25	1.24	1.22	1.21	1.20	1.18	1.17
			kcal/m²h°C	1.17	1.15	1.13	1.12	1.11	1.10	1.09	1.07	1.06	1.05	1.04	1.03	1.01	1.00
1.4 1.6 2.5	2.6	2.2	W/m²K	1.32	1.29	1.26	1.25	1.23	1.21	1.20	1.18	1.16	1.14	1.13	1.11	1.09	1.07
			kcal/m²h°C	1.14	1.12	1.10	1.08	1.07	1.06	1.04	1.03	1.01	1.00	0.98	0.97	0.95	0.93
2.4 3.5	2.8	2.4	W/m²K	1.30	1.27	1.23	1.21	1.18	1.17	1.15	1.13	1.11	1.09	1.07	1.05	1.02	1.00
			kcal/m²h°C	1.12	1.09	1.06	1.05	1.03	1.01	1.00	0.98	0.96	0.94	0.93	0.91	0.89	0.87
1.2 3.4	3.0	2.6	W/m²K	1.28	1.24	1.20	1.18	1.15	1.13	1.11	1.09	1.06	1.04	1.01	0.99	0.95	0.93
			kcal/m²h°C	1.10	1.07	1.03	1.01	0.99	0.97	0.95	0.93	0.91	0.89	0.87	0.85	0.82	0.00
1.1 3.2	3.3	2.8	W/m²K	1.24	1.20	1.15	1.12	1.10	1.07	1.04	1.02	0.99	0.96	0.93	0.90	0.87	0.83
			kcal/m²h°C	1.08	1.04	1.00	0.98	0.95	0.93	0.91	0.89	0.86	0.84	0.81	0.79	0.76	0.73
2.1 3.2 3.7	3.5	3.0	W/m²K	1.22	1.17	1.12	1.09	1.06	1.03	1.00	0.97	0.94	0.91	0.87	0.84	0.80	0.77
			kcal/m²h°C	1.06	1.01	0.97	0.94	0.92	0.89	0.87	0.84	0.81	0.78	0.76	0.73	0.70	0.67

Fenster [1] Kurzbezeichnung	k_F $\frac{W}{m^2K}$	k_F $\frac{kcal}{m^2h°C}$	k_W Anteile in Tabelle	Anteil der Fensterflächen in % 26	27	28	29	30	31	32	33	34	35	37⁵	40	45	50
1.3	1.9	1.6	W/m²K	1.29	1.28	1.28	1.27	1.26	1.25	1.24	1.23	1.22	1.21	1.18	1.15	1.08	1.00
			kcal/m²h°C	1.13	1.12	1.11	1.11	1.10	1.09	1.09	1.08	1.07	1.06	1.04	1.02	0.96	0.90
2.3	2.1	1.8	W/m²K	1.22	1.21	1.20	1.18	1.17	1.16	1.14	1.13	1.12	1.10	1.06	1.02	0.92	0.80
			kcal/m²h°C	1.06	1.05	1.04	1.03	1.01	1.00	0.99	0.98	0.97	0.95	0.92	0.88	0.80	0.70
1.5 3.3	2.3	2.0	W/m²K	1.15	1.14	1.12	1.10	1.09	1.07	1.05	1.03	1.01	0.99	0.94	0.88	0.75	0.60
			kcal/m²h°C	0.99	0.97	0.96	0.94	0.93	0.91	0.90	0.88	0.86	0.85	0.80	0.75	0.64	0.50
1.4 1.6 2.5	2.6	2.2	W/m²K	1.05	1.02	1.00	0.98	0.96	0.93	0.91	0.88	0.86	0.83	0.76	0.68	0.51	—
			kcal/m²h°C	0.92	0.90	0.88	0.86	0.84	0.82	0.80	0.78	0.76	0.74	0.68	0.62	0.47	—
2.4 3.5	2.8	2.4	W/m²K	0.98	0.95	0.93	0.90	0.87	0.84	0.81	0.79	0.75	0.72	0.64	0.55	0.35	—
			kcal/m²h°C	0.85	0.82	0.80	0.78	0.76	0.73	0.71	0.68	0.66	0.63	0.56	0.48	0.31	—
1.2 3.4	3.0	2.6	W/m²K	0.91	0.88	0.85	0.82	0.79	0.75	0.72	0.69	0.65	0.62	0.52	0.42	—	—
			kcal/m²h°C	0.78	0.75	0.73	0.70	0.67	0.64	0.61	0.59	0.55	0.52	0.44	0.35	—	—
1.1 3.2	3.3	2.8	W/m²K	0.80	0.77	0.73	0.69	0.66	0.62	0.58	0.54	0.50	0.45	0.34	—	—	—
			kcal/m²h°C	0.71	0.68	0.65	0.62	0.59	0.55	0.52	0.49	0.45	0.42	0.32	—	—	—
2.1 3.2 3.7	3.5	3.0	W/m²K	0.73	0.69	0.65	0.61	0.57	0.53	0.49	0.44	0.39	0.35	—	—	—	—
			kcal/m²h°C	0.64	0.60	0.57	0.54	0.50	0.46	0.43	0.39	0.35	0.31	—	—	—	—

1) Erläuterung der Fenster ⟶ Übersicht Seite 34

2) Max. Wärmedurchgangskoeffizient gemäß Tabelle 2 der Anlage 1 zu § 2 der Wärmeschutzverordnung für Gebäude deren Grundriss von einem Quadrat mit einer Seitenlänge von 15 m umschrieben werden kann.

Außenwände einschl. Fenster und Fenstertüren $k_{m,W+F}$ 1.35 W/m²K *(1.16 kcal/m²h°C)*

Fenster [1] Kurzbezeichnung	k_F W/m²K	k_F kcal/m²h°C	k_W Anteile in Tabelle	Anteil der Fensterflächen in % 10	12	14	15	16	17	18	19	20	21	22	23	24	25
1.3	1.9	*1.6*	W/m²K	1.29	1.28	1.26	1.25	1.25	1.24	1.23	1.22	1.21	1.20	1.19	1.19	1.18	1.17
			kcal/m²h°C	*1.11*	*1.10*	*1.09*	*1.08*	*1.08*	*1.07*	*1.06*	*1.06*	*1.05*	*1.04*	*1.04*	*1.03*	*1.02*	*1.01*
2.3	2.1	*1.8*	W/m²K	1.27	1.25	1.23	1.22	1.21	1.20	1.19	1.17	1.16	1.15	1.14	1.13	1.11	1.10
			kcal/m²h°C	*1.09*	*1.07*	*1.06*	*1.05*	*1.04*	*1.03*	*1.02*	*1.01*	*1.00*	*0.99*	*0.98*	*0.97*	*0.96*	*0.95*
1.5 3.3	2.3	*2.0*	W/m²K	1.24	1.22	1.20	1.18	1.17	1.16	1.14	1.13	1.11	1.10	1.08	1.07	1.05	1.03
			kcal/m²h°C	*1.07*	*1.05*	*1.02*	*1.01*	*1.00*	*0.99*	*0.98*	*0.96*	*0.95*	*0.94*	*0.92*	*0.91*	*0.89*	*0.88*
1.4 1.6 2.5	2.6	*2.2*	W/m²K	1.21	1.18	1.15	1.13	1.11	1.09	1.08	1.06	1.04	1.02	1.00	0.98	0.96	0.93
			kcal/m²h°C	*1.04*	*1.02*	*0.99*	*0.98*	*0.96*	*0.95*	*0.93*	*0.92*	*0.90*	*0.88*	*0.87*	*0.85*	*0.83*	*0.81*
2.4 3.5	2.8	*2.4*	W/m²K	1.19	1.15	1.12	1.09	1.07	1.05	1.03	1.01	0.99	0.96	0.94	0.92	0.89	0.87
			kcal/m²h°C	*1.02*	*0.99*	*0.96*	*0.94*	*0.92*	*0.91*	*0.89*	*0.87*	*0.85*	*0.83*	*0.81*	*0.79*	*0.77*	*0.75*
1.2 3.4	3.0	*2.6*	W/m²K	1.17	1.13	1.08	1.06	1.04	1.01	0.99	0.96	0.94	0.91	0.88	0.86	0.83	0.80
			kcal/m²h°C	*1.00*	*0.96*	*0.93*	*0.91*	*0.89*	*0.87*	*0.84*	*0.82*	*0.80*	*0.78*	*0.75*	*0.73*	*0.71*	*0.68*
1.1 3.2	3.3	*2.8*	W/m²K	1.13	1.08	1.03	1.01	0.98	0.95	0.92	0.89	0.86	0.83	0.80	0.77	0.73	0.70
			kcal/m²h°C	*0.98*	*0.94*	*0.89*	*0.87*	*0.85*	*0.82*	*0.80*	*0.78*	*0.75*	*0.72*	*0.70*	*0.67*	*0.64*	*0.61*
2.1 3.2 3.7	3.5	*3.0*	W/m²K	1.11	1.06	1.00	0.97	0.94	0.91	0.88	0.85	0.81	0.78	0.74	0.71	0.67	0.63
			kcal/m²h°C	*0.96*	*0.91*	*0.86*	*0.84*	*0.81*	*0.78*	*0.77*	*0.73*	*0.70*	*0.67*	*0.64*	*0.61*	*0.58*	*0.55*

Fenster [1] Kurzbezeichnung	k_F W/m²K	k_F kcal/m²h°C	k_W Anteile in Tabelle	Anteil der Fensterflächen in % 26	27	28	29	30	31	32	33	34	35	37^5	40	45	50
1.3	1.9	*1.6*	W/m²K	1.16	1.15	1.14	1.13	1.11	1.10	1.09	1.08	1.07	1.05	1.02	0.98	0.90	0.80
			kcal/m²h°C	*1.01*	*1.00*	*0.99*	*0.98*	*0.97*	*0.96*	*0.95*	*0.94*	*0.93*	*0.92*	*0.90*	*0.87*	*0.80*	*0.72*
2.3	2.1	*1.8*	W/m²K	1.09	1.07	1.06	1.04	1.03	1.01	1.00	0.98	0.96	0.95	0.90	0.85	0.74	0.60
			kcal/m²h°C	*0.94*	*0.92*	*0.91*	*0.90*	*0.89*	*0.87*	*0.86*	*0.84*	*0.83*	*0.82*	*0.78*	*0.73*	*0.64*	*0.52*
1.5 3.3	2.3	*2.0*	W/m²K	1.02	1.00	0.98	0.96	0.94	0.92	0.90	0.88	0.86	0.84	0.78	0.72	0.57	—
			kcal/m²h°C	*0.86*	*0.85*	*0.83*	*0.82*	*0.80*	*0.78*	*0.76*	*0.75*	*0.73*	*0.70*	*0.66*	*0.60*	*0.47*	—
1.4 1.6 2.5	2.6	*2.2*	W/m²K	0.91	0.89	0.86	0.84	0.81	0.79	0.76	0.73	0.71	0.68	0.60	0.52	—	—
			kcal/m²h°C	*0.79*	*0.78*	*0.76*	*0.74*	*0.71*	*0.69*	*0.67*	*0.65*	*0.62*	*0.60*	*0.54*	*0.47*	—	—
2.4 3.5	2.8	*2.4*	W/m²K	0.84	0.81	0.79	0.76	0.73	0.70	0.68	0.64	0.60	0.57	0.48	0.38	—	—
			kcal/m²h°C	*0.72*	*0.70*	*0.68*	*0.65*	*0.63*	*0.60*	*0.58*	*0.55*	*0.52*	*0.49*	*0.42*	*0.33*	—	—
1.2 3.4	3.0	*2.6*	W/m²K	0.77	0.74	0.71	0.68	0.64	0.61	0.57	0.54	0.50	0.46	—	—	—	—
			kcal/m²h°C	*0.65*	*0.62*	*0.60*	*0.57*	*0.54*	*0.51*	*0.48*	*0.45*	*0.42*	*0.38*	—	—	—	—
1.1 3.2	3.3	*2.8*	W/m²K	0.66	0.63	0.59	0.55	0.51	0.47	0.43	0.39	0.35	—	—	—	—	—
			kcal/m²h°C	*0.58*	*0.55*	*0.52*	*0.49*	*0.46*	*0.42*	*0.39*	*0.35*	*0.32*	—	—	—	—	—
2.1 3.2 3.7	3.5	*3.0*	W/m²K	0.59	0.55	0.51	0.47	0.43	0.38	—	—	—	—	—	—	—	—
			kcal/m²h°C	*0.51*	*0.48*	*0.44*	*0.41*	*0.37*	*0.33*	—	—	—	—	—	—	—	—

[1] Erläuterung der Fenster ⟶ Übersicht Seite 34

Außenwände einschl. Fenster und Fenstertüren $k_{m,W+F}$ 1.25 W/m²K *(1.075 kcal/m²h°C)*

Fenster [1] Kurzbezeichnung	k_F W/m²K	k_F kcal/m²h°C	k_W Anteile in Tabelle	10	12	14	15	16	17	18	19	20	21	22	23	24	25
				Anteil der Fensterflächen in %													
1.3	1.9	*1.6*	W/m²K	1.18	1.16	1.14	1.14	1.13	1.12	1.11	1.10	1.09	1.08	1.07	1.06	1.04	1.03
			kcal/m²h°C	*1.02*	*1.00*	*0.99*	*0.98*	*0.98*	*0.97*	*0.96*	*0.95*	*0.94*	*0.94*	*0.93*	*0.92*	*0.91*	*0.90*
2.3	2.1	*1.8*	W/m²K	1.16	1.13	1.11	1.10	1.09	1.08	1.06	1.05	1.04	1.02	1.01	1.00	0.98	0.97
			kcal/m²h°C	*0.99*	*0.98*	*0.96*	*0.95*	*0.94*	*0.93*	*0.92*	*0.90*	*0.89*	*0.88*	*0.87*	*0.86*	*0.85*	*0.83*
1.5 3.3	2.3	*2.0*	W/m²K	1.13	1.11	1.08	1.06	1.05	1.03	1.02	1.00	0.99	0.97	0.95	0.94	0.92	0.90
			kcal/m²h°C	*0.97*	*0.95*	*0.92*	*0.91*	*0.90*	*0.89*	*0.87*	*0.86*	*0.84*	*0.83*	*0.81*	*0.80*	*0.78*	*0.77*
1.4 1.6 2.5	2.6	*2.2*	W/m²K	1.10	1.07	1.03	1.01	0.99	0.97	0.95	0.93	0.92	0.89	0.87	0.85	0.82	0.80
			kcal/m²h°C	*0.95*	*0.92*	*0.89*	*0.88*	*0.86*	*0.84*	*0.83*	*0.81*	*0.79*	*0.78*	*0.76*	*0.74*	*0.72*	*0.70*
2.4 3.5	2.8	*2.4*	W/m²K	1.08	1.04	1.00	0.98	0.94	0.93	0.91	0.89	0.86	0.84	0.81	0.79	0.76	0.73
			kcal/m²h°C	*0.93*	*0.89*	*0.86*	*0.84*	*0.82*	*0.80*	*0.78*	*0.76*	*0.74*	*0.72*	*0.70*	*0.68*	*0.66*	*0.63*
1.2 3.4	3.0	*2.6*	W/m²K	1.06	1.01	0.97	0.94	0.92	0.89	0.87	0.84	0.81	0.78	0.76	0.73	0.70	0.67
			kcal/m²h°C	*0.91*	*0.87*	*0.83*	*0.81*	*0.78*	*0.76*	*0.74*	*0.72*	*0.69*	*0.67*	*0.64*	*0.62*	*0.59*	*0.57*
1.1 3.2	3.3	*2.8*	W/m²K	1.02	0.97	0.92	0.89	0.86	0.83	0.80	0.77	0.74	0.71	0.67	0.64	0.60	0.57
			kcal/m²h°C	*0.88*	*0.84*	*0.79*	*0.77*	*0.75*	*0.72*	*0.70*	*0.67*	*0.64*	*0.62*	*0.59*	*0.56*	*0.53*	*0.50*
2.1 3.2 3.7	3.5	*3.0*	W/m²K	1.00	0.94	0.88	0.85	0.82	0.79	0.76	0.72	0.69	0.65	0.62	0.58	0.54	0.50
			kcal/m²h°C	*0.86*	*0.81*	*0.76*	*0.74*	*0.71*	*0.68*	*0.65*	*0.62*	*0.59*	*0.56*	*0.53*	*0.50*	*0.47*	*0.43*

Fenster [1] Kurzbezeichnung	k_F W/m²K	k_F kcal/m²h°C	k_W Anteile in Tabelle	26	27	28	29	30	31	32	33	34	35	37^5	40	45	50
				Anteil der Fensterflächen in %													
1.3	1.9	*1.6*	W/m²K	1.02	1.01	1.00	0.98	0.97	0.96	0.94	0.93	0.92	0.90	0.86	0.82	0.72	0.60
			kcal/m²h°C	*0.89*	*0.88*	*0.87*	*0.86*	*0.85*	*0.84*	*0.83*	*0.82*	*0.80*	*0.79*	*0.76*	*0.73*	*0.65*	*0.55*
2.3	2.1	*1.8*	W/m²K	0.95	0.94	0.92	0.90	0.89	0.88	0.85	0.83	0.81	0.79	0.74	0.68	0.55	0.40
			kcal/m²h°C	*0.82*	*0.81*	*0.79*	*0.78*	*0.76*	*0.75*	*0.73*	*0.72*	*0.70*	*0.68*	*0.64*	*0.59*	*0.48*	*0.35*
1.5 3.3	2.3	*2.0*	W/m²K	0.88	0.86	0.84	0.82	0.80	0.78	0.76	0.73	0.71	0.68	0.62	0.55	0.33	—
			kcal/m²h°C	*0.75*	*0.73*	*0.72*	*0.70*	*0.68*	*0.66*	*0.64*	*0.62*	*0.60*	*0.58*	*0.52*	*0.46*	*0.32*	—
1.4 1.6 2.5	2.6	*2.2*	W/m²K	0.78	0.75	0.73	0.70	0.67	0.64	0.61	0.59	0.55	0.52	0.44	0.35	—	—
			kcal/m²h°C	*0.68*	*0.66*	*0.64*	*0.62*	*0.59*	*0.57*	*0.55*	*0.52*	*0.50*	*0.47*	*0.40*	*0.33*	—	—
2.4 3.5	2.8	*2.4*	W/m²K	0.71	0.68	0.65	0.62	0.59	0.55	0.52	0.49	0.45	0.42	—	—	—	—
			kcal/m²h°C	*0.61*	*0.58*	*0.56*	*0.53*	*0.51*	*0.48*	*0.45*	*0.42*	*0.39*	*0.36*	—	—	—	—
1.2 3.4	3.0	*2.6*	W/m²K	0.64	0.60	0.57	0.53	0.50	0.46	0.43	0.39	—	—	—	—	—	—
			kcal/m²h°C	*0.54*	*0.51*	*0.48*	*0.45*	*0.42*	*0.39*	*0.36*	*0.32*	—	—	—	—	—	—
1.1 3.2	3.3	*2.8*	W/m²K	0.53	0.49	0.45	0.41	0.37	0.33	—	—	—	—	—	—	—	—
			kcal/m²h°C	*0.47*	*0.44*	*0.40*	*0.37*	*0.34*	*0.30*	—	—	—	—	—	—	—	—
2.1 3.2 3.7	3.5	*3.0*	W/m²K	0.46	0.42	0.38	0.33	—	—	—	—	—	—	—	—	—	—
			kcal/m²h°C	*0.40*	*0.36*	*0.33*	*0.29*	—	—	—	—	—	—	—	—	—	—

[1] Erläuterung der Fenster ⟶ Übersicht Seite 34

Außenwände einschl. Fenster und Fenstertüren $k_{m,W+F}$ 1.15 W/m²K *(0.99 kcal/m²h°C)*

Fenster [1] Kurzbezeichnung	k_F W/m²K	k_F kcal/m²h°C	k_W Anteile in Tabelle	10	12	14	15	16	17	18	19	20	21	22	23	24	25
				Anteil der Fensterflächen in %													
1.3	1.9	1.6	W/m²K	1.07	1.05	1.03	1.02	1.01	1.00	0.99	0.97	0.96	0.95	0.94	0.93	0.91	0.90
			kcal/m²h°C	0.92	0.91	0.89	0.88	0.87	0.87	0.86	0.85	0.84	0.83	0.82	0.81	0.80	0.79
2.3	2.1	1.8	W/m²K	1.04	1.02	1.00	0.98	0.97	0.96	0.94	0.93	0.91	0.90	0.88	0.87	0.85	0.83
			kcal/m²h°C	0.90	0.88	0.86	0.85	0.84	0.82	0.81	0.80	0.79	0.77	0.76	0.75	0.73	0.72
1.5 3.3	2.3	2.0	W/m²K	1.02	0.99	0.96	0.95	0.93	0.91	0.90	0.88	0.86	0.84	0.83	0.81	0.79	0.77
			kcal/m²h°C	0.88	0.85	0.83	0.81	0.80	0.78	0.77	0.75	0.74	0.72	0.71	0.69	0.67	0.65
1.4 1.6 2.5	2.6	2.2	W/m²K	0.99	0.95	0.91	0.89	0.87	0.85	0.83	0.81	0.79	0.76	0.74	0.72	0.69	0.67
			kcal/m²h°C	0.86	0.83	0.79	0.78	0.76	0.74	0.72	0.71	0.69	0.67	0.65	0.63	0.61	0.59
2.4 3.5	2.8	2.4	W/m²K	0.97	0.93	0.88	0.86	0.84	0.81	0.79	0.76	0.74	0.71	0.68	0.66	0.63	0.60
			kcal/m²h°C	0.83	0.80	0.76	0.74	0.72	0.70	0.68	0.66	0.64	0.62	0.59	0.57	0.54	0.52
1.2 3.4	3.0	2.6	W/m²K	0.94	0.90	0.85	0.82	0.80	0.77	0.74	0.72	0.69	0.66	0.63	0.60	0.57	0.53
			kcal/m²h°C	0.81	0.77	0.73	0.71	0.68	0.66	0.64	0.61	0.59	0.56	0.54	0.51	0.48	0.45
1.1 3.2	3.3	2.8	W/m²K	0.91	0.86	0.80	0.77	0.74	0.71	0.67	0.65	0.61	0.58	0.54	0.51	0.47	0.43
			kcal/m²h°C	0.79	0.74	0.70	0.67	0.65	0.62	0.59	0.57	0.54	0.51	0.48	0.45	0.42	0.39
2.1 3.2 3.7	3.5	3.0	W/m²K	0.89	0.83	0.77	0.74	0.70	0.67	0.63	0.60	0.56	0.53	0.49	0.45	0.41	0.37
			kcal/m²h°C	0.77	0.72	0.66	0.64	0.61	0.58	0.55	0.52	0.49	0.46	0.42	0.39	0.36	0.32

Fenster [1] Kurzbezeichnung	k_F W/m²K	k_F kcal/m²h°C	k_W Anteile in Tabelle	26	27	28	29	30	31	32	33	34	35	37^5	40	45	50
				Anteil der Fensterflächen in %													
1.3	1.9	1.6	W/m²K	0.89	0.87	0.86	0.84	0.83	0.81	0.80	0.78	0.76	0.75	0.70	0.65	0.54	0.40
			kcal/m²h°C	0.78	0.76	0.75	0.74	0.73	0.72	0.70	0.69	0.68	0.66	0.62	0.58	0.49	0.38
2.3	2.1	1.8	W/m²K	0.82	0.80	0.78	0.76	0.74	0.72	0.70	0.68	0.66	0.64	0.58	0.52	0.37	—
			kcal/m²h°C	0.71	0.69	0.68	0.66	0.64	0.63	0.61	0.59	0.57	0.55	0.50	0.45	0.33	—
1.5 3.3	2.3	2.0	W/m²K	0.75	0.72	0.70	0.68	0.66	0.63	0.61	0.58	0.56	0.53	0.46	0.38	—	—
			kcal/m²h°C	0.64	0.62	0.60	0.58	0.56	0.54	0.51	0.49	0.47	0.45	0.38	0.32	—	—
1.4 1.6 2.5	2.6	2.2	W/m²K	0.64	0.61	0.59	0.56	0.53	0.50	0.47	0.44	0.40	0.37	—	—	—	—
			kcal/m²h°C	0.56	0.54	0.52	0.50	0.47	0.45	0.42	0.39	0.37	0.34	—	—	—	—
2.4 3.5	2.8	2.4	W/m²K	0.57	0.54	0.51	0.48	0.44	0.41	0.37	0.34	—	—	—	—	—	—
			kcal/m²h°C	0.49	0.47	0.44	0.41	0.39	0.36	0.33	0.30						
1.2 3.4	3.0	2.6	W/m²K	0.50	0.47	0.43	0.39	0.36	—	—	—	—	—	—	—	—	—
			kcal/m²h°C	0.42	0.39	0.36	0.33	0.30	—	—	—	—	—	—	—	—	—
1.1 3.2	3.3	2.8	W/m²K	0.39	0.35	0.31	—	—	—	—	—	—	—	—	—	—	—
			kcal/m²h°C	0.35	0.32	0.29	—	—	—	—	—	—	—	—	—	—	—
2.1 3.2 3.7	3.5	3.0	W/m²K	—	—	—	—	—	—	—	—	—	—	—	—	—	—
			kcal/m²h°C	—	—	—	—	—	—	—	—	—	—	—	—	—	—

1) Erläuterung der Fenster ⟶ Übersicht Seite 34

Durchgerechnete Außenbauteile

Für jede gezeigte Konstruktion werden die wichtigsten Daten für den Wärmeschutz in einer kleinen Tabelle erfaßt. In einer zweiten Tabelle erscheint diese Konstruktion noch einmal, dazu meist 3 weitere Varianten. Außerdem werden hier noch die Wärmespeicherungszahl W und das Temperatur-Amplituden-Verhältnis aufgeführt. Beide Kenngrößen sind für die Beurteilung der jeweiligen Konstruktion bezüglich des sommerlichen Wärmeschutzes sehr aussagekräftig. Nachdem in absehbarer Zeit mit einer Regelung des Schallschutzes für Außenbauteile zu rechnen ist, enthält die zweite Tabelle auch noch Angaben zum Schalldämm-Maß in dB.

Die für eine zusammenfassende Beurteilung der verschiedenen Ausbauteile wichtigsten Daten sind in 8 den Konstruktionsbeispielen vorausgestellten Übersichten enthalten. Darin wird als ergänzender Wert auch noch die Auskühlkennzeit z in Stunden aufgeführt; sie war neben der Phasenverschiebung bisher die maßgebende Größe für die Beurteilung von Außenbauteilen hinsichtlich des sommerlichen Wärmeschutzes.

Die baupraktische Ausführung der gezeigten Konstruktionen hat entsprechend der gültigen DIN-Vorschriften zu erfolgen. Ein Verzeichnis der wichtigsten Normen ist auf Seite 185 enthalten.

Ausführlichere Angaben zu den gezeigten Außenbauteilen enthalten die beiden Bücher [5] und [6], an denen der Verfasser mitgewirkt hat. Dort werden weitere bautechnische und bauphysikalische Angaben gemacht, z. B. über das Diffusionsverhalten.

Verzeichnis der gezeigten Konstruktionen

Wärmebrücken

In der Wärmeschutzverordnung sind Forderungen für die Außenbauteile als Gesamtfläche enthalten. Die sachgemäße Ausbildung der Baudetails ist jedoch nach wie vor Sache des Architekten. Hinsichtlich des Wärmeschutzes ist dabei die Vermeidung von Wärmebrücken vorrangig.

Wärmebrücken sind einzelne, örtlich begrenzte Stellen in Außenbauteilen, die eine geringere Wärmedämmung aufweisen als die umgebende Fläche. Infolge des erhöhten Wärmestroms ergeben sich an derartigen Wärmebrücken herabgesetzte Oberflächentemperaturen auf ihren Innenseiten. Sinkt die Oberflächentemperatur an der Wärmebrücke unter die Taupunkttemperatur der Raumluft, dann bildet sich dort Tauwasser bzw. Schwitzwasser.

Ein besonders schwieriges und in der Praxis kaum zu lösendes Problem ist die Teildämmung von Gebäude-Außenwänden, die in Mischbauweise mit verschiedenen Werkstoffen ausgeführt sind. Trotz der zusätzlichen Dämmschicht bei den wärmetechnisch zu verbessernden Bauteilen lassen sich an den Materialübergängen Wärmebrücken nicht ganz vermeiden. An den Stößen dieser verschiedenen Baustoffe entstehen Spannungen, die sich auf die Außenverkleidung – besonders bei Außenputzen – übertragen und dort sichtbar werden.

Wärmebrücken sind besonders kritisch, wenn Metallteile von einem Dämmstoff umschlossen sind und eine Wärmeableitung in die Wand verhindert wird.

Eine sichere Methode zur Vermeidung von Wärmebrücken jeglicher Art ist eine das gesamte Bauwerk einhüllende Wärmedämmung. Die verschiedenartigen Baustoffe liegen unter dieser Hülle vor Temperatureinwirkungen geschützt. Bauteile mit unterschiedlicher Wärmeleitfähigkeit können sich daher auf der Außenseite nicht mehr abzeichnen. Auch werden alle Kosten für die sonst notwendigen zahlreichen Einzel-Dämm-Maßnahmen eingespart.

Heizkörpernischen

In § 2 Abs. 3, § 5 Abs. 4 sowie § 8 Abs. 4 der Wärmeschutzverordnung wird vorgeschrieben, daß der Wärmedurchgangskoeffizient für Außenwände im Bereich von Heizkörpern den Wert der nicht transparenten Außenwände des Gebäudes nicht überschreiten darf. Außerdem müssen Heizkörper vor außenliegenden Fensterflächen geeignete Abdeckungen an ihrer Rückseite zur Verringerung der Wärmeverluste aufweisen.

Bisher war es üblich, Heizkörper unterhalb der Fenster aufzustellen. Damit diese aber nicht zu sehr in den Raum ragen, ist man bestrebt, die massiven Brüstungen dünn zu halten. Fehlen zusätzliche Dämm-Maßnahmen, geht ein erheblicher Teil der von den Heizkörpern in Richtung Außenwand abgestrahlten Wärme ungenutzt ins Freie und damit verloren.

Bei abgestellten Heizungen kann sich außerdem an der dünnen ungedämmten Brüstung auf Grund einer niedrigen Oberflächentemperatur Kondenswasser und Schimmel bilden. Dabei ist es auch noch von einer gewissen Bedeutung, wie weit Frosttemperaturen von außen in die Heizkörperbrüstung eindringen können. Vorteilhaft sind deshalb Konstruktionen mit einer äußeren Dämmschicht, die bewirkt, daß die massiven Brüstungsteile auch bei tiefsten Außentemperaturen frostfrei bleiben.

Bei der Konstruktion der Heizkörpernischen sollte auf folgende Merkmale geachtet werden:

- ausreichende Wärmedämmung zur Vermeidung direkter Wärmeverluste;
- gute Wärmespeicherung, damit nach dem Abstellen der Heizung von der Brüstung aufgenommene Wärme wieder langsam an den Raum zurückgegeben werden kann.

Nr. der Außenwand	Außenwände 1. einschalig, massiv 2. zweischalig mit Luftschicht (Teil I)		fertige Außenwand		Schall-dämm-Maß R	Wärmedurch-laßwider-stand 1/Λ		Wärmedurch-gangskoeffi-zient k		Wärmespeicherung			TAV
			Dicke	Gewicht						Speicherungs-zahl W		Aus-kühl-kenn-zeit z	
			cm	kg/m²	dB	$\frac{m^2K}{W}$	$\frac{m^2h°C}{kcal}$	$\frac{W}{m^2K}$	$\frac{kcal}{m^2h°C}$	$\frac{kJ}{m^2K}$	$\frac{kcal}{m^2°C}$	Stunden	
1.1	Hochlochziegel HLz 1.2	24 cm	27.5	345	48	0.50	*0.58*	1.51	*1.29*	137	*33*	26	0.19
		30 cm	33.5	421	50	0.62	*0.72*	1.27	*1.09*	168	*40*	40	0.11
		36.5 cm	40	499	52	0.74	*0.86*	1.11	*0.95*	202	*48*	51	0.06
		49 cm	52.5	649	54	0.88	*1.14*	0.87	*0.75*	273	*65*	87	0.02
1.2	Leicht-Hochlochziegel LHLz 0.8	24 cm	27.5	252	47	0.76	*0.88*	1.08	*0.93*	101	*24*	26	0.17
		30 cm	33.5	301	48	0.92	*1.09*	0.92	*0.78*	125	*30*	38	0.10
		36.5 cm	40	353	49	1.12	*1.31*	0.79	*0.67*	154	*37*	56	0.06
		49 cm	52.5	454	52	1.49	*1.74*	0.61	*0.52*	193	*46*	88	0.02
1.3	Kalksand-Lochsteine KSL 1.2	24 cm	27.5	354	48	0.47	*0.55*	1.59	*1.35*	130	*31*	23	0.21
		30 cm	33.5	421	50	0.58	*0.68*	1.35	*1.15*	160	*38*	33	0.13
		36.5 cm	40	499	52	0.69	*0.81*	1.18	*1.00*	194	*46*	46	0.07
		49 cm	52.5	649	54	0.92	*1.07*	0.93	*0.79*	260	*62*	78	0.03
1.4	Schlacken-Hohlblock-steine SHbl (1.2 kg/dm³)	24 cm	27.5	349	49	0.60	*0.70*	1.32	*1.12*	143	*34*	30	0.14
		30 cm	33.5	421	51	0.74	*0.87*	1.11	*0.95*	177	*42*	45	0.08
1.5	Klimaleichtblöcke KLB 25 (0.6 kg/dm³)	24 cm	27.5	205	45	1.13	*1.32*	0.78	*0.66*	92	*22*	33	0.12
		30 cm	33.5	241	47	1.40	*1.63*	0.64	*0.55*	113	*27*	49	0.07
1.6	Leichtbeton-Vollblöcke (0.6 kg/dm³)	24 cm	27.5	205	45	0.87	*1.01*	0.97	*0.83*	88	*21*	25	0.18
		30 cm	33.5	241	47	1.07	*1.25*	0.81	*0.69*	105	*25*	37	0.10
		36.5 cm	40	280	48	1.30	*1.51*	0.69	*0.59*	120	*30*	51	0.06
1.7	Leichtbeton (1 kg/dm³)	20 cm	23.5	261	47	0.62	*0.72*	1.28	*1.09*	110	*26*	24	0.19
		25 cm	28.5	311	48	0.76	*0.88*	1.18	*0.93*	135	*32*	34	0.12
		30 cm	33.5	361	50	0.90	*1.05*	0.94	*0.81*	159	*38*	47	0.07
		35 cm	38.5	411	51	1.05	*1.22*	0.83	*0.71*	184	*44*	62	0.04
1.8	Gasbeton-Planblöcke G 25 (0.47 kg/dm³)	20 cm	23.5	155	43	1.09	*1.30*	0.80	*0.67*	67	*16*	24	0.18
		25 cm	28.5	179	44	1.36	*1.61*	0.66	*0.55*	79	*19*	35	0.11
		30 cm	33.5	202	45	1.62	*1.93*	0.56	*0.47*	92	*22*	47	0.07
		35 cm	38.5	226	46	1.88	*2.24*	0.49	*0.41*	105	*25*	61	0.04
2.1	Tragwand LHLz 0.8 Verblendmauerwerk VMz 1.8 (ohne Wärmedämmung)	17.5 cm	36.5	370	50	0.78	*0.90*	1.06	*0.92*	126	*30*	33	0.11
		24 cm	43	422	51	0.94	*1.09*	1.06	*0.78*	151	*36*	46	0.07
		30 cm	49	470	52	1.08	*1.26*	0.81	*0.69*	176	*42*	61	0.04
		36.5 cm	55.5	522	53	1.24	*1.44*	0.71	*0.61*	201	*48*	79	0.02
2.2	Tragwand 17.5 cm HLz 1.4 Wärmedämmung Verblendmauerwerk VHLz 1.6	40 mm	39.5	456	52	1.65	*1.91*	0.55	*0.48*	213	*51*	106	0.03
		50 mm	40.5	457	52	1.90	*2.20*	0.48	*0.42*	222	*53*	126	0.02
		60 mm	41.5	458	52	2.15	*2.47*	0.43	*0.38*	231	*55*	145	0.02
		80 mm	43.5	460	52	2.65	*3.04*	0.36	*0.31*	247	*59*	190	0.01

Nr. der Außenwand	Außenwände 2. zweischalig mit Luftschicht (Teil II) 3. mit Außendämmung und hinterlüfteter Verkleidung 4. mit einschaliger Außendämmung		fertige Außenwand Dicke	fertige Außenwand Gewicht	Schalldämm-Maß R	Wärmedurchlaßwiderstand 1/Λ		Wärmedurchgangskoeffizient k		Wärmespeicherung: Speicherungszahl W		Wärmespeicherung: Auskühlkennzeit z	TAV
			cm	kg/m²	dB	$\frac{m^2K}{W}$	$\frac{m^2h°C}{kcal}$	$\frac{W}{m^2K}$	$\frac{kcal}{m^2h°C}$	$\frac{kJ}{m^2K}$	$\frac{kcal}{m^2°C}$	Stunden	
2.3	Tragwand 17.5 cm KSV 1.8 Wärmedämmung Verblendmauerwerk VKSV 2.0	40 mm	39	572	54	1.48	*1.70*	0.61	*0.53*	273	*65*	123	0.03
		50 mm	40	573	54	1.73	*1.99*	0.53	*0.46*	275	*66*	143	0.02
		60 mm	41	574	54	1.98	*2.27*	0.47	*0.41*	277	*66*	161	0.02
		80 mm	43	576	54	2.48	*2.81*	0.38	*0.33*	280	*67*	203	0.02
2.4	Tragwand 24 cm LBV + Innenputz Wärmedämmung Verblendmauerwerk KMz 1.9	40 mm	46	534	53	1.77	*2.04*	0.52	*0.45*	264	*63*	140	0.02
		50 mm	47	535	53	2.02	*2.32*	0.46	*0.40*	268	*64*	160	0.01
		60 mm	48	536	53	2.27	*2.55*	0.41	*0.41*	272	*65*	180	0.01
		80 mm	50	538	53	2.77	*3.12*	0.34	*0.30*	281	*67*	223	0.01
3.1	Stahlbeton Bn 250, 18 cm + Innenputz Außendämmung schwere Plattenverkleidung	40 mm	31.5	547	53	1.11	*1.27*	0.79	*0.69*	381	*91*	132	0.02
		50 mm	32.5	548	53	1.36	*1.56*	0.66	*0.57*	389	*93*	163	0.02
		60 mm	33.5	549	53	1.61	*1.83*	0.57	*0.49*	398	*95*	194	0.02
		80 mm	35.5	551	53	2.11	*2.41*	0.45	*0.39*	406	*97*	249	0.01
3.2	Kalksand-Lochsteine KSL 1.4, 24 cm + Innenputz Außendämmung Plattenverkleidung	40 mm	35.5	393	50	1.36	*1.57*	0.66	*0.57*	264	*63*	110	0.02
		50 mm	36.5	394	50	1.61	*1.86*	0.57	*0.49*	269	*65*	133	0.02
		60 mm	37.5	395	50	1.86	*2.14*	0.50	*0.43*	274	*65*	151	0.02
		80 mm	39.5	397	50	2.36	*2.71*	0.41	*0.35*	281	*67*	191	0.01
3.3	Mauerziegel Mz 1.8, 24 cm + Innenputz Außendämmung Betonplatten	40 mm	35.5	519	53	1.32	*1.52*	0.68	*0.59*	348	*83*	141	0.02
		50 mm	36.5	520	53	1.57	*1.81*	0.58	*0.50*	355	*85*	170	0.02
		60 mm	37.5	521	53	1.82	*2.08*	0.51	*0.44*	363	*87*	198	0.01
		80 mm	39.5	523	53	2.32	*2.66*	0.40	*0.35*	377	*90*	257	0.01
3.4	Kalksand-Vollsteine KSV 1.8, 17.5 cm + Innenputz Außendämmung Verkleidungsplatte	40 mm	26	350	49	1.20	*1.37*	0.74	*0.64*	255	*61*	95	0.04
		50 mm	27	351	49	1.45	*1.66*	0.62	*0.54*	259	*62*	115	0.03
		60 mm	28	352	49	1.70	*1.94*	0.54	*0.47*	264	*63*	134	0.03
		80 mm	30	354	49	2.20	*2.52*	0.42	*0.37*	271	*65*	176	0.02
4.1	Kalksand-Lochsteine KSL 1.4, 24 cm Außendämmung Kunststoff-Zementputz	40 mm	29	351	49	1.36	*1.56*	0.66	*0.57*	243	*58*	102	0.03
		50 mm	30	351	49	1.61	*1.85*	0.57	*0.49*	251	*60*	122	0.03
		60 mm	31	351	49	1.86	*2.13*	0.50	*0.43*	258	*61*	142	0.02
		80 mm	33	352	49	2.36	*2.70*	0.40	*0.35*	270	*64*	183	0.02
4.2	Stahlbeton Bn 350, 12 cm + Innenputz Außendämmung Kunststoff-Zementputz	40 mm	18.5	340	49	1.08	*1.24*	0.81	*0.70*	271	*65*	93	0.04
		50 mm	19.5	340	49	1.33	*1.53*	0.67	*0.67*	276	*66*	114	0.03
		60 mm	20.5	340	49	1.58	*1.81*	0.58	*0.50*	281	*67*	134	0.03
		80 mm	22.5	341	49	2.08	*2.38*	0.45	*0.45*	289	*69*	177	0.02
4.3	Hochlochziegel, 24 cm + Innenputz äußere Dämmschale Kunststoff-Zementputz	60 mm	32.5	376	50	2.05	*2.35*	0.45	*0.39*	266	*63*	162	0.02
		80 mm	34.5	377	50	2.57	*2.95*	0.37	*0.32*	276	*66*	206	0.01
	Kalksand-Lochsteine, 24 cm + Innenputz äußere Dämmschale Kunststoff-Zementputz	60 mm	32.5	376	50	1.99	*2.29*	0.47	*0.40*	255	*61*	153	0.02
		80 mm	34.5	377	50	2.52	*2.89*	0.38	*0.33*	269	*64*	194	0.02
4.4	Leichtbeton-Vollsteine, 30 cm + Innenputz äußerer Dämmputz Außenputz	20 mm	34.5	412	51	0.85	*0.99*	1.00	*0.85*	196	*47*	53	0.06
		30 mm	35.5	418	51	0.93	*1.09*	0.92	*0.78*	200	*48*	62	0.05
		40 mm	36.5	424	51	1.01	*1.19*	0.85	*0.72*	205	*49*	68	0.04
		50 mm	37.5	430	51	1.10	*1.29*	0.79	*0.67*	214	*51*	76	0.03

Nr. der Außenwand	Außenwände 5. mit Innendämmung 6. mit beidseitiger Dämmung 7. mit Kerndämmung		fertige Außenwand		Schalldämm-Maß R	Wärmedurchlaßwiderstand 1/Λ		Wärmedurchgangskoeffizient k		Wärmespeicherung			TAV
			Dicke	Gewicht						Speicherungszahl W		Auskühlkennzeit z	
			cm	kg/m²	dB	m² K / W	*m²h°C / kcal*	W / m² K	*kcal / m²h°C*	kJ / m² K	*kcal / m²°C*	Stunden	
5.1	Vormauerziegel VMz 1.8, 24 cm Innendämmung Gipskartonplatte	30 mm	29	452	52	1.13	*1.30*	0.78	*0.67*	72	*17.1*	26	0.19
		40 mm	30	452	52	1.38	*1.58*	0.65	*0.57*	63	*15.0*	26	0.18
		50 mm	31	452	52	1.62	*1.62*	0.57	*0.49*	55	*13.2*	27	0.16
		60 mm	32	452	52	1.87	*1.87*	0.49	*0.43*	50	*12.0*	28	0.15
5.2	Vormauer-Kalksandvollsteine, 24 cm Innendämmung Dampfbremse auf Hartkarton	40 mm	28.5	439	51	1.26	*1.45*	0.71	*0.61*	47	*11.2*	18	0.31
		50 mm	29.5	439	51	1.51	*1.73*	0.60	*0.52*	41	*9.7*	19	0.31
		60 mm	30.5	439	51	1.76	*2.02*	0.52	*0.45*	36	*8.5*	19	0.31
		70 mm	31.5	439	51	2.01	*2.30*	0.46	*0.40*	31	*7.3*	18	0.30
5.3	Stahlbeton Bn 250, 16 cm, Sichtbeton Innendämmung Gipskartonplatte	40 mm	21.5	415	51	1.14	*1.30*	0.77	*0.67*	23	*7.9*	12	0.58
		50 mm	22.5	415	51	1.39	*1.59*	0.65	*0.56*	29	*7.0*	13	0.53
		60 mm	23.5	415	51	1.64	*1.87*	0.56	*0.49*	27	*6.4*	13	0.48
		70 mm	24.5	415	51	1.89	*2.16*	0.49	*0.42*	25	*5.9*	14	0.44
5.4	Naturstein-Sichtmauerwerk, 36.5 cm Innendämmung Anhydritplatte	30 mm	41	625	54	1.27	*1.47*	0.70	*0.60*	133	*32*	53	0.05
		40 mm	42	625	54	1.52	*1.75*	0.60	*0.52*	118	*28*	54	0.05
		50 mm	43	625	54	1.77	*2.04*	0.52	*0.45*	105	*25*	56	0.04
		60 mm	44	625	54	2.02	*2.32*	0.46	*0.40*	95	*23*	58	0.04
6.1	Schalungssteine aus Holzbeton Kernbeton Bn 250 Außen- und Innenputz	17.5 cm	21	369	50	0.56	*0.67*	1.38	*1.15*	161	*38*	33	0.13
		24 cm	27.5	488	52	0.74	*0.87*	1.10	*0.93*	220	*53*	57	0.06
		30 cm	33.5	614	54	0.88	*0.99*	0.94	*0.84*	280	*67*	80	0.04
		30 cm	33.5	522	53	1.20	*1.42*	0.73	*0.62*	306	*73*	118	0.02
6.2	Schalungssteine aus Leichtbeton eingestellte Dämmplatte Kernbeton Bn 250 Außen- und Innenputz	24 cm	27.5	505	53	0.32	*0.38*	2.08	*1.75*	198	*47*	27	0.19
		D 24 cm	27.5	494	53	0.89	*1.03*	0.95	*0.82*	351	*84*	102	0.04
		D 30 cm	33.5	590	54	1.16	*1.35*	0.76	*0.65*	439	*105*	162	0.02
		D 30 cm	33.5	566	54	1.40	*1.64*	0.64	*0.55*	426	*102*	185	0.02
6.3	Holzwolle-Leichtbauplatte Kernbeton Bn 250, 18 cm innere Gipskartonplatte Außen- und Innenputz	35 mm	27.5	531	53	0.68	*0.78*	1.20	*1.03*	326	*78*	76	0.06
		50 mm	29	536	53	0.86	*0.99*	0.98	*0.85*	337	*81*	95	0.04
		75 mm	31.5	545	53	1.24	*1.44*	0.71	*0.61*	377	*90*	148	0.02
		100 mm	34	552	53	1.56	*1.82*	0.58	*0.50*	385	*92*	184	0.02
6.4	Mantelbeton-Bauweise Außenschale: Dämmplatte Innenschale: Hochlochziegel Außen- und Innenputz	30 cm	32.1	500	53	2.02	*2.30*	0.47	*0.40*	424	*101*	252	0.01
		25 cm	27.1	418	51	2.00	*2.29*	0.47	*0.40*	350	*84*	210	0.02
7.1	Stahlbeton-Außenschale, 7 cm Kerndämmung Stahlbeton-Innenschale, 14 cm	50 mm	26.5	534	53	1.36	*1.56*	0.66	*0.57*	312	*75*	132	0.03
		60 mm	27.5	534	53	1.61	*1.84*	0.57	*0.49*	317	*76*	155	0.03
		70 mm	28.5	534	53	1.86	*2.13*	0.50	*0.43*	322	*77*	179	0.02
		80 mm	29.5	535	53	2.11	*2.41*	0.44	*0.39*	328	*78*	200	0.02
7.2	Leichtbeton-Hohlblocksteine mit Dämmeinlagen Außen- und Innenputz	24 cm	27.5	240	46	1.10	*1.28*	0.79	*0.68*	150	*36*	53	0.07
		30 cm	33.5	313	49	1.13	*1.32*	0.77	*0.66*	194	*46*	70	0.05
		24 cm	27.5	240	46	1.59	*1.85*	0.57	*0.49*	143	*34*	69	0.06
		30 cm	33.5	287	48	1.75	*2.04*	0.52	*0.45*	187	*45*	100	0.03

Nr. der Außenwand	Außenwände 8. in Leichtbauweise 9. gegen Erdreich		fertige Außenwand: Dicke cm	fertige Außenwand: Gewicht kg/m²	Schalldämm-Maß R dB	Wärmedurchlaßwiderstand 1/Λ $\frac{m^2 K}{W}$	Wärmedurchlaßwiderstand 1/Λ $\frac{m^2 h°C}{kcal}$	Wärmedurchgangskoeffizient k $\frac{W}{m^2 K}$	Wärmedurchgangskoeffizient k $\frac{kcal}{m^2 h°C}$	Wärmespeicherung: Speicherungszahl W $\frac{kJ}{m^2 K}$	Wärmespeicherung: Speicherungszahl W $\frac{kcal}{m^2 °C}$	Wärmespeicherung: Auskühlkennzeit z Stunden	TAV
8.1	nicht tragendes Fertigelement Kerndämmung	80 mm	8.4	15	31	2.29	2.67	0.41	0.35	6.2	1.5	4.3	0.71
	beidseitig Blechverkleidung	95 mm	9.9	16	31	2.72	3.17	0.35	0.30	6.5	1.6	5.3	0.63
		110 mm	11.4	16	31	3.15	3.67	0.30	0.25	6.9	1.6	6.4	0.56
		125 mm	12.9	17	31	3.58	4.17	0.27	0.23	7.2	1.7	14	0.50
8.2	nicht tragendes Fertigelement Kerndämmung	60 mm	11	51	36	1.57	1.80	0.58	0.50	21.8	5.2	10	0.37
	beidseitig Asbestzementplatte	80 mm	13	52	36	2.07	2.37	0.45	0.39	21.9	5.2	13	0.29
		100 mm	15	53	36	2.57	2.94	0.37	0.32	22.1	5.3	17	0.24
		120 mm	17	54	36	3.07	3.51	0.31	0.27	22.2	5.3	20	0.20
8.3	tragendes Holz-Fertigelement Außendämmung	30 mm	16	70	38	3.04	3.49	0.31	0.27	37	8.8	33	0.11
	Kerndämmung zwischen Spanplatten	40 mm	17	70	38	3.29	3.77	0.29	0.25	38	9.1	36	0.09
	innen Gipskartonplatte	50 mm	18	70	38	3.54	4.06	0.27	0.24	39	9.4	39	0.08
		60 mm	19	70	38	3.79	4.35	0.25	0.22	40	9.7	44	0.07
8.4	tragendes Holz-Fertigelement 2 Dämmschichten	115 mm	16	70	38	2.25	2.60	0.42	0.36	62	14.8	41	0.09
	innen Spanplatte + Gips-Kartonplatte	125 mm	17	70	38	2.50	2.88	0.38	0.33	64	15.4	47	0.08
		140 mm	18.5	80	39	2.58	2.98	0.37	0.32	72	17.2	54	0.06
		150 mm	19.5	80	39	2.82	3.27	0.34	0.29	73	17.5	60	0.05
8.5	nicht tragendes Fertigelement Mineralfaser-Hartplatte	80 mm	16.8	103	40	2.38	2.75	0.39	0.34	61	14.5	43	0.09
	zwischen Asbestplatten innen 60 mm Gipsplatte	90 mm	17.8	106	40	2.63	3.03	0.36	0.31	63	15.0	48	0.08
		100 mm	18.8	109	40	2.88	3.32	0.33	0.28	64	15.4	55	0.07
		110 mm	19.8	112	41	3.13	3.61	0.30	0.26	66	15.8	61	0.06
8.6	Stahlbeton-Fertigelement anbetonierte Außendämmung	50 mm	11.5	178	44	1.30	1.49	0.69	0.59	138	32.9	56	0.07
	mit Beschichtung	60 mm	12.5	178	44	1.55	1.78	0.59	0.51	139	33.3	65	0.06
		70 mm	13.5	178	44	1.80	2.07	0.51	0.44	141	33.7	77	0.05
		80 mm	14.5	179	44	2.05	2.35	0.45	0.39	143	34.1	87	0.04
9.1	-normale Bodenfeuchtigkeit- Außendämmung	40 mm	29	594	54	1.15	1.31	0.79	0.69	479	115	167	0.02
	Stahlbeton Bn 250, 24 cm	50 mm	30	594	54	1.40	1.60	0.66	0.58	493	118	203	0.02
		60 mm	31	594	54	1.65	1.89	0.57	0.49	502	120	245	0.01
		80 mm	33	595	54	2.15	2.46	0.44	0.38	516	123	324	0.01
9.2	-nicht drückendes Wasser- äußere Dränplatte	60 mm	39.5	610	54	0.98	1.14	0.91	0.78	408	97	124	0.02
	Kalksand-Vollsteine 30 cm Innenputz	80 mm	41.5	611	54	1.20	1.39	0.76	0.65	433	103	158	0.01
		100 mm	43.5	613	54	1.41	1.64	0.65	0.56	452	108	193	0.01
		120 mm	45.5	615	54	1.63	1.89	0.57	0.49	467	112	229	0.01
9.3	-nicht drückendes Wasser- Außendämmung	30 mm	34.5	485	52	1.08	1.25	0.83	0.72	332	79	110	0.03
	mit Abdichtung Mauerziegel Mz 1.8, 24 cm Innenputz	40 mm	35.5	485	52	1.33	1.53	0.69	0.60	346	83	138	0.02
		50 mm	36.5	485	52	1.58	1.82	0.59	0.51	357	85	167	0.02
		60 mm	37.5	485	52	1.83	2.10	0.52	0.45	365	87	193	0.01
9.4	-Grund- und Druckwasser- Kerndämmung	40 mm	41.5	816	57	1.12	1.28	0.81	0.70	507	121	173	0.01
	davor Abdichtung + Schutzwand Stahlbeton Bn 250, 24 cm	50 mm	42.5	816	57	1.37	1.57	0.67	0.58	514	123	212	0.01
		60 mm	43.5	816	57	1.62	1.99	0.57	0.50	519	124	248	0.01
		80 mm	45.5	817	57	2.12	2.43	0.45	0.39	527	126	323	0.01

Nr. der Fensterbrüstung	Fensterbrüstungen als Heizkörpernischen	fertige Brüstung Dicke		Schalldämm-Maß R	Wärmedurchlaßwiderstand 1/Λ		Wärmedurchgangskoeffizient k		Wärmespeicherung: Speicherungszahl W		Auskühlkennzeit z	TAV
		Dicke	Gewicht									
		cm	kg/m²	dB	$\frac{m^2 K}{W}$	$\frac{m^2 h °C}{kcal}$	$\frac{W}{m^2 K}$	$\frac{kcal}{m^2 h °C}$	$\frac{kJ}{m^2 K}$	$\frac{kcal}{m^2 °C}$	Stunden	
Fbr. 1	Leicht-Hochlochziegel LHLz 0.8 17.5cm, mit 2cm Außen- und 1.5cm Innenputz	21	201	45	0.56	0.65	1.37	1.18	77	18.5	10	0.31
2	Gasbeton-Planplatten G25 15cm, mit 2cm Außen- und 1.5cm Innenputz	18.5	132	42	0.85	0.99	0.98	0.85	54	12.9	15	0.30
	12.5cm	16	120	41	0.72	0.83	1.13	0.97	48	11.5	12	0.40
3	Leichtbeton-Vollplatten 0.6kg/dm³ 17.5cm, mit 2cm Außen- und 1.5cm Innenputz	21	166	43	0.65	0.75	1.23	1.06	68	16.2	15	0.32
	11.5cm	15	130	42	0.44	0.51	1.65	1.42	50	11.9	8.4	0.55
4	Schalungssteine aus Holzspanbeton 17.5cm, mit 2cm Außen- und 1.5cm Innenputz	21	369	50	0.56	0.67	1.38	1.15	161	38	33	0.13
5	Leichtbeton-Vollsteine 11.5cm, 1.0kg/dm³ + Dämmputz außen 20mm, mit 1cm Außen- und 1.5cm Innenputz	16	167	43	0.45	0.53	1.62	1.39	86	20	14	0.32
	30mm	17	173	44	0.54	0.63	1.42	1.22	94	22	18	0.25
	40mm	18	179	44	0.62	0.73	1.27	1.09	101	24	22	0.20
6	Kalksand-Lochsteine KSL 1.4, 11.5cm + Innendämmung 20mm, mit 2cm Außenputz und 2mm Alu-Blech innen	15.7	207	45	0.68	0.79	1.18	1.02	32.4	7.7	7.5	0.70
	25mm	16.2	208	45	0.80	0.93	1.03	0.89	29.2	7.0	7.8	0.68
	30mm	16.7	208	45	0.93	1.08	0.92	0.92	26.8	6.4	8.1	0.67
	40mm	17.7	209	45	1.18	1.37	0.75	0.64	23.5	5.6	8.7	0.63
7	Sichtbeton Bn 250, 10cm + Innendämmung 40mm, mit 12.5mm Gipskarton, innen	15.5	254	47	1.09	1.27	0.79	0.68	21.4	5.1	7.5	0.75
	50mm	16.5	254	47	1.34	1.56	0.66	0.57	19.7	4.7	8.2	0.68
	60mm	17.5	254	47	1.59	1.84	0.57	0.49	18.5	4.4	9.0	0.62
8	Stahlbeton-Fertigelement, 10cm + Außendämmung 40mm, mit 1cm Kunststoff-Zementputz, außen	15	260	47	1.06	1.22	0.82	0.71	200	50	70	0.07
	50mm	16	260	47	1.31	1.51	0.68	0.59	206	49	83	0.06
	60mm	17	260	47	1.56	1.78	0.58	0.50	210	50	100	0.05
	80mm	19	261	47	2.06	2.37	0.45	0.39	215	51	131	0.04
9	Leichtelement mit Mineralfaserplatte 60mm, mit 6mm Asbestzementplatte außen + 10mm innen + 2mm Alu-Blech, innen	7.8	51	36	1.51	1.76	0.60	0.51	28.1	6.7	13	0.31
	70mm	8.8	53	36	1.76	2.05	0.52	0.45	29.1	7.0	16	0.26
	80mm	9.8	55	36	2.04	2.34	0.45	0.39	30.1	7.2	19	0.22
	100mm	11.8	59	37	2.50	2.90	0.38	0.32	32.0	7.7	24	0.17
10	Leichtelement aus Holzwolle-Leichtbauplatten, 2cm Außenputz + 2.5cm HWL + 7cm PUR + 1cm Asbestzement	12.5	70	38	2.08	2.41	0.45	0.38	22.9	5.5	15	0.29
11	Stahlbeton-Fertigelement, 2.5cm Bn 350 + 5cm PS-Hartschaum + 2.5cm Bn 350	10	125	41	1.25	1.45	0.71	0.61	57	13.7	23	0.18
12	Schalungselement + Außendämmung 40mm, 8cm Kernbeton Bn 250	16	245	47	1.22	1.42	0.72	0.62	179	43	69	0.06
	50mm	17	245	47	1.46	1.70	0.61	0.53	186	45	85	0.05
	60mm	18	245	47	1.72	1.99	0.53	0.46	192	46	100	0.04
	80mm	20	246	47	2.20	2.56	0.42	0.36	199	48	133	0.03

Nr. der Dachkonstruktion	Dächer 10. geneigte Dächer 11. zweischalige Flachdächer	fertiges Dach Dicke der am Wärmeschutz beteiligten Schichten cm	Gesamtgewicht kg/m²	Schalldämm-Maß R dB	Wärmedurchlaßwiderstand $1/\Lambda$ $\frac{m^2K}{W}$	$\frac{m^2h°C}{kcal}$	Wärmedurchgangskoeffizient k $\frac{W}{m^2K}$	$\frac{kcal}{m^2h°C}$	Wärmespeicherung Speicherungszahl W $\frac{kJ}{m^2K}$	$\frac{kcal}{m^2°C}$	Auskühlkennzeit z Stunden	TAV
10.1	Flachpfannen Dämmschicht 60 mm	8.8	88	39	1.89	2.18	0.48	0.41	32	7.6	19	0.22
	zwischen Holzsparren Spanplattenverkleidung 70 mm	9.8	89	39	2.14	2.47	0.43	0.37	32	7.7	21	0.19
	Gesamtdicke: 24 cm 80 mm	10.8	90	39	2.39	2.75	0.38	0.33	33	7.8	24	0.18
	100 mm	12.8	92	39	2.89	3.33	0.32	0.28	34	8.0	29	0.15
10.2	Betonpfannen Dämmschicht 60 mm	10	91	39	1.78	2.04	0.50	0.44	34	8.2	19	0.18
	zwischen Holzsparren Holzschalung 70 mm	11	91	39	2.03	2.33	0.45	0.39	35	8.3	22	0.17
	Gesamtdicke: 26.5 cm 80 mm	12	92	39	2.28	2.61	0.39	0.35	35	8.4	24	0.15
	100 mm	14	92	39	2.78	3.19	0.34	0.29	36	8.5	29	0.13
10.3	Dachplatten Schüttdämmung 100 mm	13.7	97	40	1.39	1.57	0.63	0.55	64	15.3	28	0.15
	schwere Spanplatte mit Holzschalung 120 mm	15.7	103	40	1.61	1.82	0.55	0.49	64	15.4	31	0.13
	Gesamtdicke: 23.5 cm 140 mm	17.7	109	40	1.83	2.07	0.49	0.43	65	15.5	36	0.11
	160 mm	19.7	115	41	2.06	2.32	0.44	0.39	65	15.6	40	0.09
10.4	Asbestzement-Kurzwellplatte 2 Dämmschichten 95 mm	11	57	37	2.42	2.74	0.38	0.34	15.4	3.7	11	0.32
	Holzsparren Asbestzementplatte 105 mm	12	58	37	2.67	3.04	0.35	0.31	15.8	3.8	12	0.29
	Gesamtdicke: 28 cm 115 mm	13	59	37	2.92	3.33	0.32	0.28	16.3	3.9	14	0.27
	125 mm	14	60	37	3.17	3.62	0.30	0.27	16.7	4.0	15	0.25
11.1	Dachhaut auf Holzschalung Dämmschicht 50 mm	22	449	52	1.46	1.68	0.60	0.52	371	89	171	0.01
	Stahlbetondecke Deckenputz 60 mm	23	449	52	1.74	2.01	0.51	0.45	372	90	200	0.01
	Gesamtdicke: 44.4 cm 70 mm	24	449	52	2.03	2.34	0.45	0.39	373	90	231	0.01
	80 mm	25	449	52	2.32	2.32	0.40	0.34	375	90	265	0.01
11.2	Dachhaut auf Asbestzementplatte Dämmschicht 60 mm	23	463	52	1.59	1.82	0.56	0.49	366	87	178	0.01
	Stahlbetondecke Deckenputz 70 mm	24	463	52	1.84	2.11	0.49	0.43	368	88	205	0.01
	Gesamtdicke: 42.2 cm 80 mm	25	464	52	2.09	2.39	0.44	0.35	371	89	254	0.01
	100 mm	27	464	52	2.59	2.97	0.36	0.31	375	90	290	0.01
11.3	Dachhaut auf Sperrholzplatte Dämmschicht 60 mm	8.8	144	42	1.70	1.94	0.53	0.46	32	7.7	17	0.19
	zwischen Holzstegen, Sperrholzplatte, darauf Profilbretter 80 mm	10.8	145	42	2.20	2.51	0.42	0.36	32	7.8	22	0.16
	Gesamtdicke: 32.7 cm 100 mm	12.8	146	42	2.70	3.09	0.34	0.30	33	7.8	26	0.14
	120 mm	14.8	147	42	3.20	3.67	0.29	0.26	33	7.9	30	0.12
11.4	Dachhaut auf Dachspanplatte Schüttdämmung 160 mm	20.3	168	43	1.65	1.97	0.54	0.45	78	18.6	41	0.05
	zwischen Tragbalken rauhe Bretter, darauf beschichtete Spanplatte 180 mm	22.3	176	44	1.82	2.17	0.49	0.42	81	19.4	46	0.04
	Gesamtdicke: 41.5 cm 200 mm	24.3	184	44	1.99	2.37	0.45	0.38	84	20.2	53	0.03
	220 mm	26.3	192	45	2.15	2.57	0.42	0.36	88	21.0	58	0.03

Nr. der Dachkonstruktion	Dächer 12. schwere einschalige Flachdächer 13. Terrassendächer 14. leichte einschalige Flachdächer		fertiges Dach		Schalldämm-Maß R	Wärmedurchlaßwiderstand 1/Λ		Wärmedurchgangskoeffizient k		Wärmespeicherung			TAV
			Dicke der am Wärmeschutz beteiligten Schichten	Gesamtgewicht						Speicherungszahl W		Auskühlkennzeit z	
			cm	kg/m²	dB	m² K / W	m²h°C / kcal	W / m² K	kcal / m²h°C	kJ / m² K	kcal / m²°C	Stunden	
12.1	Dachhaut mit Kiesschüttung Dämmschicht	60mm	29.8	509	53	1.71	*1.97*	0.54	*0.46*	367	*88*	191	0.02
	Dampfsperre Stahlbetondecke	70mm	30.8	509	53	1.96	*2.26*	0.47	*0.41*	373	*89*	217	0.02
	Deckenputz	80mm	31.8	510	53	2.21	*2.54*	0.42	*0.38*	378	*90*	237	0.02
		100mm	33.8	510	53	2.71	*3.12*	0.35	*0.30*	391	*93*	310	0.01
12.2	Dachhaut mit Kiesschüttung Schaumglasplatten	70mm	30.2	515	53	1.45	*1.68*	0.62	*0.54*	356	*85*	157	0.02
	Stahlbetondecke Deckenputz	80mm	31.2	517	53	1.63	*1.89*	0.56	*0.48*	358	*85*	177	0.02
		90mm	32.2	518	53	1.82	*2.10*	0.50	*0.44*	362	*86*	195	0.02
		100mm	33.2	520	53	2.00	*2.31*	0.46	*0.40*	365	*87*	217	0.02
12.3	Dachfolie mit Kiesschüttung Dämmschicht (PUR)	50mm	27.2	493	52	1.57	*1.83*	0.58	*0.49*	347	*83*	169	0.02
	Dampfsperrfolie Stahlbetondecke	60mm	28.2	493	52	1.85	*2.16*	0.50	*0.42*	351	*84*	200	0.02
	Deckenputz	70mm	29.2	493	52	2.14	*2.50*	0.44	*0.37*	356	*85*	230	0.02
		80mm	30.2	493	52	2.42	*2.83*	0.39	*0.33*	361	*86*	261	0.01
12.4	Kiesschüttung PS-Hartschaumplatten	70mm	33	569	54	1.65	*1.90*	0.55	*0.48*	407	*97*	202	0.02
	Abdichtung Stahlbetondecke	80mm	35	588	54	1.87	*2.15*	0.49	*0.43*	413	*99*	230	0.02
	Deckenputz	90mm	37	606	54	2.09	*2.39*	0.45	*0.39*	418	*100*	256	0.01
		100mm	38	607	54	2.29	*2.63*	0.41	*0.36*	425	*101*	280	0.01
13.1	Plattenbelag, Sickerschicht, Abdichtung Dämmschicht	60mm	36	669	55	1.74	*2.01*	0.53	*0.46*	403	*96*	209	0.02
	Dampfsperre Stahlbetondecke	70mm	37	669	55	1.99	*2.29*	0.47	*0.40*	405	*96*	240	0.02
	- begehbare Terrasse -	80mm	38	670	55	2.24	*2.58*	0.42	*0.36*	407	*97*	269	0.01
		100mm	40	670	55	2.74	*3.15*	0.35	*0.30*	412	*98*	327	0.01
13.2	Stahlbetonplatte, Abdichtung Dämmschicht	60mm	42.3	852	57	1.45	*1.67*	0.62	*0.54*	434	*104*	193	0.02
	Dampfsperre Stahlbetondecke	70mm	43.3	852	57	1.65	*1.90*	0.55	*0.48*	441	*105*	219	0.01
	- Parkdeck für PKW -	80mm	44.3	853	57	1.84	*2.11*	0.50	*0.44*	449	*107*	243	0.01
		100mm	46.3	853	57	2.22	*2.46*	0.42	*0.38*	465	*111*	292	0.01
13.3	Pflanzboden, Filterschicht, Abdichtung Dämmschicht	50mm	50	634	55	1.65	*1.91*	0.55	*0.48*	438	*105*	219	0.01
	Dampfsperre Stahlbetondecke	60mm	51	635	55	1.90	*2.19*	0.49	*0.42*	440	*105*	250	0.01
	- bepflanzte Terrasse -	70mm	52	635	55	2.15	*2.48*	0.45	*0.38*	442	*106*	279	0.01
		80mm	53	636	55	2.40	*2.76*	0.39	*0.34*	442	*106*	312	0.01
13.4	Vegetationsschicht, Dränplatte, Abdichtung Dämmschicht	50mm	61.1	746	56	1.80	*2.06*	0.51	*0.45*	432	*103*	229	0.01
	Dampfsperre Stahlbetondecke	60mm	62.1	746	56	2.05	*2.34*	0.45	*0.40*	436	*104*	260	0.01
	- bepflanzte Terrasse -	70mm	63.1	746	56	2.30	*2.63*	0.41	*0.36*	440	*105*	292	0.00
		80mm	64.1	746	56	2.55	*2.91*	0.37	*0.32*	444	*106*	331	0.00
14.1	Dachhaut mit Kiesschüttung Dämmschicht	60mm	30.6	135	42	2.04	*2.34*	0.46	*0.40*	32.8	*7.8*	20	0.22
	Dampfsperre Dachspanplatten	70mm	31.6	135	42	2.29	*2.63*	0.41	*0.35*	32.9	*7.9*	23	0.19
	auf Holzpfetten	80mm	32.6	136	42	2.54	*2.91*	0.37	*0.32*	33.4	*8.0*	25	0.17
		100mm	34.6	136	42	3.04	*3.49*	0.31	*0.27*	33.9	*8.2*	30	0.14
14.2	Dachhaut mit Splittabstreuung Dämmschicht	60mm	24.2	60	37	1.72	*1.97*	0.53	*0.46*	26.2	*6.2*	13	0.29
	Dampfsperre auf Spanplatte Trapezblech	70mm	25.2	60	37	1.97	*2.26*	0.47	*0.41*	26.8	*6.4*	16	0.26
		80mm	26.2	61	37	2.22	*2.54*	0.42	*0.37*	27.3	*6.5*	18	0.23
		100mm	28.2	61	37	2.72	*3.12*	0.35	*0.30*	28.1	*6.7*	22	0.18

Nr. der Dachkonstruktion	Decken 15. unter nicht ausgebautem Dachgeschoß 16. Kellerdecken 17. über offenen Durchfahrten Fußböden 18. auf Erdreich		fertige Konstruktion: Dicke der am Wärmeschutz beteiligten Schichten	fertige Konstruktion: Gesamtgewicht	Schalldämm-Maß R	Wärmedurchlaßwiderstand $1/\Lambda$		Wärmedurchgangskoeffizient k		Wärmespeicherung: Speicherungszahl W		Wärmespeicherung: Auskühlkennzeit z	TAV
			cm	kg/m²	dB	$\frac{m^2 K}{W}$	$\frac{m^2 h °C}{kcal}$	$\frac{W}{m^2 K}$	$\frac{kcal}{m^2 h °C}$	$\frac{kJ}{m^2 K}$	$\frac{kcal}{m^2 °C}$	Stunden	
15.1	Spanplatte Dämmschicht	50 mm	24	412	51	1.49	1.72	0.59	0.51	347	83	163	0.02
	Stahlbetondecke Deckenputz	60 mm	25	412	51	1.74	2.00	0.51	0.45	353	84	189	0.02
		70 mm	26	412	51	1.99	2.29	0.45	0.40	355	85	212	0.02
		80 mm	27	413	51	2.24	2.58	0.41	0.35	358	86	246	0.02
15.2	Fußbodenbretter Dämmschüttung	70 mm	26.5	71	38	1.70	1.99	0.52	0.45	32.1	7.7	17	0.30
	zwischen Holzbalken auf Fehlboden	90 mm	26.5	79	38	1.86	2.19	0.48	0.41	35.6	8.5	21	0.24
	25 mm Dämmplatte Gipsputz auf Rohrmatten	110 mm	26.5	87	39	2.03	2.39	0.45	0.38	39.0	9.3	25	0.19
		130 mm	26.5	95	39	2.19	2.59	0.42	0.35	42.5	10.1	29	0.15
16.1	Bodenbelag, schwimmender Estrich	20 mm	22.8	466	52	0.86	1.00	0.83	0.72	286	68	94	0.03
	Stahlbetondecke Dämmplatten, anbetoniert	30 mm	23.8	467	52	1.11	1.29	0.69	0.60	314	75	125	0.02
		40 mm	24.8	467	52	1.36	1.57	0.59	0.51	334	80	157	0.02
		50 mm	25.8	467	52	1.61	1.86	0.51	0.44	350	84	191	0.01
16.2	Teppichboden, Ausgleichsestrich	30 mm	22.5	442	51	1.00	1.15	0.75	0.65	305	73	112	0.04
	Stahlbetondecke Dämmplatten, anbetoniert	40 mm	23.5	442	51	1.25	1.43	0.63	0.55	322	77	140	0.03
	Kunststoff-Zementputz	50 mm	24.5	442	51	1.50	1.72	0.54	0.47	335	80	170	0.03
		60 mm	25.5	442	51	1.75	2.00	0.48	0.42	345	82	195	0.02
17.1	Bodenbelag, schwimmender Estrich	50 mm	29	506	53	1.80	2.04	0.50	0.44	328	78	177	0.01
	Stahlbetondecke Dämmplatten, anbetoniert	60 mm	30	506	53	2.05	2.33	0.44	0.39	344	82	210	0.01
	Kunststoff-Zementputz	70 mm	31	506	53	2.30	2.61	0.40	0.35	357	85	243	0.01
		80 mm	32	507	53	2.55	2.90	0.36	0.32	368	88	275	0.01
17.2	Bodenplatten auf Mörtel	60 mm	44.5	543	53	1.86	2.11	0.48	0.42	478	114	271	0.01
	Stahlbetondecke Mineralfaserplatten	70 mm	45.5	544	53	2.11	2.40	0.43	0.36	484	116	322	0.01
	Leichtmetall-Lamellen	80 mm	46.5	544	53	2.36	2.68	0.39	0.34	488	117	344	0.01
		100 mm	48.5	546	53	2.86	3.26	0.33	0.29	495	118	407	0.01
18.1	Bodenbelag auf Estrich Dämmschicht	30 mm	19.5	355	50	0.86	0.98	0.97	0.85	96	22.8	27	0.15
	Unterbeton normale Bodenfeuchtigkeit	40 mm	20.5	355	50	1.11	1.26	0.78	0.68	95	22.5	33	0.12
		50 mm	21.5	355	50	1.36	1.55	0.65	0.57	93	22.3	39	0.10
		60 mm	22.5	355	50	1.61	1.83	0.56	0.49	93	22.2	45	0.08
18.2	Teppichboden auf Überbeton Dämmschicht	30 mm	33.8	603	54	0.91	1.04	0.93	0.81	209	50	62	0.04
	Unterbeton, Packlage normale Bodenfeuchtigkeit	40 mm	34.8	603	54	1.16	1.32	0.75	0.66	213	51	77	0.03
		50 mm	35.8	603	54	1.41	1.61	0.63	0.55	216	51	93	0.02
		60 mm	36.8	603	54	1.66	1.89	0.55	0.48	218	52	108	0.02

1.1 einschalige Außenwand aus Hochlochziegel

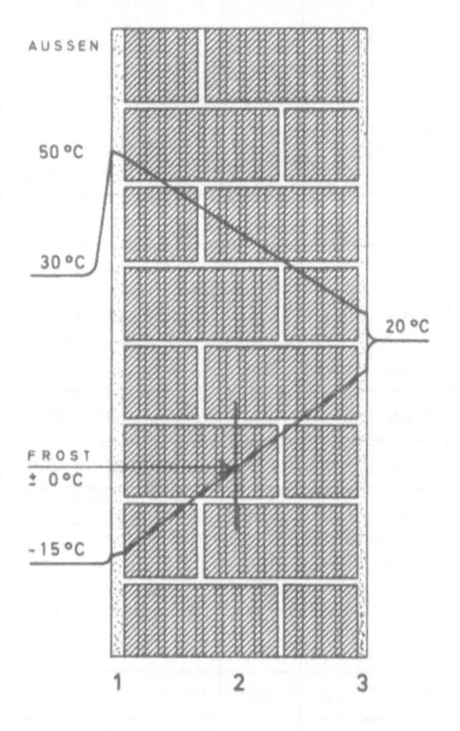

Konstruktion	Dicke	Gewicht	Wärmeleit-fähigkeit λ		Wärmedurchlaß-widerstand 1/Λ	
	m	kg/m²	W/mK	kcal/mh°C	m²K/W	m²h°C/kcal
1 Außenputz	0.020	38	0.87	*0.75*	0.02	*0.03*
2 Hochlochziegel HLz 1.2	0.365	438	0.52	*0.45*	0.70	*0.81*
3 Innenputz	0.015	23	0.70	*0.60*	0.02	*0.02*
Werte für die gesamte Wand	0.400	499	——	——	0.74	*0.86*
k-Wert 1.11 W/m²K *0.95 kcal/m²h°C*	Wärmeübergangswiderstände 1/α				0.16	*0.19*
	Wärmedurchgangswiderstand 1/k				0.90	*1.05*

Dicke der Tragwand	m	0.240	0.300	**0.365**	0.490
Gesamtdicke der Wand	m	0.275	0.335	**0.400**	0.525
Gesamtgewicht der Wand	kg/m²	345	421	**499**	649
Schalldämm-Maß R	dB	48	50	**52**	54
Wärmedurchlaßwiderstand 1/Λ	m²K/W *m²h°C/kcal*	0.50 *0.58*	0.62 *0.72*	**0.74** ***0.86***	0.98 *1.14*
Wärmedurchgangskoeffizient k	W/m²K *kcal/m²h°C*	1.51 *1.29*	1.27 *1.09*	**1.11** ***0.95***	0.87 *0.75*
Wärmespeicherungszahl W	kJ/m²K *kcal/m²°C*	137 *33*	168 *40*	**202** ***48***	273 *65*
Temperatur-Amplituden-Verhältnis	TAV	0.19	0.11	**0.06**	0.02

1.2 einschalige Außenwand aus Leicht-Hochlochziegel

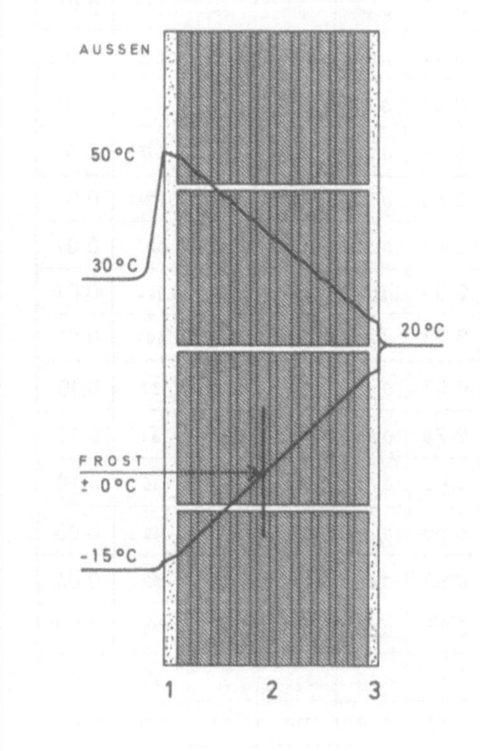

Konstruktion	Dicke	Gewicht	Wärmeleit-fähigkeit λ		Wärmedurchlaß-widerstand 1/Λ	
	m	kg/m²	W/mK	kcal/mh°C	m²K/W	m²h°C/kcal
1 Außenputz	0.020	38	0.87	*0.75*	0.02	*0.03*
2 Leicht-Hochlochziegel LHLz 0.8 Steinformat 300/240/238 mm	0.300	240	0.34*	*0.29**	0.88	*1.04*
3 Innenputz	0.015	23	0.70	*0.60*	0.02	*0.02*
* Zum Nachweis des Wärmeschutzes nach DIN 4108 beträgt die Wärmeleitfähigkeit für LHLz kleineren Formates, gemäß Bescheid des Instituts für Bautechnik 0.41 W/m²K bzw. 0.35 kcal/mh°C						
Werte für die gesamte Wand	0.335	301	——	——	0.92	*1.09*
k-Wert 0.92 W/m²K *0.78 kcal/m²h°C*	Wärmeübergangswiderstände 1/α				0.16	*0.19*
	Wärmedurchgangswiderstand 1/k				1.08	*1.28*

Dicke der Tragwand	m	0.240	**0.300**	0.365	0.490
Gesamtdicke der Wand	m	0.275	**0.335**	0.400	0.525
Gesamtgewicht der Wand	kg/m²	252	**301**	353	454
Schalldämm-Maß R	dB	47	**48**	49	52
Wärmedurchlaßwiderstand 1/Λ	m²K/W *m²h°C/kcal*	0.76 *0.88*	**0.92** ***1.09***	1.12 *1.31*	1.49 *1.74*
Wärmedurchgangskoeffizient k	W/m²K *kcal/m²h°C*	1.08 *0.93*	**0.92** ***0.78***	0.79 *0.67*	0.61 *0.52*
Wärmespeicherungszahl W	kJ/m²K *kcal/m²°C*	101 *24*	**125** ***30***	154 *37*	193 *46*
Temperatur-Amplituden-Verhältnis	TAV	0.17	**0.10**	0.06	0.02

1.3 einschalige Außenwand aus Kalksand-Lochsteinen

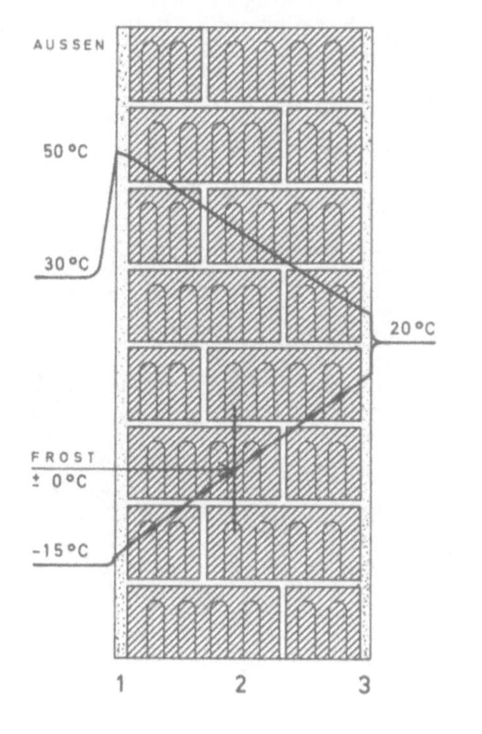

Konstruktion	Dicke	Gewicht	Wärmeleitfähigkeit λ		Wärmedurchlaßwiderstand 1/Λ	
	m	kg/m²	W/mK	*kcal/mh°C*	m²K/W	*m²h°C/kcal*
1 Außenputz	0.020	38	0.87	*0.75*	0.02	*0.03*
2 Kalksand-Lochsteine KSL 1.2	0.365	438	0.56	*0.48*	0.65	*0.76*
3 Innenputz	0.015	23	0.70	*0.60*	0.02	*0.02*
Werte für die gesamte Wand	0.400	499	—	—	0.69	*0.81*
k-Wert 1.18 W/m²K *1.00 kcal/m²h°C*	Wärmeübergangswiderstände 1/α				0.16	*0.19*
	Wärmedurchgangswiderstand 1/k				0.85	*1.00*

Dicke der Tragwand	m	0.240	0.300	**0.365**	0.490
Gesamtdicke der Wand	m	0.275	0.335	**0.400**	0.525
Gesamtgewicht der Wand	kg/m²	345	421	**499**	649
Schalldämm-Maß R	dB	48	50	**52**	54
Wärmedurchlaßwiderstand 1/Λ	m²K/W *m²h°C/kcal*	0.47 *0.55*	0.58 *0.68*	**0.69** ***0.81***	0.92 *1.07*
Wärmedurchgangskoeffizient k	W/m²K *kcal/m²h°C*	1.59 *1.35*	1.35 *1.15*	**1.18** ***1.00***	0.93 *0.79*
Wärmespeicherungszahl W	kJ/m²K *kcal/m²°C*	130 *31*	160 *38*	**194** ***46***	260 *62*
Temperatur-Amplituden-Verhältnis	TAV	0.21	0.13	**0.07**	0.03

1.4 einschalige Außenwand aus Schlacken-Hohlblocksteinen

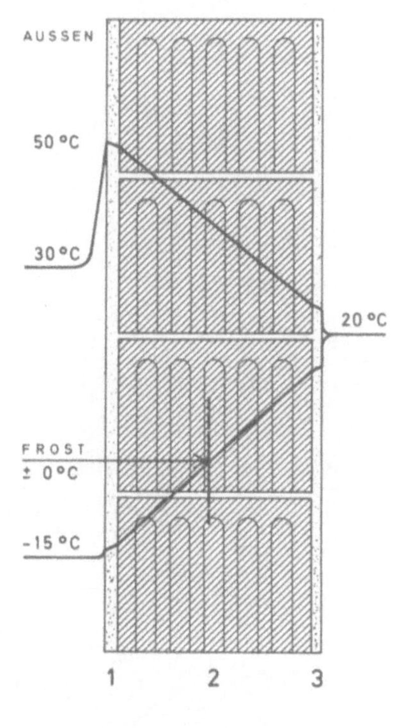

Konstruktion	Dicke	Gewicht	Wärmeleitfähigkeit λ		Wärmedurchlaßwiderstand 1/Λ	
	m	kg/m²	W/mK	*kcal/mh°C*	m²K/W	*m²h°C/kcal*
1 Außenputz	0.020	38	0.87	*0.75*	0.02	*0.03*
2 Schlacken-Hohlblocksteine SHbl (300/240/238 mm)	0.300	360	0.43	*0.37*	0.70	*0.81*
3 Innenputz	0.015	23	0.70	*0.60*	0.02	*0.02*
Werte für die gesamte Wand	0.335	421	—	—	0.74	*0.86*
k-Wert 1.11 W/m²K *0.95 kcal/m²h°C*	Wärmeübergangswiderstände 1/α				0.16	*0.19*
	Wärmedurchgangswiderstand 1/k				0.90	*1.05*

Dicke der Tragwand	m	0.240	**0.300**
Gesamtdicke der Wand	m	0.275	**0.335**
Gesamtgewicht der Wand	kg/m²	349	**421**
Schalldämm-Maß R	dB	49	**51**
Wärmedurchlaßwiderstand 1/Λ	m²K/W *m²h°C/kcal*	0.60 *0.70*	**0.74** ***0.87***
Wärmedurchgangskoeffizient k	W/m²K *kcal/m²h°C*	1.32 *1.12*	**1.11** ***0.95***
Wärmespeicherungszahl W	kJ/m²K *kcal/m²°C*	143 *34*	**177** ***42***
Temperatur-Amplituden-Verhältnis	TAV	0.14	**0.08**

1.5 einschalige Außenwand aus Klimaleichtblöcken

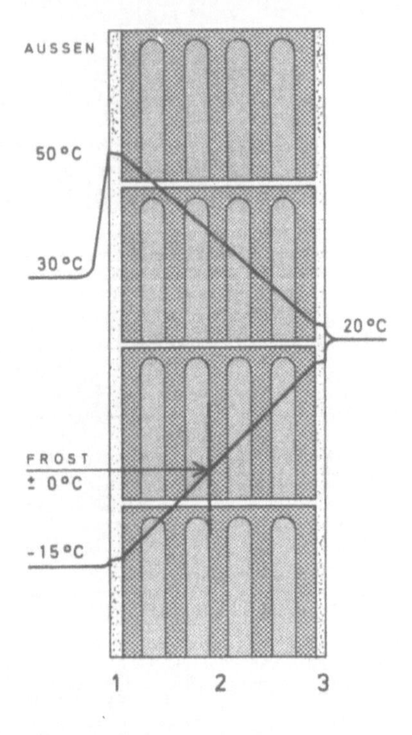

Konstruktion	Dicke m	Gewicht kg/m²	Wärmeleitfähigkeit λ W/mK	kcal/mh°C	Wärmedurchlaßwiderstand 1/Λ m²K/W	m²h°C/kcal
1 Außenputz	0.020	38	0.87	0.75	0.02	0.03
2* Klimaleichtblöcke KLB 25 0.6 kg/dm³	0.300	180	0.22	0.19	1.36	1.58
3 Innenputz	0.015	23	0.70	0.60	0.02	0.02
* mit Leichtmörtel vermauert						
Werte für die gesamte Wand	0.335	241	—	—	1.40	1.63
k-Wert 0.64 W/m²K 0.55 kcal/m²h°C	Wärmeübergangswiderstände 1/α				0.16	0.19
	Wärmedurchgangswiderstand 1/k				1.56	1.82

Dicke der Tragwand	m	0.240	0.300
Gesamtdicke der Wand	m	0.275	0.335
Gesamtgewicht der Wand	kg/m²	205	241
Schalldämm-Maß R	dB	45	47
Wärmedurchlaßwiderstand 1/Λ	m²K/W m²h°C/kcal	1.13 1.32	1.40 1.63
Wärmedurchgangskoeffizient k	W/m²K kcal/m²h°C	0.78 0.66	0.64 0.55
Wärmespeicherungszahl W	kJ/m²K kcal/m²°C	92 22	113 27
Temperatur-Amplituden-Verhältnis	TAV	0.12	0.07

1.6 einschalige Außenwand aus Leichtbeton-Vollblöcken

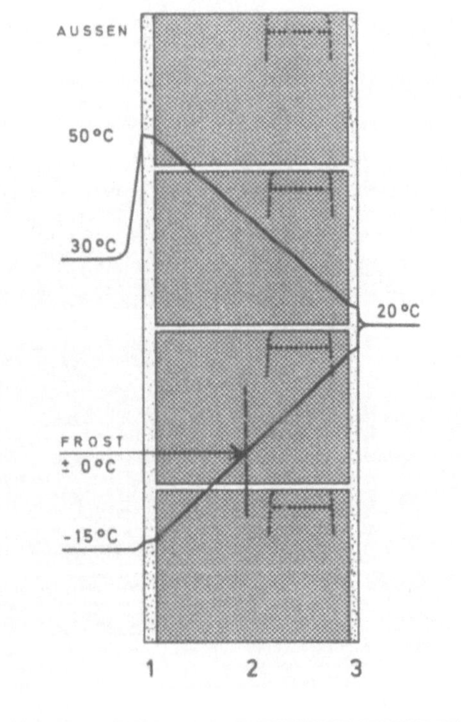

Konstruktion	Dicke m	Gewicht kg/m²	Wärmeleitfähigkeit λ W/mK	kcal/mh°C	Wärmedurchlaßwiderstand 1/Λ m²K/W	m²h°C/kcal
1 Außenputz	0.020	38	0.87	0.75	0.02	0.03
2* Leichtbeton-Vollblöcke 0.6 kg/dm³	0.300	180	0.29	0.25	1.03	1.20
3 Innenputz	0.015	23	0.70	0.60	0.02	0.02
* mit Leichtmörtel vermauert						
Werte für die gesamte Wand	0.335	241	—	—	1.07	1.25
k-Wert 0.81 W/m²K 0.69 kcal/m²h°C	Wärmeübergangswiderstände 1/α				0.16	0.19
	Wärmedurchgangswiderstand 1/k				1.23	1.44

Dicke der Tragwand	m	0.240	0.300	0.365
Gesamtdicke der Wand	m	0.275	0.335	0.400
Gesamtgewicht der Wand	kg/m²	205	241	280
Schalldämm-Maß R	dB	45	47	48
Wärmedurchlaßwiderstand 1/Λ	m²K/W m²h°C/kcal	0.87 1.01	1.07 1.25	1.30 1.51
Wärmedurchgangskoeffizient k	W/m²K kcal/m²h°C	0.97 0.83	0.81 0.69	0.69 0.59
Wärmespeicherungszahl W	kJ/m²K kcal/m²°C	88 21	105 25	120 30
Temperatur-Amplituden-Verhältnis	TAV	0.18	0.10	0.06

1.7 einschalige Außenwand aus Leichtbeton

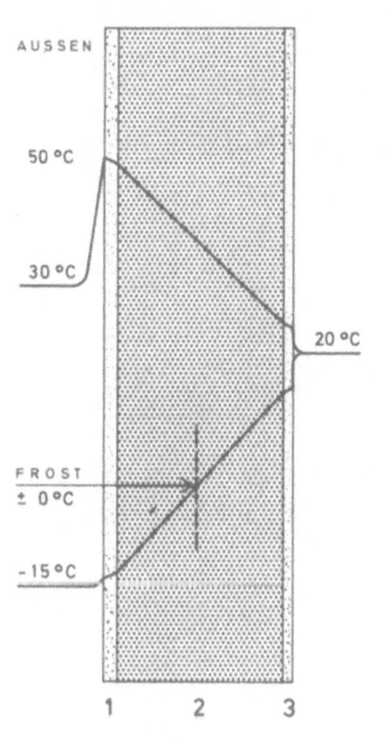

Konstruktion	Dicke	Gewicht	Wärmeleitfähigkeit λ		Wärmedurchlaßwiderstand 1/Λ	
	m	kg/m²	W/mK	kcal/mh°C	m²K/W	m²h°C/kcal
1 Außenputz	0.020	38	0.87	0.75	0.02	0.03
2 Leichtbeton 1.0 kg/dm³	0.250	250	0.35	0.30	0.72	0.83
3 Innenputz	0.015	23	0.70	0.60	0.02	0.02
Werte für die gesamte Wand	0.285	311	—	—	0.76	0.88
k-Wert 1.08 W/m²K, 0.93 kcal/m²h°C	Wärmeübergangswiderstände 1/α				0.16	0.19
	Wärmedurchgangswiderstand 1/k				0.92	1.07

Dicke der Tragwand	m	0.200	0.250	0.300	0.350
Gesamtdicke der Wand	m	0.235	0.285	0.335	0.385
Gesamtgewicht der Wand	kg/m²	261	311	361	411
Schalldämm-Maß R	dB	47	48	50	51
Wärmedurchlaßwiderstand 1/Λ	m²K/W	0.62	0.76	0.90	1.05
	m²h°C/kcal	0.72	0.88	1.05	1.22
Wärmedurchgangskoeffizient k	W/m²K	1.28	1.18	0.94	0.83
	kcal/m²h°C	1.09	0.93	0.81	0.71
Wärmespeicherungszahl W	kJ/m²K	110	135	159	184
	kcal/m²°C	26	32	38	44
Temperatur-Amplituden-Verhältnis	TAV	0.19	0.12	0.07	0.04

1.8 einschalige Außenwand aus Gasbeton-Planblöcken

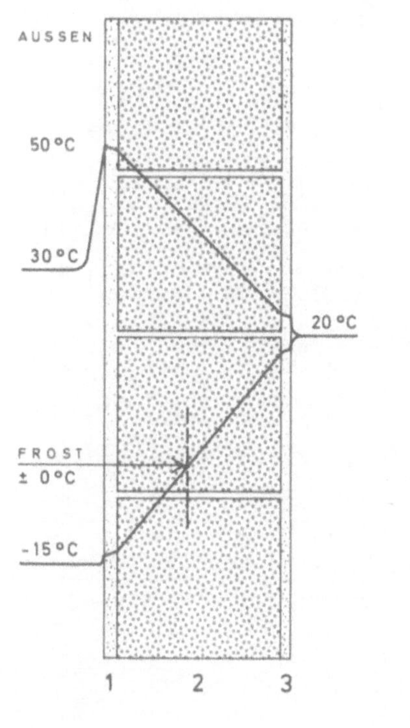

Konstruktion	Dicke	Gewicht	Wärmeleitfähigkeit λ		Wärmedurchlaßwiderstand 1/Λ	
	m	kg/m²	W/mK	kcal/mh°C	m²K/W	m²h°C/kcal
1 Außenputz	0.020	38	0.87	0.75	0.02	0.03
2 Gasbeton-Planblöcke G 25 0.47 kg/dm³	0.250	118	0.19	0.16	1.32	1.56
3 Innenputz	0.015	23	0.70	0.60	0.02	0.02
Werte für die gesamte Wand	0.285	179	—	—	1.36	1.61
k-Wert 0.66 W/m²K, 0.55 kcal/m²h°C	Wärmeübergangswiderstände 1/α				0.16	0.19
	Wärmedurchgangswiderstand 1/k				1.52	1.80

Dicke der Tragwand	m	0.200	0.250	0.300	0.350
Gesamtdicke der Wand	m	0.235	0.285	0.335	0.385
Gesamtgewicht der Wand	kg/m²	155	179	202	226
Schalldämm-Maß R	dB	43	44	45	46
Wärmedurchlaßwiderstand 1/Λ	m²K/W	1.09	1.36	1.62	1.88
	m²h°C/kcal	1.30	1.61	1.93	2.24
Wärmedurchgangskoeffizient k	W/m²K	0.80	0.66	0.56	0.49
	kcal/m²h°C	0.67	0.55	0.47	0.41
Wärmespeicherungszahl W	kJ/m²K	67	79	92	105
	kcal/m²°C	16	19	22	25
Temperatur-Amplituden-Verhältnis	TAV	0.18	0.11	0.07	0.04

2.1 zweischalige Außenwand mit Luftschicht (ohne Wärmedämmung)

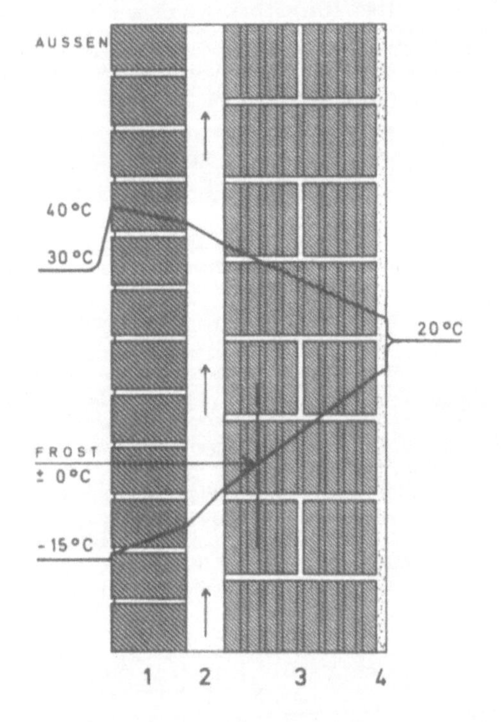

Konstruktion	Dicke m	Gewicht kg/m²	Wärmeleitfähigkeit λ W/mK	Wärmeleitfähigkeit λ kcal/mh°C	Wärmedurchlaßwiderstand 1/Λ m²K/W	Wärmedurchlaßwiderstand 1/Λ m²h°C/kcal
1 Verblendmauerwerk VMz 1.8	0.115	207	0.79	0.68	0.15	0.17
2 Luftschicht gemäß DIN 1053	0.060	—	—	—	0.18	0.21
3 Leicht-Hochlochziegel LHLz 0.8	0.240	192	0.41*	0.35*	0.59	0.69
4 Innenputz	0.015	23	0.70	0.60	0.02	0.02
Werte für die gesamte Wand	0.430	422	—	—	0.94	1.09
k-Wert ~~1.06~~ 0.91 W/m²K, 0.78 kcal/m²h°C	Wärmeübergangswiderstände 1/α				0.16	0.19
	Wärmedurchgangswiderstand 1/k				1.10	1.28

* Beim Steinformat 300/240/238 mm beträgt die Wärmeleitfähigkeit 0.34 W/m²K bzw. 0.29 kcal/mh°C in der Tabelle kleineres Format z.B. 240/115/113 mm.

Dicke der Tragwand	m	0.175	**0.240**	0.300	0.365
Gesamtdicke der Wand	m	0.365	**0.430**	0.490	0.555
Gesamtgewicht der Wand	kg/m²	370	**422**	470	522
Schalldämm-Maß R	dB	50	**51**	52	53
Wärmedurchlaßwiderstand 1/Λ	m²K/W m²h°C/kcal	0.78 0.90	**0.94 1.09**	1.08 1.26	1.24 1.44
Wärmedurchgangskoeffizient k	W/m²K kcal/m²h°C	1.06 0.92	**0.91 0.78**	0.81 0.69	0.71 0.61
Wärmespeicherungszahl W	kJ/m²K kcal/m²°C	126 30	**151 36**	176 42	201 48
Temperatur-Amplituden-Verhältnis	TAV	0.11	**0.07**	0.04	0.02

2.2 zweischalige Außenwand mit Luftschicht und Wärmedämmung

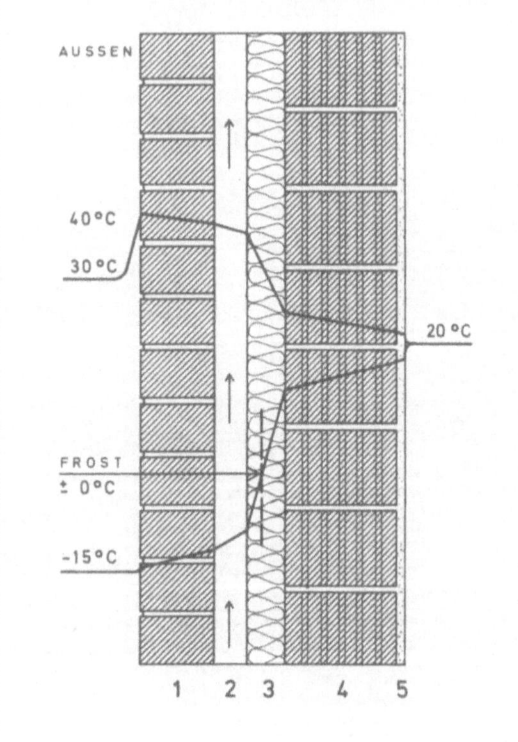

Konstruktion	Dicke m	Gewicht kg/m²	Wärmeleitfähigkeit λ W/mK	Wärmeleitfähigkeit λ kcal/mh°C	Wärmedurchlaßwiderstand 1/Λ m²K/W	Wärmedurchlaßwiderstand 1/Λ m²h°C/kcal
1 Verblendmauerwerk VHLz 1.6	0.115	184	0.70	0.60	0.16	0.19
2 Luftschicht gemäß DIN 1053	0.050	—	—	—	0.18	0.21
3 Mineralfaserplatte 0.1 kg/dm³	0.060	6	0.04	0.035	1.50	1.71
4 Hochlochziegel HLz 1.4	0.175	245	0.60	0.52	0.29	0.34
5 Innenputz	0.015	23	0.70	0.60	0.02	0.02
Werte für die gesamte Wand	0.415	458	—	—	2.15	2.47
k-Wert 0.44 W/m²K, 0.32 kcal/m²h°C	Wärmeübergangswiderstände 1/α				0.16	0.19
	Wärmedurchgangswiderstand 1/k				2.31	2.66

Dicke der Dämmschicht	mm	40	50	**60**	80
Gesamtdicke der Wand	m	0.395	0.405	**0.415**	0.435
Gesamtgewicht der Wand	kg/m²	456	457	**458**	460
Schalldämm-Maß R	dB	52	52	**52**	52
Wärmedurchlaßwiderstand 1/Λ	m²K/W m²h°C/kcal	1.65 1.91	1.90 2.20	**2.15 2.47**	2.65 3.04
Wärmedurchgangskoeffizient k	W/m²K kcal/m²h°C	0.55 0.48	0.48 0.42	**0.43 0.38**	0.36 0.31
Wärmespeicherungszahl W	kJ/m²K kcal/m²°C	213 51	222 53	**231 55**	247 59
Temperatur-Amplituden-Verhältnis	TAV	0.03	0.02	**0.02**	0.01

2.3 zweischalige Außenwand mit Luftschicht und Wärmedämmung

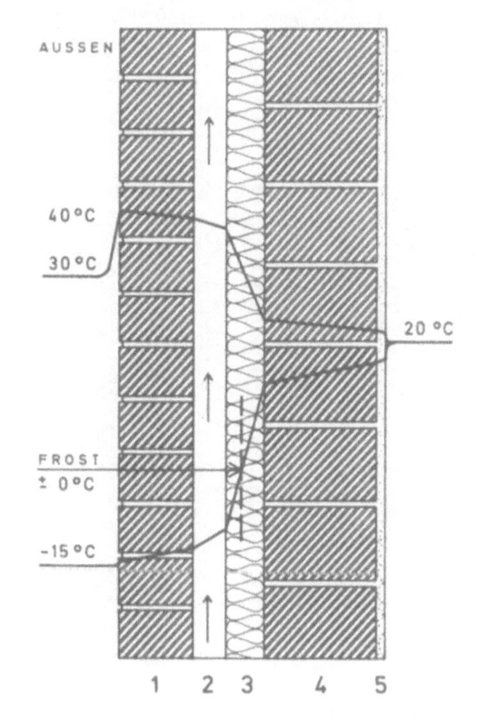

Konstruktion	Dicke	Gewicht	Wärmeleitfähigkeit λ		Wärmedurchlaßwiderstand 1/Λ	
	m	kg/m²	W/mK	kcal/mh°C	m²K/W	m²h°C/kcal
1 Verblendmauerwerk VKSV 2.0	0.115	230	1.10	0.95	0.10	0.12
2 Luftschicht gemäß DIN 1053	0.045	—	—	—	0.18	0.21
3 Mineralfaserplatte 0.1 kg/dm³	0.060	6	0.04	0.035	1.50	1.71
4 Kalksand-Vollsteine KSV 1.8	0.175	315	0.99	0.85	0.18	0.21
5 Innenputz	0.015	23	0.70	0.60	0.02	0.02
Werte für die gesamte Wand	0.410	574	—	—	1.98	2.27
k-Wert 0.47 W/m²K, 0.41 kcal/m²h°C	Wärmeübergangswiderstände 1/α				0.16	0.19
	Wärmedurchgangswiderstand 1/k				2.14	2.46

Dicke der Dämmschicht	mm	40	50	60	80
Gesamtdicke der Wand	m	0.390	0.400	0.410	0.430
Gesamtgewicht der Wand	kg/m²	572	573	574	576
Schalldämm-Maß R	dB	54	54	54	54
Wärmedurchlaßwiderstand 1/Λ	m²K/W	1.48	1.73	1.98	2.48
	m²h°C/kcal	1.70	1.99	2.27	2.81
Wärmedurchgangskoeffizient k	W/m²K	0.61	0.53	0.47	0.38
	kcal/m²h°C	0.53	0.46	0.41	0.33
Wärmespeicherungszahl W	kJ/m²K	273	275	277	280
	kcal/m²°C	65	66	66	67
Temperatur-Amplituden-Verhältnis	TAV	0.03	0.02	0.02	0.02

2.4 zweischalige Außenwand mit Luftschicht und Wärmedämmung

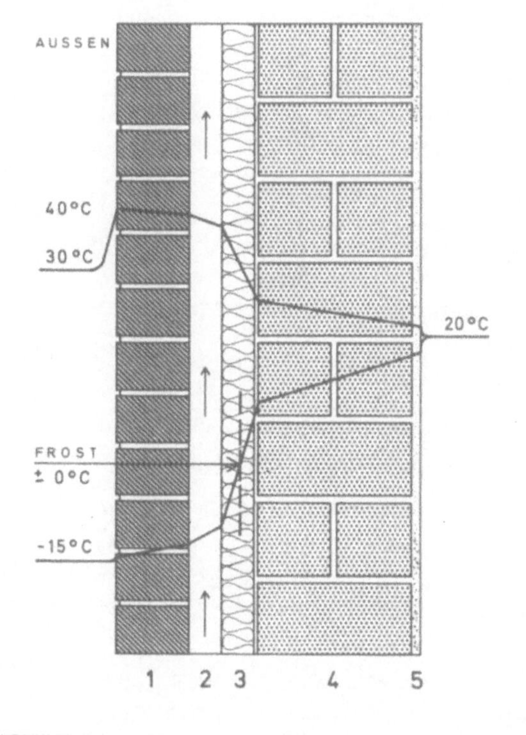

Konstruktion	Dicke	Gewicht	Wärmeleitfähigkeit λ		Wärmedurchlaßwiderstand 1/Λ	
	m	kg/m²	W/mK	kcal/mh°C	m²K/W	m²h°C/kcal
1 Verblendmauerwerk KMz 1.9	0.115	219	1.05	0.90	0.11	0.13
2 Luftschicht gemäß DIN 1053	0.050	—	—	—	0.18	0.21
3 Mineralfaserplatte 0.1 kg/dm³	0.050	5	0.04	0.035	1.25	1.43
4 Leichtbeton-Vollsteine 1.2 kg/dm³	0.240	288	0.52	0.45	0.46	0.53
5 Innenputz	0.015	23	0.70	0.60	0.02	0.02
Werte für die gesamte Wand	0.470	535	—	—	2.02	2.32
k-Wert 0.46 W/m²K, 0.40 kcal/m²h°C	Wärmeübergangswiderstände 1/α				0.16	0.19
	Wärmedurchgangswiderstand 1/k				2.18	2.51

Dicke der Dämmschicht	mm	40	50	60	80
Gesamtdicke der Wand	m	0.460	0.470	0.480	0.500
Gesamtgewicht der Wand	kg/m²	534	535	536	538
Schalldämm-Maß R	dB	53	53	53	53
Wärmedurchlaßwiderstand 1/Λ	m²K/W	1.77	2.02	2.27	2.77
	m²h°C/kcal	2.04	2.32	2.55	3.12
Wärmedurchgangskoeffizient k	W/m²K	0.52	0.46	0.41	0.34
	kcal/m²h°C	0.45	0.40	0.36	0.30
Wärmespeicherungszahl W	kJ/m²K	264	268	272	281
	kcal/m²°C	63	64	65	67
Temperatur-Amplituden-Verhältnis	TAV	0.02	0.01	0.01	0.01

3.1 Außenwand mit Außendämmung und hinterlüfteter Verkleidung

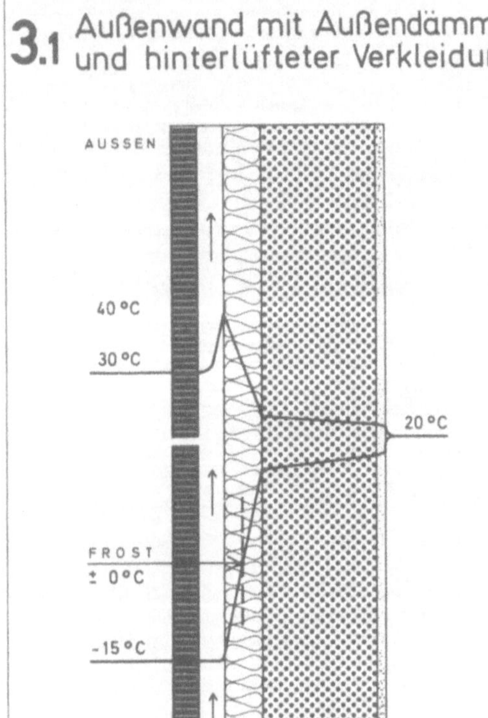

Konstruktion	Dicke m	Gewicht kg/m²	Wärmeleitfähigkeit λ W/mK	Wärmeleitfähigkeit λ kcal/mh°C	Wärmedurchlaßwiderstand 1/Λ m² K/W	Wärmedurchlaßwiderstand 1/Λ m²h°C/kcal
1 Natursteinplatte*+ Anker	0.040	88	—	—	—	—
2 Luftschicht	0.040	—	—	—	—	—
3 Mineralfaserplatte 0.1 kg/dm³	0.060	6	0.04	0.035	1.50	1.71
4 Stahlbeton Bn 250	0.180	423	2.04	1.75	0.09	0.10
5 Innenputz	0.015	23	0.70	0.60	0.02	0.02
* auch: Waschbetonplatte, Spaltplattenelement u. dgl						
Werte für die gesamte Wand	0.335	549	—	—	1.61	1.83
k-Wert 0.57 W/m²K 0.49 kcal/m²h°C	Wärmeübergangswiderstände 1/α				0.16	0.19
	Wärmedurchgangswiderstand 1/k				1.77	2.02

Dicke der Dämmschicht	mm	40	50	60	80
Gesamtdicke der Wand	m	0.315	0.325	0.335	0.355
Gesamtgewicht der Wand	kg/m²	547	548	549	551
Schalldämm-Maß R	dB	53	53	53	53
Wärmedurchlaßwiderstand 1/Λ	m²K/W	1.11	1.36	1.61	2.11
	m²h°C/kcal	1.27	1.56	1.83	2.41
Wärmedurchgangskoeffizient k	W/m²K	0.79	0.66	0.57	0.45
	kcal/m²h°C	0.69	0.57	0.49	0.39
Wärmespeicherungszahl W	kJ/m²K	381	389	398	406
	kcal/m²°C	91	93	95	97
Temperatur-Amplituden-Verhältnis	TAV	0.02	0.02	0.02	0.01

3.2 Außenwand mit Außendämmung und hinterlüfteter Verkleidung

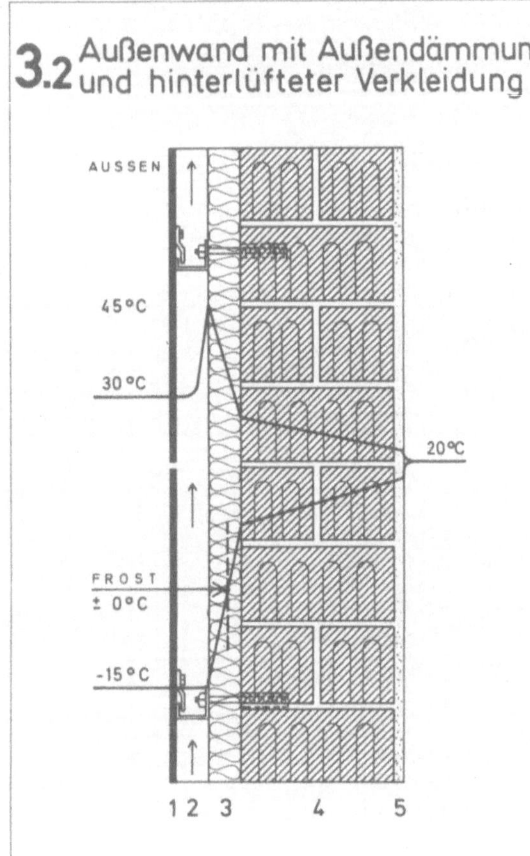

Konstruktion	Dicke m	Gewicht kg/m²	Wärmeleitfähigkeit λ W/mK	Wärmeleitfähigkeit λ kcal/mh°C	Wärmedurchlaßwiderstand 1/Λ m² K/W	Wärmedurchlaßwiderstand 1/Λ m²h°C/kcal
1 Plattenverkleidung *	0.010	20	—	—	—	—
2 Luftschicht +Tragkonstruktion	0.050	10	—	—	—	—
3 Mineralfaserplatte 0.1 kg/dm³	0.050	5	0.04	0.035	1.25	1.43
4 Kalksand-Lochsteine KSL 1.4	0.240	336	0.70	0.60	0.34	0.40
5 Innenputz	0.015	23	0.70	0.60	0.02	0.02
* Asbestzement, Leichtmetall, Kunststoff u. dgl.						
Werte für die gesamte Wand	0.365	394	—	—	1.61	1.85
k-Wert 0.57 W/m²K 0.49 kcal/m²h°C	Wärmeübergangswiderstände 1/α				0.16	0.19
	Wärmedurchgangswiderstand 1/k				1.77	2.04

Dicke der Dämmschicht	mm	40	50	60	80
Gesamtdicke der Wand	m	0.355	0.365	0.375	0.395
Gesamtgewicht der Wand	kg/m²	393	394	395	397
Schalldämm-Maß R	dB	50	50	50	50
Wärmedurchlaßwiderstand 1/Λ	m²K/W	1.36	1.61	1.86	2.36
	m²h°C/kcal	1.57	1.86	2.14	2.71
Wärmedurchgangskoeffizient k	W/m²K	0.66	0.57	0.50	0.41
	kcal/m²h°C	0.57	0.49	0.43	0.35
Wärmespeicherungszahl W	kJ/m²K	264	269	274	281
	kcal/m²°C	63	65	65	67
Temperatur-Amplituden-Verhältnis	TAV	0.02	0.02	0.02	0.01

3.3 Außenwand mit Außendämmung und hinterlüfteter Verkleidung

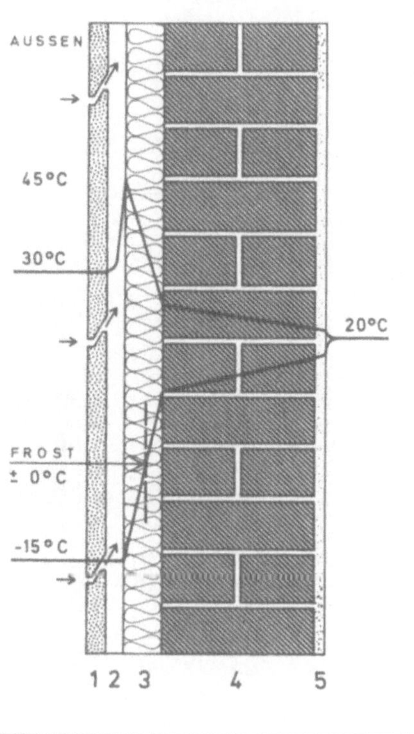

Konstruktion	Dicke m	Gewicht kg/m²	Wärmeleitfähigkeit λ W/mK	kcal/mh°C	Wärmedurchlaßwiderstand 1/Λ m² K/W	m²h°C/kcal
1 Betonplatten, auch Keramikplatten o. dgl.	0.030	60	—	—	—	—
2 Luftschicht + Tragkonstruktion	0.030	—	—	—	—	—
3 Mineralfaserplatte 0.1 kg/dm³	0.060	6	0.04	*0.035*	1.50	*1.71*
4 Mauerziegel Mz 1.8	0.240	432	0.79	*0.68*	0.30	*0.35*
5 Innenputz	0.015	23	0.70	*0.60*	0.02	*0.02*
Werte für die gesamte Wand	0.375	521	—	—	1.82	*2.08*
k-Wert 0.51 W/m²K, *0.44 kcal/m²h°C*	Wärmeübergangswiderstände 1/α				0.16	*0.19*
	Wärmedurchgangswiderstand 1/k				1.98	*2.27*

Dicke der Dämmschicht	mm	40	50	60	80
Gesamtdicke der Wand	m	0.355	0.365	0.375	0.395
Gesamtgewicht der Wand	kg/m²	519	520	521	523
Schalldämm-Maß R	dB	53	53	53	53
Wärmedurchlaßwiderstand 1/Λ	m²K/W	1.32	1.57	1.82	2.32
	m²h°C/kcal	*1.52*	*1.81*	*2.08*	*2.66*
Wärmedurchgangskoeffizient k	W/m²K	0.68	0.58	0.51	0.40
	kcal/m²h°C	*0.59*	*0.50*	*0.44*	*0.35*
Wärmespeicherungszahl W	kJ/m²K	348	355	363	377
	kcal/m²°C	*83*	*85*	*87*	*90*
Temperatur-Amplituden-Verhältnis	TAV	0.02	0.02	0.01	0.01

3.4 Außenwand mit Außendämmung und hinterlüfteter Verkleidung

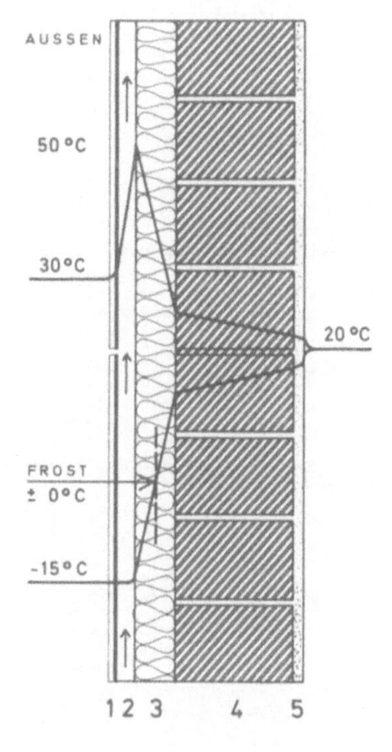

Konstruktion	Dicke m	Gewicht kg/m²	Wärmeleitfähigkeit λ W/mK	kcal/mh°C	Wärmedurchlaßwiderstand 1/Λ m² K/W	m²h°C/kcal
1 Verkleidungsplatte profiliert *	0.002	8	—	—	—	—
2 Luftschicht + Tragkonstruktion	0.028	5	—	—	—	—
3 Hartschaumplatte	0.060	1	0.04	*0.035*	1.50	*1.71*
4 Kalksand-Vollsteine KSV 1.8	0.175	315	0.99	*0.85*	0.18	*0.21*
5 Innenputz	0.015	23	0.70	*0.60*	0.02	*0.02*
* Leichtmetall, Kunststoffe, Bleche u. dgl.						
Werte für die gesamte Wand	0.280	352	—	—	1.70	*1.94*
k-Wert 0.54 W/m²K, *0.47 kcal/m²h°C*	Wärmeübergangswiderstände 1/α				0.16	*0.19*
	Wärmedurchgangswiderstand 1/k				1.86	*2.13*

Dicke der Dämmschicht	mm	40	50	60	80
Gesamtdicke der Wand	m	0.260	0.270	0.280	0.300
Gesamtgewicht der Wand	kg/m²	350	351	352	354
Schalldämm-Maß R	dB	49	49	49	49
Wärmedurchlaßwiderstand 1/Λ	m²K/W	1.20	1.45	1.70	2.20
	m²h°C/kcal	*1.37*	*1.66*	*1.94*	*2.52*
Wärmedurchgangskoeffizient k	W/m²K	0.74	0.62	0.54	0.42
	kcal/m²h°C	*0.64*	*0.54*	*0.47*	*0.37*
Wärmespeicherungszahl W	kJ/m²K	255	259	264	271
	kcal/m²°C	*61*	*62*	*63*	*65*
Temperatur-Amplituden-Verhältnis	TAV	0.04	0.03	0.03	0.02

4.1 Außenwand mit einschaliger Außendämmung auf KSL-Mauerwerk

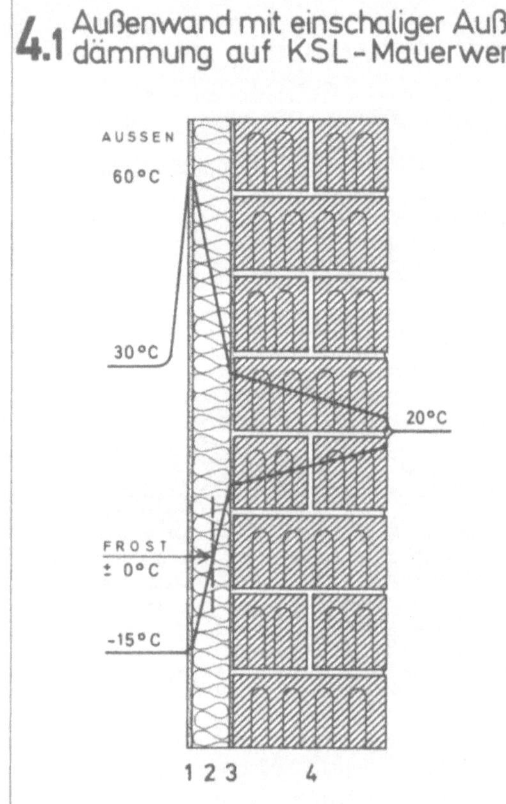

Konstruktion	Dicke	Gewicht	Wärmeleitfähigkeit λ		Wärmedurchlaßwiderstand 1/Λ	
	m	kg/m²	W/mK	kcal/mh°C	m²K/W	m²h°C/kcal
1 Kunststoff-Zementputz mit Armierung	0.006	10	0.70	0.60	0.01	0.01
2 PS-Hartschaumplatte	0.060	1	0.04	0.035	1.50	1.71
3 Ansetzkleber	0.004	4	0.35	0.30	0.01	0.01
4 Kalksand-Lochsteine KSL 1.4 als Sichtmauerwerk auf der Raumseite	0.240	336	0.70	0.60	0.34	0.40
Werte für die gesamte Wand	0.310	351	——	——	1.86	2.13
k-Wert 0.50 W/m²K, 0.43 kcal/m²h°C	Wärmeübergangswiderstände 1/α				0.16	0.19
	Wärmedurchgangswiderstand 1/k				2.02	2.32

Dicke der Dämmschicht	mm	40	50	60	80
Gesamtdicke der Wand	m	0.290	0.300	0.310	0.330
Gesamtgewicht der Wand	kg/m²	351	351	351	352
Schalldämm-Maß R	dB	49	49	49	49
Wärmedurchlaßwiderstand 1/Λ	m²K/W	1.36	1.61	1.86	2.36
	m²h°C/kcal	1.56	1.85	2.13	2.70
Wärmedurchgangskoeffizient k	W/m²K	0.66	0.57	0.50	0.40
	kcal/m²h°C	0.57	0.49	0.43	0.35
Wärmespeicherungszahl W	kJ/m²K	243	251	258	270
	kcal/m²°C	58	60	61	64
Temperatur-Amplituden-Verhältnis	TAV	0.03	0.03	0.02	0.02

4.2 Außenwand mit anbetonierter einschaliger Außendämmung

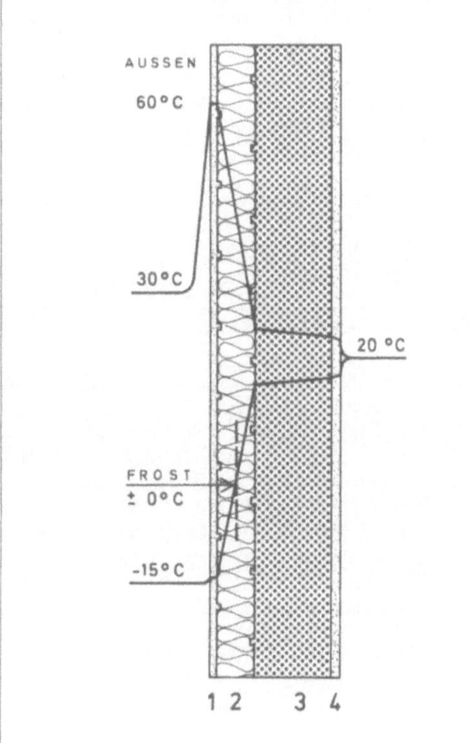

Konstruktion	Dicke	Gewicht	Wärmeleitfähigkeit λ		Wärmedurchlaßwiderstand 1/Λ	
	m	kg/m²	W/mK	kcal/mh°C	m²K/W	m²h°C/kcal
1 Kunststoff-Zementputz mit Armierung	0.010	16	0.70	0.60	0.01	0.02
2 PS-Hartschaumplatte, geformt anbetoniert	0.060	1	0.04	0.035	1.50	1.71
3 Stahlbeton Bn 350, Fertigteil	0.120	300	2.33	2.00	0.05	0.06
4 Innenputz	0.015	23	0.70	0.60	0.02	0.02
Werte für die gesamte Wand	0.205	340	——	——	1.58	1.81
k-Wert 0.58 W/m²K, 0.50 kcal/m²h°C	Wärmeübergangswiderstände 1/α				0.16	0.19
	Wärmedurchgangswiderstand 1/k				1.74	2.00

Dicke der Dämmschicht	mm	40	50	60	80
Gesamtdicke der Wand	m	0.185	0.195	0.205	0.225
Gesamtgewicht der Wand	kg/m²	340	340	340	341
Schalldämm-Maß R	dB	49	49	49	49
Wärmedurchlaßwiderstand 1/Λ	m²K/W	1.08	1.33	1.58	2.08
	m²h°C/kcal	1.24	1.53	1.81	2.38
Wärmedurchgangskoeffizient k	W/m²K	0.81	0.67	0.58	0.45
	kcal/m²h°C	0.70	0.58	0.50	0.39
Wärmespeicherungszahl W	kJ/m²K	271	276	281	289
	kcal/m²°C	65	66	67	69
Temperatur-Amplituden-Verhältnis	TAV	0.04	0.03	0.03	0.02

4.3 Außenwand mit äußerer Dämmschale

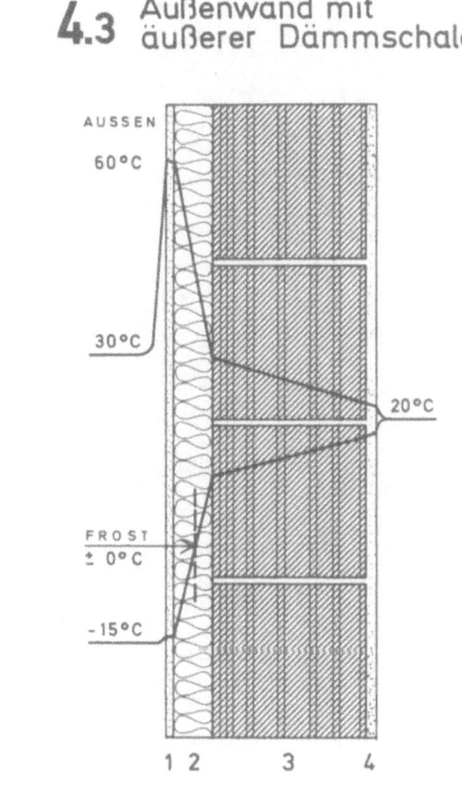

Konstruktion	Dicke m	Gewicht kg/m²	Wärmeleitfähigkeit λ W/mK	kcal/mh°C	Wärmedurchlaßwiderstand 1/Λ m²K/W	m²h°C/kcal
1 Kunststoff-Zementputz mit Armierung	0.010	10	0.70	*0.60*	0.01	*0.02*
2 Dämmschale Formteil aus PS-Hartschaum	0.060	1	0.04	*0.035*	1.62**	*1.85***
3 Hochlochziegel* HLz 1.4 spezieller Formstein	0.240	336	0.60	*0.52*	0.40	*0.46*
4 Innenputz	0.015	23	0.70	*0.60*	0.02	*0.02*
* Auch Kalksand-Lochsteine KSL 1.4						
** Erhöhung wegen angeformter Rippen						
Werte für die gesamte Wand	0.325	376	—	—	2.05	*2.35*
k-Wert 0.45 W/m²K *0.39 kcal/m²h°C*	Wärmeübergangswiderstände 1/α				0.16	*0.19*
	Wärmedurchgangswiderstand 1/k				2.21	*2.54*

Dicke der Dämmschale	mm	HLz 1.4+60	HLz 1.4+80	KSL 1.4+60	KSL 1.4+80
Gesamtdicke der Wand	m	0.325	0.345	0.325	0.345
Gesamtgewicht der Wand	kg/m²	376	377	376	377
Schalldämm-Maß R	dB	50	50	50	50
Wärmedurchlaßwiderstand 1/Λ	m²K/W	2.05	2.57	1.99	2.52
	m²h°C/kcal	*2.36*	*2.95*	*2.29*	*2.89*
Wärmedurchgangskoeffizient k	W/m²K	0.45	0.37	0.47	0.38
	kcal/m²h°C	*0.39*	*0.32*	*0.40*	*0.33*
Wärmespeicherungszahl W	kJ/m²K	266	276	255	269
	kcal/m²°C	*63*	*66*	*61*	*64*
Temperatur-Amplituden-Verhältnis	TAV	0.02	0.01	0.02	0.02

4.4 Außenwand mit äußerem Dämmputz

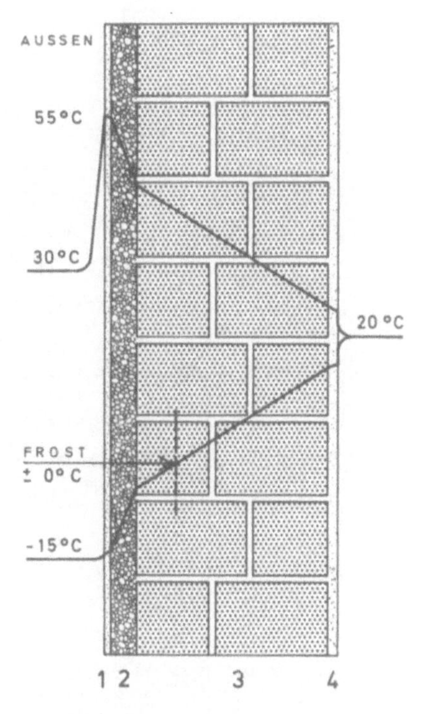

Konstruktion	Dicke m	Gewicht kg/m²	Wärmeleitfähigkeit λ W/mK	kcal/mh°C	Wärmedurchlaßwiderstand 1/Λ m²K/W	m²h°C/kcal
1 Außenputz	0.010	17	0.58	*0.50*	0.02	*0.02*
2 Dämmputz 0.6 kg/dm³	0.040	24	0.12	*0.10*	0.33	*0.40*
3 Leichtbeton-Vollsteine 1.0 kg/dm³	0.300	300	0.47	*0.40*	0.64	*0.75*
4 Innenputz	0.015	23	0.70	*0.60*	0.02	*0.02*
Werte für die gesamte Wand	0.365	364	—	—	1.01	*1.19*
k-Wert 0.85 W/m²K *0.72 kcal/m²h°C*	Wärmeübergangswiderstände 1/α				0.16	*0.19*
	Wärmedurchgangswiderstand 1/k				1.17	*1.38*

Dicke des Dämmputzes	mm	20	30	40	50
Gesamtdicke der Wand	m	0.345	0.355	0.365	0.375
Gesamtgewicht der Wand	kg/m²	352	358	364	370
Schalldämm-Maß R	dB	49	49	50	50
Wärmedurchlaßwiderstand 1/Λ	m²K/W	0.85	0.93	1.01	1.10
	m²h°C/kcal	*0.99*	*1.09*	*1.19*	*1.29*
Wärmedurchgangskoeffizient k	W/m²K	1.00	0.92	0.85	0.79
	kcal/m²h°C	*0.85*	*0.78*	*0.72*	*0.67*
Wärmespeicherungszahl W	kJ/m²K	196	200	205	214
	kcal/m²°C	*47*	*48*	*49*	*51*
Temperatur-Amplituden-Verhältnis	TAV	0.06	0.05	0.04	0.03

5.1 Außenwand aus Vormauerziegeln mit Innendämmung

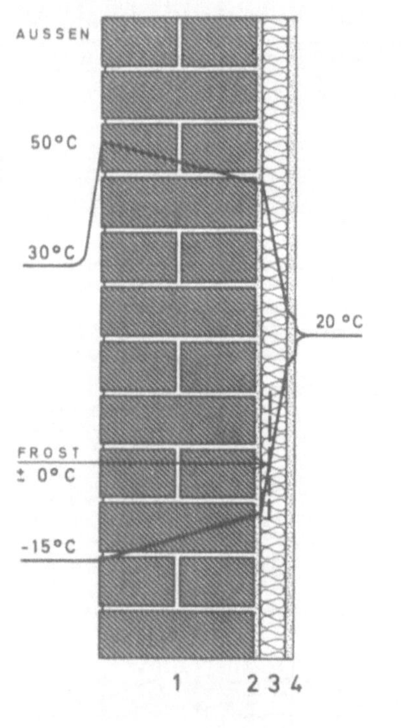

Konstruktion	Dicke	Gewicht	Wärmeleitfähigkeit λ		Wärmedurchlaßwiderstand 1/Λ	
	m	kg/m²	W/mK	kcal/mh°C	m²K/W	m²h°C/kcal
1 Vormauerziegel VMz 1.8	0.240	432	0.79	0.68	0.30	0.35
2 Ansetzkleber	0.007	7	0.35	0.30	0.02	0.02
3 Hartschaumplatte	0.040	1	0.04	0.035	1.00	1.14
4 Gipskartonplatte	0.013	12	0.21	0.18	0.06	0.07
3 + 4 auch als Fertigelement Dampfbremse zwischen 3 und 4 wird empfohlen						
Werte für die gesamte Wand	0.300	452	—	—	1.38	1.58
k-Wert 0.65 W/m²K 0.57 kcal/m²h°C	Wärmeübergangswiderstände 1/α				0.16	0.19
	Wärmedurchgangswiderstand 1/k				1.54	1.77

Dicke der Dämmschicht	mm	30	**40**	50	60
Gesamtdicke der Wand	m	0.290	**0.300**	0.310	0.320
Gesamtgewicht der Wand	kg/m²	452	**452**	452	452
Schalldämm-Maß R	dB	52	**52**	52	52
Wärmedurchlaßwiderstand 1/Λ	m²K/W m²h°C/kcal	1.13 1.30	**1.38 1.58**	1.62 1.87	1.87 2.15
Wärmedurchgangskoeffizient k	W/m²K kcal/m²h°C	0.78 0.67	**0.65 0.57**	0.57 0.49	0.49 0.43
Wärmespeicherungszahl W	kJ/m²K kcal/m²°C	72 17.1	**63 15.0**	55 13.2	50 12.0
Temperatur-Amplituden-Verhältnis	TAV	0.19	**0.18**	0.16	0.15

Seite 144/1

5.2 Außenwand aus Kalksand-Vormauersteinen mit Innendämmung

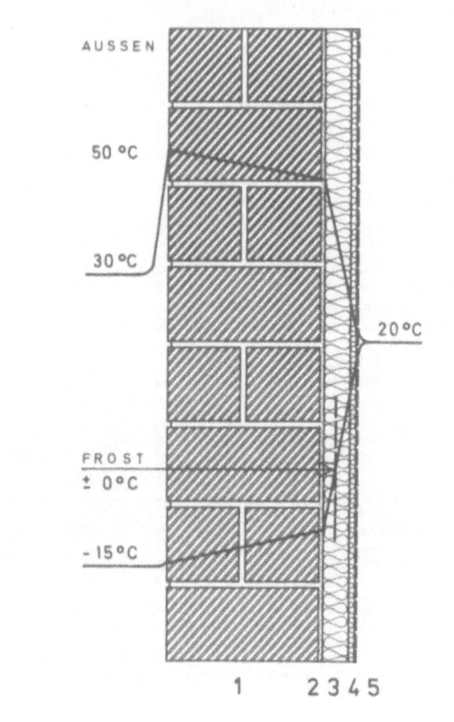

Konstruktion	Dicke	Gewicht	Wärmeleitfähigkeit λ		Wärmedurchlaßwiderstand 1/Λ	
	m	kg/m²	W/mK	kcal/mh°C	m²K/W	m²h°C/kcal
1 Vormauer-Kalksandvollsteine VKSV 1.8	0.240	432	0.99	0.85	0.24	0.28
2 Ansetzkleber	0.004	4	0.35	0.30	0.01	0.01
3 Hartschaumplatte	0.040	1	0.04	0.035	1.00	1.14
4 Mineralfaser-Hartplatte	0.010	2	0.04	0.035	0.25	0.29
5 Dampfbremse auf Hartkarton	0.001	—	0.08	0.07	0.01	0.01
3 - 5 Fertigelement						
Werte für die gesamte Wand	0.295	439	—	—	1.51	1.73
k-Wert 0.60 W/m²K 0.52 kcal/m²h°C	Wärmeübergangswiderstände 1/α				0.16	0.19
	Wärmedurchgangswiderstand 1/k				1.67	1.92

Dicke der Dämmschicht	mm	40 (30+10)	**50 (40+10)**	60 (50+10)	70 (60+10)
Gesamtdicke der Wand	m	0.285	**0.295**	0.305	0.315
Gesamtgewicht der Wand	kg/m²	439	**439**	439	439
Schalldämm-Maß R	dB	51	**51**	51	51
Wärmedurchlaßwiderstand 1/Λ	m²K/W m²h°C/kcal	1.26 1.45	**1.51 1.73**	1.76 2.02	2.01 2.30
Wärmedurchgangskoeffizient k	W/m²K kcal/m²h°C	0.71 0.61	**0.60 0.52**	0.52 0.45	0.46 0.40
Wärmespeicherungszahl W	kJ/m²K kcal/m²°C	47 11.2	**41 9.7**	36 8.5	31 7.3
Temperatur-Amplituden-Verhältnis	TAV	0.31	**0.31**	0.31	0.30

5.3 Außenwand aus Sichtbeton mit Innendämmung

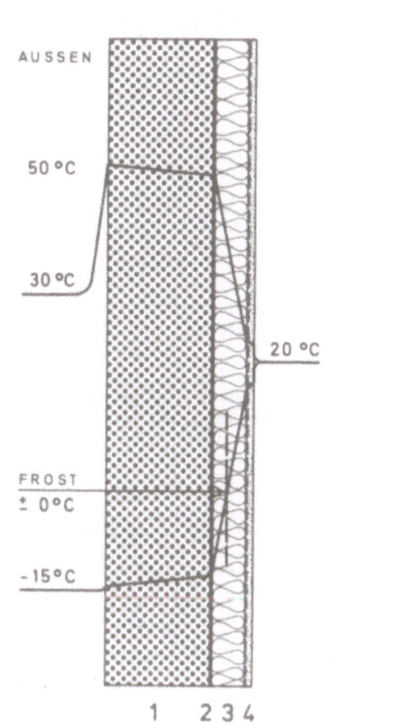

Konstruktion	Dicke m	Gewicht kg/m²	Wärmeleitfähigkeit λ W/mK	kcal/mh°C	Wärmedurchlaßwiderstand 1/Λ m²K/W	m²h°C/kcal
1 Stahlbeton Bn 350, Sichtbeton	0.160	400	2.33	2.00	0.07	0.08
2 Ansetzkleber	0.002	2	0.35	0.30	0.01	0.01
3 Hartschaumplatte	0.050	1	0.04	0.035	1.25	1.43
4 Gipskartonplatte	0.013	12	0.21	0.18	0.06	0.07
Dampfbremse zwischen 3 und 4 unbedingt erforderlich! 3+4 auch als Fertigelement						
Werte für die gesamte Wand	0.225	415	—	—	1.39	1.59
k-Wert 0.65 W/m²K 0.56 kcal/m²h°C	Wärmeübergangswiderstände 1/α				0.16	0.19
	Wärmedurchgangswiderstand 1/k				1.55	1.78

Dicke der Dämmschicht	mm	40	50	60	70
Gesamtdicke der Wand	m	0.215	0.225	0.235	0.245
Gesamtgewicht der Wand	kg/m²	415	415	415	415
Schalldämm-Maß R	dB	51	51	51	51
Wärmedurchlaßwiderstand 1/Λ	m²K/W	1.14	1.39	1.64	1.89
	m²h°C/kcal	1.30	1.59	1.87	2.16
Wärmedurchgangskoeffizient k	W/m²K	0.77	0.65	0.56	0.49
	kcal/m²h°C	0.67	0.56	0.49	0.42
Wärmespeicherungszahl W	kJ/m²K	23	29	27	25
	kcal/m²°C	7.9	7.0	6.4	5.9
Temperatur-Amplituden-Verhältnis	TAV	0.58	0.53	0.48	0.44

5.4 Außenwand aus Naturstein-Sichtmauerwerk mit Innendämmung

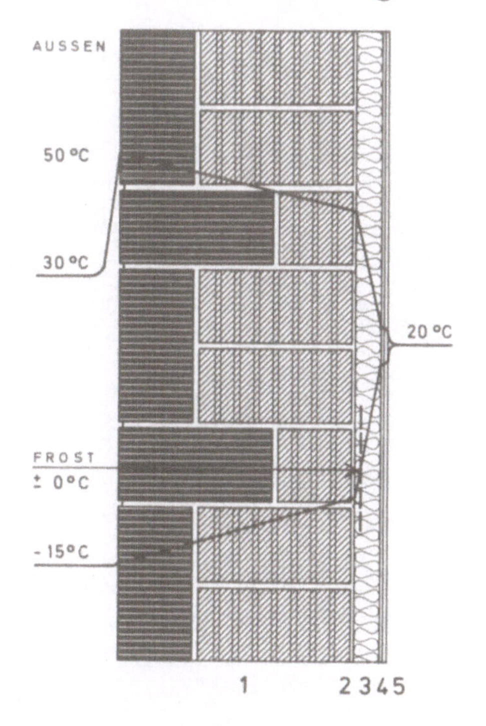

Konstruktion	Dicke m	Gewicht kg/m²	Wärmeleitfähigkeit λ W/mK	kcal/mh°C	Wärmedurchlaßwiderstand 1/Λ m²K/W	m²h°C/kcal
1 Naturstein-Sichtmauerwerk mit Hintermauerung aus HLz 1.4	0.365	602	1.16 0.60	1.00 0.52	0.48	0.56
2 Ansetzkleber	0.005	5	0.35	0.30	0.01	0.02
3 Hartschaumplatte	0.040	1	0.04	0.035	1.00	1.14
4 Synthetischer Anhydrit	0.005	9	0.81	0.70	0.01	0.01
5 Gips-Zellulosespachtel	0.005	8	0.27	0.23	0.02	0.02
3+4 als Fertigelement						
Werte für die gesamte Wand	0.420	625	—	—	1.52	1.75
k-Wert 0.60 W/m²K 0.52 kcal/m²h°C	Wärmeübergangswiderstände 1/α				0.16	0.19
	Wärmedurchgangswiderstand 1/k				1.68	1.94

Dicke der Dämmschicht	mm	30	40	50	60
Gesamtdicke der Wand	m	0.410	0.420	0.430	0.440
Gesamtgewicht der Wand	kg/m²	625	625	625	625
Schalldämm-Maß R	dB	54	54	54	54
Wärmedurchlaßwiderstand 1/Λ	m²K/W	1.27	1.52	1.77	2.02
	m²h°C/kcal	1.47	1.75	2.04	2.32
Wärmedurchgangskoeffizient k	W/m²K	0.70	0.60	0.52	0.46
	kcal/m²h°C	0.60	0.52	0.45	0.40
Wärmespeicherungszahl W	kJ/m²K	133	118	105	95
	kcal/m²°C	32	28	25	23
Temperatur-Amplituden-Verhältnis	TAV	0.05	0.05	0.04	0.04

6.1 Außenwand aus Schalungssteinen in Holzspanbeton

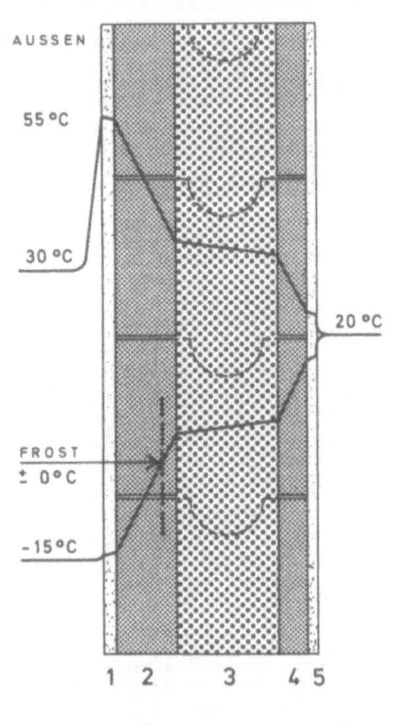

Konstruktion	Dicke m	Gewicht kg/m²	Wärmeleitfähigkeit λ W/mK	Wärmeleitfähigkeit λ kcal/mh°C	Wärmedurchlaßwiderstand 1/Λ m²K/W	Wärmedurchlaßwiderstand 1/Λ m²h°C/kcal
1 Außenputz	0.020	38	0.87	0.75	0.02	0.03
2 Außenschale aus Holz-Spanbeton	0.095	52	0.13	0.11	0.73	0.87
3 Betonkern Bn 250	0.160	384	2.04	1.75	0.08	0.09
4 Innenschale aus Holz-Spanbeton	0.045	25	0.13	0.11	0.35	0.41
5 Innenputz	0.015	23	0.70	0.60	0.02	0.02
Werte für die gesamte Wand	0.335	522	—	—	1.20	1.42
k-Wert 0.73 W/m²K, 0.62 kcal/m²h°C	Wärmeübergangswiderstände 1/α				0.16	0.19
	Wärmedurchgangswiderstand 1/k				1.36	1.61

Dicke der Tragwand	m mm	0.175 (30+115+30)	0.240 (40+160+40)	0.300 (45+210+45)	0.300 (95+160+45)
Gesamtdicke der Wand	m	0.210	0.275	0.335	0.335
Gesamtgewicht der Wand	kg/m²	369	488	614	522
Schalldämm-Maß R	dB	50	52	54	53
Wärmedurchlaßwiderstand 1/Λ	m²K/W m²h°C/kcal	0.56 0.67	0.74 0.87	0.88 0.99	1.20 1.42
Wärmedurchgangskoeffizient k	W/m²K kcal/m²h°C	1.38 1.15	1.10 0.93	0.94 0.84	0.73 0.62
Wärmespeicherungszahl W	kJ/m²K kcal/m²°C	161 38	220 53	280 67	306 73
Temperatur-Amplituden-Verhältnis	TAV	0.13	0.06	0.04	0.02

Seite 146/1

6.2 Außenwand aus Schalungssteinen in Leichtbeton

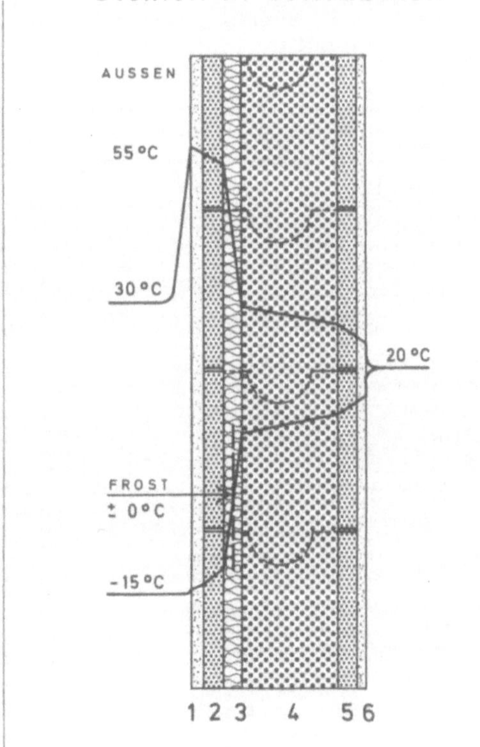

Konstruktion	Dicke m	Gewicht kg/m²	Wärmeleitfähigkeit λ W/mK	Wärmeleitfähigkeit λ kcal/mh°C	Wärmedurchlaßwiderstand 1/Λ m²K/W	Wärmedurchlaßwiderstand 1/Λ m²h°C/kcal
1 Außenputz	0.020	38	0.87	0.75	0.02	0.03
2 Außenschale aus Leichtbeton 1.2 kg/m³	0.030	36	0.52	0.45	} 0.85 *	0.98 *
3 Hartschaumplatte	0.030	1	0.04	0.035		
4 Kernbeton Bn 250	0.150	360	2.04	1.75		
5 Innenschale aus Leichtbeton 1.2 kg/m³	0.030	36	0.52	0.45		
6 Innenputz	0.015	23	0.70	0.60	0.02	0.02
Werte für die gesamte Wand	0.275	494	—	—	0.89	1.03
k-Wert 0.95 W/m²K, 0.82 kcal/m²h°C	Wärmeübergangswiderstände 1/α				0.16	0.19
	Wärmedurchgangswiderstand 1/k				1.05	1.22

* Angaben aus Prospekt

Dicke der Tragwand	m mm	0.240 (55+130+55)	0.240 30+30+150+30	0.300 40+40+180+40	0.300 40+50+170+40
Gesamtdicke der Wand	m	0.275	0.275	0.335	0.335
Gesamtgewicht der Wand	kg/m²	505	494	590	566
Schalldämm-Maß R	dB	53	53	54	54
Wärmedurchlaßwiderstand 1/Λ	m²K/W m²h°C/kcal	0.32 0.38	0.89 1.03	1.16 1.35	1.40 1.64
Wärmedurchgangskoeffizient k	W/m²K kcal/m²h°C	2.08 1.75	0.95 0.82	0.76 0.65	0.64 0.55
Wärmespeicherungszahl W	kJ/m²K kcal/m²°C	198 47	351 84	439 105	426 102
Temperatur-Amplituden-Verhältnis	TAV	0.19	0.04	0.02	0.02

6.3 Außenwand in Mantelbeton-Bauweise mit Holzwolle-Leichtbauplatten

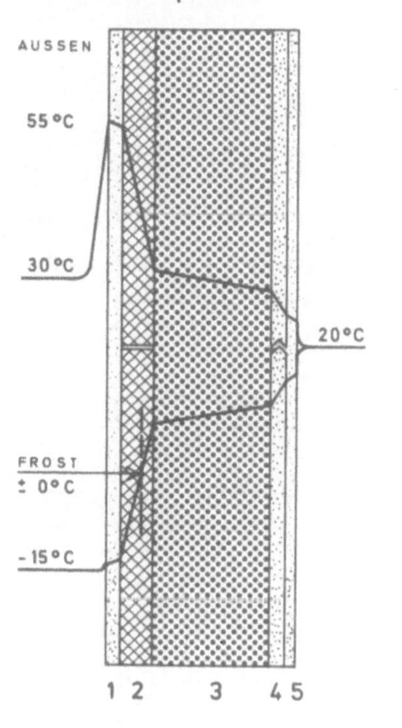

Konstruktion	Dicke m	Gewicht kg/m²	Wärmeleitfähigkeit λ W/mK	kcal/mh°C	Wärmedurchlaßwiderstand 1/Λ m² K/W	m²h°C/kcal
1 Außenputz	0.020	38	0.87	0.75	0.02	0.03
2 Holzwolle-Leichtbauplatte	0.050	20	0.081	0.07	0.62	0.71
3 Kernbeton Bn 250	0.180	432	2.04	1.75	0.09	0.10
4 Gipskartonplatte	0.025	23	0.23	0.20	0.11	0.13
5 Innenputz	0.015	23	0.70	0.60	0.02	0.02
Werte für die gesamte Wand	0.290	536	—	—	0.86	0.99
k-Wert 0.98 W/m²K, 0.85 kcal/m²h°C	Wärmeübergangswiderstände 1/α				0.16	0.19
	Wärmedurchgangswiderstand 1/k				1.02	1.18

Dicke der äußeren Dämmschicht	mm	35	50	75	100
Gesamtdicke der Wand	m	0.275	0.290	0.315	0.340
Gesamtgewicht der Wand	kg/m²	531	536	545	552
Schalldämm-Maß R	dB	53	53	53	53
Wärmedurchlaßwiderstand 1/Λ	m²K/W	0.68	0.86	1.24	1.56
	m²h°C/kcal	0.78	0.99	1.44	1.82
Wärmedurchgangskoeffizient k	W/m²K	1.20	0.98	0.71	0.58
	kcal/m²h°C	1.03	0.85	0.61	0.50
Wärmespeicherungszahl W	kJ/m²K	326	337	377	385
	kcal/m²°C	78	81	90	92
Temperatur-Amplituden-Verhältnis	TAV	0.06	0.04	0.02	0.02

6.4 Außenwand in Mantelbeton-Bauweise mit Hartschaum-Außenschale und Ziegel-Innenschale

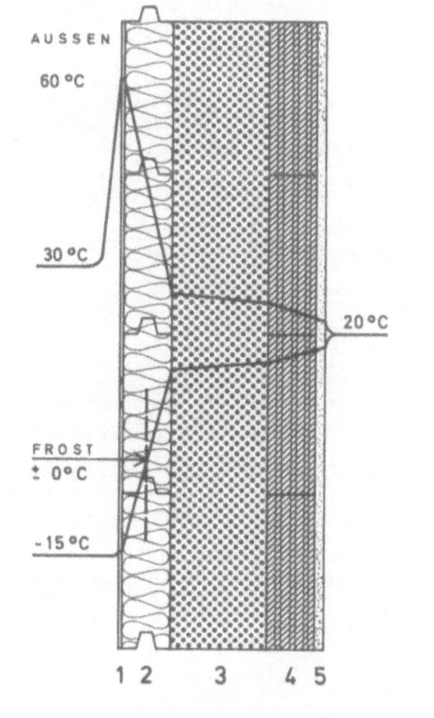

Konstruktion	Dicke m	Gewicht kg/m²	Wärmeleitfähigkeit λ W/mK	kcal/mh°C	Wärmedurchlaßwiderstand 1/Λ m² K/W	m²h°C/kcal
1 Kunststoff-Zementputz mit Armierung	0.006	10	0.70	0.60	0.01	0.01
2 Außenschale, PS-Formteil-Dämmplatte	0.075	2	0.04	0.035	1.79 *	2.03 *
3 Kernbeton Bn 250	0.150	360	2.04	1.75	0.07	0.09
4 Innenschale, Hochlochziegel 1.4	0.075	105	0.60	0.52	0.13	0.14
5 Innenputz	0.015	23	0.70	0.60	0.02	0.03
* Abminderung wegen innerer Verankerungsschlitze						
Werte für die gesamte Wand	0.321	500	—	—	2.02	2.30
k-Wert 0.47 W/m²K, 0.40 kcal/m²h°C	Wärmeübergangswiderstände 1/α				0.16	0.19
	Wärmedurchgangswiderstand 1/k				2.18	2.49

Dicke der Außenwand (ohne Putz)	m	0.300	0.250
Gesamtdicke der Wand	m	0.321	0.271
Gesamtgewicht der Wand	kg/m²	500	418
Schalldämm-Maß R	dB	53	51
Wärmedurchlaßwiderstand 1/Λ	m²K/W	2.02	2.00
	m²h°C/kcal	2.30	2.29
Wärmedurchgangskoeffizient k	W/m²K	0.47	0.47
	kcal/m²h°C	0.40	0.40
Wärmespeicherungszahl W	kJ/m²K	424	350
	kcal/m²°C	101	84
Temperatur-Amplituden-Verhältnis	TAV	0.01	0.02

Aufbau 250 mm:

Außenschale PS-Formteil	75
Kernbeton	150
Gipskartonplatte	25
	250

7.1 Außenwand als Stahlbeton-Fertigteil mit Kerndämmung

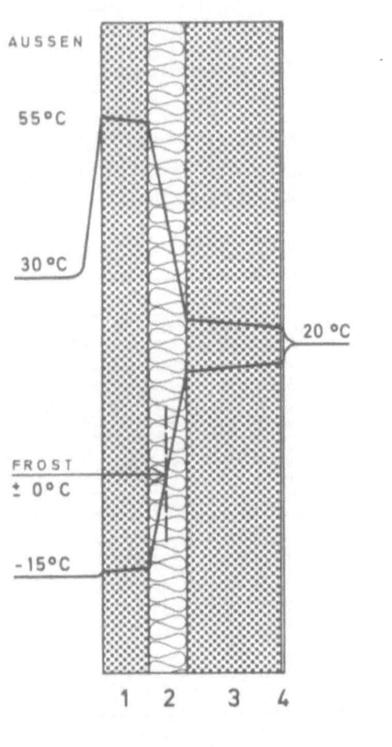

Konstruktion	Dicke m	Gewicht kg/m²	Wärmeleitfähigkeit λ W/mK	Wärmeleitfähigkeit λ kcal/mh°C	Wärmedurchlaßwiderstand 1/Λ m²K/W	Wärmedurchlaßwiderstand 1/Λ m²h°C/kcal
1 Stahlbeton-Außenschale Bn 350 (Sichtbeton, Waschbeton)	0.070	175	2.33	2.00	0.03	0.04
2 PS-Hartschaumplatte	0.060	1	0.04	0.035	1.50	1.71
3 Stahlbeton-Tragwand Bn 350	0.140	350	2.33	2.00	0.06	0.07
4 Ausgleichsspachtel	0.005	8	0.27	0.23	0.02	0.02
Werte für die gesamte Wand	0.275	534	—	—	1.61	1.84
k-Wert 0.57 W/m²K, 0.49 kcal/m²h°C	Wärmeübergangswiderstände 1/α				0.16	0.19
	Wärmedurchgangswiderstand 1/k				1.77	2.03

Dicke der Dämmschicht	mm	50	60	70	80
Gesamtdicke der Wand	m	0.265	0.275	0.285	0.295
Gesamtgewicht der Wand	kg/m²	534	534	534	535
Schalldämm-Maß R	dB	53	53	53	53
Wärmedurchlaßwiderstand 1/Λ	m²K/W	1.36	1.61	1.86	2.11
	m²h°C/kcal	1.56	1.84	2.13	2.41
Wärmedurchgangskoeffizient k	W/m²K	0.66	0.57	0.50	0.44
	kcal/m²h°C	0.57	0.49	0.43	0.39
Wärmespeicherungszahl W	kJ/m²K	312	317	322	328
	kcal/m²°C	75	76	77	78
Temperatur-Amplituden-Verhältnis	TAV	0.03	0.03	0.02	0.02

7.2 Außenwand aus Leichtbeton-Hohlblocksteinen mit Dämmeinlage

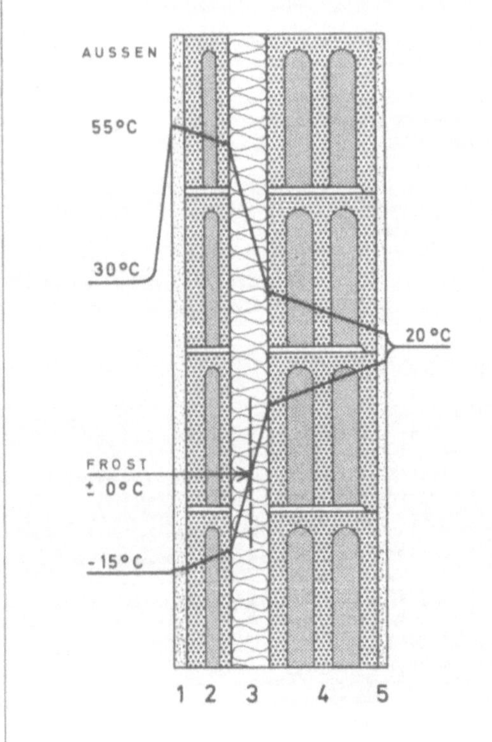

Konstruktion	Dicke m	Gewicht kg/m²	Wärmeleitfähigkeit λ W/mK	Wärmeleitfähigkeit λ kcal/mh°C	Wärmedurchlaßwiderstand 1/Λ m²K/W	Wärmedurchlaßwiderstand 1/Λ m²h°C/kcal
1 Außenputz	0.020	38	0.87	0.75	0.02	0.03
2 Leichtbeton-Außenschale	0.070	65	0.49	0.42	0.14	0.17
3 PS-Hartschaumplatte	0.060	1	0.04	0.035	1.22 *	1.42 *
4 Leichtbeton-Innenschale	0.170	160	0.49	0.42	0.35	0.40
5 Innenputz	0.015	23	0.70	0.60	0.02	0.02
* Abminderung wegen der Leichtbeton-Stege im Stein						
Werte für die gesamte Wand	0.335	287	—	—	1.75	2.04
k-Wert 0.52 W/m²K, 0.45 kcal/m²h°C	Wärmeübergangswiderstände 1/α				0.16	0.19
	Wärmedurchgangswiderstand 1/k				1.91	2.23

Dicke der Außenwand (ohne Putz)	m	0.240 (30 Hartsch.)	0.300 (30 Hartsch.)	0.240 (50 Hartsch.)	0.300 (60 Hartsch.)
Gesamtdicke der Wand	m	0.275	0.335	0.275	0.335
Gesamtgewicht der Wand	kg/m²	240	313	240	287
Schalldämm-Maß R	dB	46	49	46	48
Wärmedurchlaßwiderstand 1/Λ	m²K/W	1.10	1.13	1.59	1.75
	m²h°C/kcal	1.28	1.32	1.85	2.04
Wärmedurchgangskoeffizient k	W/m²K	0.79	0.77	0.57	0.52
	kcal/m²h°C	0.68	0.66	0.49	0.45
Wärmespeicherungszahl W	kJ/m²K	150	194	143	187
	kcal/m²°C	36	46	34	45
Temperatur-Amplituden-Verhältnis	TAV	0.07	0.05	0.06	0.03

8.1 Außenwand in Leichtbauweise als nicht tragendes Fertigelement

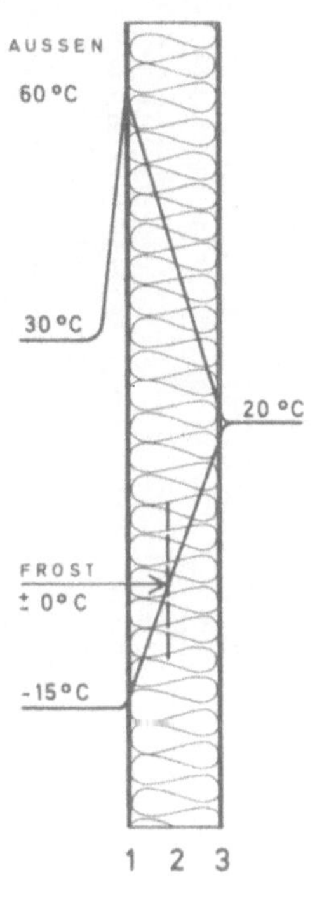

Konstruktion	Dicke m	Gewicht kg/m²	Wärmeleitfähigkeit λ W/mK	kcal/mh°C	Wärmedurchlaßwiderstand 1/Λ m²K/W	m²h°C/kcal
1 Leichtmetallblech	0.002	6	204	175	——	——
2 PUR - Hartschaum	0.110	4	0.035	0.030	3.15	3.67
3 Leichtmetallblech	0.002	6	204	175	——	——
Werte für die gesamte Wand	0.114	16	——	——	3.15	3.67
k - Wert 0.30 W/m^2K (0.26 $kcal/m^2h°C$)	Wärmeübergangswiderstände $1/\alpha$				0.16	0.19
	Wärmedurchgangswiderstand $1/k$				3.31	3.86

Dicke der Dämmschicht	mm	80	95	**110**	125
Gesamtdicke der Wand	m	0.084	0.099	**0.114**	0.129
Gesamtgewicht der Wand	kg/m²	15	16	**16**	17
Schalldämm - Maß R	dB	31	31	**31**	31
Wärmedurchlaßwiderstand 1/Λ	m²K/W	2.29	2.72	**3.15**	3.58
	m²h°C/kcal	2.67	3.17	**3.67**	4.17
Wärmedurchgangskoeffizient k	W/m²K	0.41	0.35	**0.30**	0.27
	kcal/m²h°C	0.35	0.30	**0.26**	0.23
Wärmespeicherungszahl W	kJ/m²K	6.2	6.5	**6.9**	7.2
	kcal/m²°C	1.5	1.6	**1.6**	1.7
Temperatur - Amplituden - Verhältnis	TAV	0.71	0.63	**0.50**	0.50

8.2 Außenwand in Leichtbauweise als nicht tragendes Fertigelement

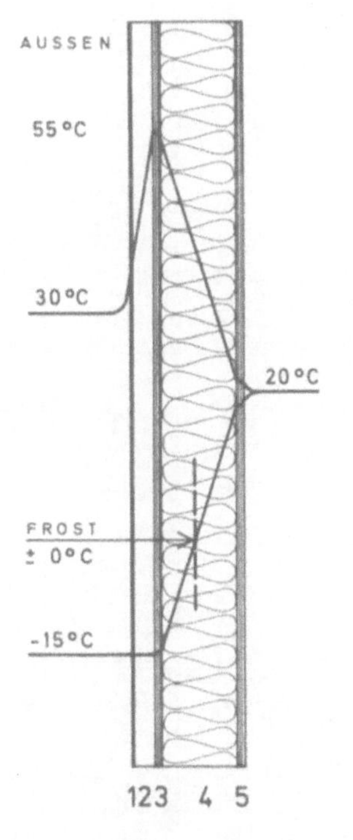

Konstruktion	Dicke m	Gewicht kg/m²	Wärmeleitfähigkeit λ W/mK	kcal/mh°C	Wärmedurchlaßwiderstand 1/Λ m²K/W	m²h°C/kcal
1 Verkleidungsplatte *	0.002	15	——	——	——	——
2 Luftschicht + Unterkonstruktion	0.028	5	——	——	——	——
3 Asbestzement - Porenplatte	0.010	8	0.21	0.18	0.05	0.05
4 Hartschaumplatte	0.100	4	0.04	0.035	2.50	2.86
5 Asbestzementplatte, dampfgehärtet	0.010	21	0.41	0.35	0.02	0.03
* Bleche, Kunststoff, Glas oder dgl.						
Werte für die gesamte Wand	0.150	53	——	——	2.57	2.94
k - Wert 0.37 W/m^2K (0.32 $kcal/m^2h°C$)	Wärmeübergangswiderstände $1/\alpha$				0.16	0.19
	Wärmedurchgangswiderstand $1/k$				2.73	3.13

Dicke der Dämmschicht	mm	60	80	**100**	120
Gesamtdicke der Wand	m	0.110	0.130	**0.150**	0.170
Gesamtgewicht der Wand	kg/m²	51	52	**53**	54
Schalldämm - Maß R	dB	36	36	**36**	36
Wärmedurchlaßwiderstand 1/Λ	m²K/W	1.57	2.07	**2.57**	3.07
	m²h°C/kcal	1.80	2.37	**2.94**	3.51
Wärmedurchgangskoeffizient k	W/m²K	0.58	0.45	**0.37**	0.31
	kcal/m²h°C	0.50	0.39	**0.32**	0.27
Wärmespeicherungszahl W	kJ/m²K	21.8	21.9	**22.1**	22.2
	kcal/m²°C	5.2	5.2	**5.3**	5.3
Temperatur - Amplituden - Verhältnis	TAV	0.37	0.29	**0.24**	0.20

8.3 Außenwand in Leichtbauweise als tragendes Holz-Fertigelement

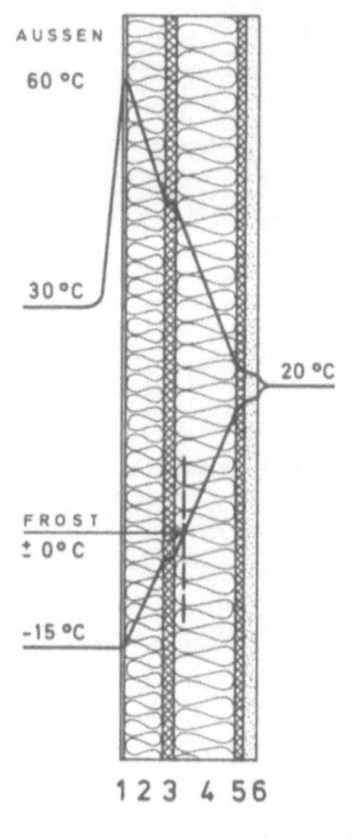

Konstruktion	Dicke m	Gewicht kg/m²	Wärmeleitfähigkeit λ W/mK	kcal/mh°C	Wärmedurchlaßwiderstand 1/Λ m²K/W	m²h°C/kcal
1 Kunststoff-Zementputz mit Armierung	0.006	10	0.70	0.60	0.01	0.01
2 PS-Hartschaumplatte	0.050	1	0.04	0.035	1.25	1.43
3 Spanplatte	0.013	8	0.13	0.11	0.10	0.12
4 Mineralfaser-Hartplatte 0.2 kg/dm³	0.080	16	0.04	0.035	2.00	2.28
5 Spanplatte	0.013	8	0.13	0.11	0.10	0.12
6 Gipskartonplatte	0.018	16	0.21	0.18	0.08	0.10
Werte für die gesamte Wand	0.180	70 *	—	—	3.54	4.06
k-Wert 0.27 W/m²K, 0.24 kcal/m²h°C	Wärmeübergangswiderstände 1/α				0.16	0.19
	Wärmedurchgangswiderstand 1/k				3.70	4.25

zwischen 5 + 6 Dampfsperre notwendig

* einschl. Holz-Unterkonstruktion

Dicke der äußeren Dämmschicht	mm	30	40	50	60
Gesamtdicke der Wand	m	0.160	0.170	0.180	0.190
Gesamtgewicht der Wand	kg/m²	70	70	70	70
Schalldämm-Maß R	dB	38	38	38	38
Wärmedurchlaßwiderstand 1/Λ	m²K/W	3.04	3.29	3.54	3.79
	m²h°C/kcal	3.49	3.77	4.06	4.35
Wärmedurchgangskoeffizient k	W/m²K	0.31	0.29	0.27	0.25
	kcal/m²h°C	0.27	0.25	0.24	0.22
Wärmespeicherungszahl W	kJ/m²K	37	38	39	40
	kcal/m²°C	8.8	9.1	9.4	9.7
Temperatur-Amplituden-Verhältnis	TAV	0.11	0.09	0.08	0.07

8.4 Außenwand in Leichtbauweise als tragendes Holz-Fertigelement

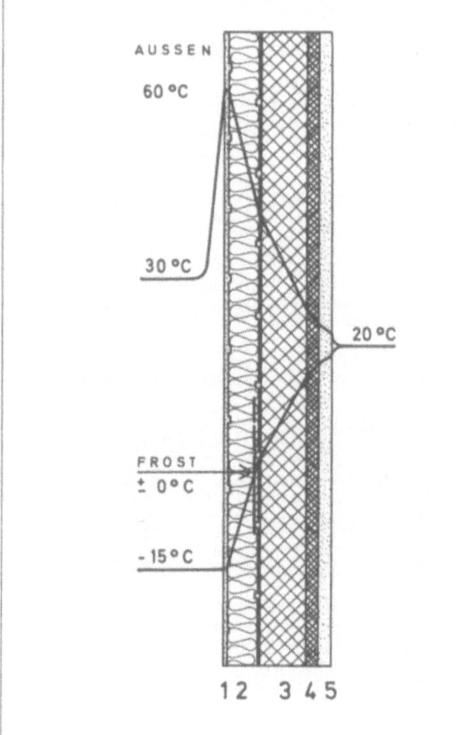

Konstruktion	Dicke m	Gewicht kg/m²	Wärmeleitfähigkeit λ W/mK	kcal/mh°C	Wärmedurchlaßwiderstand 1/Λ m²K/W	m²h°C/kcal
1 Kunststoff-Zementputz mit Armierung	0.006	10	0.70	0.60	0.01	0.01
2 PS-Hartschaumplatte, geformt	0.050	1	0.04	0.035	1.25	1.43
3 Holzwolle-Leichtbauplatte	0.075	29	0.075	0.065	1.00	1.15
4 Spanplatte	0.021	13	0.13	0.11	0.16	0.19
5 Gipskartonplatte	0.018	16	0.21	0.18	0.08	0.10
* einschl. Holzunterkonstruktion						
Werte für die gesamte Wand	0.170	70 *	—	—	2.50	2.88
k-Wert 0.38 W/m²K, 0.33 kcal/m²h°C	Wärmeübergangswiderstände 1/α				0.16	0.19
	Wärmedurchgangswiderstand 1/k				2.66	3.07

Dicke der beiden Dämmschichten	mm	115 (40 + 75)	125 (50 + 75)	140 (40 + 100)	150 (50 + 100)
Gesamtdicke der Wand	m	0.160	0.170	0.185	0.195
Gesamtgewicht der Wand	kg/m²	70	70	80	80
Schalldämm-Maß R	dB	38	38	39	39
Wärmedurchlaßwiderstand 1/Λ	m²K/W	2.25	2.50	2.58	2.82
	m²h°C/kcal	2.60	2.88	2.98	3.27
Wärmedurchgangskoeffizient k	W/m²K	0.42	0.38	0.37	0.34
	kcal/m²h°C	0.36	0.33	0.32	0.29
Wärmespeicherungszahl W	kJ/m²K	62	64	72	73
	kcal/m²°C	14.8	15.4	17.2	17.5
Temperatur-Amplituden-Verhältnis	TAV	0.09	0.08	0.06	0.05

8.5 Außenwand in Leichtbauweise als nicht tragendes Fertigelement

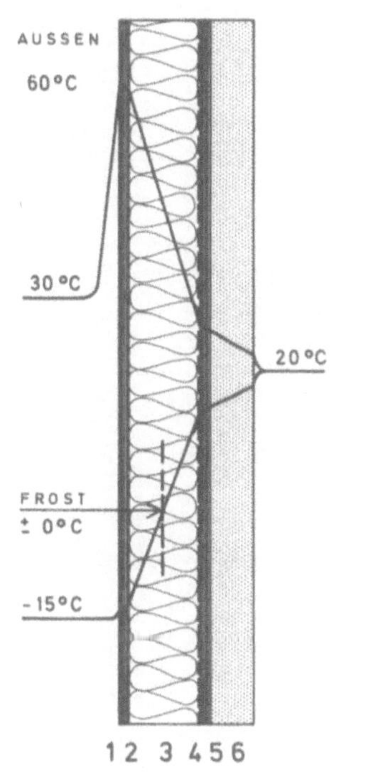

Konstruktion	Dicke m	Gewicht kg/m²	Wärmeleitfähigkeit λ W/mK	Wärmeleitfähigkeit λ kcal/mh°C	Wärmedurchlaßwiderstand 1/Λ m²K/W	Wärmedurchlaßwiderstand 1/Λ m²h°C/kcal
1 Polyesterharz-Platte	0.003	4	0.23	*0.20*	0.01	*0.02*
2 Asbestzement-Porenplatte	0.010	8	0.21	*0.18*	0.05	*0.06*
3 Mineralfaser-Hartplatte, 0.3 kg/dm³	0.100	30	0.04	*0.035*	2.50	*2.86*
4 Asbestzement-Porenplatte darunter Dampfsperre	0.010	8	0.21	*0.18*	0.05	*0.06*
5 Ansetzkleber	0.005	5	0.35	*0.30*	0.01	*0.02*
6 Gips-Wandbauplatte	0.060	54	0.23	*0.20*	0.26	*0.30*
Werte für die gesamte Wand	0.188	109	—	—	2.88	*3.32*
k-Wert 0.33 W/m²K *0.28 kcal/m²h°C*	Wärmeübergangswiderstände 1/α				0.16	*0.19*
	Wärmedurchgangswiderstand 1/k				3.04	*3.51*

5+6 am Bau angesetzt

Dicke der Dämmschicht	mm	80	90	100	110
Gesamtdicke der Wand	m	0.168	0.178	0.188	0.198
Gesamtgewicht der Wand	kg/m²	103	106	109	112
Schalldämm-Maß R	dB	40	40	40	41
Wärmedurchlaßwiderstand 1/Λ	m²K/W *m²h°C/kcal*	2.38 *2.75*	2.63 *3.03*	2.88 *3.32*	3.13 *3.61*
Wärmedurchgangskoeffizient k	W/m²K *kcal/m²h°C*	0.39 *0.34*	0.36 *0.31*	0.33 *0.28*	0.30 *0.26*
Wärmespeicherungszahl W	kJ/m²K *kcal/m²°C*	61 *14.5*	63 *15.0*	64 *15.4*	66 *15.8*
Temperatur-Amplituden-Verhältnis	TAV	0.09	0.08	0.07	0.06

8.6 Außenwand in Leichtbauweise als Stahlbeton-Fertigelement

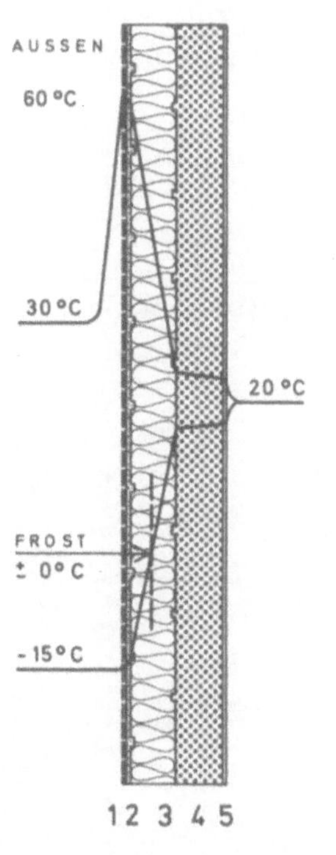

Konstruktion	Dicke m	Gewicht kg/m²	Wärmeleitfähigkeit λ W/mK	Wärmeleitfähigkeit λ kcal/mh°C	Wärmedurchlaßwiderstand 1/Λ m²K/W	Wärmedurchlaßwiderstand 1/Λ m²h°C/kcal
1 Keramik-Kleinmosaik 20/20 mm 21% Fugen	0.005	10	0.99	*0.85*	—	*0.01*
2 Kunststoff-Zementputz mit Armierung	0.005	9	0.70	*0.60*	0.01	*0.01*
3 PS-Hartschaumplatte, geformt	0.060	1	0.04	*0.035*	1.50	*1.71*
4 Stahlbeton Bn 350	0.060	150	2.33	*2.00*	0.02	*0.03*
5 Ausgleichsspachtel	0.005	8	0.27	*0.23*	0.02	*0.02*
Werte für die gesamte Wand	0.125	178	—	—	1.55	*1.78*
k-Wert 0.59 W/m²K *0.51 kcal/m²h°C*	Wärmeübergangswiderstände 1/α				0.16	*0.19*
	Wärmedurchgangswiderstand 1/k				1.71	*1.97*

Dicke der Dämmschicht	mm	50	60	70	80
Gesamtdicke der Wand	m	0.115	0.125	0.135	0.145
Gesamtgewicht der Wand	kg/m²	178	178	178	179
Schalldämm-Maß R	dB	44	44	44	44
Wärmedurchlaßwiderstand 1/Λ	m²K/W *m²h°C/kcal*	1.30 *1.49*	1.55 *1.78*	1.80 *2.07*	2.05 *2.35*
Wärmedurchgangskoeffizient k	W/m²K *kcal/m²h°C*	0.69 *0.59*	0.59 *0.51*	0.51 *0.44*	0.45 *0.39*
Wärmespeicherungszahl W	kJ/m²K *kcal/m²°C*	138 *32.9*	139 *33.3*	141 *33.7*	143 *34.1*
Temperatur-Amplituden-Verhältnis	TAV	0.07	0.06	0.05	0.04

9.1 Außenwand gegen Erdreich
- normale Bodenfeuchtigkeit -

20°C
- 3°C
1 2 3 4 5

Konstruktion	Dicke m	Gewicht kg/m²	Wärmeleitfähigkeit λ W/mK	kcal/mh°C	Wärmedurchlaßwiderstand 1/Λ m²K/W	m²h°C/kcal
1 Bitumen-Schutzanstrich, zweimal	0.001	1	0.19	0.16	—	—
2 Kunststoff-Zementputz, mit Armierung	0.004	8	0.70	0.60	0.01	0.01
3 PS-Hartschaumplatte, anbetoniert	0.050	1	0.04	0.035	1.25	1.43
4 Stahlbeton Bn 250	0.240	576	2.04	1.75	0.12	0.14
5 Ausgleichsspachtel	0.005	8	0.27	0.23	0.02	0.02
Werte für die gesamte Wand	0.300	594	—	—	1.40	1.60
k-Wert 0.66 W/m² K, 0.58 kcal/m²h°C	Wärmeübergangswiderstand $1/\alpha_i$				0.12	0.14
	Wärmedurchgangswiderstand 1/k				1.52	1.74

Dicke der Dämmschicht	mm	40	50	60	80
Gesamtdicke der Wand	m	0.290	0.300	0.310	0.330
Gesamtgewicht der Wand	kg/m²	594	594	594	595
Schalldämm-Maß R	dB	54	54	54	54
Wärmedurchlaßwiderstand 1/Λ	m²K/W	1.15	1.40	1.65	2.15
	m²h°C/kcal	1.31	1.60	1.89	2.46
Wärmedurchgangskoeffizient k	W/m²K	0.79	0.66	0.57	0.44
	kcal/m²h°C	0.69	0.58	0.49	0.38
Wärmespeicherungszahl W	kJ/m²K	479	493	502	516
	kcal/m²°C	115	118	120	123
Temperatur-Amplituden-Verhältnis	TAV	0.02	0.02	0.01	0.01

9.2 Außenwand gegen Erdreich
- nicht drückendes Wasser -

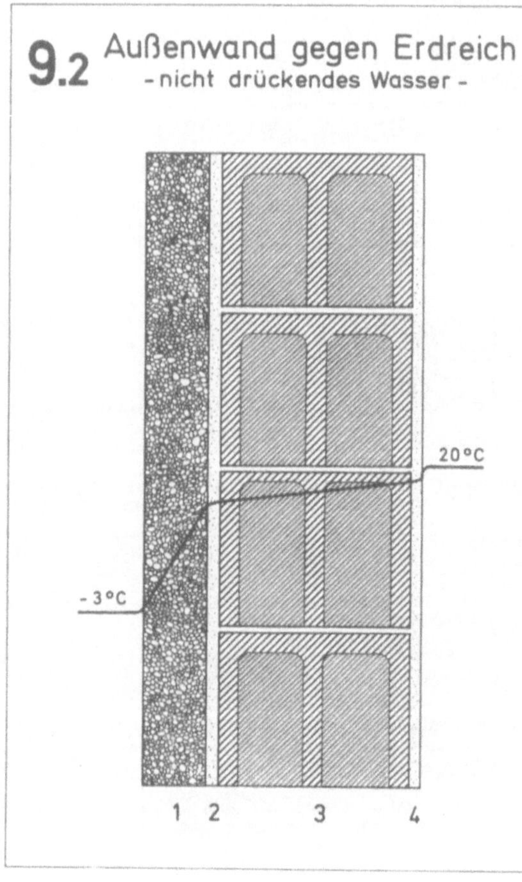

Konstruktion	Dicke m	Gewicht kg/m²	Wärmeleitfähigkeit λ W/mK	kcal/mh°C	Wärmedurchlaßwiderstand 1/Λ m²K/W	m²h°C/kcal
1 Dränplatte, angeklebt, in nassem Zustand	0.100	8	0.093	0.08	1.08	1.25
2 Zementputz, wasserdicht, mit Schutzanstrich	0.020	42	1.40	1.20	0.01	0.02
3 Kalksand-Hohlblocksteine KSHbl	0.300	540	0.99	0.85	0.30	0.35
4 Innenputz	0.015	23	0.70	0.60	0.02	0.02
Werte für die gesamte Wand	0.435	613	—	—	1.41	1.64
k-Wert 0.65 W/m² K, 0.56 kcal/m²h°C	Wärmeübergangswiderstand $1/\alpha_i$				0.12	0.14
	Wärmedurchgangswiderstand 1/k				1.53	1.78

Dicke der Dränplatte	mm	60	80	100	120
Gesamtdicke der Wand	m	0.395	0.415	0.435	0.455
Gesamtgewicht der Wand	kg/m²	610	611	613	615
Schalldämm-Maß R	dB	54	54	54	54
Wärmedurchlaßwiderstand 1/Λ	m²K/W	0.98	1.20	1.41	1.63
	m²h°C/kcal	1.14	1.39	1.64	1.89
Wärmedurchgangskoeffizient k	W/m²K	0.91	0.76	0.65	0.57
	kcal/m²h°C	0.78	0.65	0.56	0.49
Wärmespeicherungszahl W	kJ/m²K	408	433	452	467
	kcal/m²°C	97	103	108	112
Temperatur-Amplituden-Verhältnis	TAV	0.02	0.01	0.01	0.01

9.3 Außenwand gegen Erdreich
-nicht drückendes Wasser-

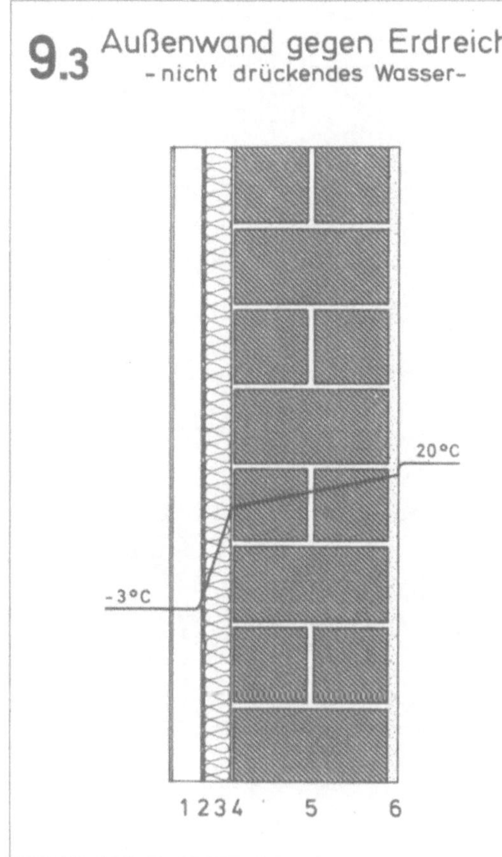

	Konstruktion	Dicke m	Gewicht kg/m²	Wärmeleitfähigkeit λ W/mK	Wärmeleitfähigkeit λ kcal/mh°C	Wärmedurchlaßwiderstand 1/Λ m²K/W	Wärmedurchlaßwiderstand 1/Λ m²h°C/kcal
1	Asbestzement-Wellplatte, Profil 5	0.050	18	——	——	——	——
2	Bitumen-Dichtungsbahn, selbstklebend	0.005	6	0.19	0.16	——	——
3	PS-Hartschaumplatte	0.040	1	0.04	0.035	1.00	1.14
4	Ansetzkleber	0.005	5	0.35	0.30	0.01	0.02
5	Mauerziegel Mz 1.8	0.240	432	0.79	0.68	0.30	0.35
6	Innenputz	0.015	23	0.70	0.60	0.02	0.02
	Werte für die gesamte Wand	0.355	485	——	——	1.33	1.53
	k-Wert 0.68 W/m²K, 0.59 kcal/m²h°C	Wärmeübergangswiderstand $1/\alpha_i$				0.12	0.14
		Wärmedurchgangswiderstand 1/k				1.45	1.67

Nach Wärmeschutzverordnung EnEG Schichten 1+2 ohne Anrechnung !

Dicke der Dämmschicht	mm	30	40	50	60
Gesamtdicke der Wand	m	0.345	0.355	0.365	0.375
Gesamtgewicht der Wand	kg/m²	485	485	485	485
Schalldämm-Maß R	dB	52	52	52	52
Wärmedurchlaßwiderstand 1/Λ	m²K/W	1.08	1.33	1.58	1.83
	m²h°C/kcal	1.25	1.53	1.82	2.10
Wärmedurchgangskoeffizient k	W/m²K	0.83	0.69	0.59	0.52
	kcal/m²h°C	0.72	0.60	0.51	0.45
Wärmespeicherungszahl W	kJ/m²K	332	346	357	365
	kcal/m²°C	79	83	85	87
Temperatur-Amplituden-Verhältnis	TAV	0.03	0.02	0.02	0.01

9.4 Außenwand gegen Erdreich
-Grund-und Druckwasser-

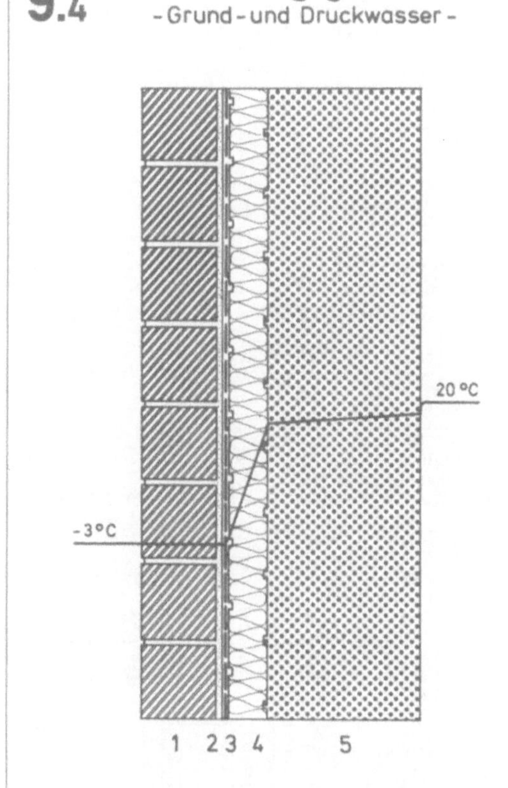

	Konstruktion	Dicke m	Gewicht kg/m²	Wärmeleitfähigkeit λ W/mK	Wärmeleitfähigkeit λ kcal/mh°C	Wärmedurchlaßwiderstand 1/Λ m²K/W	Wärmedurchlaßwiderstand 1/Λ m²h°C/kcal
1	Kalksand-Vollsteine KSV 1.8 Schutzwand	0.115	207	0.99	0.85	——	——
2	Zementputz	0.010	21	1.40	1.20	——	——
3	Abdichtung, 3 Lagen	0.010	11	0.19	0.16	——	——
4	PS-Hartschaumplatte, anbetoniert	0.060	1	0.04	0.035	1.50	1.71
5	Stahlbeton Bn 250, vorsorglich als Sperrbeton	0.240	576	2.04	1.75	0.12	0.14
	Werte für die gesamte Wand	0.435	816	——	——	1.62	1.85
	k-Wert 0.57 W/m²K, 0.50 kcal/m²h°C	Wärmeübergangswiderstand $1/\alpha_i$				0.12	0.14
		Wärmedurchgangswiderstand 1/k				1.74	1.99

Nach Wärmeschutzverordnung EnEG Schichten 1 bis 3 ohne Anrechnung !

Dicke der Dämmschicht	mm	40	50	60	80
Gesamtdicke der Wand	m	0.415	0.425	0.435	0.455
Gesamtgewicht der Wand	kg/m²	816	816	816	817
Schalldämm-Maß R	dB	57	57	57	57
Wärmedurchlaßwiderstand 1/Λ	m²K/W	1.12	1.37	1.62	2.12
	m²h°C/kcal	1.28	1.57	1.99	2.43
Wärmedurchgangskoeffizient k	W/m²K	0.81	0.67	0.57	0.45
	kcal/m²h°C	0.70	0.58	0.50	0.39
Wärmespeicherungszahl W	kJ/m²K	507	514	519	527
	kcal/m²°C	121	123	124	126
Temperatur-Amplituden-Verhältnis	TAV	0.01	0.01	0.01	0.01

Fbr.6 Fensterbrüstung als Heizkörpernische -mit Innendämmung-

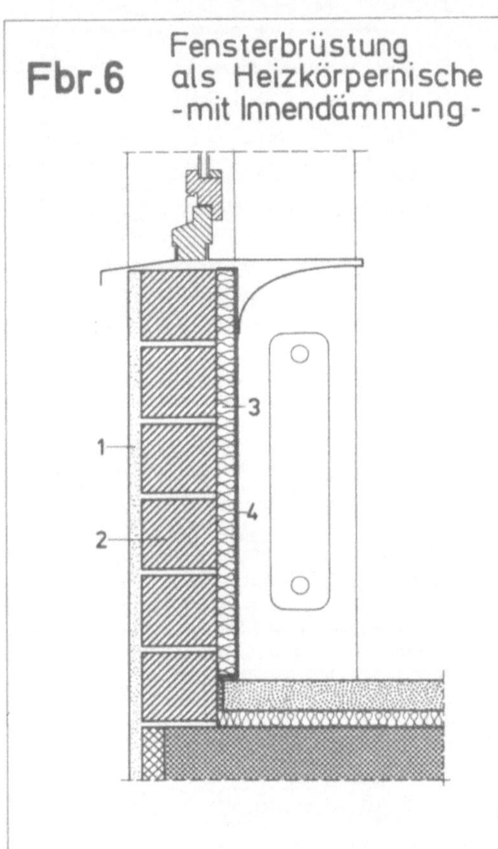

Konstruktion	Dicke	Gewicht	Wärmeleitfähigkeit λ		Wärmedurchlaßwiderstand 1/Λ	
	m	kg/m²	W/m K	kcal/mh°C	m²K/W	m²h°C/kcal
1 Außenputz	0.020	38	0.87	0.75	0.02	0.03
2 Kalksand-Lochsteine KSL 1.4	0.115	161	0.70	0.60	0.16	0.19
3 Mineralfaserplatte 0.1 kg/dm³	0.030	3	0.04	0.035	0.75	0.86
4 Alu-Blech	0.002	6	200	175	—	—
Werte für die gesamte Wand	0.167	208	—	—	0.93	1.08
k-Wert 0.92 W/m²K, 0.79 kcal/m²h°C	Wärmeübergangswiderstände 1/α				0.16	0.19
	Wärmedurchgangswiderstand 1/k				1.09	1.27

Dicke der Dämmschicht	mm	20	25	30	40
Gesamtdicke der Wand	m	0.157	0.162	0.167	0.177
Gesamtgewicht der Wand	kg/m²	207	208	208	209
Schalldämm-Maß R	dB	45	45	45	45
Wärmedurchlaßwiderstand 1/Λ	m²K/W	0.68	0.80	0.93	1.18
	m²h°C/kcal	0.79	0.93	1.08	1.37
Wärmedurchgangskoeffizient k	W/m²K	1.18	1.03	0.92	0.75
	kcal/m²h°C	1.02	0.89	0.79	0.64
Wärmespeicherungszahl W	kJ/m²K	32.4	29.2	26.8	23.5
	kcal/m²°C	7.7	7.0	6.4	5.6
Temperatur-Amplituden-Verhältnis	TAV	0.70	0.68	0.67	0.63

Fbr.8 Fensterbrüstung als Heizkörpernische -Stahlbeton-Fertigelement-

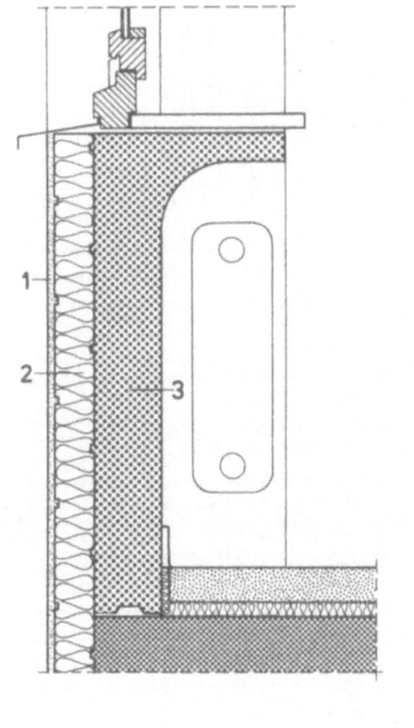

Konstruktion	Dicke	Gewicht	Wärmeleitfähigkeit λ		Wärmedurchlaßwiderstand 1/Λ	
	m	kg/m²	W/mK	kcal/mh°C	m²K/W	m²h°C/kcal
1 Kunststoff-Zementputz, mit Armierung	0.010	19	0.70	0.60	0.01	0.02
2 PS-Hartschaumplatte, geformt	0.060	1	0.04	0.035	1.50	1.71
3 Stahlbeton Bn 250, innen Sichtbeton	0.100	240	2.04	1.75	0.05	0.06
Werte für die gesamte Wand	0.170	260	—	—	1.56	1.79
k-Wert 0.58 W/m²K, 0.50 kcal/m²h°C	Wärmeübergangswiderstände 1/α				0.16	0.19
	Wärmedurchgangswiderstand 1/k				1.72	1.98

Dicke der Dämmschicht	mm	40	50	60	80
Gesamtdicke der Wand	m	0.150	0.160	0.170	0.190
Gesamtgewicht der Wand	kg/m²	260	260	260	260
Schalldämm-Maß R	dB	47	47	47	47
Wärmedurchlaßwiderstand 1/Λ	m²K/W	1.06	1.31	1.56	2.06
	m²h°C/kcal	1.22	1.51	1.98	2.37
Wärmedurchgangskoeffizient k	W/m²K	0.82	0.68	0.58	0.45
	kcal/m²h°C	0.71	0.59	0.50	0.39
Wärmespeicherungszahl W	kJ/m²K	200	206	210	215
	kcal/m²°C	50	49	50	51
Temperatur-Amplituden-Verhältnis	TAV	0.07	0.06	0.05	0.04

Fbr.9 Fensterbrüstung als Heizkörpernische - Leichtelement -

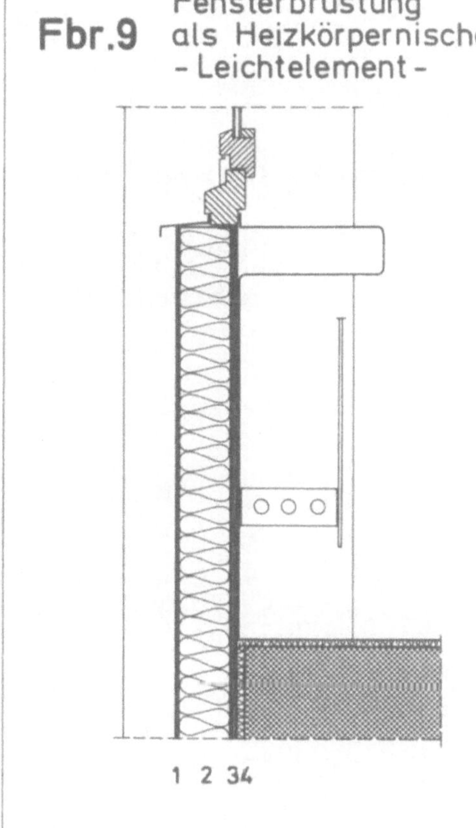

	Konstruktion	Dicke m	Gewicht kg/m²	Wärmeleitfähigkeit λ W/mK	Wärmeleitfähigkeit λ kcal/mh°C	Wärmedurchlaßwiderstand 1/Λ m²K/W	Wärmedurchlaßwiderstand 1/Λ m²h°C/kcal
1	Asbestzementplatte dampfgehärtet, beschichtet	0.006	13	0.45	0.39	0.01	0.02
2	Mineralfaserplatte 0.2 kg/dm³	0.080	16	0.04	0.035	2.00	2.29
3	Asbestzementplatte, gepreßt	0.010	20	0.41	0.35	0.02	0.03
4	Alu-Blech	0.002	6	200	175	—	—
	Werte für die gesamte Wand	0.098	55	—	—	2.03	2.34
	k-Wert 0.46 W/m²K, 0.39 kcal/m²h°C	Wärmeübergangswiderstände 1/α				0.16	0.19
		Wärmedurchgangswiderstand 1/k				2.19	2.53

Dicke der Dämmschicht	mm	60	70	80	100
Gesamtdicke der Wand	m	0.078	0.088	0.098	0.118
Gesamtgewicht der Wand	kg/m²	51	53	55	59
Schalldämm-Maß R	dB	36	36	36	37
Wärmedurchlaßwiderstand 1/Λ	m²K/W	1.51	1.76	2.04	2.50
	m²h°C/kcal	1.76	2.05	2.34	2.90
Wärmedurchgangskoeffizient k	W/m²K	0.60	0.52	0.45	0.38
	kcal/m²h°C	0.51	0.45	0.39	0.32
Wärmespeicherungszahl W	kJ/m²K	28.1	29.1	30.1	32.0
	kcal/m²°C	6.7	7.0	7.2	7.7
Temperatur-Amplituden-Verhältnis	TAV	0.31	0.26	0.22	0.17

Fbr.12 Fensterbrüstung als Heizkörpernische - Schalungselement -

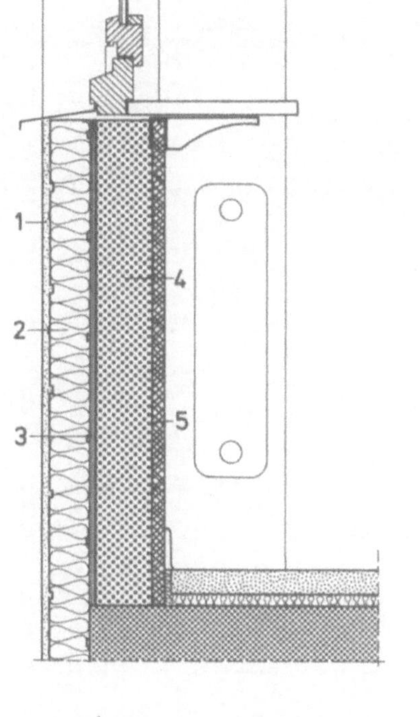

	Konstruktion	Dicke m	Gewicht kg/m²	Wärmeleitfähigkeit λ W/mK	Wärmeleitfähigkeit λ kcal/mh°C	Wärmedurchlaßwiderstand 1/Λ m²K/W	Wärmedurchlaßwiderstand 1/Λ m²h°C/kcal
1	Kunststoff-Zementputz, mit Armierung	0.010	19	0.70	0.60	0.01	0.02
2	PS-Hartschaumplatte, geformt	0.060	1	0.04	0.035	1.50	1.71
3	Asbestzementplatte, gepreßt	0.010	21	0.41	0.35	0.02	0.03
4	Betonkern Bn 250, Ortbeton	0.080	192	2.04	1.75	0.04	0.05
5	Spanplatte, schwer, beschichtet	0.020	12	0.13	0.11	0.15	0.18
	Werte für die gesamte Wand	0.180	245	—	—	1.72	1.99
	k-Wert 0.53 W/m²K, 0.46 kcal/m²h°C	Wärmeübergangswiderstände 1/α				0.16	0.19
		Wärmedurchgangswiderstand 1/k				1.88	2.18

Dicke der Dämmschicht	mm	40	50	60	80
Gesamtdicke der Wand	m	0.160	0.170	0.180	0.200
Gesamtgewicht der Wand	kg/m²	245	245	245	246
Schalldämm-Maß R	dB	47	47	47	47
Wärmedurchlaßwiderstand 1/Λ	m²K/W	1.22	1.46	1.72	2.20
	m²h°C/kcal	1.42	1.70	1.99	2.56
Wärmedurchgangskoeffizient k	W/m²K	0.72	0.61	0.53	0.42
	kcal/m²h°C	0.62	0.53	0.46	0.36
Wärmespeicherungszahl W	kJ/m²K	179	186	192	199
	kcal/m²°C	43	45	46	48
Temperatur-Amplituden-Verhältnis	TAV	0.06	0.05	0.04	0.03

10.1 geneigtes Dach mit Ziegeln gedeckt

1 Ton-Flachpfannen, oder dergleichen
2 Dachlatten, auf Holzsparren *
3 Luft-Hohlraum
4 Mineralfaserplatte 0.1 kg/dm³
5 Spanplatte

* darunter ggf. dampfdurchlässige Unterspannfolie

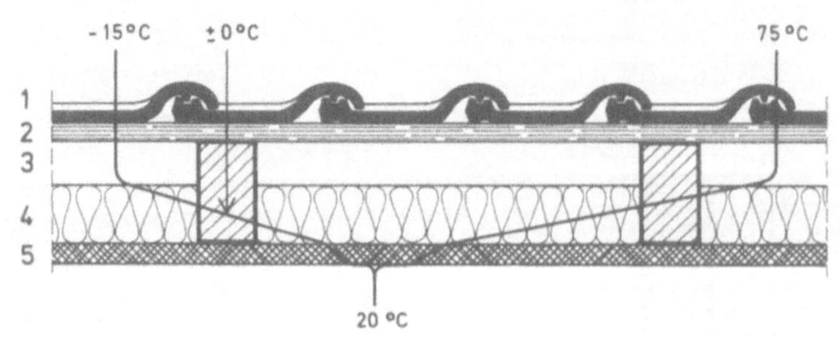

Schicht	Dicke	Gewicht	Wärmeleitfähigkeit λ		Wärmedurchlaßwiderstand 1/Λ	
	m	kg/m²	W/mK	kcal/mh°C	m²K/W	m²h°C/kcal
1	0.048	50	—	—	—	—
2	0.024	15	—	—	—	—
3	0.060	—	—	—	0.16	0.19
4	0.080	8	0.04	0.035	2.00	2.28
5	0.028	17	0.12	0.10	0.23	0.28
Gesamt:	0.240	90	—	—	2.39	2.75
Wärmeübergangswiderstände 1/α					0.21	0.24
Wärmedurchgangswiderstand 1/k					2.60	2.99

Dicke der Dämmschicht	mm	60	70	80	100
Gesamtdicke der am Wärmeschutz beteiligten Schichten	m	0.148	0.158	0.168	0.188
Gesamtgewicht	kg/m²	88	89	90	92
Schalldämm-Maß R	dB	39	39	39	39
Wärmedurchlaßwiderstand 1/Λ	m²K/W	1.89	2.14	2.39	2.89
	m²h°C/kcal	2.18	2.47	2.75	3.33
Wärmedurchgangskoeffizient k	W/m²K	0.48	0.43	0.38	0.32
	kcal/m²h°C	0.41	0.37	0.33	0.28
Wärmespeicherungszahl W	kJ/m²K	32	32	33	34
	kcal/m²°C	7.6	7.7	7.8	8.0
Temperatur-Amplituden-Verhältnis	TAV	0.22	0.19	0.18	0.15

10.2 geneigtes Dach mit Betonpfannen gedeckt

1 Betonpfannen
2 Dachlatten, auf Holzsparren
3 Luft-Hohlraum
4 Hartschaumplatte
5 Holzschalung, rauhe Bretter
6 Profilbretter

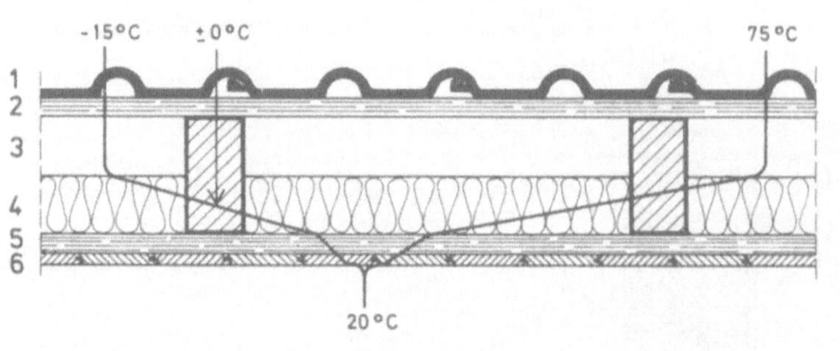

Schicht	Dicke	Gewicht	Wärmeleitfähigkeit λ		Wärmedurchlaßwiderstand 1/Λ	
	m	kg/m²	W/mK	kcal/mh°C	m²K/W	m²h°C/kcal
1	0.041	50	—	—	—	—
2	0.024	18	—	—	—	—
3	0.080	—	—	—	—	—
4	0.080	2	0.04	0.035	2.00	2.28
5	0.024	13	0.14	0.12	0.17	0.20
6	0.016	9	0.14	0.12	0.11	0.13
Gesamt:	0.265	92	—	—	2.28	2.61
Wärmeübergangswiderstände 1/α					0.21	0.24
Wärmedurchgangswiderstand 1/k					2.49	2.85

Dicke der Dämmschicht	mm	60	70	80	100
Gesamtdicke der am Wärmeschutz beteiligten Schichten	m	0.100	0.110	0.120	0.140
Gesamtgewicht	kg/m²	91	91	92	92
Schalldämm-Maß R	dB	39	39	39	39
Wärmedurchlaßwiderstand 1/Λ	m²K/W	1.78	2.03	2.28	2.78
	m²h°C/kcal	2.04	2.33	2.61	3.19
Wärmedurchgangskoeffizient k	W/m²K	0.50	0.45	0.39	0.34
	kcal/m h°C	0.44	0.39	0.35	0.29
Wärmespeicherungszahl W	kJ/m²K	34	35	35	36
	kcal/m²°C	8.2	8.3	8.4	8.5
Temperatur-Amplituden-Verhältnis	TAV	0.18	0.17	0.15	0.13

10.3 flach geneigtes Dach mit Dachplatten gedeckt

1 **Dachplatten**, Asbestzement, Schiefer
2 **Dachlatten**, 30/50 mm, auf Holzsparren
3 **geblähter Stein**, bitumengebunden
4 **Spanplatte**, schwer
5 **Holzschalung**, gehobelt, quer

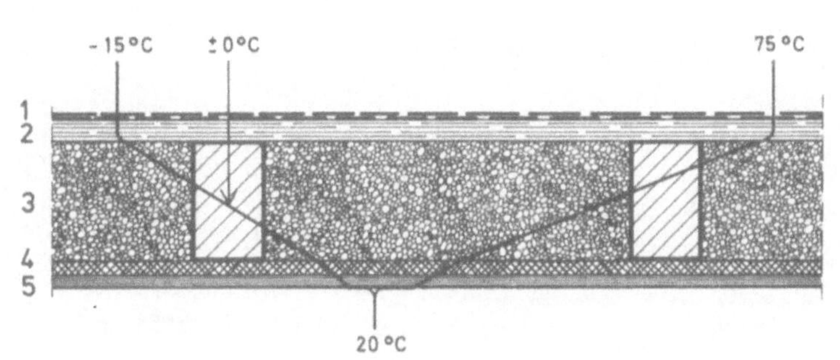

Schicht	Dicke	Gewicht	Wärmeleitfähigkeit λ		Wärmedurchlaßwiderstand 1/Λ	
	m	kg/m²	W/mK	kcal/mh°C	m²K/W	m²h°C/kcal
1	0.008	25	—	—	—	—
2	0.030	20	—	—	—	—
3	0.160	48	0.09	0.08	1.78	2.00
4	0.019	12	0.13	0.11	0.15	0.17
5	0.018	10	0.14	0.12	0.14	0.16
Gesamt:	0.235	115	—	—	2.06	2.32
Wärmeübergangswiderstände 1/α					0.21	0.24
Wärmedurchgangswiderstand 1/k					2.27	2.56

Dicke der Schüttdämmung	mm	100	120	140	160
Gesamtdicke der am Wärmeschutz beteiligten Schichten	m	0.137	0.157	0.177	0.197
Gesamtgewicht	kg/m²	97	103	109	115
Schalldämm-Maß R	dB	40	40	40	41
Wärmedurchlaßwiderstand 1/Λ	m²K/W	1.39	1.61	1.83	2.06
	m²h°C/kcal	1.57	1.82	2.07	2.32
Wärmedurchgangskoeffizient k	W/m²K	0.63	0.55	0.49	0.44
	kcal/m²h°C	0.55	0.49	0.43	0.39
Wärmespeicherungszahl W	kJ/m²K	64	64	65	65
	kcal/m²°C	15.3	15.4	15.5	15.6
Temperatur-Amplituden-Verhältnis	TAV	0.15	0.13	0.11	0.09

10.4 flach geneigtes Dach mit Asbestzement-Kurzwellplatten

1 **Asbestzement-Kurzwellplatte**
2 **Dachlatten**, auf Holzsparren
3 **Luft-Hohlraum**
4 **Mineralfaserplatte** 0.1 kg/dm³
5 **Hartschaumplatte**, zwischen Lattenrost
6 **Asbestzement-Porenplatte**

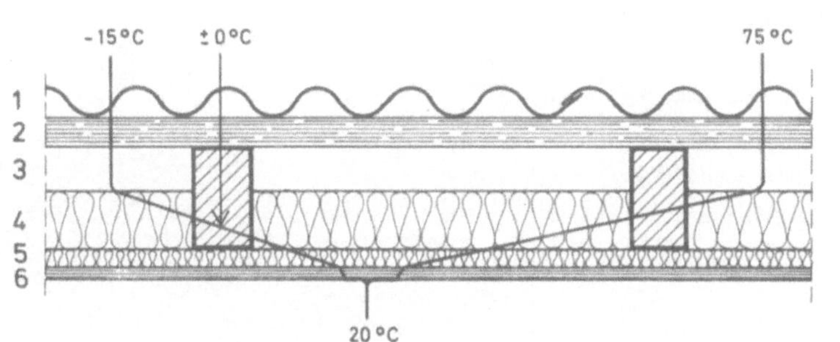

Schicht	Dicke	Gewicht	Wärmeleitfähigkeit λ		Wärmedurchlaßwiderstand 1/Λ	
	m	kg/m²	W/mK	kcal/mh°C	m²K/W	m²h°C/kcal
1	0.060	18	—	—	—	—
2	0.040	15	—	—	—	—
3	0.060	—	—	—	—	—
4	0.080	8	0.04	0.035	2.00	2.28
5	0.025	2	0.04	0.035	0.60	0.68
6	0.015	15	0.21	0.18	0.07	0.08
Gesamt:	0.280	58	—	—	2.67	3.04
Wärmeübergangswiderstände 1/α					0.21	0.24
Wärmedurchgangswiderstand 1/k					2.88	3.28

Dicke der Dämmschichten	mm	70+25	80+25	90+25	100+25
Gesamtdicke der am Wärmeschutz beteiligten Schichten	m	0.110	0.120	0.130	0.140
Gesamtgewicht	kg/m²	57	58	59	60
Schalldämm-Maß R	dB	37	37	37	37
Wärmedurchlaßwiderstand 1/Λ	m²K/W	2.42	2.67	2.92	3.17
	m²h°C/kcal	2.74	3.04	3.33	3.62
Wärmedurchgangskoeffizient k	W/m²K	0.38	0.35	0.32	0.30
	kcal/m²h°C	0.34	0.31	0.28	0.27
Wärmespeicherungszahl W	kJ/m²K	15.4	15.8	16.3	16.7
	kcal/m²°C	3.7	3.8	3.9	4.0
Temperatur-Amplituden-Verhältnis	TAV	0.32	0.29	0.27	0.25

11.1 schweres zweischaliges Flachdach auf Stahlbetondecke

1 Dachhaut* mit Kiespressung auf wurzelfestem Heißbitumen

2 Schalbretter, auf Holzpfetten

3 Luft-Hohlraum, Pfettenstützen (17 bis 35 cm hoch)

4 PUR-Hartschaumplatte, punktförmig geklebt

5 Stahlbetondecke Bn 250

6 Deckenputz

* z. B. Glasvliesbahn V13 + 500er Bitumenpappe + Glasvliesbahn V13

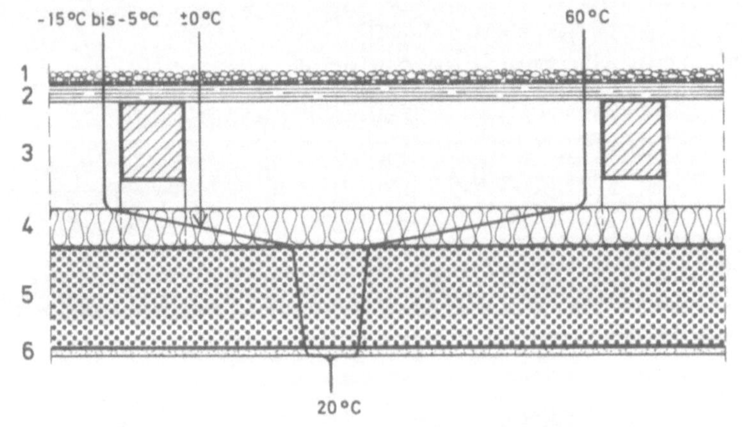

Schicht	Dicke	Gewicht	Wärmeleitfähigkeit λ		Wärmedurchlaßwiderstand 1/Λ	
	m	kg/m²	W/mK	kcal/mh°C	m²K/W	m²h°C/kcal
1	0.020	31	—	—	—	—
2	0.024	14	—	—	—	—
3	0.170	3	—	—	—	—
4	0.060	2	0.035	0.030	1.65	1.90
5	0.160	384	2.04	1.75	0.08	0.09
6	0.010	15	0.70	0.60	0.01	0.02
Gesamt:	0.444	449	—	—	1.74	2.01
Wärmeübergangswiderstände 1/α					0.21	0.24
Wärmedurchgangswiderstand 1/k					1.95	2.25

Dicke der Dämmschicht	mm	50	60	70	80
Gesamtdicke der am Wärmeschutz beteiligten Schichten	m	0.220	0.230	0.240	0.250
Gesamtgewicht	kg/m²	449	449	449	449
Schalldämm-Maß R	dB	52	52	52	52
Wärmedurchlaßwiderstand 1/Λ	m²K/W	1.46	1.74	2.03	2.32
	m²h°C/kcal	1.68	2.01	2.34	2.68
Wärmedurchgangskoeffizient k	W/m²K	0.60	0.51	0.45	0.40
	kcal/m²h°C	0.52	0.45	0.39	0.34
Wärmespeicherungszahl W	kJ/m²K	371	372	373	375
	kcal/m²°C	89	90	90	90
Temperatur-Amplituden-Verhältnis	TAV	0.01	0.01	0.01	0.01

11.2 schweres zweischaliges Flachdach auf Stahlbetondecke

1 Dachhaut* mit Splittabstreuung

2 Asbestzementplatte, gepreßt, dampfgehärtet

3 Luft-Hohlraum, Gasbetonwürfel

4 Hartschaumplatte, punktförmig geklebt

5 Stahlbetondecke Bn 250

6 Deckenputz

* z. B. Glasvlies-Lochbahn + 2 Lagen Abdichtungsbahnen 4mm

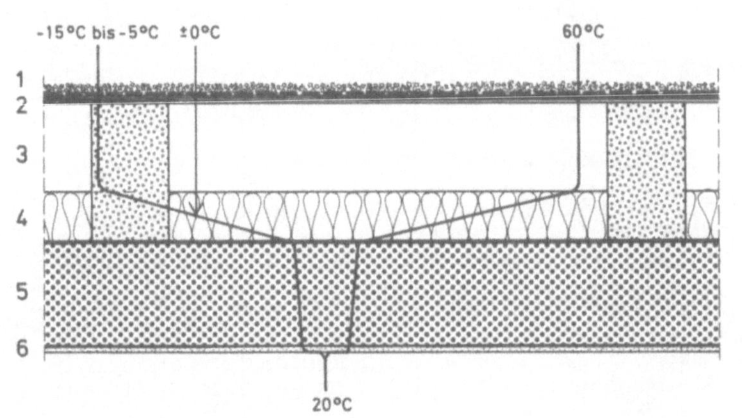

Schicht	Dicke	Gewicht	Wärmeleitfähigkeit λ		Wärmedurchlaßwiderstand 1/Λ	
	m	kg/m²	W/mK	kcal/mh°C	m²K/W	m²h°C/kcal
1	0.020	28	—	—	—	—
2	0.012	25	—	—	—	—
3	0.140	10	—	—	—	—
4	0.080	2	0.04	0.035	2.00	2.28
5	0.160	384	2.04	1.75	0.08	0.09
6	0.010	15	0.70	0.60	0.01	0.02
Gesamt:	0.422	464	—	—	2.09	2.39
Wärmeübergangswiderstände 1/α					0.21	0.24
Wärmedurchgangswiderstand 1/k					2.30	2.63

Dicke der Dämmschicht	mm	60	70	80	100
Gesamtdicke der am Wärmeschutz beteiligten Schichten	m	230	240	250	270
Gesamtgewicht	kg/m²	463	463	464	464
Schalldämm-Maß R	dB	52	52	52	52
Wärmedurchlaßwiderstand 1/Λ	m²K/W	1.59	1.84	2.09	2.59
	m²h°C/kcal	1.82	2.11	2.39	2.97
Wärmedurchgangskoeffizient k	W/m²K	0.56	0.49	0.44	0.36
	kcal/m²h°C	0.49	0.43	0.38	0.31
Wärmespeicherungszahl W	kJ/m²K	366	368	371	375
	kcal/m²°C	87	88	89	90
Temperatur-Amplituden-Verhältnis	TAV	0.01	0.01	0.01	0.01

11.3 leichtes zweischaliges Flachdach in Holzkonstruktion

1 Dachhaut*+ Kiesschüttung 16/32 mm
2 Sperrholzplatte, wetterfest
3 Luft-Hohlraum, Holzstege mit Bohrungen
4 Mineralfaserplatte 0.5 kg/dm³, eingeklebt
5 Sperrholzplatte, 0.1 mm PE-Folie als Dampfbremse
6 Profilbretter, quer

* z.B. 500er Bitumenpappe + 2 Lagen Abdichtungsbahn 4 mm
2 - 5 als Fertigelement

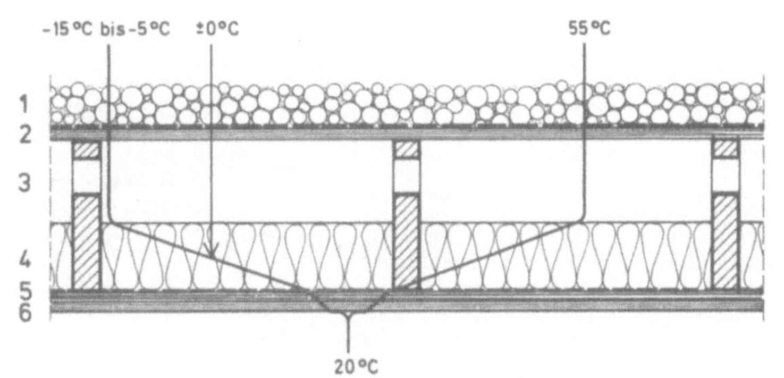

Schicht	Dicke	Gewicht	Wärmeleitfähigkeit λ		Wärmedurchlaßwiderstand 1/Λ	
	m	kg/m²	W/mK	kcal/mh°C	m²K/W	m²h°C/kcal
1	0.063	105	—	—	—	—
2	0.016	11	—	—	—	—
3	0.120	8	—	—	—	—
4	0.100	5	0.04	0.035	2.50	2.86
5	0.012	8	0.14	0.12	0.09	0.10
6	0.016	9	0.14	0.12	0.11	0.13
Gesamt:	0.327	146	—	—	2.70	3.09
Wärmeübergangswiderstände 1/α					0.21	0.24
Wärmedurchgangswiderstand 1/k					2.91	3.33

Dicke der Dämmschicht	mm	60	80	100	120
Gesamtdicke der am Wärmeschutz beteiligten Schichten	m	0.088	0.108	0.128	0.148
Gesamtgewicht	kg/m²	144	145	146	147
Schalldämm-Maß R	dB	42	42	42	42
Wärmedurchlaßwiderstand 1/Λ	m² K/W	1.70	2.20	2.70	3.20
	m h°C/kcal	1.94	2.51	3.09	3.67
Wärmedurchgangskoeffizient k	W/m² K	0.53	0.42	0.34	0.29
	kcal/m h	0.46	0.36	0.30	0.26
Wärmespeicherungszahl W	kJ/m² K	32	32	33	33
	kcal/m °C	7.7	7.8	7.8	7.9
Temperatur-Amplituden-Verhältnis	TAV	0.19	0.16	0.14	0.12

11.4 mittelschweres zweischaliges Flachdach in Holzkonstruktion

1 Dachhaut*+ Kiesschüttung 8/16 mm, gebunden
2 Dachspanplatte
3 Luft-Hohlraum, mit Gefälle-Querrippen
4 Schüttdämmung, aus geblähtem Stein zwischen den Tragbalken
5 Holzschalung, rauhe Bretter
6 Spanplatte, kunststoffbeschichtet

* z.B. Glasvliesbahn V13 + PVC-Dachfolie 1.0 mm

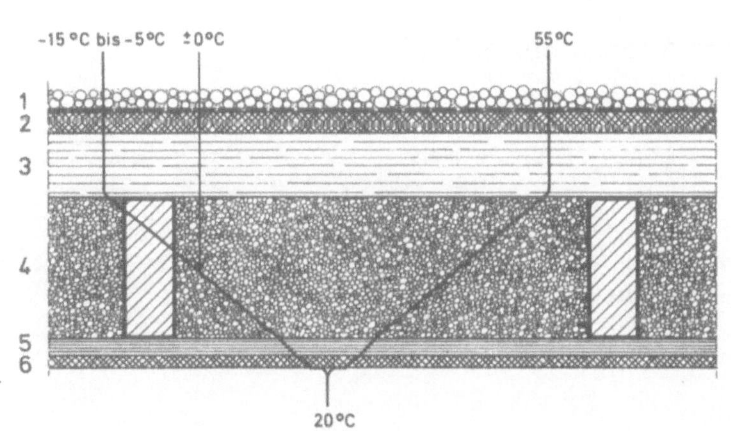

Schicht	Dicke	Gewicht	Wärmeleitfähigkeit λ		Wärmedurchlaßwiderstand 1/Λ	
	m	kg/m²	W/mK	kcal/mh°C	m²K/W	m²h°C/kcal
1	0.037	62	—	—	—	—
2	0.036	15	—	—	—	—
3	0.100	12	—	—	—	—
4	0.220	88	0.12	0.10	1.83	2.20
5	0.024	13	0.14	0.12	0.17	0.20
6	0.019	15	0.13	0.11	0.15	0.17
Gesamt:	0.415	192	—	—	2.15	2.57
Wärmeübergangswiderstände 1/α					0.21	0.24
Wärmedurchgangswiderstand 1/k					2.36	2.81

Dicke der Dämmschüttung	mm	160	180	200	220
Gesamtdicke der am Wärmeschutz beteiligten Schichten	m	0.203	0.223	0.243	0.263
Gesamtgewicht	kg/m²	168	176	184	192
Schalldämm-Maß R	dB	43	44	44	45
Wärmedurchlaßwiderstand 1/Λ	m² K/W	1.65	1.82	1.99	2.15
	m²h°C/kcal	1.97	2.17	2.37	2.57
Wärmedurchgangskoeffizient k	W/m² K	0.54	0.49	0.45	0.42
	kcal/m²h°C	0.45	0.42	0.38	0.36
Wärmespeicherungszahl W	kJ/m² K	78	81	84	88
	kcal/m² °C	18.6	19.4	20.2	21.0
Temperatur-Amplituden-Verhältnis	TAV	0.05	0.04	0.03	0.03

12.1 schweres einschaliges Flachdach auf Stahlbetondecke

1 Kiesschüttung 16/32 mm, auf wurzelfestem Deckabstrich

2 Dachhaut, z.B. Selbstklebebahn + Abdichtungsbahn 4 mm + Glasvliesbahn V 13

3 PS-Hartschaumplatte, geformt

4 Alu-Dichtungsbahn 0.1 mm auf Glasvliesbahn

5 Stahlbetondecke Bn 250, darauf Voranstrich

6 Deckenputz

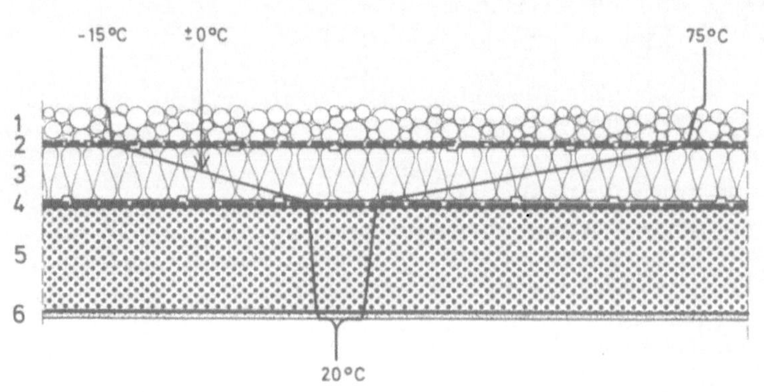

Schicht	Dicke	Gewicht	Wärmeleitfähigkeit λ		Wärmedurchlaßwiderstand 1/Λ	
	m	kg/m²	W/mK	kcal/mh°C	m²K/W	m²h°C/kcal
1	0.050	90	1.40	1.20	0.03	0.04
2	0.010	12	0.19	0.16	0.05	0.06
3	0.080	2	0.04	0.035	2.00	2.28
4	0.008	7	0.19	0.16	0.04	0.05
5	0.160	384	2.04	1.75	0.08	0.09
6	0.010	15	0.70	0.60	0.01	0.02
Gesamt	0.318	510	—	—	2.21	2.54
Wärmeübergangswiderstände 1/α					0.16	0.19
Wärmedurchgangswiderstand 1/k					2.37	2.73

Dicke der Dämmschicht	mm	60	70	80	100
Gesamtdicke	m	0.298	0.308	0.318	0.338
Gesamtgewicht	kg/m²	509	509	510	510
Schalldämm-Maß R	dB	53	53	53	53
Wärmedurchlaßwiderstand 1/Λ	m²K/W	1.71	1.96	2.21	2.71
	m²h°C/kcal	1.97	2.26	2.54	3.12
Wärmedurchgangskoeffizient k	W/m²K	0.54	0.47	0.42	0.35
	kcal/m²h°C	0.46	0.41	0.38	0.30
Wärmespeicherungszahl W	kJ/m²K	367	373	378	391
	kcal/m²°C	88	89	90	93
Temperatur-Amplituden-Verhältnis	TAV	0.02	0.02	0.02	0.01

12.2 schweres einschaliges Flachdach auf Stahlbetondecke

1 Kiesschüttung 16/32 mm, auf wurzelfestem Deckabstrich

2 Dachhaut, z.B. Glasvliesbahn V13 + Abdichtungsbahn 4 mm + Glasvliesbahn V13

3 Schaumglasplatten, 2 Lagen auf Heißbitumen, darüber Ausgleichsbahn

4 Glasvlies-Lochbahn, lose aufgelegt

5 Stahlbetondecke Bn 250, darauf Voranstrich

6 Deckenputz

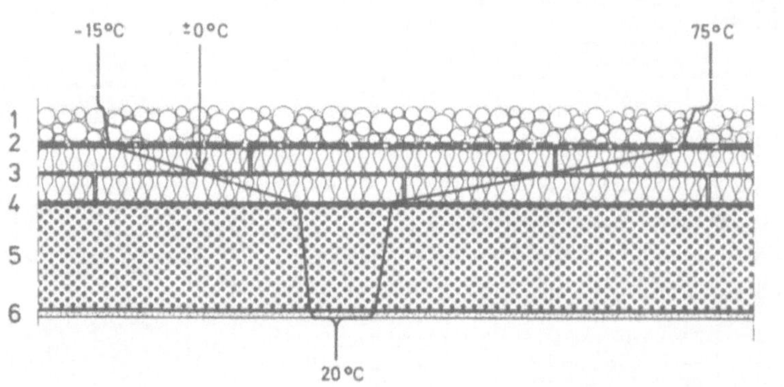

Schicht	Dicke	Gewicht	Wärmeleitfähigkeit λ		Wärmedurchlaßwiderstand 1/Λ	
	m	kg/m²	W/mK	kcal/mh°C	m²K/W	m²h°C/kcal
1	0.050	90	1.40	1.20	0.03	0.04
2	0.010	12	0.19	0.16	0.05	0.06
3	0.080	14	0.55	0.048	1.45	1.67
4	0.002	2	0.19	0.16	0.01	0.01
5	0.160	384	2.04	1.75	0.08	0.09
6	0.010	15	0.70	0.60	0.01	0.02
Gesamt	0.312	517	—	—	1.63	1.89
Wärmeübergangswiderstände 1/α					0.16	0.19
Wärmedurchgangswiderstand 1/k					1.79	2.08

Dicke der Dämmschicht	mm	70	80	90	100
Gesamtdicke	m	0.302	0.312	0.322	0.332
Gesamtgewicht	kg/m²	515	517	518	520
Schalldämm-Maß R	dB	53	53	53	53
Wärmedurchlaßwiderstand 1/Λ	m²K/W	1.45	1.63	1.82	2.00
	m²h°C/kcal	1.68	1.89	2.10	2.31
Wärmedurchgangskoeffizient k	W/m²K	0.62	0.56	0.50	0.46
	kcal/m²h°C	0.54	0.48	0.44	0.40
Wärmespeicherungszahl W	kJ/m²K	356	358	362	365
	kcal/m²°C	85	85	86	87
Temperatur-Amplituden-Verhältnis	TAV	0.02	0.02	0.02	0.02

12.3 schweres einschaliges Flachdach auf Stahlbetondecke

1 Kiesschüttung 16/32 mm
2 PVC-Folie 0.8 mm als Plane
3 PUR-Hartschaumplatte
4 PVC-Dampfsperrfolie 0.3 mm als Plane
5 Stahlbetondecke Bn 250
6 Deckenputz

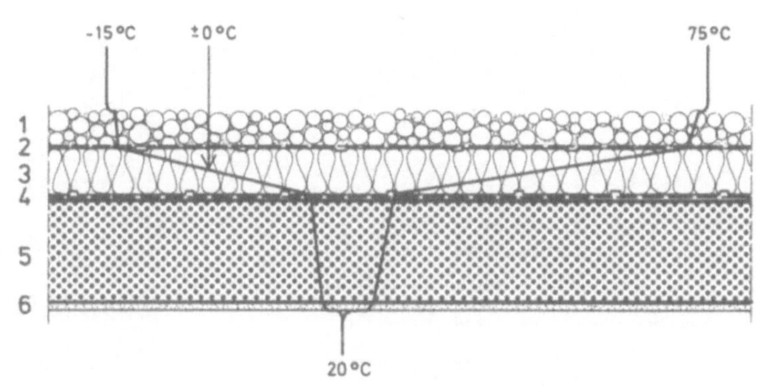

Schicht	Dicke	Gewicht	Wärmeleitfähigkeit λ		Wärmedurchlaßwiderstand 1/Λ	
	m	kg/m²	W/mK	kcal/mh°C	m²K/W	m²h°C/kcal
1	0.050	90	1.40	1.20	0.03	0.04
2	0.001	1	0.16	0.14	0.01	0.01
3	0.070	2	0.035	0.030	2.00	2.33
4	0.001	1	0.19	0.16	0.01	0.01
5	0.160	384	2.04	1.75	0.08	0.09
6	0.010	15	0.70	0.60	0.01	0.02
Gesamt	0.292	493	—	—	2.14	2.50
Wärmeübergangswiderstände 1/α					0.16	0.19
Wärmedurchgangswiderstand 1/k					2.30	2.69

Dicke der Dämmschicht	mm	50	60	70	80
Gesamtdicke	m	0.272	0.282	0.292	0.302
Gesamtgewicht	kg/m²	493	493	493	493
Schalldämm-Maß R	dB	52	52	52	52
Wärmedurchlaßwiderstand 1/Λ	m²K/W	1.57	1.85	2.14	2.42
	m²h°C/kcal	1.83	2.16	2.50	2.83
Wärmedurchgangskoeffizient k	W/m²K	0.58	0.50	0.44	0.39
	kcal/m²h°C	0.49	0.42	0.37	0.33
Wärmespeicherungszahl W	kJ/m²K	347	351	356	361
	kcal/m²°C	83	84	85	86
Temperatur-Amplituden-Verhältnis	TAV	0.02	0.02	0.02	0.01

12.4 schweres einschaliges Flachdach auf Stahlbetondecke

1 Kiesschüttung 16/32 mm
2 PS-Harschaumplatte, extrudiert
3 Abdichtung, z. B. Glasvliesbahn V13 + Abdichtungsbahn 4 mm + Glasvliesbahn V13
4 Stahlbetondecke Bn 250
5 Deckenputz

* Wärmeleitfähigkeit + 20 % Aufschlag

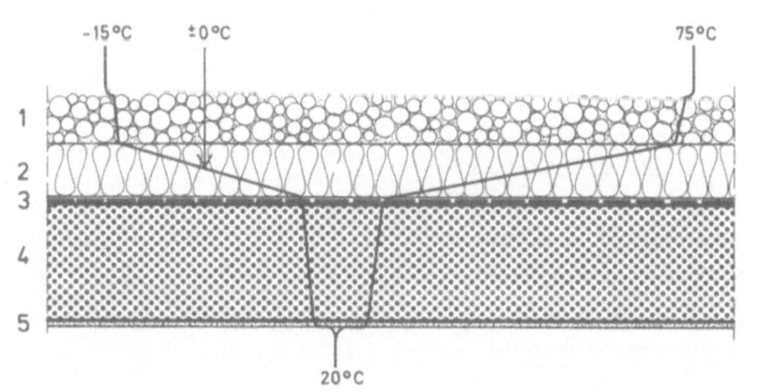

Schicht	Dicke	Gewicht	Wärmeleitfähigkeit λ		Wärmedurchlaßwiderstand 1/Λ	
	m	kg/m²	W/mK	kcal/mh°C	m²K/W	m²h°C/kcal
1	0.070	126	1.40	1.20	0.05	0.06
2	0.080	3	0.048*	0.042*	1.67	1.91
3	0.010	12	0.19	0.16	0.05	0.06
4	0.180	432	2.04	1.75	0.09	0.10
5	0.010	15	0.70	0.60	0.01	0.02
Gesamt:	0.350	588	—	—	1.87	2.15
Wärmeübergangswiderstände 1/α					0.16	0.19
Wärmedurchgangswiderstand 1/k					2.03	2.34

Dicke der Dämmschicht (Kiesschüttung)	mm mm	70 (60)	80 (70)	90 (80)	100 (80)
Gesamtdicke	m	0.330	0.350	0.370	0.380
Gesamtgewicht	kg/m²	569	588	606	607
Schalldämm-Maß R	dB	54	54	54	54
Wärmedurchlaßwiderstand 1/Λ	m²K/W	1.65	1.87	2.09	2.29
	m²h°C/kcal	1.90	2.15	2.39	2.63
Wärmedurchgangskoeffizient k	W/m²K	0.55	0.49	0.45	0.41
	kcal/m²h°C	0.48	0.43	0.39	0.36
Wärmespeicherungszahl W	kJ/m²K	407	413	418	425
	kcal/m²°C	97	99	100	101
Temperatur-Amplituden-Verhältnis	TAV	0.02	0.02	0.01	0.01

13.1 begehbare Terrasse auf Stahlbetondecke

1 Waschbetonplatten
2 Sickerschicht, Feinsplitt
3 Abdichtung*, z. B. Selbstklebebahn + Abdichtungsbahn 5 mm + Glasvliesbahn V13
4 PS - Hartschaumplatte, geformt
5 Alu - Dichtungsbahn 0.1 mm, auf Glasvlies - Lochbahn
6 Stahlbetondecke Bn 250, darauf Voranstrich

* darüber Panzerschicht aus wurzelfestem Heißbitumen mit eingebettetem Feinriesel

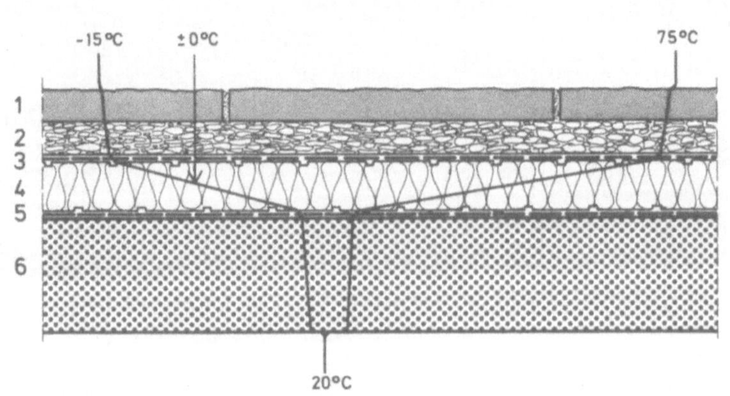

Schicht	Dicke	Gewicht	Wärmeleitfähigkeit λ		Wärmedurchlaßwiderstand 1/Λ	
	m	kg/m²	W/mK	kcal/mh°C	m²K/W	m²h°C/kcal
1	0.050	125	2.33	2.00	0.02	0.03
2	0.050	90	1.40	1.20	0.03	0.04
3	0.012	14	0.19	0.16	0.06	0.08
4	0.080	2	0.04	0.035	2.00	2.28
5	0.008	7	0.19	0.16	0.04	0.05
6	0.180	432	2.04	1.75	0.09	0.10
Gesamt:	0.380	670	—	—	2.24	2.58
Wärmeübergangswiderstände 1/α					0.16	0.19
Wärmedurchgangswiderstand 1/k					2.40	2.77

Dicke der Dämmschicht	mm	60	70	80	100
Gesamtdicke	m	0.360	0.370	0.380	0.400
Gesamtgewicht	kg/m²	669	669	670	670
Schalldämm-Maß R	dB	55	55	55	55
Wärmedurchlaßwiderstand 1/Λ	m²K/W	1.74	1.99	2.24	2.74
	m²h°C/kcal	2.01	2.29	2.58	3.15
Wärmedurchgangskoeffizient k	W/m²K	0.53	0.47	0.42	0.35
	kcal/m²h°C	0.46	0.40	0.36	0.30
Wärmespeicherungszahl W	kJ/m²K	403	405	407	412
	kcal/m²°C	96	96	97	98
Temperatur-Amplituden-Verhältnis	TAV	0.02	0.02	0.01	0.01

13.2 Parkdeck für Pkw auf schwerer Stahlbetondecke

1 Stahlbetonplatte Bn 350, Fertigteil
2 Verlegemörtel*, zugl. Schutzestrich
3 Abdichtung z. B. Glasgewe - Dichtungsbahn + Abdichtungsbahn 5 mm + Glasvliesbahn V13
4 Dämmplatte aus expandiertem Stein
5 Alu - Dichtungsbahn 0.2 mm auf Glasvlies - Lochbahn
6 Stahlbetondecke Bn 250

* darunter Polyäthylenfolie 0.2 mm, lose verlegt

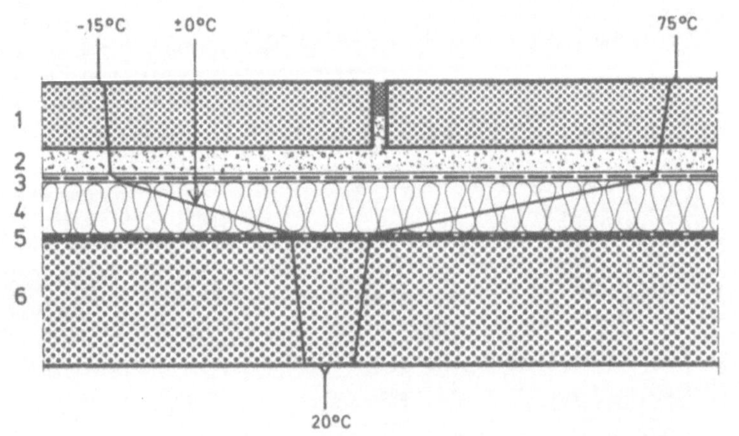

Schicht	Dicke	Gewicht	Wärmeleitfähigkeit λ		Wärmedurchlaßwiderstand 1/Λ	
	m	kg/m²	W/mK	kcal/mh°C	m²K/W	m²h°C/kcal
1	0.100	250	2.33	2.00	0.04	0.05
2	0.040	84	1.40	1.20	0.03	0.03
3	0.015	17	0.17	0.15	0.09	0.10
4	0.080	14	0.052	0.045	1.54	1.77
5	0.008	8	0.19	0.16	0.04	0.05
6	0.200	480	2.04	1.75	0.10	0.11
Gesamt:	0.443	853	—	—	1.84	2.11
Wärmeübergangswiderstände 1/α					0.16	0.19
Wärmedurchgangswiderstand 1/k					2.00	2.30

Dicke der Dämmschicht	mm	60	70	80	100
Gesamtdicke	m	0.423	0.433	0.443	0.463
Gesamtgewicht	kg/m²	852	852	853	853
Schalldämm-Maß R	dB	57	57	57	57
Wärmedurchlaßwiderstand 1/Λ	m²K/W	1.45	1.65	1.84	2.22
	m²h°C/kcal	1.67	1.90	2.11	2.46
Wärmedurchgangskoeffizient k	W/m²K	0.62	0.55	0.50	0.42
	kcal/m²h°C	0.54	0.48	0.44	0.38
Wärmespeicherungszahl W	kJ/m²K	434	441	449	465
	kcal/m²°C	104	105	107	111
Temperatur-Amplituden-Verhältnis	TAV	0.02	0.01	0.01	0.01

13.3 bepflanzte Terrasse nach dem TKS-Verfahren

1 Torf-Kultur-Substrat (TKS)
2 Filterschicht* aus Blähton 16/25 mm mit Glasfaserfilz abgedeckt
3 Abdichtung z.B. Glasvliesbahn V13 + Abdichtungsbahn 4 mm + Glasvliesbahn V13
4 Hartschaumplatte
5 Alu-Dichtungsbahn 0.1 mm auf Glasvlies-Lochbahn
6 Stahlbetondecke Bn 250 darauf Voranstrich

* darunter Polyätylenfolie 0.2 mm als Trennlage

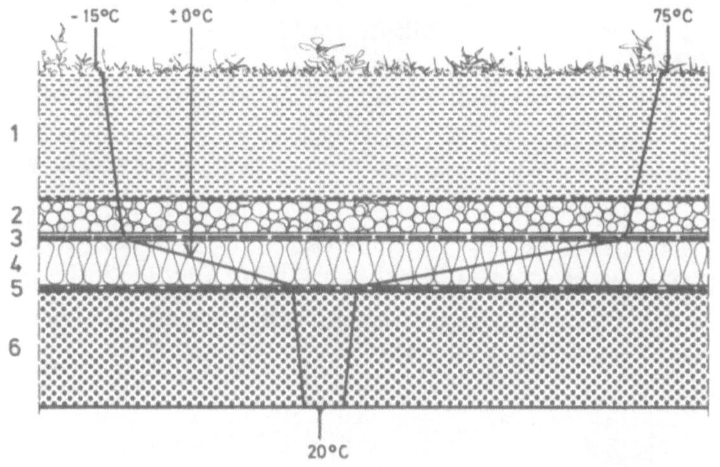

Schicht	Dicke m	Gewicht kg/m²	Wärmeleitfähigkeit λ W/mK	kcal/mh°C	Wärmedurchlaßwiderstand 1/Λ m²K/W	m²h°C/kcal
1	0.200	150	1.16	1.00	0.17	0.20
2	0.050	30	1.16	1.00	0.04	0.05
3	0.012	14	0.19	0.16	0.06	0.08
4	0.070	2	0.04	0.035	1.75	2.00
5	0.008	7	0.19	0.16	0.04	0.05
6	0.180	432	2.04	1.75	0.09	0.10
Gesamt:	0.520	635	—	—	2.15	2.48
Wärmeübergangswiderstände 1/α					0.16	0.19
Wärmedurchgangswiderstand 1/k					2.21	2.67

Dicke der Dämmschicht	mm	50	60	70	80
Gesamtdicke	m	0.500	0.510	0.520	0.530
Gesamtgewicht	kg/m²	634	635	635	636
Schalldämm-Maß R	dB	55	55	55	55
Wärmedurchlaßwiderstand 1/Λ	m²K/W	1.65	1.90	2.15	2.40
	m²h°C/kcal	1.91	2.19	2.48	2.76
Wärmedurchgangskoeffizient k	W/m²K	0.55	0.49	0.45	0.39
	kcal/m²h°C	0.48	0.42	0.38	0.34
Wärmespeicherungszahl W	kJ/m²K	438	440	442	444
	kcal/m²°C	105	105	106	106
Temperatur-Amplituden-Verhältnis	TAV	0.01	0.01	0.01	0.01

13.4 bepflanzte Terrasse nach dem BASF-Verfahren

1 Vegetationsschicht 50 Vol.% schwerer Böden, 35 Vol.% Hygromull, 15 Vol.% Styromull
2 Wasserspeicherschicht aus Hygromull-Platten
3 Dränplatte aus gebundenen, aufgeschäumten Styroporkugeln
4 Abdichtung Selbstklebebahn + 2 Lagen Lucobit-Dachfolie aus ECB 1.5 mm
5 Styropor-Dämmplatte, geformt
6 Stahlbetondecke Bn 250 darauf Voranstrich

* darin die Werte für die Alu-Abdichtungsbahn 0.1 mm unter Schicht 5.

-15°C ±0°C 75°C
1
2
3
4
5
6
20°C

Schicht	Dicke m	Gewicht kg/m²	Wärmeleitfähigkeit λ W/mK	kcal/mh°C	Wärmedurchlaßwiderstand 1/Λ m²K/W	m²h°C/kcal
1	0.200	240	0.93	0.80	0.22	0.25
2	0.100	53	1.16	1.00	0.09	0.10
3	0.065	2	0.93	0.80	0.07	0.08
4*	0.016	17	0.19	0.16	0.08	0.10
5	0.070	2	0.04	0.035	1.75	2.00
6	0.180	432	2.04	1.75	0.09	0.10
Gesamt:	0.631	746	—	—	2.30	2.63
Wärmeübergangswiderstände 1/α					0.16	0.19
Wärmedurchgangswiderstand 1/k					2.46	2.82

Dicke der Dämmschicht	mm	50	60	70	80
Gesamtdicke	m	0.611	0.621	0.631	0.641
Gesamtgewicht	kg/m²	746	746	746	746
Schalldämm-Maß R	dB	56	56	56	56
Wärmedurchlaßwiderstand 1/Λ	m²K/W	1.80	2.05	2.30	2.55
	m²h°C/kcal	2.06	2.34	2.63	2.91
Warmedurchgangskoeffizient k	W/m²K	0.51	0.45	0.41	0.37
	kcal/m²h°C	0.45	0.40	0.36	0.32
Wärmespeicherungszahl W	kJ/m²K	432	436	440	444
	kcal/m²°C	103	104	105	106
Temperatur-Amplituden-Verhältnis	TAV	0.01	0.01	0.00	0.00

14.1 leichtes einschaliges Flachdach in Holzkonstruktion

1 Kiesschüttung 16/32 mm, auf wurzelfestem Deckabstrich

2 Dachhaut, z. B. Selbstklebebahn + Abdichtungsbahn 4 mm + Glasvliesbahn V 13

3 PS-Hartschaumplatte, geformt

4 Alu-Dichtungsbahn 0.1 mm, auf Glasvliesbahn

5 Dachspanplatte, Unterseite dichter Dispersionsanstrich

6 Holzpfetten

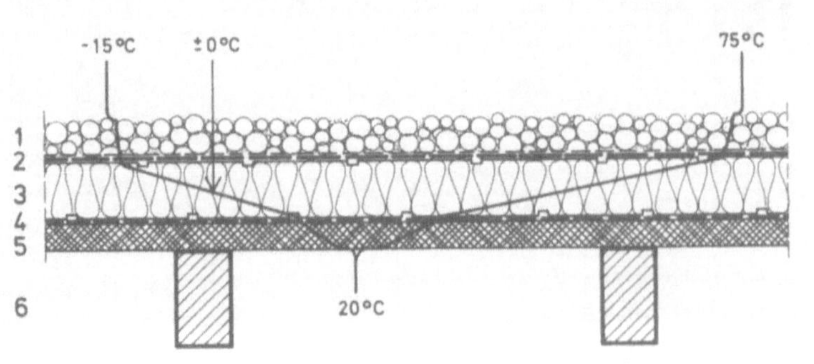

Schicht	Dicke m	Gewicht kg/m²	Wärmeleitfähigkeit λ W/mK	kcal/mh°C	Wärmedurchlaßwiderstand 1/Λ m²K/W	m²h°C/kcal
1	0.050	90	1.40	1.20	0.03	0.04
2	0.010	12	0.19	0.16	0.05	0.06
3	0.080	2	0.04	0.035	2.00	2.28
4	0.008	7	0.19	0.16	0.04	0.05
5	0.038	16	0.09	0.08	0.42	0.48
6	0.140	9	—	—	—	—
Gesamt:	0.326	136	—	—	2.54	2.91
Wärmeübergangswiderstände 1/α					0.16	0.19
Wärmedurchgangswiderstand 1/k					2.70	3.10

Dicke der Dämmschicht	mm	60	70	80	100
Gesamtdicke	m	0.306	0.316	0.326	0.346
Gesamtgewicht	kg/m²	135	135	136	136
Schalldämm-Maß R	dB	42	42	42	42
Wärmedurchlaßwiderstand 1/Λ	m²K/W	2.04	2.29	2.54	3.04
	m²h°C/kcal	2.34	2.63	2.91	3.49
Wärmedurchgangskoeffizient k	W/m²K	0.46	0.41	0.37	0.31
	kcal/m²h°C	0.40	0.35	0.32	0.27
Wärmespeicherungszahl W	kJ/m²K	32.5	32.9	33.4	33.9
	kcal/m²°C	7.8	7.9	8.0	8.2
Temperatur-Amplituden-Verhältnis	TAV	0.22	0.19	0.17	0.14

14.2 leichtes einschaliges Flachdach auf Trapezblechen

1 Splittabstreuung, auf Heißbitumen

2 Dachhaut, z. B. Glasvlies-Lochbahn + Abdichtungsbahn 4 mm + Glasvliesbahn V 13

3 Hartschaumplatte

4 Alu-Dichtungsbahn 0.1 mm, auf Glasvliesbahn V 11

5 Spanplatte, wasserfest verleimt

6 Trapezblech

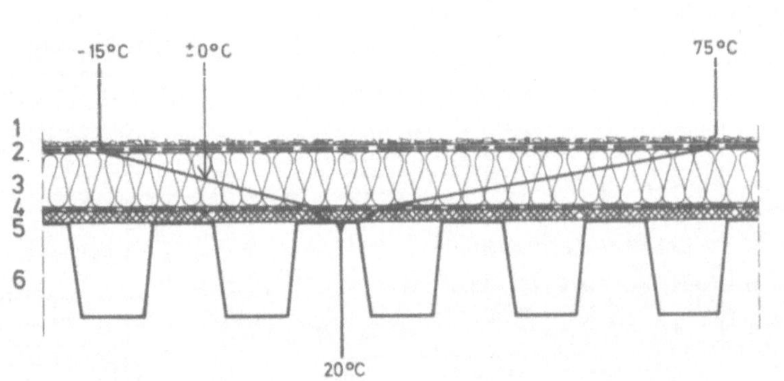

Schicht	Dicke m	Gewicht kg/m²	Wärmeleitfähigkeit λ W/mK	kcal/mh°C	Wärmedurchlaßwiderstand 1/Λ m²K/W	m²h°C/kcal
1	0.008	14	0.81	0.70	0.01	0.01
2	0.010	12	0.19	0.16	0.05	0.06
3	0.080	2	0.04	0.035	2.00	2.28
4	0.008	7	0.19	0.16	0.04	0.05
5	0.016	10	0.13	0.11	0.12	0.14
6	0.140	16	—	—	—	—
Gesamt:	0.262	61	—	—	2.22	2.54
Wärmeübergangswiderstände 1/α					0.16	0.19
Wärmedurchgangswiderstand 1/k					2.38	2.73

Dicke der Dämmschicht	mm	60	70	80	100
Gesamtdicke	m	0.242	0.252	0.262	0.282
Gesamtgewicht	kg/m²	60	60	61	61
Schalldämm-Maß R	dB	37	37	37	37
Wärmedurchlaßwiderstand 1/Λ	m²K/W	1.72	1.97	2.22	2.72
	m²h°C/kcal	1.97	2.26	2.54	3.12
Wärmedurchgangskoeffizient k	W/m²K	0.53	0.47	0.42	0.35
	kcal/m²h°C	0.46	0.41	0.37	0.30
Wärmespeicherungszahl W	kJ/m²K	26.2	26.8	27.3	28.1
	kcal/m²°C	6.2	6.4	6.5	6.7
Temperatur-Amplituden-Verhältnis	TAV	0.29	0.26	0.23	0.18

15.1 Stahlbetondecke unter nicht ausgebautem Dachgeschoß

1 Spanplatte, mit Klebebitumen festgelegt
2 Hartschaumplatte
3 Stahlbetondecke Bn 250
4 Deckenputz

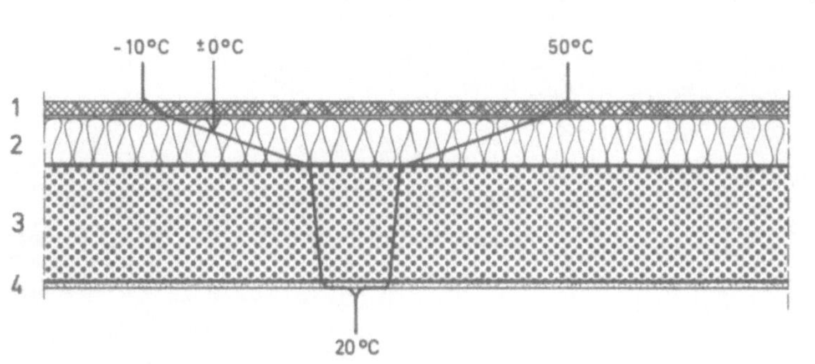

Schicht	Dicke m	Gewicht kg/m²	Wärmeleitfähigkeit λ W/mK	Wärmeleitfähigkeit λ kcal/mh°C	Wärmedurchlaßwiderstand 1/Λ m²K/W	Wärmedurchlaßwiderstand 1/Λ m²h°C/kcal
1	0.020	12	0.13	0.11	0.15	0.18
2	0.070	1	0.04	0.035	1.75	2.00
3	0.160	384	2.04	1.75	0.08	0.09
4	0.010	15	0.70	0.60	0.01	0.02
Gesamt	0.260	412	—	—	1.99	2.29
Wärmeübergangswiderstände 1/α					0.21	0.24
Wärmedurchgangswiderstand 1/k					2.20	2.53

Dicke der Dämmschicht	mm	50	60	70	80
Gesamtdicke	m	0.240	0.250	0.260	0.270
Gesamtgewicht	kg/m²	412	412	412	413
Schalldämm-Maß R	dB	51	51	51	51
Wärmedurchlaßwiderstand 1/Λ	m²K/W	1.49	1.74	1.99	2.24
	m²h°C/kcal	1.72	2.00	2.29	2.58
Wärmedurchgangskoeffizient k	W/m²K	0.59	0.51	0.46	0.41
	kcal/m²h°C	0.51	0.45	0.39	0.35
Wärmespeicherungszahl W	kJ/m²K	347	353	355	358
	kcal/m²°C	83	84	85	86
Temperatur-Amplituden-Verhältnis	TAV	0.02	0.02	0.02	0.02

15.2 Holzbalkendecke unter nicht ausgebautem Dachgeschoß

1 Fußbodenbretter, Tanne/Fichte
2 Schüttung aus geblähtem Stein
3 Fehlboden mit Papierauflage
4 Luft-Hohlraum + Latten für Fehlboden
5 Dämmplatte
6 Gipsputz auf Stabilrohrmatten

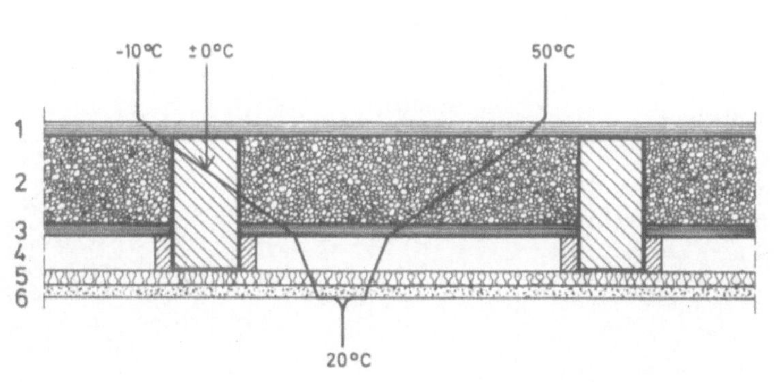

Schicht	Dicke m	Gewicht kg/m²	Wärmeleitfähigkeit λ W/mK	Wärmeleitfähigkeit λ kcal/mh°C	Wärmedurchlaßwiderstand 1/Λ m²K/W	Wärmedurchlaßwiderstand 1/Λ m²h°C/kcal
1	0.020	10	0.14	0.12	0.14	0.17
2	0.130	52	0.12	0.10	1.08	1.30
3	0.020	10	0.14	0.12	0.14	0.17
4	0.050	2	—	—	0.16	0.19
5	0.025	1	0.04	0.035	0.63	0.71
6	0.020	20	0.47	0.40	0.04	0.05
Gesamt	0.265	95	—	—	2.19	2.59
Wärmeübergangswiderstände 1/α					0.21	0.24
Wärmedurchgangswiderstand 1/k					2.40	2.83

Dicke der Schüttung	mm	70	90	110	130
Gesamtdicke	m	0.265	0.265	0.265	0.265
Gesamtgewicht	kg/m²	71	79	87	95
Schalldämm-Maß R	dB	38	38	39	39
Wärmedurchlaßwiderstand 1/Λ	m²K/W	1.70	1.86	2.03	2.19
	m²h°C/kcal	1.99	2.19	2.39	2.59
Wärmedurchgangskoeffizient k	W/m²K	0.52	0.48	0.45	0.42
	kcal/m²h°C	0.45	0.41	0.38	0.35
Wärmespeicherungszahl W	kJ/m²K	32.1	35.6	39.0	42.5
	kcal/m²°C	7.7	8.5	9.3	10.1
Temperatur-Amplituden-Verhältnis	TAV	0.30	0.24	0.19	0.15

16.1 Kellerdecke aus Stahlbeton

1 **Bodenbelag**, z.B. PVC, Linoleum
2 **Estrich**, z.B. Zementestrich
3 **Estrich-Dämmplatte**
4 **Stahlbetondecke Bn 250**
5 **Hartschaumplatte**, mit oberseitigen Rillen, anbetoniert
6 **Dispersionsanstrich**

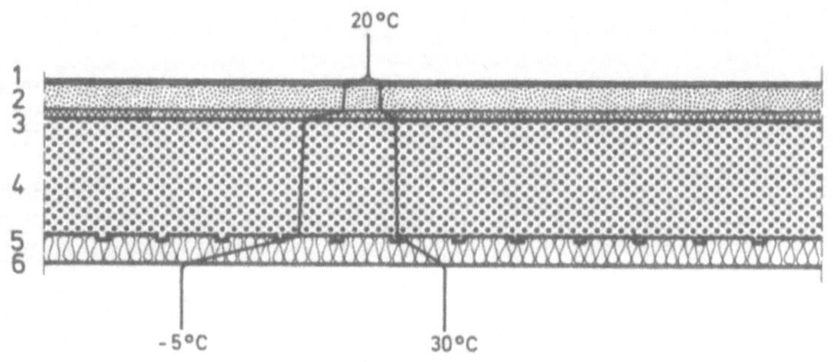

Schicht	Dicke m	Gewicht kg/m²	Wärmeleitfähigkeit λ W/mK	Wärmeleitfähigkeit λ kcal/mh°C	Wärmedurchlaßwiderstand 1/Λ m²K/W	Wärmedurchlaßwiderstand 1/Λ m²h°C/kcal
1	0.003	4	0.23	0.20	0.01	0.02
2	0.035	77	1.40	1.20	0.02	0.03
3	0.010	1	0.04	0.035	0.25	0.29
4	0.160	384	2.04	1.75	0.08	0.09
5	0.040	1	0.04	0.035	1.00	1.14
6						
Gesamt:	0.248	467	—	—	1.36	1.57
Wärmeübergangswiderstände 1/α					0.34	0.40
Wärmedurchgangswiderstand 1/k					1.70	1.97

Dicke der anbetonierten Dämmschicht	mm	20	30	40	50
Gesamtdicke	m	0.228	0.238	0.248	0.258
Gesamtgewicht	kg/m²	466	467	467	467
Schalldämm-Maß R	dB	52	52	52	52
Wärmedurchlaßwiderstand 1/Λ	m²K/W	0.86	1.11	1.36	1.61
	m²h°C/kcal	1.00	1.29	1.57	1.86
Wärmedurchgangskoeffizient k	W/m²K	0.83	0.69	0.59	0.51
	kcal/m²h°C	0.72	0.60	0.51	0.44
Wärmespeicherungszahl W	kJ/m²K	286	314	334	350
	kcal/m²°C	68	75	80	84
Temperatur-Amplituden-Verhältnis	TAV	0.03	0.02	0.02	0.01

16.2 Kellerdecke aus Stahlbeton

1 **Teppichboden**
2 **Ausgleichsestrich**
3 **Stahlbetondecke Bn 250**
4 **PS-Hartschaumplatte**, geformt, anbetoniert
5 **Kunststoff-Zementputz**, mit Armierung

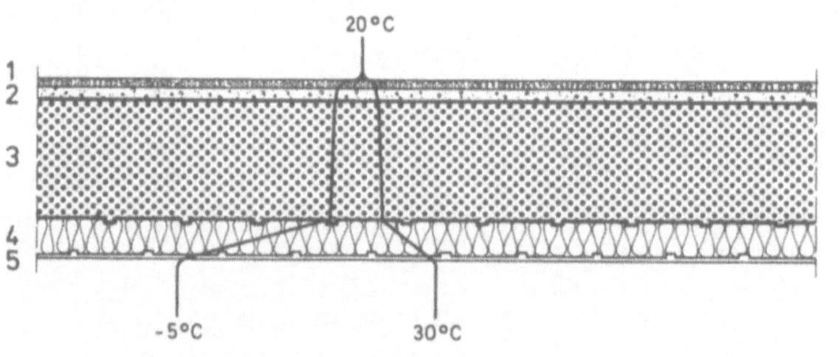

Schicht	Dicke m	Gewicht kg/m²	Wärmeleitfähigkeit λ W/mK	Wärmeleitfähigkeit λ kcal/mh°C	Wärmedurchlaßwiderstand 1/Λ m²K/W	Wärmedurchlaßwiderstand 1/Λ m²h°C/kcal
1	0.010	3	0.07	0.06	0.15	0.17
2	0.020	44	1.40	1.20	0.01	0.02
3	0.160	384	2.04	1.75	0.08	0.09
4	0.050	1	0.04	0.035	1.25	1.43
5	0.005	10	0.70	0.60	0.01	0.01
Gesamt:	0.245	442	—	—	1.50	1.72
Wärmeübergangswiderstände 1/α					0.34	0.40
Wärmedurchgangswiderstand 1/k					1.84	2.12

Dicke der anbetonierten Dämmschicht	mm	30	40	50	60
Gesamtdicke	m	0.225	0.235	0.245	0.255
Gesamtgewicht	kg/m²	442	442	442	442
Schalldämm-Maß R	dB	51	51	51	51
Wärmedurchlaßwiderstand 1/Λ	m²K/W	1.00	1.25	1.50	1.75
	m²h°C/kcal	1.15	1.43	1.72	2.00
Wärmedurchgangskoeffizient k	W/m²K	0.75	0.63	0.54	0.48
	kcal/m²h°C	0.65	0.55	0.47	0.42
Wärmespeicherungszahl W	kJ/m²K	305	322	335	345
	kcal/m²°C	73	77	80	82
Temperatur-Amplituden-Verhältnis	TAV	0.04	0.03	0.03	0.02

17.1 Stahlbetondecke über offener Durchfahrt

1 **Bodenbelag**, z.B. PVC, Linoleum
2 **Estrich**, z.B. Anhydritestrich
3 **Estrich-Dämmplatte**
4 **Stahlbetondecke Bn 250**
5 **PS-Hartschaumplatte**, geformt, anbetoniert
6 **Kunststoff-Zementputz**, mit Armierung

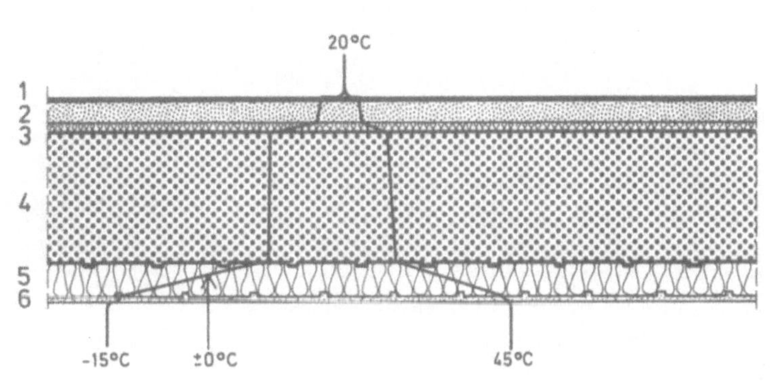

Schicht	Dicke m	Gewicht kg/m²	Wärmeleitfähigkeit λ W/mK	kcal/mh°C	Wärmedurchlaßwiderstand 1/Λ m²K/W	m²h°C/kcal
1	0.005	6	0.19	0.16	0.03	0.03
2	0.035	56	0.81	0.70	0.04	0.05
3	0.015	1	0.04	0.035	0.38	0.43
4	0.180	432	2.04	1.75	0.09	0.10
5	0.060	1	0.04	0.035	1.50	1.71
6	0.005	10	0.70	0.60	0.01	0.01
Gesamt	0.300	506	——	——	2.05	2.33
Wärmeübergangswiderstände 1/α					0.21	0.25
Wärmedurchgangswiderstand 1/k					2.26	2.58

Dicke der anbetonierten Dämmschicht	mm	50	60	70	80
Gesamtdicke	m	0.290	0.300	0.310	0.320
Gesamtgewicht	kg/m²	506	506	506	507
Schalldämm-Maß R	dB	53	53	53	53
Wärmedurchlaßwiderstand 1/Λ	m²K/W	1.80	2.05	2.30	2.55
	m²h°C/kcal	2.04	2.33	2.61	2.90
Wärmedurchgangskoeffizient k	W/m²K	0.50	0.44	0.40	0.36
	kcal/m²h°C	0.44	0.39	0.35	0.32
Wärmespeicherungszahl W	kJ/m²K	328	344	357	368
	kcal/m²°C	78	82	85	88
Temperatur-Amplituden-Verhältnis	TAV	0.01	0.01	0.01	0.01

17.2 Stahlbetondecke über offener Durchfahrt

1 **Bodenplatten**, z.B. Marmor, Steinzeug, Keramik
2 **Verlegemörtel**
3 **Stahlbetondecke Bn 250**
4 **Luft-Hohlraum** + Aufhängung
5 **Mineralfaserplatte**, 0.5 kg/dm³ auf Rieselschutz
6 **Leichtmetall-Lamellen**, perforiert

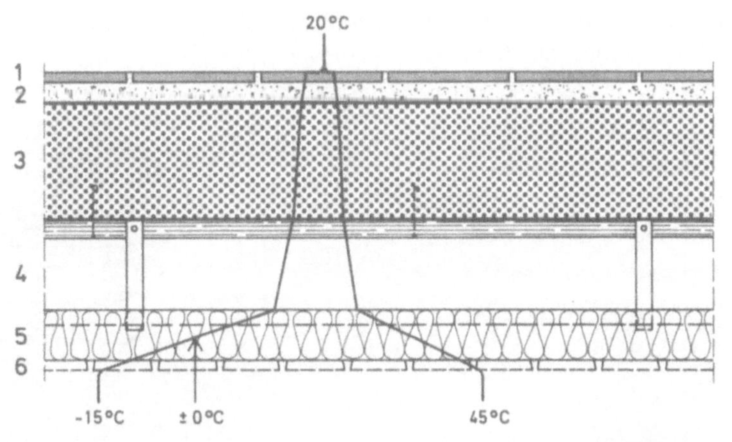

Schicht	Dicke m	Gewicht kg/m²	Wärmeleitfähigkeit λ W/mK	kcal/mh°C	Wärmedurchlaßwiderstand 1/Λ m²K/W	m²h°C/kcal
1	0.015	38	2.33	2.00	0.01	0.01
2	0.035	63	0.81	0.70	0.04	0.05
3	0.180	432	2.04	1.75	0.09	0.10
4	0.140	2			0.21	0.24
5	0.080	4	0.04	0.035	2.00	2.28
6	0.015	5	——	——	——	——
Gesamt	0.465	544	——	——	2.35	2.68
Wärmeübergangswiderstände 1/α					0.21	0.25
Wärmedurchgangswiderstand 1/k					2.56	2.93

Dicke der Mineralfaserplatte	mm	60	70	80	100
Gesamtdicke	m	0.445	0.455	0.465	0.485
Gesamtgewicht	kg/m	543	544	544	546
Schalldämm-Maß R	dB	53	53	53	53
Wärmedurchlaßwiderstand 1/Λ	m²K/W	1.85	2.10	2.35	2.85
	m²h°C/kcal	2.11	2.40	2.68	3.26
Wärmedurchgangskoeffizient k	W/m²K	0.48	0.43	0.39	0.33
	kcal/m²h°C	0.42	0.36	0.34	0.29
Wärmespeicherungszahl W	kJ/m²K	478	484	488	495
	kcal/m²°C	114	115	116	118
Temperatur-Amplituden-Verhältnis	TAV	0.01	0.01	0.01	0.01

18.1 Fußboden auf Erdreich
(normale Bodenfeuchtigkeit)

1 **Bodenbelag**, z.B. Korkplatten
2 **Zementestrich** auf Polyätylenfolie 0.1 mm
3 **Hartschaumplatte** auf Polyäthylenfolie 0.2 mm
4 **Unterbeton**, Oberfläche glatt gerieben

Nach Wärmeschutzverordnung EnEG
Schicht 4 ohne Anrechnung!

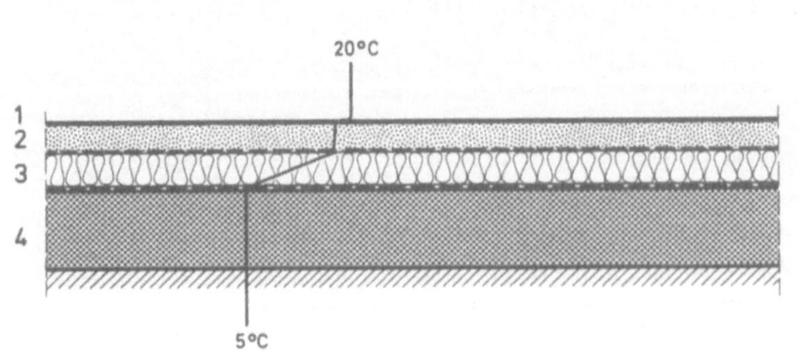

Schicht	Dicke	Gewicht	Wärmeleitfähigkeit λ		Wärmedurchlaßwiderstand 1/Λ	
	m	kg/m²	W/mK	kcal/mh°C	m²K/W	m²h°C/kcal
1	0.005	2	0.064	0.055	0.08	0.09
2	0.040	88	1.40	1.20	0.03	0.03
3	0.050	1	0.04	0.035	1.25	1.43
4	0.120	264	1.51	1.30	——	——
Gesamt	0.215	355	——	——	1.36	1.55
Wärmeübergangswiderstand $1/\alpha_i$					0.17	0.20
Wärmedurchgangswiderstand 1/k					1.53	1.75

Dicke der Dämmschicht	mm	30	40	50	60
Gesamtdicke	m	0.195	0.205	0.215	0.225
Gesamtgewicht	kg/m²	355	355	355	355
Schalldämm-Maß R	dB	50	50	50	50
Wärmedurchlaßwiderstand 1/Λ	m²K/W	0.86	1.11	1.36	1.61
	m²h°C/kcal	0.98	1.26	1.55	1.83
Wärmedurchgangskoeffizient k	W/m²K	0.97	0.78	0.65	0.56
	kcal/m²h°C	0.85	0.68	0.57	0.49
Wärmespeicherungszahl W	kJ/m²K	96	95	93	93
	kcal/m²°C	22.8	22.5	22.3	22.2
Temperatur-Amplituden-Verhältnis	TAV	0.15	0.12	0.10	0.08

18.2 Fußboden auf Erdreich
(gegen nichtdrückendes Wasser)

1 **Teppichboden**, z.B. Nadelfilz, geklebt
2 **Überbeton**, Oberseite glatt gerieben
3 **Hartschaumplatte**, auf PVC-Dichtungsfolie 0.8 mm
4 **Unterbeton**
5 **Packlage** aus Grobschotter

Nach Wärmeschutzverordnung EnEG
Schichten 4+5 ohne Anrechnung!

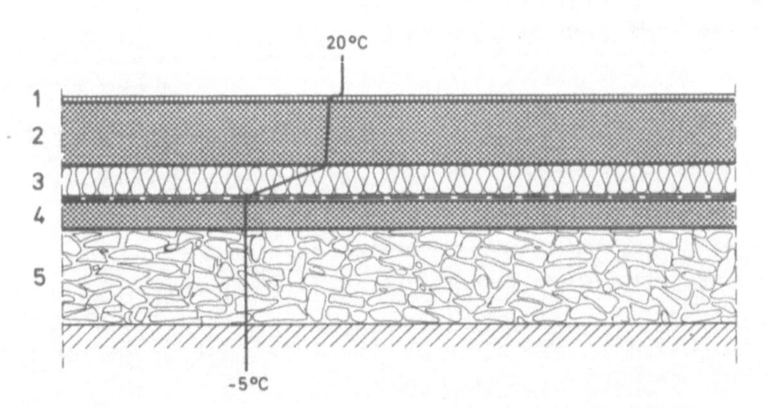

Schicht	Dicke	Gewicht	Wärmeleitfähigkeit λ		Wärmedurchlaßwiderstand 1/Λ	
	m	kg/m²	W/mK	kcal/mh°C	m²K/W	m²h°C/kcal
1	0.008	2	0.09	0.08	0.09	0.10
2	0.100	220	1.51	1.30	0.07	0.08
3	0.050	1	0.04	0.035	1.25	1.43
4	0.050	110	1.51	1.30	——	——
5	0.150	270	1.40	1.20	——	——
Gesamt:	0.358	603	——	——	1.41	1.61
Wärmeübergangswiderstand $1/\alpha_i$					0.17	0.20
Wärmedurchgangswiderstand 1/k					1.58	1.81

Dicke der Dämmschicht	mm	30	40	50	60
Gesamtdicke	m	0.338	0.348	0.358	0.368
Gesamtgewicht	kg/m²	603	603	603	603
Schalldämm-Maß R	dB	54	54	54	54
Wärmedurchlaßwiderstand 1/Λ	m²K/W	0.91	1.16	1.41	1.66
	m²h°C/kcal	1.04	1.32	1.61	1.89
Wärmedurchgangskoeffizient k	W/m²K	0.93	0.75	0.63	0.55
	kcal/m²h°C	0.81	0.66	0.55	0.48
Wärmespeicherungszahl W	kJ/m²K	209	213	216	218
	kcal/m²°C	50	51	51	52
Temperatur-Amplituden-Verhältnis	TAV	0.04	0.03	0.02	0.02

Innenwände

Bei der noch ausstehenden Rechtsverordnung über den sommerlichen Wärmeschutz, die allerdings nur für Gebäude mit raumlufttechnischen Anlagen gelten soll, werden aller Voraussicht nach auch die Innenbauteile in die Beurteilung einbezogen.
So wird z. B. von einer *schweren Innenbauart* oder einer *leichten Innenbauart* gesprochen, die sich aus anteiligem Flächengewicht (von noch anzugebender Größe) je m² Fensterfläche ergibt; bei raumweiser Ermittlung ist dann die Hälfte des Gewichtes der raumumschließenden Innenbauteile anzusetzen.
Nicht berücksichtigt werden sollen Bauteile, die eine wärmedämmende Verkleidung mit einem Wärmedurchlaßwiderstand von mehr als 0,26 m² K/W (0,30 m² h°C/kcal) aufweisen.
Bei Innenverkleidungen aus Holz und Holzwerkstoffen sollen deren Gewichtsanteile wegen der höheren spezifischen Wärme mit dem 2,25-fachen Wert in Ansatz gebracht werden dürfen (siehe Stoffwerttabelle auf Seite 183).
Im Hinblick auf die zu erwartenden Bestimmungen sind in diesem Buch bereits Angaben über die verschiedenen Arten von Innenwänden sowie Stoffwerttabellen über die gebräuchlichsten Innenverkleidungen enthalten.
Bei der Beurteilung der Innenwände sollte man hinsichtlich des Wärmeschutzes auch beachten, welcher benachbarte Raum abgegrenzt wird; es ist nämlich ein Unterschied, ob dieser beheizt, unbeheizt oder gar unbeheizt und stark durchlüftet ist. Die nebenstehende Innenwand-Übersicht enthält Angaben über die bei verschiedenen Wärmedämmwerten bzw. k-Werten sich einstellenden Oberflächentemperaturen auf der eigenen Raumseite bei unterschiedlichen Temperaturen im Nachbarraum.
Wohnungstrennwände sollte man deshalb nicht nur nach ihrem Schallschutzmaß beurteilen, sondern auch danach, wie weit die Abgabe von eigener Wohnungswärme zur unbeheizten Nachbarwohnung vermieden werden kann.
Zur Kennzeichnung der Innenwände kann infolge Unterteilung dienen:
Feste Innenwände sind tragende und nichttragende Wände, die nicht dazu bestimmt sind, umgesetzt zu werden.
Bedingt umsetzbare Innenwände sind nichttragende Wände, bei denen es bedingt möglich ist, daß sie umgesetzt werden können. Bei der Demontage darf der umgebende Baukörper nicht beschädigt werden, und wesentliche Teile der abgebauten Wände müssen wieder verwendbar sein.
Umsetzbare Innenwände sind nichttragende Wände, die besonders geeignet sind, später umgesetzt zu werden.
Bewegliche Innenwände sind nichttragende, in festen Führungen laufende Wände, die jederzeit horizontal oder vertikal bewegt werden können, wie z. B. Schiebe- oder Faltwände.
Leicht demontierbare Innenwände erfordern einen geringen Demontageaufwand. Das Material ist im allgemeinen nicht wiederverwendbar; man spricht auch von einer „Wegwerfwand".

Umsetzbare Innenwände

Umsetzbare Innenwände haben, bezogen auf die angrenzenden Bauwerksteile, keine Lasten aufzunehmen und auch sonst keine statischen Aufgaben wie z. B. Gebäude-Aussteifung zu erfüllen, müssen jedoch die auf ihre Fläche und Anschlüsse wirkenden Lasten und Beanspruchungen bis zu einem bestimmten Maße aufnehmen und auf tragende Bauwerksteile, wie z. B. Wände, Decken, Stützen übertragen können.
Bei den umsetzbaren Innenwänden unterscheidet man 2 Grundtypen:
Schalenwände, die aus der Unterkonstruktion, den beidseitigen oberflächenfertigen Wandschalen und ggf. füllenden Dämmstoffen auf der Baustelle montiert werden.
Monoblockwände, deren Teile komplett zusammengebaut und oberflächenfertig auf die Baustelle gebracht und dort aufgestellt werden.

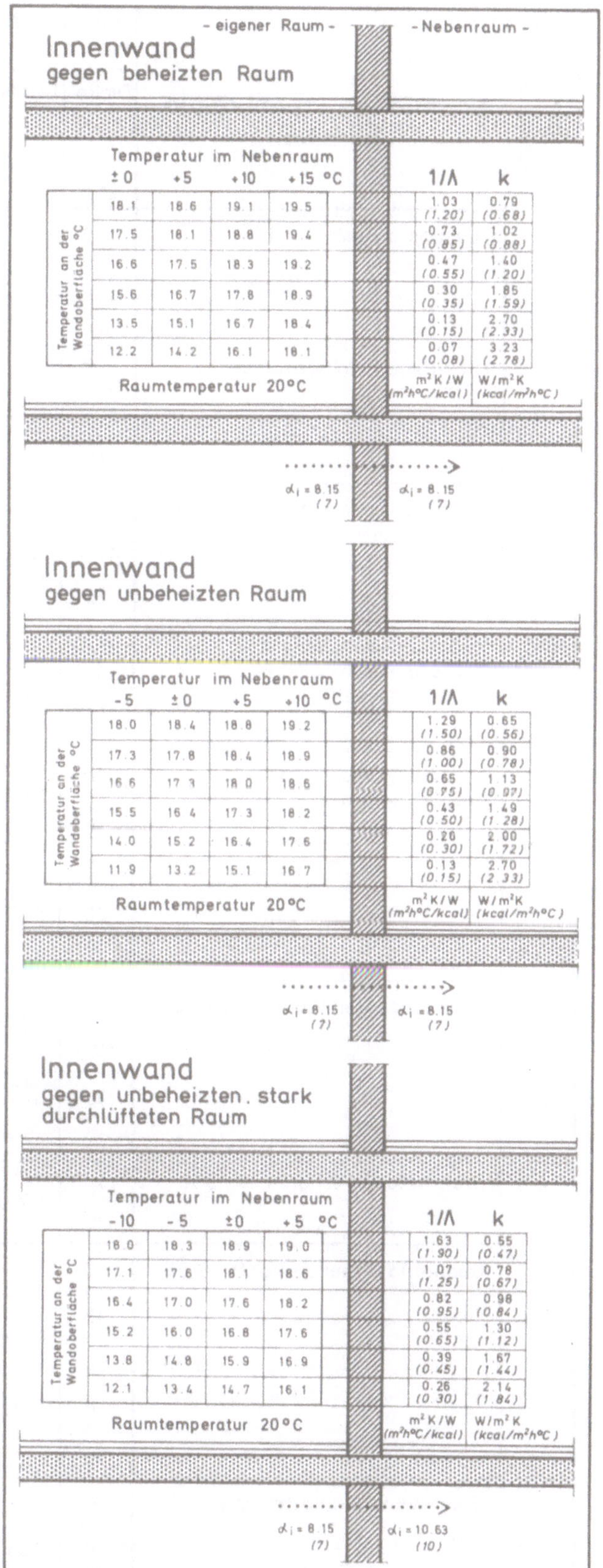

- eigener Raum - | - Nebenraum -

Innenwand gegen beheizten Raum

Temperatur im Nebenraum; Temperatur an der Wandoberfläche °C; Raumtemperatur 20 °C

±0	+5	+10	+15 °C	1/Λ m² K/W (m²h°C/kcal)	k W/m² K (kcal/m²h°C)
18.1	18.6	19.1	19.5	1.03 (1.20)	0.79 (0.68)
17.5	18.1	18.8	19.4	0.73 (0.85)	1.02 (0.88)
16.6	17.5	18.3	19.2	0.47 (0.55)	1.40 (1.20)
15.6	16.7	17.8	18.9	0.30 (0.35)	1.85 (1.59)
13.5	15.1	16.7	18.4	0.13 (0.15)	2.70 (2.33)
12.2	14.2	16.1	18.1	0.07 (0.08)	3.23 (2.78)

α_i = 8.15 (7) | α_i = 8.15 (7)

Innenwand gegen unbeheizten Raum

Temperatur im Nebenraum; Temperatur an der Wandoberfläche °C; Raumtemperatur 20 °C

-5	±0	+5	+10 °C	1/Λ m² K/W (m²h°C/kcal)	k W/m² K (kcal/m²h°C)
18.0	18.4	18.8	19.2	1.29 (1.50)	0.65 (0.56)
17.3	17.8	18.4	18.9	0.86 (1.00)	0.90 (0.78)
16.6	17.3	18.0	18.6	0.65 (0.75)	1.13 (0.97)
15.5	16.4	17.3	18.2	0.43 (0.50)	1.49 (1.28)
14.0	15.2	16.4	17.6	0.26 (0.30)	2.00 (1.72)
11.9	13.2	15.1	16.7	0.13 (0.15)	2.70 (2.33)

α_i = 8.15 (7) | α_i = 8.15 (7)

Innenwand gegen unbeheizten, stark durchlüfteten Raum

Temperatur im Nebenraum; Temperatur an der Wandoberfläche °C; Raumtemperatur 20 °C

-10	-5	±0	+5 °C	1/Λ m² K/W (m²h°C/kcal)	k W/m² K (kcal/m²h°C)
18.0	18.3	18.9	19.0	1.63 (1.90)	0.55 (0.47)
17.1	17.6	18.1	18.6	1.07 (1.25)	0.78 (0.67)
16.4	17.0	17.6	18.2	0.82 (0.95)	0.98 (0.84)
15.2	16.0	16.8	17.6	0.55 (0.65)	1.30 (1.12)
13.8	14.8	15.9	16.9	0.39 (0.45)	1.67 (1.44)
12.1	13.4	14.7	16.1	0.26 (0.30)	2.14 (1.84)

α_i = 8.15 (7) | α_i = 10.63 (10)

1 Oberflächentemperaturen auf der eigenen Raumseite bei Innenwänden mit verschiedenen Wärmedämm- bzw. k-Werten und unterschiedlichen Temperaturen im Nebenraum.

Nr. der Wand-konstruktion	einschalige Innenwände -beidseitig verputzt-	rohe Wand		fertig beschichtete Wand								
		Dicke	Dichte	Dicke	Gewicht	Schalldämm-Maß R	Wärmedurchlaßwiderstand 1/Λ		Wärmedurchgangskoeffizient k		Wärmespeicherungszahl W	
		cm	kg/m³	cm	kg/m²	dB	m²K/W	m²h°C/kcal	W/m²K	kcal/m²h°C	kJ/m²K	kcal/m²°C
	Hochlochziegel HLz 1.4	11.5		14.5	207	45	0.23	0.27	2.09	1.80	95	23
19.1		17.5	1 400	20.5	291	48	0.33	0.39	1.73	1.49	134	32
		24		27	382	50	0.44	0.51	1.46	1.25	175	42
	Leichtbeton-Vollsteine VS 1.2	11.5		14.5	184	44	0.26	0.31	1.46	1.69	90	22
		17.5	1200	20.5	256	47	0.38	0.44	1.60	1.38	126	30
		24		27	334	49	0.50	0.58	1.34	1.15	165	40
	Kalksand-Lochsteine KSL 1.6	11.5		14.5	230	46	0.19	0.22	2.30	1.98	102	24
		17.5	1 600	20.5	326	49	0.26	0.31	1.96	1.69	144	34
		24		27	430	51	0.35	0.40	1.69	1.45	190	45
19.2	Kalksand-Vollsteine KSV 1.8 -einseitig verputzt-	11.5		13	230	46	0.14	0.16	2.61	2.24	103	25
		17.5	1 800	19	338	49	0.20	0.23	2.25	2.25	151	36
		24		25.5	455	52	0.26	0.31	1.96	1.69	203	49
	Hochbauklinker KMz 350 -einseitig verputzt-	11.5	1900	13	242	47	0.13	0.15	2.65	2.28	109	26
		24		25.5	479	52	0.25	0.29	2.01	1.73	215	51
19.3	Schwerbeton Bn 160, Bn 250	16		19	430	51	0.12	0.14	2.72	2.34	206	49
		20	2 400	23	526	53	0.14	0.16	2.58	2.22	252	60
		24		27	622	54	0.16	0.19	2.46	2.11	298	71
	Schalungssteine aus Leichtbeton	15	Schalungssteine 1000	18	322	49	0.26	0.30	1.98	1.70	155	37
		17.5		20.5	382	50	0.27	0.32	1.93	1.66	184	44
19.4		20	Kernbeton 2 400	23	442	51	0.28	0.33	1.89	1.62	213	51
		24		27	538	53	0.30	0.35	1.82	1.57	259	62
19.5	Stahlbeton-Fertigteil Bn 350	10	2 500	11	266	47	0.08	0.09	3.07	2.64	129	31
		15		16	391	50	0.10	0.12	2.88	2.47	189	45
	Gasbeton-Wandelemente G 35	10	550	11	71	38	0.47	0.54	1.40	1.21	38	9.0
19.6		15		16	99	40	0.68	0.79	1.08	0.93	52	12.4
	G 50	10		11	80	39	0.41	0.48	1.52	1.31	42	10.1
		15	640	16	112	41	0.60	0.70	1.18	1.02	59	14.1
		20		21	144	42	0.79	0.91	0.97	0.83	76	18.1
	Gips-Wandbauplatten 0.9	6		6.6	64	36	0.16	0.18	2.49	2.14	27	6.4
19.7		8	900	8.6	82	38	0.21	0.24	2.22	1.91	34	8.2
		10		10.6	100	39	0.25	0.30	2.00	1.72	42	10.0
	Leichtbetondielen 0.8	5	800	8	86	38	0.22	0.25	2.17	1.87	41	9.8
19.8		6		9	94	38	0.25	0.29	2.02	1.74	45	10.7

Nr. der Wand-konstruktion	zweischalige Innenwände - tapezierfähige Oberflächen -	Dicke	Gewicht	Luftschall-dämmung		Wärmedurch-laßwider-stand 1/Λ		Wärmedurch-gangs-koeffizient k		Wärme-speicherungs-zahl W	
				R'	LSM						
		mm	kg/m²	dB	dB	$\frac{m^2K}{W}$	$\frac{m^2h°C}{kcal}$	$\frac{W}{m^2K}$	$\frac{kcal}{m^2h°C}$	$\frac{kJ}{m^2K}$	$\frac{kcal}{m^2°C}$
20.1	2 x 25 mm Gipskartonplatten + 10 mm Luft	60	48	ca. 30	- 19	0.35	0.41	1.67	1.44	18.8	4.5
	+ 30 mm Luft	80	48	ca. 30	- 19	0.39	0.45	1.58	1.36	18.8	4.5
20.2	2 x 12.5 mm Gipskartonplatten + 60 mm Luft	85	26	31	- 18	0.28	0.33	1.90	1.63	9.3	2.2
	+ 40 mm Mineralfaser + 20 mm Luft	85	28	35	- 14	1.28	1.47	0.66	0.57	12.3	2.9
	2 x 15 mm Gipskartonplatten + 40 mm Mineralfaser + 20 mm Luft	90	33	35	- 14	1.29	1.50	0.65	0.56	14.5	3.5
20.3	2 x 25 mm Gipskartonplatten + 30 mm Mineralfaser	80	52	39	- 12	0.95	1.10	0.83	0.72	21.3	5.1
	+ 50 mm Mineralfaser	100	56	42	- 9	1.47	1.68	0.58	0.51	23.4	5.6
	+ 2 x 40 mm Mineralfaser + 20 mm Luft	150	62	47	- 1	2.35	2.73	0.38	0.33	25.3	6.0
20.4	2 x 12.5 mm Gipskartonplatten + 40 mm Mineralfaser + 10 mm Luft	75	27	42	- 9	1.24	1.44	0.67	0.58	10.0	2.4
	+ 40 mm Mineralfaser + 35 mm Luft	100	28	45	- 5	1.28	1.48	0.65	0.57	9.9	2.4
	+ 40 mm Mineralfaser + 60 mm Luft	125	30	46	- 4	1.29	1.49	0.65	0.56	9.9	2.4
20.5	2 x 2 x 12.5 mm Gipskartonplatten + 40 mm Mineralfaser + 10 mm Luft	100	51	48	- 2	1.36	1.58	0.62	0.54	19.7	4.7
	+ 35 mm Luft	125	52	49	± 0	1.40	1.62	0.61	0.52	19.6	4.7
	+ 60 mm Luft	150	54	50	± 0	1.40	1.63	0.61	0.52	19.6	4.7
	2 x 25 + 12.5 mm Gipskartonplatten + 80 mm Mineralfaser	160	84	51	+ 3	2.29	2.67	0.39	0.34	30.3	7.2
	2 x 25 + 9.5 mm Gipskartonplatten + 100 mm Mineralfaser	170	75	53	+ 4	2.60	3.21	0.33	0.29	28.5	6.8
20.6	80 mm Porengipsplatte + 30 mm Mineralfaser + 12.5 mm Gipskartonplatte	150	77	50	± 0	1.17	1.34	0.71	0.62	29.4	7.0
20.7	2 x 12.5 mm Gipskartonplatten + 2 x 55 mm Luft + 40 mm Mineralfaser	175	32	49	≥ 0	1.48	1.70	0.58	0.51	10.0	2.4
	2 x 15 mm Gipskartonplatten + 2 x 55 mm Luft + 40 mm Mineralfaser	180	37	50	≥ 0	1.49	1.73	0.58	0.50	12.2	2.9
	2 x 2 x 15 mm Gipskartonplatten + 2 x 60 mm Luft + 40 mm Mineralfaser	220	64	53	+ 4	1.63	1.90	0.53	0.46	23.5	5.6
20.8	2 x 15 mm Innenputz + 2 x 35 mm Holzwolle Leichbauplatte (DIN 4109, Bild 8.2) + 100 mm Luft	200	81	50	≥ 0	0.99	1.13	0.83	0.71	44.1	10.5
20.9	2 x 80 mm Gips-Wandbauplatten + 50 mm Mineralfaser + 25 mm Luft	245	157	51	+ 2	1.82	2.11	0.49	0.42	64.4	15.4
20.10	115 mm Ziegelwand mit 15 mm Putz, darauf: 40 mm Mineralfaser + 40 mm Luft + 12.5 mm Gipskartonplatten	223	247	52	+ 3	1.40	1.61	0.61	0.53	36.8	8.8
	wie vor, 30 mm Mineralfaser zwischen den Pfosten (DIN 4109, Bild 7.2)	223	246	50	≥ 0	1.15	1.33	0.72	0.62	40.3	9.6
20.11	100 mm Gipswand + 100 mm Hohlraum darin 50 mm Mineralfaser schräg versetzt + 60 mm Gipswand	265	154	52	+ 3	1.82	2.10	0.49	0.42	54.0	12.9
20.12	2 x 2 x 12.5 mm Gipskartonplatten + 40 mm Mineralfaser + 75 mm Luft	165	56	51	+ 3	1.39	1.62	0.61	0.52	20.3	4.8
	+ 2 x 40 mm Mineralfaser + 75 mm Luft	205	62	53	+ 4	2.41	2.77	0.38	0.33	21.9	5.2
	+ 2 x 40 mm Mineralfaser + 120 mm Luft	250	63	53	+ 4	2.38	2.76	0.38	0.33	21.7	5.2

Nr. der Wandkonstruktion	umsetzbare Innenwände -gebrauchsfertige Oberflächen-	Dicke	Gewicht	Luftschalldämmung		Wärmedurchlaßwiderstand 1/Λ		Wärmedurchgangskoeffizient k		Wärmespeicherungszahl W	
				R'	LSM	$\frac{m^2K}{W}$	$\frac{m^2h°C}{kcal}$	$\frac{W}{m^2K}$	$\frac{kcal}{m^2h°C}$	$\frac{kJ}{m^2K}$	$\frac{kcal}{m^2°C}$
		mm	kg/m²	dB	dB						
	2x1mm Stahlblech+33mm PUR-Hartschaum	35	17	30	-20	0.95	*1.10*	0.84	*0.72*	4.3	*1.0*
	+58mm PUR-Hartschaum	60	18	32	-18	1.66	*1.93*	0.52	*0.45*	4.8	*1.1*
21.1	+78mm Mineralfaser	80	32	42	-8	1.94	*2.23*	0.46	*0.40*	10.1	*2.4*
21.2	2x1mm Stahlblech auf 12.5mm Gipskartonplatten +67mm Mineralfaser	95	54	43	-7	1.78	*2.05*	0.50	*0.43*	19.0	*4.5*
	2x13mm Spanplatten +54mm Mineralfaser	80	27	39	-11	1.54	*1.80*	0.56	*0.48*	18.0	*4.3*
	2x16mm Spanplatten +58mm Mineralfaser	90	32	41	-9	1.69	*1.95*	0.52	*0.45*	21.5	*5.1*
	+68mm Mineralfaser	100	34	42	-8	1.93	*2.23*	0.46	*0.40*	22.3	*5.3*
21.3	2x19mm Spanplatten+72mm Mineralfaser	110	39	43	-7	2.10	*2.40*	0.43	*0.37*	25.7	*6.2*
	2x24mm Röhrenspanplatten +67mm Mineralfaser	115	36	42	-9	1.99	*2.31*	0.45	*0.38*	23.3	*5.6*
21.4	+92mm Mineralfaser	140	41	45	-6	2.63	*3.03*	0.35	*0.30*	25.5	*6.1*
	+117mm Mineralfaser	165	46	48	-3	3.22	*3.74*	0.29	*0.25*	27.6	*6.6*
21.5	2x13mm Spanplatten +8mm Brandplatte +48mm Mineralfaser	90	40	41	-9	1.48	*1.70*	0.58	*0.50*	24.0	*5.7*
	+78mm Mineralfaser	120	46	42	-8	2.20	*2.55*	0.41	*0.35*	26.5	*6.3*
21.6	16mm Spanplatte +16mm Luft +40mm Mineralfaser +38 mm Spanplatte	120	40	49	±0	1.57	*1.82*	0.55	*0.48*	35.9	*8.6*
	2x9.5mm Gipskartonplatten +40 mm Wabenkern	60	22	32	-19	0.67	*0.78*	1.09	*0.94*	8.3	*2.0*
21.7	+60 mm Wabenkern	80	24	33	-18	0.96	*1.12*	0.83	*0.71*	8.7	*2.1*
	+80 mm Wabenkern	100	26	35	-16	1.24	*1.44*	0.67	*0.58*	9.0	*2.2*
21.8	2x6mm Asbestzementplatten +78mm Mineralfaser	90	42	41	-10	1.97	*2.26*	0.45	*0.39*	18.7	*4.5*
	2x10mm Gipskartonplatten +2x20mm Mineralfaser +10mm Luft	70	32	41	-9	1.22	*1.41*	0.69	*0.59*	9.2	*2.2*
21.9	2x12.5mm Gipskartonplatten +2x20mm Mineralfaser +15mm Luft	80	32	42	-8	1.27	*1.45*	0.66	*0.58*	11.5	*2.7*
	2x15mm Gipskartonplatten +2x20mm Mineralfaser +30mm Luft	100	33	45	-5	1.30	*1.51*	0.65	*0.56*	13.0	*3.1*
21.10	2x20mm Gipsplattenelement +40mm Mineralfaser +20mm Luft	100	42	47	-2	1.34	*1.53*	0.63	*0.55*	15.9	*3.8*
21.11	2x12.5mm Gipskartonplatten +130mm Mineralfaser +2x12mm Luft	180	41	51	+2	3.65	*4.17*	0.26	*0.22*	15.2	*3.6*
	2 Profil-Glasschalen 6mm +35mm Luft	47	34	37	-14	0.16	*0.19*	2.55	*2.13*	12.6	*3.0*
21.12	2 Profil-Glasschalen 7mm +55mm Luft	69	41	41	-10	0.17	*0.20*	2.44	*2.08*	14.7	*3.5*
	Schrankwand mit Akten	430	110	46	-3	ca.1.70	*ca. 2.00*	ca.0.52	*ca. 0.45*	99.6	*23.8*
-ohne-	Schrankwand mit Akten +50mm Mineralfaser +16mm Spanplatten	495	130	51	+2	ca. 3.00	*ca. 3.50*	ca.0.31	*ca. 0.31*	88.5	*21.1*
	Schrankwand mit Kleidern	650	85	49	±0	ca.2.60	*ca. 3.00*	ca.0.35	*ca.0.30*	67.8	*16.2*

19.1

einschalige Innenwand aus Mauersteinen

- tragend oder nicht tragend -

weitere ähnliche Wände siehe Tabelle Seite 170

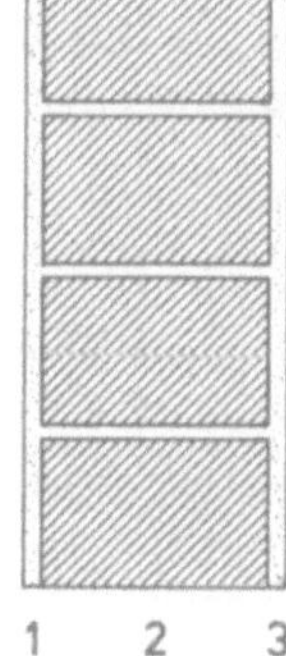

Konstruktion	Dicke m	Gewicht kg/m²	Wärmeleitfähigkeit λ W/mK	kcal/mh°C	Wärmedurchlaßwiderstand 1/Λ m²K/W	m²h°C/kcal
1 Innenputz	0.015	23	0.70	0.60	0.02	0.025
2 Hochlochziegel Hlz 1.4	0.175	245	0.60	0.52	0.29	0.340
3 Innenputz	0.015	23	0.70	0.60	0.02	0.025
Gesamt :	0.205	291	—	—	0.33	0.390
k-Wert 1.73 W/m²K, 1.49 kcal/m²h°C	Wärmeübergangswiderstände 1/α				0.24	0.280
	Wärmedurchgangswiderstand 1/k				0.57	0.670

19.2

einschalige Innenwand aus Mauersteinen

- tragend oder nicht tragend -

weitere ähnliche Wände siehe Tabelle Seite 170

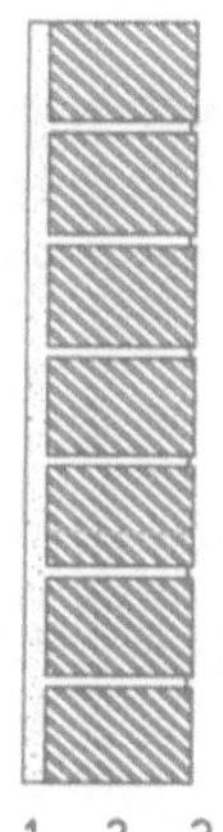

Konstruktion	Dicke m	Gewicht kg/m²	Wärmeleitfähigkeit λ W/mK	kcal/mh°C	Wärmedurchlaßwiderstand 1/Λ m²K/W	m²h°C/kcal
1 Innenputz	0.015	23	0.70	0.60	0.02	0.02
2 Kalksand-Vollsteine KSV1.8	0.115	207	0.99	0.85	0.12	0.14
Sichtmauerwerk						
Gesamt :	0.130	230	—	—	0.14	0.16
k-Wert 2.61 W/m²K, 2.24 kcal/m²h°C	Wärmeübergangswiderstände 1/α				0.24	0.28
	Wärmedurchgangswiderstand 1/k				0.38	0.44

19.3

einschalige Innenwand aus Schwerbeton

- tragend oder nicht tragend -

weitere ähnliche Wände siehe Tabelle Seite 170

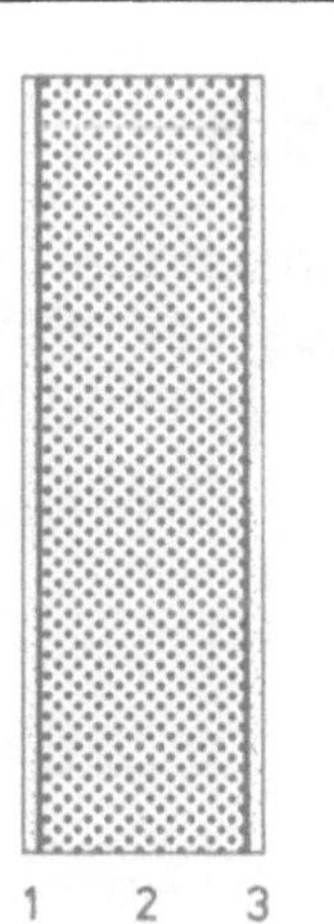

Konstruktion	Dicke m	Gewicht kg/m²	Wärmeleitfähigkeit λ W/mK	kcal/mh°C	Wärmedurchlaßwiderstand 1/Λ m²K/W	m²h°C/kcal
1 Innenputz	0.015	23	0.70	0.60	0.02	0.025
2 Beton Bn 160, Bn 250	0.160	384	2.04	1.75	0.08	0.090
3 Innenputz	0.015	23	0.70	0.60	0.02	0.025
Gesamt :	0.190	430	—	—	0.12	0.14
k-Wert 2.72 W/m²K, 2.34 kcal/m²h°C	Wärmeübergangswiderstände 1/α				0.24	0.28
	Wärmedurchgangswiderstand 1/k				0.36	0.42

19.4

einschalige Innenwand aus Schalungssteinen

- tragend oder nicht tragend -

weitere ähnliche Wände siehe Tabelle Seite 170

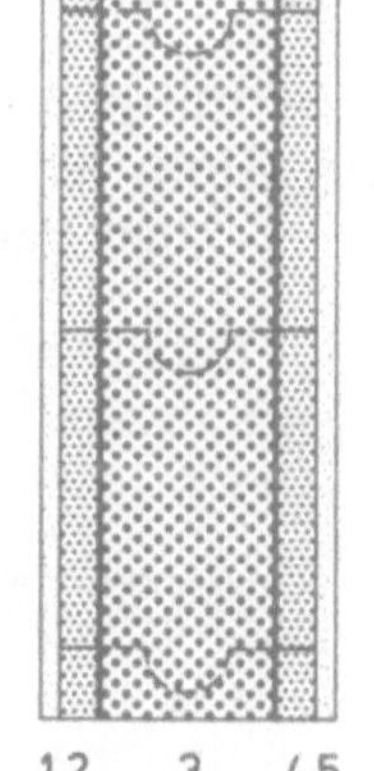

Konstruktion	Dicke m	Gewicht kg/m²	Wärmeleitfähigkeit λ W/mK	kcal/mh°C	Wärmedurchlaßwiderstand 1/Λ m²K/W	m²h°C/kcal
1 Innenputz	0.015	23	0.70	0.60	0.02	0.025
2 Leichtbetonschale	0.030	30	0.35	0.30	0.09	0.100
3 Kernbeton Bn 250	0.140	336	2.04	1.75	0.07	0.080
4 Leichtbetonschale	0.030	30	0.35	0.30	0.09	0.100
5 Innenputz	0.015	23	0.70	0.60	0.02	0.025
Gesamt :	0.230	442	—	—	0.28	0.33
k-Wert 1.89 W/m²K, 1.62 kcal/m²h°C	Wärmeübergangswiderstände 1/α				0.24	0.28
	Wärmedurchgangswiderstand 1/k				0.52	0.61

19.5

einschalige Innenwand als Stahlbeton-Fertigteil
- tragend oder nicht tragend -

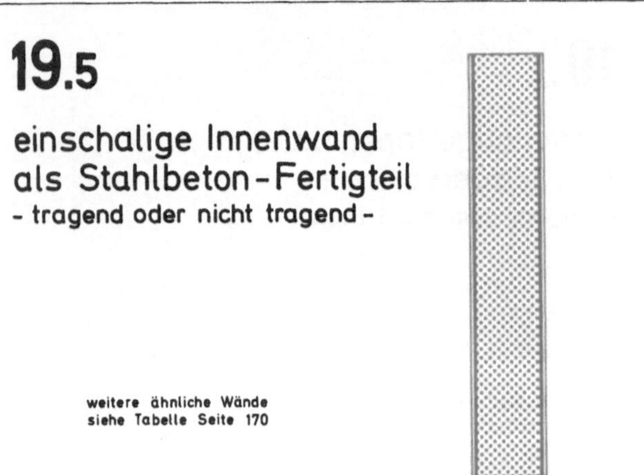

weitere ähnliche Wände siehe Tabelle Seite 170

Konstruktion	Dicke m	Gewicht kg/m²	Wärmeleitfähigkeit λ W/mK	*kcal/mh°C*	Wärmedurchlaßwiderstand 1/Λ m²K/W	*m²h°C/kcal*
1 Spachtelputz	0.005	8	0.27	*0.23*	0.02	*0.02*
2 Stahlbetonwand Bn 350	0.100	250	2.33	*2.00*	0.04	*0.05*
3 Spachtelputz	0.005	8	0.27	*0.23*	0.02	*0.02*
Gesamt:	0.100	266	—	—	0.08	*0.09*
k-Wert 3.07 W/m²K *2.64 kcal/m²h°C*	Wärmeübergangswiderstände 1/α				0.24	*0.28*
	Wärmedurchgangswiderstand 1/k				0.32	*0.37*

19.6

einschalige Innenwand aus Gasbeton-Wandelemente
- tragend oder nicht tragend -

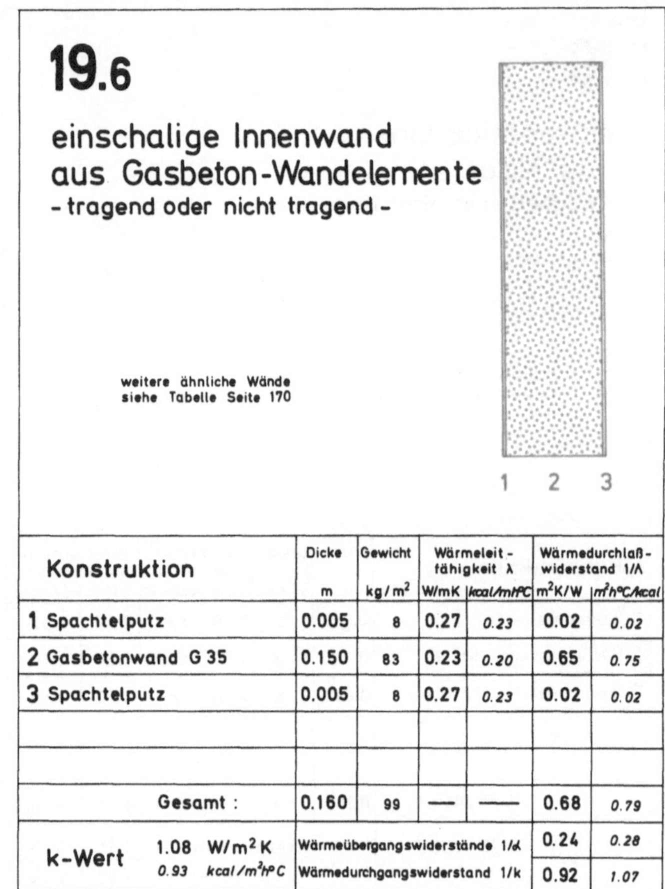

weitere ähnliche Wände siehe Tabelle Seite 170

Konstruktion	Dicke m	Gewicht kg/m²	Wärmeleitfähigkeit λ W/mK	*kcal/mh°C*	Wärmedurchlaßwiderstand 1/Λ m²K/W	*m²h°C/kcal*
1 Spachtelputz	0.005	8	0.27	*0.23*	0.02	*0.02*
2 Gasbetonwand G 35	0.150	83	0.23	*0.20*	0.65	*0.75*
3 Spachtelputz	0.005	8	0.27	*0.23*	0.02	*0.02*
Gesamt:	0.160	99	—	—	0.68	*0.79*
k-Wert 1.08 W/m²K *0.93 kcal/m²h°C*	Wärmeübergangswiderstände 1/α				0.24	*0.28*
	Wärmedurchgangswiderstand 1/k				0.92	*1.07*

19.7

einschalige Innenwand aus Gips-Wandbauplatten
- nicht tragend -

weitere ähnliche Wände siehe Tabelle Seite 170

Konstruktion	Dicke m	Gewicht kg/m²	Wärmeleitfähigkeit λ W/mK	*kcal/mh°C*	Wärmedurchlaßwiderstand 1/Λ m²K/W	*m²h°C/kcal*
1 Gipsüberzug	0.003	5	0.70	*0.60*	0.004	*0.005*
2 Gips-Wandbauplatte 0.9	0.080	72	0.41	*0.35*	0.197	*0.230*
3 Gipsüberzug	0.003	5	0.70	*0.60*	0.004	*0.005*
Gesamt:	0.086	82	—	—	0.21	*0.24*
k-Wert 2.22 W/m²K *1.91 kcal/m²h°C*	Wärmeübergangswiderstände 1/α				0.24	*0.28*
	Wärmedurchgangswiderstand 1/k				0.45	*0.52*

19.8

einschalige Innenwand aus Leichtbetondielen
- nicht tragend -

weitere ähnliche Wände siehe Tabelle Seite 170

Konstruktion	Dicke m	Gewicht kg/m²	Wärmeleitfähigkeit λ W/mK	*kcal/mh°C*	Wärmedurchlaßwiderstand 1/Λ m²K/W	*m²h°C/kcal*
1 Innenputz	0.015	23	0.70	*0.60*	0.02	*0.025*
2 Leichtbetondielen 0.8	0.060	48	0.29	*0.25*	0.21	*0.240*
3 Innenputz	0.015	23	0.70	*0.60*	0.02	*0.025*
Gesamt:	0.090	94	—	—	0.25	*0.29*
k-Wert 2.02 W/m²K *1.74 kcal/m²h°C*	Wärmeübergangswiderstände 1/α				0.24	*0.28*
	Wärmedurchgangswiderstand 1/k				0.49	*0.57*

20.1 zweischalige Innenwand aus 25mm Gipskartonplatten

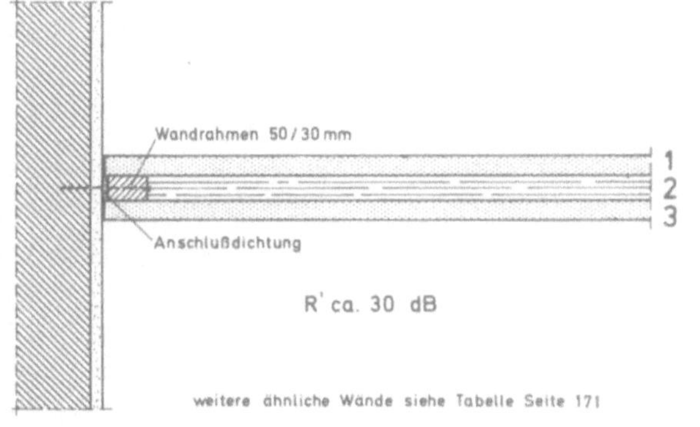

Konstruktion	Dicke	Gewicht	Wärmeleitfähigkeit λ		Wärmedurchlaßwiderstand 1/Λ	
	m	kg/m²	W/mK	kcal/mh°C	m²K/W	m²h°C/kcal
1 Gipskartonplatte	0.025	23	0.23	0.20	0.11	0.125
2 Luft-Hohlraum waagrechte Riegel 30/50	0.030	2	—	—	0.17	0.200
3 Gipskartonplatte	0.025	23	0.23	0.20	0.11	0.125
Gesamt :	0.080	48	—	—	0.39	0.45
k-Wert 1.58 W/m²K 1.36 kcal/m²h°C	Wärmeübergangswiderstände 1/α				0.24	0.28
	Wärmedurchgangswiderstand 1/k				0.63	0.73

20.2 zweischalige Innenwand aus 12.5mm Gipskartonplatten

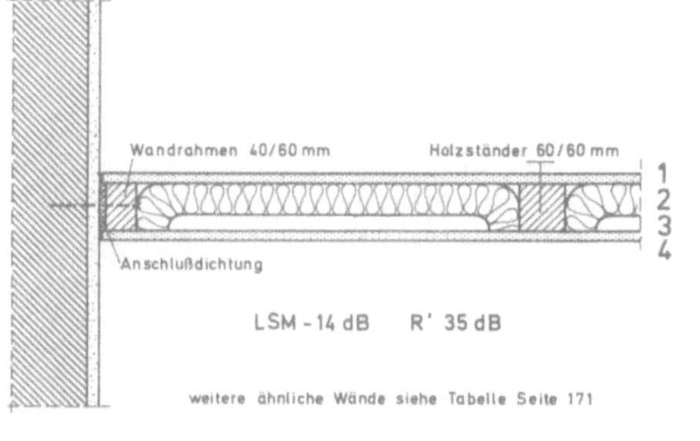

Konstruktion	Dicke	Gewicht	Wärmeleitfähigkeit λ		Wärmedurchlaßwiderstand 1/Λ	
	m	kg/m²	W/mK	kcal/mh°C	m²K/W	m²h°C/kcal
1 Gipskartonplatte	0.013	11	0.21	0.18	0.06	0.07
2 Mineralfasermatte	0.040	2	0.04	0.035	1.00	1.14
3 Luft-Hohlraum + Ständer	0.020	4	—	—	0.16	0.19
4 Gipskartonplatte	0.012	11	0.21	0.18	0.06	0.07
Gesamt :	0.085	28	—	—	1.28	1.47
k-Wert 0.66 W/m²K 0.57 kcal/m²h°C	Wärmeübergangswiderstände 1/α				0.24	0.28
	Wärmedurchgangswiderstand 1/k				1.52	1.75

20.3 zweischalige Innenwand aus 25mm Gipskartonplatten

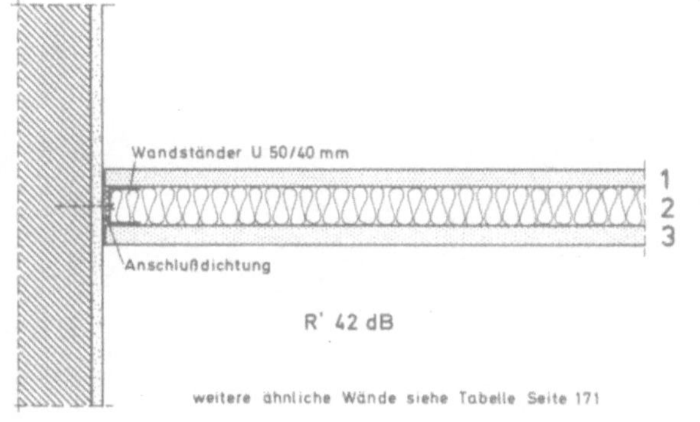

Konstruktion	Dicke	Gewicht	Wärmeleitfähigkeit λ		Wärmedurchlaßwiderstand 1/Λ	
	m	kg/m²	W/mK	kcal/mh°C	m²K/W	m²h°C/kcal
1 Gipskartonplatte	0.025	23	0.23	0.20	0.11	0.125
2 Mineralfaserplatte + Riegel	0.050	10	0.04	0.035	1.25	1.430
3 Gipskartonplatte	0.025	23	0.23	0.20	0.11	0.125
Gesamt :	0.100	56	—	—	1.47	1.68
k-Wert 0.58 W/m²K 0.51 kcal/m²h°C	Wärmeübergangswiderstände 1/α				0.24	0.28
	Wärmedurchgangswiderstand 1/k				1.71	1.96

20.4 zweischalige Innenwand aus 12.5mm Gipskartonplatten

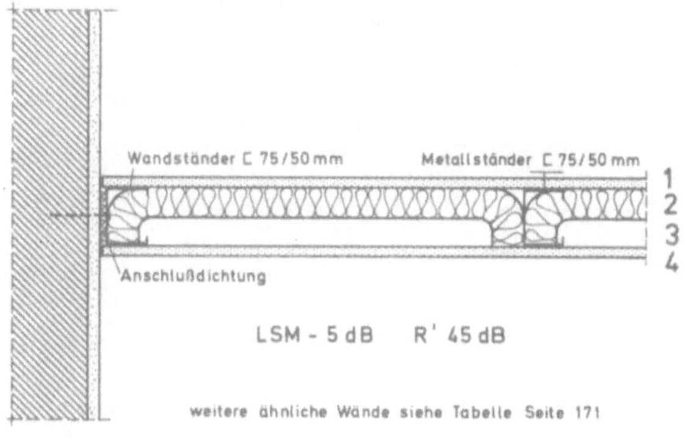

Konstruktion	Dicke	Gewicht	Wärmeleitfähigkeit λ		Wärmedurchlaßwiderstand 1/Λ	
	m	kg/m²	W/mK	kcal/mh°C	m²K/W	m²h°C/kcal
1 Gipskartonplatte	0.013	11	0.21	0.18	0.06	0.07
2 Mineralfasermatte	0.040	2	0.04	0.035	1.00	1.14
3 Luft-Hohlraum + Ständer	0.035	4	—	—	0.17	0.20
4 Gipskartonplatte	0.012	11	0.21	0.18	0.06	0.07
Gesamt :	0.100	28	—	—	1.29	1.48
k-Wert 0.66 W/m²K 0.57 kcal/m²h°C	Wärmeübergangswiderstände 1/α				0.24	0.28
	Wärmedurchgangswiderstand 1/k				1.53	1.76

20.5 zweischalige Innenwand aus doppellagigen Gipskartonplatten

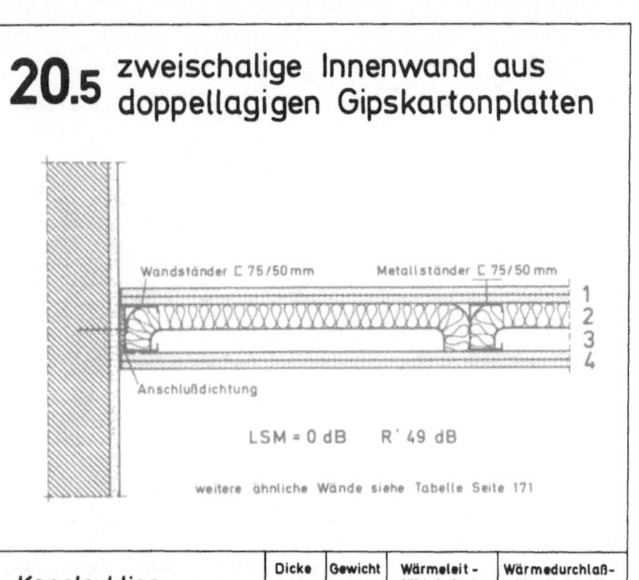

Konstruktion	Dicke m	Gewicht kg/m²	Wärmeleitfähigkeit λ W/mK	kcal/mh°C	Wärmedurchlaßwiderstand 1/Λ m²K/W	m²h°C/kcal
1 2 Gipskartonplatten je 12.5 cm	0.025	23	0.21	*0.18*	0.12	*0.14*
2 Mineralfasermatte	0.040	2	0.04	*0.035*	1.00	*1.14*
3 Luft-Hohlraum + Ständer	0.035	4	—	—	0.17	*0.20*
4 2 Gipskartonplatten je 12.5 cm	0.025	23	0.21	*0.18*	0.12	*0.14*
Gesamt:	0.125	52	—	—	1.40	*1.62*
k-Wert 0.61 W/m²K *0.52 kcal/m²h°C*	Wärmeübergangswiderstände 1/α				0.24	*0.28*
	Wärmedurchgangswiderstand 1/k				1.64	*1.90*

20.6 zweischalige Innenwand aus Gipsplatten und Gipskartonplatten

Randstreifen aus 5 mm Bitumenfilz

1 2 3 4 5

LSM = 0 dB

Konstruktion	Dicke m	Gewicht kg/m²	Wärmeleitfähigkeit λ W/mK	kcal/mh°C	Wärmedurchlaßwiderstand 1/Λ m²K/W	m²h°C/kcal
1 Porengipsplatten 0.6 mit 3 mm Gipsüberz.	0.083	50	0.29	*0.25*	0.29	*0.33*
2 Ansetzgips, punktweise	0.010	5	0.35	*0.30*	0.03	*0.03*
3 Mineralfaserplatte	0.030	3	0.04	*0.035*	0.75	*0.86*
4 Ansetzgips, punktweise	0.015	8	0.35	*0.30*	0.04	*0.05*
5 Gipskartonplatte	0.012	11	0.21	*0.18*	0.06	*0.07*
Gesamt:	0.150	77	—	—	1.17	*1.34*
k-Wert 0.71 W/m²K *0.62 kcal/m²h°C*	Wärmeübergangswiderstände 1/α				0.24	*0.28*
	Wärmedurchgangswiderstand 1/k				1.41	*1.62*

20.7 zweischalige Innenwand aus 12.5 mm Gipskartonplatten auf Holz-Doppelständer

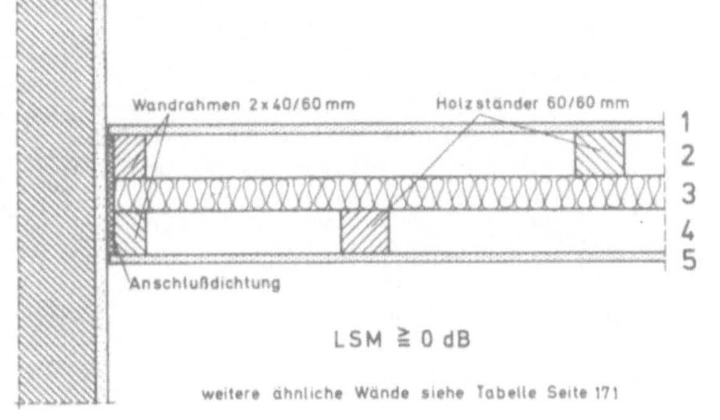

Konstruktion	Dicke m	Gewicht kg/m²	Wärmeleitfähigkeit λ W/mK	kcal/mh°C	Wärmedurchlaßwiderstand 1/Λ m²K/W	m²h°C/kcal
1 Gipskartonplatte	0.013	11	0.21	*0.18*	0.06	*0.07*
2 Luft-Hohlraum + Ständer	0.055	4	—	—	0.18	*0.21*
3 Mineralfasermatte	0.040	2	0.04	*0.035*	1.00	*1.14*
4 Luft-Hohlraum + Ständer	0.055	4	—	—	0.18	*0.21*
5 Gipskartonplatte	0.012	11	0.21	*0.18*	0.06	*0.07*
Gesamt:	0.175	32	—	—	1.48	*1.70*
k-Wert 0.58 W/m²K *0.51 kcal/m²h°C*	Wärmeübergangswiderstände 1/α				0.24	*0.28*
	Wärmedurchgangswiderstand 1/k				1.72	*1.98*

20.8 zweischalige Innenwand aus 35 mm Holzwolle-Leichtbauplatten auf Holz-Doppelständer

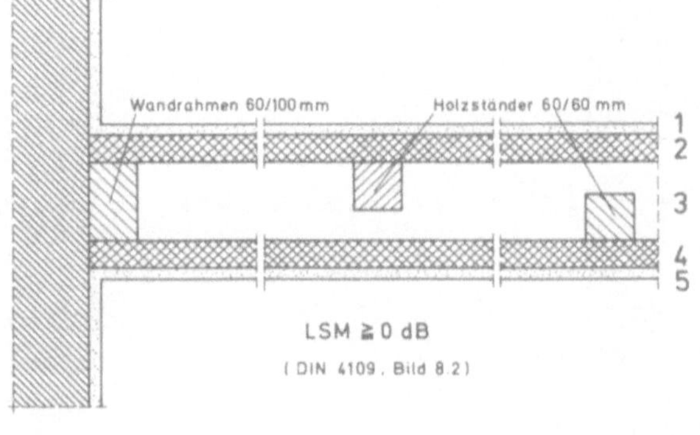

Konstruktion	Dicke m	Gewicht kg/m²	Wärmeleitfähigkeit λ W/mK	kcal/mh°C	Wärmedurchlaßwiderstand 1/Λ m²K/W	m²h°C/kcal
1 Innenputz	0.015	23	0.70	*0.60*	0.02	*0.025*
2 Holzwolle-Leichtbauplatte	0.035	15	0.09	*0.08*	0.39	*0.44*
3 Luft-Hohlraum + Ständer	0.100	5	—	—	0.17	*0.20*
4 Holzwolle-Leichtbauplatte	0.035	15	0.09	*0.08*	0.39	*0.44*
5 Innenputz	0.015	23	0.70	*0.60*	0.02	*0.025*
Gesamt:	0.200	81	—	—	0.99	*1.13*
k-Wert 0.81 W/m²K *0.71 kcal/m²h°C*	Wärmeübergangswiderstände 1/α				0.24	*0.28*
	Wärmedurchgangswiderstand 1/k				1.23	*1.41*

20.9 zweischalige Innenwand aus Gips-Wandbauplatten

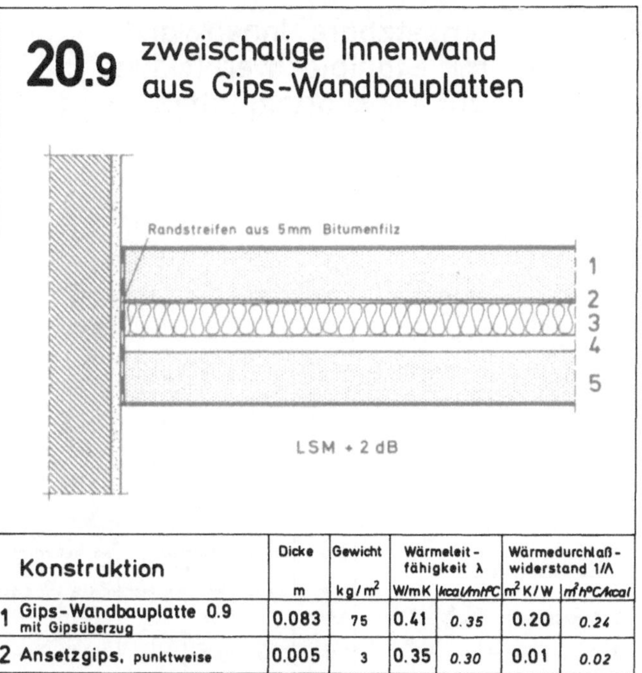

Konstruktion	Dicke	Gewicht	Wärmeleitfähigkeit λ		Wärmedurchlaßwiderstand 1/Λ	
	m	kg/m²	W/mK	kcal/mh°C	m²K/W	m²h°C/kcal
1 Gips-Wandbauplatte 0.9 mit Gipsüberzug	0.083	75	0.41	0.35	0.20	0.24
2 Ansetzgips, punktweise	0.005	3	0.35	0.30	0.01	0.02
3 Mineralfaserplatte	0.050	5	0.04	0.035	1.25	1.43
4 Luft-Hohlraum	0.025	—	—	—	0.16	0.19
5 Gips-Wandbauplatte 0.9 mit Gipsüberzug	0.082	74	0.41	0.35	0.20	0.23
Gesamt:	0.245	157	—	—	1.82	2.11
k-Wert 0.49 W/m²K 0.42 kcal/m²h°C	Wärmeübergangswiderstände 1/α				0.24	0.28
	Wärmedurchgangswiderstand 1/k				2.06	2.39

20.10 Innenwand mit Vorsatzschale aus 12.5 mm Gipskartonplatten

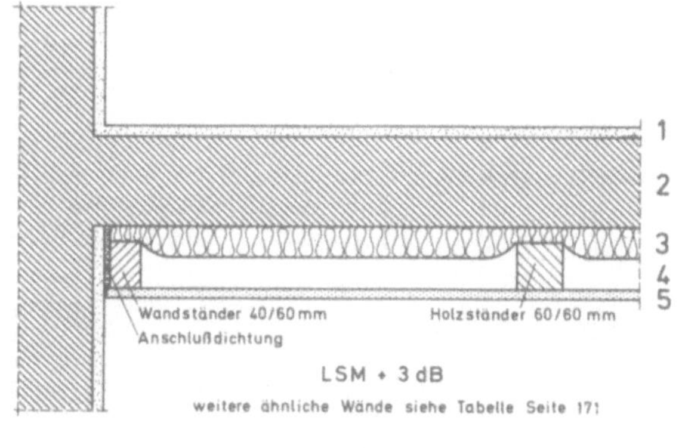

Konstruktion	Dicke	Gewicht	Wärmeleitfähigkeit λ		Wärmedurchlaßwiderstand 1/Λ	
	m	kg/m²	W/mK	kcal/mh°C	m²K/W	m²h°C/kcal
1 Innenputz	0.015	23	0.70	0.60	0.02	0.03
2 Mauerziegel Mz 1.8	0.115	207	0.78	0.68	0.15	0.17
3 Mineralfasermatte	0.040	2	0.04	0.035	1.00	1.14
4 Luft-Hohlraum + Ständer	0.040	4	—	—	0.17	0.20
5 Gipskartonplatte	0.013	11	0.21	0.18	0.06	0.07
Gesamt:	0.223	247	—	—	1.40	1.61
k-Wert 0.61 W/m²K 0.53 kcal/m²h°C	Wärmeübergangswiderstände 1/α				0.24	0.28
	Wärmedurchgangswiderstand 1/k				1.64	1.89

20.11 zweischalige Innenwand aus Gips-Wandbauplatten

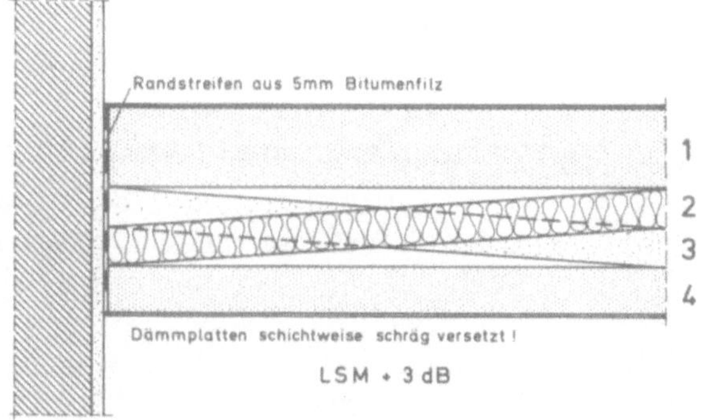

Konstruktion	Dicke	Gewicht	Wärmeleitfähigkeit λ		Wärmedurchlaßwiderstand 1/Λ	
	m	kg/m²	W/mK	kcal/mh°C	m²K/W	m²h°C/kcal
1 Gips-Wandbauplatten 0.9 mit Gipsüberzug	0.102	92	0.41	0.35	0.25	0.29
2 Mineralfaserplatten	0.050	5	0.04	0.035	1.25	1.43
3 Luft-Hohlraum	0.050	—	—	—	0.17	0.20
4 Gips-Wandbauplatten 0.9 mit Gipsüberzug	0.063	57	0.41	0.35	0.15	0.18
Gesamt:	0.265	154	—	—	1.82	2.10
k-Wert 0.49 W/m²K 0.42 kcal/m²h°C	Wärmeübergangswiderstände 1/α				0.24	0.28
	Wärmedurchgangswiderstand 1/k				2.06	2.30

20.12 zweischalige Innenwand aus doppellagigen Gipskartonplatten auf Metall-Doppelständer

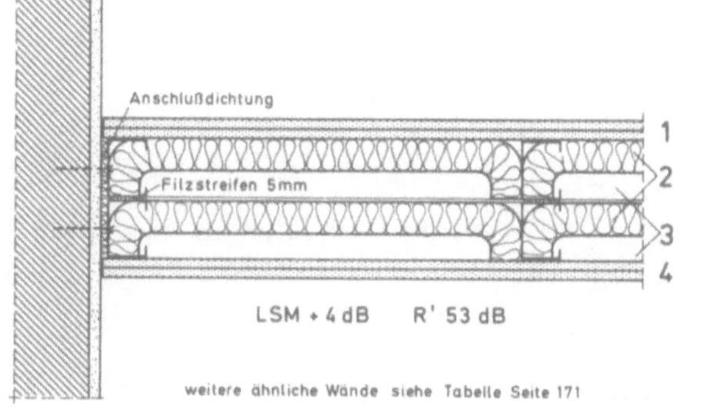

Konstruktion	Dicke	Gewicht	Wärmeleitfähigkeit λ		Wärmedurchlaßwiderstand 1/Λ	
	m	kg/m²	W/mK	kcal/mh°C	m²K/W	m²h°C/kcal
1 2 Gipskartonplatten je 12.5mm	0.025	23	0.21	0.18	0.12	0.14
2 2 Mineralfaserplatten je 40mm	0.080	8	0.04	0.035	2.00	2.29
3 Luft-Hohlraum zus. + Ständer	0.075	8	—	—	0.17	0.20
4 2 Gipskartonplatten je 12.5mm	0.025	23	0.21	0.18	0.12	0.14
Gesamt:	0.205	62	—	—	2.41	2.77
k-Wert 0.38 W/m²K 0.33 kcal/m²h°C	Wärmeübergangswiderstände 1/α				0.24	0.28
	Wärmedurchgangswiderstand 1/k				2.65	3.05

21.1 umsetzbare Innenwand mit Stahlblechverkleidung

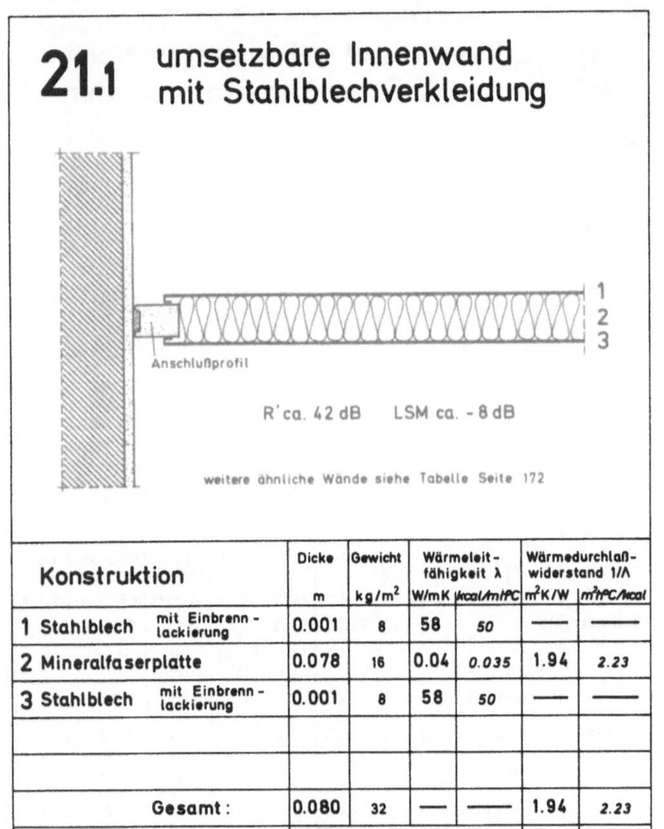

Konstruktion	Dicke	Gewicht	Wärmeleitfähigkeit λ		Wärmedurchlaßwiderstand 1/Λ	
	m	kg/m²	W/mK	kcal/mh°C	m²K/W	m²h°C/kcal
1 Stahlblech mit Einbrennlackierung	0.001	8	58	*50*	——	——
2 Mineralfaserplatte	0.078	16	0.04	*0.035*	1.94	*2.23*
3 Stahlblech mit Einbrennlackierung	0.001	8	58	*50*	——	——
Gesamt:	0.080	32	——	——	1.94	*2.23*
k-Wert 0.46 W/m²K	Wärmeübergangswiderstände 1/α				0.24	*0.28*
0.40 kcal/m²h°C	Wärmedurchgangswiderstand 1/k				2.19	*2.51*

21.2 umsetzbare Innenwand mit Stahlblechverkleidung auf Gipskartonplatten

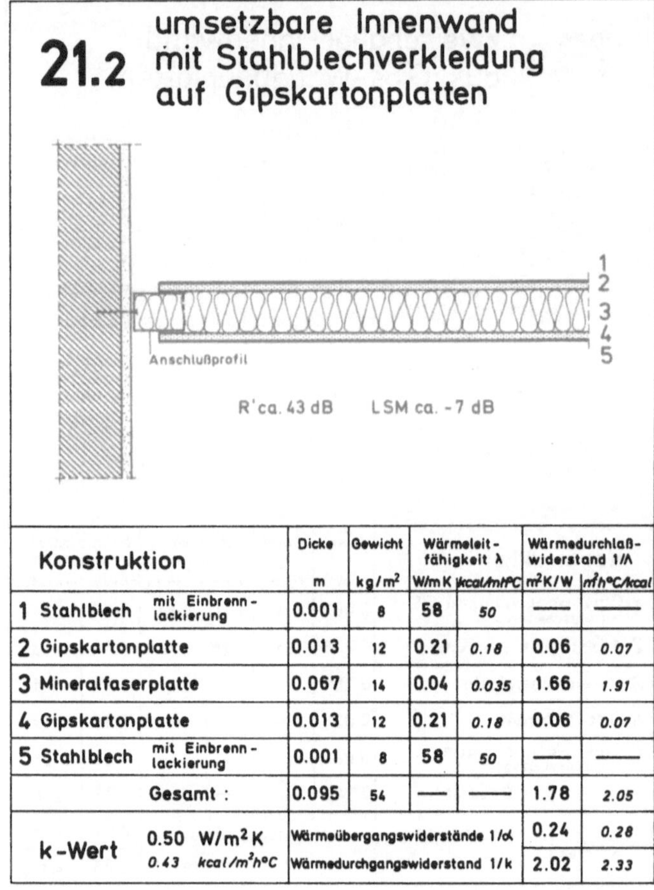

Konstruktion	Dicke	Gewicht	Wärmeleitfähigkeit λ		Wärmedurchlaßwiderstand 1/Λ	
	m	kg/m²	W/mK	kcal/mh°C	m²K/W	m²h°C/kcal
1 Stahlblech mit Einbrennlackierung	0.001	8	58	*50*	——	——
2 Gipskartonplatte	0.013	12	0.21	*0.18*	0.06	*0.07*
3 Mineralfaserplatte	0.067	14	0.04	*0.035*	1.66	*1.91*
4 Gipskartonplatte	0.013	12	0.21	*0.18*	0.06	*0.07*
5 Stahlblech mit Einbrennlackierung	0.001	8	58	*50*	——	——
Gesamt:	0.095	54	——	——	1.78	*2.05*
k-Wert 0.50 W/m²K	Wärmeübergangswiderstände 1/α				0.24	*0.28*
0.43 kcal/m²h°C	Wärmedurchgangswiderstand 1/k				2.02	*2.33*

21.3 umsetzbare Innenwand mit 19 mm Spanplatten

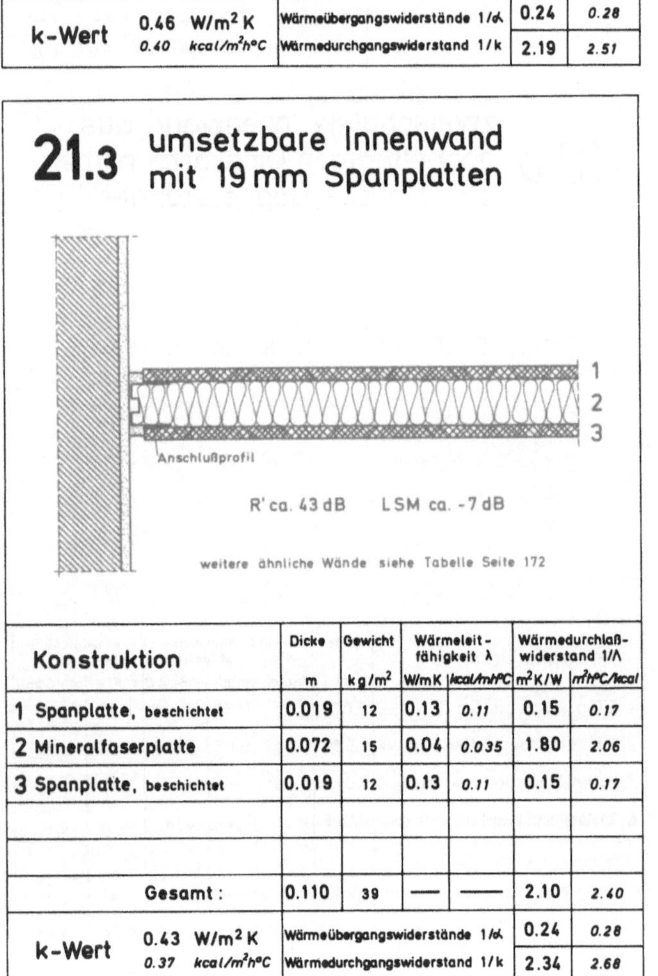

Konstruktion	Dicke	Gewicht	Wärmeleitfähigkeit λ		Wärmedurchlaßwiderstand 1/Λ	
	m	kg/m²	W/mK	kcal/mh°C	m²K/W	m²h°C/kcal
1 Spanplatte, beschichtet	0.019	12	0.13	*0.11*	0.15	*0.17*
2 Mineralfaserplatte	0.072	15	0.04	*0.035*	1.80	*2.06*
3 Spanplatte, beschichtet	0.019	12	0.13	*0.11*	0.15	*0.17*
Gesamt:	0.110	39	——	——	2.10	*2.40*
k-Wert 0.43 W/m²K	Wärmeübergangswiderstände 1/α				0.24	*0.28*
0.37 kcal/m²h°C	Wärmedurchgangswiderstand 1/k				2.34	*2.68*

21.4 umsetzbare Innenwand mit 24 mm-Röhrenspanplatten

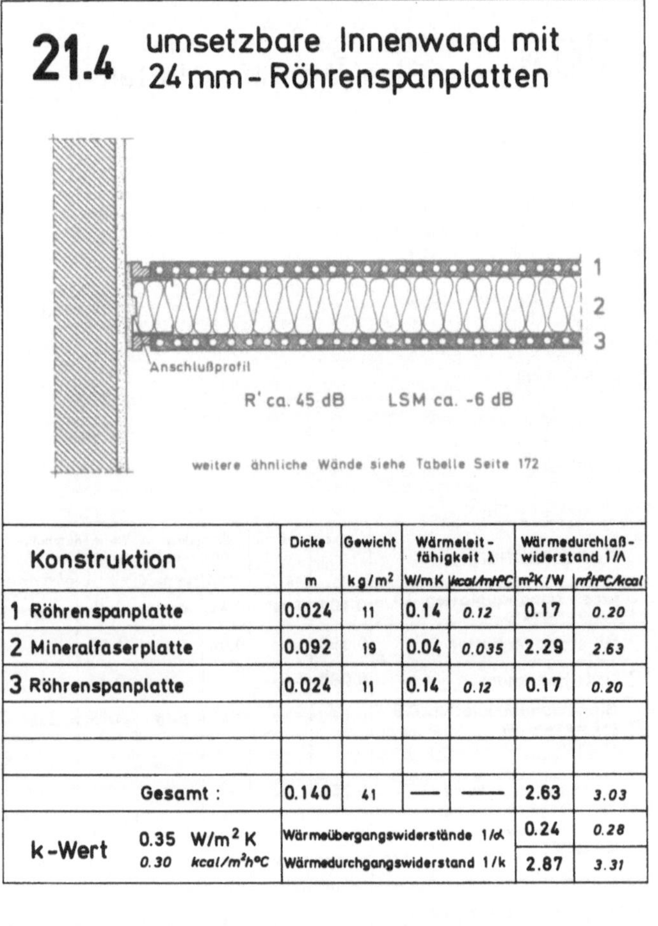

Konstruktion	Dicke	Gewicht	Wärmeleitfähigkeit λ		Wärmedurchlaßwiderstand 1/Λ	
	m	kg/m²	W/mK	kcal/mh°C	m²K/W	m²h°C/kcal
1 Röhrenspanplatte	0.024	11	0.14	*0.12*	0.17	*0.20*
2 Mineralfaserplatte	0.092	19	0.04	*0.035*	2.29	*2.63*
3 Röhrenspanplatte	0.024	11	0.14	*0.12*	0.17	*0.20*
Gesamt:	0.140	41	——	——	2.63	*3.03*
k-Wert 0.35 W/m²K	Wärmeübergangswiderstände 1/α				0.24	*0.28*
0.30 kcal/m²h°C	Wärmedurchgangswiderstand 1/k				2.87	*3.31*

21.5 umsetzbare Innenwand mit 13 mm Spanplatten + 8 mm Brandschutzplatten

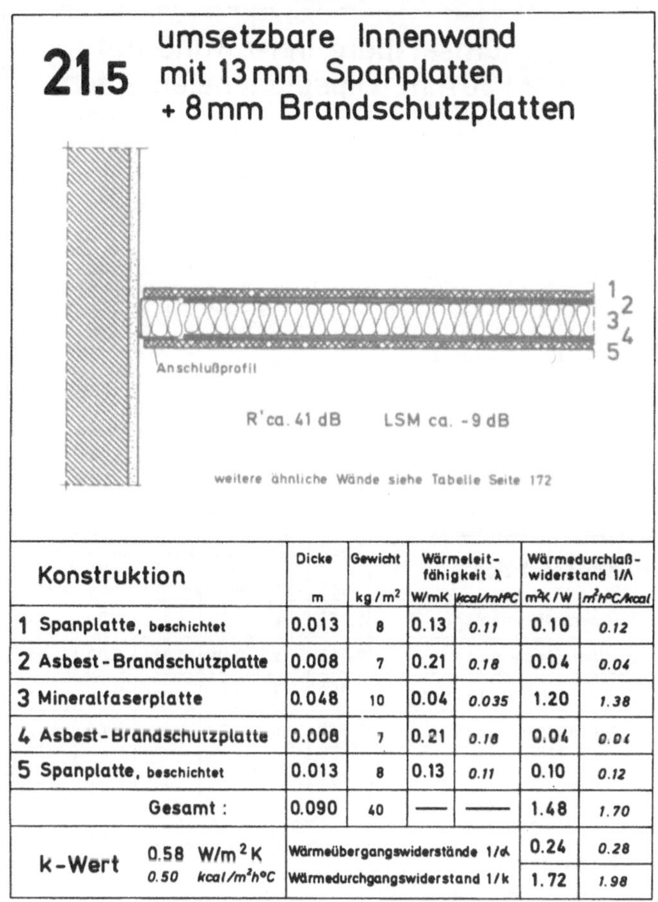

Konstruktion	Dicke	Gewicht	Wärmeleitfähigkeit λ		Wärmedurchlaßwiderstand 1/Λ	
	m	kg/m²	W/mK	kcal/mh°C	m²K/W	m²h°C/kcal
1 Spanplatte, beschichtet	0.013	8	0.13	0.11	0.10	0.12
2 Asbest-Brandschutzplatte	0.008	7	0.21	0.18	0.04	0.04
3 Mineralfaserplatte	0.048	10	0.04	0.035	1.20	1.38
4 Asbest-Brandschutzplatte	0.008	7	0.21	0.18	0.04	0.04
5 Spanplatte, beschichtet	0.013	8	0.13	0.11	0.10	0.12
Gesamt:	0.090	40	—	—	1.48	1.70
k-Wert 0.58 W/m²K 0.50 kcal/m²h°C	Wärmeübergangswiderstände 1/α				0.24	0.28
	Wärmedurchgangswiderstand 1/k				1.72	1.98

21.6 umsetzbare Innenwand mit verschieden dicken Spanplatten

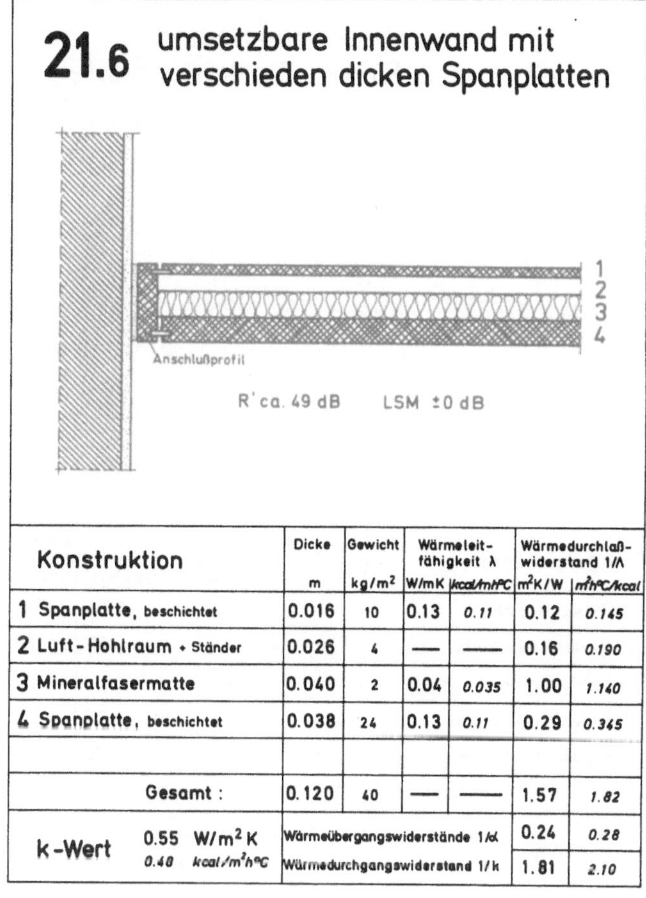

Konstruktion	Dicke	Gewicht	Wärmeleitfähigkeit λ		Wärmedurchlaßwiderstand 1/Λ	
	m	kg/m²	W/mK	kcal/mh°C	m²K/W	m²h°C/kcal
1 Spanplatte, beschichtet	0.016	10	0.13	0.11	0.12	0.145
2 Luft-Hohlraum + Ständer	0.026	4	—	—	0.16	0.190
3 Mineralfasermatte	0.040	2	0.04	0.035	1.00	1.140
4 Spanplatte, beschichtet	0.038	24	0.13	0.11	0.29	0.345
Gesamt:	0.120	40	—	—	1.57	1.82
k-Wert 0.55 W/m²K 0.48 kcal/m²h°C	Wärmeübergangswiderstände 1/α				0.24	0.28
	Wärmedurchgangswiderstand 1/k				1.81	2.10

21.7 umsetzbare Innenwand als Gipskarton-Wabenelement

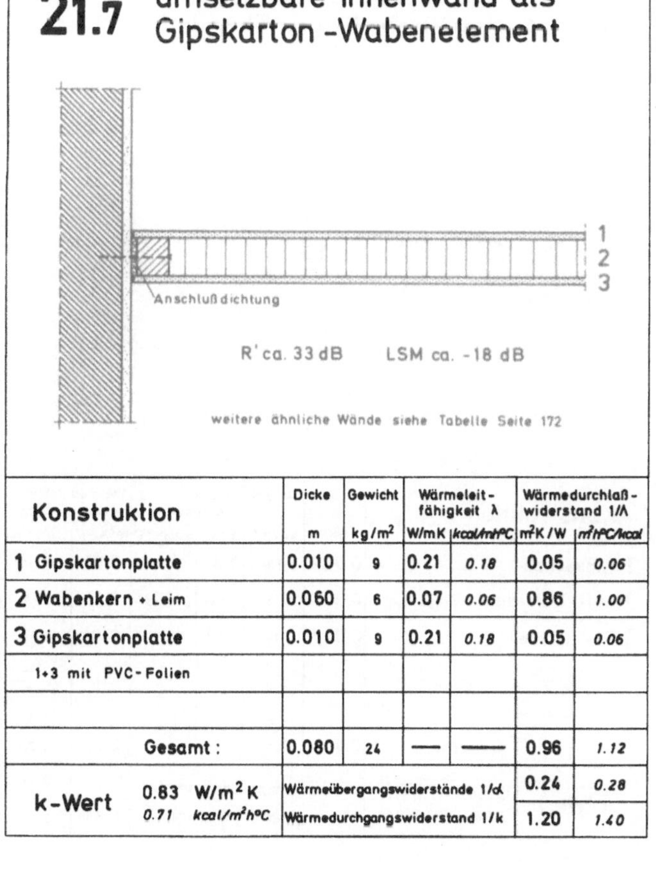

Konstruktion	Dicke	Gewicht	Wärmeleitfähigkeit λ		Wärmedurchlaßwiderstand 1/Λ	
	m	kg/m²	W/mK	kcal/mh°C	m²K/W	m²h°C/kcal
1 Gipskartonplatte	0.010	9	0.21	0.18	0.05	0.06
2 Wabenkern + Leim	0.060	6	0.07	0.06	0.86	1.00
3 Gipskartonplatte	0.010	9	0.21	0.18	0.05	0.06
1+3 mit PVC-Folien						
Gesamt:	0.080	24	—	—	0.96	1.12
k-Wert 0.83 W/m²K 0.71 kcal/m²h°C	Wärmeübergangswiderstände 1/α				0.24	0.28
	Wärmedurchgangswiderstand 1/k				1.20	1.40

21.8 umsetzbare Innenwand mit Asbestzementplatten

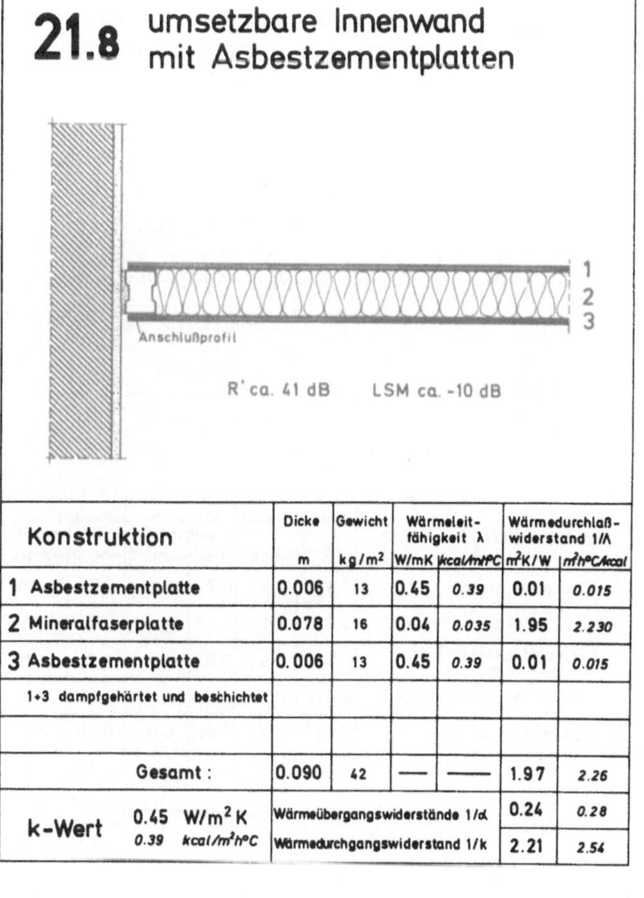

Konstruktion	Dicke	Gewicht	Wärmeleitfähigkeit λ		Wärmedurchlaßwiderstand 1/Λ	
	m	kg/m²	W/mK	kcal/mh°C	m²K/W	m²h°C/kcal
1 Asbestzementplatte	0.006	13	0.45	0.39	0.01	0.015
2 Mineralfaserplatte	0.078	16	0.04	0.035	1.95	2.230
3 Asbestzementplatte	0.006	13	0.45	0.39	0.01	0.015
1+3 dampfgehärtet und beschichtet						
Gesamt:	0.090	42	—	—	1.97	2.26
k-Wert 0.45 W/m²K 0.39 kcal/m²h°C	Wärmeübergangswiderstände 1/α				0.24	0.28
	Wärmedurchgangswiderstand 1/k				2.21	2.54

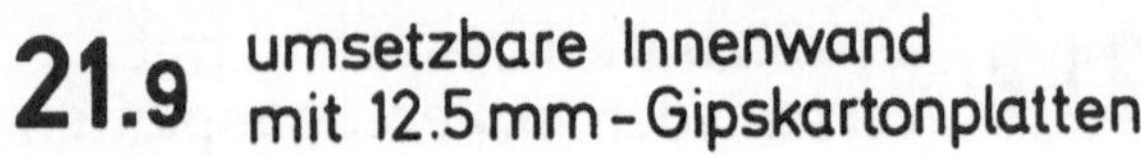

21.9 umsetzbare Innenwand mit 12.5 mm-Gipskartonplatten

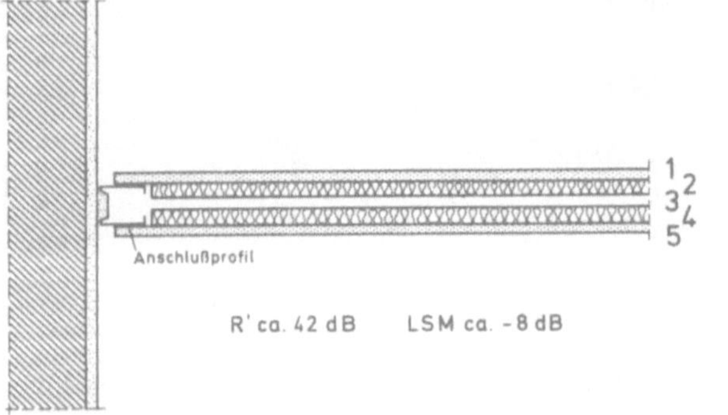

Konstruktion	Dicke m	Gewicht kg/m²	Wärmeleitfähigkeit λ W/mK	kcal/mh°C	Wärmedurchlaßwiderstand 1/Λ m²K/W	m²h°C/kcal
1 Gipskartonplatte	0.013	12	0.21	*0.18*	0.06	*0.07*
2 Mineralfaserplatte	0.020	2	0.04	*0.035*	0.50	*0.57*
3 Luft-Hohlraum + Ständer	0.014	4	—	—	0.15	*0.17*
4 Mineralfaserplatte	0.020	2	0.04	*0.035*	0.50	*0.57*
5 Gipskartonplatte	0.013	12	0.21	*0.18*	0.06	*0.07*
Gesamt:	0.080	32	—	—	1.27	*1.45*
k-Wert 0.66 W/m² K *0.58 kcal/m²h°C*	Wärmeübergangswiderstände 1/α				0.24	*0.28*
	Wärmedurchgangswiderstand 1/k				1.51	*1.73*

21.10 umsetzbare Innenwand mit 20 mm-Gipsplattenelementen

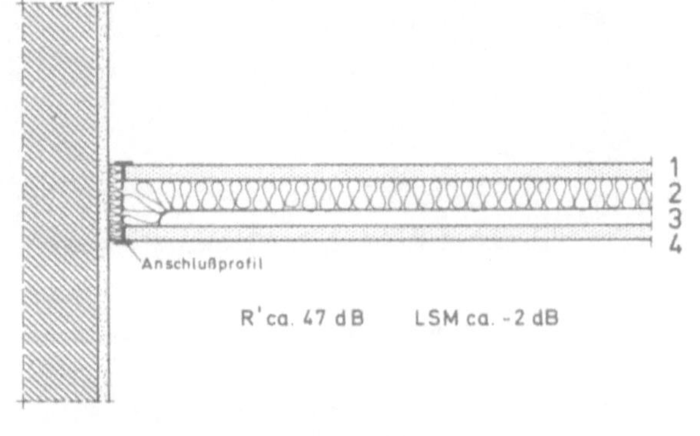

Konstruktion	Dicke m	Gewicht kg/m²	Wärmeleitfähigkeit λ W/mK	kcal/mh°C	Wärmedurchlaßwiderstand 1/Λ m²K/W	m²h°C/kcal
1 Gipsplattenelement	0.020	18	0.23	*0.20*	0.09	*0.10*
2 Mineralfasermatte	0.040	2	0.04	*0.035*	1.00	*1.14*
3 Luft-Hohlraum + Ständer	0.020	4	—	—	0.16	*0.19*
4 Gipsplattenelement	0.020	18	0.23	*0.20*	0.09	*0.10*
Gesamt:	0.100	42	—	—	1.34	*1.53*
k-Wert 0.63 W/m² K *0.55 kcal/m²h°C*	Wärmeübergangswiderstände 1/α				0.24	*0.28*
	Wärmedurchgangswiderstand 1/k				1.58	*1.81*

21.11 umsetzbare Innenwand mit 12.5 mm-Gipskartonplatten

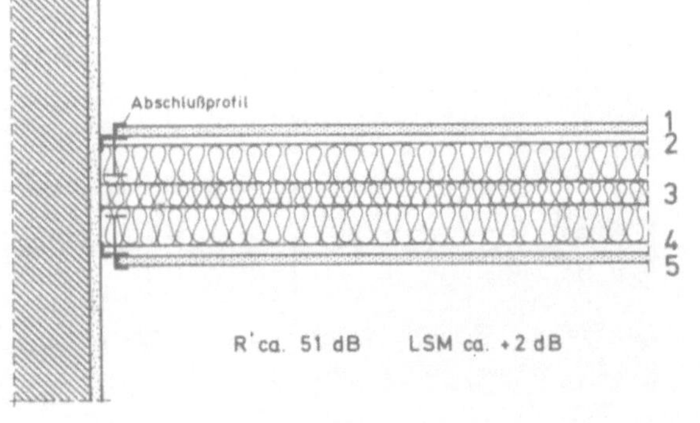

Konstruktion	Dicke m	Gewicht kg/m²	Wärmeleitfähigkeit λ W/mK	kcal/mh°C	Wärmedurchlaßwiderstand 1/Λ m²K/W	m²h°C/kcal
1 Gipskartonplatte	0.013	12	0.21	*0.18*	0.06	*0.07*
2 Luft-Hohlraum + Ständer	0.012	2	—	—	0.14	*0.16*
3 3 Mineralfaserplatten 50 + 30 + 50 mm	0.130	13	0.04	*0.035*	3.25	*3.71*
4 Luft-Hohlraum + Ständer	0.012	2	—	—	0.14	*0.16*
5 Gipskartonplatte	0.013	12	0.21	*0.18*	0.06	*0.07*
Gesamt:	0.180	41	—	—	3.65	*4.17*
k-Wert 0.26 W/m² K *0.22 kcal/m²h°C*	Wärmeübergangswiderstände 1/α				0.24	*0.28*
	Wärmedurchgangswiderstand 1/k				3.89	*4.45*

21.12 umsetzbare Innenwand mit zweischaligem Profilglas

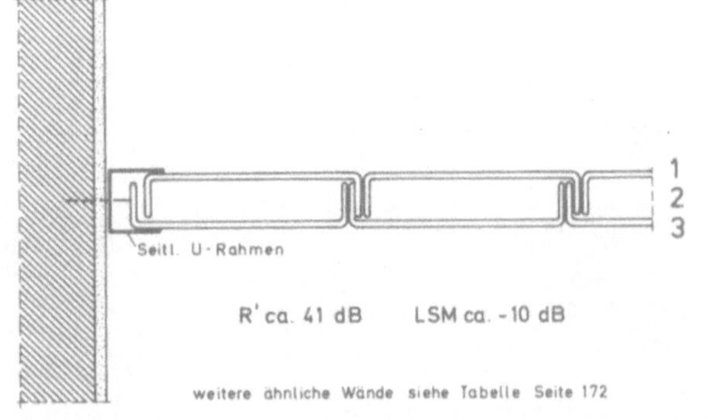

weitere ähnliche Wände siehe Tabelle Seite 172

Konstruktion	Dicke m	Gewicht kg/m²	Wärmeleitfähigkeit λ W/mK	kcal/mh°C	Wärmedurchlaßwiderstand 1/Λ m²K/W	m²h°C/kcal
1 Glasschale	0.007	18	0.81	*0.70*	0.01	*0.01*
2 Luft-Hohlraum + Stege	0.055	5	—	—	0.15	*0.18*
3 Glasschale	0.007	18	0.81	*0.70*	0.01	*0.01*
Gesamt:	0.069	41	—	—	0.17	*0.20*
k-Wert 2.44 W/m² K *2.08 kcal/m²h°C*	Wärmeübergangswiderstände 1/α				0.24	*0.28*
	Wärmedurchgangswiderstand 1/k				0.41	*0.48*

Gruppe	Verputze und Beschichtungen Fliesen- und Plattenbeläge (einschl. Verlegemörtel) Dämmplatten (ohne Unterkonstruktion)	einzelne Schicht				Stoffwerte						
		Dicke	Gewicht	Wärmedurchlaßwiderstand 1/Λ		Dichte	Wärmeleitfähigkeit λ	Wärmeleitzahl λ	Wärmeeindringfähigkeit b	Wärmeeindringzahl b	Diffusionswiderstandsfaktor μ	Wärmebeständigkeit
		mm	kg/m²	$\frac{m^2 K}{W}$	$\frac{m^2 h\,°C}{kcal}$	kg/m³	W/mK	$\frac{kcal}{m\,h\,°C}$	$\frac{kJ}{m^2 h^{1/2} K}$	$\frac{kcal}{m^2 h^{1/2} °C}$	(Luft=1)	°C
Verputze und Beschichtungen	Zementputz	15	32	0.011	*0.013*	2 100	1.40	*1.20*	105	*25*	30	
	Kunststoff-Zementputz	6	11	0.009	*0.010*	1 900	0.70	*0.60*	71	*17*	30	
	Kalk-Zementputz	15	29	0.017	*0.020*	1 900	0.87	*0.75*	92	*22*	25	
	Kalkputz	15	24	0.018	*0.021*	1 600	0.81	*0.70*	67	*16*	15	> 200
	Gipsputz, Kalk-Gipsputz	15	23	0.021	*0.025*	1 500	0.70	*0.60*	59	*14*	9	
	leichter Gipsputz	15	15	0.032	*0.038*	1 000	0.47	*0.40*	39	*9.4*	4	
	Gipsputz auf Rohrmatten	15	15	0.032	*0.038*	1 000	0.47	*0.40*	37	*8.9*	3	
	Gipsputz auf Drahtgewebe	15	18	0.026	*0.030*	1 200	0.58	*0.50*	46	*11*	6	
	Dämmputz	15	9	0.125	*0.150*							
		25	15	0.208	*0.250*	600	0.12	*0.10*	40	*9.6*	6	> 200
		40	24	0.333	*0.400*							
	Dispersionsputz, gut durchlässig	2	3.4	0.003	*0.004*	1 700	0.58	*0.50*	63	*15*	25	ca. 120
	durchlässig	3	5.1	0.005	*0.006*						50	
	Zellulose-Spachtel	5	7.5	0.018	*0.022*	1 500	0.27	*0.23*	41	*9.8*	5	ca. 150
Fliesen- und Plattenbeläge	keramische Fliesen	20	38	0.020	*0.023*	1 900	0.99	*0.85*	75	*18*	60 bis 150	
	Steinzeugriemchen	25	48	0.025	*0.029*						70	
	Spaltplatten, glasiert	30	60	0.029	*0.033*	2 000	1.05	*0.90*	80	*19*	70 bis 120	
	Glasmosaik	20	46	0.029	*0.033*	2 300	0.70	*0.60*	71	*17*	150	
	Ziegelplatten	40	72	0.050	*0.059*	1 800	0.79	*0.68*	67	*16*	20	> 200
	Klinkerplatten	40	78	0.038	*0.044*	1 900	1.05	*0.90*	80	*19*	100	
	Kalksandstein-Riemchen	60	108	0.061	*0.071*	1 800	0.99	*0.85*	76	*18*	16	
	Betonwerkstein-Platten	60	144	0.041	*0.048*	2 400	1.45	*1.25*	109	*26*	70	
	Marmorplatten	40	108	0.017	*0.020*	2 700	2.33	*2.00*	134	*32*	100	
	Sandsteinplatten	40	88	0.017	*0.020*	2 200			126	*30*	22	
Dämmplatten	Holzwolle-Leichtbauplatten	25	11	0.269	*0.313*	450	0.093	*0.80*	16	*3.7*	7.5	
		35	15	0.376	*0.438*	420			15	*3.6*	6	> 150
		50	20	0.617	*0.714*	400	0.081	*0.070*	14	*3.3*	5	
	Sandwich-Leichtbauplatten (Decks mit glasfaserverstärktem Epoxydharz)	10	4.2	0.053	*0.063*	420	0.19	*0.16*			1 300	
		14	4.5	0.128	*0.147*	320	0.11	*0.095*	29	*6.9*	900	ca. 120
		20	5.0	0.200	*0.230*	250	0.10	*0.087*			650	
	Styropor-Dekorplatten	15	0.4	0.375	*0.429*	25	0.040	*0.035*		*0.5*	50	ca. 85

Gruppe	Gipsplatten Asbestzementplatten (ohne Unterkonstruktion) Bahnenbeläge	einzelne Schicht				Stoffwerte						
		Dicke	Gewicht	Wärmedurchlaßwiderstand 1/Λ		Dichte	Wärmeleitfähigkeit λ	Wärmeleitzahl λ	Wärmeeindringfähigkeit b	Wärmeeindringzahl b	Diffusionswiderstandsfaktor μ	Wärmebeständigkeit
		mm	kg/m²	$\frac{m^2 K}{W}$	$\frac{m^2 h\,°C}{kcal}$	kg/m³	W/mK	$\frac{kcal}{m\,h\,°C}$	$\frac{kJ}{m^2 h^{1/2} K}$	$\frac{kcal}{m^2 h^{1/2} °C}$	(Luft=1)	°C
Gipsplatten	Gips-Dekorplatten	20	20	0.049	0.057	1 000	0.41	0.35	35	8.4	4	ca. 120
		35	35	0.085	0.100							
	Gipskartonplatten	9.5	9	0.045	0.053	900	0.21	0.18	24	5.7	12	ca. 150
		12.5	11	0.059	0.069							
		25	23	0.109	0.125		0.23	0.20	25	6	8	
	Gipsfaserplatten	10	12	0.017	0.020	1 200	0.58	0.50	46	11	6	> 200
	Brandschutzplatten (mineralische Grundstoffe)	10	3.7	0.091	0.105	370	0.11	0.095	12	2.8	10	> 400
		20	7.4	0.182	0.210							
Asbestzementplatten	Asbestzementplatten, ungepreßt	10	18	0.029	0.033	1 800	0.35	0.30	46	11	3	> 300
	gepreßt, normal gehärtet	8	17	0.019	0.023	2 100	0.41	0.35	54	13	5	
	dampfgehärtet + beschichtet	6	13	0.013	0.015		0.45	0.39	59	14	360	
	Asbestzementplatten mit Kunstharzbeschichtung	4	5.6	0.014	0.016	1 400	0.29	0.25	37	8.9	100	
		6	8.4	0.021	0.024							
	Asbestzement-Feuerschutzplatte	10	8.4	0.048	0.056	840	0.21	0.18	25	6	5	> 400
	Preßplatten aus Zellulose	5	8.5	0.015	0.017	1 700	0.35	0.30	46	11	7	> 200
	Fensterglas, Gußglas	4	10	0.005	0.006	2500	0.81	0.70	80	19	10 000	> 200
		8	20	0.010	0.014							
Bahnenbeläge	Untertapeten aus PS-Hartschaum	2	0.1	0.043	0.050	25	0.047	0.04	2.1	0.5	5	ca. 85
		4	0.1	0.085	0.100							
		5	0.1	0.106	0.125							
	Untertapeten aus Filzpappe mit Noppen	4	0.8	0.070	0.080	200	0.058	0.05	8.8	2.1	2	ca. 100
	Korkbahnen und -platten	2	0.9	0.031	0.036	450	0.064	0.055	8.8	2.9	40	ca. 120
		4	1.8	0.062	0.073							
	Geflecht aus Flachspänen	1.3	0.6	0.008	0.010	400	0.12	0.10	17	4	—	—
	PVC-Wandbelag auf Gewebe	1	0.4	0.013	0.015	340	0.076	0.065	11	2.6	150	ca. 75
		2	0.7	0.026	0.031							
	Papiertapeten	0.2	0.1	0.002	0.003	600	0.081	0.07	18	4.3	6	ca. 100
	Glasfasergewebe	0.5	0.5	0.006	0.007	Fäden ~200	0.081	0.07	22	5.3	1.5	ca. 150
	Filztuchtapeten	1	0.2	0.017	0.020	200	0.058	0.05	8	1.9	3	ca. 100
	Vliesvelours-Bahnen	5	0.8	0.071	0.083	150	0.07	0.06	7.6	1.8	4	
	Baumwolltapeten	1	0.4	0.012	0.014	400	0.081	0.07	13	3.1	6	

Gruppe	Verkleidungen aus Naturholz, Spanplatten, Furnierplatten, Holzfaserplatten (einschl. Unterkonstruktion) Innentüren aus Holz	einzelne Schicht Dicke mm	Gewicht kg/m²	Gewicht 2.25 fach kg/m²	Wärmedurchlaßwiderstand $1/\Lambda$ $\frac{m^2 K}{W}$	Wärmedurchlaßwiderstand $1/\Lambda$ $\frac{m^2 h\,°C}{kcal}$	Stoffwerte: Dichte kg/m³	Wärmeleitfähigkeit λ W/mK	Wärmeleitzahl λ $\frac{kcal}{m\,h\,°C}$	Wärmeeindringfähigkeit b $\frac{kJ}{m^2 h^{1/2} K}$	Wärmeeindringzahl b $\frac{kcal}{m^2 h^{1/2} °C}$	Diffusionswiderstandsfaktor μ (Luft = 1)	Wärmebeständigkeit °C
Naturholz	Eiche, gehobelt	16	14	32	0.076	0.089	700	0.21	0.18	30	7.1	60	ca. 150
		20	17	38	0.095	0.111							
	Teak, gehobelt	13	11	25	0.065	0.076	670	0.20	0.17	28	6.8	60	ca. 150
		16	13	29	0.080	0.094							
	Nadelholz, gehobelt	13	9	20	0.093	0.108	520	0.14	0.12	21	5.0	70	ca. 130
		16	11	25	0.115	0.133							
		20	13	29	0.143	0.167							
Spanplatten	Spanplatten, schwer	16	12	27	0.123	0.145	620	0.13	0.11	22	5.3	60	ca. 150
		19	14	32	0.146	0.173							
	Spanplatten, schwer, kunststoffbeschichtet	13	11	25	0.100	0.118	650	0.13	0.11	25	6.0	3 000	ca. 150
		19	15	34	0.146	0.173							
	Spanplatten, leicht, Akustikplatten	20	10	23	0.345	0.400	300	0.058	0.05	9.7	2.3	3	ca. 120
	Röhrenspanplatten	21	12	27	0.150	0.175	440	0.14	0.12	16	3.8	30	ca. 150
	geschlitzt, Akustikplatten	25	14	32	1.179	0.208							
	Spanplatten, mit Kunstharz hart gepreßt, Oberflächen beschichtet	11	9	25	0.085	0.100	800	0.13	0.11	24	5.8	80	ca. 100
	Holzspan-Zementplatten	8	12	27	0.031	0.036	1 200	0.26	0.22	30	7.2	50	ca. 300
		16	22	50	0.061	0.073							
	Holzwolle-Akustikplatten	25	15	34	0.309	0.375	400	0.081	0.07	14	3.3	5	ca. 150
		35	19	43	0.432	0.500							
Furnierplatten	Sperrholz, für Innen	4	4	9	0.029	0.033	550	0.14	0.12	21	5.0	60	ca. 150
		8	7	16	0.057	0.067							
	Furnier-Sichtplatten und -bretter	6	6	14	0.043	0.050	520	0.14	0.12	20	4.8	60	ca. 150
		13	10	23	0.093	0.108							
	Sperrholz-Akustikplatten, mit Wabenkern + 20 mm Mineralfaser	20	10	23	0.400	0.465	250	0.05	0.043	8.8	2.1	3	ca. 120
Holzfaserplatten	Holzfaserplatten, weich	12	6	14	0.207	0.204	300	0.058	0.05	9.2	2.2	4	ca. 100
		18	8	18	0.310	0.360							
	Holzfaserhartplatten	4	6	14	0.021	0.025	900	0.19	0.16	32	7.6	70	ca. 150
Innentüren	Zimmertüren, abgesperrt, normal	40	17	38	0.345	0.400	430	0.116	0.10	23	5.4	70	ca. 100
	Abschlußtüren, abgesperrt, normal	50	22	50	0.431	0.500							
	Röhrenspanplatten, ungefüllt	40	20	45	0.329	0.380	500	0.122	0.105	16	5.9	60	ca. 110
	mit Sand gefüllt	40	27	61	0.245	0.280	680	0.163	0.143				ca. 120

Gruppe	Metallverkleidungen, Kunststoffplatten, Akustikverkleidungen - aus Holz in Tabelle Seite 183 (ohne Unterkonstruktion), Schränke, Teppiche, Bilder	einzelne Schicht: Dicke	Gewicht	Wärmedurchlaß-widerstand $1/\Lambda$		Stoffwerte: Dichte	Wärmeleitfähigkeit λ	Wärmeleitzahl λ	Wärmeeindringfähigkeit b	Wärmeeindringzahl b	Diffusionswiderstandsfaktor μ	Wärmebeständigkeit
		mm	kg/m²	$\frac{m^2 K}{W}$	$\frac{m^2 h\,°C}{kcal}$	kg/m³	W/mK	$\frac{kcal}{m h °C}$	$\frac{kJ}{m^2 h^{1/2} K}$	$\frac{kcal}{m^2 h^{1/2} °C}$	(Luft = 1)	°C
Metall-verkleidungen	Stahlblech-Verkleidungen	1	7.8	—	—	7 800	58	50	880	210	∞	> 300
	Leichtmetall-Verkleidungen	1.5	4.1	—	—	2 700	200	175	1 300	310		> 150
	Edelstahl-Verkleidungen	1	7.9	—	—	7 900	26	22	590	141		> 300
	Kupferblech-Verkleidungen	1	8.9	—	—	8 900	384	330	6 930	1 650		
Kunststoffplatten	Schichtstoffplatten	1.2	1.7	0.006	0.007	1 400	0.20	0.17	39	9.3	2 800	ca. 130
	Acrylharz-Platten	2	2.4	0.010	0.012	1 180	0.19	0.16	29	6.9	8 000	
	Hart-PVC-Verkleidungen	2	2.8	0.009	0.011	1 400	0.21	0.18	33	7.9	12 000	ca. 65
	Polyesterharz-Platten	2	3.0	0.009	0.010	1 500	0.23	0.20	38	9.1	6 000	ca. 130
	Polyesterharz-Lichtplatten	20	7.0	0.313	0.364	350	0.064	0.055			600	
Akustikverkleidungen	Gips-Schallschluckplatten einschl. 20 mm Mineralfaser	30	~20	0.55	0.63	1 000 (Gipsplatte allein)	0.41	0.35	35	8.4	2	ca. 120
	Gips-Lochplatten einschl. 20 mm Mineralfaser	9.5	~7	0.50	0.57	900 (Gipskartonplatte allein)	0.21	0.18	24	5.7	2	ca. 150
	einschl. 30 mm Mineralfaser	12.5	~9	0.75	0.86							
	Mineralfaserplatten, Oberflächen gewolkt, direkt geklebt	12	1.8	0.30	0.35	150	0.04	0.035	4.2	1.0	2	ca. 150
		20	3.0	0.50	0.57							
	Mineralfaser-Akustikplatten Oberseite Latexfarbe Rückseite Alu-Folie	13	4.8	0.206	0.241	370	0.063	0.054	8.4	2.0	Mineralfaser allein 6	> 400
		15	5.6	0.238	0.278							
		20	7.4	0.317	0.370						mit Alufolie auf Rückseite 1 000	
		30	11	0.476	0.555							
	Leichmetall-Paneele 0.6 mm, mit Mineralfaser hinterlegt	Mineralfaser 15	~3.5	0.375	0.429	100 (Mineralfaserplatte allein)	0.04	0.035	4.2	1.0	2	ca. 150
		25	~4.5	0.625	0.714							
	Leinenbahn auf Weichschaum	10	~0.3	0.250	0.286	30	0.04	0.035	8.0	1.9	3	ca. 100
Schränke	Bücherregal, offen, mit Rückwand	350	~70	~1.85	~1.60	650 (Werte für beschichtete Spanplatten)	0.13	0.11	25	6.0	3 000	ca. 180
	Einbauschrank für Kleider	650	~60	~3.50	~3.00							
	Schranktisch für Küchengerät	600	~70	~0.58	~0.50							
	Hängeschrank für Geschirr	300	~30	~0.35	~0.30	(Berechnung der Schränke mit Inhalt)						
Teppiche, Bilder	Wandteppich aus Seide	3	~0.6	0.043	0.050	300	0.07	0.06	10.5	2.5	2	ca. 150
	aus Wolle	6	~0.7	0.130	0.150	220	0.046	0.04	7.5	1.8	1	ca. 100
		15	~1.5	0.326	0.375							
	Bild auf Spanplatte	19	11	0.146	0.173	600	0.13	0.11	22	5.2	50	ca. 150
	Bild, Leinwand auf Sperrholz	8	4	0.057	0.067	500	0.14	0.12	21	4.9	50	
	Bild auf 4 mm Hartplatte unter Glas	12	12	0.148	0.171	1 000 (Werte für gesamtes Bild)	0.081	0.07	80	19	6000	

Deutsche Normen

(E hinter der Zahl = Entwurf, V = Vornorm)
Bl. = Blatt; Bbl. = Beiblatt

Norm	Ausgabe	Titel
DIN 4108	Aug. 69	Wärmeschutz im Hochbau
	Okt. 74	Ergänzende Bestimmungen zu DIN 4108 „Wärmeschutz im Hochbau"
DIN 4108 Bbl.	Nov. 75	Wärmeschutz im Hochbau; Erläuterungen und Beispiele für einen erhöhten Wärmeschutz.
DIN 4109 Bl. 1	Sept. 62	Schallschutz im Hochbau; Begriffe.
Bl. 2	Sept. 62	Anforderungen
Bl. 3	Sept. 62	Ausführungsbeispiele
Bl. 4	Sept. 62	Schwimmende Estriche auf Massivdecken; Richtlinien für die Ausführung.
Bl. 5	April 63	Erläuterungen
DIN 18 005 E Bl. 1	April 76	Schallschutz im Städtebau; Berechnungs- und Bewertungsgrundlagen.
Bl. 2	Jan. 76	Richtlinien für die schalltechnische Bestandsaufnahme.
DIN 4102	Febr. 70	Brandverhalten von Baustoffen und Bauteilen; Begriffe,
Bl. 2		Anforderungen und Prüfungen von Bauteilen.
Bl. 3	Febr. 70	Begriffe, Anforderungen und Prüfungen von Sonderbauteilen.
Bl. 4	Febr. 70	Einreihung in die Begriffe
DIN 18 163 E Bl. 2	Aug. 74	Wandbauplatten aus Gips; Leichtwände, Richtlinien für die Ausführung
DIN 4103 E Bl. 1	Dez. 74	Leichte Trennwände; Anforderungen; Arten
DIN 18 183 E Bl. 1	Jan. 75	Montagewände aus Gipskartonplatten; Richtlinien für die Ausführung
DIN 18 530 V	Dez. 74	Massive Deckenkonstruktionen für Dächer; Richtlinien für Planung und Ausführung
DIN 18 515	Juli 70	Fassadenbekleidungen aus Naturwerkstein, Betonwerkstein und keramischen Baustoffen; Richtlinien für die Ausführung
Bbl.	Dez. 73	Erläuterungen
DIN 274 Bl. 2	April 72	Asbestzement-Wellplatten; Anwendung bei Dachdeckungen. Richtlinien mit und ohne Unterkonstruktion
DIN 18 516 E Bl. 1	Jan. 76	Außenwandbekleidungen; Bekleidung, Unterkonstruktion und Befestigung, Anforderungen
Bl. 2	Jan. 76	Prüfung der Befestigung von Außenwandbekleidungselementen auf die Unterkonstruktion
DIN 18 540 Bl. 1	Okt. 73	Abdichten von Außenwandfugen zwischen Beton- und Stahlbetonfertigteilen im Hochbau mit Fugendichtungsmassen; Konstruktive Ausbildung der Fugen
Bl. 2	Okt. 73	Anforderungen und Prüfungen für Fugendichtungsmassen
Bl. 3	Okt. 73	Baustoffe, Verarbeiten von Fugendichtungsmassen
DIN 1104 Bl. 1	April 70	Mehrschicht-Leichtbauplatten aus Schaumkunststoffen und Holzwolle; Maße, Anforderungen, Prüfung
Bl. 2	April 70	Richtlinien für die Verarbeitung
DIN 18 164 Bl. 1	Dez. 72	Schaumkunststoffe als Dämmstoffe für das Bauwesen; Dämmstoffe für die Wärmedämmung
Bl. 2	Dez. 72	Dämmstoffe für die Trittschalldämmung
DIN 18 165 Bl. 1	Jan. 75	Faserdämmstoffe für das Bauwesen; Dämmstoffe für die Wärmedämmung
Bl. 2	Jan. 75	Dämmstoffe für die Trittschalldämmung
DIN 18 184	April 75	Gipskarton-Verbundplatten
DIN 18 159 E Bl. 1	Aug. 76	Schaumkunststoffe als Ortschäume im Bauwesen; Polyurethan-Ortschaum für den Wärme- und Kälteschutz, Anwendung, Eigenschaften, Ausführung, Prüfung
Bl. 2	Aug. 76	Harnstoff-Formaldehydharz-Ortschaum für die Wärmedämmung, Anwendung, Eigenschaften, Ausführung, Prüfung
DIN 68 121 Bl. 1	März 73	Holzfenster-Profile; Dreh-, Drehkipp- und Kippfenster
Bl. 3	Mai 75	Hebe- und Hebedrehkipp-Fenstertüren
DIN 18 055	Aug. 73	Fenster; Fugendurchlässigkeit und Schlagregensicherung
Bl. 2		
DIN 18 545 Bl. 1	April 75	Abdichten von Verglasungen mit Dichtstoffen Anforderungen an Glasfalze
Bl. 2 E	März 75	Verglasungsdichtstoffe, Prüfungen und Einteilung in Anforderungsgruppen
DIN 4242	Jan. 67	Glasbaustein-Wände; Ausführung und Bemessung
DIN 18 175 E	April 76	Glasbausteine; Maße, Anforderungen, Prüfung
DIN 4705 E Bl. 1	April 71	Berechnung von Schornsteinabmessungen; Begriffe, ausführliches Berechnungsverfahren
Bl. 2	April 71	Näherungsverfahren für einfach belegte Schornsteine
DIN 18 150 E Bl. 1	Aug. 75	Hausschornsteine; Formstücke aus Leichtbeton (auch mit angeformtem Lüftungsschacht für den Heizraum) Anforderungen
Bl. 2	Aug. 75	Häusliche Feuerstätten
Bl. 3	Aug. 75	Dreischalige Schornsteine mit Dämmstoffschicht
DIN 1946 Bl. 1	April 60	Lüftungstechnische Anlagen; Grundregeln
DIN 18 017 Bl. 1	März 60	Lüftung von Bädern und Spülaborten ohne Außenfenster durch Schächte und Kanäle, ohne Motorkraft. Einzelschachtanlagen
Bl. 2	Aug. 61	Sammelschachtanlagen
Bl. 3	Aug. 70	mit Ventilatoren
Bl. 4	Juni 74	mit Ventilatoren; rechnerischer Nachweis der ausreichenden Volumenströme
DIN 4701	Jan. 59	Heizungen; Regeln für die Berechnung des Wärmebedarfs von Gebäuden
DIN 4702 Bl. 1	Jan. 67	Heizkessel; Begriffe, Nennleistung, Heiztechnische Anforderungen, Kennzeichnung
Bl. 2	Dez. 67	Prüfregeln
Bl. 3	Aug. 75	Gas-Spezialheizkessel mit Brenner ohne Gebläse
DIN 4708 Bl. 1	Nov. 74	Zentrale Brauchwasser-Erwärmungsanlagen
Bl. 2	Nov. 74	Regeln zur Ermittlung des Brauchwasserwärmebedarfs in Wohnbauten
Bl. 3	Nov. 74	Regeln zur Leistungsprüfung von Brauchwasser-Erwärmern für Wohnbauten
DIN 31 051 Bl. 1	Dez. 74	Instandhaltung; Begriffe
Bl. 10	Mai 75	Ergänzung zu Bl. 1

Physikalische Begriffe und Größen

Wärmemenge (Energie, Arbeit)
Die abgeleitete SI-Einheit für Wärmemenge ist das Joule (Einheitszeichen J). 1 Joule ist gleich der Arbeit, die verrichtet wird, wenn der Angriffspunkt der Kraft 1 N (Newton) in Richtung der Kraft um 1 m verschoben wird.

1 kJ (Kilo-Joule) = 1 000 J (Joule)
1 MJ (Mega-Joule) = 1 000 000 J = 1 000 kJ
1 GJ (Giga-Joule) = 1 000 000 000 J = 1 000 000 kJ

Zur Erzeugung von 1000 kJ (1 MJ) nutzbarer Wärme benötigt man etwa 0,3 kWh Strom – 0,07 m^3 Stadtgas – 0,04 m^3 Erdgas – 0,05 kg Koks – 0,04 kg leichtes Heizöl.
Bis zur Einführung der SI-Einheiten wurde mit der nachstehend aufgeführten Wärmeeinheit *Kalorie* gearbeitet.

Wärmeeinheit
Eine Wärmeeinheit (Kalorie) ist diejenige Wärmemenge, die erforderlich ist, um 1 kg Wasser um 1 grd zu erwärmen, und zwar von +14,5°C auf +15,5°C.

1 kcal (Kilokalorie) = 1 000 cal (Kalorie)
1 Mcal (Megakalorie) = 1 000 000 cal = 1 000 Kcal
1 Gcal (Gigakalorie) = 1 000 000 000 cal = 1 000 000 Kcal

Zur Erzeugung von 1000 kcal (1 Mcal) nutzbarer Wärme benötigt man etwa 1,25 kWh Strom – 0,3 m^3 Stadtgas – 0,16 m^3 Erdgas – 0,2 kg Koks – 0,16 kg leichtes Heizöl.
1 kJ = 0,239 kcal; 1 kcal = 4,2 kJ.

Wärmeleitfähigkeit λ in W/mK (Wärmeleitzahl λ in kcal/m h°C)
Die Wärmeleitfähigkeit kennzeichnet eine spezifische Stoffeigenschaft. Sie gibt an, welcher Wärmestrom W (kcal) in einer Stunde durch 1 m^2 einer 1 m dicken Schicht hindurchgeht, wenn das Temperaturgefälle in Richtung des Wärmestroms 1 K (grd) beträgt. Der Wärmestrom wird in W (Watt) ausgedrückt, wobei 1 W = J/s bzw. 1 kW = 1 kJ/s entspricht.
Die Wärmeleitfähigkeit für einen bestimmten Stoff ist abhängig vom jeweiligen Feuchtigkeitsgehalt und von der Meßtemperatur; nach DIN 52612 Blatt 2 sind auf die im Labor festgestellten Meßwerte je nach Baustoffart entsprechende Zuschläge zu machen, die bis zu 60 % des Labor-Meßwertes betragen können.
Gemäß Anlage 1 Nr. 3 zu § 2 der Wärmeschutzverordnung hat die Berechnung des Wärmedurchgangskoeffizienten k nach DIN 4108, Ausgabe August 1969, Abschnitt 8, zu erfolgen, unter Verwendung der in dieser Norm festgelegten Rechenwerte der Wärmeleitfähigkeit. Stoffwerte, die in DIN 4108, Ausgabe August 1969, nicht enthalten sind, dürfen für die Berechnung der k-Werte verwendet werden, wenn sie im Bundesanzeiger bekannt gemacht worden sind.
Diese Bekanntmachungen stützen sich im wesentlichen auf Angaben des Instituts für Bautechnik in Berlin. Es kann also angenommen werden, daß die in den Zulassungsbescheiden dieses Instituts aufgeführten Rechenwerte zur Wärmeleitfähigkeit als amtlich anerkannte Werte gelten.
1 W/mK = 0,860 kcal/m h°C; 1 kcal/m h°C = 1,163 W/mK.
Je kleiner die Wärmeleitfähigkeit, desto besser der Wärmeschutz.

Wärmedurchlaßwiderstand (Wärmedämmwert 1/Λ)
in m^{2}K/W (m^{2}h°C/kcal)
Der Kehrwert der Wärmedurchlaßzahl Λ gibt den Widerstand einer Schicht gegen das Durchströmen von Wärme an. Zu seiner Ermittlung ist die Dicke der betreffenden Schicht s (in Meter) durch die stoffbezogene Wärmeleitfähigkeit λ in W/mK (kcal/m h°C) zu dividieren.
Bei mehrschichtigen Bauteilen ist für jede Schicht nach diesem Rechenverfahren der Einzelwert festzustellen. Die Summe aller Einzelwerte ergibt dann den Wärmedurchlaßwiderstand bzw. Wärmedämmwert für das gesamte Bauteil.
1 m^{2}K/W = 1,163 m^{2}h°C/kcal; 1 m^{2}h°C/kcal = 0,860 m^{2}K/W.
Je größer 1/Λ, desto besser die Wärmedämmung.

Wärmeübergangskoeffizient α in W/m^{2}K
(Wärmeübergangszahl α in kcal/m^{2}h°C)
Der Wärmeübergangskoeffizient ist der Wärmestrom W (kcal), der in einer Stunde durch eine 1 m^2 große Trennfläche zwischen einem festen Körper und einem gasförmigen Körper (z. B. Luft) oder flüssigem Stoff (z. B. Wasser) fließt, wenn der Temperaturunterschied zwischen den beiden Medien 1 K (grd) beträgt.
Bezeichnung: α_a für außen, α_i für innen.
1 W/m^{2}K = 0,860 kcal/m^{2}h°C; 1 kcal/m^{2}h°C = 1,163 W/m^{2}K.

Wärmeübergangswiderstand 1/α in m^{2}K/W (m^{2}h°C/kcal)
Der Wärmeübergangswiderstand ist der Widerstand der Luftgrenzschicht gegen den Übergang von Wärme aus der Luft zum Bauteil bzw. umgekehrt. Es ist der Kehrwert der Wärmeübergangszahl α.
1 m^{2}K/W = 1,163 m^{2}h°C/kcal; 1 m^{2}h°C/kcal = 0,860 m^{2}K/W.

Wärmedurchgangskoeffizient k in W/m^{2}K
(Wärmedurchgangszahl k in kcal/m^{2}h°C)
Der Wärmedurchgangskoeffizient, auch k-Wert genannt, bezeichnet den Wärmestrom W (kcal), der in 1 Stunde durch eine Bauteilfläche von 1 m^2 hindurchgeht, wenn der Temperaturunterschied der das Bauteil auf beiden Seiten umgebenden Luft 1 K (grd) beträgt. Der Wärmedurchgangskoeffizient k ist von grundlegender Bedeutung für die Wärmebedarfsberechnung zur Auslegung der Heizungsanlage. Der k-Wert ist die reziproke Summe aus Wärmedurchlaßwiderstand und Wärmeübergang innen und außen.
1 W/m^{2}K = 0,860 kcal/m^{2}h°C; 1 kcal/m^{2}h°C = 1,163 W/m^{2}K.
Je kleiner der k-Wert, desto besser die Wärmedämmung.

Wärmedurchgangswiderstand 1/k in m^{2}K/W (m^{2}h°C/kcal)
Der Wärmedurchlaßwiderstand 1/Λ eines Bauteils (ein- oder mehrschichtig), zuzüglich der Wärmeübergangswiderstände 1/α_i und 1/α_a ergibt den Wärmedurchgangswiderstand 1/k. Er ist der Kehrwert des Wärmedurchgangskoeffizienten k.
1 m^{2}K/W = 1,163 m^{2}h°C/kcal; 1 m^{2}h°C/kcal = 0,860 m^{2}K/W.
Je größer 1/k, desto besser die Wärmedämmung.

Wärmeeindringfähigkeit b in kJ/m^{2}h$^{1/2}$K
(Wärmeeindringzahl b in kcal/m^{2}h$^{1/2}$°C)
Die Wärmeeindringzahl gibt die Geschwindigkeit der Wärmeeindringung bzw. Auskühlung eines Baustoffes an. Sie ist eine maßgebende Größe für die Beurteilung von Bau- und Verkleidungsstoffen bei kurzzeitigen Wärmeströmungsvorgängen wie z. B. beim Berühren der Bauteil-Oberflächen oder beim Anheizen der Räume. Je kleiner die Wärmeeindringzahl, desto schneller nimmt der Baustoff Wärme auf bzw. gibt sie ab; je größer die Wärmeeindringzahl, desto langsamer geht dieser Vorgang vor sich. Die Größe der Wärmeeindringfähigkeit b richtet sich nach der Wärmeleitzahl, der spezifischen Wärme und der Rohdichte. Zur Errechnung dient folgende Gleichung:

$$b = \sqrt{\lambda \cdot \sigma \cdot \varrho}$$

1 kJ/m^{2}h$^{1/2}$K = 0,239 kcal/m^{2}h$^{1/2}$°C; 1 kcal/m^{2}h$^{1/2}$°C = 4,2 kJ/m^{2}h$^{1/2}$K

Wärmespeicherungszahl W in kJ/m^{2}K (kcal/m^2°C)
Diese Wärmespeicherungszahl ist Bestandteil der Österreichischen Norm B 8110 „Wärmeschutz im Hochbau". Sie gibt die Wärmemenge in kJ (kcal) an, welche pro m^2 Außenbauteil im Beharrungszustand gespeichert wird, wenn zwischen innen und außen ein Temperaturunterschied von 1 K vorhanden ist. Die Wärmespeicherungszahl W ist ein besonders aussagekräftiger Kennwert für die Wärmespeicherung, weil die im Bauteil von innen nach außen dem Wärmedämmwert entsprechend absinkende Temperatur Berücksichtigung findet. Die Berechnung einer mehrschichtigen Wand ist daher verhältnismäßig umfangreich und wird nach folgender Gleichung vorgenommen:

$$W = k\left[\underbrace{s_1 \cdot \varrho_1 \cdot c_1\left(\frac{1}{\alpha a} + \frac{s_1}{2 \cdot \lambda_1}\right)}_{\text{1. Schicht}} + \underbrace{s_2 \cdot \varrho_2 \cdot c_2\left(\frac{1}{\alpha a} + \frac{s_1}{\lambda_1} + \frac{s_2}{2 \cdot \lambda_2}\right)}_{\text{2. Schicht}}\right.$$

$$+\dots s_n \cdot \varrho_n \cdot c_n \left(\frac{1}{\alpha a} + \frac{s_1}{\lambda_1} + \dots \frac{s_{n-1}}{\lambda_{n-1}} + \frac{s_n}{2 \cdot \lambda_n}\right)\Bigg]$$

weitere Schichten

(s = Schichtdicke)

1 kJ/m²K = 0,239 kcal/m²°C; 1 kcal/m²°C = 4,2 kJ/m²K.

Je größer die Wärmespeicherungszahl W, desto besser die Wärmespeicherfähigkeit des betreffenden Bauteils.

Auskühlkennzeit z in h

Die Auskühlkennzeit charakterisiert das Auskühlverhalten eines Außenbauteils im Winter bzw. dessen Aufwärmung im Sommer. Sie errechnet sich als Quotient von Wärmespeicherungszahl W und k-Wert

$$z = \frac{W}{k}$$

Auch die Auskühlkennzeit nimmt in der Österreichischen Norm B 8110 eine maßgebende Stelle ein.

Wohnräume werden um so behaglicher beurteilt, je größer z ist.

Die Auskühlkennzeit z wurde deshalb bewußt in die 8 zusammenfassenden Übersichten über Außenbauteile auf den Seiten 126 bis 133 aufgenommen.

Temperatur-Amplituden-Verhältnis

– in diesem Buch auch mit der Kurzbezeichnung TAV – soll sowohl in der Wärmeschutzverordnung für den Sommerzustand als auch in der Neufassung der DIN 4108 als Kenngröße zur Beurteilung des instationären Wärmeschutzes von Außenbauteilen Verwendung finden. Das Temperatur-Amplituden-Verhältnis bewegt sich stets im Wertebereich zwischen 0 und 1. Es gibt an, wie groß unter bestimmten Randbedingungen die Amplitude der „Temperaturschwingung" auf der Innenseite des Bauteils im Verhältnis zu derjenigen auf der Außenseite des Bauteiles ist.

Je niedriger das Temperatur-Amplituden-Verhältnis, desto günstiger ist das Bauteil hinsichtlich des sommerlichen Wärmeschutzes einzustufen.

Eine umfassende Information über diesen neuen Begriff enthält Heft 103 der „Berichte aus der Bauforschung" mit dem Titel „Instationärer Wärmeschutz". Die Untersuchungen wurden von K. Gertis und G. Hauser vom Institut für Bauphysik der Fraunhofer-Gesellschaft durchgeführt.

Wärmebeständigkeit in °C

Die Wärmebeständigkeit bzw. die Wärmeformbeständigkeit gibt diejenige Temperatur an, bei welcher bei kurzfristiger Belastung bzw. Dauerbelastung keine Veränderung des betreffenden Baustoffes festzustellen ist.

Dichte ϱ in kg/m³ (auch Rohdichte)

Damit bezeichnet man das Raumgewicht trockener Baustoffe.

Schalldämm-Maß R in dB

Ein in DIN 4109 genormter Begriff für die Prüfung der Luftschalldämmung von Wänden, Decken u. dgl. auf Prüfständen ohne Nebenwege. Beim Bauschalldämm-Maß R' erfolgt dagegen die Prüfung der Luftschalldämmung von Wänden und Decken im Bau und auf Prüfständen **mit** bauüblichen Nebenwegen.

Das „Luftschallschutzmaß", abgekürzt LSM, ist ein weiterer Begriff aus DIN 4109. Es handelt sich um den Betrag, um den das Schalldämm-Maß R oder Bauschalldämm-Maß R' besser oder schlechter ist, als die jeweils günstige Sollkurve.

Das bewertete Schalldämm-Maß R_W soll das weniger genaue Schalldämm-Maß R und später vermutlich auch das Luftschallschutzmaß LSM ersetzen.

Der in den Konstruktionsbeispielen angegebene Wert für das Schalldämm-Maß R ist nur aus dem Bauteil-Gewicht errechnet.

Luftfeuchtigkeit in g/m³

Luft enthält in der Regel Wasser im gasförmigen Zustand in Form von Wasserdampf. Je nach Temperatur können von der Luft folgende maximale Feuchtigkeitsmengen aufgenommen werden:

Lufttemperatur in °C	−20	−10	±0	+10	+20	+30	+40
maximaler Feuchtigkeitsgehalt in der Luft in g/m³	0,9	2,2	4,8	9,4	17,3	30,4	50,2

Sind diese Feuchtigkeitsmengen erreicht, dann ist die Luft mit Wasserdampf gesättigt. Wird der Luft zusätzlich Wasserdampf beigemischt, dann kondensiert er in kleinen Wassertröpfchen aus.

Relative Luftfeuchtigkeit in %

Luft hat gewöhnlich nur einen Teil des höchstmöglichen Feuchtigkeitsgehaltes. Man spricht dann von der relativen Luftfeuchtigkeit, nämlich dem Prozentsatz der bestehenden Feuchtigkeitsmenge in bezug auf die Sättigungsmenge.

Taupunkt in °C

Wird Luft mit einem bestimmten Feuchtigkeitsgehalt abgekühlt, dann steigt die *relative* Luftfeuchtigkeit entsprechend an, bis die Sättigungsgrenze bzw. der maximale Feuchtigkeitsgehalt erreicht ist. Die relative Luftfeuchtigkeit beträgt dann 100 %. Wird diese Temperatur (Taupunkt) noch unterschritten, dann scheidet sich aus der Luft Feuchtigkeit aus und schlägt sich als Kondenswasser bzw. Tauwasser in der näheren Umgebung nieder.

Liegt der Taupunkt in einem Bauteil, dann spricht man von Kondenswasser oder Tauwasser. Befindet sich der Taupunkt auf der Innenfläche eines Außenbauteils, dann spricht man von Schwitzwasser.

Diffusionswiderstandsfaktor μ

Eine Vergleichszahl, die angibt, um wieviel der Widerstand gegen Wasserdampfdiffusion in einer Schicht größer ist, als in einer gleichdicken Luftschicht. Der Diffusionswiderstandsfaktor μ ist eine dimensionslose Größe (Luft = 1).

Diffusionswiderstand μ · s in m

Das Produkt aus dem Diffusionswiderstandsfaktor einer Schicht mal ihrer Dicke s in Meter. Erst mit Hilfe des Diffusionswiderstandes ist es möglich, Baustoffe oder Konstruktionen diffusionstechnisch richtig abzuschätzen.

Wasserdampf soll nämlich durch das Außenbauteil weder zu schnell entweichen noch gesperrt werden.

Für die Beurteilung des Diffusionswiderstandes wird folgende Einteilung vorgeschlagen. Demnach entweicht der Wasserdampf

zu schnell	$\mu \times s \leqq$	2 m
zu rasch	$\mu \times s =$	2 bis 3 m
fast optimal	$\mu \times s =$	3 bis 4 m
optimal	$\mu \times s =$	4 bis 7 m
fast optimal	$\mu \times s =$	7 bis 11 m
zu zögernd	$\mu \times s =$	11 bis 15 m
zu langsam	$\mu \times s =$	15 bis 25 m
viel zu langsam (bei Dampfsperren)	$\mu \times s \geqq$	25 m

Lagefaktor μ · λ in W/mK (kcal/m h°C)

Ein von Neufert [7] eingeführter Begriff. Damit kann die bauphysikalisch richtige Schichtfolge in einem Bauteil festgestellt werden. Der Lagefaktor μ · λ der einzelnen Baustoffschichten soll möglichst von der warmen zur kalten Seite abnehmen.

1 W/mK = 0,860 kcal/m²h°C; 1 kcal/m²h°C = 1,163 W/mK

Lagewert μ · λ · s in W/K (kcal/h°C)

Ein von Hebgen/Heck [5] eingeführter Wert, bei dem gegenüber dem Lagefaktor auch noch die Schichtdicke als wichtige Größe für die Beurteilung des Diffusionswiderstandes darin enthalten ist. Um die richtige Schichtenfolge einer Außenwand zu finden, ist es daher erforderlich, den Lagefaktor μ · λ mit der jeweiligen Schichtdicke s zu multiplizieren. Damit Tauwasserniederschlag im Außenbauteil vermieden wird, soll der Lagewert auf der Außenseite möglichst niedrig sein und nach innen größer werden.

1 W/K = 0,860 kcal/h°C; 1 kcal/h°C = 1,163 W/K.

Ausführliche Angaben zur Bauphysik unter anderem im Buch: [11]

Erläuterung von Begriffen

Wärme

ist eine Form von Energie. Einen Körper erwärmen heißt, die Bewegungsenergie seiner Moleküle zu steigern.

Kälte

ist ein unwissenschaftlicher, aber im allgemeinen und im technischen Sprachgebrauch üblicher Begriff für Wärme unterhalb des Gefrierpunktes.

Luft

besteht aus 78,13 Vol.% Stickstoff, 20,90 Vol.% Sauerstoff, 0,94 Vol.% Argon und 0,03 Vol.% Kohlendioxid. Dazu kann die Luft je nach Temperatur und relativer Luftfeuchte Wasserdampf aufnehmen.

Wasserdampf

ist gasförmiges Wasser und immer in der Luft in wechselnden Mengen enthalten. Wasserdampf hat wie alle anderen Gase das Bestreben, sich gleichmäßig zu verteilen, derart, daß sein Druck überall gleichgroß ist. Wasserdampf ist in der Lage, durch alle Baustoffe zu diffundieren, wenn ein Dampfdruckgefälle vorhanden ist. Die Geschwindigkeit dieser Diffusion wird vom Diffusionswiderstand der zu durchdringenden Schichten bestimmt.

Konvektion

Freie Konvektion tritt ein, wenn sich die flüssigen oder gasförmigen Moleküle infolge von Dichteunterschieden, die durch Temperaturunterschiede bedingt sind, bewegen können.
Erzwungene Konvektion tritt ein, wenn die flüssigen oder gasförmigen Körperteilchen durch äußere Einwirkungen bewegt werden.
Mischkonvektion entsteht durch das Zusammenwirken von freier und erzwungener Konvektion, zum Beispiel als Zugluft.

Absorption

Aufnahme von Gasen, Dämpfen sowie Wärme- und Lichtstrahlung durch feste Körper oder Flüssigkeiten. Am Bau wird die Wärme- und Lichtstrahlung absorbiert (aufgenommen), wobei die Strahlungsenergie in eine andere Form umgewandelt wird, eine Temperaturerhöhung entsteht, und auch eine Wärmedehnung kann stattfinden. Dunkle Flächen absorbieren mehr als helle.

In der Bau- und Raumakustik bedeutet Absorption = Schallschlukkung. Dabei wird die Schallenergie in Wärme umgewandelt.

Reflexion

Das Zurückwerfen – Reflektieren – von Lichtstrahlen, elektromagnetischen Wellen, Schallwellen und dgl.
Helle Flächen reflektieren mehr als dunkle.

Stationärer Zustand

Dauerzustand einer Wärmeströmung. Die Temperaturwerte bleiben für einen bestimmten Zeitraum an allen Stellen eines Bauteils konstant. Annahme für den winterlichen Wärmeschutz.

Instationärer Zustand

Die Temperaturwerte ändern sich örtlich und/oder zeitlich. Maßgebend für den sommerlichen Wärmeschutz. Hierzu die Angaben über das Temperatur-Amplituden-Verhältnis → Seite 187.

Bauphysik

umfaßt alle physikalischen Probleme innerhalb der Bautechnik, insbesondere: Wärmeschutz, Feuchtigkeitsschutz, Schallschutz und Raumakustik. Mit der Einführung neuer Baustoffe und Bauweisen ist die Bauphysik zu einem sehr wichtigen Arbeitsgebiet geworden, das gleichberechtigt neben Bautechnik und Baustatik steht.

Wärmedämmgebiet

Geographisches Gebiet, für das ein bestimmter Mindest-Wärmeschutz vorgeschlagen wird. In der DIN 4108 wird für Deutschland unterschieden: Wärmedämmgebiet I (mildes Klima), II (mittleres Klima), III (rauhes Klima). Nach „Ergänzende Bestimmungen zur DIN 4108" Fassung Oktober 1974, sind im bisherigen Dämmgebiet I die dem Wärmedämmgebiet II zugeordneten Anforderungen einzuhalten.

Dampfsperre

In sich geschlossene, möglichst dichte Schicht, die das Eindringen von Feuchtigkeit in ein Bauteil praktisch verhindern bzw. entsprechend herabsetzen soll (Metallfolien, Kunststoffolien, bituminierte Pappen, Gummibahnen, Anstrichschichten und ähnl.). Bei Schichten von geringerer Dichte spricht man mitunter auch von einer „Dampfbremse".
Wegen der Gefahr der Tauwasserbildung innerhalb von Bauteilen sind Dampfsperren stets an der warmen Seite des betreffenden Bauteils anzuordnen, also bei Wohnräumen an den Innenseiten.

Isolieren

Dieser Sammelbegriff für alle möglichen Schutzmaßnahmen wurde inzwischen klargestellt. Es bedeuten:
- *Dämmen.* Maßnahmen gegen Temperatur- und Schalleinflüsse (Dämmstoff, Wärmedämmung, Schalldämmung, Dämmschicht)
- *Isolieren.* Schutz gegen Elektrospannungen (isolierter Draht, Isolierband, isolierte Zange)
- *Sperren und Dichten.* Schutz gegen Feuchtigkeit (Feuchtigkeitssperre, Dampfsperre, Dachdichtungsbahn)

DIN-Vorschriften

Die Deutschen Normen für das Bauwesen werden wie folgt unterschieden:
Güte-Normen sind für Hersteller und Lieferer von Baustoffen u. dgl. verbindlich.
Pflicht-Normen sind seit 1951 für den sozialen Wohnungsbau eingeführt.
Empfohlene Normen sind allgemeine Richtlinien und keine verbindlichen Vorschriften; sie gelten aber trotzdem als anerkannte Regeln der Technik.
Normen für die Bauaufsicht werden vom Ausschuß für „Einheitliche Technische Baubestimmungen" festgelegt und deshalb auch ETB-Normen genannt. Sie gelten hauptsächlich für Statik, Feuerschutz, Wärmeschutz, Feuchtigkeitsschutz und Schallschutz. Die Beachtung der ETB-Normen ist öffentlich-rechtliche Pflicht; ihre Einhaltung wird durch die Aufsichtsbehörden überwacht.

VDI-Richtlinien

Arbeitsergebnisse der Fachgruppen des *Vereins Deutscher Ingenieure.* Viele VDI-Richtlinien wurden in DIN-Vorschriften umgewandelt oder haben nach entsprechender Einführung ähnlichen Charakter.

Zur Heizungsanlagen- und Heizungsbetriebs-Verordnung

Energiebedarf
Energiemenge pro Zeiteinheit, die der Eigenschaft und Funktion des Gebäudes entsprechend bereitgestellt und vorgehalten werden muß. Der Energiebedarf wird auf die Nennwärmeleistung des Wärmeerzeugers abgestellt.

Energieverbrauch
Energiemenge, die in der Benutzungszeit z.B. in einem Jahr für die Beheizung abgegeben wird. Der Energieverbrauch ist abhängig von den tatsächlichen Stoffwerten der verwendeten Bauelemente, dem Betriebsverhalten, den wechselnden Verbrauchsgewohnheiten und den im Beobachtungszeitraum herrschenden klimatischen Verhältnissen; weiterhin von der Betriebsweise und der Steuerung der Anlagen.

Nennwärmeleistung
Die größte bei normalem Betrieb abgegebene Wärmemenge je Zeiteinheit.

Heizungstechnische Anlagen
Einzelgeräte oder mit Wasser als Wärmeträger betriebene Systeme, die aus Wärmeerzeuger, Maschinen und Apparaten, Wärmeverteilungsnetz und Rohrleitungszubehör, Abgas-, Wärmeverbrauchs-, Regelungs- und Meßeinrichtungen bestehen, soweit sie in Gebäuden eingebaut sind und der Deckung des Wärmebedarfs von Räumen und Gebäuden dienen.

Brauchwasseranlagen
Anlagen wie vor, soweit sie der Versorgung mit Brauchwasser dienen.

Wärmeerzeuger
Die Einheit von Wärmeaustauscher (z.B. Kessel) und Feuerungseinrichtung (z.B. Brenner) für den Betrieb mit festen, flüssigen und gasförmigen Brennstoffen, in der Wärmeträger erwärmt werden oder Brauchwasser bereitet wird.

Wärmeverbrauchseinrichtungen
Örtliche Heizflächen der unterschiedlichsten Art, insbesondere Radiatoren und Konvektoren.

Maschinen und Apparate
Einrichtungen wie Pumpen, Speicherbehälter, Ausdehnungsgefäße und dgl.

Rohrleistungszubehör
Absperrorgane, Druckregler, Kompensatoren usw.

Abgaseinrichtungen
Abgasrohre, -kanäle und der Schornstein.

Abgasverluste
Die Abgasverluste werden nach der Siegertschen Formel berechnet:

$$q_A = f \frac{t_A - t_L}{CO_2}$$

q_A = Abgasverluste in % auf die jeweilige Feuerungsleistung des Wärmeerzeugers
t_A = Abgastemperatur in Kelvin
t_L = Lufttemperatur in Kelvin
CO_2 = Volumengehalt der Abgase an Kohlendioxid in %
f = 0,59 für Heizöl EL
= 0,50 für Flüssiggas = 0,42 für Erdgas mit $CH_4 < 95$ %
= 0,38 für Stadtgas = 0,46 für Erdgas mit $CH_4 > 95$ %

Fachkundige Personen
Fachkundig ist, wer die zur Ausübung der genannten Tätigkeiten notwendigen fachlichen Kenntnisse und Fertigkeiten aufweist; das sind in erster Linie Handwerker, zu deren Berufsbild diese Tätigkeiten gehören.

Heizkraftwerk
Anlagen, bei denen Wärme als Koppelprodukt bei der Erzeugung elektrischer Energie anfällt.

Spitzenheizwerk
Anlagen, die in Verbindung mit Heizkraftwerken Wärme in Fernheiznetze speisen, deren durchgeleitete Jahreswärmemenge überwiegend aus Heizkraftwerken entnommen wird.

Aus DIN 31051 – Instandsetzung, Begründung

Sollzustand
der für den jeweiligen Fall festgelegte (geforderte) Zustand.

Istzustand
der zu einem gegebenen Zeitpunkt bestehende (tatsächliche) Zustand.

Inspektion
Maßnahmen zur Feststellung und Beurteilung des Istzustandes. Die Inspektion dient dem Zweck, notwendig werdende Instandsetzungsarbeiten frühzeitig zu erkennen, um ihre Durchführung vorbereiten und ausführen zu können. Die Feststellung und Beurteilung eines bereits eingetretenen und bekannten Schadens ist keine Inspektion.

Instandhaltung
Gesamtheit der Maßnahmen zur Bewahrung und Wiederherstellung des Sollzustandes sowie zur Feststellung und Beurteilung des Istzustandes.

Wartung
Maßnahmen zur Bewahrung des Sollzustandes.

Instandsetzung
Maßnahmen zur Wiederherstellung des Sollzustandes.

Funktionsfähigkeit
Fähigkeit, den vorgesehenen Verwendungszweck unter vorgegebenen Bedingungen erfüllen zu können.

Unterbrechung
Allgemeingültiger Begriff für das Aussetzen bzw. Beeinträchtigen der Funktion oder Funktionsfähigkeit.

Störung
Unbeabsichtigte Unterbrechung – oder auch schon Beeinträchtigung – der Funktion.

Ausfall
Unbeabsichtigte Unterbrechung der Funktionsfähigkeit.

Fehler
Sollabweichung aufgrund innewohnender Merkmale.

Beschädigung
Sollabweichung aufgrund von außen ausgeübter Einwirkungen.

Einstellen
Herstellen des Sollzustandes mit Hilfe von dafür vorgesehenen Reguliereinrichtungen.

Ausbessern
Wiederherstellen des Sollzustandes durch Bearbeiten.

Austauschen
Wiederherstellen des Sollzustandes durch Entfernen und Ersetzen von Bauelementen und/oder Baugruppen.

Säubern
Entfernen von Brenn- und Hilfsstoffen ohne Unterbrechung, ggf. aber mit Beeinträchtigung der Funktion und Funktionsfähigkeit.

Reinigen
Entfernen von Fremd- und Hilfsstoffen mit Unterbrechung der Funktion und ggf. der Funktionsfähigkeit.

Sachwörterverzeichnis

Literaturverzeichnis

[1] Bundesgesetzblatt Teil I Seite 1973 vom 28. Juli 1976

[2] Es handelt sich im wesentlichen um die amtlichen Begründungen und Erläuterungen.

[3] Werner, H. und Gertis, K.: Wirtschaftlich optimaler Wärmeschutz von Einfamilienhäusern; kritische Gedanken zu Optimierungsrechnungen, Teil 1 und 2. Aus: Gesundheitsingenieur, 1976, Heft 1/2 und 5.

[4] Bundesgesetzblatt Teil I Seite 1554 vom 17. August 1977.

[5] Hebgen, H. und Heck, F.: Außenwandkonstruktionen mit optimalem Wärmeschutz. Braunschweig, 1977. Friedr. Vieweg & Sohn Verlagsgesellschaft mbH.

[6] Hebgen, H. und Heck, F.: Dächer, Decken und Fußböden mit optimalem Wärmeschutz. Düsseldorf, 1975. Bertelsmann-Fachverlag.

[7] Neufert, E.: Styropor-Handbuch. Wiesbaden und Berlin 1971. Bauverlag GmbH.

[8] Stoy, B.: Sonnenenergie, Geothermische Energie, Massenanziehung. Heidelberg, 1976. Energie-Verlag.

[9] Perreiter, F., Simon-Weidner, I. G. und Winter, E. R. F.: Numerische Analyse der Wärmedämm- und Wärmespeicherwirkung der geschichteten Wand bei zeitabhängigen Randbedingungen. Aus: Heizung, Lüftung, Klimatechnik, Haustechnik HLH, 1976, Heft 27.

[10] Rheinisch-Westfälisches Elektrizitätswerk AG: RWE Bau-Handbuch. Technischer Ausbau 1977/78.

[11] Schild, E.; Casselmann, H. F., Dahmen, G. und Pohlenz, R.: Bauphysik, Planung und Anwendung, Braunschweig, 1977. Friedr. Vieweg & Sohn Verlagsgesellschaft mbH.

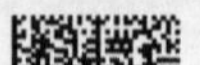